基礎数学11

数理物理入門

改訂改題

谷島賢二 著

東 京 大 学 出 版 会

Introduction to Mathematical Physics Revised Retitled
Kenji Yajima
University of Tokyo Press, 2018
ISBN978-4-13-062922-5

改訂版への序文

『物理数学入門』が版されてから 24 年がすぎた．『物理数学入門』がこのように長い間，多くの読者に利用していただけたのは幸いであった．読者の皆様に感謝申し上げたい．しかしこの間，多くの読者から誤植の指摘をいただいたり，記述が簡潔あるいは舌足らずで読者に負担をかけすぎているとのご意見をいただいた．またいくつかの誤りも発見された．

そこで，多くを加筆して解説をていねいにして読者の負担の軽減をはかるとともに，誤りを正して改版することにした．

『物理数学入門』が出版された当時，物理数学は物理学を学ぶ道具としての数学とみなされていたが，今日では数理物理学は物理学から発生した数学的問題を題材として数学の発展をはかる数学の分野横断的な discipline として確立している．『物理数学入門』もこのような数理物理学への解析学の方面からの入門書を意図して書かれたものであった．そこで改版を契機に書名も『数理物理入門』と改名することにした．この本が数理物理学を学ぶ学生諸君のために少しでも役に立てれば幸いである．

『物理数学入門』にたいするさまざまなご意見をお寄せいただいた方々に感謝する．また改版の申し入れを受け入れてくださった東京大学出版会，とくにさまざまなご苦労・ご辛抱をおかけした編集部の丹内利香氏に感謝する．

2018 年 11 月

谷 島 賢 二

ま え が き

　本書は，著者が 1980 年代の数年間にわたって東京大学教養学部基礎科学科第一の三年前期課程の学生にたいしておこなった「解析 II」の講義ノートをもとに書かれた物理数学の入門書で，教養課程の解析，線形代数と関数論の初歩を学んだ自然科学一般の学生のために，「解析続論」とも言うべき，常微分方程式，変分法，Fourier 解析，超関数論，および偏微分方程式論の基本事項を概観して，自然科学の理解のために必要な数学的素養を与えることを目標としたものである．

　物理数学は自然科学の理解のために必要な数学的な言葉や道具を提供すると同時に，物理理論における数学的構造を研究し，理論の意味や妥当性，あるいはその限界を明らかにする学問でもある．科学における厳密な理論の構成はその普遍性のためのみならず，それ自身の発展のためにも欠くことができないもので，このために物理数学のはたす役割は大きい．本書は，著者の意図としては，このような学問としての物理数学への入門書でもあることもめざした．

　現代物理数学の方法の特色の一つは，数学の問題を，関数のなす適当な集合を設定して微分や積分をそれらの集合の間の写像とみなし，これらに伝統的な解析学の手法を用いることによって解決する関数解析の方法である．たとえば，量子力学の数学的基礎づけなどはこの方法によってはじめて可能となったものである．本書では，このような考え方を多く採り入れ，なるべく現代的な物理数学の入門書となるように心掛けた．

　次に，本書の内容について各章ごとに紹介しておこう．

　第 1 章は常微分方程式論である．方程式の解法に簡単にふれたのち，まず，常微分方程式を一階化して，その物理的あるいは幾何学的意味について解説する．次に，常微分方程式の基本定理，すなわち初期値問題の解の存在と一

意性，パラメータあるいは初期値に関する連続依存性について述べ，最後に線形方程式の一般論を説明した．「解析 II」に出席した学生諸君もそうであったが，教養課程で常微分方程式を習得する機会が多いことを考えて，この章の記述はなるべく簡潔なものとなるようにした．

第 2 章では，物理学の多くの法則を定式化するために用いられる変分法について解説した．変分法は関数解析の方法によって扱うのが自然である．そこで，初めに関数解析の入門事項を解説し，これを古典的な汎関数の変分問題に適用した．関数が極値関数となるための必要条件として Euler の方程式を導き，その解が汎関数の極値であるための十分条件を求める．ついで，変分法の直接法について述べ，これらを二次汎関数の対角化の問題，すなわち，Strum-Liouville の固有値問題に応用する．これは，エルミート行列あるいは対称行列の対角化問題の関数空間への一般化である．

第 3, 4 章は Fourier 解析である．解析学には一般の関数を簡単な関数で表現し，複雑な関数の性質を簡単な関数の性質を用いて調べようという一般的な手法がある．Fourier 解析では，$f(x)$ を三角関数 e^{inx} を項とする Fourier 級数，あるいは $e^{ix\xi}$ の Fourier 積分として

$$f(x) = \sum_{n=-\infty}^{\infty} c_n e^{inx}, \qquad f(x) = \frac{1}{\sqrt{2\pi}} \int_{-\infty}^{\infty} e^{ix\xi} \hat{f}(\xi) d\xi$$

と表す．このとき，$f(x)$ と Fourier 係数 $\{c_n\}$ あるいは Fourier 変換 $\hat{f}(\xi)$ が一対一に対応するが，e^{inx} の性質 $(d/dx)e^{inx} = ine^{inx}$ によって，df/dx には $\{inc_n\}$ あるいは $i\xi\hat{f}(\xi)$ が対応する．すなわち，微分は Fourier 級数あるいは Fourier 変換によって対角化され，Fourier 解析は偏微分方程式にとって重要な道具となる．第 3 章では Fourier 級数について解説する．まず，どのような関数が Fourier 級数として表せるかの問題をとり扱ったあと，Fourier 級数を用いた偏微分方程式の解法について述べる．ここでは独立変数が二つで，考える領域が円あるいは長方形である場合にかぎり，Laplace-Poisson 方程式，熱方程式および波動方程式の解を Fourier 級数として表現し，その性質を調べる．

第 4 章では，Fourier 変換について解説する．Fourier 級数が有限区間の

上の関数をとり扱うのに対して，Fourier 変換は全空間上の関数に対しても有効である．一方，偏微分方程式を具体的に解くには，Fourier 変換を積分可能でない関数に対して拡張しておくことが必要である．このため，この章では超関数を導入してその Fourier 変換を定義する．その準備として，急減少関数のなす空間と，その Fourier 変換についても述べる．超関数の理論によって，解析学の煩わしい定理の多くがすっきりと整理されることになろう．Fourier 変換と超関数の偏微分方程式への応用については第5章で学ぶ．

　最後の第5章は，古典数理物理学のハイライトである偏微分方程式の章であるが，スペースの関係で，ここでは線形で二階定数係数の場合に限定する．初めに，方程式の型の分類，基本解の存在，Cauchy-Kowalevski の定理や Holmgren の定理など，この場合の一般論について述べるが，偏微分方程式の性質はその形に大きく依存する．以下の節ではおのおのの型の代表的な方程式を各個にとり扱う．初めに楕円型方程式の代表である Laplace-Poisson 方程式をポテンシャル論を用いてとり扱い，正則性の保存のほか，最大値の原理など，この方程式に特有な性質を解説する．次に，双曲型方程式の代表として波動方程式をとり扱う．エネルギー不等式，解の表現定理などを述べたあとに，楕円型方程式ときわだって異なる解の不連続性の伝播問題を漸近解の方法を用いて調べる．最後に，広義放物型方程式として Schrödinger 方程式について簡単に解説する．

　なお，本文中には読者の理解を深めるためにいくつかの問があるが，これらは本文の一部と考えられるべきものである．簡単なものばかりであるから，読者はこれらに解答を与えたのち先に進まれるようにされたい．これらの問のほか，補充として節末にいくつかの練習問題を載せておいた．

　本書の内容は，もちろん一学期一コマの講義としては多すぎる．事実，これらは数年にわたって行われたものを寄せ集めたもので，さらに，時間の関係で講義ではふれることができなかった事項も含んでいる．したがって，本書を教科書として用いる際には，いくつかの章あるいは項目に力点をおき，他の部分から必要な事項を補足しながら講義するのがよい．スペースの関係で割愛せざるを得なかった特殊関数論など，個々の問題にとって重要なこと

がらも適宜補足する必要がある．また，Lebesgue 積分をいっさい用いない
という方針をとったため，中途半端となった箇所もいくつかある．これも学
生の学習状況をみて適宜補足されるとよいであろう．

　本書はもともと，「解析 II」の教科書あるいは副読本を意図して，当時基礎
科学科に在籍しておられた著者の恩師黒田成俊教授との共著として，1986
年頃企画されたものである．まもなく先生は学習院大学に転任され，著者一
人で執筆することとなったが，先生は本書の内容構成の大筋に賛成され，い
くつかの章の下書きに目を通して，多くの有益な注意を与えられた．本書が
いくらかでもまともなものとなっているとすれば，それは先生のこのような
お力添えの賜である．20 年以上にわたる学恩とあわせてここに改めて感謝申
し上げる．

　大学院生の北直泰氏，小森晶氏はいくつかの章を通読し，多くの誤りを指
摘してくださった．また，東京大学出版会の小池美樹彦氏は著者の遅筆を辛
抱され，多くの励ましをくださった．これらの方々にも心から感謝する次第
である．

　これらの方々のご協力にもかかわらず，著者の非力のため思わぬ誤りがあ
ることを恐れている．これはもちろん著者の責任である．読者の御叱正を賜
れば幸いである．

　　1994 年 1 月

谷 島 賢 二

目　　次

改訂版への序文 iii

まえがき iv

記号・術語表 xi

第1章　常微分方程式　　1

1.1　求積法 4

1.2　常微分方程式の一階化 11

1.3　初期値問題の解の存在と一意性 20

1.4　解の初期値・パラメータに関する微分可能性 36

1.5　線形方程式 48

第2章　変分法の基本事項　　81

2.1　ノルム空間上の汎関数の微分と極大・極小問題 82

2.2　極値関数のための必要条件・オイラーの微分方程式 . . . 105

2.3　弱極小値のための十分条件・ヤコビの条件 112

2.4　強極値のための十分条件 120

2.5　変分の直接法とラグランジュの未定数乗数法 134

2.6　二次汎関数とシュトゥルム・リュービルの固有値問題 . . . 141

2.7　多変数関数の汎関数に対する変分問題 159

第3章　フーリエ級数　　163

3.1　フーリエ級数の定義とフーリエ係数の性質 164

3.2　近似定理 172

3.3　フェイエー核とフーリエ級数のチェザロ総和法 174

3.4　フーリエ級数の L^2 理論の続き 185

3.5	フーリエ級数の各点収束	190
3.6	二次元のポワソン方程式とラプラス方程式への応用	201
3.7	熱方程式への応用	212
3.8	弦の振動方程式への応用	224

第4章 フーリエ変換と超関数　　　　　　　　　　　　　　　　　229

4.1	可積分関数のフーリエ変換	231
4.2	$\mathcal{S}(\mathbb{R}^n)$ 上のフーリエ変換	248
4.3	超関数	259
4.4	超関数のフーリエ変換	293

第5章 二階定数係数線形偏微分方程式　　　　　　　　　　　　　303

5.1	方程式の分類と標準形	304
5.2	基本解と局所解の存在	306
5.3	初期値問題，コーシー・コワレフスカヤの定理	310
5.4	ポワソン・ラプラス方程式	325
5.5	波動方程式の初期値問題	349
5.6	広義放物型方程式——シュレーディンガー方程式	372

文　献　表　　　　　　　　　　　　　　　　　　　　　　　　　　　381

索　　　引　　　　　　　　　　　　　　　　　　　　　　　　　　　383

記号・術語表

この本で用いる記号や術語は概ね標準的であるが，通常と異なった使い方をする場合もあるので標準的なものとあわせて列挙しておく.

- $\mathbb{R}$ は実数，$\mathbb{C}$ は複素数，$\mathbb{Z}$ は整数全体の集合，$\mathbb{N} = \{1, 2, \dots\}$ は自然数全体の集合.
- $z \in \mathbb{C}$ に対して $\Re z$ は $z \in \mathbb{C}$ の実部，$\Im z$ は虚部.
- $A \Rightarrow B$ ： A が成立する．したがって B が成立する.
- $A \Leftrightarrow B$ ： A と B は同値である.
- $\forall$ は forall（任意の，すべての）の意味.
- ある命題 P がある集合 Ω に含まれるすべての x に対して成立することを

$$P, \quad x \in \Omega \quad \text{あるいは} \quad P, \quad \forall x \in \Omega \quad \text{とかく.}$$

- $B(a, R) = \{x \in \mathbb{R}^n : |x - a| < R\}$ は中心 a，半径 R の開球.
- $S(a, R) = \{x \in \mathbb{R}^n : |x - a| = R\}$ は $B(a, R)$ の周.
- $n \geq 2$ のとき，$\mathbb{S}^{n-1} = \{x \in \mathbb{R}^n : |x|^2 = 1\}$ は n 次元空間 $\mathbb{R}^n$ の単位球，$\omega_n = 2\pi^{n/2}/\Gamma(n/2)$ はその面積．$\Gamma(x) = \int_0^\infty e^{-t} t^{x-1} dt$ はガンマ関数.
- $\Omega_1 \Subset \Omega_2$ ： $\overline{\Omega_1}$ は Ω_2 のコンパクト部分集合
- 開集合上の k 階連続微分可能な関数を C^k 級という．一般の集合 A 上の関数は A を含むある開集合 W 上で C^k 級の関数の A への制限であるとき，A 上 C^k 級であるといわれる．$C^k(A)$ は A 上の k 級関数全体の集合.
- $C_0^k(A)$ は A のあるコンパクト部分集合の外で 0 となる A 上の C^k 級関数の全体.
- Ω 上の関数 f に対して $\operatorname{supp} f$ は f の台：$\{x \in W : f(x) \neq 0\}$ の閉包.
- $\mathcal{S}(\mathbb{R}^n)$ ： $\mathbb{R}^n$ 上の急減少関数全体のなす空間．$\mathcal{S}(\mathbb{R}^n)$ を $\mathcal{S}$ ともかく.
- $\mathcal{S}'(\mathbb{R}^n)$ ： $\mathbb{R}^n$ 上の緩増加超関数全体のなす空間．$\mathcal{S}'(\mathbb{R}^n)$ を $\mathcal{S}'$ ともかく.
- $\mathcal{E}(\mathbb{R}^n)$ ： $\mathbb{R}^n$ 上の C^∞ 級関数全体のなす空間．$\mathcal{E}(\mathbb{R}^n)$ を $\mathcal{E}$ ともかく.
- $\mathcal{E}'(\mathbb{R}^n)$ ： $\mathbb{R}^n$ 上のコンパクト台をもつ超関数全体のなす空間．$\mathcal{E}'(\mathbb{R}^n)$ を $\mathcal{E}'$ ともかく.
- $x = (x_1, \dots, x_n) \in \mathbb{R}^n$ に対して $\langle x \rangle = (1 + x_1^2 + \cdots + x_n^2)^{1/2}$.
- $x = (x_1, \dots, x_n)$, $\xi = (\xi_1, \dots, \xi_n) \in \mathbb{R}^n$ に対して $x \cdot \xi = x\xi = x_1 \xi_1 + \cdots + x_n \xi_n$.
- $D_1 = -i\partial/\partial x_1, \dots, D_n = -i\partial/\partial x_n, \partial_1 = \partial/\partial x_1, \dots, \partial_n = \partial/\partial x_n$.

記号・術語表

- ベクトル記号を使って $D = (D_1, \ldots, D_n)$, $\partial = (\partial_1, \ldots, \partial_n)$ とかく.

- 数列 $\{a_n\}$ が $n \to \infty$ のとき, α に収束することを

$$\lim_{n\to\infty} a_n = \alpha \quad \text{あるいは} \quad a_n \to \alpha \ (n \to \infty) \quad \text{あるいは} \quad a_n \to \alpha, \ n \to \infty$$

  などとかく. 連続パラメータのときも同様である.

- 第 2 章まではベクトルを太文字 $\boldsymbol{a}, \boldsymbol{b}, \ldots, \boldsymbol{x}, \boldsymbol{y}$ などととかくが, 第 3 章以降ではベクトルの通常の文字を用いて $a, b, \ldots, x, y$ とかく.

- $A \equiv B$ あるいは $A := B$ は, A が B によって定義されることを意味する.

- $\mathrm{dist}(A, B)$: 集合 A と B の間の距離, $\mathrm{dist}(A, B) = \inf\{|x - y| : x \in A, y \in B\}$.

- δ_{jk} : クロネッカーのデルタ. $j = k$ のとき $\delta_{jk} = 1$, $j \neq k$ のとき $\delta_{jk} = 0$.

- T が作用素あるいは写像のとき, $T : x \mapsto y$ は T が x を y に写すこと, すなわち $T(x) = y$ であることを意味する.

第1章

常微分方程式

$f(t, x_0, \ldots, x_n)$ を $(n+2)$ 実変数 $(t, x_0, \ldots, x_n)$ の実数値連続関数とする.
未知関数 $x = x(t)$ とその導関数 $x'(t), x''(t), \ldots, x^{(n)}(t)$ を含む

$$f(t, x, x', \ldots, x^{(n)}) = 0 \tag{1.1}$$

の形の方程式を**常微分方程式**あるいは単に**微分方程式**という.$x' = 0$ は最も
簡単な微分方程式である.

より一般に,l 個の未知関数 $x_1(t), \ldots, x_l(t)$ に関する l 個の連立微分方程
式系

$$\begin{cases} f_1(t, x_1, \ldots, x_l, x'_1, \ldots, x'_l, \ldots, x_1^{(n)}, \ldots, x_l^{(n)}) = 0 \\ \qquad\qquad\qquad\vdots \\ f_l(t, x_1, \ldots, x_l, x'_1, \ldots, x'_l, \ldots, x_1^{(n)}, \ldots, x_l^{(n)}) = 0 \end{cases} \tag{1.2}$$

も考える.(1.2) は**常微分方程式系**,あるいは単に**微分方程式系**と呼ばれる.
(1.1) や (1.2) のように(文脈から明らかなときには)未知関数の独立変数を
省略することが多い.

微分方程式(系)に含まれる未知関数の導関数の階数の最大値を微分方程
式(系)の**階数**という.(1.1) は n 階微分方程式,(1.2) は n 階連立微分方程
式系である.C^n 級で,すなわち n 回連続微分可能で,各 t において

$$f(t, x(t), x'(t), \ldots, x^{(n)}(t)) = 0$$

を満たす関数 $x(t)$ を微分方程式 (1.1) の**解**といい，解を求めることを**微分方程式を解く**という．微分方程式系 (1.2) に対しても同様である．任意の定数 C に対して，定数関数 $x(t) = C$ は $x'(t) = 0$ の解，微分積分の基本定理によって $x'(t) = 0$ の解は定数関数である．

記述を簡単にし，スペースを節約するため，ベクトル記号を用いて

$$\boldsymbol{x} = \begin{pmatrix} x_1 \\ \vdots \\ x_l \end{pmatrix}, \ldots, \boldsymbol{x}^{(n)} = \begin{pmatrix} x_1^{(n)} \\ \vdots \\ x_l^{(n)} \end{pmatrix}, \quad \boldsymbol{f}(t, \boldsymbol{x}, \ldots, \boldsymbol{x}^{(n)}) = \begin{pmatrix} f_1(t, \boldsymbol{x}, \ldots, \boldsymbol{x}^{(n)}) \\ \vdots \\ f_l(t, \boldsymbol{x}, \ldots, \boldsymbol{x}^{(n)}) \end{pmatrix}$$

と定義し，(1.2) を

$$\boldsymbol{f}(t, \boldsymbol{x}, \ldots, \boldsymbol{x}^{(n)}) = 0 \tag{1.3}$$

とかく．

■**ベクトル値関数**　$\boldsymbol{x}(t)$ のように成分が関数であるベクトルを**ベクトル値関数**，とくに $\boldsymbol{x}(t) \in \mathbb{R}^n$ のときは $\mathbb{R}^n$ **値関数**という．ベクトル値関数は成分がすべて連続関数（微分可能，C^n 級）のとき，連続（微分可能，C^n 級）であるといい，ベクトル値関数の微分・積分を成分ごとの微分・積分と定義する．スペースの節約のためしばしば縦ベクトルを横ベクトルの転置 $\boldsymbol{x} = {}^t(x_1, \ldots, x_l)$ とかく．実あるいは複素ベクトル $\boldsymbol{x} = {}^t(x_1, \ldots, x_n)$，$\boldsymbol{y} = {}^t(y_1, \ldots, y_n)$ の内積，長さは

$$(\boldsymbol{x}, \boldsymbol{y}) = x_1 \overline{y_1} + \cdots + x_n \overline{y_n}, \quad |\boldsymbol{x}| = (|x_1|^2 + \cdots + |x_n|^2)^{1/2}. \tag{1.4}$$

上つきの t は転置の記号である．

次の補題はしばしば用いられる．

補題 1.1　連続なベクトル値関数に対して次が成立する．

$$\left| \int_a^b \boldsymbol{x}(t) dt \right| \leq \int_a^b |\boldsymbol{x}(t)| dt. \tag{1.5}$$

証明　任意のベクトル $\boldsymbol{a}$ に対して，

$$|\boldsymbol{a}| = \max\{|(\boldsymbol{a}, \boldsymbol{e})| : |\boldsymbol{e}| = 1\}$$

が成立する．したがって，

$$\Big|\int_a^b \boldsymbol{x}(t)dt\Big| = \max_{|\boldsymbol{e}|=1}\Big\{\Big|\Big(\int_a^b \boldsymbol{x}(t)dt, \boldsymbol{e}\Big)\Big|\Big\} \le \int_a^b \max_{|\boldsymbol{e}|=1}|(\boldsymbol{x}(t), \boldsymbol{e})|dt = \int_a^b |\boldsymbol{x}(t)|dt.$$

□

　古典力学の有限個の粒子の運動など，有限個の実数の組 $(x_1, \ldots, x_l)$ によって記述される現象の時間的な発展は，一般に常微分方程式系によって記述され，このような現象の解析は少なくとも理論的には常微分方程式系の解を調べることに帰着する．一方，微分方程式の解を具体的にかき表すことは一般には困難で，多くの実用的な研究ではコンピュータを用いた近似的な解が求められている．微分方程式の理論的な研究は，このような近似解を求めるためにも，またコンピュータの使用だけでは解決が困難なさまざまな問題の解析のためにも，不可欠である．本章の前半では，常微分方程式の理論の最も基本的な事項，すなわち**初期値問題**の解の存在と一意性，およびその初期値・パラメータについての微分可能性について述べ，常微分方程式の物理的あるいは幾何学的意味について解説する．

　微分方程式 (1.1) は

$$a_0(t)x^{(n)} + a_1(t)x^{(n-1)} + \cdots + a_n(t)x + b(t) = 0 \tag{1.6}$$

のように f が（t の関数を係数とする）$x, x', \ldots, x^{(n)}$ の一次関数のとき，**線形微分方程式**といわれる．同様に (1.2) は $f_1, \ldots, f_l$ が $(x_1, \ldots, x_l, \ldots, x_1^{(n)}, \ldots, x_l^{(n)})$ の一次関数のとき**線形微分方程式系**と呼ばれる．線形微分方程式（系）は理論上も応用上も大切な方程式のクラスである．本章の後半では線形微分方程式系の一般的な性質を解説し，とくに $f_1, \ldots, f_l$ の係数が定数の場合にその解を求める方法を与える．

■正規型微分方程式　n 階微分方程式 (1.1) あるいは n 階連立微分方程式系 (1.2) は $x^{(n)}$ あるいは $\boldsymbol{x}^{(n)}$ について解けて，**連続関数** g あるいは連続なベクトル値関数 $\boldsymbol{g}$ を用いて

$$x^{(n)} = g(t, x, \ldots, x^{(n-1)}) \tag{1.7}$$

あるいは

$$\boldsymbol{x}^{(n)} = \boldsymbol{g}(t, \boldsymbol{x}, \dots, \boldsymbol{x}^{(n-1)}) \tag{1.8}$$

とかけるとき**正規型**であるという．g や $\boldsymbol{g}$ が不連続になるなどして正規型でない微分方程式の解は，しばしば例外的な振る舞いをし，統一的に取り扱うことは困難である．そこで，この本ではおおむね**正規型の微分方程式のみを取り扱う**．

1.1　求積法

　与えられた微分方程式を微分・積分と代数的な計算を用いて解くことを**求積法**という．求積法を用いて解ける微分方程式は限られているが，解を具体的に求める方法として重要である．そこで本論に入る前に求積法を 2 つ，微分方程式に関する基本的な術語を導入しながら紹介する．微分方程式に慣れるのもこの節の目的の 1 つである．

1.1.1　変数分離型方程式

　連続関数 $f(t)$ と $g(x)$ を用いて，t を含む部分と x を含む部分が分離された

$$f(t)dt + g(x)dx = 0 \tag{1.9}$$

の形に表せる微分方程式は**変数分離型**といわれる．(1.9) は両辺を dt あるいは dx で割り算をして得られる方程式

$$f(t) + g(x)\frac{dx}{dt} = 0 \quad \text{あるいは} \quad f(t)\frac{dt}{dx} + g(x) = 0 \tag{1.10}$$

の意味である．ここで (1.10) の第 1 の方程式では t が，第 2 の方程式では x が独立変数と考えられている．

問 1.2　$x = x(t)$ が (1.10) の第 1 の方程式の解であることと，その逆関数 $t = t(x)$ が第 2 の方程式の解であることは同値であることを示せ．（変数分離型の方程式では都合のよい独立変数を選ぶのが大切である．）

　変数分離型の方程式 (1.9) の解は両辺を積分して得られる等式

$$\int f(t)dt + \int g(x)dx = C \tag{1.11}$$

1.1 求積法　　　　　　　　5

を x あるいは t について解くことによって得られる．すなわち，次の定理が成り立つ．

定理 1.3　$f(t)$, $g(x)$ を連続とする．$F(x) = \int f(t)dt$, $G(x) = \int g(x)dx$ と定義する．C^1 級関数 $x(t)$ あるいは $t(x)$ が (1.10) を満たすためにはある定数 C に対して

$$F(t) + G(x(t)) = C \quad \text{あるいは} \quad F(t(x)) + G(x) = C \qquad (1.12)$$

となることが必要十分である．(1.12) を標語的に (1.11) とかくのである．

証明　$F(t) + G(x(t)) = C$ なら，t で微分すると $f(t) + g(x)x' = 0$．$x(t)$ は (1.10) の第 1 の方程式を満たす．逆に $f(t) + g(x)x' = 0$ なら，$(F(t) + G(x(t)))' = 0$ だから $F(t) + G(x(t))$ は定数に等しい．$F(t(x)) + G(x) = C$ と (1.12) の第 2 の方程式が同値なことも同様にして示せる．　　　　　　　　　□

■**一般解・積分定数**　(1.12) のように，微分方程式の解は一般に独立変数 t とともに**任意定数** C を含む．この定数 C を微分方程式の**積分定数**といい，積分定数を含む解を**一般解**という．のちに n 階微分方程式 (1.1) は n 個の，l 個の n 階連立微分方程式系 (1.2) は nl 個の任意定数を含むことを示す．

定義 1.4　微分方程式（系）の解の全体の集合を，この微分方程式（系）の**解空間**という．

　方程式 (1.9) で独立変数を t ととれば，(1.9) の解空間 S は定理 1.3 によって

$$S = \{x\colon x \text{ は } C^1 \text{ 級で，} F(t) + G(x(t)) = \text{定数} \}.$$

例 1.5　(1) 方程式 $dt - 4dx = 0$ の解は $\int dt - \int 4dx = t - 4x = C$ を解いて $x = t/4 + C$．ゆえに $S = \{t/4 + C\colon C \text{ は定数} \}$．$C$ は積分定数である．

(2) $(1 + x^2)dt + (1 + t^2)dx = 0$ は $dt/(1 + t^2) + dx/(1 + x^2) = 0$ とかけるから変数分離型．積分して $\arctan t + \arctan x = C$．$x$ について解いて $A = \tan C$ とおくと

$$x = \tan(\arctan x) = \tan(C - \arctan t) = \frac{\tan C - t}{1 + t \tan C} = \frac{A - t}{1 + At}.$$
$$(1.13)$$

(3) $dx - x(1-x)dt = 0$. この方程式も $x(1-x)$ で除すれば

$$\frac{dx}{x(1-x)} - dt = 0 \tag{1.14}$$

だから変数分離型. (1.14) を積分して $\pm e^{-C} = A$ とおけば $A \neq 0$ で

$$\log \frac{|x|}{|x-1|} - t = C \Rightarrow x = \frac{e^t}{e^t \pm e^{-C}} \Rightarrow x = \frac{e^t}{e^t + A}. \tag{1.15}$$

ここで (1.14) の $1/x(1-x)$ は $x = 0$, $x = 1$ において連続ではないので定理 1.3 をそのまま用いることはできないことに注意しよう. じっさい $x = 1$, $x = 0$ は明らかに解であるが, 上の解 (1.15) の中には含まれない. このように**求積法では, 任意定数を含む解としては表せない解が存在する**ことがあるので注意が必要である.

ただし, (1.15) で $A = 0$ とすれば解 $x = 1$ が, $A \to \infty$ とすれば $x = 0$ が得られる. のちに示すように (1.14) の異なる 2 つの解のグラフはけっして交わらないので, $x = 0$, $x = 1$ 以外の解は任意の t において $x(t) \neq 1$ あるいは $x(t) \neq 0$. このような解に対しては定理 1.3 が適用できるから結局, (1.14) の解空間は

$$S = \left\{ \frac{e^t}{e^t + A} : A \in \mathbb{R} \right\} \cup \{x(t) = 0\}.$$

問 1.6 $(x^2 - 2x - 3)dt - dx = 0$ の一般解を求めよ.

■**同次微分方程式** $F(t,x)$ が任意の $k \in \mathbb{R}$ に対して, $F(kt, kx) = F(t,x)$ を満たすとき, $x'(t) = F(t,x)$ は**同次微分方程式**といわれる. $f(x) = F(1,x)$ と定義すれば $F(t,x) = F(1, x/t) = f(x/t)$. ゆえに $x(t) = tu(t)$ とおけば

$$x' = F(t,x) \Leftrightarrow tu' + u = f(u) \Leftrightarrow \frac{du}{u - f(u)} + \frac{dt}{t} = 0 \tag{1.16}$$

として変数分離型方程式に変換できる.

1.1 求積法　　　7

問 1.7　次の同次微分方程式の一般解を求めよ.

(1) $x' = (x-t)/(x+t)$, (2) $(t^3+x^3)dt - 3tx^2 dx = 0$, (3) $(t+x)^2 dx - txdt = 0$

■**特殊解，初期値問題**　正規型微分方程式（系）(1.7) や (1.8) の一般解の中から特定の解を一意的に決定する条件を**決定条件**と呼び，決定条件によって一意に定められた解を**特殊解**という. とくに (1.7) に対して，c と n 個の実数の組 $p_0, p_1, \ldots, p_{n-1}$ を与えて

$$(x(c), x'(c), \ldots, x^{(n-1)}(c)) = (p_0, p_1, \ldots, p_{n-1})$$

のように $t = c$ において $x(t)$ の $n-1$ 階までの微分の値を指定する条件を**初期条件**，初期条件を満たす解を求めることを**初期値問題**という. (1.8) に対する初期条件，初期値問題も同様に定義する.

例 1.8　$x' = -x^2$ の一般解は $\int dt + \int x^{-2} dx = t - x^{-1} = C$ を解いて，$x = (t-C)^{-1}$. ほかに $x = 0$ が解である. したがって，$A \neq 0$ なら

$$x(0) = A \Leftrightarrow C = -A^{-1} \Rightarrow x(t) = \frac{A}{At+1}. \tag{1.17}$$

$x(0) = 0$ を満たす解は $x = 0$ である. これから初期条件 $x(0) = A$ は $x' = -x^2$ に対する決定条件で，初期値問題の解は (1.17) の右辺で与えられる.

例 1.9　$tdt + xdx = 0$ を積分すれば $t^2/2 + x^2/2 = C$. これは円の方程式. 解が存在すれば $C \geq 0$ だから，$C = a^2/2$ とおくと，一般解は $x = \pm\sqrt{a^2 - t^2}$. ゆえに初期条件 $x(0) = r$ を満たす解は

$$r > 0 \Rightarrow x = \sqrt{r^2 - t^2}, \; r < 0 \Rightarrow x = -\sqrt{r^2 - t^2}. \; r = 0 \Rightarrow 解なし.$$

$r = 0$ だと $a = 0$ であるが，このとき $\sqrt{-t^2}$ は純虚数で，$x(0) = 0$ を満たす実数値関数の解は存在しない. このように，**与えられた初期条件を満たす解がいつでも存在するとは限らない**. 点 $x = 0$ で方程式 $x' = t/x$ は正規型ではないことに注意しよう.

8 第 1 章 常微分方程式

問 1.10 $x = tx' + g(x')$ の形の方程式はクレローの方程式と呼ばれる．この両辺を t で微分して変形すれば，$(t + g'(x'))x'' = 0$，したがって $x'' = 0$ あるいは $t + g'(x') = 0$．$x'' = 0$ なら $x = Ct + D$．これが $x = tx' + g(x')$ を満たすためには $D = g(C)$ でなければならない．次を示せ．

(1) 直線群 $\{x = Ct + g(C) : C \in \mathbb{R}\}$ はクレローの方程式の一般解である．

(2) 連立方程式 $\begin{cases} x = tx' + g(x') \\ t + g'(x') = 0 \end{cases}$ から x' を消去して得られる解 $x = x_0(t)$ は (1) で得られた一般解の包絡線である．

(3) (2) の解 $x = x_0(t)$ のグラフの任意の点に対して，その点を通るクレローの方程式の解が 2 つ存在する．包絡線上の点は $t + g'(x) = 0$ を満たすから，クレローの方程式はこの包絡線上では正規型にかき直せないことに注意．

問 1.11 二階微分方程式 $x'' + a^2 x = 0, a \neq 0$ を考える．

(1) 両辺に x' を乗じて積分することによって，x が解であれば，ある定数 $C \geq 0$ に対して $(x')^2 + a^2 x^2 = C$ であることを示せ．

(2) $(x')^2 + a^2 x^2 = C$ を x' に関して解いた $x' = \pm\sqrt{C - a^2 x^2}$ は変数分離型である．これを解いて一般解が $x = A\sin(at) + B\cos(at)$ で与えられることを示せ．ただし A, B は任意定数である．

(3) 初期条件 $x(0) = 1, x'(0) = 1$ を満たす解を求め，初期条件が決定条件であることを確かめよ．

■**最大延長解** 微分方程式の初期値問題の解は一般には方程式が考えられているすべての t に対して定義されるとは限らない．たとえば例 1.8，あるいは例 1.5 の (2) の正規型方程式

$$\frac{dx}{dt} = -x^2 \quad \text{あるいは} \quad \frac{dx}{dt} = -\frac{1 + x^2}{1 + t^2}$$

の右辺はすべての $t, x \in \mathbb{R}$ に対して定義されているが $x(0) = A$ を満たす解はそれぞれ

$$x(t) = \frac{A}{At + 1} \quad \text{あるいは} \quad x(t) = \frac{A - t}{1 + At}. \tag{1.18}$$

これらはいずれも $t = -1/A$ で不連続で $-1/A$ を含む区間に延長することはできない．

定義 1.12 $x(t)$, $\tilde{x}(t)$ を，それぞれ区間 (a,b), (c,d) で定義された微分方程式 $x' = f(t,x)$ の 2 つの解とする．

(1) $(a,b) \subset (c,d)$ で，任意の $t \in (a,b)$ に対して $x(t) = \tilde{x}(t)$ が成立するとき，$\tilde{x}(t)$ は $x(t)$ の**延長解**，$x(t)$ は区間 (c,d) に延長可能であるという．

(2) $x(t)$ が (a,b) を真に含むどのような開区間にも延長できないとき，$x(t)$ は**最大延長解**あるいは**延長不能解**といわれる．

たとえば $A > 0$ のとき，$(-\infty, -1/A)$ あるいは $(-1/A, \infty)$ で定義された上の例の解 (1.18) はいずれも最大延長解である．のちに，適当な条件の下で，任意の解は最大延長解に一意的に延長されることを証明する．以下，この節では解はすべて最大延長解に延長されているとする．

1.1.2 一階線形微分方程式

$p(t)$, $q(t)$ を区間 (a,b) 上の連続関数とする．

$$\frac{dx}{dt} + p(t)x = q(t) \tag{1.19}$$

の形の方程式は一階線形微分方程式と呼ばれる．左辺が x' と x の線形関数だからである．線形方程式は $q(t) = 0$ のとき**斉次方程式**，$q(t) \neq 0$ のとき**非斉次方程式**といわれる．

定理 1.13 任意の $c \in (a,b)$，定数 C に対して初期条件 $x(c) = C$ を満たす一階線形微分方程式 (1.19) の解が区間 (a,b) 上で一意的に存在し

$$x(t) = Ce^{-\int_c^t p(s)ds} + \int_c^t e^{-\int_s^t p(r)dr} q(s)ds. \tag{1.20}$$

証明 (1.20) が初期条件 $x(c) = C$ を満たす (1.19) の解であることを確かめるのは読者の演習問題とする．逆を示す．$x(t)$ を初期条件 $x(c) = C$ を満たす方程式 (1.19) の解とする．$P(t) = \int_c^t p(s)ds$ と定義する．(1.19) の両辺に $e^{P(t)}$ を乗ずる．

$$e^{P(t)}(x' + P'(t)x) = \left(xe^{P(t)}\right)' \tag{1.21}$$

だから (1.19) は

$$\left(xe^{P(t)}\right)' = e^{P(t)}q(t)$$

に同値. これを c から t まで積分して $x(c) = C$, $P(c) = 0$ に注意すれば

$$x(t)e^{P(t)} - C = \int_c^t e^{P(s)}q(s)ds \Rightarrow x(t) = e^{-P(t)}C + \int_c^t e^{-P(t)+P(s)}q(s)ds.$$

これは (1.20) である. □

　定理 1.13 によって一階線形微分方程式の解は連続関数 $p(t)$, $q(t)$ が定義された区間全体で存在する. このように, 考えている区間全体で定義された解を方程式の**大域解**, そうでない解を**局所解**という.

　一階線形微分方程式 (1.19) と例 1.5, 例 1.8 や例 1.9 の方程式に対する結果を比べると, 微分方程式の性質は, 解の存在や延長可能性などの基本的な性質においてさえ, 方程式の形によっておおいに異なることがわかる. 一般に線形微分方程式は性質のよい方程式である.

問 1.14 次の微分方程式の一般解を求めよ. ただし $\sec x = 1/\cos x$ である.

(1) $x' + x = e^t$, 　　(2) $y'\sec^2 y + \{t/(1+t^2)\}\tan y = t$ ($x = \tan y$ とおけ).

■**ダランベールの階数低下法**　$x'' + p(t)x' + q(t)x = r(t)$ の形の方程式は左辺が x'', x', x に関して線形であることから二階線形微分方程式と呼ばれる. 二階線形微分方程式は斉次方程式 $x'' + p(t)x' + q(t)x = 0$ の 1 つの解が求められれば一階線形微分方程式に帰着して解くことができる. じっさい y を斉次方程式の解とするとき, $x(t) = u(t)y(t)$ とおくと

$$x'' + px' + qx = u''y + 2u'y' + uy'' + p(u'y + uy') + quy = u''y + (2y' + py)u'.$$

したがって, 方程式 $x'' + p(t)x' + q(t)x = r(t)$ は $v = u'$ に対する一階線形微分方程式

$$v' + \left(\frac{2y' + p(t)y}{y}\right)v = \frac{r(t)}{y}$$

に帰着する. これを解いて v を求め, v を積分して u が得られる.

問 1.15　(1) $x(t) = \cos(at)$ が $x'' + a^2 x = 0$ の解であることを確かめ, $x'' + a^2 x = \cos(bt)$ の一般解を求めよ.

(2) $x(t) = t$ が $x'' - tx' + x = 0$ の解であることを確かめ，$x'' - tx' + x = te^{t^2/2}$ の一般解を求めよ．

1.2 常微分方程式の一階化

n 階正規型の (1.7) は同値な一階微分方程式系

$$
\begin{cases}
x'_1 = f_1(t, x_1, \ldots, x_n), \\
\qquad \vdots \\
x'_n = f_n(t, x_1, \ldots, x_n)
\end{cases}
\tag{1.22}
$$

に，(1.8) も同様な形にかき直すことができる．これを微分方程式の**一階化**という．このようにかき直すことによって微分方程式のとり扱いが簡明になるばかりでなく，その幾何学的あるいは物理的な意味が明らかになるなど多くの利点がある．本節では微分方程式の一階化を行い，微分方程式の物理的・幾何学的意味について解説する．

1.2.1 高階微分方程式の一階化

n 階正規型微分方程式 (1.7) を考えよう．C^n 級関数 $x(t)$ に対して

$$
x_0(t) = x(t), \quad x_1(t) = x'(t), \ldots, x_{n-1}(t) = x^{(n-1)}(t)
\tag{1.23}
$$

と定義する．$x_0, \ldots, x_{n-1}$ が C^1 級で $x'_0 = x_1, \ldots, x'_{n-2} = x_{n-1}$ となるのは定義から明らかである．さらにもし $x(t)$ が (1.7) を満たせば $x'_{n-1} = g(t, x_0, \ldots, x_{n-1})$，したがって $x_0, \ldots, x_{n-1}$ は連立一階微分方程式系

$$
\begin{cases}
x'_0 = x_1 \\
\quad \vdots \\
x'_{n-2} = x_{n-1} \\
x'_{n-1} = g(t, x_0, \ldots, x_{n-1})
\end{cases}
\tag{1.24}
$$

を満たす．逆に，$x_0(t), \ldots, x_{n-1}(t)$ が C^1 級で連立微分方程式系 (1.24) を満足するとき，$x(t) = x_0(t)$ が C^n 級で (1.7) を満たすことを確かめるのは容易である．

12   第 1 章　常微分方程式

　このように, n 階方程式 (1.7) と一階連立微分方程式系 (1.24) は, (1.23) とおくことによって同値である. (1.24) を (1.7) の**一階化微分方程式**と呼ぶ. 同様にして (1.8) が一階連立微分方程式系に同値であることを確かめることもできる.

　一方, (1.24) はより一般の一階微分方程式系

$$\begin{cases} x'_1 = f_1(t, x_1, \ldots, x_n), \\ \qquad\qquad \vdots \\ x'_n = f_n(t, x_1, \ldots, x_n) \end{cases} \tag{1.25}$$

の特別な場合である, したがって微分方程式の研究は少なくとも理論的には一階微分方程式系の研究に帰着することがわかる.

　微分方程式系 (1.25) は $\mathbb{R}^n$-値関数 $\boldsymbol{x}(t)$, $\boldsymbol{F}(t, \boldsymbol{x})$ を

$$\boldsymbol{x}(t) = \begin{pmatrix} x_1(t) \\ \vdots \\ x_n(t) \end{pmatrix}, \quad \boldsymbol{F}(t, \boldsymbol{x}) = \begin{pmatrix} f_1(t, x_1, \ldots, x_n) \\ \vdots \\ f_n(t, x_1, \ldots, x_n) \end{pmatrix} \tag{1.26}$$

と定義すれば $\boldsymbol{x}$ に対する一階微分方程式

$$\frac{d}{dt}\boldsymbol{x}(t) = \boldsymbol{F}(t, \boldsymbol{x}) \tag{1.27}$$

と考えることができる. 以下でみるように, (1.25) をこのようにかくことによって微分方程式の幾何学的な意味や, 物理学との関係も明確になるのである. そこで以下では, 主に (1.27) の形の方程式を考える. $\mathbb{R}^n$ の連結な開集合を**領域**という. スペースを節約するためベクトルを $\boldsymbol{x} = {}^t(x_1, \ldots, x_n)$ のようにもかく.

定義 1.16　$D \subset \mathbb{R}^n$ を領域, $\boldsymbol{F}(t, \boldsymbol{x})$ を $(t, \boldsymbol{x}) \in (a, b) \times D$ の連続な $\mathbb{R}^n$-値関数とする. D を微分方程式 (1.25) の**相空間**, $(a, b) \times D$ を**拡張相空間**という. $(a_1, b_1) \subset (a, b)$ 上の $\mathbb{R}^n$-値関数 $\boldsymbol{x}(t)$ は次の 2 条件を満たすとき, (1.25) の (a_1, b_1) 上の**解**であるといわれる.

(1) $\boldsymbol{x}(t)$ は (a_1, b_1) 上 C^1 級, 任意の $a_1 < t < b_1$ に対して $\boldsymbol{x}(t) \in D$.

(2) 各 $a_1 < t < b_1$ において $\boldsymbol{x}'(t) = \boldsymbol{F}(t, \boldsymbol{x}(t))$ が成立する.

■行列値関数 成分が関数である行列 $A(t) = \left(a_{ij}(t) \right)$ は**行列値関数**といわれる．ベクトル値関数と同様に，行列値関数は各成分が連続，微分可能，C^l 級，積分可能であるとき，それぞれ連続，微分可能，C^l 級，積分可能であるといい，$A(t)$ の微分，積分は各成分ごとの微分，積分と定義する．たとえば行列値関数 $A(t) = \left(a_{ij}(t) \right)$ に対して

$$A'(t) = \left(a'_{ij}(t) \right), \quad \int_a^b A(t)dt = \left(\int_a^b a_{ij}(t)dt \right).$$

問 1.17 以下が成立することを示せ．ただし a,b は定数である．

(1) 行列の和や積の微分の公式：

$$(aA)' = aA', \ (A+B)' = A' + B', \ (AB)' = A'B + AB'.$$

(2) $A(t)$ が正則行列のとき，$(A^{-1})' = -A^{-1}A'A^{-1}$．（$A(t)A(t)^{-1} = I$ を微分せよ．）ただし，I は単位行列である．

(3) 行列の積分についての部分積分公式：

$$\int_a^b A'(t)B(t)dt = A(b)B(b) - A(a)B(a) + \int_a^b A(t)B'(t)dt.$$

1.2.2 自然法則と微分方程式

微分方程式を一階化することによって，有限自由度の物理系が微分方程式によって記述される理由が理解しやすくなる．ある物理系が次の 3 つの性質を満たすとしよう．D を $\mathbb{R}^n$ の開集合とする．

(1) （**有限自由度**）系の状態は n 個の実数の組 $\boldsymbol{x} = {}^t(x_1,\ldots,x_n) \in D$ で表せる．（D 内の各点は考えている物理系の 1 つ 1 つの状態を抽象的に表現すると考えるのである．D は系の**相空間**とも呼ばれる．）

例 1.18 空間 $\mathbb{R}^3$ の中の古典粒子はその位置 $\boldsymbol{r} = {}^t(r_1, r_2, r_3) \in \mathbb{R}^3$ と運動量 $\boldsymbol{p} = {}^t(p_1, p_2, p_3) \in \mathbb{R}^3$ の組 $\boldsymbol{x} = (\boldsymbol{r}, \boldsymbol{p}) \in \mathbb{R}^6$, N 個の粒子は各粒子の位置と運動量の組 $(\boldsymbol{r}_1, \ldots, \boldsymbol{r}_N, \boldsymbol{p}_1, \ldots, \boldsymbol{p}_N) \in \mathbb{R}^{6N}$ によって記述される．

(2) （**因果律**） 時刻 s における系の状態 P は，s 以降の任意の時刻 t における系の状態を一意的に決定する．このようにして定められた，時刻 t における系の状態を $\boldsymbol{x}(t, s, P)$ とかく．

(3) （**微分可能性**） $\boldsymbol{x}(t, s, P)$ は (t, s, P) の連続微分可能関数である．

いま，この三条件を満たすある物理系の時刻 s における状態を $P \in D$ とする．任意の $r \geq t \geq s$ に対して，時刻 r での状態 $\boldsymbol{x}(r, s, P)$ は時刻 t での状態 $\boldsymbol{x}(t, s, P)$ を経過して到達されるのだから因果律 (2) によって

$$\boldsymbol{x}(r, s, P) = \boldsymbol{x}(r, t, \boldsymbol{x}(t, s, P)).$$

この両辺を r で微分して $r = t$ とおけば

$$\frac{d\boldsymbol{x}}{dt}(t, s, P) = \frac{d\boldsymbol{x}}{dr}(r, t, \boldsymbol{x}(t, s, P))\bigg|_{r=t}. \tag{1.28}$$

$(t, \boldsymbol{y}) \in \mathbb{R}^{n+1}$ の関数 $\boldsymbol{F}(t, \boldsymbol{y})$ を

$$\boldsymbol{F}(t, \boldsymbol{y}) = \frac{d\boldsymbol{x}}{dr}(r, t, \boldsymbol{y})\bigg|_{r=t}$$

と定義すれば，(1.28) の右辺は $\boldsymbol{F}(t, \boldsymbol{x}(t, s, P))$ に等しい．したがって，$\boldsymbol{x}(t) = \boldsymbol{x}(t, s, P)$ は出発点 (s, P) によらずに同一の微分方程式

$$\frac{d\boldsymbol{x}}{dt} = \boldsymbol{F}(t, \boldsymbol{x}) \tag{1.29}$$

を満たし，(1.29) の初期条件 $\boldsymbol{x}(s) = P$ を満たす解となる．

　このように，自然な条件 (1), (2), (3) の性質を満たす物理系の状態変化は，一階微分方程式系によって記述される．逆に，$\boldsymbol{F}(t, \boldsymbol{x})$ が滑らかさに関する適当な条件を満たせば，微分方程式系 (1.27) の解が上の性質 (2), (3) を満たすことが，本章の以下の節で示される．$\boldsymbol{F}(t, \boldsymbol{x})$ は系の状態の時間発展を決定するのである．物理法則は系の発展の仕方を与える法則であるから，このような系の物理法則を求めることは結局 $\boldsymbol{F}(t, \boldsymbol{x})$ を求めることにほかならない．

　このように，微分方程式は物理学と密接に関係しており，これから学ぶ微分方程式の次の基本問題も，上に述べた物理系の性質 (1), (2), (3) と密接に関係している．

(1) （初期値問題の解の存在問題）(1.27) の初期条件 $\boldsymbol{x}(s) = \boldsymbol{p}$ を満たす解は存在するか？　解が存在しなくては，この方程式で系の状態変化を記述することはそもそも不可能である．この問題は大前提として解かれなければならない．

(2) （初期値問題の解の一意性）$\boldsymbol{x}(s) = \boldsymbol{p}$ を満たす解が存在するとき，その解はただ 1 つか？　初期時刻における状態が後の状態を一意に決めるかというのであるから，これは因果律が成立するか否かにほかならない．解がただ 1 つであれば，それを $\boldsymbol{x}(t) = \boldsymbol{x}(t, s, \boldsymbol{p})$ とかく．

(3) （微分可能性）解がただ 1 つ存在するとき，$(t, s, \boldsymbol{p}) \to \boldsymbol{x}(t, s, \boldsymbol{p})$ は微分可能か？　これは上に述べた条件 (3) の性質が成立するかどうかの問題である．

$\boldsymbol{x}(t, s, \boldsymbol{p})$ の微分可能性の仮定 (3) は人為的に感じられるかもしれない．しかしこれは実用上も大切である．微分方程式を解いて，時刻 s の状態 $\boldsymbol{p}$ から時刻 t の状態 $\boldsymbol{x}(t, s, \boldsymbol{p})$ を予測する場面を想定しよう．じっさいには初期時刻 s も初期状態 $\boldsymbol{p}$ も，さらに観測時間 t も完全に決定することは不可能で，つねにその近似値が得られるにすぎない．したがって，$\boldsymbol{x}(t, s, \boldsymbol{p})$ が $(t, s, \boldsymbol{p})$ に関して滑らかに変化しなければ，方程式を解いて結果を予測するのは事実上不可能である．方程式の解が初期値に関して滑らかに変化するとき，方程式は**適切** (**well-posed**) であるといい，そうでないとき**不適切** (**ill-posed**) であるという．

■**自律系（自励系）と非自律系（非自励系）**　微分方程式（系）(1.27) や (1.29) は $\boldsymbol{F}(t, \boldsymbol{x})$ が独立変数 t を含まないとき**自律系**，含むとき**非自律系**と呼ばれる．(1.29) が自律系であることは物理法則が時間によらない（しばしば定常的といわれる）ことと同値である．非自律系方程式は未知変数を 1 つ増やすことによって同値な自律系にかき直すことができる．じっさい，新たな独立変数 s の未知関数 $(t, \boldsymbol{x})$ に対する連立方程式系

$$\frac{d}{ds}\begin{pmatrix} t \\ \boldsymbol{x} \end{pmatrix} = \begin{pmatrix} 1 \\ \boldsymbol{F}(t, \boldsymbol{x}) \end{pmatrix}$$

16 第 1 章 常微分方程式

は右辺に s を含まないので自律系, これは (1.29) と同値である. このように
すると, 相空間は D から $\boldsymbol{F}(t, \boldsymbol{x})$ の定義域 $(a, b) \times D$ に拡張される. これ
を**拡張相空間**ということは前に述べた通りである.

1.2.3 微分方程式の幾何学的意味

$D \subset \mathbb{R}^n$ を領域とする. 区間 I から D の中への C^1 級関数 $\boldsymbol{x}(t)$ は D 上
の曲線, D 上の連続な $\mathbb{R}^n$ 値関数 $\boldsymbol{G}(\boldsymbol{x})$ は D 上の**ベクトル場**と呼ばれる. 曲
線 $\boldsymbol{x}(t)$ の $t = t_0$ における微分係数 $\boldsymbol{x}'(t_0)$ は, 曲線の $\boldsymbol{x}(t_0)$ における接ベク
トルである.

$$\boldsymbol{x}'(t_0) = \boldsymbol{G}(\boldsymbol{x}(t_0)) \tag{1.30}$$

のとき, すなわち, 曲線の $\boldsymbol{x}(t_0)$ における接ベクトルが与えられたベクトル
場の $\boldsymbol{x}(t_0)$ における値に等しいとき, 曲線は $\boldsymbol{x}(t_0)$ においてベクトル場 $\boldsymbol{G}(\boldsymbol{x})$
に**接する**といわれる.

自律系微分方程式系 $\boldsymbol{x}' = \boldsymbol{G}(\boldsymbol{x})$ の右辺は, 相空間 D 上にベクトル場 $\boldsymbol{G}(\boldsymbol{x})$
を定義する. このとき, (1.30) によって $\boldsymbol{x}' = \boldsymbol{G}(\boldsymbol{x})$ の解とはその上のすべて
の点においてベクトル場 $\boldsymbol{G}(\boldsymbol{x})$ に接する D 上の C^1 級曲線のことであり, 初
期値問題

$$\boldsymbol{x}' = \boldsymbol{G}(\boldsymbol{x}), \qquad \boldsymbol{x}(s) = \boldsymbol{p} \tag{1.31}$$

の解とは, このような曲線 $\boldsymbol{x}(t)$ で, $t = s$ において $\boldsymbol{p}$ を通るもののことであ
る. そこで, $\boldsymbol{x}' = \boldsymbol{G}(\boldsymbol{x})$ の解曲線をベクトル場 $\boldsymbol{G}(\boldsymbol{x})$ の**積分曲線**とも呼ぶ.
非自律系微分方程式も自律系にかき直せば同様な幾何学的意味をもつことは
明らかであろう.

■**相流**　$D \subset \mathbb{R}^n$ を領域とし, $\boldsymbol{F}(t, \boldsymbol{x})$ を $(t, \boldsymbol{x}) \in \mathbb{R} \times D$ に対して定義され
た $\mathbb{R}^n$ 値の連続関数とする. 微分方程式 (1.27) に対する初期値問題

$$\boldsymbol{x}'(t) = \boldsymbol{F}(t, \boldsymbol{x}), \qquad \boldsymbol{x}(s) = \boldsymbol{p} \tag{1.32}$$

に対して次の性質 (P) が成り立つとしよう.

(P) 任意の $s \in \mathbb{R}, \boldsymbol{p} \in D$ に対して (1.32) の一意的な解 $\boldsymbol{x}(t, s, \boldsymbol{p})$ が存在する. $\boldsymbol{x}(t, s, \boldsymbol{p})$ は $(t, s, \boldsymbol{p})$ について C^1 級で区間 $-\infty < t < \infty$ 全体に延長される.

このとき, $\boldsymbol{x}(t, s, \boldsymbol{p}) \in \mathbb{R}^n$ は, $(s, \boldsymbol{p})$ を固定して t の関数と考えれば (1.32) の 1 つの解曲線である. 一方, (t, s) を固定して $\boldsymbol{p} \in D$ の関数と考えれば, これは時刻 s における点 $\boldsymbol{p}$ が時刻 t にどこに移動するかを記述する D から D への写像 $\boldsymbol{p} \mapsto \boldsymbol{x}(t, s, \boldsymbol{p})$ である. この写像を $\Phi_{t,s}$ とかく. $\Phi_{t,s}(\boldsymbol{p}) = \boldsymbol{x}(t, s, \boldsymbol{p})$ である.

　一般に, 写像 $\varphi : D \to D$ が 1 対 1, 上への写像で φ およびその逆写像 φ^{-1} が C^k 級, $k = 1, 2, \ldots$ であるとき, φ は D 上の C^k **級微分同相写像**といわれる.

定理 1.19　初期値問題 (1.32) に対して仮定 (P) が成立するとする. このとき, 次が成立する.

(1) $\Phi_{t,s}(\boldsymbol{p})$ は $(t, s, \boldsymbol{p})$ に関して C^1 級.

(2) 各 (t, s) に対して $\Phi_{t,s}$ は D から D の上への C^1 級微分同相写像.

(3) 任意の t, s, r に対して $\Phi_{t,r} \circ \Phi_{r,s} = \Phi_{t,s}$ である.

(1.32) が自律系のとき, 任意の t, s に対して $\Phi_{t+s,s} = \Phi_{t,0}$ が成立する. このとき, $\Psi_t = \Phi_{t,0}$ と定義すれば, Ψ_t は D 上の **1-パラメータ変換群**, すなわち

$$\Psi_t \circ \Psi_s = \Psi_{t+s}, \qquad t, s \in \mathbb{R} \tag{1.33}$$

を満たす D 上の微分同相写像の 1-パラメータ族である.

証明　(1) は性質 (P) から明らかである. t の関数 $\boldsymbol{x}_1(t) = \boldsymbol{x}(t, r, \boldsymbol{x}(r, s, \boldsymbol{p}))$, $\boldsymbol{x}_2(t) = \boldsymbol{x}(t, s, \boldsymbol{p})$ は同じ初期条件 $\boldsymbol{x}_1(r) = \boldsymbol{x}_2(r) = \boldsymbol{x}(r, s, \boldsymbol{p})$ を満たす微分方程式 $\boldsymbol{x}'(t) = \boldsymbol{F}(t, \boldsymbol{x})$ の解である. ゆえに性質 (P) の初期値問題の解の一意性の仮定から $\boldsymbol{x}(t, r, \boldsymbol{x}(r, s, \boldsymbol{p})) = \boldsymbol{x}(t, s, \boldsymbol{p})$, したがって $\Phi_{t,r} \circ \Phi_{r,s} = \Phi_{t,s}$ である. とくに, $\Phi_{t,t}(\boldsymbol{p}) = \boldsymbol{p}$ だから $\Phi_{t,s} \circ \Phi_{s,t}(\boldsymbol{p}) = \boldsymbol{p}$. これから $\Phi_{t,s}$ は 1 対 1 上への写像で, そのヤコビアンはけっして 0 にならない. $\Phi_{t,s}$ は C^1 級の微分同相写像である. 自律系に対して $\Phi_{t+s,s} = \Phi_{t,0}$ を示せば証明が終わる. $\boldsymbol{x}_3(t) = \boldsymbol{x}(t + s, s, \boldsymbol{p})$,

$\boldsymbol{x}_4(t) = \boldsymbol{x}(t, 0, \boldsymbol{p})$ とする. $\boldsymbol{G}(t, \boldsymbol{x}) = \boldsymbol{G}(\boldsymbol{x})$ は t によらないから, $\boldsymbol{x}_3(t)$, $\boldsymbol{x}_4(t)$ はいずれも $\boldsymbol{x}' = \boldsymbol{G}(\boldsymbol{x})$ を満たし, 明らかに $\boldsymbol{x}_3(0) = \boldsymbol{x}_4(0) = \boldsymbol{p}$ である. したがって, ふたたび初期値問題の解の一意性によって $\boldsymbol{x}_3(t) = \boldsymbol{x}_4(t)$, すなわち $\Phi_{t+s,s}(\boldsymbol{p}) = \Phi_{t,0}(\boldsymbol{p})$ である. □

定義 1.20　一般に写像の族 $\{\Phi_{t,s} : -\infty < t, s < \infty\}$ は, 定理 1.19 の性質 (1), (2), (3) を満たすとき D 上の C^1 級の**運動**あるいは**相流**と呼ばれ, それがとくに微分方程式から得られたものであるときには, $\boldsymbol{x}' = \boldsymbol{F}(t, \boldsymbol{x})$ によって引き起こされた相流, あるいはベクトル場 $\boldsymbol{F}(t, \boldsymbol{x})$ の生成する相流と呼ばれる.

　実は, 任意の相流は微分方程式によって引き起こされたものであることを示そう. $\Phi_{t,s}$ を D 上の C^1 級の相流とする. このとき $\boldsymbol{x}(t, s, \boldsymbol{p}) = \Phi_{t,s}(\boldsymbol{p})$ とおけば, 性質 (2) から $\boldsymbol{x}(r, t, \boldsymbol{x}(t, s, \boldsymbol{p})) = \boldsymbol{x}(r, s, \boldsymbol{p})$. したがって, $\boldsymbol{F}(t, \boldsymbol{y}) = (d/dr)\boldsymbol{x}(r, t, \boldsymbol{y})|_{r=t}$ とおけば, 1.2.2 項の議論と同様にして $\boldsymbol{x}(t, s, \boldsymbol{p})$ が微分方程式 $\boldsymbol{x}' = \boldsymbol{F}(t, \boldsymbol{x})$ の初期条件 $\boldsymbol{x}(s) = \boldsymbol{p}$ を満たす解であることがわかる. これは $\Phi_{t,s}$ が微分方程式 $\boldsymbol{x}' = \boldsymbol{F}(t, \boldsymbol{x})$ によって引き起こされたものであることを意味するからである. このように, **微分方程式**, **ベクトル場**, そして**相流**は, 相空間上の点の運動の異なった側面からの記述で, たとえば相流の性質を調べることによって, 微分方程式の解の性質を調べることができるのである.

　以上, 方程式の一階化が, 微分方程式の一般理論のためにきわめて有効であることが理解できたであろう. しかし, 個々の方程式の解の性質を調べるには, 高階方程式をそのままの形でとり扱った方が好都合の場合も多い. じっさい, 第 2 章では, 二階方程式を一階化せずにとり扱って多くの性質が導かれる. 一階化は必ずしも万能ではないことも注意しておく.

1.2.4　1.2 節の問題

問題 1.1　ベルヌイの方程式 $x' + p(t)x = q(t)x^n$, $n \neq 0, 1$ は $z = 1/x^{n-1}$ とおいて一階線形方程式に変換できることを示し, これを用いて次の微分方程式の一般解を求めよ.

1.2 常微分方程式の一階化 19

(1) $tx' + x = x^2 \log t$, (2) $x' = t^2 x^6 - (x/t)$,

(3) $t^2 x^n x' + x = 2tx'$ （ヒント：x を独立変数とする．$dx/dt = (dt/dx)^{-1}$ である．）

問題 1.2 次は同次型方程式である．変数分離型に変形して解け．

(1) $(t+y)^2 dy = tydt$ （ヒント：$y = tx$ とおけ．）

(2) $(2t - 5x + 3)dt - (2t - 4x - 6)dx = 0$ （$t = s + c, \ x = y + d$ とおけ．）

問題 1.3 （**完全微分方程式**）$P(t,x)dt + Q(t,x)dx = 0$ は，(t,x) の関数 $F(t,x)$ が存在して，$(\partial F/\partial t)(t,x) = P(t,x), (\partial F/\partial x)(t,x) = Q(t,x)$ となるとき，完全微分方程式と呼ばれる．

(a) P, Q が全平面 $\mathbb{R}^2$ において定義されているとき，$P(t,x)dt + Q(t,x)dx = 0$ が完全微分方程式であるためには $\partial P/\partial x = \partial Q/\partial t$ が満たされることが必要十分であることを示せ．（ヒント：線積分を用いて F を構成せよ．）

(b) このとき，方程式の解空間は $\{x = x(t) : x(t)$ は C^1 級で $F(t, x(t)) =$ 定数 $\}$ となることを示し，次の方程式を F を求めることによって解け．

(1) $(7t - 3x + 2)dt + (4x - 3t - 5)dx = 0$, (2) $(x^3 + 5xy^2)dx + (5x^2 y + 2y^3)dy = 0$

問題 1.4 独立変数 t を含まない方程式 $f(y, y', y'') = 0$ は $y' = p$ とおき，y を独立変数とみれば，$y'' = dp/dt = dp/dy \cdot dy/dt = pdp/dy$ だから，変数 y の関数 p に対する一階方程式 $f(y, p, pdp/dy) = 0$ にかき換えられる．これを解いて $p = p(y)$ を求め，次いで関数 y に対する方程式 $y' = p(y)$ を解いて $y = y(t)$ が得られる．このようにして次の方程式を解け．

(1) $y'' + y = 0$, (2) $yy'' + (y')^2 - y' = 0$, (3) $y'' + yy' = 0$

問題 1.5 1.2.2 項の条件 (1), (2), (3) を満たす状態の時間変化が時間の平行移動に関して不変，すなわち任意の $\tau \in \mathbb{R}$ に対して $\boldsymbol{x}(t+\tau, s+\tau, \boldsymbol{p}) = \boldsymbol{x}(t, s, \boldsymbol{p})$ であれば，(1.27) の $\boldsymbol{F}(t, \boldsymbol{x})$ は t に依存せず，微分方程式 (1.29) は自律系であることを示せ．

問題 1.6 $x'' + x = 0$ の一階化方程式の定める相流 Ψ_t は，平面の回転：

$$\Psi_t \begin{pmatrix} x_1 \\ x_2 \end{pmatrix} = \begin{pmatrix} \cos t & \sin t \\ -\sin t & \cos t \end{pmatrix} \begin{pmatrix} x_1 \\ x_2 \end{pmatrix}$$

であることを示せ．

問題 1.7 $H(x, y)$ を平面上の滑らかな関数とする．微分方程式

$$\frac{d}{dt}\begin{pmatrix} x \\ y \end{pmatrix} = \begin{pmatrix} H_y(x,y) \\ -H_x(x,y) \end{pmatrix}$$

の決める相流を Ψ_t とする．この形の方程式をハミルトン方程式と呼ぶ．次を示せ．

(a) 任意の t, x, y に対して $H(\Psi_t(x,y)) = H(x,y)$ である（エネルギー保存の法則）．

(b) 任意の面積確定集合 V に対して $\Psi_t(V)$ の面積は V の面積に等しい．すなわち Ψ_t は面積を変えない写像である．

1.3 初期値問題の解の存在と一意性

$\mathbb{R}^n$ 値の未知関数 $\boldsymbol{x}(t)$ に対する一階微分方程式の初期値問題

$$\frac{d\boldsymbol{x}}{dt} = \boldsymbol{F}(t,\boldsymbol{x}), \quad \boldsymbol{x}(c) = \boldsymbol{p} \tag{1.34}$$

の解の存在と一意性の問題を考える．D は $\mathbb{R}^n$ の領域，(a,b) は区間，$\boldsymbol{F}(t,\boldsymbol{x})$ は $(t,\boldsymbol{x}) \in (a,b) \times D$ に対して定義された $\mathbb{R}^n$ 値関数である．本節では

1. $\boldsymbol{F}(t,\boldsymbol{x})$ が連続関数であれば初期値問題 (1.34) の解が存在する，

2. さらにある定数 L が存在して

$$|\boldsymbol{F}(t,\boldsymbol{x}) - \boldsymbol{F}(t,\boldsymbol{y})| \le L|\boldsymbol{x} - \boldsymbol{y}|, \quad \boldsymbol{x}, \boldsymbol{y} \in D, \ t \in (a,b) \tag{1.35}$$

が満たされればその解は一意的である

ことを 2 つの方法，**コーシーの折れ線法**と**ピカールの逐次近似法**によって証明する．条件 (1.35) が満たされるとき $\boldsymbol{F}(t,\boldsymbol{x})$ は $\boldsymbol{x}$ について**リプシッツ連続**であるという．$\boldsymbol{F}$ がこのような強い意味で連続でないと，一般には $\boldsymbol{x}(c) = \boldsymbol{p}$ を満たす解が無限個存在する．コーシーの折れ線法では $\boldsymbol{F}(t,\boldsymbol{x})$ の連続性を仮定して解の存在を証明するが解の一意性は保証されない．一方，ピカールの逐次近似法では $\boldsymbol{x}$ についてのリプシッツ連続性を仮定して解の存在と一意性が同時に証明される．

いずれの方法においても解はまず t の限られた区間において構成され，この解を次々と延長していくことによって最大延長解が得られる．しかし，一般には，解が (a,b) 全体に延長されるわけではないことは前節の例でみたとおりである．

1.3 初期値問題の解の存在と一意性　　　21

■**行列のノルム**　行列の大きさを評価するのに次で定義された行列のノルムを用いる（より一般のベクトル空間に関するノルムについては第2章で学ぶ）．$K = \mathbb{C}$ あるいは $K = \mathbb{R}$ のとき，成分が K に含まれる縦 n，横 m の行列の全体を $M(n, m, K)$ とかく．$M(n, m, K)$ は行列の和，K によるスカラー倍に関してベクトル空間の公理を満たし K 上のベクトル空間になる．$|\boldsymbol{x}|$ は実あるいは複素ベクトルの長さである（(1.4) 参照）．以下 $K = \mathbb{C}$ あるいは $K = \mathbb{R}$ であるが K をいちいちかかない．

定義 1.21　行列 $A = (a_{ij}) \in M(n, m)$ に対して

$$\|A\| = \max\{|A\boldsymbol{x}| : \boldsymbol{x} \in K^m, \ |\boldsymbol{x}| = 1\} \tag{1.36}$$

を行列 A のノルムという．

明らかに $\|A\| \geq 0$, $\|A\| = 0 \Leftrightarrow A = 0$ で次が成立する．

$$\|A\boldsymbol{x}\| \leq \|A\||\boldsymbol{x}|, \quad \boldsymbol{x} \in K^m. \tag{1.37}$$

問 1.22　(1.37) を示せ．$A \in M(n, 1)$ のとき，$\|A\|$ は A のベクトルとしての長さに等しいことを示せ．

補題 1.23　$A, B \in M(n, m)$, $\alpha \in K$ とする．次が成立する：

$$\|\alpha A\| = |\alpha|\|A\| \ （\text{同次性}）, \quad \|A+B\| \leq \|A\|+\|B\| \ （\text{三角不等式}）. \tag{1.38}$$

証明　$\|\alpha A\| = |\alpha|\|A\|$ はノルムの定義から明白である．$|\boldsymbol{x}| = 1$ のとき

$$|(A + B)\boldsymbol{x}| \leq |A\boldsymbol{x}| + |B\boldsymbol{x}| \leq \|A\| + \|B\|.$$

ゆえに，$\|A + B\| \leq \|A\| + \|B\|$ である．　　　　　　　　　　　　　□

補題 1.24　A の列ベクトルを $\boldsymbol{a}_1, \ldots, \boldsymbol{a}_m$，すなわち $A = (\boldsymbol{a}_1, \ldots, \boldsymbol{a}_m)$ とすれば

$$\max(|\boldsymbol{a}_1|, \ldots, |\boldsymbol{a}_m|) \leq \|A\| \leq \left(\sum_{j=1}^{m} |\boldsymbol{a}_j|^2\right)^{1/2}. \tag{1.39}$$

証明 $e_1, \ldots, e_m \in K^m$ を K^m の標準基底, $e_1 = (1, 0, \ldots, 0), \ldots, e_m = (0, \ldots, 0, 1)$ とすれば $Ae_j = a_j$, $|e_j| = 1$ である. ゆえに, $|a_j| = |Ae_j| \leq \|A\|$. 第 1 の不等式が成立する. $|x| = 1$ のとき, ベクトルの長さに対する三角不等式, シュワルツの不等式によって

$$|Ax| = |x_1 a_1 + \cdots + x_m a_m| \leq |x_1||a_1| + \cdots + |x_m||a_m| \leq (|a_1|^2 + \cdots + |a_m|^2)^{1/2}.$$

よって, (1.39) の第 2 の不等式が成立する. □

■**距離空間** $A, B \in M(m, n)$ の間の距離 $d(A, B)$ をノルムを用いて $d(A, B) = \|A - B\|$ と定義する. (1.38) によって $d(A, B)$ は次の**距離の公理**を満たす.

定義 1.25 S を一般の集合とする. S の点の対 $(f, g) \in S \times S$ に非負の実数を対応させる写像 $d(f, g)$ は

  (a) （**正値性**） $d(f, f) = 0$ で, $d(f, g) = 0$ なら $f = g$.
  (b) （**対称性**） 任意の f, g に対して $d(f, g) = d(g, f)$.
  (c) （**三角不等式**） 任意の f, g, h に対して $d(f, g) \leq d(f, h) + d(h, g)$.

を満たすとき S 上の**距離**といわれ, 距離 d が定義された空間 (S, d) は**距離空間**といわれる. 性質 (a), (b), (c) は**距離の公理**といわれる.

問 1.26 $\|A\|$ がノルムのとき, $d(A, B) = \|A - B\|$ が距離の公理を満たすことを示せ.

以下では $M(n, m)$ はこの距離 $d(A, B) = \|A - B\|$ をもつ距離空間と考える. とくに

$$\lim_{j \to \infty} d(A_j, B) = \lim_{j \to \infty} \|A_j - B\| = 0 \tag{1.40}$$

のとき, $A_1, A_2, \cdots \in M(n, m)$ は B に**収束する**といわれ, $A_j \to B$ とかかれる.

補題 1.27 (1) $A_j \to B$ と A_j の各成分が B の各成分に収束することは同値, $A(t) = (a_{ij}(t))$ が距離 $\|A - B\|$ に関して連続であることと各成分 $a_{ij}(t)$ が連続であることは同値である.

  (2) $A_j \to C$, $B_j \to D$ なら $A_j B_j \to CD$. 行列のかけ算は連続である.

(3) $t \mapsto A(t) \in M(n,m)$ が連続なら $\|A(t)\|$ は t の連続関数である.

(4) $\left\| \int_a^b A(t)dt \right\| \leq \int_a^b \|A(t)\|dt$ が成立する.

問 1.28 補題 1.27 を証明せよ.（ヒント：命題 (1) は (1.39) からしたがう．(4) の証明には (1.5) の証明をまねよ.）

1.3.1 アスコリ・アルツェラの補題

ここで学ぶ補題は解析学のさまざまな場面でしばしば用いられる重要な補題である．本節の目的のためには区間上の関数を考えれば十分であるが，後での応用を考えて次の形で述べておく．

■**一様有界・同等連続**

定義 1.29 $\mathbb{R}^n$ の部分集合 D 上の関数列 $f_1(\boldsymbol{x}), f_2(\boldsymbol{x}), \dots$ は

(1) ある定数 M が存在して，任意の $j = 1, 2, \dots, \boldsymbol{x} \in D$ に対して $|f_j(\boldsymbol{x})| \leq M$ が満たされるとき，D 上**一様有界**,

(2) 任意の $\varepsilon > 0$ に対して，ある $\delta > 0$ が存在して,

$$\boldsymbol{x}, \boldsymbol{y} \in D, \ |\boldsymbol{x} - \boldsymbol{y}| < \delta \Rightarrow |f_j(\boldsymbol{x}) - f_j(\boldsymbol{y})| < \varepsilon, \ j = 1, 2, \dots \tag{1.41}$$

が満たされるとき D 上**同等連続**といわれる.

f は $|f(\boldsymbol{x})| \leq M$, $\boldsymbol{x} \in D$ を満たすとき有界であるといわれた．この M が j にも $\boldsymbol{x}$ にもよらないとき，関数列 $\{f_j\}$ は一様有界といわれるのである．1 つの関数 $f(\boldsymbol{x})$ に対して条件 (1.41) が成り立つとき，すなわち連続の度合が D 内の点によらないとき，f は D 上一様連続といわれた．連続の度合がさらに関数 f_j にもよらないとき，$\{f_j\}$ は同等連続なのである．

例 1.30 D 上の関数列 $f_1(\boldsymbol{x}), f_2(\boldsymbol{x}), \dots$ はある定数 $L > 0$ が存在して

$$|f_j(\boldsymbol{x}) - f_j(\boldsymbol{y})| \leq L|\boldsymbol{x} - \boldsymbol{y}|, \quad \boldsymbol{x}, \boldsymbol{y} \in D, \ j = 1, 2, \dots$$

が満たされるとき，D 上**一様にリプシッツ連続**といわれる．一様にリプシッツ連続ならば明らかに同等連続である．

24 第 1 章 常微分方程式

$D \subset \mathbb{R}^n$ は D に含まれる任意の二点に対してそれを結ぶ線分がまた D に含まれるとき，凸集合といわれる．$f_1(\boldsymbol{x}), f_2(\boldsymbol{x}), \ldots$ を凸集合 D 上の C^1 級関数列とする．ある定数 M に対して

$$|\nabla f_j(\boldsymbol{x})| \leq M, \qquad \boldsymbol{x} \in D, \quad j = 1, 2, \ldots$$

が成立すれば $\{f_j(\boldsymbol{x})\}_{j=1,2,\ldots}$ は一様にリプシッツ連続，したがって同等連続である．平均値の定理によって $\boldsymbol{x}, \boldsymbol{y}$ を結ぶ線分上の点 $\boldsymbol{c}_j$ が存在して

$$|f_j(\boldsymbol{x}) - f_j(\boldsymbol{y})| = |\nabla f_j(\boldsymbol{c}) \cdot (\boldsymbol{x} - \boldsymbol{y})| \leq M|\boldsymbol{x} - \boldsymbol{y}|$$

となるからである．ここで $\nabla f = (\partial f / \partial x_1, \ldots, \partial f / \partial x_n)$ である．

例 1.31 $f(x, y)$ を長方形 $[a, b] \times [c, d]$ 上の二変数の連続関数とする．このとき，y を固定して考えれば $f(x, y)$ は x の関数である．この関数を $f_y(x)$ とかく．y を動かせば関数の族 $\{f_y(x)\}_{y \in [c,d]}$ が得られる．$\{f_y(x)\}_{y \in [c,d]}$ は一様有界，同等連続である．じっさい，有界閉集合上の連続関数 $|f(x, y)|$ は最大値をもつからそれを M とすれば，任意の x, y に対して $|f_y(x)| \leq M$. したがって，$\{f_y(x)\}_{y \in [c,d]}$ は一様有界である．また，有界閉集合上の連続関数は一様連続だから，任意の $\varepsilon > 0$ に対して，ある $\delta > 0$ が存在して，$\sqrt{(x_2 - x_1)^2 + (y_2 - y_1)^2} < \delta$ であれば $|f_{y_2}(x_2) - f_{y_1}(x_1)| < \varepsilon$. とくに $y_1 = y_2 = y$ とすれば，$|x_2 - x_1| < \delta$ を満たす任意の $x_1, x_2 \in [a, b]$ と $y \in [c, d]$ に対して $|f_y(x_2) - f_y(x_1)| < \varepsilon$. したがって，$\{f_y(x)\}_{y \in [c,d]}$ は同等連続でもある．いまの場合，$\{f_y(x)\}_{y \in [c,d]}$ は関数列ではなく連続パラメータをもつ関数族であるが，定義 1.29 を自然に拡張して一様有界あるいは同等連続というのである．

問 1.32 $[0, \pi]$ 上の関数列 $\sin(nx), n = 1, 2, \ldots$ は一様有界であるが同等連続ではないことを示せ．

■アスコリ・アルツェラの補題

定理 1.33（アスコリ・アルツェラの補題）　K を $\mathbb{R}^n$ の有界集合，$f_1(\boldsymbol{x}), f_2(\boldsymbol{x}),$

1.3 初期値問題の解の存在と一意性 25

$\dots$ を K 上の一様有界かつ同等連続な関数列とする．このとき，ある連続関数 $f(\boldsymbol{x})$ に K 上一様収束する部分列 $f_{n_1}(\boldsymbol{x}), f_{n_2}(\boldsymbol{x}), \dots$ が存在する．

証明 K の点列 $\boldsymbol{q}_1, \boldsymbol{q}_2, \dots$ を，$Q = \{\boldsymbol{q}_1, \boldsymbol{q}_2, \dots\}$ の閉包 $\overline{Q} \supset K$ となるようにとっておく．K が開集合なら，たとえば K に含まれる有理点（座標がすべて有理数である点）をとって整列させればよい（一般の場合にこのような点列がとれることは問 1.35 参照）．一様有界性の条件によって数列 $\{f_n(\boldsymbol{q}_1)\}_{n=1,2,\dots}$ は有界だから，ワイエルシュトラスの定理によって適当な部分列 $n_1^{(1)}, n_2^{(1)}, \dots$ で $\{f_{n_j^{(1)}}(\boldsymbol{q}_1)\}_{j=1,2,\dots}$ が収束するものが存在する．この部分列に対して，$\{f_{n_j^{(1)}}(\boldsymbol{q}_2)\}_{j=1,2,\dots}$ はふたたび有界である．したがって，$\{n_j^{(1)}\}_{j=1,2,\dots}$ の部分列 $n_1^{(2)}, n_2^{(2)}, \dots$ が存在して，$\{f_{n_j^{(2)}}(\boldsymbol{q}_2)\}_{j=1,2,\dots}$ が収束する．この議論を繰り返して次の性質をもつ部分列の列 $\{n_j^{(1)}\}, \{n_j^{(2)}\}, \dots$ がつくれる．

1. 各 $k = 1, 2, \dots$ に対して，$\{n_j^{(k+1)}\}_{j=1,2,\dots}$ は $\{n_j^{(k)}\}_{j=1,2,\dots}$ の部分列；
2. 各 $k = 1, 2, \dots$ に対して，$\{f_{n_j^{(k)}}(\boldsymbol{q}_k)\}_{j=1,2,\dots}$ は収束列．

この部分列の列を縦一列に

$$
\begin{array}{cccccc}
n_1^{(1)} & n_2^{(1)} & n_3^{(1)} & \dots\dots & n_j^{(1)} & \dots\dots \\
n_1^{(2)} & n_2^{(2)} & n_3^{(2)} & \dots\dots & n_j^{(2)} & \dots\dots \\
n_1^{(3)} & n_2^{(3)} & n_3^{(3)} & \dots\dots & n_j^{(3)} & \dots\dots \\
\vdots & \vdots & \vdots & & \vdots & \\
n_1^{(k)} & n_2^{(k)} & n_3^{(k)} & \dots\dots & n_j^{(k)} & \dots\dots \\
\vdots & \vdots & \vdots & & \vdots &
\end{array}
$$

と並べ，対角線をとって $n_j = n_j^{(j)}$, $j = 1, 2, \dots$ と決める．このとき，任意の $k = 1, 2, \dots$ に対して $\{f_{n_j}(\boldsymbol{q}_k)\}_{j=1,2,\dots}$ は収束する．$\{n_k, n_{k+1}, \dots\}$ は $\{n_1^{(k)}, n_2^{(k)}, \dots\}$ の部分列だからである．

$f_{n_1}(\boldsymbol{x}), f_{n_2}(\boldsymbol{x}), \dots$ が一様収束することを示そう．簡単のために $f_{n_j}(\boldsymbol{x}) = f_j(\boldsymbol{x})$, $j = 1, 2, \dots$ とかく．任意に $\varepsilon > 0$ をとる．$\{f_j\}$ は同等連続だからある $\delta > 0$ が存在して

$$
\boldsymbol{x}, \boldsymbol{y} \in K, \quad |\boldsymbol{x} - \boldsymbol{y}| < \delta \Rightarrow |f_j(\boldsymbol{x}) - f_j(\boldsymbol{y})| < \frac{\varepsilon}{3}, \quad j = 1, 2, \dots . \tag{1.42}
$$

K を $K \cap K_r \neq \emptyset$ を満たす直径 $\delta/2$ の有限個の開球 $K_1, \dots, K_l$ で覆う（K は有界だったからこれは可能である）．$\overline{Q} \supset K$ だから $K_r \cap Q \neq \emptyset$．$K_r \cap Q$ から一個ずつ $\boldsymbol{p}_r$, $r = 1, \dots, l$ をとる．$\{f_j(\boldsymbol{p}_r)\}_{j=1,2,\dots}$ は収束列だから，ある（大きな）番号 J が存在して，

$$|f_j(\boldsymbol{p}_r) - f_k(\boldsymbol{p}_r)| < \frac{\varepsilon}{3}, \quad \forall j,k \geq J, \quad \forall r = 1,\ldots,l.$$

このとき，任意の $\boldsymbol{x}$ に対して，$\boldsymbol{x} \in K_r$ となる r を選べば，$j,k \geq J$ となる j,k に対して

$$|f_j(\boldsymbol{x}) - f_k(\boldsymbol{x})| \leq |f_j(\boldsymbol{x}) - f_j(\boldsymbol{p}_r)| + |f_j(\boldsymbol{p}_r) - f_k(\boldsymbol{p}_r)| + |f_k(\boldsymbol{p}_r) - f_k(\boldsymbol{x})| < \varepsilon.$$

$|\boldsymbol{x} - \boldsymbol{p}_r| < \delta$ だから (1.42) によって右辺の第 1，第 3 項 $< \varepsilon/3$，また J のとり方から第 2 項も $< \varepsilon/3$ だからである．これが証明すべきことであった．　　　□

注意 1.34　アスコリ・アルツェラの補題はベクトル値関数や複素数値関数に対しても成立する．証明は上の議論とほぼ同様である．各自試みられるとよい．

問 1.35　任意の有界集合 K に対して K から点列 $\boldsymbol{q}_1, \boldsymbol{q}_2, \ldots$ を，$Q = \{\boldsymbol{q}_1, \boldsymbol{q}_2, \ldots\}$ の閉包 $\overline{Q} \supset K$ となるようにできることを示せ．（ヒント：$n = 1, 2, \ldots$ に対して K を有限個の半径 $1/n$ の開球 $Q_n^{(1)}, \ldots, Q_m^{(l_n)}$ で覆い，$q_n^{(j)} \in Q_n^{(j)} \cap K$ を一個ずつ任意に選んで $Q = \{q_n^{(j)} : n = 1, 2, \ldots, j = 1, \ldots, l_n\}$ とすればよい．）

　アスコリ・アルツェラの補題は有界集合上の一様有界かつ同等連続な関数列から一様収束する部分列が選び出せるという定理で，$\mathbb{R}^n$ の有界点列から収束部分列が選べるというワイエルシュトラスの定理の類似である．一般に距離空間の部分集合 S はこの「任意の点列から収束部分列が選び出せる」という性質をもつとき**プレコンパクト**であるといわれる．

問 1.36　有界集合 K 上の有界連続関数の全体を $C_b(K)$ とかく．$C_b(K)$ は距離

$$d(f,g) = \sup_{x \in K} |f(x) - g(x)|$$

に関して距離空間で，$n \to \infty$ のとき，$d(f_n, f) \to 0$ であることと f_n が K 上 f に一様収束することは同値であることを示せ．

　$K \subset \mathbb{R}^n$ が有界のとき，定理 1.33 によって，K 上の一様有界，同等連続な関数列は $C_b(K)$ のプレコンパクト部分集合である．$C_b(K)$ のプレコンパクトな関数族は**正規族**といわれる．

1.3.2　解の存在定理——コーシーの折れ線法

　$\boldsymbol{F}(t, \boldsymbol{x})$ が $(t, \boldsymbol{x})$ に関して連続であれば，初期値問題 (1.34) の解が $(c, \boldsymbol{p})$ の適当な近傍において必ず存在することを示そう．

1.3 初期値問題の解の存在と一意性　　27

定理 1.37　$\boldsymbol{F}(t, \boldsymbol{x})$ を $\mathbb{R} \times \mathbb{R}^n$ の領域 $\Omega = \{(t, \boldsymbol{x}) : |t - c| < r, |\boldsymbol{x} - \boldsymbol{p}| < R\}$ 上の $\mathbb{R}^n$ 値連続関数，

$$M = \sup\{|\boldsymbol{F}(t, \boldsymbol{x})| : (t, \boldsymbol{x}) \in \Omega\} < \infty \tag{1.43}$$

とする．このとき，初期値問題 (1.34) の解 $\boldsymbol{x}(t)$ が区間

$$|t - c| < \rho, \quad \rho = \min\left(r, \frac{R}{M}\right) \tag{1.44}$$

上に存在する．

　　証明の前に，解の存在区間 (1.44) の大きさ ρ について注意しておく．$\rho \leq r$ となるのは初めから当然である．また $\boldsymbol{F}(t, \boldsymbol{x}) = \boldsymbol{F}$ が定ベクトルのとき，$M = |\boldsymbol{F}|$，解は $\boldsymbol{x}(t) = \boldsymbol{p} + \boldsymbol{F}(t - c)$．$|\boldsymbol{x}(t) - \boldsymbol{p}| < R$ のためには $|t - c| < R/M$ でなければならない．$\boldsymbol{x}(t)$ が区間 I 上で微分方程式 $\boldsymbol{x}' = \boldsymbol{F}(t, \boldsymbol{x})$ の解であるためには，$t \in I$ に対して，$(t, \boldsymbol{x}(t)) \in \Omega$ でなければならないから解の存在領域は，一般には $|t - c| < \rho$ である．

証明　以下の証明法はコーシーの折れ線法と呼ばれる．

■**折れ線による解の近似列の構成**　$k = 1, 2, \ldots$ とする．まず開区間 $I = (c - \rho, c + \rho)$ を左右対称に $2k$ 等分して，

$$I_{-j}^{(k)} = [t_{-j}^{(k)}, t_{-j+1}^{(k)}], \quad I_j^{(k)} = [t_{j-1}^{(k)}, t_j^{(k)}], \, j = 1, \ldots, k$$

とする．ただし最後の $I_{-k}^{(k)}, I_k^{(k)}$ は半開区間でおきかえる．$t_j^{(k)} = c + j(\rho/k), \quad j = -k, \ldots, k$ である．$(c, \boldsymbol{p})$ を通り，各 $I_j^{(k)}$ 上で線分となる連続な折れ線 $\boldsymbol{x}_k(t)$ を次のようにして I 上につくる．まず $I_1^{(k)}$ 上では $(c, \boldsymbol{p})$ を出発し，この点における $\boldsymbol{F}(t, \boldsymbol{x})$ の値を傾きとする線分

$$\boldsymbol{x}_k(t) = \boldsymbol{p} + (t - c)\boldsymbol{F}(c, \boldsymbol{p}), \quad t \in I_1^{(k)} \tag{1.45}$$

とする．$\boldsymbol{x}_k(t)$ が $I_1^{(k)}, \ldots, I_j^{(k)}, 1 \leq j < k$ までつくれたらその終点 $(t_j^{(k)}, \boldsymbol{x}_k(t_j^{(k)}))$ を出発点として，この点での $\boldsymbol{F}(t, \boldsymbol{x})$ の値を傾きとする線分を $I_{j+1}^{(k)}$ 上の $\boldsymbol{x}_k(t)$，すなわち

$$\boldsymbol{x}_k(t) = \boldsymbol{x}_k(t_j^{(k)}) + (t - t_j^{(k)})\boldsymbol{F}(t_j, \boldsymbol{x}_k(t_j^{(k)})), \quad t \in I_{j+1}^{(k)} \tag{1.46}$$

とする．このようにして右方向に順次伸ばして $\boldsymbol{x}_k(t)$ を右半区間 $[c, c + \rho)$ に定義する．$(c - \rho, c]$ 上にも同様に，まず $I_{-1}^{(k)}$ 上で $\boldsymbol{x}_k(t)$ を (1.45) で定義し，今度は左

方向に $I_{-1}^{(k)}, \ldots, I_{-j}^{(k)}$ までつくれたらその終点 $(t_{-j}^{(k)}, \boldsymbol{x}_k(t_{-j}^{(k)}))$ を出発点として，この点での $\boldsymbol{F}(t, \boldsymbol{x})$ の値を傾きとする線分

$$\boldsymbol{x}_k(t) = \boldsymbol{x}_k(t_{-j}^{(k)}) + (t - t_{-j}^{(k)})\boldsymbol{F}(t_{-j}^{(k)}, \boldsymbol{x}_k(t_{-j}^{(k)})) \tag{1.47}$$

を $I_{-j-1}^{(k)}$ 上の $\boldsymbol{x}_k(t)$ とする．このようにして $\boldsymbol{x}_k(t)$ を左方向に順次伸ばして $(c-\rho, c]$ 上に定義する．左右あわせて連続な折れ線の列 $\{\boldsymbol{x}_k(t)\}_{k=1,2,\ldots}$ が I 上に定義される．

■収束部分列の取り出し　$\boldsymbol{x}_k(t)$ は傾きの絶対値が M 以下の連続な折れ線だから

$$|\boldsymbol{x}_k(t) - \boldsymbol{x}_k(s)| \le M|t - s|, \quad t, s \in I, \quad k = 1, 2, \ldots. \tag{1.48}$$

(1.48) において $s = c$ とすれば

$$|\boldsymbol{x}_k(t) - \boldsymbol{p}| \le M|t - c| < R, \quad t \in I, \quad k = 1, 2, \ldots. \tag{1.49}$$

したがって，$\{\boldsymbol{x}_k(t): k = 1, 2, \ldots\}$ はそのグラフが領域 Ω に含まれる I 上の同等連続で一様有界な $\mathbb{R}^n$ 値関数列である．ゆえに定理 1.33 によって $\{\boldsymbol{x}_k(t)\}$ から I 上一様収束する部分列 $\{\boldsymbol{x}_{k_j}\}$ が選び出せる．極限関数を $\boldsymbol{x}(t)$ とかけば (1.48), (1.49) から

$$|\boldsymbol{x}(t) - \boldsymbol{x}(s)| \le M|t - s|, \quad |\boldsymbol{x}(t) - \boldsymbol{p}| \le M|t - c|. \tag{1.50}$$

もちろん，$(t, \boldsymbol{x}(t)) \in \Omega$, $\boldsymbol{x}(t)$ は I 上一様連続である．

■収束極限関数が解であること　$\boldsymbol{x}(t)$ が初期値問題 (1.34) の解であることを示そう．$\boldsymbol{x}_k(t)$ は区分的に連続微分可能，すなわち連続で各小区間上では連続微分可能，導関数は小区間の両端で極限をもつから

$$\boldsymbol{x}_k(t) = \boldsymbol{p} + \int_c^t \boldsymbol{x}_k'(s)ds. \tag{1.51}$$

(1.46) から $t \in I_j^{(k)}$, $j = 1, \ldots, k$ のときは $\boldsymbol{x}'(t) = \boldsymbol{F}(t_{j-1}, \boldsymbol{x}_k(t_{j-1}))$, (1.47) から $t \in I_j^{(k)}$, $j = -1, \ldots, -k$ のときは $\boldsymbol{x}'(t) = \boldsymbol{F}(t_{j+1}, \boldsymbol{x}_k(t_{j+1}))$ である．したがって各 $I_j^{(k)}$ 上で定数となる関数（階段関数という）

$$s_k(t) = \begin{cases} t_{j-1}, & t \in I_j^{(k)}, \ j = 1, \ldots, k \ \text{のとき}, \\ t_{j+1}, & t \in I_j^{(k)}, \ j = -1, \ldots, -k \ \text{のとき} \end{cases}$$

を用いれば，(1.51) は

$$\boldsymbol{x}_k(t) = \boldsymbol{p} + \int_c^t \boldsymbol{F}(s_k(r), \boldsymbol{x}_k(s_k(r)))dr \tag{1.52}$$

と表される. (1.52) で k を k_j で置き換えて $j \to \infty$ とする. このとき, (1.48) と $s_{k_j}(t)$ の定義によって

$$|\boldsymbol{x}_{k_j}(s_{k_j}(r)) - \boldsymbol{x}(r)| \le |\boldsymbol{x}_{k_j}(s_{k_j}(r)) - \boldsymbol{x}_{k_j}(r)| + |\boldsymbol{x}_{k_j}(r) - \boldsymbol{x}(r)|$$

$$\le M|s_{k_j}(r) - r| + |\boldsymbol{x}_{k_j}(r) - \boldsymbol{x}(r)| \le \frac{M\rho}{k_j} + |\boldsymbol{x}_{k_j}(r) - \boldsymbol{x}(r)| \to 0 \quad (\text{一様収束}).$$

$\boldsymbol{F}(t, \boldsymbol{x})$ は $(t, \boldsymbol{x})$ の一様連続関数だから, これより $j \to \infty$ のとき

$$\boldsymbol{F}(s_{k_j}(r), \boldsymbol{x}_{k_j}(s_{k_j}(r))) \to \boldsymbol{F}(r, \boldsymbol{x}(r)) \quad (\text{一様収束}).$$

ゆえに (1.52) で k を k_j に置き換えて $j \to \infty$ とすれば

$$\boldsymbol{x}(t) = \boldsymbol{p} + \int_c^t \boldsymbol{F}(r, \boldsymbol{x}(r)) dr. \tag{1.53}$$

したがって, $\boldsymbol{x}(c) = \boldsymbol{p}$, $\boldsymbol{x}(t)$ は C^1 級関数で (1.53) を微分すれば $\boldsymbol{x}(t)$ が微分方程式 $\boldsymbol{x}'(t) = \boldsymbol{F}(t, \boldsymbol{x}(t))$ を満たすことがわかる. □

例 1.38 $0 < \alpha < 1$ のとき, $|x|^\alpha$ は $\mathbb{R}$ 上の連続関数であるが, 初期値問題

$$x'(t) = |x|^\alpha, \quad x(0) = 0 \tag{1.54}$$

には無限に多くの解が存在する. じっさい, 任意の $a < 0 < b$ に対して

$$x(t) = \begin{cases} (1-\alpha)^{\frac{1}{1-\alpha}} (t-b)^{\frac{1}{1-\alpha}}, & t > b \\ 0, & a < t < b \\ (1-\alpha)^{\frac{1}{1-\alpha}} |t-a|^{\frac{1}{1-\alpha}}, & t < a \end{cases}$$

は C^1 級の関数ですべて (1.54) の解である. (1.54) の右辺 $|x|^\alpha$ は $\alpha < 1$ のとき, $x = 0$ でリプシッツ連続ではないことに注意しよう.

■**高階方程式の初期値問題の解 1** 正規型方程式 $x^{(n)}(t) = g(t, x, \ldots, x^{(n-1)})$ の一階化方程式 (1.24) に定理 1.37 を用いれば, 高階方程式に対する初期値問題の解の存在定理が得られる.

定理 1.39 $D \subset \mathbb{R}^n$ を領域, $g(t, x_1, \ldots, x_n)$ を $(a, b) \times D$ 上の実数値連続関数, $a < c < b$, $(p_1, p_2, \ldots, p_n) \in D$ とする. このとき, n 階方程式の初期値問題

$$x^{(n)}(t) = g(t, x, \ldots, x^{(n-1)}),$$

$$x(c) = p_1,\ x'(c) = p_2, \ldots, x^{(n-1)}(c) = p_n \tag{1.55}$$

の解が $t = c$ のある近傍において存在する.

1.3.3　解の一意存在定理——ピカールの逐次近似法

次に，$\boldsymbol{F}(t, \boldsymbol{x})$ が $\boldsymbol{x}$ に関してリプシッツ連続であれば初期値問題 (1.34) の解が一意的に存在することを示そう.

定理 1.40　$\boldsymbol{F}(t, \boldsymbol{x})$ は領域 $\Omega = \{(t, \boldsymbol{x}) : |t - c| < r,\ |\boldsymbol{x} - \boldsymbol{p}| < R\}$ 上の $\mathbb{R}^n$ 値有界な連続関数で $\boldsymbol{x}$ に関してリプシッツ連続，すなわちある定数 $L > 0$ が存在して

$$|\boldsymbol{F}(t, \boldsymbol{x}) - \boldsymbol{F}(t, \boldsymbol{y})| \le L|\boldsymbol{x} - \boldsymbol{y}|, \quad \forall (t, \boldsymbol{x}),\ \forall (t, \boldsymbol{y}) \in \Omega \tag{1.56}$$

とする.

$$M = \sup\{|\boldsymbol{F}(t, \boldsymbol{x})| : (t, \boldsymbol{x}) \in \Omega\} \tag{1.57}$$

とする. このとき，初期値問題 (1.34) の解 $\boldsymbol{x}(t)$ が区間

$$|t - c| < \rho, \quad \rho = \min\left(r, \frac{R}{M}\right) \tag{1.58}$$

において一意的に存在する. ただし，$[a, b]$ 上の関数 $\boldsymbol{x}(t)$ が (1.34) の閉区間 $[a, b]$ 上の解であるとは，$\boldsymbol{x}(t)$ が (a, b) 上 (1.34) を満たし，端点で $\boldsymbol{x}'(a+0) = \boldsymbol{F}(a, \boldsymbol{x}(a+0)), \boldsymbol{x}'(b-0) = \boldsymbol{F}(b, \boldsymbol{x}(b-0))$ を満たすことである.

証明　証明の第 1 歩は微分方程式の初期値問題を同値な積分方程式へ変換することである.

■積分方程式への変換　$\boldsymbol{x}(t) \in C^1(\mathbb{R}^1)$ を初期値問題 (1.34) の解とする. $d\boldsymbol{x}/dt = \boldsymbol{F}(t, \boldsymbol{x})$ の両辺を t について積分すれば初期条件 $\boldsymbol{x}(c) = \boldsymbol{p}$ によって

$$\boldsymbol{x}(t) = \boldsymbol{p} + \int_c^t \boldsymbol{F}(s, \boldsymbol{x}(s))ds. \tag{1.59}$$

逆に，連続関数 $\boldsymbol{x}(t)$ が積分方程式 (1.59) を満たせば，$\boldsymbol{x}$ は明らかに C^1 級で (1.34) の微分方程式と初期条件を満たす．初期値問題 (1.34) と積分方程式 (1.59) は同値なのである．積分方程式 (1.59) を解こう．

■**ピカールの逐次近似列**　積分方程式の解に対する近似列を次のように構成する．$\boldsymbol{x}(t)$ が (1.59) の解だったとしよう．$\rho > 0$ が小さければ，区間 (1.58) における (1.59) の右辺の積分の値は小さい．そこで，積分を無視して $\boldsymbol{x}_0(t) = \boldsymbol{p}$ とおき，これを解の第 0 近似としよう．$\boldsymbol{x}_0(t)$ は $\boldsymbol{x}(t)$ に近いのだから，(1.59) の積分を完全に無視した $\boldsymbol{x}_0(t)$ よりも，$\boldsymbol{x}_0(t)$ を積分の中の $\boldsymbol{x}(t)$ の代わりに代入した

$$\boldsymbol{x}_1(t) = \boldsymbol{p} + \int_c^t \boldsymbol{F}(s, \boldsymbol{x}_0(s))ds$$

の方が $\boldsymbol{x}(t)$ に近かろう．$\boldsymbol{x}_1(t)$ を第 1 近似とする．さて，$\boldsymbol{x}_1(t)$ は $\boldsymbol{x}_0(t)$ よりも $\boldsymbol{x}(t)$ により近いはずだから，$\boldsymbol{x}_0(t)$ の代わりに $\boldsymbol{x}_1(t)$ を代入した $\boldsymbol{x}_2(t)$ は，$\boldsymbol{x}_1(t)$ よりもより解 $\boldsymbol{x}(t)$ に近いはずである．これを繰り返して，第 j 近似 $\boldsymbol{x}_j(t)$ を

$$\boldsymbol{x}_j(t) = \boldsymbol{p} + \int_c^t \boldsymbol{F}(s, \boldsymbol{x}_{j-1}(s))ds, \quad j = 1, 2, \ldots \tag{1.60}$$

によって次々に定めれば，$j \to \infty$ のとき，$\boldsymbol{x}_j(t)$ は解 $\boldsymbol{x}(t)$ に収束するのではないかと期待される．$\{\boldsymbol{x}_j\}_{j=0,1,\ldots}$ を**ピカールの近似列**と呼ぶ．

■**積分作用素・ピカール写像**　上の手続きで近似列 $(t, \boldsymbol{x}_j(t))$ が $F(t, \boldsymbol{x})$ の定義域 Ω を飛び出すことなく，(1.60) が無限に続けられることを示そう．第 $j-1$ 次近似関数 $\boldsymbol{x}_{j-1}(t)$ から新たな関数 $\boldsymbol{x}_j(t)$ を構成する手続きはすべての $j = 1, 2, \ldots$ に共通で，

$$K: \boldsymbol{y} \mapsto \boldsymbol{p} + \int_c^t \boldsymbol{F}(s, \boldsymbol{y}(s))ds \tag{1.61}$$

である．これを**ピカール写像**と呼ぶ．右辺を $(K\boldsymbol{y})(t)$ とかく．ピカール写像のように，積分を用いて与えられた関数から新たな関数を定義する作用素を**積分作用素**という．ピカール写像をピカール作用素ともいう．ピカール近似列は第 0 近似 $\boldsymbol{x}_0(t)$ に K を次々に作用させて

$$\boldsymbol{x}_0, \ \boldsymbol{x}_1 = K\boldsymbol{x}_0, \ \boldsymbol{x}_2 = K\boldsymbol{x}_1 = K^2\boldsymbol{x}_0, \ldots, \boldsymbol{x}_n = K^n\boldsymbol{x}_0, \ldots \tag{1.62}$$

として得られるのである．ここで，$K^n\boldsymbol{x}_0$ は (1.61) の作用素 K を $\boldsymbol{x}_0$ に n 回作用させて得られる関数である．

■**ピカール写像の性質**　記号を短くするため区間 $(c - \rho, c + \rho)$ を I とかく．M は (1.57) の定数である．I 上の連続関数の集合 S を

$$S = \{ \boldsymbol{y} \in C(I) : \forall t \in I \text{ に対して } |\boldsymbol{y}(t) - \boldsymbol{p}| \le M|t-c| \} \tag{1.63}$$

と定める. K は S を S に写すことを確かめよう. $\boldsymbol{y} \in S$ のとき $(K\boldsymbol{y})(t)$ が I 上連続なのは明らかである. さらに

$$\boldsymbol{y} \in S \Rightarrow (t, \boldsymbol{y}(t)) \in \Omega, \ \forall t \in I \Rightarrow |\boldsymbol{F}(t, \boldsymbol{y}(t))| \le M$$

だから,

$$|(K\boldsymbol{y})(t) - \boldsymbol{p}| = \left| \int_c^t \boldsymbol{F}(s, \boldsymbol{y}(s)) ds \right| \le \left| \int_c^t M ds \right| \le M|t-c|. \tag{1.64}$$

ゆえに, $K\boldsymbol{y} \in S$ である. 明らかに第 0 近似 $\boldsymbol{x}_0 \in S$, したがってピカール近似列は $\boldsymbol{x}_j \in S, \ j = 1, 2, \dots$ を満たす.

■ピカール近似列の一様収束と解の存在 $\boldsymbol{x}_j \in S, \ j = 1, 2, \dots$ が

$$|\boldsymbol{x}_{j+1}(t) - \boldsymbol{x}_j(t)| \le M \frac{L^j |t-c|^{j+1}}{(j+1)!} \tag{1.65}$$

を満たすことを数学的帰納法で示そう. $t > c$ のときに示す. $t < c$ のときも同様である. $j = 0$ のときこれは $\boldsymbol{x}_1 \in S$ のことであるから明らかである. (1.65) が j に対して成立すれば, $F(t, \boldsymbol{x})$ のリプシッツ連続性によって

$$|\boldsymbol{x}_{j+2}(t) - \boldsymbol{x}_{j+1}(t)| \le \int_c^t \left| \boldsymbol{F}(s, \boldsymbol{x}_{j+1}(s)) - \boldsymbol{F}(s, \boldsymbol{x}_j(s)) \right| ds$$

$$\le L \int_c^t |\boldsymbol{x}_{j+1}(s) - \boldsymbol{x}_j(s)| ds \le L^{j+1} M \left| \int_c^t \frac{|s-c|^{j+1}}{(j+1)!} ds \right| = M \frac{L^{j+1} |t-c|^{j+2}}{(j+2)!}.$$

したがって (1.65) が $j+1$ に対して, ゆえに任意の j に対して成立する. (1.65) の右辺の $j = 1, 2, \dots$ に関する級数・和は有限だから, これより $C_0 = M/L$, $L\rho = C_1$ とおけば, $k > l \to \infty$ のとき,

$$\sup_{t \in I} |\boldsymbol{x}_k(t) - \boldsymbol{x}_l(t)| \le \sum_{j=l}^{k-1} |\boldsymbol{x}_{j+1}(t) - \boldsymbol{x}_j(t)| \le \sum_{j=l}^{k-1} C_0 \frac{C_1^{j+1}}{(j+1)!} \to 0.$$

したがって, $\{\boldsymbol{x}_j(t)\}_j$ はある連続関数 $\boldsymbol{x}(t)$ に一様収束する. 明らかに $\boldsymbol{x} \in S$ で (1.60) において $j \to \infty$ とすれば, 収束の一様性から $\boldsymbol{x}(t)$ は積分方程式 (1.59) を満たすことがわかる.

■グロンウォールの不等式 解の一意性を示すのに次の補題を用いる. この補題の不等式は今後もしばしば用いられる重要な不等式である.

1.3 初期値問題の解の存在と一意性   33

補題 1.41（グロンウォールの不等式）　$f(t), g(t)$ は連続で $0 \le g(t)$ とする．$u(t)$ が連続で

$$u(t) \le f(t) + \int_c^t g(s)u(s)ds, \qquad t > c \tag{1.66}$$

を満たせば

$$u(t) \le f(t) + \int_c^t g(s)f(s)\exp(\int_s^t g(\sigma)d\sigma)ds, \quad t > c. \tag{1.67}$$

証明　$F(t) = \int_c^t g(s)u(s)ds$ とおいて $F(t)$ を評価する．このとき，(1.66) と $g \ge 0$ から

$$u(t) \le f(t) + F(t) \quad \text{ゆえに} \quad g(t)u(t) \le g(t)f(t) + g(t)F(t).$$

ここで，$g(t)u(t) = F'(t)$ に注意し，$g(t)F(t)$ を移項すれば

$$F'(t) - g(t)F(t) \le g(t)f(t). \tag{1.68}$$

ここで定理 1.13 の証明に現れた等式 (1.21) を思い出すと (1.68) から

$$\left(e^{-G}F\right)' = e^{-G}(F' - gF) \le e^{-G}gf, \quad \text{ただし} \quad G(t) = \int_c^t g(s)ds.$$

これを c から t まで積分する．$F(c) = 0$ だから $e^{-G(t)}F(t) \le \int_c^t e^{-G(s)}g(s)f(s)ds$．$e^{G(t)}$ を乗じて

$$F(t) \le \int_c^t e^{G(t)-G(s)}g(s)f(s)ds.$$

$u(t) \le f(t) + F(t)$ にこれを代入すれば (1.67) が得られる．　　　　□

■解の一意性　最後に解が一意的であることを示そう．$\boldsymbol{x}(t), \boldsymbol{y}(t)$ を (1.59) の 2 つの解とする．このとき

$$|\boldsymbol{x}(t) - \boldsymbol{y}(t)| \le \left|\int_c^t (\boldsymbol{F}(s, \boldsymbol{x}(s)) - \boldsymbol{F}(s, \boldsymbol{y}(s)))ds\right| \le L\left|\int_c^t |\boldsymbol{x}(s) - \boldsymbol{y}(s)|ds\right| \tag{1.69}$$

である．この不等式にグロンウォールの不等式 (1.66) を $u(t) = |\boldsymbol{x}(t) - \boldsymbol{y}(t)|$, $g(t) = L, f(t) = 0$ として適用すれば，$|\boldsymbol{x}(t) - \boldsymbol{y}(t)| = 0$, $\boldsymbol{x}(t) = \boldsymbol{y}(t)$. (1.34) の解は一意的である．　　　　□

34　　　　　　　　　　第 1 章　常微分方程式

■**高階方程式の初期値問題 2**　　定理 1.39 と同様にして次の定理は前定理 1.40
より明らかである.

定理 1.42　定理 1.39 の状況のもとでさらに $g(t, x_1, \ldots, x_n)$ が $\boldsymbol{x} = (x_1, \ldots, x_n)$ に関してリプシッツ連続とする. このとき, 初期値問題 (定理 1.39) は,
任意の $\boldsymbol{p} = (p_1, p_2, \ldots, p_n) \in D$, $a < c < b$ に対して $t = c$ の近傍で一意的
な解をもつ.

　定理 1.40 の条件のもとで n 連立一階微分方程式系に対する初期値問題 (1.34)
の解が任意の $\boldsymbol{p} \in D$ に対して一意的に存在する. $\boldsymbol{p} = {}^t(C_1, \ldots, C_n)$ として,
この解を $\boldsymbol{x}(t, c, C_1, \ldots, C_n)$ とかけば, これは n 個の定数 $C_1, \ldots, C_n$ を含む
解である. このようにして n 連立一階微分方程式系の解は一般に n 個の積分
定数を含むことがわかる (c は t の基準点をどこにとるかによって決まるの
で任意定数というわけではない). 定理 1.42 によって n 階方程式も同様にし
て n 個の任意定数を含むことがわかる.

注意 1.43　$\boldsymbol{F}(t, \boldsymbol{x})$ がリプシッツ連続なら定理 1.37 の証明の中で定義された折れ
線 $\{\boldsymbol{x}_k(t)\}$ は (部分列をとり出すまでもなく) 収束する. $\{\boldsymbol{x}_k(t)\}$ の任意の部分列
は一様収束する部分列を含むがその極限はすべて初期値問題 (1.34) の解となる. 一
方, $\boldsymbol{F}(t, \boldsymbol{x})$ がリプシッツ連続なら (1.34) の解は定理 1.40 によって一意的である.
ゆえに極限関数は収束部分列のとり方によらない. したがって, $\{\boldsymbol{x}_k(t)\}$ 自身が収
束しなければならないからである (任意の数列は, その任意の部分列が収束部分列
をもち, その極限 a が収束部分列のとり方によらないならば, それ自身 a に収束し
なければならないことを思い出そう).

　領域 $\Omega \subset \mathbb{R} \times \mathbb{R}^n = \{(t, \boldsymbol{x}) : t \in \mathbb{R}, \boldsymbol{x} \in \mathbb{R}^n\}$ の上の関数 $\boldsymbol{F}(t, \boldsymbol{x})$ は Ω の
任意のコンパクト部分集合 K 上で $\boldsymbol{x}$ に関してリプシッツ連続であるとき, す
なわち定数 L が存在して

$$|\boldsymbol{F}(t, \boldsymbol{x}) - \boldsymbol{F}(t, \boldsymbol{y})| \leq L|\boldsymbol{x} - \boldsymbol{y}|, \quad (t, \boldsymbol{x}), (t, \boldsymbol{y}) \in K$$

が成立するとき, Ω 上 $\boldsymbol{x}$ に関して**局所リプシッツ連続**であるという. $\boldsymbol{F}(t, \boldsymbol{x})$
が領域 $(a, b) \times D$ 上で $\boldsymbol{x}$ に関して局所リプシッツ連続なら, 定理 1.40 を用い
て解を次々と延長することによって, 初期値問題に対する最大延長解がただ 1

つ存在することがわかる．詳しい証明は読者の演習問題としよう（問 1.44）．

問 1.44 $F(t, x)$ が x に関して**局所リプシッツ連続**のとき，ツォルンの補題を用いて初期値問題に対する最大延長解がただ 1 つ存在することを証明せよ．

1.3.4 1.3 節の問題

問題 1.8 $\{f_n(t) : n = 1, 2, \ldots\}$ を有界閉区間 $[a, b]$ 上の $f_n(a) = 0$ を満たす C^1 級関数列とする．ある定数 $M > 0$ に対して，$\int_a^b |f_n'(t)|^2 dt \leq M$, $n = 1, 2, \ldots$, とすれば，$\{f_n(t)\}$ は $[a, b]$ 上一様収束する部分列 $\{f_{n_j}(t)\}$ をもつことを示せ．（ヒント：シュワルツの不等式を用いて $|f_n(t) - f_n(s)|^2 \leq M|t - s|$ が成立することを示せ．）

問題 1.9 $K(t, s)$ を 2 変数 $(t, s) \in [a, b] \times [a, b]$ の連続関数，$\{f_n(s)\}$ を $\int_a^b |f_n(s)| ds \leq 1$ を満たす連続関数列とする．このとき，$g_n(t) = \int_a^b K(t, s) f_n(s) ds$ で定義される関数列 $\{g_n(t)\}$ は一様有界，同等連続であることを示せ．

問題 1.10 リプシッツ連続ではあるが，C^1 級とならない関数の例を挙げよ．

問題 1.11 (1) $y' = y$ の初期条件 $y(0) = 1$ を満たす解を区間 $[0, a]$ を k 等分しコーシーの折れ線法を用いて構成し，$\lim_{k \to \infty} (1 + a/k)^k = e^a$ であることを示せ．

(2) $y' = y$ の初期条件 $y(0) = 1$ を満たす解をピカールの逐次近似法を用いて構成し，$e^t = \sum_{k=0}^{\infty} t^k / k!$ を示せ．

(3) A を $n \times n$ 行列とする．$\mathbb{R}^n$ 値関数 $x(t)$ に対する微分方程式 $x' = Ax$ の初期条件 $x(0) = a$ を満たす解をコーシーの折れ線法，ピカールの逐次近似法を用いて構成し，$t = 1$ における値を比較して等式 $\lim_{k \to \infty} (1 + A/k)^k = \sum_{k=0}^{\infty} A^k / k!$ を示せ（これを $\exp(A)$ と定義する）．

問題 1.12 $K(t, s)$ を $[a, b] \times [a, b]$ 上の連続関数，$f(t)$ を $[a, b]$ 上の与えられた連続関数とする．このとき，積分方程式

$$x(t) = f(t) + \int_a^t K(t, s) x(s) ds$$

の解が一意的に存在することを，ピカールの逐次近似法を参考にして証明せよ．

1.4 解の初期値・パラメータに関する微分可能性

たとえば太陽と地球と月を古典力学にしたがう質点と考えればその運動は
ニュートンの方程式

$$\frac{d^2\boldsymbol{r}_i}{dt^2} = -\sum_{j\neq i}\frac{Gm_j(\boldsymbol{r}_i-\boldsymbol{r}_j)}{|\boldsymbol{r}_i-\boldsymbol{r}_j|^3}, \quad i=1,2,3$$

にしたがう．ここで $\boldsymbol{r}_1,\boldsymbol{r}_2,\boldsymbol{r}_3 \in \mathbb{R}^3$ は太陽，地球，月の位置ベクトルで方程
式の未知関数，質量 m_1,m_2,m_3 や重力定数 G はパラメータである．このよ
うに数理物理に現れる微分方程式はさまざまなパラメータを含むことが多く，
その解が初期値やパラメータにどのように依存するかは重要な問題である．
この節ではパラメータを含む一階連立微分方程式系の初期値問題

$$\frac{d\boldsymbol{x}}{dt} = \boldsymbol{F}(t,\boldsymbol{x},\lambda_1,\ldots,\lambda_N), \quad \boldsymbol{x}(c)=\boldsymbol{p} \tag{1.70}$$

の解が初期時刻 c, 初期値 $\boldsymbol{p}$, パラメータ $\lambda_1,\ldots,\lambda_N$ に連続的あるいは微
分可能的に依存することを示す．$\boldsymbol{F}(t,\boldsymbol{x},\lambda_1,\ldots,\lambda_N)$ が $(t,\boldsymbol{x})$ について定
理 1.40 の条件を満たすとき，(1.70) には一意的な解が存在する．この解を
$\boldsymbol{x}(t,c,\boldsymbol{p})$ とかく．式を短くするため，N 個のパラメータ $\lambda_1,\ldots,\lambda_N$ をまと
めて $\Lambda=(\lambda_1,\ldots,\lambda_N) \in \mathbb{R}^N$ とかく．

定理 1.39, 1.42 のときのように一階化すれば，この節の以下の定理と同様
な性質が高階方程式の解の初期値とパラメータに関する依存性についても成
立することがわかるが，これについてはこれ以上コメントしないことにする．

1.4.1 リプシッツ連続性と解の存在区間の連続依存性

■初期値に関する連続依存性　まずパラメータ Λ を固定して解の初期値 $\boldsymbol{p}$ に
関する連続依存性を考えよう．このパラグラフでは Λ を省略する．

定理 1.45　$\boldsymbol{F}(t,\boldsymbol{x})$ を領域 $\Omega \subset \mathbb{R}^{n+1}$ 上の $\mathbb{R}^n$ 値連続関数で，$\boldsymbol{x}$ に関して局
所リプシッツ連続とする．このとき，初期値問題 (1.34):

$$\frac{d\boldsymbol{x}}{dt} = \boldsymbol{F}(t,\boldsymbol{x}), \quad \boldsymbol{x}(c)=\boldsymbol{p}$$

の解 $\boldsymbol{x}(t,c,\boldsymbol{p})$ は $(t,c,\boldsymbol{p})$ に関して局所リプシッツ連続である．詳しくいえ
ば，$\boldsymbol{x}(t,c,\boldsymbol{p})$ が区間 $[a,b]$ 上で存在するとき，ある $\delta > 0$ が存在して $(c,\boldsymbol{p})$
の δ-近傍

$$U_\delta(c,\boldsymbol{p}) = \{(d,\boldsymbol{q})\colon |c-d| + |\boldsymbol{p}-\boldsymbol{q}| < \delta\}$$

に含まれる任意の $(d,\boldsymbol{q})$ に対して解 $\boldsymbol{x}(t,d,\boldsymbol{q})$ も同じ区間 $[a,b]$ 上に存在し，
ある定数 A に対して

$$|\boldsymbol{x}(t',d',\boldsymbol{q}') - \boldsymbol{x}(t,d,\boldsymbol{q})| \le A(|t'-t| + |d'-d| + |\boldsymbol{q}'-\boldsymbol{q}|) \tag{1.71}$$

が任意の $(d,\boldsymbol{q}),(d',\boldsymbol{q}') \in U_\delta(c,\boldsymbol{p})$, $a \le t, t' \le b$ に対して成立する．

証明　$\gamma > 0$ に対して曲線 $\{(t,\boldsymbol{x}(t,c,\boldsymbol{p})) : t \in [a,b]\} \subset \Omega$ の周りの筒状（閉）領域 D_γ を

$$D_\gamma = \{(t,\boldsymbol{q}) : a \le t \le b, |\boldsymbol{q}-\boldsymbol{x}(t,c,\boldsymbol{p})| \le \gamma\}$$

と定義する．十分小さい $\gamma > 0$ に対して D_γ は Ω のコンパクト部分集合，$\boldsymbol{F}(t,\boldsymbol{x})$
は局所リプシッツ連続だから適当な M, L に対して

$$|\boldsymbol{F}(t,\boldsymbol{x})| \le M, \quad |\boldsymbol{F}(t,\boldsymbol{x}) - \boldsymbol{F}(t,\boldsymbol{y})| \le L|\boldsymbol{x}-\boldsymbol{y}|, \quad (t,\boldsymbol{x}),(t,\boldsymbol{y}) \in D_\gamma \tag{1.72}$$

である．δ, A を

$$\delta(M+1)\exp(L(b-a)) \le \gamma, \quad A = (M+1)\exp(L(b-a)) \tag{1.73}$$

のようにとれば定理が成り立つことを示そう．

■**区間 $[a,b]$ 上の解の存在．積分方程式への帰着**　$(d,\boldsymbol{q}) \in U_\delta(c,\boldsymbol{p})$ とする．$|\boldsymbol{p}-\boldsymbol{q}| + |c-d| = \rho$ とかく．$\rho < \delta$ である．初期条件 $\boldsymbol{x}(d) = \boldsymbol{q}$ の解 $\boldsymbol{x}(t,d,\boldsymbol{q})$ が $[a,b]$ 上に存在すれば

$$\boldsymbol{x}(t,d,\boldsymbol{q}) = \boldsymbol{q} + \int_d^t \boldsymbol{F}(s,\boldsymbol{x}(s,d,\boldsymbol{q}))ds, \quad a \le t \le b. \tag{1.74}$$

これと $(d,\boldsymbol{q})$ を $(c,\boldsymbol{p})$ で置き換えた

$$\boldsymbol{x}(t,c,\boldsymbol{q}) = \boldsymbol{p} + \int_c^t \boldsymbol{F}(s,\boldsymbol{x}(s,c,\boldsymbol{p}))ds, \quad a \le t \le b \tag{1.75}$$

の辺々の差をとって，

$$\boldsymbol{x}(t,d,\boldsymbol{q}) = \boldsymbol{x}(t,c,\boldsymbol{p}) + \boldsymbol{y}(t) \tag{1.76}$$

とかけば $\boldsymbol{y}(t)$ は積分方程式

$$
\boldsymbol{y}(t) = \boldsymbol{q} - \boldsymbol{p} - \int_c^d \boldsymbol{F}(s, \boldsymbol{x}(s, c, \boldsymbol{p})) ds
$$
$$
+ \int_d^t \{\boldsymbol{F}(s, \boldsymbol{x}(s, c, \boldsymbol{p}) + \boldsymbol{y}(s)) - \boldsymbol{F}(s, \boldsymbol{x}(s, c, \boldsymbol{p}))\} ds, \quad a \le t \le b
$$

$$(1.77)$$

を満たす．逆に $\boldsymbol{y}(t)$ が積分方程式 (1.77) の解なら $\boldsymbol{x}(t, c, \boldsymbol{p}) + \boldsymbol{y}(t)$ が (1.74) の $[a, b]$ 上の解 $\boldsymbol{x}(t, d, \boldsymbol{q})$ となるのはすぐに確かめられる．

■積分方程式 (1.77) の解の存在　$\delta > 0$ を (1.73) のように定めるとき，任意の $(d, \boldsymbol{q}) \in U_\delta(c, \boldsymbol{p})$ に対して (1.77) の解が区間 $[a, b]$ 上で存在することを示そう．

$$
\boldsymbol{g} = \boldsymbol{q} - \boldsymbol{p} - \int_c^d \boldsymbol{F}(s, \boldsymbol{x}(s, c, \boldsymbol{p})) ds
$$

と定義し，(1.77) を

$$
\boldsymbol{y}(t) = K\boldsymbol{y}(t), \quad K\boldsymbol{y}(t) \equiv \boldsymbol{g} + \int_d^t \{\boldsymbol{F}(s, \boldsymbol{x}(s, c, \boldsymbol{p}) + \boldsymbol{y}(s)) - \boldsymbol{F}(s, \boldsymbol{x}(s, c, \boldsymbol{p}))\} ds
$$
$$(1.78)$$

とかこう．K は (1.78) の第 2 式右辺で定義された積分作用素である．(1.78) の解のピカールの逐次近似列 $\boldsymbol{y}_0, \boldsymbol{y}_1, \ldots$ を

$$
\boldsymbol{y}_0(t) = 0, \quad \boldsymbol{y}_1(t) = (K\boldsymbol{y}_0)(t) = \boldsymbol{g}, \ldots, \boldsymbol{y}_{j+1}(t) = (K\boldsymbol{y}_j)(t), \ldots
$$

と定める．この関数列が $\rho = |c - d| + |\boldsymbol{p} - \boldsymbol{q}|$ として次を満たすことを示そう．

$$
|\boldsymbol{y}_{j+1}(t) - \boldsymbol{y}_j(t)| \le (M+1)\rho L^j |t - d|^j / j!, \quad a \le t \le b. \quad (1.79)
$$

これがわかれば，$t \in [a, b]$ のとき $|t - d| \le (b - a)$, 仮定から $\rho < \delta$ だから

$$
|\boldsymbol{y}_j(t)| \le \sum_{k=1}^{j} |\boldsymbol{y}_k(t) - \boldsymbol{y}_{k-1}(t)| \le \rho(M+1)\exp(L(b-a)) < \gamma, \quad a \le t \le b. \quad (1.80)
$$

ゆえに，任意の $t \in [a, b]$ に対して $(t, \boldsymbol{x}(t, c, \boldsymbol{p}) + \boldsymbol{y}_j(t)) \in D_\gamma$, $j = 1, 2, \ldots$ が満たされ，したがって逐次近似 $\boldsymbol{y}_j(t)$ が次々と定義され，(1.79) と優級数定理によって $j \to \infty$ のとき，

$$
\boldsymbol{y}_j(t) = (\boldsymbol{y}_j(t) - \boldsymbol{y}_{j-1}(t)) + \cdots + (\boldsymbol{y}_1(t) - \boldsymbol{y}_0(t))
$$

はある関数 $\boldsymbol{y}(t)$ に $[a,b]$ 上一様収束する．このとき，$\boldsymbol{y}(t)$ は $[a,b]$ 上連続，$j \to \infty$ のとき，$[a,b]$ 上一様に

$$\boldsymbol{F}(s,\boldsymbol{x}(s,c,\boldsymbol{p})+\boldsymbol{y}_j(s)) \to \boldsymbol{F}(s,\boldsymbol{x}(s,c,\boldsymbol{p})+\boldsymbol{y}(s)) \quad \text{ゆえに} \quad (K\boldsymbol{y}_j)(t) \to (K\boldsymbol{y})(t)$$

が成立する．したがって

$$\boldsymbol{y}(t) = \lim_{j\to\infty} \boldsymbol{y}_{j+1}(t) = \lim_{j\to\infty}(K\boldsymbol{y}_j)(t) = (K\boldsymbol{y})(t) \quad \text{（一様収束）}$$

となり，(1.77) の解 $\boldsymbol{y}(t)$ が $[a,b]$ 上に存在することがわかる．また (1.80) において $j \to \infty$ とすれば

$$|\boldsymbol{x}(t,d,\boldsymbol{q}) - \boldsymbol{x}(t,c,\boldsymbol{p})| = |\boldsymbol{y}(t)| \le \rho(M+1)\exp(L(b-a)) < \gamma. \tag{1.81}$$

ゆえに $\boldsymbol{x}(t,d,\boldsymbol{q})$ は D_γ に含まれる．

■鍵の不等式 (1.79) の証明　(1.79) を数学的帰納法で示そう，$j=0$ のときは

$$|\boldsymbol{y}_1(t) - \boldsymbol{y}_0(t)| = |\boldsymbol{g}| \le |\boldsymbol{p} - \boldsymbol{q}| + \left|\int_c^d \boldsymbol{F}(s,\boldsymbol{x}(s,c,\boldsymbol{p}))ds\right| \le (M+1)\rho$$

だから成立する．(1.79) が $j-1$ まで成立すれば (1.72) によって

$$\begin{aligned}
&|\boldsymbol{y}_{j+1}(t) - \boldsymbol{y}_j(t)| \\
&\le \left|\int_d^t \{\boldsymbol{F}(s,\boldsymbol{x}(s,c,\boldsymbol{p})+\boldsymbol{y}_j(s)) - \boldsymbol{F}(s,\boldsymbol{x}(s,c,\boldsymbol{p})+\boldsymbol{y}_{j-1}(s))\}ds\right| \\
&\le L\left|\int_d^t |\boldsymbol{y}_j(s) - \boldsymbol{y}_{j-1}(s)|ds\right| \le (M+1)\rho L^j|t-d|^j/j!.
\end{aligned}$$

ゆえに (1.79) は j に対しても，したがってすべての $j=0,1,\ldots$ に対して成立する．

■リプシッツ連続性　最後にリプシッツ連続性 (1.71) を示す．$(d,\boldsymbol{q}),(d',\boldsymbol{q}') \in U_\delta(c,\boldsymbol{p})$ とする．(1.74) から $\boldsymbol{x}(t,d',\boldsymbol{q}')$ の満たす積分方程式を辺々引き算すれば，

$$\begin{aligned}
\boldsymbol{x}(t,d,\boldsymbol{q}) - \boldsymbol{x}(t,d',\boldsymbol{q}') = {}& \boldsymbol{q} - \boldsymbol{q}' - \int_{d'}^d \boldsymbol{F}(s,\boldsymbol{x}(s,d',\boldsymbol{q}'))ds \\
&+ \int_d^t \{\boldsymbol{F}(s,\boldsymbol{x}(s,d,\boldsymbol{q})) - \boldsymbol{F}(s,\boldsymbol{x}(s,d',\boldsymbol{q}'))\}ds.
\end{aligned}$$

$(t,\boldsymbol{x}(t,d,\boldsymbol{q})),(t,\boldsymbol{x}(t,d',\boldsymbol{q}')) \in D_\gamma$ だから (1.72) によって，$d < t$ のとき

$$\begin{aligned}
|\boldsymbol{x}(t,d,\boldsymbol{q}) - \boldsymbol{x}(t,d',\boldsymbol{q}')| \le {}& (M+1)(|d-d'| + |\boldsymbol{q}-\boldsymbol{q}'|) \\
&+ \int_d^t L|\boldsymbol{x}(s,d,\boldsymbol{q}) - \boldsymbol{x}(s,d',\boldsymbol{q}')|ds.
\end{aligned}$$

40   第 1 章 常微分方程式

ゆえに $z(t) = |\boldsymbol{x}(t, d, \boldsymbol{q}) - \boldsymbol{x}(t, d', \boldsymbol{q}')|$ にグロンウォールの不等式（補題 1.41）を
用いれば，$d < t$ のとき

$$|\boldsymbol{x}(t, d, \boldsymbol{q}) - \boldsymbol{x}(t, d', \boldsymbol{q}')| = |\boldsymbol{z}(t)| \le (M+1)\exp(L(b-a))(|d-d'| + |\boldsymbol{q} - \boldsymbol{q}'|)$$

が得られる．これが $t \le d$ に対して成立するのも同様に示せる．$|\boldsymbol{x}(t, d', \boldsymbol{q}') - \boldsymbol{x}(t', d', \boldsymbol{q}')| \le M|t-t'|$ は明らかだから，あわせて (1.71) が $A = (M+1)\exp(L(b-a))$ として成立する． $\square$

■**初期値とパラメータに関する連続依存性**　定理 1.45 は $\boldsymbol{F}$ がパラメータに
依存する場合に次のように一般化できる．

定理 1.46　$\boldsymbol{F}(t, \boldsymbol{x}, \Lambda)$ を領域 $\Omega \subset \mathbb{R}^{n+1+N}$ 上の $\mathbb{R}^n$ 値連続関数で，$(\boldsymbol{x}, \Lambda)$
に関して局所リプシッツ連続とする．このとき，初期値問題

$$\frac{d\boldsymbol{x}}{dt} = \boldsymbol{F}(t, \boldsymbol{x}, \Lambda), \quad \boldsymbol{x}(c) = \boldsymbol{p} \tag{1.82}$$

の解 $\boldsymbol{x}(t, c, \boldsymbol{p}, \Lambda)$ は $(t, c, \boldsymbol{p}, \Lambda)$ に関して局所リプシッツ連続である．詳しくいえば，$\boldsymbol{x}(t, c, \boldsymbol{p}, \Lambda_0)$ が区間 $[a, b]$ 上で存在するとき，ある正の数 δ が存在して $(c, \boldsymbol{p}, \Lambda_0)$ の δ-近傍 $U_\delta(c, \boldsymbol{p}, \Lambda_0) = \{(d, \boldsymbol{q}, \Lambda)\colon |c-d| + |\boldsymbol{p}-\boldsymbol{q}| + |\Lambda_0 - \Lambda| < \delta\}$ に含まれる任意の $(d, \boldsymbol{q}, \Lambda)$ に対して解 $\boldsymbol{x}(t, d, \boldsymbol{q}, \Lambda)$ も同じ区間 $[a, b]$ 上に存在し，ある定数 A に対して

$$|\boldsymbol{x}(t', d', \boldsymbol{q}', \Lambda') - \boldsymbol{x}(t, d, \boldsymbol{q}, \Lambda)| \le A(|t'-t| + |d'-d| + |\boldsymbol{q}'-\boldsymbol{q}| + |\Lambda'-\Lambda|) \tag{1.83}$$

が任意の $(d, \boldsymbol{q}, \Lambda), (d', \boldsymbol{q}', \Lambda') \in U_\delta(c, \boldsymbol{p}, \Lambda_0)$, $a \le t, t' \le b$ に対して成立する．

証明　未知関数を N 個つけ加えて $\mathbb{R}^{n+N}$ 値関数

$$\boldsymbol{y}(t) = \Big(\boldsymbol{x}(t), \Lambda(t)\Big)$$

に対する微分方程式系の初期値問題

$$\frac{d\boldsymbol{y}}{dt} = \begin{pmatrix} \boldsymbol{F}(t, \boldsymbol{x}, \mu) \\ 0 \end{pmatrix}, \qquad \boldsymbol{y}(c) = \begin{pmatrix} \boldsymbol{p} \\ \Lambda \end{pmatrix} \tag{1.84}$$

を考える．明らかに $\Lambda(t) = \Lambda$ だから，(1.82) の解 $\boldsymbol{x}(t, c, \boldsymbol{p}, \Lambda)$ は (1.84) の解 $\boldsymbol{y}(t, c, \boldsymbol{p}, \Lambda)$ の上の n 成分に等しい．(1.84) の方程式の右辺が定理 1.45 の条件を $\boldsymbol{x}$

1.4 解の初期値・パラメータに関する微分可能性 41

を $\boldsymbol{y}$ に置き換えて満足するのは明らかである．ゆえに定理 1.46 は定理 1.45 からしたがう． □

1.4.2 解の初期値とパラメータに関する微分可能性

$\boldsymbol{x} \in \mathbb{R}^n$ の $\mathbb{R}^m$ 値関数 $G(\boldsymbol{x})$ に対して縦ベクトル $\partial G / \partial x_j$ を第 j 列とする行列，すなわち

$$G(\boldsymbol{x}) = \begin{pmatrix} g_1(\boldsymbol{x}) \\ \vdots \\ g_m(\boldsymbol{x}) \end{pmatrix} \quad \text{のとき} \quad \begin{pmatrix} \partial g_1 / \partial x_1 & \ldots & \partial g_1 / \partial x_n \\ \vdots & \ddots & \vdots \\ \partial g_m / \partial x_1 & \ldots & \partial g_m / \partial x_n \end{pmatrix}$$

を G の $\boldsymbol{x}$ による微分といい，$\partial G / \partial \boldsymbol{x}$ とかく．

問 1.47 $G(\boldsymbol{x})$, $\boldsymbol{x}(t)$ が C^1 級のとき，各成分に合成関数の微分法を用いて次を示せ．

$$\frac{d}{dt} G(\boldsymbol{x}(t)) = \frac{\partial G}{\partial \boldsymbol{x}}(\boldsymbol{x}(t)) \frac{d}{dt} \boldsymbol{x}(t).$$

定理 1.48 $\boldsymbol{F}(t, \boldsymbol{x}, \Lambda)$ は $\Omega \subset \mathbb{R}^{n+1+N}$ 上の $\mathbb{R}^n$ 値連続関数で $(\boldsymbol{x}, \Lambda)$ について C^k 級 $(k \geq 1)$，$(\boldsymbol{x}, \Lambda)$ についての k 階までの導関数はすべて $(t, \boldsymbol{x}, \Lambda)$ について連続とする．このとき，初期値問題

$$\frac{d\boldsymbol{x}}{dt} = \boldsymbol{F}(t, \boldsymbol{x}, \Lambda), \quad \boldsymbol{x}(c) = \boldsymbol{p} \tag{1.85}$$

の解 $\boldsymbol{x}(t, c, \boldsymbol{p}, \Lambda)$ が一意的に存在して次の性質を満たす：

(1) $\boldsymbol{x}(t, c, \boldsymbol{p}, \Lambda)$ は $(\boldsymbol{p}, \Lambda)$ に関して C^k 級で，$(\boldsymbol{p}, \Lambda)$ についての k 階までのすべての導関数は $(t, c, \boldsymbol{p}, \Lambda)$ について連続である．

(2) $\boldsymbol{x}(t, c, \boldsymbol{p}, \Lambda)$ の p_j ならびに λ_l についての偏導関数を

$$\varphi_j(t) = \frac{\partial \boldsymbol{x}}{\partial p_j}(t, c, \boldsymbol{p}, \Lambda), \quad j = 1, \ldots, n;$$

$$\psi_l(t) = \frac{\partial \boldsymbol{x}}{\partial \lambda_l}(t, c, \boldsymbol{p}, \Lambda), \ l = 1, \ldots, N$$

とかく．このとき，$\varphi_1, \ldots, \varphi_n, \psi_1, \ldots, \psi_N$ はそれぞれ次の微分方程式の初期値問題の解，とくに t について C^1 級，(p, Λ) について C^{k-1} 級である：

$$\frac{d\varphi_j}{dt} = \frac{\partial \boldsymbol{F}}{\partial \boldsymbol{x}}(t, \boldsymbol{x}(t), \Lambda)\varphi_j(t), \qquad\qquad \varphi_j(c) = \boldsymbol{e}_j \quad (1.86)$$

$$\frac{d\psi_l}{dt} = \frac{\partial \boldsymbol{F}}{\partial \boldsymbol{x}}(t, \boldsymbol{x}(t), \Lambda)\psi_l(t) + \frac{\partial \boldsymbol{F}}{\partial \lambda_l}(t, \boldsymbol{x}(t), \Lambda), \quad \psi_l(c) = 0. \quad (1.87)$$

ただし，$\boldsymbol{e}_j$ は第 j 基本ベクトル，$\boldsymbol{x}(t) = \boldsymbol{x}(t, c, \boldsymbol{p}, \Lambda)$ である．

■**変分微分方程式**　(1.86) あるいは (1.87) はそれぞれ

$$\frac{d\boldsymbol{x}}{dt} = \boldsymbol{F}(t, \boldsymbol{x}(t, c, \boldsymbol{p}, \Lambda), \Lambda), \quad \boldsymbol{x}(t, c, \boldsymbol{p}, \Lambda) = \boldsymbol{p} \qquad (1.88)$$

の両辺を形式的に p_j あるいは λ_l に関して偏微分して得られる関係式である．これらは (1.82) の解 $\boldsymbol{x}(t)$ における**変分微分方程式**と呼ばれる．変分微分方程式は高階方程式に対しても同様に定義される．たとえば，$g(t, x, x', \ldots, x^{(n)}, \Lambda) = 0$ の (1.86) に対応する変分微分方程式は

$$\sum_{j=0}^{n} \frac{\partial g}{\partial x_j}(t, x(t), x'(t), \ldots, x^{(n)}(t), \Lambda)\varphi^{(j)}(t) = 0 \qquad (1.89)$$

である．変分微分方程式は線形微分方程式で，このことが平衡点からの微小変動を表す微分方程式が線形となる理由である．線形微分方程式については 1.4 節で詳しく学ぶ．

注意 1.49　定理 1.48 の (1) によって $\boldsymbol{F}(t, \boldsymbol{x}(t, c, \boldsymbol{p}, \Lambda), \Lambda)$ も $(\boldsymbol{p}, \Lambda)$ に関して C^k 級でその k 階までの導関数は連続．したがって $(d\boldsymbol{x}/dt)(t, c, \boldsymbol{p}, \Lambda)$ も同じ性質を満たす．とくに $k \geq 1$ のとき，$\boldsymbol{x}(t, c, \boldsymbol{p}, \Lambda)$ は $(t, \boldsymbol{p}, \Lambda)$ の C^1 級関数である．

定理 1.48 の証明　初めに定理は $k = 1$ に対して証明されればよいことを示そう．定理が $k = 1$ に対して成立し，$\boldsymbol{F}(t, \boldsymbol{x}, \Lambda)$ が定理の仮定を $k \geq 2$ に対して満たしたとする．このとき，変分微分方程式 (1.86) あるいは (1.87) の右辺は $(t, \varphi_j, \boldsymbol{p}, \Lambda)$ や $(t, \psi_l, \boldsymbol{p}, \Lambda)$ の関数として，定理の仮定を（未知関数を φ_j, ψ_l，パラメータを $(\boldsymbol{p}, \Lambda)$ として）$k = 1$ に対して満足する．したがって，$k = 1$ に対する定理の結論を (1.86)，(1.87) に適用すれば φ_j, ψ_l は $(\boldsymbol{p}, \Lambda)$ に関して微分可能，その導関数はすべての変数に関して連続でそれぞれ (1.86)，(1.87) の $\varphi_j(t), \psi_l(t)$ における変分微分方程式を満たすことがわかる．とくに，$\boldsymbol{x}(t, c, \boldsymbol{p}, \Lambda)$ は $(\boldsymbol{p}, \Lambda)$ に関して C^2 級で，その 2 階偏導関数はすべての変数に関して連続となる．この議論を繰り返せば任意の k に対して定理が成立することがわかる．

ここでも定理 1.46 の証明と同様に (1.84) を用いてパラメータを未知関数の中に加えてしまえば，パラメータ依存性は初期値に関する依存性に変換できるので，定理は $\boldsymbol{F}(t, \boldsymbol{x}, \Lambda)$ が Λ に依存しない場合に証明すれば十分である．

■ $\boldsymbol{F}(t, \boldsymbol{x}, \Lambda) = \boldsymbol{F}(t, \boldsymbol{x})$, $k = 1$ の場合の証明　定理 1.45 の証明の記号を用いる．解 $\boldsymbol{x}(t, c, \boldsymbol{p})$ が区間 $[a, b]$ 上で存在すれば，$\delta > 0$ を十分小さくとるとき，任意の $|\boldsymbol{p} - \boldsymbol{q}| < \delta$ に対して，$\boldsymbol{x}(t, c, \boldsymbol{q})$ も $[a, b]$ 上存在し，$t \in [a, b]$ に対して $(t, \boldsymbol{x}(t, c, \boldsymbol{q})) \in D_\gamma$ であった．以下，この証明の中では c を固定するので変数 c を省略してかかない．$\boldsymbol{q} = \boldsymbol{p} + \boldsymbol{h}$, $\boldsymbol{h} = (h_1, \ldots, h_n)$ とかく．

■積分方程式への変換　初期値問題 (1.86) の解 φ_j を用いて

$$Z(t, \boldsymbol{h}) = \boldsymbol{x}(t, \boldsymbol{p} + \boldsymbol{h}) - \boldsymbol{x}(t, \boldsymbol{p}) - \sum_{j=1}^{n} \varphi_j(t) h_j \tag{1.90}$$

と定義する．

$$\frac{|Z(t, \boldsymbol{h})|}{|\boldsymbol{h}|} \to 0 \quad (\boldsymbol{h} \to 0) \tag{1.91}$$

を示せばよい．$\boldsymbol{x}(t, \boldsymbol{p} + \boldsymbol{h}), \boldsymbol{x}(t, \boldsymbol{p}), \varphi_j(t)$ の満たす積分方程式を用いると，

$$Z(t, \boldsymbol{h}) = \int_c^t \Big(\boldsymbol{F}(s, \boldsymbol{x}(s, \boldsymbol{p} + \boldsymbol{h})) - \boldsymbol{F}(s, \boldsymbol{x}(s, \boldsymbol{p})) - \sum_{j=1}^{n} h_j \boldsymbol{F}'(s, \boldsymbol{x}(s, \boldsymbol{p})) \varphi_j(s) \Big) ds,$$
$$\tag{1.92}$$

ただし $\boldsymbol{F}' = \partial \boldsymbol{F} / \partial \boldsymbol{x}$ である．平均値の定理を用いて

$$\boldsymbol{F}(s, \boldsymbol{x}(s, \boldsymbol{p} + \boldsymbol{h})) - \boldsymbol{F}(s, \boldsymbol{x}(s, \boldsymbol{p})) = K(s, \boldsymbol{p}, \boldsymbol{h})(\boldsymbol{x}(s, \boldsymbol{p} + \boldsymbol{h}) - \boldsymbol{x}(s, \boldsymbol{p})),$$
$$K(s, \boldsymbol{p}, \boldsymbol{h}) = \int_0^1 \boldsymbol{F}'(s, \theta \boldsymbol{x}(s, \boldsymbol{p} + \boldsymbol{h}) + (1 - \theta) \boldsymbol{x}(s, \boldsymbol{p})) d\theta$$

として，(1.92) の右辺の被積分関数を

$$\big(K(t, \boldsymbol{p}, \boldsymbol{h}) - \boldsymbol{F}'(s, \boldsymbol{x}(s, \boldsymbol{p})) \big) (\boldsymbol{x}(s, \boldsymbol{p} + \boldsymbol{h}) - \boldsymbol{x}(s, \boldsymbol{p})) + \boldsymbol{F}'(s, \boldsymbol{x}(s, \boldsymbol{p})) Z(s, \boldsymbol{h}) \tag{1.93}$$

とかきなおし

$$f(t) = \int_c^t \{ K(s, \boldsymbol{p}, \boldsymbol{h}) - \boldsymbol{F}'(s, \boldsymbol{x}(s, \boldsymbol{p})) \} (\boldsymbol{x}(s, \boldsymbol{p} + \boldsymbol{h}) - \boldsymbol{x}(s, \boldsymbol{p})) ds$$

と定義して (1.92) を $Z(t, \boldsymbol{h})$ に対する積分方程式

$$Z(t, \boldsymbol{h}) = f(t) + \int_c^t \boldsymbol{F}'(s, \boldsymbol{x}(s, \boldsymbol{p})) Z(s, \boldsymbol{h}) ds \tag{1.94}$$

と考える.

■ $f(t)$ の評価　(1.71) によって $s \in [a,b]$, $0 \le \theta \le 1$ に関して一様に

$$|(\theta \boldsymbol{x}(s, \boldsymbol{p} + \boldsymbol{h}) + (1 - \theta)\boldsymbol{x}(s, \boldsymbol{p})) - \boldsymbol{x}(s, \boldsymbol{p})| \le A|\boldsymbol{h}|.$$

$\boldsymbol{F}'(t, \boldsymbol{x})$ は D_γ 上一様連続だから，これより $\boldsymbol{h} \to 0$ のとき，

$$\boldsymbol{F}'(s, \theta \boldsymbol{x}(s, \boldsymbol{p} + \boldsymbol{h}) + (1 - \theta)\boldsymbol{x}(s, \boldsymbol{p})) \to \boldsymbol{F}'(s, \boldsymbol{x}(s, \boldsymbol{p})) \quad (s \in [a,b] \text{ について一様})$$
$$\Rightarrow K(t, \boldsymbol{p}, \boldsymbol{h}) \to \boldsymbol{F}'(t, \boldsymbol{x}(t, \boldsymbol{p})) \quad (t \in [a,b] \text{ について一様}).$$

ゆえに，任意に $\varepsilon > 0$ をとるとき，$\delta > 0$ を十分小さくとれば

$$\sup_{t \in [a,b], |\boldsymbol{h}| < \delta} \|K(t, \boldsymbol{p}, \boldsymbol{h}) - \boldsymbol{F}'(t, \boldsymbol{x}(t, \boldsymbol{p}))\| < \varepsilon. \tag{1.95}$$

したがって，(1.71) も用いれば

$$|f(t)| \le \int_c^t \varepsilon \, |\boldsymbol{x}(s, \boldsymbol{p} + \boldsymbol{h}) - \boldsymbol{x}(s, \boldsymbol{p})| ds \le \varepsilon A |a - b||\boldsymbol{h}|. \tag{1.96}$$

$L = \sup\{|\boldsymbol{F}'(t, \boldsymbol{q})| : (t, q) \in D_\gamma\}$ とおいてこれを (1.94) に適用すると

$$|Z(t, \boldsymbol{h})| \le \varepsilon A |a - b||\boldsymbol{h}| + L \int_c^t |Z(s, \boldsymbol{h})| ds.$$

グロンウォールの不等式（補題 1.41 参照）によって，これから $|\boldsymbol{h}| < \delta$ のとき

$$|Z(t, \boldsymbol{h})| \le A|b - a|\varepsilon|\boldsymbol{h}|e^{L(b-a)}, \text{ すなわち } \frac{|Z(t, \boldsymbol{h})|}{|\boldsymbol{h}|} \le C\varepsilon, \ C = A|b - a||e^{L(b-a)}.$$

これから (1.91) がしたがう. □

　最後に，$\boldsymbol{F}(t, \boldsymbol{x}, \Lambda)$ が t についても C^k 級なら解 $\boldsymbol{x}(t, c, \boldsymbol{p}, \Lambda)$ はすべての変数について C^k 級となることを示そう．スペースを確保するため $\partial_t u = \partial u/\partial t$, $\partial_{\boldsymbol{x}} \boldsymbol{F} = \partial \boldsymbol{F}/\partial \boldsymbol{x}$ などとかく．

定理 1.50　定理 1.48 において，$\boldsymbol{F}(t, \boldsymbol{x}, \Lambda)$ がすべての変数 $(t, \boldsymbol{x}, \Lambda)$ に関して C^k 級，$k \ge 1$ なら初期値問題 (1.85) の解 $\boldsymbol{x}(t, c, \boldsymbol{p}, \Lambda)$ は $(t, c, \boldsymbol{p}, \Lambda)$ に関して C^k 級である．

1.4 解の初期値・パラメータに関する微分可能性　　45

注意 1.51　注意 1.49 と同じ理由で $(\partial_t \boldsymbol{x})(t, c, \boldsymbol{p}, \Lambda)$ も $(t, c, \boldsymbol{p}, \Lambda)$ に関して C^k 級である.

定理 1.50 の証明　(1) ふたたび定理 1.46 の証明のように (1.84) を用いてパラメータを未知関数の中に組み入れ, パラメータに関する依存性を初期値に関する依存性に変換すれば定理は $\boldsymbol{F}(t, \boldsymbol{x}, \Lambda)$ が Λ に依存しない場合に証明すれば十分である. そこで $\boldsymbol{F}(t, \boldsymbol{x}, \Lambda) = \boldsymbol{F}(t, \boldsymbol{x})$ とする.

(2) $\boldsymbol{z}(t, c, \boldsymbol{p}) = \boldsymbol{x}(t+c, c, \boldsymbol{p})$ と定義する. $\boldsymbol{x}(t, c, \boldsymbol{p}) = \boldsymbol{z}(t-c, c, \boldsymbol{p})$ だから $\boldsymbol{z}(t, c, \boldsymbol{p})$ に対して定理を示せばよい.

$$\partial_t \boldsymbol{z}(t, c, \boldsymbol{p}) = \partial_t \boldsymbol{x}(t+c, c, \boldsymbol{p}) = \boldsymbol{F}(t+c, \boldsymbol{x}(t+c, c, \boldsymbol{p})) = \boldsymbol{F}(t+c, \boldsymbol{z}(t, c, \boldsymbol{p})).$$

したがって, $\boldsymbol{z}(t, c, \boldsymbol{p})$ はパラメータ c をもつ微分方程式の (初期時刻が一定の) 初期値問題

$$\frac{d\boldsymbol{z}}{dt} = \boldsymbol{F}(t+c, \boldsymbol{z}), \quad \boldsymbol{z}(0) = \boldsymbol{p} \tag{1.97}$$

の解である. $\boldsymbol{F}(t+c, \boldsymbol{z})$ は $(t, c, \boldsymbol{z})$ について C^k 級, したがって, もういちど (1) のように c を未知変数に組み入れて, 定理はさらに c にも依存しない場合に証明すればよいことがわかる.

(3) 定理 1.48 によって, $\boldsymbol{F}$ が $(t, \boldsymbol{x})$ について C^k 級なら

$$\boldsymbol{x}(t, \boldsymbol{p}) \text{ は "}\boldsymbol{p} \text{ について } C^k \text{ 級, } k \text{ 階までの導関数は } (t, \boldsymbol{p}) \text{ の連続関数"}. \tag{1.98}$$

これより

$$\frac{d\boldsymbol{x}}{dt}(t, \boldsymbol{p}) = \boldsymbol{F}(t, \boldsymbol{x}(t, \boldsymbol{p})) \tag{1.99}$$

の右辺, したがって $(d\boldsymbol{x}/dt)(t, \boldsymbol{p})$ も (1.98) の性質 "$\boldsymbol{p}$ について C^k 級, k 階までの導関数は $(t, \boldsymbol{p})$ の連続関数" を満たす. $\boldsymbol{x}(t, \boldsymbol{p})$ はもちろん t について C^1 級である. ゆえに (1.99) の右辺は t に関して C^1 級, ゆえに $\boldsymbol{x}(t, \boldsymbol{p})$ は t について C^2 級で (1.99) を微分すれば,

$$\frac{d^2\boldsymbol{x}}{dt^2}(t) = (\partial_t \boldsymbol{F})(t, \boldsymbol{x}(t, \boldsymbol{p})) + (\partial_x \boldsymbol{F})(t, \boldsymbol{x}(t, \boldsymbol{p}))\frac{d\boldsymbol{x}}{dt}(t, \boldsymbol{p}). \tag{1.100}$$

右辺の $\boldsymbol{p}$ に関する $k-1$ 階までの導関数は $(t, \boldsymbol{p})$ の連続関数であるから, (1.100) によって, $(d^2\boldsymbol{x}/dt^2)(t)$ に対しても同様である. $k \geq 2$ であれば (1.100) の両辺はさらに t で偏微分可能で $(d^3\boldsymbol{x}/dt^3)(t, \boldsymbol{p})$ ならびにその t に関する導関数の $\boldsymbol{p}$ に関する $k-2$ 階までの導関数は $(t, \boldsymbol{p})$ に関して連続であることがわかる. この議論を帰納的に繰り返せば, 結局 $j = 1, \ldots, k+1$ に対し $(d^j\boldsymbol{x}/dt^j)(t, \boldsymbol{p})$ が存在し, その $\boldsymbol{p}$

に関する $k-j+1$ 階までの微分は $(t, \boldsymbol{p})$ について連続となる. すなわち, $\boldsymbol{x}(t, \boldsymbol{p})$, $(d\boldsymbol{x}/dt)(t, \boldsymbol{p})$ は $(t, \boldsymbol{p})$ に関し C^k 級であることがわかる. □

1.4.3 相流の直線化

1.2.3 項において微分方程式の決める相流を定義したが, そこでは $\boldsymbol{x}(t, c, \boldsymbol{p})$ が $-\infty < t < \infty$ に延長できると仮定した. ところが 1.2 節において注意したように, $\boldsymbol{x}(t, c, \boldsymbol{p})$ の存在する区間は $c, \boldsymbol{p}$ に依存し, 一般には $-\infty < t < \infty$ になるとは限らない.

■局所相流 　一般の微分方程式が相空間上に引き起こす局所的な点の運動を定義しよう.

定義 1.52 　$D \subset \mathbb{R}^n$ を領域, $a < b$, $\boldsymbol{p} \in D$ とする. $\boldsymbol{p}$ の近傍 $U \subset D$, 区間 $I \subset (a, b)$, および, 次の性質を満たす U から D の中への写像 $\Phi_{t,s} : U \to D$ の族の組 $\Psi_{p,I,U} = \{\Phi_{t,s} : t, s \in I\}$ を $\boldsymbol{p}$ の周りの**局所相流**と呼ぶ:

(1) $\Phi_{t,s} : U \to \Phi_{t,s}(U)$ は上への微分同相写像である.

(2) $t, s, r \in I$, $\boldsymbol{q} \in U$, $\Phi_{s,r}(\boldsymbol{q}) \in U$ であれば, $\Phi_{t,s} \circ \Phi_{s,r}(\boldsymbol{q}) = \Phi_{t,s}(\boldsymbol{q})$.

(3) 任意の $\boldsymbol{q} \in U$ に対して, $\boldsymbol{q}$ の近傍 $V \subset U$ と $\delta > 0$ が存在し $|t-s| < \delta$ を満たす任意の $t, s \in I$ に対して $\Phi_{t,s}(V) \subset U$ である.

$\boldsymbol{F}(t, \boldsymbol{x})$ が滑らかな関数であれば, 微分方程式 $\boldsymbol{x}' = \boldsymbol{F}(t, \boldsymbol{x})$ は D の各点の周りの局所相流を定義するのは, 前項までの結果から明らかである.

問 1.53 　$\boldsymbol{F}(t, \boldsymbol{x})$ を $(a, b) \times D$ 上の C^∞ 級関数とする. 定理 1.40, 定理 1.48 を用いて微分方程式 $\boldsymbol{x}' = \boldsymbol{F}(t, \boldsymbol{x})$ が D の各点の周りの局所相流を定義することを示せ.

$\boldsymbol{F}(t, \boldsymbol{x}) = \boldsymbol{F}(\boldsymbol{x})$ のとき, すなわち, 自律系方程式に対して, 局所相流は $\Phi_{t,s} = \Phi_{t-r,s-r}$ を満たす. したがって $\varphi_t = \Phi_{t,0}$ と定めれば, $\{\varphi_t : |t| < \varepsilon\}$ は各 $\boldsymbol{p}$ の周りで定義 1.52 の (1)–(3) に対応する性質, とくに U 上で $|t|, |s|, |t+s| < \varepsilon$ に対して $\varphi_t \circ \varphi_s = \varphi_{t+s}$ を満たす微分同型の族となる. $\{\varphi_t : |t| < \varepsilon\}$ を自律系方程式の引き起こす局所相流という.

1.4 解の初期値・パラメータに関する微分可能性 47

■相流の直線化 $F(p) \neq 0$ を満たす点 p は，微分方程式あるいはベクトル場 $F(x)$ の正則点と呼ばれる．自律系微分方程式の局所相流は正則点の近傍では適当な座標変換によって平行移動 $x \mapsto x + te_1$ となることを示そう．

定理 1.54 $F(x)$ を D 上の滑らかな n 次元ベクトル場とする．F が引き起こす局所相流 φ_t は任意の正則点 $p \in D$ の近傍において trivial である．すなわち，p の近傍 U と $\Phi(p) = 0$ を満たす U から $\mathbb{R}^n$ の中への微分同相写像（座標変換）$\Phi = \Phi(x)$ が存在し，

$$(\Phi \circ \varphi_t)(q) = \Phi(q) + te_1, \qquad q \in V \equiv \Phi(U) \tag{1.101}$$

となる．とくに，微分方程式 $x' = F(x)$ は新しい座標 $y = \Phi(x)$ に関して，$y' = e_1$ に変換される．ただし，$e_1 = {}^t(1, 0, \dots, 0)$ である．

証明   座標軸の平行移動と回転を施して，$p = O$，$F(O) = e_1$ として一般性を失わない．ただし O は $\mathbb{R}^n$ の原点である．微分方程式 $x' = F(x)$ の初期条件 $x(0) = a$ を満たす解を $x(t, a)$，$y = {}^t(y_1, y_2, \dots, y_n)$ に対して，$\tilde{y} = {}^t(0, y_2, \dots, y_n)$ と定める．定義によって $x(y_1, \tilde{y}) = \varphi_{y_1}(\tilde{y})$ である．写像 Ψ を

$$\Psi(y) = x(y_1, \tilde{y}) = \varphi_{y_1}(\tilde{y}) \tag{1.102}$$

と定義する．定理 1.37, 1.48 によって，Ψ は $\mathbb{R}^n$ の原点 O の近傍 $V = \{y = {}^t(y_1, \dots, y_n) : |y_1| < \delta, |\tilde{y}| < \delta\}$ において定義され，$\Psi(O) = O$，また O におけるヤコビ行列は定理 1.48 によって

$$\frac{\partial \Psi}{\partial y}(O) = \left(\frac{\partial x}{\partial t}(0, \mathbf{0}), \frac{\partial x}{\partial y_2}(0, \mathbf{0}), \dots, \frac{\partial x}{\partial y_n}(0, \mathbf{0}) \right) = (e_1, e_2, \dots, e_n) = \text{単位行列}.$$

逆関数の定理によって $\delta > 0$ を十分小さくとれば，Ψ は V から O の近傍 $U = \Psi(V)$ への微分同相写像である．そこで，$\Phi = \Psi^{-1}$ と定義する．$y(x) = \Phi(x)$ が求める座標であることを示そう．Φ は U から V への微分同相写像である．このとき，$q = {}^t(q_1, \dots, q_n)$ に対して $\tilde{q} = {}^t(0, q_2, \dots, q_n)$ と定めれば (1.102) から

$$\Psi\Big(y(\varphi_t(\tilde{q})) \Big) = \varphi_t(\tilde{q}) = \Psi(te_1 + \tilde{q}) \quad \text{ゆえに} \quad \Phi(\varphi_t(\tilde{q})) = te_1 + \tilde{q}.$$

したがって，任意の $q \in U$ に対して，$\varphi_s(\tilde{q}) = q$ となる $(s, \tilde{q}) \in V$ をとれば，$\Phi(q) = se_1 + \tilde{q}$，

$$\Phi(\varphi_t(\boldsymbol{q})) = \Phi((\varphi_t \circ \varphi_s)(\tilde{\boldsymbol{q}})) = \Phi(\varphi_{t+s}(\tilde{\boldsymbol{q}})) = (t+s)\boldsymbol{e}_1 + \tilde{\boldsymbol{q}} = \Phi(\boldsymbol{q}) + t\boldsymbol{e}_1$$

となり, (1.101) が成立する. t の関数 $\Phi(\boldsymbol{q}) + t\boldsymbol{e}_1$ は明らかに微分方程式 $d\boldsymbol{y}/dt = \boldsymbol{e}_1$ を満たす. $\boldsymbol{y} = \Phi(\boldsymbol{x})$ が求める座標である. □

$\boldsymbol{F}(\boldsymbol{p}) = 0$ となる点はベクトル場 $\boldsymbol{F}(\boldsymbol{x})$ あるいは微分方程式 $d\boldsymbol{x}/dt = \boldsymbol{F}(\boldsymbol{x})$ の**特異点**と呼ばれる. 特異点の周りでの相流の様子については, 1.5.6 項で簡単に触れる.

1.5　線形方程式

微分方程式 $d\boldsymbol{x}/dt = \boldsymbol{F}(t, \boldsymbol{x})$ は $\boldsymbol{F}(t, \boldsymbol{x})$ が $\boldsymbol{x}$ の線形写像のとき, すなわち, 連続な $n \times n$ 行列値関数 $A(t) = (a_{ij}(t))$ を用いて

$$\frac{d\boldsymbol{x}}{dt} = A(t)\boldsymbol{x} \tag{1.103}$$

とかかれるとき**線形微分方程式**といわれる. この節では線形微分方程式について学ぶ.

高階方程式 $f(t, x, x', \ldots, x^{(n)}) = 0$ は, $f(t, x_0, \ldots, x_n)$ が $(x_0, \ldots, x_n)$ の一次関数のとき, すなわち,

$$a_0(t)x^{(n)}(t) + a_1(t)x^{(n-1)}(t) + \cdots + a_n(t)x(t) = 0 \tag{1.104}$$

の形のとき, **線形**であると呼ばれる. これはその一階化方程式が線形微分方程式であることと同値である. 線形微分方程式は最も良く研究されている微分方程式のクラスで, 一般の微分方程式の研究においても重要である.

数理物理では平衡状態からの微小変化を近似的に記述するのに線形方程式を用いる場合が多い. たとえば, 長さ l の振り子の振動は, 鉛直線からの振れ角を x_1, 角速度を x_2 とすると, g を重力の加速度, $k = l/g$ として $x'' = -k\sin x$ で与えられるが, 平衡点 $x = 0$ の周りの微小振動をとり扱うときには, $\sin x \sim x$ と近似して, より簡単な線形微分方程式 $x'' = -kx$ を用いることが多い. また, 定理 1.48 で示したように解のパラメータあるいは初期条件に関する変化率を記述する変分微分方程式は一般に線形である. 本節では線形微分方程式の性質について学ぶ.

1.5.1 重ね合わせの原理

$A(t)\boldsymbol{x}$ は $(t,\boldsymbol{x})$ について連続，$\boldsymbol{x}$ について C^∞ 級だから，定理 1.40, 1.46 によって，任意の $a < c < b$, $\boldsymbol{p} \in \mathbb{R}^n$ に対して初期値問題

$$\frac{d\boldsymbol{x}}{dt} = A(t)\boldsymbol{x}(t), \quad \boldsymbol{x}(c) = \boldsymbol{p} \tag{1.105}$$

の解 $\boldsymbol{x}(t,c,\boldsymbol{p})$ が局所的に一意存在し，$(t,c,\boldsymbol{p})$ に関してリプシッツ連続，$\boldsymbol{p}$ に関して C^∞ 級である．

■**線形微分方程式の解の大域存在**　最初に，線形方程式の初期値問題 (1.105) の解はつねに $A(t)$ が定義されている区間 (a,b) 全体で存在することを示そう．行列 A のノルム $\|A\|$ は

$$\|A\| = \sup\{|A\boldsymbol{x}| : |\boldsymbol{x}| = 1\} \tag{1.106}$$

で定義された．$|A\boldsymbol{x}| \le \|A\|\,|\boldsymbol{x}|$ であったことを思い出しておく．

定理 1.55　初期値問題 (1.105) の解 $\boldsymbol{x}(t,c,\boldsymbol{p})$ は区間 (a,b) 全体で一意的に存在し，$\boldsymbol{p}$ に関して C^∞ 級である．$\boldsymbol{x}(t,c,\boldsymbol{p})$ は次の評価式を満たす．

$$|\boldsymbol{x}(t,c,\boldsymbol{p})| \le |\boldsymbol{p}| \exp\left(\left|\int_c^t \|A(s)\|ds\right|\right). \tag{1.107}$$

証明　定理 1.40, 1.48 によって (1.105) の最大延長解 $\boldsymbol{x}(t) \equiv \boldsymbol{x}(t,c,\boldsymbol{p})$ が一意的に存在し，$\boldsymbol{p}$ に関して C^∞ 級である．この解 $\boldsymbol{x}(t)$ の存在区間を $(\alpha,\beta) \subset (a,b)$ とする．$\beta = b$ を背理法で示そう．$\beta < b$ とする．$\boldsymbol{x}(t)$ は (α,β) 上積分方程式

$$\boldsymbol{x}(t) = \boldsymbol{p} + \int_c^t A(s)\boldsymbol{x}(s)ds, \quad \alpha < t < \beta \tag{1.108}$$

を，したがって $c \le t < \beta$ に対して

$$|\boldsymbol{x}(t)| \le |\boldsymbol{p}| + \int_c^t \|A(s)\|\,|\boldsymbol{x}(s)|ds$$

を満たす．これよりグロンウォールの不等式（補題 1.41）によって (1.107) が $c \le t < \beta$ において成立する．$\beta < b$ だから，

$$\sup_{c \le t < \beta} |\boldsymbol{x}(t)| \le |\boldsymbol{p}| \exp\left(\int_c^\beta \|A(s)\|ds\right) \equiv M < \infty.$$

これから (1.108) によって $\beta_m < \beta_n < \beta$ のとき,

$$|\boldsymbol{x}(\beta_n) - \boldsymbol{x}(\beta_m)| \le \int_{\beta_m}^{\beta_n} \|A(s)\| |\boldsymbol{x}(s)| ds \le M \sup_{c \le t \le \beta} \|A(t)\| |\beta_n - \beta_m|.$$

したがって, $\lim_{t\uparrow\beta} \boldsymbol{x}(t) = \boldsymbol{q}$ が, ゆえに $\lim_{t\uparrow\beta} \boldsymbol{x}'(t) = \lim_{t\uparrow\beta} A(t)\boldsymbol{x}(t) = A(\beta)\boldsymbol{q}$ も存在する. そこで $\boldsymbol{x}(\beta) = \boldsymbol{q}$ を満たす (1.103) の解 $\boldsymbol{x}(t, \beta, \boldsymbol{q})$ を考える. 定理 1.40 によって $\boldsymbol{x}(t, \beta, \boldsymbol{q})$ は β のある近傍 $\beta - \varepsilon \le t \le \beta + \varepsilon, 0 < \varepsilon < b - \beta$ において存在するが, もちろん

$$\boldsymbol{x}(\beta, \beta, \boldsymbol{q}) = \boldsymbol{q} = \lim_{t\uparrow\beta} \boldsymbol{x}(t), \quad \boldsymbol{x}'(\beta, \beta, \boldsymbol{q}) = A(\boldsymbol{q})\boldsymbol{q} = \lim_{t\uparrow\beta} \boldsymbol{x}'(t).$$

したがって,

$$\tilde{\boldsymbol{x}}(t) = \begin{cases} \boldsymbol{x}(t, c, \boldsymbol{p}), & c \le t < \beta \text{ のとき,} \\ \boldsymbol{x}(t, \beta, \boldsymbol{q}), & \beta \le t < \beta + \varepsilon \text{ のとき} \end{cases}$$

と定義すれば $\tilde{\boldsymbol{x}}(t)$ は区間 $[c, \beta + \varepsilon]$ 上 C^1 級関数で $\tilde{\boldsymbol{x}}'(t) = A(t)\tilde{\boldsymbol{x}}(t)$ を満たす. したがって $\boldsymbol{x}(t, c, \boldsymbol{p})$ は β を越えて $\beta + \varepsilon$ まで延長できたことになり (α, β) が最大延長区間であることに矛盾する. ゆえに $\beta = b$ で (1.107) が $c \le t < b$ に対して成立することがわかった. $\alpha = a$ で (1.107) が $a < t \le c$ に対して成立することも同様に示せる. $\qquad\square$

■**関数のなすベクトル空間** $C([a, b], \mathbb{R}^n)$ を $t \in [a, b]$ の $\mathbb{R}^n$ 値連続関数全体とする. $\boldsymbol{u}, \boldsymbol{v} \in C([a, b], \mathbb{R}^n)$ に対してその和, あるいは $\alpha \in \mathbb{R}$ によるスカラー倍を

$$(\boldsymbol{u} + \boldsymbol{v})(t) = \boldsymbol{u}(t) + \boldsymbol{v}(t), \quad (\alpha\boldsymbol{u})(t) = \alpha\boldsymbol{u}(t), \quad a \le t \le b \qquad (1.109)$$

と定義すれば, $\boldsymbol{u} + \boldsymbol{v}, a\boldsymbol{u}$ はいずれも $[a, b]$ 上連続, すなわち $C([a, b], \mathbb{R}^n)$ の要素で, この和とスカラー倍は, 明らかに交換法則, 結合法則, 分配法則などのベクトル空間の公理を満たす. したがって, $t \in [a, b]$ の $\mathbb{R}^n$ 値関数全体 $C([a, b], \mathbb{R}^n)$ は $\mathbb{R}$ 上のベクトル空間となる.

X を一般の集合 D 上の $\mathbb{R}^n$ 値関数を要素とするある集合とする. $f, g \in X$, $\alpha \in \mathbb{R}$ に対して和とスカラー倍が (1.109) によって定義される. この和とスカラー倍によって X が閉じていれば, X は $\mathbb{R}$ 上のベクトル空間と考えることができる. $[a, b]$ 上の $\mathbb{R}^n$ 値可積分関数の全体, C^1 級関数の全体なども $\mathbb{R}$ 上のベクトル空間である.

この定義 (1.109) はきわめて自然なので，関数の和やスカラー倍を「定義する」というと，なにをいまさらというかもしれない．しかし，関数 u とは t にベクトル $u(t)$ を対応させる「対応関係」のことであり，一般には対応関係に和やスカラー倍を考えることはできない．いまは関数の像の空間 $\mathbb{R}^n$ が $\mathbb{R}$ 上のベクトル空間なので和やスカラー倍を (1.109) のように自然に「定義」でき，関数のなすベクトル空間を考えることができるのである．関数の集合 X がベクトル空間であることが確かめられれば，X に一次独立や一次従属，基底や次元などのベクトル空間のさまざまな概念が定義され，線形代数で学んださまざまな定理を用いて X の性質を知ることができるというメリットが生まれる．関数のベクトル空間を**関数空間**という．

注意 1.56 このように関数の和とスカラー倍を定義するとき，u が関数として 0 であるとは，任意の f に対して，$u(t) + f(t) = f(t)$, $a < \forall t < b$ のことだから，$u(t) = 0$, $\forall t \in (a, b)$ でなければならない，したがって，任意の t において $x_1(t), \ldots, x_m(t)$ が $\mathbb{R}$ 上一次独立であれば，$x_1, \ldots, x_m$ は関数として $\mathbb{R}$ 上一次独立であるが，その逆が成り立つとは限らない．たとえば $x_1(t) = \alpha(t)e_1$, $x_2(t) = \beta(t)e_1$ は $\lambda\alpha(t) + \mu\beta(t) \equiv 0$ となる定数 λ, μ が存在しなければ関数としては一次独立であるが明らかに任意の t において $\mathbb{R}^n$ 上一次従属である．

以下，対応関係としての関数それ自身，あるいは関数空間の元としての関数を表すときには $f, g, \ldots$ あるいは $f(\cdot), g(\cdot)$ などとかき関数の値 $f(t), g(t), \ldots$ と区別することにするが，慣習にしたがってしばしば関数 $f(t), g(t)$ などともいう．

■**重ね合わせの原理** 線形微分方程式 (1.103) に最も著しい性質は，いわゆる**重ね合わせの原理**，すなわち $x_1(t), x_2(t)$ が (1.103) の解であれば，任意の $\alpha, \beta \in \mathbb{R}$ に対して，$\alpha x_1(t) + \beta x_2(t)$ もその解になるという性質である．これは解空間 S の性質として次のようにいい表せる．

定理 1.57 微分方程式 (1.103) の解空間 S は実数上のベクトル空間をなす．初期値問題 (1.105) の解を $x(t, c, p)$ とかけば，任意の $\alpha, \beta \in \mathbb{R}$, $p, q \in \mathbb{R}^n$ に対して，

$$\alpha x(t, c, p) + \beta x(t, c, q) = x(t, c, \alpha p + \beta q), \tag{1.110}$$

すなわち，初期値から解への写像 $\mathbb{R}^n \ni \boldsymbol{p} \mapsto \boldsymbol{x}(t,c,\boldsymbol{p}) \in S$ は線形である．

証明　$\boldsymbol{x}_1(t), \boldsymbol{x}_2(t)$ を (1.103) の 2 つの解，$\alpha, \beta \in \mathbb{R}$, $\boldsymbol{x}_3(t) = \alpha \boldsymbol{x}_1(t) + \beta \boldsymbol{x}_2(t)$ とする．このとき，$\boldsymbol{x}_1'(t) = A(t)\boldsymbol{x}_1(t)$, $\boldsymbol{x}_2'(t) = A(t)\boldsymbol{x}_2(t)$ だから

$$\boldsymbol{x}_3'(t) = \alpha \boldsymbol{x}_1'(t) + \beta \boldsymbol{x}_2'(t) = A(t)(\alpha \boldsymbol{x}_1(t) + \beta \boldsymbol{x}_2(t)) = A(t)\boldsymbol{x}_3(t).$$

ゆえに，$\boldsymbol{x}_3(t)$ も (1.103) の解である．これで解空間 S がベクトル空間であることがわかった．$\boldsymbol{x}_1(c) = \boldsymbol{p}, \boldsymbol{x}_2(c) = \boldsymbol{q}$ とすれば，$\boldsymbol{x}_3(c) = \alpha \boldsymbol{p} + \beta \boldsymbol{q}$. 初期値問題の解はただ 1 つだから任意の $a < t < b$ に対して $\boldsymbol{x}_3(t) = \boldsymbol{x}(t,c,\alpha \boldsymbol{p} + \beta \boldsymbol{q})$ でなければならない．　□

■解空間の次元

定理 1.58　(1) 微分方程式 (1.103) の解空間 S は n 次元ベクトル空間である．

(2) 任意の $a \le c \le b$ に対して，解 $\boldsymbol{x}$ にその c における値 $\boldsymbol{x}(c)$ を対応させる写像

$$E(c)\colon S \ni \boldsymbol{x} \mapsto \boldsymbol{x}(c) \in \mathbb{R}^n \tag{1.111}$$

は n 次元ベクトル空間 S から $\mathbb{R}^n$ への同型写像で，$E(c)^{-1}(\boldsymbol{p})$ は (1.103) の $\boldsymbol{x}(c) = \boldsymbol{p}$ を満たす解 $\boldsymbol{x}(t,c,\boldsymbol{p})$ に等しい．

証明　$E(c)$ が S から $\mathbb{R}^n$ への同型写像であることを示せば十分である．$E(c)$ が線形なのは明らかである．$\boldsymbol{x} \in S$, $E(c)\boldsymbol{x} = \boldsymbol{x}(c) = 0$ とする．定数関数 0 は明らかに (1.103) の $\boldsymbol{x}(c) = 0$ を満たす解．初期値問題の解は一意的であるから，これより $\boldsymbol{x}(t)$ は定数関数 0 に等しい．ゆえに $E(c)$ は 1 対 1 である．一方，任意の $\boldsymbol{p} \in \mathbb{R}^n$ に対して明らかに $E(c)(\boldsymbol{x}(t,c,\boldsymbol{p})) = \boldsymbol{p}$. $E(c)$ は $\mathbb{R}^n$ の上への写像，ゆえに同型である．　□

定理 1.58 によって

関数族 $\boldsymbol{x}_1, \ldots, \boldsymbol{x}_m \in S$ が一次独立

$\Leftrightarrow$　ある t においてベクトル $\boldsymbol{x}_1(t), \ldots, \boldsymbol{x}_m(t) \in \mathbb{R}^m$ が一次独立

$\Leftrightarrow$　$\boldsymbol{x}_1(t), \ldots, \boldsymbol{x}_m(t)$ はすべての t に対して一次独立

が成立する．

1.5 線形方程式　　53

■**高階線形微分方程式**　n 階線形微分方程式 $x^{(n)} + a_1(t)x^{(n-1)} + \cdots + a_n(t)x = 0$ の一階化方程式は

$$\boldsymbol{x}(t) = \begin{pmatrix} x(t) \\ \vdots \\ x^{(n-1)}(t) \end{pmatrix}$$

に対する線形方程式

$$\frac{d\boldsymbol{x}}{dt} = A(t)\boldsymbol{x}, \quad A(t) = \begin{pmatrix} 0 & 1 & 0 & \cdots & 0 \\ 0 & 0 & 1 & \cdots & 0 \\ \vdots & \vdots & \vdots & \ddots & \vdots \\ 0 & 0 & \cdots & 0 & 1 \\ -a_n & -a_{n-1} & \cdots & -a_2 & -a_1 \end{pmatrix} \tag{1.112}$$

である（1.2.1 項参照）．定理 1.57，1.58 を (1.112) に適用すれば次の定理が得られる．

系 1.59（高階線形微分方程式の解空間）　(1) n 階線形微分方程式 $x^{(n)} + a_1(t)x^{(n-1)} + \cdots + a_n(t)x = 0$ の解空間 S は $\mathbb{R}$ 上の n 次元ベクトル空間である．

(2) 任意の $a \leq c \leq b$ に対して，

$$\tilde{E}(c) \colon S \ni x \mapsto \boldsymbol{p} = {}^t(x(c), x'(c), \ldots, x^{(n-1)}(c)) \in \mathbb{R}^n \tag{1.113}$$

は S から $\mathbb{R}^n$ への同型写像で，$\tilde{E}(c)^{-1}(\boldsymbol{p})$ は n 階線形微分方程式の初期条件 ${}^t(x(c), x'(c), \ldots, x^{(n-1)}(c)) = \boldsymbol{p}$ を満たす解に等しい．

問 1.60　$x'' + x = 0$ の解 $\sin t, \cos t$ が一次独立であることを確かめよ．

1.5.2　基本解行列と解作用素

S を (1.103) の解空間，任意の $a < c < b$ に対して $E(c)$ を (1.111) で定義された同型写像 $E(c) \colon S \to \mathbb{R}^n$ とする．定理 1.58 によって

54　　　　　　　　　　　　第 1 章　常微分方程式

$$E(t)E(s)^{-1} \colon \mathbb{R}^n \ni \boldsymbol{p} \mapsto \boldsymbol{x}(t,s,\boldsymbol{p}) \in \mathbb{R}^n \tag{1.114}$$

は解の s における値 $\boldsymbol{x}(s) = \boldsymbol{p}$ に t における値 $\boldsymbol{x}(t,s,\boldsymbol{p})$ を対応させる $\mathbb{R}^n$ の（線形の）同型写像である．同型写像の族 $\{U(t,s)\colon a < t, s < b\}$ を

$$U(t,s) = E(t)E(s)^{-1}, \quad a < t, s < b \tag{1.115}$$

と定義する．$U(t,s), a < t < b$ を微分方程式 (1.103) の**発展作用素**あるいは**解作用素**という．$U(t,s)$ を $\mathbb{R}^n$ の標準基底 $\{\boldsymbol{e}_1, \dots, \boldsymbol{e}_n\}$ に関する表現行列と同一視する．

定理 1.61　(1) 任意の $\boldsymbol{p} \in \mathbb{R}^n$, $s \in (a,b)$ に対して，$U(t,s)\boldsymbol{p} = \boldsymbol{x}(t,s,\boldsymbol{p})$, $a < t < b$ が成り立つ．

(2) $U(t,s)$ は初期条件 $\boldsymbol{x}_j(s) = \boldsymbol{e}_j$, $j = 1, \dots, n$ を満たす (1.103) の解を並べた行列である：

$$U(t,s) = \Big(\boldsymbol{x}(t,s,\boldsymbol{e}_1), \dots, \boldsymbol{x}(t,s,\boldsymbol{e}_n)\Big). \tag{1.116}$$

(3) 任意の $a < t, s, r < b$ に対して次が成り立つ：

$$U(t,r)U(r,s) = U(t,s), \quad U(t,t) = \text{単位行列}. \tag{1.117}$$

(4) $U(t,s)$ の各成分は (t,s) の C^1 級関数で次が成り立つ：

$$\frac{\partial}{\partial t}U(t,s) = A(t)U(t,s), \quad \frac{\partial}{\partial s}U(t,s) = -U(t,s)A(s). \tag{1.118}$$

(5) 性質 (3) と (4) の第 1 式を満たす $n \times n$ 行列の族 $\{U(t,s)\colon a < s, t < b\}$ は一意的で (1.116) で与えられるものに等しい．

(1), (2) によって $U(t,s)$ の列ベクトル $\boldsymbol{x}(t,s,\boldsymbol{e}_1), \dots, \boldsymbol{x}(t,s,\boldsymbol{e}_n)$ は解空間 S の基底であり，任意の解（一般解）は $\boldsymbol{x}(t,s,\boldsymbol{p}) = p_1\boldsymbol{x}(t,s,\boldsymbol{e}_1) + \dots + p_n\boldsymbol{x}(t,s,\boldsymbol{e}_n)$ で与えられることがわかる．$\{U(t,s)\colon a < t, s < b\}$ は (1.117) を満たす C^∞ 級の同型写像の族，微分方程式 (1.103) の決める相流でもある．

証明　(1) は定義の繰り返しである．

(2) $U(t,s)\boldsymbol{e}_1 = \boldsymbol{x}(t,s,\boldsymbol{e}_1), \dots, U(t,s)\boldsymbol{e}_n = \boldsymbol{x}(t,s,\boldsymbol{e}_n)$, $(\boldsymbol{e}_1, \dots, \boldsymbol{e}_n)$ は単位行列だから

$$U(t,s) = U(t,s)(\boldsymbol{e}_1, \ldots, \boldsymbol{e}_n) = (\boldsymbol{x}(t,s,\boldsymbol{e}_1), \ldots, \boldsymbol{x}(t,s,\boldsymbol{e}_n)). \tag{1.119}$$

(3) は定義 (1.115) から明らかである.

(4) $U(t,s)$ が t に関して C^1 級なのは (1.116) から明らかである. (1.117) によって $U(t,s) = U(s,t)^{-1}$. ゆえに問 1.17 によって $U(t,s)$ は s についても C^1 級. 任意に $a < c < b$ をとって $U(t,s) = U(t,c)U(c,s)$ とかけば, $U(t,s)$ が (t,s) について C^1 級であることがわかる. (1.116) を t で微分すれば

$$\frac{\partial}{\partial t}U(t,s) = (A(t)\boldsymbol{x}(t,s,\boldsymbol{e}_1), \ldots, A(t)\boldsymbol{x}(t,s,\boldsymbol{e}_n)) = A(t)U(t,s). \tag{1.120}$$

$U(t,s)U(s,t) = I$ を s で微分し (1.120) を用いると

$$\{\partial U(t_1,s)/\partial s\}U(s,t) + U(t,s)A(s)U(s,t) = 0.$$

ゆえに (1.118) の第 2 式も成立する.

(5) (1.118) の第 1 式から $U(t,s)$ の各列は (1.103) の解で, $U(s,s)$ は単位行列だから $1 \le j \le n$ に対して第 j 列は初期条件 $\boldsymbol{x}(s) = \boldsymbol{e}_j$ を満たす解 $\boldsymbol{x}(t,s,\boldsymbol{e}_j)$ でなければならない. □

定義 1.62 (1.103) の n 個の解 $\boldsymbol{x}_1(t), \ldots, \boldsymbol{x}_n(t)$ を列ベクトルとする $n \times n$ 行列値関数 $\Phi(t) = (\boldsymbol{x}_1(t), \ldots, \boldsymbol{x}_n(t))$ を $\boldsymbol{x}_1, \ldots, \boldsymbol{x}_n$ の**ロンスキー行列**, その行列式 $\det \Phi(t) = W(t)$ を**ロンスキアン**と呼ぶ. $\boldsymbol{x}_1, \ldots, \boldsymbol{x}_n$ が S の基底のとき, ロンスキー行列 $\Phi(t)$ は (1.103) の**基本解行列**と呼ばれる.

定理 1.58 とそれに続く注意によって,

$$\text{すべての } t \text{ で } W(t) \ne 0 \Longleftrightarrow \text{ある } t \text{ で } W(t) \ne 0$$
$$\Longleftrightarrow \boldsymbol{x}_1, \boldsymbol{x}_2, \ldots, \boldsymbol{x}_n \text{ が一次独立.}$$

したがって "$\Phi(t)$ が基本解行列 $\Leftrightarrow$ ある t に対して $W(t) \ne 0$" である. また

$$\frac{d\Phi}{dt} = \left(\frac{d\boldsymbol{x}_1}{dt}, \ldots, \frac{d\boldsymbol{x}_n}{dt}\right) = (A(t)\boldsymbol{x}_1(t), \ldots, A(t)\boldsymbol{x}_n(t)) = A(t)\Phi(t). \tag{1.121}$$

$\Phi(t)$ は行列に対する微分方程式 $d\Phi/dt = A(t)\Phi(t)$ を満たす.

定理 1.63 任意の基本解行列 $\Phi(t)$ に対して, $U(t,s) = \Phi(t)\Phi(s)^{-1}$ は解作用素である.

証明 $V(t,s) = \Phi(t)\Phi(s)^{-1}$ と定義する. $V(t,s)$ が (t,s) について C^1 級で

$$V(t,r)V(r,s) = V(t,s), \quad V(t,t) = 単位行列, \quad 任意の \, a < t,s,r < b$$

を満たすのは明らかである. また (1.121) によって

$$\frac{\partial}{\partial t}V(t,s) = A(t)V(t,s).$$

定理 1.61 の (5) によって $V(t,s) = U(t,s)$ でなければならない. $\qquad\square$

定理 1.61 によって, 線形方程式 (1.103) の性質を調べるには (少なくとも理論的には) 解作用素あるいは相流 $U(t,s)$ の性質を調べればよいことがわかる. 次項において, A が定数行列のときに, $U(t,s)$ を具体的に構成しその写像としての性質を調べる.

■**複素線形微分方程式**　　線形微分方程式を論ずるときには, 未知関数を複素数値関数にまで拡張しておくと便利である.

定理 1.64　$A(t) = (a_{jk}(t))$ を各成分 $a_{jk}(t)$ が (a,b) 上の複素数値連続関数である n 次行列とする. 複素ベクトル $\mathbb{C}^n$ 値関数 $\boldsymbol{z}(t) = {}^t(z_1(t),\ldots,z_n(t))$ に対する微分方程式 (系)

$$\frac{d\boldsymbol{z}}{dt} = A(t)\boldsymbol{z}(t) \tag{1.122}$$

に対して次が成立する.

(1) 任意の $\boldsymbol{w} \in \mathbb{C}^n$, $c \in [a,b]$ に対して, 初期条件 $\boldsymbol{z}(c) = \boldsymbol{w}$ を満たす (1.122) の解が一意的に存在する. これを $\boldsymbol{z}(t,c,\boldsymbol{w})$ とかく.

(2) (1.122) の解空間 S は n 次元複素ベクトル空間で $E(c)\colon S \ni \boldsymbol{z}(\cdot) \mapsto \boldsymbol{z}(c) \in \mathbb{C}^n$ は複素線形な同型写像である.

(3) $U(t,s) = E(t)E(s)^{-1}$ に対して定理 1.61 のすべての命題が実線形を複素線形とかき換えて成立する. とくに $\boldsymbol{w} = w_1\boldsymbol{e}_1 + \cdots + w_n\boldsymbol{e}_n$ に対して

$$\boldsymbol{z}(t,c,\boldsymbol{w}) = w_1\boldsymbol{z}(t,c,\boldsymbol{e}_1) + \cdots + w_n\boldsymbol{z}(t,c,\boldsymbol{e}_n).$$

1.5 線形方程式　　　57

証明　$A(t)$, $\boldsymbol{z}(t)$ を実部 $A_R(t)$ と虚部 $A_I(t)$ に分け $A(t) = A_R(t) + iA_I(t)$, $\boldsymbol{z}(t) = \boldsymbol{x}(t) + i\boldsymbol{y}(t)$ とかいて代入し実部と虚部をとれば，(1.122) は実数値 $\mathbb{R}^{2n}$ 値関数 $\begin{pmatrix} \boldsymbol{x}(t) \\ \boldsymbol{y}(t) \end{pmatrix}$ に対する方程式系

$$\frac{d}{dt}\begin{pmatrix} \boldsymbol{x} \\ \boldsymbol{y} \end{pmatrix} = \begin{pmatrix} A_R(t) & -A_I(t) \\ A_I(t) & A_R(t) \end{pmatrix}\begin{pmatrix} \boldsymbol{x} \\ \boldsymbol{y} \end{pmatrix} \tag{1.123}$$

と同値であるから，これまでの結果を (1.123) に適用して定理の証明ができるが，それよりも前項の方法を複素数値の場合に直接的に適用する方がより簡明である．この場合，複素ベクトル $\boldsymbol{z} = (z_1, \ldots, z_n)$ の長さを

$$|\boldsymbol{z}| = (|z_1|^2 + \cdots + |z_n|^2)^{1/2}$$

として，複素行列 A に対してもそのノルムを (1.106) によって定義すれば，定理 1.55 の証明がそのまま (1.122) に適用され，初期値問題の解が一意的に存在することがわかる．(2), (3) の証明も同様である．　　　　　　　　　　　　　　　□

複素数値のときも実数値関数のときと同様の術語を用いて，$U(t,s)$ を (1.122) の解作用素という，$\boldsymbol{e}_1, \ldots, \boldsymbol{e}_n$ を標準基底とすると

$$U(t,s) = \Big(\boldsymbol{z}(t,s,\boldsymbol{e}_1), \ldots, \boldsymbol{z}(t,s,\boldsymbol{e}_n)\Big).$$

1.5.3　定数係数線形微分方程式系

$A(t) = A$ が定数のとき，(1.103) に対する初期値問題

$$\frac{d}{dt}\boldsymbol{x} = A\boldsymbol{x}, \quad \boldsymbol{x}(0) = C \tag{1.124}$$

の解を具体的に求めて，その性質を調べよう．これは自律系だから

$$\boldsymbol{x}(t,c,\boldsymbol{p}) = \boldsymbol{x}(t-c,0,\boldsymbol{p})$$

が成立する．ゆえに解は (1.124) のように $c = 0$ のときに求めればよく，解作用素 $U(t,s)$ に対して $U(t) = U(t,0)$ と定義すれば $U(t,s) = U(t-s)$, $U(t)$ は $\mathbb{R}^n$ の 1-パラメータ変換群 $U(t+s) = U(t)U(s)$ である．解作用素 $U(t)$ は代数的な計算で求められる．

1.5.4 行列の指数関数

補題 1.65 $A = (a_{jk})$ が $n \times n$ 複素行列のとき,

$$|a_{jk}| \leq \|A\|, \quad j, k = 1, \ldots, n, \tag{1.125}$$

$$\|A^m\| \leq \|A\|^m, \quad m = 1, 2, \ldots. \tag{1.126}$$

証明 (1.125) は (1.39) から明らかである. m に関する帰納法を用いれば

$$\|A^m\| = \sup_{|z|=1} |A^m z| = \sup_{|z|=1} |A(A^{m-1})z| \leq \|A\| \sup_{|z|=1} |A^{m-1} z| \leq \|A\|^m.$$

したがって (1.126) も成立する. □

補題 1.66 $A = (a_{jk})$ が $n \times n$ 複素行列のとき,級数

$$e^{tA} = E + At + \frac{t^2}{2!}A^2 + \cdots + \frac{t^m}{m!}A^m + \cdots \tag{1.127}$$

の右辺の各成分は t の収束半径 ∞ の巾級数である. e^{tA} の各成分は t の整関数で

$$\frac{d}{dt}e^{tA} = Ae^{tA} = e^{tA}A. \tag{1.128}$$

証明 補題 1.65 によって $t^m A^m / m!$ の各成分の絶対値 $\leq |t|^m \|A\|^m / m!$ で $e^{|t|\|A\|} = \sum_{m=0}^{\infty} |t|^m \|A\|^m / m!$ は収束半径 ∞ の巾級数.ゆえに優級数定理によって (1.127) の各成分も収束半径 ∞ の巾級数, t の整関数である.ゆえに (1.127) は項別微分可能,項別微分すれば (1.128) が得られる. □

次の定理は補題 1.66 から明らかである.

定理 1.67 定数係数線形微分方程式 (1.124) の相流は $U(t) = \exp(tA)$ で与えられる.

補題 1.68 行列の指数関数に対して次が成立する:

(1) A, B が可換,すなわち $AB = BA$ ならば $e^{t(A+B)} = e^{tA}e^{tB} = e^{tB}e^{tA}$.

(2) T が正則行列ならば $\exp(tT^{-1}AT) = T\exp(tA)T^{-1}$.

1.5 線形方程式

証明 (1) A, B が可換ならば，$(A+B)^m$ に通常の二項定理が成立する．したがって $e^{A+B} = e^A e^B$ が通常の数の場合と同様に示せる．詳しい証明は読者に任せよう（問題 1.13）．

(2) $\left(tT^{-1}AT\right)^m = T\left(t^m A^m\right) T^{-1}$ から明らかである． $\square$

問 1.69 次を示せ．

(1) $\det \exp(A) = \exp(\operatorname{Tr} A)$．ただし，$\operatorname{Tr} A$ は A のトレースである．

(2) 任意の行列 A に対して $\exp(A)$ は正則行列である．

問 1.70 次を示せ．

(1) A が対称行列 ${}^t A = A$ であれば $\exp(A)$ も対称行列．

(2) A が歪エルミート行列 $A^* = -A$ であれば $\exp(A)$ はユニタリ行列．

(3) A が歪対称実行列 $A^\dagger = -A$ であれば $\exp(A)$ は直交行列．

1.5.5 解作用素の表現

以下，A は $n \times n$ 実行列とする．解作用素 e^{tA} を具体的に求めてみよう．

■**A が n 個の実固有値をもつ場合** このとき，固有ベクトルとして実ベクトルがとれ，$A\boldsymbol{t}_j = \lambda_j \boldsymbol{t}_j$, $j = 1, \ldots, n$, $T = (\boldsymbol{t}_1, \ldots, \boldsymbol{t}_n)$ とすると，T は正則，$AT = (\lambda_1 \boldsymbol{t}_1, \ldots, \lambda_n \boldsymbol{t}_n)$ だから

$$AT = (\boldsymbol{t}_1, \ldots, \boldsymbol{t}_n) \begin{pmatrix} \lambda_1 & & \\ & \ddots & \\ & & \lambda_n \end{pmatrix} = T \begin{pmatrix} \lambda_1 & & \\ & \ddots & \\ & & \lambda_n \end{pmatrix},$$

ただし，何もかいてない成分は 0 である．したがって A は T によって対角化され

$$A = T \begin{pmatrix} \lambda_1 & & \\ & \ddots & \\ & & \lambda_n \end{pmatrix} T^{-1} \Rightarrow A^j = T \begin{pmatrix} \lambda_1^j & & \\ & \ddots & \\ & & \lambda_n^j \end{pmatrix} T^{-1}$$

が $j = 1, 2, \ldots$ に対して成立する．ゆえに相流 $U(t) = \exp(tA)$ に対して

$$e^{tA} = T \begin{bmatrix} e^{t\lambda_1} & & \\ & \ddots & \\ & & e^{t\lambda_n} \end{bmatrix} T^{-1} = (e^{t\lambda_1}\boldsymbol{t}_1, \ldots, e^{t\lambda_n}\boldsymbol{t}_n)T^{-1}. \quad (1.129)$$

ゆえに初期条件 $\boldsymbol{x}(0) = \boldsymbol{p}$ を満たす解は $T^{-1}\boldsymbol{p} = \tilde{\boldsymbol{p}} = {}^t(\tilde{p}_1, \ldots, \tilde{p}_n)$ とすれば

$$\boldsymbol{x}(t) = e^{tA}\boldsymbol{p} = (e^{t\lambda_1}\boldsymbol{t}_1, \ldots, e^{t\lambda_n}\boldsymbol{t}_n)\tilde{\boldsymbol{p}} = \tilde{p}_1 e^{t\lambda_1}\boldsymbol{t}_1 + \cdots + \tilde{p}_n e^{t\lambda_n}\boldsymbol{t}_n. \quad (1.130)$$

ゆえに，解は t に関して単調に増大あるいは減少する指数関数の一次結合である．

■n 個の固有値の中に複素固有値が現れる場合　A が複素固有値をもつと，前項のように計算したとき，(1.129) に複素行列が現れる．しかし，A が実行列であれば定義によって e^{tA} も実行列である．e^{tA} の実行列を用いた表現を求めよう．

A の固有値のうち $\lambda_1, \ldots, \lambda_l$ は実数，残りの $\lambda_{l+1}, \ldots, \lambda_n$ を複素数，実固有値 λ_j に属する実固有ベクトルを $\boldsymbol{t}_j, j = 1, \ldots, l$ とする．A は実行列だから固有多項式 $f(\lambda) = \det(A - \lambda I)$ は実係数，$f(\lambda) = 0$ なら $f(\overline{\lambda}) = 0$, ゆえに複素固有値は必ずその複素共役と対になって現れる．したがって $n - l = 2k$ は偶数である．実固有値 λ_j に対する固有ベクトル $\boldsymbol{e}_j$ は実ベクトルとしてとれる．λ_j が複素固有値，$\boldsymbol{h}_j$ を λ_j に属する固有ベクトル $A\boldsymbol{h}_j = \lambda\boldsymbol{h}_j$ とすれば $A\overline{\boldsymbol{h}_j} = \overline{\lambda}\overline{\boldsymbol{h}_j}$．$\lambda_j, \boldsymbol{h}_j$ を実部と虚部に分けて $\lambda_j = \mu_j + i\theta_j$, $\boldsymbol{h}_j = \boldsymbol{f}_j + i\boldsymbol{g}_j$, $j = 1, \ldots, k$ とかけば

$$A(\boldsymbol{f}_j + i\boldsymbol{g}_j) = (\mu_j + i\theta_j)(\boldsymbol{f}_j + i\boldsymbol{g}_j) = (\mu_j\boldsymbol{f}_j - \theta_j\boldsymbol{g}_j) + i(\theta_j\boldsymbol{f}_j + \mu_j\boldsymbol{g}_j),$$

$$A(\boldsymbol{f}_j - i\boldsymbol{g}_j) = (\mu_j - i\theta_j)(\boldsymbol{f}_j - i\boldsymbol{g}_j) = (\mu_j\boldsymbol{f}_j - \theta_j\boldsymbol{g}_j) - i(\theta_j\boldsymbol{f}_j + \mu_j\boldsymbol{g}_j)$$

$$\Rightarrow \begin{cases} A\boldsymbol{f}_j = \mu_j\boldsymbol{f}_j - \theta_j\boldsymbol{g}_j, \\ A\boldsymbol{g}_j = \theta_j\boldsymbol{f}_j + \mu_j\boldsymbol{g}_j. \end{cases}$$

ゆえに $\boldsymbol{f}_j, \boldsymbol{g}_j$ の張る 2 次元部分空間は A の不変部分空間．基底 $\{\boldsymbol{f}_j, \boldsymbol{g}_j\}$ に関する A のこの部分の表現行列 A_j は

$$A_j = \begin{pmatrix} \mu_j & \theta_j \\ -\theta_j & \mu_j \end{pmatrix} = \mu_j \begin{pmatrix} 1 & 0 \\ 0 & 1 \end{pmatrix} + \begin{pmatrix} 0 & \theta_j \\ -\theta_j & 0 \end{pmatrix}$$

である．補題 1.68 によって

$$e^{tA_j} = e^{t\mu_j} \exp\left(t\begin{pmatrix} 0 & \theta_j \\ -\theta_j & 0 \end{pmatrix}\right) = e^{t\mu_j}\begin{pmatrix} \cos(t\theta_j) & \sin(t\theta_j) \\ -\sin(t\theta_j) & \cos(t\theta_j) \end{pmatrix}. \quad (1.131)$$

したがって $\mathbb{R}^n$ の基底 $\{\boldsymbol{t}_1,\ldots,\boldsymbol{t}_l,\boldsymbol{f}_1,\boldsymbol{g}_1,\ldots,\boldsymbol{f}_k,\boldsymbol{g}_k\}$ に関する e^{tA} の表現行列は

$$\begin{pmatrix} e^{t\lambda_1} & & & & & & \\ & \ddots & & & & & \\ & & e^{t\lambda_l} & & & & \\ & & & e^{t\mu_1}\begin{pmatrix} \cos(t\theta_1) & \sin(t\theta_1) \\ -\sin(t\theta_1) & \cos(t\theta_1) \end{pmatrix} & & & \\ & & & & \ddots & & \\ & & & & & e^{t\mu_k}\begin{pmatrix} \cos(t\theta_k) & \sin(t\theta_k) \\ -\sin(t\theta_k) & \cos(t\theta_k) \end{pmatrix} \end{pmatrix}$$

となる．$e^{t\mu_j}\begin{pmatrix} \cos(t\theta_j) & \sin(t\theta_j) \\ -\sin(t\theta_j) & \cos(t\theta_j) \end{pmatrix}$ は 2 次元平面上の相流を定義し $t > 0$ のとき，$\mu_j > 0$ なら $x = 0$ の周りの増大する回転速度 θ の渦運動を，$\mu_j = 0$ なら回転速度 θ の回転運動を，$\mu_j < 0$ なら原点に吸収される減衰する渦運動を定義する．

■一般の場合　一般の A に対して $\exp(tA)$ を計算しよう．線形代数で学んだように，任意の行列 A は適当な正則行列 T を用いてジョルダンの標準形に変換することができる．まず，その結果を復習しよう（詳しい証明は，たとえば文献［齋藤］を参照）．

■一般固有空間の直和への分解　一般に，行列 B に対して $\{\boldsymbol{x} \in \mathbb{C}^n : B\boldsymbol{x} = 0\}$ を $N(B)$ とかき，B の零空間と呼ぶ．A の固有多項式 $f_A(z) = \det(z - A) = z^n + a_1 z^{n-1} + \cdots + a_n$ を因数分解して

$$f_A(z) = \prod_{j=1}^{l}(z - \lambda_j)^{n_j}, \quad \lambda_j \neq \lambda_k, j \neq k \quad (1.132)$$

とする．$\lambda_1, \ldots, \lambda_l$ は A の固有値である．$f_A(z) = 0$ の解 λ_j の多重度 n_j を固有値 λ_j の**代数的多重度**，λ_j に属する固有空間 $N(A - \lambda_j)$ の次元を λ_j の**幾何学的多重度**という．ケーリー・ハミルトンの定理によって $f_A(A) = 0$ である．ゆえに $f(A) = 0$ を満たす，次数が最小の多項式で最高次数の係数が 1 のものがただ 1 つ存在する．これを A の**最小多項式**という．$g_A(\lambda)$ とかこう．ケーリー・ハミルトンの定理によって $f_A(\lambda)$ は最小多項式 $g_A(\lambda)$ で割り切れる．ゆえに

$$g_A(\lambda) = \prod_{j=1}^{l} (z - \lambda_j)^{m_j}, \quad m_j \leq n_j$$

である．$h_1(\lambda), \ldots, h_l(\lambda)$ を

$$h_i(\lambda) = \prod_{j \neq i} (z - \lambda_j)^{m_j}$$

と定義する．これらは互いに既約．したがってユークリッドの互除法によって

$$f_1(\lambda) h_1(\lambda) + \cdots + f_l(\lambda) h_l(\lambda) = 1 \tag{1.133}$$

を満たす多項式が存在する．$p_j(\lambda) = f_j(\lambda) h_j(\lambda)$, $P_j = p_j(A)$, $j = 1, \ldots, l$ と定義すると，$j \neq k$ のときの $h_j(\lambda) h_k(\lambda)$, $(\lambda - \lambda_j)^{m_j} h_j(\lambda)$ は $g_A(\lambda)$ で割り切れるから

$$P_1 + \cdots + P_l = \mathbf{1}, \quad P_j P_k = \delta_{jk} P_j, \quad (A - \lambda_j)^{m_j} P_j = 0, \quad j = 1, \ldots, l. \tag{1.134}$$

これより $\mathbb{C}^n$ は A-不変な部分空間 $V_j \equiv P_j \mathbb{C}^n$, $j = 1, \ldots, l$ の直和に，A は V_j の部分 A_j の直和に分解され

$$\mathbb{C}^n = V_1 \oplus \cdots \oplus V_l, \quad A = A_1 \oplus \cdots \oplus A_l.$$

$V_1, \ldots, V_l$ の基底を並べて $\mathbb{C}^n$ の基底とすればこの基底に関して A はブロック分解され

$$\begin{pmatrix} A_1 & & & \\ & A_2 & & \\ & & \ddots & \\ & & & A_l \end{pmatrix} \tag{1.135}$$

となる．A_j の大きさは $\dim V_j = n_j$, $(A_j - \lambda_j)^{m_j} = 0$ である．V_j を λ_j に属する A の**一般固有空間**という．

■**一般固有空間** A_j, $j = 1, \ldots, l$ の標準形を求めよう．

$$N((A_j - \lambda_j)^k) = N((A_j - \lambda_j)^{k+1}) \Rightarrow N((A_j - \lambda_j)^l) = N((A_j - \lambda_j)^k), \quad \forall l \geq k$$
$$(1.136)$$

で最小多項式の定義によって

$$N((A_j - \lambda_j)^k) \subsetneq V_j, \quad \forall k < m_j. \tag{1.137}$$

したがって，$N((A_j - \lambda_j)^k)$ は $k = 1, \ldots, m_j$ まで狭義に単調増大，m_j 以降は一定で V_j に等しい：

$$N((A_j - \lambda_j)) \subsetneq N((A_j - \lambda_j)^2) \subsetneq \cdots \subsetneq N((A_j - \lambda_j)^{m_j - 1}) \subsetneq N((A_j - \lambda_j)^{m_j}) = V_j.$$
$$(1.138)$$

$\dim N((A_j - \lambda_j)^k) = n_k^{(j)}, \; k = 1, \ldots, m_j, \; n_0^{(j)} = 0$ と定義する．

問 1.71 (1.136), (1.137), (1.138) を証明せよ．

■**ジョルダン細胞への分解**　まず $V_j = N((A_j - \lambda_j)^{m_j})$ の一次独立なベクトル $\boldsymbol{f}_1^{(1)}, \ldots, \boldsymbol{f}_{d_{m_j}^{(j)}}^{(1)}$ を

$$\langle \boldsymbol{f}_1^{(1)}, \ldots, \boldsymbol{f}_{d_{m_j}^{(j)}}^{(1)} \rangle \oplus N((A_j - \lambda_j)^{m_j - 1}) = N((A_j - \lambda_j)^{m_j}) \tag{1.139}$$

ととる．ここで (これ以降も)，ベクトル $\boldsymbol{v}_1, \ldots, \boldsymbol{v}_l$ に対して $\langle \boldsymbol{v}_1, \cdots, \boldsymbol{v}_l \rangle$ は $\boldsymbol{v}_1, \cdots,$ $\boldsymbol{v}_l$ の張る部分空間，すなわち $\boldsymbol{v}_1, \cdots, \boldsymbol{v}_l$ の一次結合の全体である．

補題 1.72　(1.139) を満たすベクトル $\boldsymbol{f}_1^{(1)}, \ldots, \boldsymbol{f}_{d_{m_j}^{(j)}}^{(1)}$ を使って $d_{m_j}^{(j)} \times m_j$ 個のベクトルを

$$
\begin{array}{cccc}
\boldsymbol{f}_1^{(1)}, & \boldsymbol{f}_2^{(1)}, & \cdots & \boldsymbol{f}_{d_{m_j}^{(j)}}^{(1)}, \\
(A_j - \lambda_j)\boldsymbol{f}_1^{(1)}, & (A_j - \lambda_j)\boldsymbol{f}_2^{(1)}, & \cdots & (A_j - \lambda_j)\boldsymbol{f}_{d_{m_j}^{(j)}}^{(1)} \\
\vdots & \vdots & \vdots & \vdots \\
(A_j - \lambda_j)^{m_j - 1}\boldsymbol{f}_1^{(1)}, & (A_j - \lambda_j)^{m_j - 1}\boldsymbol{f}_2^{(1)}, & \cdots & (A_j - \lambda_j)^{m_j - 1}\boldsymbol{f}_{d_{m_j}^{(j)}}^{(1)}
\end{array}
\tag{1.140}
$$

と並べる．このとき，次が成立する：

(1) $1 \leq k \leq m_j$ に対して第 k 行の各ベクトルは $N((A_j - \lambda_j)^{m_j - k + 1})$ に属する．

(2) (1.140) の $d_{m_j} \times m_j$ 個のベクトルは互いに一次独立．

(3) 各列の $(A_j - \lambda_j)^{(m_j - 1)}\boldsymbol{f}_k^{(1)}, \ldots, (A_j - \lambda_j)\boldsymbol{f}_k^{(1)}, \boldsymbol{f}_k^{(1)}$ の張る m_j 次元部分空間 $V_j^{(k, m_j)}, \; k = 1, \ldots, d_{m_j}^{(j)}$ は A_j-不変で，$V_j^{(k, m_j)}$ のこの基底に関する A_j の表現行列は

$$J(\lambda_j, m_j) = \begin{pmatrix} \lambda_j & 1 & \dots & 0 & 0 \\ 0 & \lambda_j & \dots & 0 & 0 \\ \vdots & \vdots & \ddots & \vdots & \vdots \\ 0 & 0 & \dots & \lambda_j & 1 \\ 0 & 0 & \dots & 0 & \lambda_j \end{pmatrix} \tag{1.141}$$

である.

$\{(A_j - \lambda_j)^{(m_j-1)} \boldsymbol{f}_k^{(1)}, \dots, (A_j - \lambda_j)\boldsymbol{f}_k^{(1)}, \boldsymbol{f}_k^{(1)}\}$, $k = 1, \dots, d_{m_j}^{(j)}$ を固有値 λ_j に属する長さ m_j のジョルダン鎖, A_j の不変部分空間

$$V_j^{(k,m_j)} = \langle (A_j - \lambda_j)^{(m_j-1)} \boldsymbol{f}_k^{(1)}, \dots, (A_j - \lambda_j)\boldsymbol{f}_k^{(1)}, \dots, \boldsymbol{f}_k^{(1)} \rangle, \quad 1 \le k \le d_{m_j}^{(j)}$$

の部分 $A_j^{(k,m_j)}$ を A の大きさ m_j のジョルダン細胞, ジョルダン細胞 $A_j^{(k,m_j)}$ のジョルダン鎖に関する表現行列 $J(\lambda_j, m_j)$ をジョルダンブロックという. (ジョルダン鎖の中のベクトルの並べ方は定数係数高階方程式の場合にあわせた並べ方にした (1.5.7 項参照)). 以下も同様である.

問 1.73 補題 1.72 を示せ.

このようにして (1.140) に現れるベクトルの張る $d_{m_j}^{(j)} \times m_j$ 次元のベクトル空間は $d_{m_j}^{(j)}$ 個の m_j 次元不変部分空間 $V_j^{(k,m_j)}$, $1 \le k \le d_{m_j}^{(j)}$ の直和, A_j は $d_{m_j}^{(j)}$ 個の大きさ m_j のジョルダン細胞の直和

$$A_j = A_j^{(1,m_j)} \oplus \dots \oplus A_j^{(d_{m_j}^{(j)}, m_j)}$$

となる. ジョルダン鎖を並べてつくった基底 (ジョルダン基底という) に関する $A_j^{(k,m_j)}$ の表現行列はすべて同じ形 (1.141) になる. しかし

$$V_j^{(m_j)} = V_j^{(1,m_j)} \oplus \dots \oplus V_j^{(d_{m_j}^{(j)}, m_j)}$$

だけではまだ V_j を張れない.

(1.140) の第 2 行目のベクトルの張る $N((A_j - \lambda_j)^{m_j-1})$ の部分空間を $V_j(1)$ とかく.

$$V_j(1) \cap N((A_j - \lambda_j)^{m_j-2}) = \{0\}$$

が成立する. そこで $N((A_j - \lambda_j)^{m_j-1})$ の一次独立なベクトル $\boldsymbol{f}_1^{(2)}, \dots, \boldsymbol{f}_{d_{m_j-1}^{(j)}}^{(2)}$, $d_{m_j-1}^{(j)} = n_{m_j-1}^{(j)} - n_{m_j-2}^{(j)} - d_{m_j}^{(j)} (\ge 0)$ を

$$\langle \boldsymbol{f}_1^{(2)}, \ldots, \boldsymbol{f}_{d_{m_j-1}^{(j)}}^{(2)} \rangle \oplus V_j(1) \oplus N((A_j - \lambda_j)^{m_j-2}) = N((A_j - \lambda_j)^{m_j-1})$$

のようにとり，(1.140) と同様に $d_{m_j-1}^{(j)} \times (m_j - 1)$ のベクトルを

$$
\begin{array}{cccc}
\boldsymbol{f}_1^{(2)}, & \boldsymbol{f}_2^{(2)}, & \cdots & \boldsymbol{f}_{d_{m_j-1}^{(j)}}^{(2)}, \\
(A_j - \lambda_j)\boldsymbol{f}_1^{(2)}, & (A_j - \lambda_j)\boldsymbol{f}_2^{(2)}, & \cdots & (A_j - \lambda_j)\boldsymbol{f}_{d_{m_j-1}^{(j)}}^{(2)}, \\
\vdots & \vdots & \vdots & \vdots \\
(A_j - \lambda_j)^{m_j-2}\boldsymbol{f}_1^{(2)}, & (A_j - \lambda_j)^{m_j-2}\boldsymbol{f}_2^{(2)}, & \cdots & (A_j - \lambda_j)^{m_j-2}\boldsymbol{f}_{d_{m_j-1}^{(j)}}^{(2)}
\end{array}
$$

(1.142)

と並べる．(1.142) も一次独立なベクトルの系で (1.140) とも一次独立，第 k 行 $\subset N((A_j - \lambda_j)^{m_j-k})$，第 k 列の張る $m_j - 1$ 次元の部分空間 $V_j^{(k,m_j-1)}$ は A-不変である．A の $V_j^{(k,m_j-1)}$ の部分 $A_j^{(k,m_j-1)}$，$1 \le k \le d_{m_j-1}^{(j)}$ を λ_j に属する大きさ $m_j - 1$ のジョルダン細胞，第 k 列を長さ $m_j - 1$ のジョルダン鎖という．ジョルダン細胞 $A_j^{(k,m_j-1)}$ のジョルダン基底に関する表現行列は (1.141) の m_j を $m_j - 1$ に換えた $J(\lambda_j, m_j - 1)$ である．

以上の操作をさらに繰り返す．(1.140) の第 3 行のベクトルと (1.142) の第 2 行のベクトルの張る $N((A_j - \lambda_j)^{m_j-2})$ の部分空間 ($V_j(2)$ とかく) は $N((A_j - \lambda_j)^{m_j-3})$ と一次独立．そこで，これらに一次独立な $N((A_j - \lambda_j)^{m_j-3})$ の一次独立なベクトル $\boldsymbol{f}_1^{(3)} \cdots \boldsymbol{f}_{d_{m_j-2}^{(j)}}^{(3)}$，$d_{m_j-2}^{(j)} = n_2^{(j)} - n_3^{(j)} - (d_{m_j}^{(j)} + d_{m_j-1}^{(j)})$ を

$$\langle \boldsymbol{f}_1^{(3)} \cdots \boldsymbol{f}_{d_{m_j-2}^{(j)}}^{(3)} \rangle \oplus V_j(2) \oplus N((A_j - \lambda_j)^{m_j-3}) = N((A_j - \lambda_j)^{m_j-3})$$

のようにとる．前段と同様にして $\boldsymbol{f}_1^{(3)} \cdots \boldsymbol{f}_{d_{m_j-2}^{(j)}}^{(3)}$ から $d_{m_j-2}^{(j)}$ 個の長さ $m_j - 2$ のジョルダン鎖 $\{(A_j - \lambda_j)^{m_j-3}\boldsymbol{f}_k^{(3)}, \ldots, \boldsymbol{f}_k^{(3)}\}$ と大きさ $m_j - 2$ のジョルダン細胞 $A_j^{(k,m_j-2)}$，$1 \le k \le d_{m_j-2}^{(j)}$ が得られる．

V_j はこれを m_j 回繰り返して得られる $d_s^{(j)}$ 個の s 次元 A-不変部分空間 $V_j^{(k,s)}$，$k = 1, \ldots, d_s^{(j)}$，$s = 1, \ldots, m_j$ に直和分解され，A_j は $d_s^{(j)}$ 個の大きさ s のジョルダン細胞の直和となる．すべてのジョルダン鎖の合併は V_j の基底となり，V_j のジョルダン基底といわれる．ジョルダン基底に関する A_j の表現は $d_s^{(j)}$ 個の大きさ s の $J(\lambda_j, s)$ の直和となる．したがって，ジョルダン基底を並べてつくった正則行列を T_j とすれば

$$T_j A_j T_j^{-1} = \sum_{s=1}^{m_j} \oplus d_s^{(j)} J(\lambda_j, s) \tag{1.143}$$

となる．これをジョルダン標準形という．

このようにして (1.135) の各成分 $A_1, \ldots, A_l$ のジョルダン標準形が得られ，各部分空間 $V_1, \ldots, V_l$ のジョルダン基底の合併によって $\mathbb{C}^n$ の基底を定めれば，この基底を並べてつくった正則行列によって，A がジョルダン標準形に変換されることになる．

定理 1.74 A のジョルダン標準形は一意的である．すなわち，A の固有値 $\lambda_1, \ldots, \lambda_l$, λ_j に属する一般固有空間の最大次数 $m_j, 1 \le j \le l$, λ_j に属する大きさ s のジョルダン細胞の個数 $d_s^{(j)}, 1 \le s \le m_j$ は A のみによって定まる．

ジョルダン標準形がわかれば $\exp(tA)$ を計算するのは容易である．

定理 1.75 $n \times n$ 行列 A のジョルダン標準形が (1.135), (1.143) で与えられるとき，

$$
e^{tA} = T^{-1} \begin{pmatrix} e^{t\tilde{A}_1} & & \\ & \ddots & \\ & & e^{t\tilde{A}_l} \end{pmatrix} T, \quad e^{t\tilde{A}_j} = \sum_{k=1}^{m_j} \oplus d_k^{(j)} e^{J(\lambda_j, k)} \tag{1.144}
$$

で，固有値 λ_j に属する大きさ k のジョルダンブロック $J(\lambda_j, k)$ に対して

$$
e^{tJ(\lambda_j, k)} = e^{t\lambda_j} \begin{pmatrix} 1 & t & t^2/2! & \cdots & t^{k-1}/(k-1)! \\ 0 & 1 & t & \cdots & t^{k-2}/(k-2)! \\ \vdots & \vdots & \vdots & \ddots & \cdots \\ 0 & \cdots & \cdots & 1 & t \\ 0 & \cdots & \cdots & 0 & 1 \end{pmatrix} \tag{1.145}
$$

である．

証明 指数関数の定義にしたがって計算すれば，$k \times k$ べき零行列

$$
N_k = \begin{pmatrix} 0 & 1 & \cdots & 0 \\ \vdots & \vdots & \ddots & \vdots \\ 0 & 0 & \cdots & 1 \\ 0 & 0 & \cdots & 0 \end{pmatrix}
$$

の指数関数 e^{tN_k} が (1.145) の右辺第 2 因子に等しいことはすぐにわかる（問題 1.15 参照）．対角行列 $\lambda_j \mathbf{1}$ に対しては $e^{t\lambda_j}\mathbf{1} = e^{t\lambda_j}\mathbf{1}$ だから，定理 1.67 によって (1.144) がしたがう． $\qquad\square$

定理 1.75 によって，A のジョルダン標準形が求められれば，その相流 $U(t) = \exp(tA)$ が計算でき定数係数線形方程式の解が求められる．しかし，行列のジョルダン標準形を求めるのは上にみたように一般には面倒である．次項で方程式が定数係数高階方程式の一階化の場合は，各固有値に属するジョルダン細胞の個数は 1 で，そのジョルダン標準形が簡単に求められることを示す．その前に，定数係数線形微分方程式の引き起こす相流の様子を調べておこう．

1.5.6　特異点の近傍における相流

1.4.3 項において，自律系微分方程式 $\mathbf{x}' = \mathbf{F}(\mathbf{x})$ の引き起こす相流 φ_t の局所的な振る舞いは正則点 $\mathbf{p}$，すなわち，$\mathbf{F}(\mathbf{p}) \neq 0$ となる点 $\mathbf{p}$ の近傍ではきわめて単純で，適当な座標をとれば平行移動 $\varphi_t(\mathbf{p}) = \mathbf{p} + t\mathbf{e}_1$ となることを示した．ここでは特異点，すなわち，$\mathbf{F}(\mathbf{p}) = 0$ となる点の近傍における相流の局所的な振る舞いを調べよう．適当に座標系を平行移動して $\mathbf{p}$ は原点 O であるとしてよい．

まず，O が特異点であれば任意の $t \in \mathbb{R}$ に対して $\varphi_t(O) = O$ すなわち，O は相流の不動点であることに注意する．$\mathbf{F}(\mathbf{x})$ を $\mathbf{x}$ について原点の周りでテイラー展開すれば $\mathbf{F}(O) = 0$ だから，

$$\frac{d\mathbf{x}}{dt} = \mathbf{F}(\mathbf{x}) = \frac{\partial \mathbf{F}}{\partial \mathbf{x}}(O)\mathbf{x} + O(|\mathbf{x}|^2). \tag{1.146}$$

ヤコビ行列 $A =: (\partial \mathbf{F}/\partial \mathbf{x})(O)$ が正則なら $|\mathbf{x}|$ が微小のとき，$O(|\mathbf{x}|^2)$ は $A\mathbf{x}$ に比べて近似的に無視でき，(1.146) の解の $\mathbf{x} = 0$ の近傍における挙動は，定数係数線形方程式

$$\frac{d\mathbf{x}}{dt} = A\mathbf{x}$$

の解 $\exp(tA)\mathbf{p}$ によって近似できることがわかる．$\exp(tA)\mathbf{p}$ の振る舞いを調べよう．

1.5.5 項の結果によって，一般の実行列 A に対する $\exp(tA)\mathbf{p}$ の挙動は 2 次元，すなわち $m = 2$ の場合から推測できる．そこで，以下では A を 2×2

実行列として話を進める．$A = 0$ のときは e^{tA} は単位行列に等しく，相空間 $\mathbb{R}^2$ 上のすべての点は不動点であり，全然興味のない場合であるから，$A \neq 0$ としよう．A の固有値によって場合分けを行う．

■**A が相異なる 2 つの実固有値をもつ場合** 固有値を λ_1, λ_2 とする．適当な座標 $\boldsymbol{x} = (x, y)$ をとれば，

$$e^{tA} = \begin{pmatrix} e^{t\lambda_1} & 0 \\ 0 & e^{t\lambda_2} \end{pmatrix}$$

となり，初期条件 $x(0) = a, y(0) = b$ を満たす解は $x(t) = e^{t\lambda_1}a, y(t) = e^{t\lambda_2}b$ となる．

(1a) $\lambda_j \neq 0, j = 1, 2$ のとき，A は正則で，特異点は 0 のみである．このとき，解を表す曲線は，C を適当な定数として $y = Cx^{\lambda_2/\lambda_1}$ で与えられ，相流はこの曲線に沿って下の図のように，λ_1, λ_2 の正・負にしたがい x, y が増加・減少する方向に運動する（以下の各図において矢印は曲線上の点が $t = -\infty$ から $t = \infty$ に向かって進む方向を表す）．その運動の様子から特異点 0 は $\lambda_1, \lambda_2 > 0$ のとき**不安定結節点**，$\lambda_1, \lambda_2 < 0$ のとき**安定結節点**，λ_1, λ_2 が異符号のとき**鞍点**と呼ばれる．

不安定結節点　　　安定結節点　　　鞍点

(1b) $\lambda_1 \neq 0, \lambda_2 = 0$ のとき，$y(t) = b$ は一定．相流は $y = $ 定数の直線上を，$\lambda_1 > 0$ のときは y 軸から離れる方向に，$\lambda_1 < 0$ なら y 軸に向かって運動する．したがって，相流の様子は下の図のようである．このとき，特異点は**退化している**と呼ばれる．

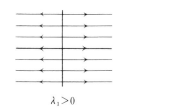
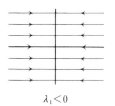

(2) A が複素固有値 $\lambda = \mu + i\theta$ をもつとき．このとき固有値は複素共役と対になって現れ適当な座標をとれば，

$$\exp(tA) = e^{\mu t} \begin{pmatrix} \cos(t\theta) & -\sin(t\theta) \\ \sin(t\theta) & \cos(t\theta) \end{pmatrix}$$

となる ((1.131) 参照)．したがって，相流は，$\mu = 0$ であれば回転運動を，$\mu > 0$ であれば原点からわき出す渦運動を，$\mu < 0$ であれば原点に吸い込まれる渦運動を，それぞれ表すことになる．特異点 O はそれぞれの場合，**渦心点，不安定渦心点，安定渦心点**と呼ばれる．

渦心点　　　　　　不安定渦心点　　　　　　安定渦心点

(3) A がただ 1 つの固有値をもつとき．このときはジョルダン細胞の数によってさらに 2 つの場合に分かれる．

　(3a) ジョルダン細胞が 2 個のとき：このときは (1a) の $\lambda_1 = \lambda_2$ の場合である．

　(3b) ジョルダン細胞が 1 個のとき：固有値を λ とする．適当な座標をとれば，$x(0) = a, y(0) = b$ を満たす解は $x(t) = e^{\lambda t}(a + tb), y(t) = e^{\lambda t}b$ である．このときも，$\lambda = 0$ であれば x 軸上の点はすべて A の特異点であり $\exp(tA)$ によって不変である．

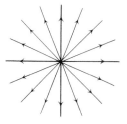
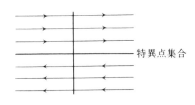

$\lambda_1 = \lambda_2 > 0$, ジョルダン細胞2個 $\lambda_1 = \lambda_2 = 0$, ジョルダン細胞1個

1.5.7 高階線形方程式

1.5.1項の系1.59によってn階線形方程式

$$x^{(n)} + a_1(t)x^{(n-1)} + \cdots + a_n(t)x = 0 \quad (1.147)$$

の解空間Sは$\mathbb{R}$上のn次元ベクトル空間，任意の$a < c < b$に対して

$$S \ni x \longrightarrow \boldsymbol{x}(t) = {}^t(x(t), x'(t), \ldots, x^{(n-1)}(t)) \in \mathbb{R}^n \quad (1.148)$$

は線形な同型写像である．これより次の定理は明らかである．

定理 1.76 n階線形方程式 (1.147) の解 $x_1(t), \ldots, x_n(t) \in S$ が一次独立，したがってSの基底であるためには，ある$a < t < b$において

$$\det(\boldsymbol{x}_1(t), \ldots, \boldsymbol{x}_n(t)) \neq 0, \text{ ただし } \boldsymbol{x}_k(t) = \begin{pmatrix} x_k(t) \\ \vdots \\ x_k^{(n-1)}(t) \end{pmatrix}, \quad k = 1, 2, \ldots, n \quad (1.149)$$

を満たすことが必要十分である．このとき，(1.149) はすべての$a < t < b$に対して成立する．

■**高階定数係数線形方程式**　方程式 (1.147) の係数が定数のとき，すなわち (1.147) が

$$x^{(n)} + a_1 x^{(n-1)} + \cdots + a_n x = 0 \quad (1.150)$$

のときの一階化方程式 (1.112) の定数行列をAとかく．

$$A = \begin{pmatrix} 0 & 1 & 0 & \cdots & 0 \\ 0 & 0 & 1 & \cdots & 0 \\ \vdots & \vdots & \vdots & \ddots & \vdots \\ 0 & 0 & \cdots & 0 & 1 \\ -a_n & -a_{n-1} & \cdots & -a_2 & -a_1 \end{pmatrix} \tag{1.151}$$

である. A のジョルダン標準形, (1.150) の一階化方程式の解作用素 $\exp(tA)$ は次のようにして求められる.

補題 1.77 $P(\lambda) = \lambda^n + a_1 \lambda^{(n-1)} + \cdots + a_{n-1}\lambda + a_n$ と定義する.

$$\det(\lambda - A) = P(\lambda) \tag{1.152}$$

である. $P(\lambda)$ を (1.147) の**特性多項式**, 方程式 $P(\lambda) = 0$ を**特性方程式**, その解 $\lambda_1, \ldots, \lambda_l$ を**特性根**と呼ぶ.

問 1.78 等式 (1.152) を確かめて, 補題 1.77 を証明せよ.

一般に関数 $u(x)$ に微分を施して新たな関数 $u'(x)$ を得る作用素を微分作用素といい, D で表す. $Du(x) = u'(x)$ である. u に D を n 回作用させて得られた関数 $u^{(n)}(x)$ を $D^n u$ とかくのは積分作用素に対して同様である ((1.62) 参照). 特性多項式は

$$x' = Dx, \ldots, x^{(n)} = D^n x \tag{1.153}$$

として (1.147) を形式的に

$$\left(D^n + a_1 D^{n-1} + \cdots + a_n \right) x(t) = 0 \tag{1.154}$$

とかいたときの左辺の括弧の中の D を λ で置き換えて得られる多項式に等しい.

特性多項式を因数分解して

$$P(\lambda) = (\lambda - \lambda_1)^{n_1} \cdots (\lambda - \lambda_l)^{n_l} \tag{1.155}$$

とかく. n_j は特性根 λ_j の多重度である. 実数あるいは複素数 λ に対してベクトル $\boldsymbol{e}(\lambda)$ を

$$e(\lambda) = {}^t(1, \lambda, \dots, \lambda^{n-1})$$

と定義する.

補題 1.79 (1.151) の行列 A の固有値 λ_j, $j = 1, \dots, l$ に属するジョルダン細胞はただ 1 つで

$$\boldsymbol{e}_{j,0} = \boldsymbol{e}(\lambda_j), \quad \boldsymbol{e}_{j,1} = \boldsymbol{e}'(\lambda_j)/1!, \quad \boldsymbol{e}_{j,n_j-1} = \boldsymbol{e}^{(n_j-1)}(\lambda_j)/(n_j-1)!$$

が長さ n_j のジョルダン鎖を与える.

証明 $\hat{\boldsymbol{p}}(\lambda) = {}^t(0, \dots, 0, P(\lambda))$ と定義する. 簡単な計算で

$$A\boldsymbol{e}(\lambda) = \lambda \boldsymbol{e}(\lambda) - \hat{\boldsymbol{p}}(\lambda) \tag{1.156}$$

となる (確かめよ). (1.156) をライプニッツの公式を用いて λ で k 階微分すると, $\boldsymbol{e}^{(-1)} = 0$ と定義して

$$A\boldsymbol{e}^{(k)}(\lambda) = \lambda \boldsymbol{e}^{(k)}(\lambda) + k \boldsymbol{e}^{(k-1)}(\lambda) - \hat{\boldsymbol{p}}^{(k)}(\lambda), \quad k = 0, 1, \dots \tag{1.157}$$

となる. 特性根 λ_j の多重度は n_j だったから $\hat{\boldsymbol{p}}^{(k)}(\lambda_j) = 0$, $k = 0, \dots, n_j - 1$. したがって,

$$A\boldsymbol{e}(\lambda_j) = \lambda_j \boldsymbol{e}(\lambda_j), \quad A\boldsymbol{e}^{(k)}(\lambda_j) = \lambda_j \boldsymbol{e}^{(k)}(\lambda_j) + k \boldsymbol{e}^{(k-1)}(\lambda_j), \quad k = 1, \dots, n_j - 1.$$

$\boldsymbol{e}_{j,k} = \boldsymbol{e}^{(k)}(\lambda_j)/k!$ と定義すれば,

$$A\boldsymbol{e}_{j,0} = \lambda_j \boldsymbol{e}_{j,0}, \quad A\boldsymbol{e}_{j,k} = \lambda_j \boldsymbol{e}_{j,k} + \boldsymbol{e}_{j,k-1}, \quad k = 1, \dots, n_j - 1. \tag{1.158}$$

したがって $\{\boldsymbol{e}_{j,0}, \dots \boldsymbol{e}_{j,n_j-1}\}$ は A の固有値 λ_j に属するジョルダン鎖である. $n_1 + \cdots + n_l = n$ だから各 λ_j に属するジョルダン細胞は 1 つである. $\square$

補題 1.79 により $\{\boldsymbol{e}_{j,0}, \dots, \boldsymbol{e}_{j,n_j-1}\}$ を $j = 1, \dots, l$ について合併したものは A のジョルダン基底となり, これらを縦行列として並べてつくった行列

$$E = (\boldsymbol{e}_{1,0}, \dots, \boldsymbol{e}_{1,n_1-1}, \dots, \boldsymbol{e}_{l,0}, \dots, \boldsymbol{e}_{l,n_l-1}) \tag{1.159}$$

は正則で $E^{-1}AE$ はジョルダンの標準形. したがって定理 1.75 によって

$$
\exp(tA) = E \begin{pmatrix} \exp(tJ_1) & & & \\ & \exp(tJ_2) & & \\ & & \ddots & \\ & & & \exp(tJ_l) \end{pmatrix} E^{-1} \qquad (1.160)
$$

となる．ただし，

$$
\exp(tJ_j) = \exp(t\lambda_j) \begin{pmatrix} 1 & t & t^2/2! & \cdots & t^{n_j-1}/(n_j-1)! \\ 0 & 1 & t & \cdots & t^{n_j-2}/(n_j-2)! \\ \vdots & \vdots & \vdots & \ddots & \vdots \\ 0 & \cdots & \cdots & 1 & t \\ 0 & \cdots & \cdots & 0 & 1 \end{pmatrix} \qquad (1.161)
$$

となる．

定理 1.80 定数係数の n 階線形微分方程式 (1.147) の特性根を $\lambda_1, \ldots, \lambda_l$，その多重度を $n_1, \ldots, n_l$ とする．このとき，

$$
e^{\lambda_1 t}, \ldots, t^{n_1-1}e^{\lambda_1 t}, \ldots, e^{t\lambda_l}, \ldots, t^{n_l-1}e^{t\lambda_l} \qquad (1.162)
$$

は (1.147) の解空間 S の（複素ベクトル空間としての）基底である．(1.147) が実係数のとき，複素数の特性根 $\lambda_j = \nu_j + i\theta_j$ は複素共役 $\overline{\lambda_j} = \nu_j - i\theta$ とともに現れる．このとき，(1.162) のすべての複素共役対 $\{e^{t\lambda_j}t^k, e^{t\overline{\lambda_j}}t^k\}$ を $\{e^{t\nu_j}(\cos(t\theta_j))t^k, e^{t\nu_j}(\sin(t\theta_j))t^k\}$ でおき換えれば実ベクトル空間としての基底が得られる．

証明 補題 1.79 の $(\boldsymbol{e}_{j,0}, \ldots, \boldsymbol{e}_{j,m_{j-1}})$ の第 1 行は $(1, 0, \ldots, 0)$ に等しい．したがって，(1.160) の第 1 因子と第 2 因子の積の第 1 行は $1 \times n$ 行列

$$
\boldsymbol{b}(t) = (e^{\lambda_1 t}, e^{\lambda_1 t}t, \ldots, e^{\lambda_1 t}t^{n_1-1}/(n_1-1)!, \ldots,
$$
$$
e^{\lambda_l t}, e^{\lambda_l t}t, \ldots, e^{\lambda_l t}t^{n_l-1}/(n_l-1)!)
$$

に，$e^{tA}\boldsymbol{q}$ の第 1 成分は $\boldsymbol{b}(t) \cdot E\boldsymbol{q}$ に等しい．(1.147) の解の全体は一階化方程式 (1.112) の解の第 1 成分の全体と一対一に対応する ((1.23) 参照)．E は正則行列だから (1.162) は S の基底である． $\square$

1.5.8 演算子法

前項では方程式を一階化し，行列の指数関数を用いて定数係数高階線形方程式の解空間の基底，すなわち一般解を求めた．一階化を通さずに定数係数高階線形方程式の解を簡明に求める演算子法と呼ばれる方法を解説しよう．

■微分作用素　微分作用素を微分演算子ともいう．微分作用素の積や和を行列の和や積のようにとり扱って，微分方程式 (1.147) を (1.154) のように x に作用素 $P(D) = D^n + a_1 D^{n-1} + \cdots + a_n$ を乗ずると 0 になるという方程式

$$(D^n + a_1 D^{n-1} + \cdots + a_n)x = 0 \tag{1.163}$$

と考えよう．特性多項式が (1.155) のように因数分解され

$$P(\lambda) = (\lambda - \lambda_1)^{n_1} \cdots (\lambda - \lambda_l)^{n_l}$$

とする．このとき，$(D - \lambda_j)^{n_j}$ は行列のときと同じように線形写像 $x \mapsto Dx - \lambda_j x$ を n_j 回行うこととすると二項展開公式

$$(D - \lambda)^k = D^k - k\lambda D^{k-1} + \cdots + (-\lambda)^{k-1}kD + (-\lambda)^k$$

が成立することが確かめられる．これより

$$(D - \lambda)^k (D - \mu)^l x = (D - \mu)^l (D - \lambda)^k x$$

のように $(D - \lambda)^k$ と $(D - \mu)^l$ の順序はとり替えてよく，方程式 (1.163) を

$$P(D)x = (D - \lambda_1)^{n_1} \cdots (D - \lambda_l)^{n_l} x = 0$$

と考えてよいことがわかる．したがって $x(t)$ が

$$(D - \lambda_1)^{n_1} x = 0, \ \ldots, \ (D - \lambda_l)^{n_l} x = 0$$

のいずれかを満たせば，$x(t)$ は (1.147) の解である．

そこで，$(D - \lambda_j)^{n_j} x = 0$ の一般解を求めよう．容易に確かめられるように

$$(D - \lambda_j)\, x(t) = x'(t) - \lambda x(t) = e^{\lambda_j t} \circ D \circ e^{-\lambda_j t} x(t) \tag{1.164}$$

である．ただし，右辺ではまず x に $e^{-\lambda_j t}$ を乗じ，次にその結果を微分 D し，最後に $e^{\lambda_j t}$ を乗ずるという意味である．したがって (1.164) を n_j 回繰り返して作用させると，たとえば

$$(D-\lambda)^2 = \left(e^{\lambda_j t}\circ D\circ e^{-\lambda_j t}\right)\circ\left(e^{\lambda_j t}\circ D\circ e^{-\lambda_j t}\right) = e^{\lambda_j t}\circ D^2\circ e^{-\lambda_j t}$$

のように (1.164) の右辺の最初の $e^{\lambda_j t}$ と最後の $e^{-\lambda_j t}$ がキャンセルして $(D-\lambda_j)^{n_j} = e^{\lambda_j t}\circ D^n\circ e^{-\lambda_j t}$ となる．ゆえに

$$(D-\lambda_j)^{n_j} x(t) = 0 \Leftrightarrow e^{\lambda_j t}D^{n_j}\left(e^{-\lambda_j t}x(t)\right) = 0$$
$$\Leftrightarrow D^{n_j}\left(e^{-\lambda_j t}x(t)\right) = 0 \Leftrightarrow e^{-\lambda_j t}x(t) = c_1 t^{n_j-1}+\cdots+c_n.$$

ゆえに $(D-\lambda_j)^{n_j}x = 0$ の一般解は $c_1,\dots,c_n$ を定数として

$$x(t) = e^{\lambda_j t}(c_1 t^{n_j-1}+\cdots+c_n)$$

である．解空間 S の次元が $n = n_1+\cdots+n_l$ であったことを思い出せば，この解の $j = 1,\dots,l$ についての一次結合全体が S 全体である．

このように，微分方程式を関数の間の適当な線形写像 L を用いて $Lx = f$ の形の方程式と考えて解析する手法は，この本の後半にしばしば現れることになる．

演算子法で解を求める簡単な例を挙げよう．

例 1.81 $y'' - y' - 2y = 0$ の初期条件 $y(0) = 0$, $y'(0) = 3$ を満たす解を求めよ．

[解] 特性多項式は $\lambda^2 - \lambda - 2 = (\lambda-2)(\lambda+1)$, 特性根は $\lambda = -1, 2$ だから，一般解は $y(t) = C_1 e^{2t} + C_2 e^{-t}$. 初期条件を満たすためには，$y(0) = C_1 + C_2 = 0$, $y'(0) = 2C_1 - C_2 = 3$. これより $C_1 = 1$, $C_2 = -1$. ゆえに，$y(t) = e^{2t} - e^{-t}$.

例 1.82 $y''' - y'' - y' + y = 0$ の初期条件 $y(0) = 2$, $y'(0) = 1$, $y''(0) = 4$ を満たす解を求めよ．

[解] 特性多項式は $\lambda^3 - \lambda^2 - \lambda + 1 = (\lambda-1)^2(\lambda+1)$, 特性根は $-1, 1$ で 1 は二重根，一般解は $y(t) = C_1 e^t + C_2 t e^t + C_3 e^{-t}$. 初期条件を満たすためには，

$y(0) = C_1 + C_3 = 2,\ y'(0) = C_1 + C_2 - C_3 = 1,\ y''(0) = C_1 + 2C_2 + C_3 = 4,$
これより $C_1 = C_2 = C_3 = 1$. ゆえに $y(t) = e^t + te^t + e^{-t}$ である.

1.5.9　非斉次方程式，定数変化法

$\boldsymbol{f}(t)$ を与えられたベクトル値関数とする. 線形方程式 (1.103) に対して

$$\frac{d\boldsymbol{x}}{dt} = A(t)\boldsymbol{x} + \boldsymbol{f}(t) \tag{1.165}$$

の形の方程式を**非斉次線形方程式**, $\boldsymbol{f}(t) = 0$ のとき, すなわち (1.103) を**斉次方程式**と呼ぶ. 非斉次方程式の解の 1 つ, たとえば $\boldsymbol{x}_0(t)$ が得られれば, (1.165) の一般解は斉次方程式の一般解と $\boldsymbol{x}_0(t)$ の和として得られる. $\boldsymbol{x}(t)$ が (1.165) の解なら $\boldsymbol{x}(t) - \boldsymbol{x}_0(t)$ は斉次方程式の解だからである.

定理 1.83（デュハメールの公式）　$U(t,s)$ を斉次方程式 $d\boldsymbol{x}/dt = A(t)\boldsymbol{x}$ の解作用素とする. このとき, 非斉次方程式 (1.165) の初期条件 $\boldsymbol{x}(s) = \boldsymbol{p}$ を満たす解が一意的に存在し

$$\boldsymbol{x}(t) = U(t,s)\boldsymbol{p} + \int_s^t U(t,r)\boldsymbol{f}(r)dr \tag{1.166}$$

で与えられる. これをデュハメールの公式という.

証明　斉次方程式の一般解 $U(t,s)\boldsymbol{c}$ の定ベクトル $\boldsymbol{c}$ を t の関数 $\boldsymbol{y}(t)$ に変えて $\boldsymbol{x}(t) = U(t,s)\boldsymbol{y}(t)$ が (1.165) の初期値問題の解となるように $\boldsymbol{y}(t)$ を求めよう（それでこの方法は定数変化法といわれる）.

$\boldsymbol{y}(t) = U(s,t)\boldsymbol{x}(t)$ である. $\boldsymbol{x}(s) = \boldsymbol{p}$ のためには $\boldsymbol{y}(s) = \boldsymbol{p}$ でなければならない. $\boldsymbol{y}(t) = U(s,t)\boldsymbol{x}(t)$ の両辺を微分して, $\boldsymbol{x}(t)$ に (1.165) を, $U(s,t)$ に (1.118) を用いれば

$$\frac{d\boldsymbol{y}(t)}{dt} = -U(s,t)A(t)\boldsymbol{x}(t) + U(s,t)\frac{d\boldsymbol{x}}{dt}(t) = U(s,t)\boldsymbol{f}(t).$$

これを s から t まで積分し初期条件 $\boldsymbol{y}(s) = \boldsymbol{p}$ を用いると

$$\boldsymbol{y}(t) = \boldsymbol{p} + \int_s^t U(s,r)\boldsymbol{f}(r)dr.$$

この両辺に $U(t,s)$ を乗ずれば $\boldsymbol{x}(t)$ は (1.166) を満たすことがわかる.

逆に，(1.166) の右辺が $\boldsymbol{x}(s) = \boldsymbol{p}$ を満たすことは明らかである．(1.166) を微分すれば

$$\frac{d\boldsymbol{x}}{dt} = A(t)U(t,s)\boldsymbol{p} + \int_s^t A(t)U(t,r)\boldsymbol{f}(r)dr + U(t,t)\boldsymbol{f}(t) = A(t)\boldsymbol{x}(t) + \boldsymbol{f}(t).$$

したがって，(1.165) の $\boldsymbol{x}(s) = \boldsymbol{p}$ を満たす解は一意的で (1.166) によって与えられることがわかる． □

■**定数係数非斉次高階線形方程式** (1.147) に対する非斉次方程式

$$x^{(m)} + a_1 x^{(m-1)} + \cdots + a_m(t)x = f(t) \tag{1.167}$$

に対する初期値問題の解は前項で解説したように対応する一階化方程式

$$\frac{d\boldsymbol{x}}{dt} = A\boldsymbol{x}(t) + \boldsymbol{f}(t) \tag{1.168}$$

の解をデュハメールの公式によって

$$\boldsymbol{x}(t) = e^{At}\boldsymbol{p} + \int_0^t e^{A(t-s)}\boldsymbol{f}(s)ds$$

と求め，その第 1 成分を求めればよい．

■**演算子法による解法** 同じ問題を前節の演算子法を用いて解くこともできる．簡単のため二階の方程式

$$x'' + ax' + bx = f(t) \tag{1.169}$$

の一般解を求める手続きを与えておこう．一般の n 階方程式も，二階方程式の方法を繰り返して，同様に取り扱える．

斉次方程式の一般解は前項で求められているから，(1.169) の 1 つの解を求めればよい．$x(0) = x'(0) = 0$ を満たす解を求めよう．左辺の特性方程式の根を μ, κ とする．$\lambda^2 + a\lambda + b = (\lambda - \mu)(\lambda - \kappa)$ である．(1.169) を

$$(D - \mu)\{(D - \kappa)x\} = f$$

とかく．(1.164) のように $(D-\mu)u = e^{\mu t} \circ D \circ e^{-\mu t}u$ と考えれば，$(D-\mu)u = f$ の $u(0) = 0$ を満たす解は

$$D \circ e^{-\mu t} u = e^{-\mu t} f(t) \Rightarrow u(t) = e^{\mu t} \circ D^{-1}(e^{-\mu t} f)(t) = \int_0^t e^{\mu(t-s)} f(s) ds$$

と得られる（これはもちろん一階線形方程式の解の公式を用いても得られる）．同じ論法を

$$(D - \kappa)x = \int_0^t e^{\mu(t-r)} f(r) dr$$

に用いれば $x(0) = x'(0) = 0$ を満たす解は最後に積分順序を入れ替えて

$$x(t) = \int_0^t \left(e^{\kappa(t-r)} \int_0^r e^{\mu(r-s)} f(s) ds \right) dr$$

$$= e^{\kappa t} \int_0^t \left(\int_s^t e^{(\mu-\kappa)r} dr \right) e^{-\mu s} f(s) ds.$$

dr による積分を実行して $x_0(t)$ は

$$x_0(t) = \begin{cases} \displaystyle\int_0^t (t-s) e^{\mu(t-s)} f(s) ds, & \mu = \kappa \text{ のとき}, \\ \displaystyle\int_0^t \left(\frac{e^{\mu(t-s)} - e^{\kappa(t-s)}}{\mu - \kappa} \right) f(s) ds, & \mu \neq \kappa \text{ のとき} \end{cases}$$

と得られる．μ, κ が複素数のとき，κ, μ は互いに複素共役で $\mu = \rho + i\tau$ とすれば

$$x_0(t) = \frac{1}{\tau} \int_0^t e^{\rho(t-s)} \sin \tau(t-s) f(s) ds.$$

1.5.10　1.5 節の問題

問題 1.13　A, B が $AB = BA$ を満たす $m \times m$ 行列なら $e^{A+B} = e^A e^B = e^B e^A$ であることを示せ（補題 1.68 参照）．

問題 1.14　A が次の行列であるとき，$\exp(tA)$ を求めよ．

$$\begin{pmatrix} 1 & 0 \\ 0 & 1 \end{pmatrix}, \quad \begin{pmatrix} 0 & 1 \\ 1 & 0 \end{pmatrix}, \quad \begin{pmatrix} 0 & i \\ -i & 0 \end{pmatrix}, \quad \begin{pmatrix} 1 & 0 \\ 0 & -1 \end{pmatrix}.$$

問題 1.15　べきゼロ行列 $N = \begin{pmatrix} 0 & 1 & \cdots & 0 \\ \vdots & \vdots & \ddots & \vdots \\ 0 & 0 & \cdots & 1 \\ 0 & 0 & \cdots & 0 \end{pmatrix}$ に対して指数関数 e^{tN} を求めよ．

1.5 線形方程式 79

問題 1.16 $U(t, s)$ を (1.103) の解作用素とする. アーベルの公式

$$\det U(t, s) = \exp(\int_s^t \mathrm{Tr}\, A(r)dr)$$

を示せ. (ヒント：$(d/dt)\det U(t, s) = A(t)\det U(t, s)$ を示せ. $U(t, s) = (\boldsymbol{x}_1(t), \ldots, \boldsymbol{x}_m(t))$ とおくと

$$\frac{d}{dt}U(t, s) = \sum_{j=1}^m \det \begin{pmatrix} x_{11}(t) & \ldots & x_{1m}(t) \\ \vdots & \ddots & \vdots \\ x'_{j1}(t) & \ldots & x'_{jm}(t) \\ \vdots & \ddots & \vdots \\ x_{m1}(t) & \ldots & x_{mm}(t) \end{pmatrix}.$$

ここに $x'_{jl} = (A(t)\boldsymbol{x}_l)_j = \sum a_{jk}x_{kl}$, $l = 1, \ldots, m$ を代入して行列式の性質を用いよ.)

問題 1.17 $U(t, s)$ を (1.103) の解作用素とする. 次を示せ.

(1) 各 t に対して $A(t)$ が歪対称行列であれば, 任意の (t, s) に対して, $U(t, s)$ は直交行列.

(2) 各 t に対して $\mathrm{Tr}\, A(t) = 0$ であれば, 任意の (t, s) に対して, $\det U(t, s) = 1$.

問題 1.18 次の行列 A のジョルダン標準形を求め, $\exp(tA)$ を計算せよ.

$$\begin{pmatrix} 1 & 3 & -2 \\ -3 & 13 & -7 \\ -5 & 19 & -10 \end{pmatrix}, \quad \begin{pmatrix} 3 & -3 & -1 \\ 3 & -4 & -2 \\ -4 & 7 & 4 \end{pmatrix}, \quad \begin{pmatrix} 1 & 1 & 2 \\ 0 & 1 & 1 \\ 0 & 0 & 2 \end{pmatrix}.$$

第**2**章
変分法の基本事項

　関数を要素とするベクトル空間を**関数空間**，関数空間の部分集合を定義域とする実数値関数を**汎関数**，汎関数の最大・最小，あるいは極大・極小を求める問題を**変分問題**という．**変分法**とは，変分問題をとり扱う数学のことである．

　本章では数理物理にしばしば現れる，区間 $[a, b]$ 上の $\mathbb{R}^d$ 値関数 $\boldsymbol{q}(t)$ の汎関数

$$J(\boldsymbol{q}) = \int_a^b F(t, \boldsymbol{q}(t), \boldsymbol{q}'(t))dt, \tag{2.1}$$

あるいは $\mathbb{R}^m$ の開集合 Ω 上の実数値関数 $u(\boldsymbol{x})$ の汎関数

$$J(u) = \int_\Omega F(x, u(\boldsymbol{x}), \nabla u(\boldsymbol{x}))d\boldsymbol{x} \tag{2.2}$$

に対する変分問題を議論する．ここで $\nabla u = (\partial u/\partial x_1, \ldots, \partial u/\partial x_m)$，$F(t, \boldsymbol{q}, \boldsymbol{v})$ あるいは $F(x, u, \boldsymbol{p})$ は $(t, \boldsymbol{q}, \boldsymbol{v}) \in [a, b] \times \mathbb{R}^d \times \mathbb{R}^d$ あるいは $(x, u, \boldsymbol{p}) \in \Omega \times \mathbb{R} \times \mathbb{R}^m$ の与えられた関数である．

　$\mathbb{R}^d$ 上の関数 $f(\boldsymbol{x})$ の最大・最小を求める問題は古くから解析学の最も重要な問題の 1 つで，その極大・極小を求めるには，導関数 $\nabla f(\boldsymbol{x})$ の零点 $\boldsymbol{x}_0$，すなわち $\nabla f(\boldsymbol{x}_0) = 0$ となる点を求め，$\boldsymbol{x}_0$ における二階偏微分のつくる対称行列 $(\partial^2 f/\partial x_j \partial x_k)_{jk}$ の定める二次形式の正負を調べればよい．汎関数は関数のなすベクトル空間の上で定義された実数値関数である．そこで，2.1 節ではまず関数空間で定義された汎関数の導関数や二階導関数を定義する．2.2

節では $J(\boldsymbol{q})$ の導関数 $J'(\boldsymbol{q})$ を求め，J' の零点 $\boldsymbol{q}_0$ が二階の常微分方程式：

$$\frac{d}{dt}F_{v_j}(t, \boldsymbol{q}_0(t), \boldsymbol{q}'_0(t)) - F_{q_j}(t, \boldsymbol{q}_0(t), \boldsymbol{q}'_0(t)) = 0, \quad j = 1, \ldots, d \quad (2.3)$$

に対する**境界値問題**の解であることを示す．(2.3) は**オイラーの微分方程式**と呼ばれる．2.3 節では二階微分 $J''(\boldsymbol{q}_0)$ の定義する二次形式が正（負）定値となり $J(\boldsymbol{q}_0)$ が極小（大）値となるための条件（**ヤコビの条件**）についてのべる．さらに 2.4 節ではヤコビの条件が満たされれば，このようにして求めた $\boldsymbol{q}_0(t)$ がより強い意味での J の極値であることを示す．

　一方，オイラーの微分方程式の境界値問題の解を求めることは，解の存在を示すことさえ一般には困難である．このため，汎関数の最大（小）値をオイラーの微分方程式を用いないで直接求める，**変分の直接法**が開発された．本章の後半では変分の直接法を用いて，$F(t, \boldsymbol{q}, \boldsymbol{v})$ が $\boldsymbol{q}, \boldsymbol{v}$ の二次関数のとき，汎関数 $J(\boldsymbol{q})$ に対する対角化問題を解く．多変数関数の汎関数 (2.2) に対する変分問題については 2.7 節で簡単にふれるにとどめる．$\boldsymbol{x}, \boldsymbol{y} \in \mathbb{R}^d$ に対して $\boldsymbol{x} \cdot \boldsymbol{y}$ はその内積 $\sum_{j=1}^d x_j y_j$ である．

2.1　ノルム空間上の汎関数の微分と極大・極小問題

　汎関数 (2.1) は要素が関数であるベクトル空間上の関数である．そこで，本節ではまず長さの概念をもつ抽象的なベクトル空間，すなわち**ノルム空間** V 上の関数 f に対して，$\mathbb{R}^d$ 上の関数に対する極大・極小問題の古典的な方法を拡張する．

2.1.1　ノルム空間

　第 1 章において行列に対してノルムを定義し，行列の収束をノルムを用いて議論した．ノルムを一般のベクトル空間の上に定義しよう．本章では実ベクトル空間しか用いないが，第 3 章以降では複素ベクトル空間もとり扱うので，ノルム空間を複素ベクトル空間に対しても定義しておく．

定義 2.1　V を実数（あるいは複素数）上のベクトル空間とする．$u \in V$ に対して定義された実数 $\|u\|$ が，次の 3 つの条件を満たすとき，$\|\cdot\|$ を V 上の**ノルム**と呼ぶ．

(1) 任意の $u \in V$ に対して $\|u\| \geq 0$. $\|u\| = 0 \Leftrightarrow u = 0$.

(2) 任意の $u \in V$, $\alpha \in \mathbb{R}$（あるいは $\mathbb{C}$）に対して $\|\alpha u\| = |\alpha| \|u\|$.

(3) 任意の $u, v \in V$ に対して $\|u + v\| \leq \|u\| + \|v\|$. これを**三角不等式**という.

ノルム $\|\cdot\|$ の定義されたベクトル空間 $(V, \|\cdot\|)$ を**ノルム空間**と呼ぶ. $\|\cdot\|$ が V 上のノルムであることを強調するときには, $\|\cdot\|_V$ のようにかく. W が V の部分空間のとき, W の元 u に対して, $\|u\|_W = \|u\|_V$ と定義すれば, W もノルム空間となる. これを V の**部分ノルム空間**, あるいは単に**部分空間**という.

ノルムはユークリッド空間における長さの概念の抽象化である.

例 2.2（ユークリッド空間）　$\mathbb{R}^d$ の要素 $\boldsymbol{x} = {}^t(x_1, \ldots, x_d)$ に対して

$$\|\boldsymbol{x}\|_1 = \sum_{j=1}^{d} |x_j|, \qquad \|\boldsymbol{x}\|_2 = \left(\sum_{j=1}^{d} x_j^2 \right)^{1/2}, \quad \|\boldsymbol{x}\|_\infty = \max_{1 \leq j \leq d} |x_j| \quad (2.4)$$

と定義すれば, $\|\boldsymbol{x}\|_1$, $\|\boldsymbol{x}\|_2$, $\|\boldsymbol{x}\|_\infty$ はいずれも $\mathbb{R}^d$ のノルムである. このほかにも $\mathbb{R}^d$ の上には多くのノルムを定義することができる. **この本では, 断らないかぎり $\mathbb{R}^d$ のノルムは $\|\boldsymbol{x}\|_2$ とし, これを単に $|\boldsymbol{x}|$ とかく.** 第 1 章ではこれを ベクトル $\boldsymbol{x}$ の長さと呼んだ.

問 2.3　$\|\boldsymbol{x}\|_1$, $\|\boldsymbol{x}\|_2$, $\|\boldsymbol{x}\|_\infty$ が $\mathbb{R}^d$ のノルムであることを示せ.

一般に, 1 つのベクトル空間には無限に多くのノルムが定義できる. ベクトル空間としては同じでも定義されたノルムが異なるときは, 違ったノルム空間とみなすことにする.

問 2.4　行列 $A = (\boldsymbol{a}_1, \ldots, \boldsymbol{a}_m) \in M(m, n, \mathbb{R})$ に対して, $\|A\|_\infty = \max(|\boldsymbol{a}_1|, \ldots, |\boldsymbol{a}_m|)$ と定義する. $\|A\|_\infty$ も $M(m, n, \mathbb{R})$ のノルムであることを示せ.

■ノルム空間における収束　$\mathbb{R}^d$ においては 2 点 $\boldsymbol{x}, \boldsymbol{y}$ の間の距離を $|\boldsymbol{x} - \boldsymbol{y}|$ と定義した. 同様にして, ノルム空間 V の 2 点 u, v の間の距離 $d(u, v)$ を

$$d(u, v) = \|u - v\|$$

と定義する. 容易に確かめられるように $d(u, v)$ は**距離の公理**を満たし, V は**距離空間**となる (第 1 章定義 1.25 参照). 距離空間における開集合, 閉集合, 収束, あるいは距離空間から距離空間への写像の連続性などが, $\mathbb{R}^d$ における定義において距離 $|u - v|$ を一般の距離 $d(u, v)$ に置き換えて次のように定義される.

定義 2.5 (S, d) を距離空間, $r > 0$, $u \in S$, $O, F \subset S$ とする.

(1) $B(u, r) = \{v \in S : d(u, v) < r\}$ を u を中心とする半径 r の**開球**という. u を中心とする開球の族 $\mathcal{U}(u) = \{B(u, r) : r > 0\}$ は u の基本近傍系である.

(2) O は任意の $u \in O$ に対して $B(u, r) \subset O$ となる $r > 0$ が存在するとき, **開集合**といわれる. $F \subset S$ は補集合 F^c が開集合のとき, **閉集合**といわれる.

(3) $u_1, u_2, \ldots \in S$ は $\lim_{n \to \infty} d(u_n, u) = 0$ のとき, u に**収束する**という.

問 2.6 次を示せ.

(1) 任意の開集合の族 $\{O_\lambda : \lambda \in \Lambda\}$ に対して和集合 $\cup\{O_\lambda : \lambda \in \Lambda\}$ も開集合.

(2) 任意の閉集合の族 $\{F_\lambda : \lambda \in \Lambda\}$ に対して共通部分 $\cap\{F_\lambda : \lambda \in \Lambda\}$ も閉集合.

(3) O_1, O_2 が開集合なら $O_1 \cap O_2$ も開集合.

(4) F_1, F_2 が閉集合なら $F_1 \cup F_2$ も閉集合.

定義 2.5 の定義から出発して**近傍**, **閉包**, **稠密**, **極限点**などの概念が, 距離空間, とくにノルム空間においても $\mathbb{R}^d$ においてと同様に定義され, 同様な性質を満たすことが示せる. そこで $\mathbb{R}^d$ における術語をノルム空間 V においてもそのまま用いることにする. とくにノルム空間での収束は次のようになる.

定義 2.7 V をノルム空間, $\{u_n\}$ を V の点列とする. $\|u_n - u\| \to 0$ $(n \to \infty)$ のとき, u_n は u に**強収束**する, あるいはノルム $\|\cdot\|$ に関して収束するという.

■**連続関数の空間 $C([a,b])$**　$C([a,b], \mathbb{R}^d)$ あるいは簡単に $C([a,b])$ で有界閉区間 $[a,b]$ 上の $\mathbb{R}^d$ 値連続関数の全体を表す．第1章の定理1.55 に続くパラグラフで関数の和・スカラー倍を $(\boldsymbol{f}+\boldsymbol{g})(x) = \boldsymbol{f}(x)+\boldsymbol{g}(x),\ (\alpha\boldsymbol{f})(x) = \alpha\boldsymbol{f}(x)$ と定義した．$\boldsymbol{f}, \boldsymbol{g}$ が連続のとき，$\boldsymbol{f}+\boldsymbol{g}, \alpha\boldsymbol{f}$ も連続だから，$C([a,b])$ はこのように定義された和とスカラー積に関して $\mathbb{R}$ 上のベクトル空間である．$\boldsymbol{f} \in C([a,b])$ に対して $\|\boldsymbol{f}\|_C = \max\{|\boldsymbol{f}(x)| : a \leq x \leq b\}$ と定める．$\|\boldsymbol{f}\|_C$ は $C([a,b])$ 上のノルムで，$n \to \infty$ において

$$\|\boldsymbol{f}_n - \boldsymbol{f}\|_C \to 0 \Leftrightarrow \max_{t \in [a,b]} |\boldsymbol{f}_n(t) - \boldsymbol{f}(t)| \to 0 \Leftrightarrow \boldsymbol{f}_n \text{ は } \boldsymbol{f} \text{ に } [a,b] \text{ 上一様収束}$$

$$(2.5)$$

である．

　以下この本では，連続関数に限らず $[a,b]$ 上の一般の関数に対して

$$\|\boldsymbol{f}\|_\infty = \sup\{|\boldsymbol{f}(x)| : a \leq x \leq b\}$$

と定義する．

■**区分的に連続な関数の空間 $PC([a,b])$**　連続関数よりも少しだけ一般な関数の空間を導入しよう．$[a,b]$ から $\mathbb{R}^d$ への関数 $\boldsymbol{f}$ は区間 $[a,b]$ の適当な細分

$$\Delta : a = t_0 < t_1 < \cdots < t_{l-1} < t_l = b \tag{2.6}$$

が存在して，Δ によって生じた各小開区間 $(t_0, t_1), \ldots, (t_{l-1} - t_l)$ 上で連続で，さらに $\boldsymbol{f}(t)$ の各小区間の両端での極限値 $\boldsymbol{f}(t_j + 0),\ \boldsymbol{f}(t_{j+1} - 0),\ j = 0, \ldots, l-1$ が存在するとき，**区分的に連続**といわれる．$[a,b]$ 上の区分的に連続な $\mathbb{R}^d$ 値関数全体を $PC([a,b], \mathbb{R}^d)$，あるいは簡単に $PC([a,b])$ とかく．$PC([a,b])$ は $\mathbb{R}$ 上のベクトル空間で，ノルム $\|\boldsymbol{f}\|_\infty$ によってノルム空間となる．このノルムに関する収束 $\|\boldsymbol{f}_n - \boldsymbol{f}\|_\infty \to 0$ に対しても (2.5) が成立する．

■**関数空間 $X = PC^1([a,b])$ とノルム空間 X_0, X_1**　本章で最も重要な関数空間を定義しよう．区間 $[a,b]$ から $\mathbb{R}^d$ への連続関数 $\boldsymbol{f}$ は，$[a,b]$ の適当な細分 (2.6) が存在して各小開区間 (t_j, t_{j+1}) 上 C^1 級，さらに各小区間の両端で導関数 $\boldsymbol{f}'(t)$ の極限値 $\boldsymbol{f}'(t_j + 0),\ \boldsymbol{f}'(t_{j+1} - 0),\ j = 0, \ldots, l-1$ が存在する

とき，区分的に C^1 級といわれる．$[a,b]$ 上の区分的に C^1 級の $\mathbb{R}^d$ 値関数全体を $PC^1([a,b],\mathbb{R}^d)$，あるいは簡単に $X = PC^1([a,b])$ とかく．**本章ではいつでも $X = PC^1([a,b])$ である**（以下では簡単のために，$\boldsymbol{f}$ が微分不可能な点 t_j においては，便宜上 $\boldsymbol{f}'(t_j) = \boldsymbol{f}'(t_j + 0)$ と定める）．(2.1) の $J(\boldsymbol{q})$ は $\boldsymbol{q} \in X$ に対して定義され X 上の汎関数となる．X も通常の関数の和，スカラー積によって $\mathbb{R}$ 上のベクトル空間である．

■**X の 2 つのノルム** $\boldsymbol{f} \in X$ に対して 2 つのノルム X_0, X_1 を

$$\|\boldsymbol{f}\|_{X_0} = \|\boldsymbol{f}\|_\infty, \quad \|\boldsymbol{f}\|_{X_1} = \|\boldsymbol{f}\|_\infty + \|\boldsymbol{f}'\|_\infty$$

と定義する．$\|\boldsymbol{f}\|_{X_0}, \|\boldsymbol{f}\|_{X_1}$ はいずれも X 上のノルムである．本章を通して，（ノルムを考えにいれない）ベクトル空間としての $PC^1([a,b])$ を X，ノルム $\|\boldsymbol{u}\|_{X_0}, \|\boldsymbol{u}\|_{X_1}$ の定義された $PC^1([a,b])$ をそれぞれ

$$X_0([a,b]) = (PC^1([a,b]), \|\cdot\|_{X_0}), \quad X_1([a,b]) = (PC^1([a,b]), \|\cdot\|_{X_1}) \tag{2.7}$$

とかくことにする．

関数列 $\{\boldsymbol{f}_n\} \subset X$ に対して $\|\boldsymbol{f}_n - \boldsymbol{f}\|_{X_0} \to 0 \ (n \to \infty)$ は $\boldsymbol{f}_n$ が $[a,b]$ 上 $\boldsymbol{f}$ に一様収束することを意味する．一方，$\|\cdot\|_{X_1}$ に関して収束するとは，

$$\|\boldsymbol{f}_n - \boldsymbol{f}\|_{X_1} = \sup_{a \leq t \leq b} |\boldsymbol{f}_n(t) - \boldsymbol{f}(t)| + \sup_{a \leq t \leq b} |\boldsymbol{f}'_n(t) - \boldsymbol{f}'(t)| \to 0, \quad n \to \infty$$

のことだから，$\boldsymbol{f}_n(t)$ が $\boldsymbol{f}(t)$ に一様収束すると同時に，$\boldsymbol{f}'_n(t)$ も $\boldsymbol{f}'(t)$ に一様収束することを意味する．この収束の違いは，次の図の 2 つの関数 $\boldsymbol{f}(t)$ と $\boldsymbol{g}(t)$ のグラフをみて納得できるであろう．$\boldsymbol{f}(t)$ と $\boldsymbol{g}(t)$ はノルム $\|\cdot\|_{X_0}$ に

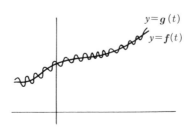

2.1 ノルム空間上の汎関数の微分と極大・極小問題　　87

関しては近いが，ノルム $\| \cdot \|_{X_1}$ に関してはそうはいえない．微分の差が大きいからである．

■**関数空間** $PC^k([a,b])$　　同様にして $k \geq 2$ に対して，$[a,b]$ 上の PC^k 級関数の空間 $PC^k([a,b])$ が定義できる：$[a,b]$ 上の C^{k-1} 級関数は，$[a,b]$ の適当な分割 (2.6) に対して各小区間上 C^k 級，$f^{(k)}(x)$ が Δ の各分点において左・右の極限値をもつとき，PC^k 級であるといわれる．$[a,b]$ 上の PC^k 級関数の全体を $PC^k([a,b])$ とかく．

■**数列空間**　　ついでに本書の後半で用いる数列のなすノルム空間を導入しておく．

例 2.8（数列空間 $\ell^p(\mathbb{N})$）　　数列 $\boldsymbol{c} = \{c_n\}$, $\boldsymbol{d} = \{d_n\}$ の和 $\boldsymbol{c} + \boldsymbol{d}$, スカラー倍 $\alpha \boldsymbol{c}$ を成分ごとの和とスカラー倍として

$$\boldsymbol{c} + \boldsymbol{d} = \{c_n + d_n : n = 1, 2, \ldots\}, \qquad \alpha \boldsymbol{c} = \{\alpha c_n : n = 1, 2, \ldots\}$$

と定義する．$1 \leq p \leq \infty$ とする．数列 $\boldsymbol{c} = \{c_n : n = 1, 2, \ldots\}$ に対して

$$1 \leq p < \infty \text{ のとき} \quad \|\boldsymbol{c}\|_{\ell^p} = \left(\sum_{n=1}^{\infty} |c_n|^p \right)^{1/p}; \qquad \|\boldsymbol{c}\|_{\ell^\infty} = \sup_n |c_n|,$$

$\ell^p(\mathbb{N}) = \{\boldsymbol{c} : \|\boldsymbol{c}\|_{\ell^p} < \infty\}$ と定義する．$\ell^\infty(\mathbb{N})$ が $\mathbb{R}$ 上のベクトル空間となることは明らかである．$1 \leq p < \infty$ のとき，

$$\sum_{n=1}^{\infty} |c_n + d_n|^p \leq 2^p \sum_{n=1}^{\infty} (|c_n|^p + |d_n|^p) < \infty,$$

$$\sum_{n=1}^{\infty} |\alpha c_n|^p = |\alpha|^p \sum_{n=1}^{\infty} |c_n|^p < \infty$$

だから，このときも $\ell^p(\mathbb{N})$ はベクトル空間である．$\|\boldsymbol{c}\|_{\ell^p}$ は $\ell^p(N)$ の上のノルムで $(\ell^p(N), \|\cdot\|_{\ell^p})$ はノルム空間である（これを示すのは $p = 1$ あるいは $p = \infty$ のときを除けばあまり簡単ではないが各自試してみられよ．後に証明する）．

第 2 章　変分法の基本事項

■$\ell^p(\mathbb{N})$ は無限次元ベクトル空間　e_j を第 j 項のみが 1 でそのほかの項はすべて 0 である数列とすれば，$e_j \in \ell^p(\mathbb{N})$, $j = 1, 2, \ldots$ である．e_j, $j = 1, 2, \ldots$ は明らかに一次独立だから $\ell^p(\mathbb{N})$ は無限次元のノルム空間である．数列からなるベクトル空間は**数列空間**と呼ばれる．同様にして $1 \leq p < \infty$, $p = \infty$ に対して $\ell^p(\mathbb{Z})$ は

$$\|\boldsymbol{c}\|_{\ell^p(\mathbb{Z})} = \left(\sum_{n=-\infty}^{\infty} |c_n|^p \right)^{1/p} < \infty, \quad \|\boldsymbol{c}\|_{\ell^\infty(\mathbb{Z})} = \sup_n |c_n| < \infty$$

を満たす両側数列 $\boldsymbol{c} = \{c_n : n = 0, \pm 1, \ldots\}$ の全体のなす空間である．

問 2.9　$1 \leq p \leq q \leq \infty$ とする．次を示せ．
 (1) $\boldsymbol{c} \in \ell^p(\mathbb{N})$ なら $\boldsymbol{c} \in \ell^q(\mathbb{N})$ で $\|\boldsymbol{c}\|_{\ell^q} \leq \|\boldsymbol{c}\|_{\ell^p}$ である．（ヒント：$|c_n|^q \leq |c_n|^p \|\boldsymbol{c}\|_\infty^{q-p}$, $\|\boldsymbol{c}\|_\infty \leq \|\boldsymbol{c}\|_{\ell^p}$ を用いよ．）
 (2) $1 \leq p < q \leq \infty$ であれば $\ell^p(\mathbb{N}) \subsetneqq \ell^q(\mathbb{N})$. （ヒント：$c_n = n^{-\alpha}$ で試せ．）

■**同値なノルム**　このようにノルム空間における収束の意味は定義されたノルムによって一般には異なる．しかし，ノルムが違ってもそれらが次の意味で同値であれば収束の意味は一致する．

定義 2.10　ベクトル空間 V 上の 2 つのノルム $\|\cdot\|_1$, $\|\cdot\|_2$ はある正定数 c, C が存在して

$$c\|u\|_1 \leq \|u\|_2 \leq C\|u\|_1, \quad u \in V \tag{2.8}$$

が成り立つとき同値であるといわれる．

問 2.11　2 つのノルム $\|u\|_1$, $\|u\|_2$ が同値であれば $\|u\|_1$ に関する収束と $\|u\|_2$ に関する収束は同値であることを示せ．

問 2.12　V が有限次元であれば V 上のノルムはすべて同値であることを示せ．（ヒント：V に基底をとり $f = f_1 e_1 + \cdots + f_d e_d$ のとき，$\|f\|_1 = |f_1| + \cdots + |f_d|$ と定義する．$\|f\|_1$ は V のノルムである．任意のノルムに対して $\|f\| \leq C\|f\|_1$ は容易に示せる．$\|f\|_1 \leq C\|f\|$ を満たす C がなければ $\|f_n\| \to 0$, $\|f_n\|_1 = 1$ を満たす $\{f_n\}$ が存在する．ワイエルシュトラスの定理を用いてこれは不可能であることを示せ．）

2.1.2 汎関数の極値

以下 $[a,b]$ が何であるか明らかなときは $[a,b]$ を省略してノルム空間 $X_0([a,b])$, $X_1([a,b])$ を単に X_0, X_1 と記す．以下の 2 つの例では $X = PC^1([a,b], \mathbb{R}^3)$ である．汎関数 (2.1) を定義するだけなら X にノルムを考える必要はないことも注意しておこう．

例 2.13（作用積分） V を $\mathbb{R}^3$ 上の滑らかな実数値関数，$m > 0$ とする．このとき，

$$S(\boldsymbol{r}) = \int_a^b \left\{ \frac{m}{2} |\boldsymbol{r}'(t)|^2 - V(\boldsymbol{r}(t)) \right\} dt, \qquad \boldsymbol{r} \in X \tag{2.9}$$

は X 上の汎関数である．$\boldsymbol{r}(t)$, $a \le t \le b$ が力 $F(\boldsymbol{x}) = -\nabla V(\boldsymbol{x})$ の作用を受けて空間 $\mathbb{R}^3$ 内を運動する質量 $m > 0$ の粒子の軌道のとき，$S(\boldsymbol{r})$ は軌道 $\boldsymbol{r}(t)$ に沿っての**作用積分**と呼ばれる．古典力学の**ハミルトンの原理**によれば，$\boldsymbol{x}, \boldsymbol{y} \in \mathbb{R}^3$ が与えられたとき，$\boldsymbol{r}(a) = \boldsymbol{x}, \boldsymbol{r}(b) = \boldsymbol{y}$ を満たす粒子の軌道 $\boldsymbol{r}(t)$ は $S(\boldsymbol{r})$ の $Y = \{\boldsymbol{r} \in X : \boldsymbol{r}(a) = \boldsymbol{x}, \boldsymbol{r}(b) = \boldsymbol{y}\}$ 上での**極値点**である．

例 2.14（フェルマーの原理） $c(\boldsymbol{x}) > 0$ を $\mathbb{R}^3$ 上の滑らかな関数とする．このとき，

$$T(\boldsymbol{r}) = \int_0^1 |\boldsymbol{r}'(t)|/c(\boldsymbol{r}(t)) dt \tag{2.10}$$

も X 上の実数値関数である．$c(\boldsymbol{x})$ を点 $\boldsymbol{x} \in \mathbb{R}^3$ における光速度，$\boldsymbol{r}(t)$, $0 \le t \le 1$ を光の軌跡とすれば，$T(\boldsymbol{r})$ は光が $\boldsymbol{r}(0)$ を出て $\boldsymbol{r}(1)$ に到達するまでの時間である．幾何光学の**フェルマーの原理**によれば，$\boldsymbol{x}, \boldsymbol{y} \in \mathbb{R}^3$ が与えられたとき，$\boldsymbol{r}(0) = \boldsymbol{x}, \boldsymbol{r}(1) = \boldsymbol{y}$ を満たす光の軌道 $\boldsymbol{r}(t)$ は $T(\boldsymbol{r})$ の $Y = \{\boldsymbol{r} \in X : \boldsymbol{r}(0) = \boldsymbol{x}, \boldsymbol{r}(1) = \boldsymbol{y}\}$ 上での極値点である．

作用積分 $S(\boldsymbol{r})$ やフェルマーの原理の $T(\boldsymbol{r})$ は (2.1) の特別な場合であるが，これらの例における**汎関数の極値**の意味はまだ不明確である．汎関数の極値とはその関数の近傍における最大値あるいは最小値として定義されるが，X にはまだ距離の概念が定義されていないので，「近傍」といったときの意味が不明確だからである．そこで以下では関数空間 X にノルム $\| \cdot \|_{X_0}$ あるい

は $\| \cdot \|_{X_1}$ を導入して X_0 あるいは X_1 における汎関数の極値を求めることにする.

■汎関数の極値　以下ではノルム空間上で定義された実数値関数を**汎関数**と呼ぶことにし，その極値を $\mathbb{R}^d$ 上の実数値関数に対するときと同様に，次のように定義する.

定義 2.15　$f \colon V \to \mathbb{R}$ をノルム空間 V 上の汎関数，W を V の部分集合，$v_0 \in W$ とする．ある $\varepsilon > 0$ が存在して $0 < \|v_0 - v\| < \varepsilon$ を満たす任意の $v \in W$ に対して $f(v_0) \leq f(v)$（あるいは $f(v_0) \geq f(v)$）が成立するとき，v_0 を f の W 上における**極小点**（あるいは**極大点**），$f(v_0)$ を f の W 上における**極小値**（あるいは**極大値**）という．もし，$\leq$（あるいは $\geq$）を $<$（あるいは $>$）と置き換えて成り立つときには v_0 を**狭義極小点**（あるいは**狭義極大点**），$f(v_0)$ を**狭義極小値**（あるいは**狭義極大値**）という．汎関数の極小・極大値を**極値**，極値を与える点を**極値点**と呼ぶ．V が関数空間のときは極値点を**極値関数**とも呼ぶ.

■強極値・弱極値　このようにしてハミルトンの原理あるいはフェルマーの原理における極値は，たとえばノルム空間 X_0 上の関数 S や T の極値のことであるなどとして定義される．もちろん同じ関数空間上の同じ汎関数に対しても関数空間のノルムによって極値の意味は当然異なる．この章では (2.1) で定義された汎関数 $J(\boldsymbol{q})$ をノルム空間 X_0 あるいは X_1 上の汎関数と考える．X_0 上の汎関数と考えたときの極値は**強極値**，X_1 上と考えたときの極値は**弱極値**といわれる．強極値はもちろん弱極値であるが逆は必ずしも成立しない．弱極値に対しては汎関数の導関数のゼロ点を求めて極値を求める古典的な方法が適用できる．まずこの方法について学んでいこう.

2.1.3　ノルム空間上の汎関数の連続性と微分，停留関数

　一般のノルム空間上の汎関数に対して微分を定義しよう．あとの都合のため汎関数のみでなく，ノルム空間から一般には別のノルム空間への写像に対しても微分を定義しておく.

2.1 ノルム空間上の汎関数の微分と極大・極小問題　　91

■**連続な汎関数**　V, W をノルム空間，D を V の部分集合，$f\colon V \to W$ とする．ノルム空間は距離空間だから f が $a \in V$ において連続であるとは距離空間の間の写像として連続，

$$\|u_n - a\|_V \to 0 \ (n \to \infty) \ \text{のとき} \ \|f(u_n) - f(a)\|_W \to 0 \ (n \to \infty)$$

のことである．f が任意の $a \in D$ において連続なとき，f は D 上連続であるといわれる．

問 2.16　ノルム $V \ni u \mapsto \|u\|_V \in \mathbb{R}$ は V 上の連続な汎関数であることを示せ.

■**汎関数 J の連続性**　(2.1) の汎関数 J が $X_1 = (PC^1([a,b], \mathbb{R}^d), \|u\|_{X_1})$ 上連続であることを示す．以下，$[a,b]$ は有界閉区間で，$F(t, \boldsymbol{q}, \boldsymbol{v})$ は次の仮定2.17 を満たすとする．これはいちいち断らない.

仮定 2.17　$F(t, \boldsymbol{q}, \boldsymbol{v})$ は $(t, \boldsymbol{q}, \boldsymbol{v}) \in [a,b] \times \mathbb{R}^d \times \mathbb{R}^d$ の滑らかな実数値関数である．

定理 2.18　汎関数 (2.1) は X_1 上の連続関数である.

証明　$\boldsymbol{q}, \boldsymbol{q}_1, \boldsymbol{q}_2, \cdots \in X_1$, $n \to \infty$ のとき $\|\boldsymbol{q}_n - \boldsymbol{q}\|_{X_1} \to 0$ とする．このとき，$\boldsymbol{q}_n(t), \boldsymbol{q}_n'(t)$ はそれぞれ $\boldsymbol{q}(t), \boldsymbol{q}'(t)$ に，したがって，$F(t, \boldsymbol{q}_n(t), \boldsymbol{q}_n'(t))$ は $F(t, \boldsymbol{q}(t), \boldsymbol{q}'(t))$ に $[a,b]$ 上一様収束する．ゆえに

$$J(\boldsymbol{q}_n) = \int_a^b F(t, \boldsymbol{q}_n(t), \boldsymbol{q}_n'(t))dt \to J(\boldsymbol{q}) = \int_a^b F(t, \boldsymbol{q}(t), \boldsymbol{q}'(t))dt.$$

J は X_1 上連続である．　　　　　　　　　　　　　　　　　　　　□

注意 2.19　汎関数 (2.1) は X_0 上の汎関数と考えると，一般には連続ではない．たとえば，

$$J(u) = \int_0^1 u'(t)^2 dt \tag{2.11}$$

に対して，$u_n(t) = n^{-1} \sin(n\pi t)$, $n = 1, 2, \ldots$ とすれば $n \to \infty$ のとき $\|u_n\|_{X_0} = n^{-1} \to 0$ であるが，$J(u_n) = \pi^2/2 \not\to J(0) = 0$ である．

　これまでわれわれは $\mathbb{R}^d$ 上の関数の連続性を論ずるとき，$\mathbb{R}^d$ のノルムを意識しなかった．これは $\mathbb{R}^d$ のノルムがすべて同値であったため，どのノルムを用いても連

続性に意味の違いがなかったからである．しかし，この例にみられるように，**無限次元空間の上の汎関数の連続性はノルムに強く依存する**．

■**ノルム空間の間の写像の微分**　$o(h)$ で $h \to 0$ のとき $o(h)/h \to 0$, すなわち h より速く 0 に収束する関数を表す．$x \in \mathbb{R}$ の関数 $f(x)$ はある定数 L が存在して

$$f(a+h) = f(a) + Lh + o(|h|), \qquad h \to 0 \tag{2.12}$$

を満たすとき，a において微分可能，L を a における f の微分（係数）といい $L = f'(a)$ とかいた．これは $h \to 0$ のとき，f の a における増分 $f(a+h)-f(a)$ が独立変数の一次関数 $f'(a)h$ によって $o(h)$ の誤差で近似されることを意味する．したがって，$f'(a)$ は数と考えるよりも $h \to f'(a)h$ を与える一次関数と考えた方が自然である．$\mathbb{R}^m$ から $\mathbb{R}^d$ への写像 f の微分 $f'(\boldsymbol{a})$ はこの考え方によって定義された．すなわち，f は $\boldsymbol{a} \in \mathbb{R}^m$ の近傍における増分 $f(\boldsymbol{a}+\boldsymbol{h}) - f(\boldsymbol{a})$ が $\boldsymbol{h}$ のある線形写像 L によって $o(|\boldsymbol{h}|)$ のオーダで近似できるとき，すなわち

$$|f(\boldsymbol{a}+\boldsymbol{h}) - f(\boldsymbol{a}) - L\boldsymbol{h}| = o(|\boldsymbol{h}|), \qquad |\boldsymbol{h}| \to 0 \tag{2.13}$$

となるとき $\boldsymbol{a}$ において微分可能であるといい，$L = f'(\boldsymbol{a})$ と定義した．ノルム空間の間の写像の微分も (2.13) と同様に定義する．V 全体で定義された V から W への**連続な線形写像**の全体を

$$\boldsymbol{B}(V, W)$$

とかく．

定義 2.20　f をノルム空間 V から W への写像，$a \in V$ とする．ある $L \in \boldsymbol{B}(V, W)$ が存在して

$$\|f(a+h) - f(a) - Lh\| = o(\|h\|), \quad \|h\| \to 0 \tag{2.14}$$

が成立するとき，f は a において（フレッシェ）微分可能であるといい，L を f の a における（フレッシェ）微分あるいは微分写像という．$L = f'(a)$

とかく. f が任意の $v \in V$ において微分可能であるとき, f は V 上微分可能であるといい, $V \ni v \mapsto f'(v) \in \boldsymbol{B}(V, W)$ を f の導関数という.

定理 2.21　f が a で微分可能なら f は a で連続である.

問 2.22　定理 2.21 を証明せよ.

注意 2.23　(a) $f \in \boldsymbol{B}(V, W)$ のとき, f は V 上微分可能で, 任意の $a \in V$ において $f'(a) = f$ である. これは定義から明らかである.

(b) 関数の和や差, スカラー倍の微分に関する演算法則はノルム空間上の関数に対しても同様に成立する. これらを定式化し証明することはここでは詳しくは述べない.

(c) $W = \mathbb{R}$, すなわち, f が微分可能な汎関数のとき $f'(a) \in \boldsymbol{B}(V, \mathbb{R})$, すなわち $f'(a)$ は V から $\mathbb{R}$ への連続で線形な汎関数である. 一般に, $\ell \in \boldsymbol{B}(V, \mathbb{R})$ に対してその $v \in V$ における値 $\ell(v)$ を $\langle \ell, v \rangle$ と書き表すことが多い (定義 2.30 参照).

(d) 微分の定義 (2.14) のためには, L は V の原点の近傍で定義されていれば十分だが, L は線形だから, 原点の近傍で定義されていれば自動的に全空間 V で定義される. ノルム空間の間の線形写像はしばしば**線形作用素**あるいは単に**作用素**と呼ばれる. 線形作用素 T の x での像あるいは値を Tx とかくことが多い. これは線形写像を行列の掛け算のように Ax とかくのと同じである.

次の補題は微分の計算にしばしば用いられる.

補題 2.24　$f : V \to W$ が $a \in V$ において微分可能とする. このとき, 任意の $v \in V$ に対して, $t \in \mathbb{R}$ の関数 $f(a + tv)$ は $t = 0$ において微分可能で,

$$f'(a)v = \frac{d}{dt}f(a + tv)\big|_{t=0}. \tag{2.15}$$

証明　f は微分可能, $f'(a)$ は線形だから

$$f(a + tv) - f(a) = f'(a)(tv) + o(\|tv\|) = tf'(a)v + o(|t|).$$

ゆえに, (2.15) が成り立つ. □

問 2.25　X_1 上の汎関数 (2.11) の導関数 $J'(u)$ を求めよ.

■有界線形作用素　微分写像は連続な線形作用素であった．有限次元ベクトル空間 $\mathbb{R}^d$ から $\mathbb{R}^m$ への線形作用素はつねに連続である．これは明らかであるが，一般のノルム空間 V から W への線形作用素は必ずしも連続とは限らない．

問 2.26　X_0 上の汎関数 $Lf = f'(0)$ は不連続であることを示せ．

　ノルム空間における線形作用素 T が連続となるためには次の評価式 (2.16) が成立することが必要十分で，線形作用素が連続であるかどうかはほとんどつねにこの評価式を示すことによってなされる．

定理 2.27　T をノルム空間 V から W への線形作用素とする．T が V 上連続であるためには，有界であること，すなわち，ある $M > 0$ に対して，

$$\|Tu\|_W \leq M\|u\|_V, \qquad u \in V \tag{2.16}$$

が成り立つことが必要十分である．有界な作用素を**有界作用素**という．ノルム空間の線形写像が原点で連続であることと，いたるところ連続であることとは同値である．

証明　T を連続とする．$T0 = 0$ だから，ある $\delta > 0$ が存在して，$\|u\| = \|u-0\| \leq \delta$ ならば，$\|Tu\| = \|Tu - T0\| \leq 1$．一方，任意の $v \neq 0$ に対して，$\|(\delta\|v\|^{-1})v\| = \delta$ だから，$\|T(\delta\|v\|^{-1}v)\| = \delta\|v\|^{-1}\|Tv\| \leq 1$．したがって，$\|Tv\| \leq \delta^{-1}\|v\|$ となって (2.16) が $M = \delta^{-1}$ として成り立つ．逆に，(2.16) が成立すれば，$\|Tu - Tv\| \leq M\|u-v\|$．ゆえに，$\|u-v\| \to 0$ のとき，$\|Tu - Tv\| \to 0$．T は V 上連続である． $\square$

　V から W への有界作用素の全体を $\boldsymbol{B}(V,W)$，$\boldsymbol{B}(V) = \boldsymbol{B}(V,V)$ とかくのは以前に述べた．$\dim V = n$, $\dim W = m$ が有限のときは，$\boldsymbol{B}(V,W)$ は $m \times n$ 行列の全体と同一視される．

■有界作用素のノルム　$T \in \boldsymbol{B}(V,W)$ のとき，(2.16) が成立する最小の M を $\|T\|$ とかき，T の（作用素）**ノルム**という．

$$\|T\| = \sup_{u \neq 0} \frac{\|Tu\|}{\|u\|} = \sup_{\|u\|=1} \|Tu\| \tag{2.17}$$

である．行列のノルムの定義（第 1 章 (1.36)）と比べてみれば，作用素ノルムは行列のノルムの自然な拡張であることがわかる．

問 2.28 $T \in \mathbf{B}(V, W), v \in V$ のとき，$\|Tv\| \leq \|T\|\|v\|$ が成立することを示せ．

行列に対してその和，スカラー倍を定義したように，有界作用素の和，およびスカラー倍を

$$(T + S)u = Tu + Su, \quad (aT)u = a(Tu), \quad u \in V \qquad (2.18)$$

と定義する．$\mathbf{B}(V, W)$ は $\mathbb{R}$ 上のベクトル空間となり，$\|T\|$ は $\mathbf{B}(V, W)$ 上のノルムとなる．$\mathbf{B}(V, W)$ はこのノルムでノルム空間である．

問 2.29 (2.18) によって和とスカラー倍が定義された $\mathbf{B}(V, W)$ は $\mathbb{R}$ 上のベクトル空間，$\|T\|$ は $\mathbf{B}(V, W)$ 上のノルムであることを示せ．

定義 2.30（双対空間） $\mathbf{B}(V, \mathbb{R})$ を V の**共役空間**，あるいは**双対空間**と呼び，V' とかく．$\ell \in V'$ は V 上の**有界線形汎関数**あるいは単に**線形汎関数**と呼ばれる．$\ell \in V', v \in V$ に対してしばしば $\ell(v) = \langle \ell, v \rangle$ とかく．V 上の連続な汎関数 F が v において微分可能であれば，$F'(v) \in V'$ である．

問 2.31 (1) $\boldsymbol{v} = {}^t(v_1, \ldots, v_n) \in \mathbb{R}^d$ に対して

$$\ell_{\boldsymbol{v}} : \mathbb{R}^d \ni \boldsymbol{x} = {}^t(x_1, \ldots, x_d) \mapsto \boldsymbol{v} \cdot \boldsymbol{x} = \sum_{j=1}^d x_j v_j \in \mathbb{R}$$

と定義する．$\ell_{\boldsymbol{v}}$ は $\mathbb{R}^d$ 上の線形汎関数で $\|\ell_{\boldsymbol{v}}\|_{(\mathbb{R}^d)'} = \|\boldsymbol{v}\|_{\mathbb{R}^d}$ であることを示せ．

(2) $\mathbb{R}^d$ 上の任意の線形汎関数 ℓ はある $\boldsymbol{v} \in \mathbb{R}^d$ に対して $\ell = \ell_{\boldsymbol{v}}$ 用いて $\langle \ell, \boldsymbol{x} \rangle = \boldsymbol{v} \cdot \boldsymbol{x}$ とかけることを示せ．

(3) $\mathbb{R}^d \ni \boldsymbol{v} \to \ell_{\boldsymbol{v}} \in (\mathbb{R}^d)'$ はノルム空間としての同型写像であることを示せ．

問 2.32 $V = (C([0, 1], \|f\|_\infty)$ とする．次を示せ．

(1) $f \in V$ に対して $L_f(g) = \int_a^b f(x)g(x)dx$ と定義する．$L_f \in V'$ で $\|L_f\|_{V'} \leq (b-a)\|f\|_V$．

(2) 写像 $L : V \ni f \mapsto L_f \in V'$ は V から V' への有界線形作用素である．

(3) L は一対一の写像である．（ヒント：変分法の基本補題（補題 2.51）参照）．

■停留点・停留値 v_0 が $\mathbb{R}^d$ 上の実数値関数 f の極値点のとき，f が v_0 において微分可能であれば $f'(v_0) = 0$ であった．これは汎関数に対しても同様である．

定理 2.33 $f: V \to \mathbb{R}$ をノルム空間 V 上の連続関数，$v_0 \in V$ を f の極値点とする．f が v_0 で微分可能ならば，$f'(v_0) = 0$ である．$f'(v_0) = 0$ のとき，v_0 を f の**停留点**，$f(v_0)$ を**停留値**という．V が関数空間のとき，停留点は**停留関数**ともいわれる．

証明 $\mathbb{R}^d$ 上の関数に対する証明と同様である．v_0 を f の極大点，$L = f'(v_0) \neq 0$ とする．ある $h \in V$ に対して $\langle L, h \rangle > 0$ である．このとき，十分小さい任意の $\varepsilon > 0$ に対して

$$f(v_0 + \varepsilon h) - f(v_0) = \varepsilon \langle L, h \rangle + o(\varepsilon) > 0.$$

これは矛盾である．ゆえに $f'(v_0) = 0$ である．極小点のときも同様である． $\qquad\square$

■内積空間 V をベクトル空間とする．V の要素の対 $\{u, v\} \in V \times V$ に対して定義された実数値関数 (u, v) は任意の $u, v, w \in V$，$\alpha, \beta \in \mathbb{R}$ に対して

$$(\alpha u + \beta v, w) = \alpha(u, w) + \beta(v, w), \quad (u, v) = (v, u), \tag{2.19}$$
$$(u, u) \geq 0, \quad (u, u) = 0 \Leftrightarrow u = 0$$

を満たすとき V 上の**内積**といわれ，内積の定義されたベクトル空間は内積空間といわれた．(u, v) が V 上の内積のとき

$$\|v\| = \sqrt{(u, u)}$$

と定義すれば，**シュワルツの不等式**

$$|(u, v)| \leq \|u\| \|v\| \tag{2.20}$$

が成立し，$\|u\|$ は V のノルムとなる．以上は線形代数において学習ずみである．

$\boldsymbol{f}, \boldsymbol{g} \in PC([a, b], \mathbb{R}^d)$ に対して，

$$(\boldsymbol{f}, \boldsymbol{g})_{L^2} = \int_a^b \boldsymbol{f}(t) \cdot \boldsymbol{g}(t) dt$$

と定義する．$(\boldsymbol{f}, \boldsymbol{g})_{L^2}$ を単に $(\boldsymbol{f}, \boldsymbol{g})$ ともかく（$\mathbb{R}^d$ の内積は $\boldsymbol{u} \cdot \boldsymbol{v}$ とかく）．$(\boldsymbol{f}, \boldsymbol{g})$ がベクトル空間の内積の性質 (2.19) を満たすことは容易に確かめられる．したがって，$\|\boldsymbol{f}\|_{L^2} = \sqrt{(\boldsymbol{f}, \boldsymbol{f})}$ と定義すれば $\|\boldsymbol{f}\|_{L^2}$ は $PC([a,b], \mathbb{R}^d)$ 上のノルムである．シュワルツの不等式を積分を用いてかき表すと

$$\Big| \int_a^b \boldsymbol{f}(t) \cdot \boldsymbol{g}(t) dt \Big| \leq \Big(\int_a^b |\boldsymbol{f}(t)|^2 dt \Big)^{1/2} \Big(\int_a^b |\boldsymbol{g}(t)|^2 dt \Big)^{1/2}. \quad (2.21)$$

定義 2.34（C^1 級関数）　V から W への写像 f は，任意の $v \in V$ において微分可能で導関数 $V \ni v \mapsto f'(v) \in \boldsymbol{B}(V, W)$ が V 上連続のとき V 上 C^1 級といわれる．

■**汎関数 J の微分**　$F_{\boldsymbol{q}}(t, \boldsymbol{q}, \boldsymbol{v})$, $F_{\boldsymbol{p}}(t, \boldsymbol{q}, \boldsymbol{v})$ は次の $\mathbb{R}^d$ 値関数である．

$$F_{\boldsymbol{q}} = \nabla_{\boldsymbol{q}} F = \Big(\frac{\partial F}{\partial q_1}, \dots, \frac{\partial F}{\partial q_d} \Big),$$

$$F_{\boldsymbol{v}} = \nabla_{\boldsymbol{v}} F = \Big(\frac{\partial F}{\partial v_1}, \dots, \frac{\partial F}{\partial v_d} \Big)$$

関数 $\boldsymbol{q}(t)$, $\boldsymbol{q}'(t)$ や $\boldsymbol{h}(t)$ などの変数 t をしばしば省略する．

定理 2.35　汎関数 (2.1) は X_1 上 C^1 級で導関数 $J'(\boldsymbol{q}) \in X_1'$ は

$$\langle J'(\boldsymbol{q}), \boldsymbol{h} \rangle = \int_a^b \{ F_{\boldsymbol{q}}(t, \boldsymbol{q}, \boldsymbol{q}') \cdot \boldsymbol{h} + F_{\boldsymbol{v}}(t, \boldsymbol{q}, \boldsymbol{q}') \cdot \boldsymbol{h}' \} dt, \ \ \forall \boldsymbol{h} \in X_1 \quad (2.22)$$

で与えられる．内積の記号を用いれば

$$\langle J'(\boldsymbol{q}), \boldsymbol{h} \rangle = (F_{\boldsymbol{q}}(t, \boldsymbol{q}, \boldsymbol{q}'), \boldsymbol{h})_{L^2} + (F_{\boldsymbol{v}}(t, \boldsymbol{q}, \boldsymbol{q}'), \boldsymbol{h}')_{L^2}, \ \ \forall \boldsymbol{h} \in X_1. \quad (2.23)$$

証明　関数 $\boldsymbol{q} \in X_1$ を任意にとる．(2.22) の右辺を $L(\boldsymbol{q})\boldsymbol{h}$ とかく．$L(\boldsymbol{q}) \colon X_1 \to \mathbb{R}$ は明らかに線形である．一般に，

$$\Big| \int_a^b \boldsymbol{f}(t) \cdot \boldsymbol{g}(t) dt \Big| \leq \sup_{a \leq t \leq b} |\boldsymbol{g}(t)| \int_a^b |\boldsymbol{f}(t)| dt$$

だから，

$$M = \sup\{|F_{\boldsymbol{q}}(t, \boldsymbol{q}(t), \boldsymbol{q}'(t))| + |F_{v}(t, \boldsymbol{q}(t), \boldsymbol{q}'(t))| : a \le t \le b\} \tag{2.24}$$

と定義すれば

$$|L(\boldsymbol{q})\boldsymbol{h}| \le \int_a^b M\|\boldsymbol{h}\|_1 dt \le M(b-a)\|\boldsymbol{h}\|_1.$$

ゆえに $L(\boldsymbol{q}) \in \boldsymbol{B}(X_1, \mathbb{R})$ である（定理 2.27 参照）．多変数関数に対するテイラーの剰余公式を用いれば，$\|\boldsymbol{h}\|_{X_1} \le 1$ のとき

$$G(t) = F(t, \boldsymbol{q} + \boldsymbol{h}, \boldsymbol{q}' + \boldsymbol{h}') - F(t, \boldsymbol{q}, \boldsymbol{q}') - F_{\boldsymbol{q}}(t, \boldsymbol{q}, \boldsymbol{q}') \cdot \boldsymbol{h} - F_v(t, \boldsymbol{q}, \boldsymbol{q}') \cdot \boldsymbol{h}'$$

は $\boldsymbol{h}, t \in [a, b]$ によらない定数 $C > 0$ を用いて

$$|G(t)| \le C(|\boldsymbol{h}(t)|^2 + |\boldsymbol{h}'(t)|^2) \le C\|\boldsymbol{h}\|_{X_1}^2$$

と評価される．ゆえに，$\|\boldsymbol{h}\|_{X_1} \to 0$ のとき，

$$|J(\boldsymbol{q}+\boldsymbol{h}) - J(\boldsymbol{q}) - L(\boldsymbol{q})\boldsymbol{h}| \le \int_a^b |G(t)| dt \le C(b-a)\|\boldsymbol{h}\|_{X_1}^2 = o(\|\boldsymbol{h}\|_{X_1}). \tag{2.25}$$

ゆえに J は $\boldsymbol{q}$ において微分可能，$J'(\boldsymbol{q}) = L(\boldsymbol{q})$ である．

(2.23) によって

$$|\langle J'(\boldsymbol{q} + \boldsymbol{u}) - J'(\boldsymbol{q}), \boldsymbol{h}\rangle| \le \int_a^b S(t) dt \cdot \|\boldsymbol{h}\|_{X_1},$$

$$S(t) = |F_{\boldsymbol{q}}(t, \boldsymbol{q} + \boldsymbol{u}, \boldsymbol{q}' + \boldsymbol{u}') - F_{\boldsymbol{q}}(t, \boldsymbol{q}, \boldsymbol{q}')| + |F_v(t, \boldsymbol{q} + \boldsymbol{u}, \boldsymbol{q}' + \boldsymbol{u}') - F_v(t, \boldsymbol{q}, \boldsymbol{q}')|$$

が成立する．$\|\boldsymbol{u}\|_{X_1} \to 0$ のとき，$[a, b]$ 上一様に $S(t) \to 0$ だから，

$$\|J'(\boldsymbol{q} + \boldsymbol{u}) - J'(\boldsymbol{q})\|_{X_1'} \le \int_a^b S(t) dt \to 0.$$

ゆえに $X_1 \ni \boldsymbol{q} \to J'(\boldsymbol{q}) \in X_1'$ は連続，J は C^1 級である． $\qquad \square$

X_0 上の汎関数 $J(\boldsymbol{q})$ は連続でないのだから，もちろん微分可能でもない．

注意 2.36 J が微分可能であることがわかれば，(2.15) を用いて $J'(\boldsymbol{q})$ は

$$\langle J'(\boldsymbol{q}), \boldsymbol{h}\rangle = \frac{d}{d\varepsilon} J(\boldsymbol{q} + \varepsilon \boldsymbol{h})\Big|_{\varepsilon=0} = \int_a^b \frac{\partial}{\partial \varepsilon} F(t, \boldsymbol{q}(t) + \varepsilon \boldsymbol{h}(t), \boldsymbol{q}'(t) + \varepsilon \boldsymbol{h}'(t))\Big|_{\varepsilon=0} dt$$

と計算できる．

定理 2.33, 定理 2.35 をあわせて次がわかる．

系 2.37 関数 $q_0 \in X_1$ が汎関数 (2.1) の極値点であれば任意の $h \in X_1$ に対して，次が成立する：

$$\int_a^b \{F_q(t, q_0(t), q_0'(t)) \cdot h(t) + F_v(t, q_0(t), q_0'(t)) \cdot h'(t)\}dt = 0 \,. \quad (2.26)$$

次節でこの条件 (2.26) の意味を詳しく検討するが，まずノルム空間上の汎関数についての一般論をもうすこし続けよう．

2.1.4 汎関数の二階微分と極大・極小の十分条件

■**対称行列の大小** $d \times d$ 対称行列 A は任意の $\boldsymbol{x} \in \mathbb{R}^d$ に対して，$A\boldsymbol{x} \cdot \boldsymbol{x} \geq 0$ を満たすとき**正値**である，ある定数 $\gamma > 0$ が存在して $A\boldsymbol{x} \cdot \boldsymbol{x} \geq \gamma|\boldsymbol{x}|^2$ を満たすとき**正定値**であるといわれ，それぞれ $A \geq 0$ あるいは $A > 0$ とかかれる．対称行列 A, B に対して，$A - B \geq 0$ あるいは $A - B > 0$ のとき，それぞれ $A \geq B, A > B$ と定義する．

■**二階偏導関数のつくる対称行列** $\mathbb{R}^d$ 上の C^1 級関数 f が $\boldsymbol{x}_0$ において二階微分可能のとき，二階偏導関数のつくる対称行列を $f''(\boldsymbol{x}_0) = \{(\partial^2 f/\partial x_j \partial x_k)(\boldsymbol{x}_0)\}_{j,k}$ とすれば，$|\boldsymbol{h}| \to 0$ のとき

$$f(\boldsymbol{x}_0 + \boldsymbol{h}) = f(\boldsymbol{x}_0) + \langle f'(\boldsymbol{x}_0), \boldsymbol{h} \rangle + \frac{1}{2} \langle f''(\boldsymbol{x}_0)\boldsymbol{h}, \boldsymbol{h} \rangle + o(|\boldsymbol{h}|^2). \quad (2.27)$$

したがって，$f'(\boldsymbol{x}_0) = 0$ のとき，$f''(\boldsymbol{x}_0)$ が正定値行列なら $\boldsymbol{x}_0$ は極小点，負定値なら極大点である．ここで $f''(\boldsymbol{x}_0)$ は $\mathbb{R}^d$ からその双対空間 $\mathbb{R}^d$ への線形写像である．

■**汎関数の二階微分** 一般のノルム空間上の汎関数の二階微分を定義しよう．V 上の汎関数 f が C^1 級であれば，導関数 f' は V から双対空間 V' への連続関数であった（定義 2.30 参照）．

定義 2.38 f を V 上の C^1 級の汎関数とする．導関数 $f' : V \to V'$ が $a \in V$ において微分可能なとき，f は a において**二階微分可能**であるといい，その微分 $f''(a) \in \boldsymbol{B}(V, V')$ を f の a における**二階微分**と呼ぶ．$f'' : V \ni a \mapsto f''(a) \in \boldsymbol{B}(V, V')$ も連続であるとき，f は V 上 C^2 級であるといわれる．

100　　第 2 章　変分法の基本事項

■二階微分の定める二次形式　ノルム空間 V 上の汎関数 f が $a \in V$ において二階微分可能とする．$f''(a) \in \boldsymbol{B}(V, V')$ だから，$u \in V$ に対して $f''(a)u \in V'$．ゆえに $u, v \in V$ に対して

$$Q(u, v) = \langle f''(a)u, v \rangle \in \mathbb{R}$$

と定義すれば $Q(u, v)$ は「u, v のそれぞれに関して線形な実数値関数で，

$$\text{ある定数 } C \text{ に対して } |Q(u, v)| \leq C \|u\|_V \|v\|_V \tag{2.28}$$

を満たす」．ノルム空間 V の元の対 $\{u, v\}$ に対して定義された，実数値関数 $Q(u, v)$ はこの性質「$\cdots$」を満たすとき，V 上の**有界な双一次形式**といわれる．

問 2.39　$Q(u, v)$ を V 上の有界双一次形式とする．以下を示せ．

(1) $u \in V$ に対して，$\ell_u \colon V \ni v \mapsto Q(u, v) \in \mathbb{R}$（すなわち $\ell_u(v) = Q(u, v)$）と定義すれば，$\ell_u \in V'$ である．

(2) $Tu = \ell_u$ と定義すれば，T は V から V' への有界線形作用素で，$Q(u, v) = \langle Tu, v \rangle$．

(3) 任意の $T \in \boldsymbol{B}(V, V')$ に対して，$Q(u, v) = \langle Tu, v \rangle$ は V 上の双一次形式である．

(4) 上の関係 $T \leftrightarrow Q$ によって $T \in \boldsymbol{B}(V, V')$ と V 上の双一次形式 Q は一対一に対応する．

　問 2.39 によって，$T \in \boldsymbol{B}(V, V')$ と双一次形式 Q は $Q(u, v) = \langle Tu, v \rangle$ によって同一視できる．ゆえに汎関数 f の**二階微分**は V 上の**双一次形式**と考えてもよい．これは $f : \mathbb{R}^d \to \mathbb{R}$ に対して $\mathbb{R}^d \to \mathbb{R}^d$ の線形作用素 $f''(a) = \{\partial^2 f / \partial x_j \partial x_k\}_{j,k}$ を $\mathbb{R}^d$ 上の双一次形式

$$\langle f''(a)u, v \rangle = \sum_{j,k=1}^d \frac{\partial^2 f}{\partial x_j \partial x_k} u_j v_k$$

とみなすのと同じことである．

定義 2.40　V 上の有界双一次形式 $Q(u, v)$ は $Q(u, v) = Q(v, u)$ を満たすとき，**対称**であるといわれる．対称双一次形式 $Q(u, v)$ に対して，$Q(u) = Q(u, u)$

2.1 ノルム空間上の汎関数の微分と極大・極小問題　　101

を Q に付随する**二次形式**という．対称双一次形式 $Q(u,v)$ あるいは二次形式 $Q(u)$ は任意の $u \in V$ に対して $Q(u) \geq 0$ を満たすとき**正値**，$Q(u) \leq 0$ のとき**負値**，ある定数 $C > 0$ が存在して $Q(u) \geq C\|u\|^2$ を満たすとき**正定値**，$Q(u) \leq -C\|u\|^2$ のとき**負定値**であるという．

補題 2.41　f を V 上の C^2 級汎関数とする．任意の $a \in V$ に対して $f''(a)$ は対称双一次形式である：

$$\langle f''(a)u, v \rangle = \langle f''(a)v, u \rangle, \quad u, v \in V.$$

証明　f は C^2 級だから，補題 2.24 と内積の連続性によって次がわかる：任意の $u, v \in V$ に対して，$t, s \in \mathbb{R}$ の実数値関数 $g(t,s) = f(tu + sv + a)$ は C^2 級で $(\partial g/\partial t)(t,s) = \langle f'(tu + sv + a), u \rangle$, $(\partial g/\partial s)(t,s) = \langle f'(tu + sv + a), v \rangle$,

$$\frac{\partial^2 g}{\partial t \partial s}(t,s) = \langle f''(tu + sv + a)v, u \rangle, \quad \frac{\partial^2 g}{\partial s \partial t}(t,s) = \langle f''(tu + sv + a)u, v \rangle.$$

これらは (t,s) の連続関数だから微分の順序の入れ替えができて〔文献［杉浦］定理 3.2 参照〕，

$$\frac{\partial^2 g}{\partial t \partial s}(t,s) = \frac{\partial^2 g}{\partial s \partial t}(t,s).$$

$t = s = 0$ とおいて $\langle f''(a)v, u \rangle = \langle f''(a)u, v \rangle$ である．　　　　□

定理 2.42　ノルム空間 V 上の C^1 級汎関数 f が a で二階微分可能とする．$\|u\|_V \to 0$ のとき，

$$f(a + u) = f(a) + \langle f'(a), u \rangle + \frac{1}{2}\langle f''(a)u, u \rangle + o(\|u\|_V^2). \tag{2.29}$$

証明　$F(u) = f(a + u) - f(a) - \langle f'(a), u \rangle - (1/2)\langle f''(a)u, u \rangle$ とおく．f は C^1 級だから $t \in \mathbb{R}$ の関数

$$F(tu) = f(a + tu) - f(a) - t\langle f'(a), u \rangle - \frac{t^2}{2}\langle f''(a)u, u \rangle$$

は C^1 級で

$$F(0) = 0, \quad \frac{d}{dt}F(tu) = \langle f'(a + tu) - f'(a) - f''(a)(tu), u \rangle.$$

102　　　　　　　　　　第 2 章　変分法の基本事項

f は a で二階微分可能だから $\|tu\| \to 0$ のとき $\|f'(a+tu)-f'(a)-f''(a)(tu)\|_{V'} = o(\|tu\|_V)$. したがって，任意の $\varepsilon > 0$ に対して δ が存在し，$\|u\|_V < \delta$, $0 \le t \le 1$ のとき，

$$\left|\frac{d}{dt}F(tu)\right| \le \|f'(a+tu)-f'(a)-f''(a)(tu)\|_{V'}\|u\|_V \le \varepsilon t\|u\|_V^2. \qquad (2.30)$$

ゆえに

$$|F(u)| = |F(u)-F(0)| = \left|\int_0^1 \frac{d}{dt}F(tu)dt\right| \le \frac{1}{2}\varepsilon\|u\|_V^2.$$

(2.29) が成立する.　　　　　　　　　　　　　　　　　　　　　　　　　□

■**極大・極小の十分条件**　定理 2.42 を用いて，ノルム空間上の汎関数の停留点が極大・極小を与えるための十分条件が得られる.

定理 2.43　f を V 上の C^1 級汎関数，v_0 を f の停留点，f は v_0 で二階微分可能とする. このとき，二次形式 $\langle f''(v_0)u, u\rangle$ が正定値なら v_0 は f の狭義極小点，負定値なら狭義極大点である.

証明　$f''(v_0)$ が正定値，$\langle f''(v_0)u, u\rangle \ge C\|u\|_V^2$, $0 < \varepsilon < C$ とする. (2.29) を $a = v_0$, $u = h$ として用いる. v_0 は停留点だから $f'(v_0) = 0$, $\delta > 0$ が十分小さければ $0 < \|h\| \le \delta$ に対して $|o(\|h\|^2)| < \varepsilon\|h\|^2$. ゆえに

$$f(v_0+h) = f(v_0) + \frac{1}{2}\langle f''(v_0)h, h\rangle + o(\|h\|^2) \ge f(v_0) + \frac{1}{2}(C-\varepsilon)\|h\|^2 > f(v_0).$$

v_0 は f の狭義極小点である. 負定値のときも同様である.　　　　　　□

■**汎関数の部分空間への制限**　W を V の部分ノルム空間とする. 次の補題の証明は読者に任せてよいだろう.

補題 2.44　f を V 上の実数値汎関数，$f|_W$ を f の W への制限とする. このとき，f が C^1 級であれば $f|_W$ も C^1 級，f が C^2 級であれば $f|_W$ も C^2 級で，任意の $a \in W$ において次が成立する：

$$\langle (f|_W)'(a), h\rangle = \langle f'(a), h\rangle, \quad \langle (f|_W)''(a)v, h\rangle = \langle f''(a)v, h\rangle, \quad h, v \in W. \qquad (2.31)$$

問 2.45　補題 2.44 を証明せよ.

2.1.5 $J(\boldsymbol{q})$ の二階微分

汎関数 (2.1) が $X_1([a,b])$ 上の C^2 級の汎関数であることを示してこの節を終わろう.

定理 2.46 $X_1([a,b])$ 上の汎関数 (2.1), $J(\boldsymbol{q}) = \int_a^b F(t, \boldsymbol{q}(t), \boldsymbol{q}'(t))dt$ は C^2 級で

$$\langle J''(\boldsymbol{q})\boldsymbol{u}, \boldsymbol{v}\rangle = \int_a^b G(t, \boldsymbol{q}(t), \boldsymbol{q}'(t))\tilde{\boldsymbol{u}}(t) \cdot \tilde{\boldsymbol{v}}(t)dt, \qquad \boldsymbol{u}, \boldsymbol{v} \in X_1([a,b]). \tag{2.32}$$

ここで $G(t, \boldsymbol{q}, \boldsymbol{q}')$ は $2n \times 2n$ 対称行列で $F_{\boldsymbol{q}\boldsymbol{q}}(t, \boldsymbol{q}, \boldsymbol{q}') = \{\partial^2 F/\partial q_j \partial q_k\}_{j,k}$ などとかくとき,

$$G(t, \boldsymbol{q}, \boldsymbol{q}') = \begin{pmatrix} F_{\boldsymbol{q}\boldsymbol{q}}(t, \boldsymbol{q}, \boldsymbol{q}') & F_{\boldsymbol{q}\boldsymbol{v}}(t, \boldsymbol{q}, \boldsymbol{q}') \\ F_{\boldsymbol{v}\boldsymbol{q}}(t, \boldsymbol{q}, \boldsymbol{q}') & F_{\boldsymbol{v}\boldsymbol{v}}(t, \boldsymbol{q}', \boldsymbol{q}') \end{pmatrix}, \ \tilde{\boldsymbol{u}} = \begin{pmatrix} \boldsymbol{u} \\ \boldsymbol{u}' \end{pmatrix}, \ \tilde{\boldsymbol{v}} = \begin{pmatrix} \boldsymbol{v} \\ \boldsymbol{v}' \end{pmatrix}. \tag{2.33}$$

証明 $\boldsymbol{q} \in X_1$ を任意に固定し, (2.32) の右辺を $Q(\boldsymbol{u}, \boldsymbol{v})$ とかく. $Q(\boldsymbol{u}, \boldsymbol{v})$ は $\boldsymbol{u}, \boldsymbol{v}$ のそれぞれについて線形である. $N = \max_{a \le t \le b} \|G(t, \boldsymbol{q}(t), \boldsymbol{q}'(t))\|$ と定義する. ただし $\|\cdot\|$ は $2n \times 2n$ 行列のノルムである. シュワルツの不等式 (2.21) を用いれば

$$|Q(\boldsymbol{u}, \boldsymbol{v})| \le \int_a^b N|\tilde{\boldsymbol{u}}(t)||\tilde{\boldsymbol{v}}(t)|dt \le N\|\tilde{\boldsymbol{u}}\|_{L^2(a,b)}\|\tilde{\boldsymbol{v}}\|_{L^2(a,b)}. \tag{2.34}$$

$\|\tilde{\boldsymbol{u}}\|_{L^2(a,b)} \le \sqrt{b-a}\|\boldsymbol{u}\|_{X_1}$, $\|\tilde{\boldsymbol{v}}\|_{L^2(a,b)} \le \sqrt{b-a}\|\boldsymbol{v}\|_{X_1}$ だから, これより

$$|Q(\boldsymbol{u}, \boldsymbol{v})| \le N(b-a)\|\boldsymbol{u}\|_{X_1}\|\boldsymbol{v}\|_{X_1}. \tag{2.35}$$

$Q(\boldsymbol{u}, \boldsymbol{v})$ は X_1 上の有界な対称双一次形式である. $T \in \boldsymbol{B}(X_1, X_1')$ を $Q(\boldsymbol{u}, \boldsymbol{v}) = \langle T\boldsymbol{u}, \boldsymbol{v}\rangle$ によって定まる作用素とする (問 2.39 参照). テイラーの公式を用いれば

$$\begin{aligned} &(F_{\boldsymbol{q}}(t, \boldsymbol{q}+\boldsymbol{u}, \boldsymbol{q}'+\boldsymbol{u}'), \boldsymbol{v}) + (F_{\boldsymbol{v}}(t, \boldsymbol{q}+\boldsymbol{u}, \boldsymbol{q}'+\boldsymbol{u}'), \boldsymbol{v}') \\ &\quad - (F_{\boldsymbol{q}}(t, \boldsymbol{q}, \boldsymbol{q}'), \boldsymbol{v}) - (F_{\boldsymbol{v}}(t, \boldsymbol{q}, \boldsymbol{q}'), \boldsymbol{v}') \\ &= \int_0^1 \frac{d}{d\theta}\Big((F_{\boldsymbol{q}}(t, \boldsymbol{q}+\theta\boldsymbol{u}, \boldsymbol{q}'+\theta\boldsymbol{u}'), \boldsymbol{v}) + (F_{\boldsymbol{v}}(t, \boldsymbol{q}+\theta\boldsymbol{u}, \boldsymbol{q}'+\theta\boldsymbol{u}'), \boldsymbol{v}')\Big)d\theta \\ &= \int_0^1 ((G(t, \boldsymbol{q}+\theta\boldsymbol{u}, \boldsymbol{q}'+\theta\boldsymbol{u}')\tilde{\boldsymbol{u}}, \tilde{\boldsymbol{v}})d\theta. \end{aligned}$$

したがって 定理 2.35 の等式 (2.22) と T の定義によって,

$$|\langle J'(\boldsymbol{q}+\boldsymbol{u})-J'(\boldsymbol{q})-T\boldsymbol{u},\boldsymbol{v}\rangle|$$
$$=\left|\int_a^b\left\{\int_0^1((G(t,\boldsymbol{q}+\theta\boldsymbol{u},\boldsymbol{q}'+\theta\boldsymbol{u}')-G(t,\boldsymbol{q},\boldsymbol{q}'))\tilde{\boldsymbol{u}},\tilde{\boldsymbol{v}})d\theta\right\}dt\right|. \tag{2.36}$$

これから，(2.34), (2.35) と同様にして

$$|\langle J'(\boldsymbol{q}+\boldsymbol{u})-J'(\boldsymbol{q})-T\boldsymbol{u},\boldsymbol{v}\rangle|\le M(\boldsymbol{u})\|\tilde{\boldsymbol{u}}\|_{L^2}\|\tilde{\boldsymbol{v}}\|_{L^2}\le M(\boldsymbol{u})(b-a)\|\boldsymbol{u}\|_{X_1}\|\boldsymbol{v}\|_{X_1} \tag{2.37}$$

がしたがう．ただし

$$M(\boldsymbol{u})=\int_0^1\sup_{a\le t\le b}\|G(t,\boldsymbol{q}(t)+\theta\boldsymbol{u}(t),\boldsymbol{q}'(t)+\theta\boldsymbol{u}'(t))-G(t,\boldsymbol{q}(t),\boldsymbol{q}'(t))\|d\theta \tag{2.38}$$

である．(2.37) の両辺の $\sup_{\|\boldsymbol{v}\|_{X_1}=1}$ をとれば，X_1' のノルムの定義から

$$\|J'(\boldsymbol{q}+\boldsymbol{u})-J'(\boldsymbol{q})-T\boldsymbol{u}\|_{X_1'}\le(b-a)M(\boldsymbol{u})\|\boldsymbol{u}\|_{X_1}. \tag{2.39}$$

$\|\boldsymbol{u}\|_{X_1}\to0$ のとき，$\boldsymbol{u}(t),\boldsymbol{u}'(t)$ は 0 に一様収束するから $M(\boldsymbol{u})\to0$，したがって (2.39) の右辺は $o(\|\boldsymbol{u}\|_{X_1})$ である．ゆえに J' は $\boldsymbol{q}$ において微分可能で，$J''(\boldsymbol{q})=T$，すなわち (2.32) が成立する．(2.32) によって

$$|\langle(J''(\boldsymbol{q}_1)-J''(\boldsymbol{q}_2))\boldsymbol{u},\boldsymbol{v}\rangle|\le\int_a^b\|G(t,\boldsymbol{q}_1,\boldsymbol{q}_1')-G(t,\boldsymbol{q}_2,\boldsymbol{q}_2')\|dt\,\|\boldsymbol{u}\|_{X_1}\|\boldsymbol{v}\|_{X_1}.$$

これから (2.39) を導いたようにして

$$\|J''(\boldsymbol{q}_1)-J''(\boldsymbol{q}_2)\|_{B(X_1,X_1')}\le\int_a^b\|G(t,\boldsymbol{q}_1,\boldsymbol{q}_1')-G(t,\boldsymbol{q}_2,\boldsymbol{q}_2')\|dt.$$

$\|\boldsymbol{q}_1-\boldsymbol{q}_2\|_{X_1}\to0$ なら行列のノルム $\|G(t,\boldsymbol{q}_1(t),\boldsymbol{q}_1'(t))-G(t,\boldsymbol{q}_2(t),\boldsymbol{q}_2'(t))\|$ は 0 に一様収束する．ゆえに $\|J''(\boldsymbol{q}_1)-J''(\boldsymbol{q}_2)\|_{B(X_1,X_1')}\to0$．$J(\boldsymbol{q})$ は X_1 上 C^2 級であることがわかった． $\square$

注意 2.47 (2.38) の $M(\boldsymbol{u})$ を用いて，定理 2.42 の (2.29) の誤差を精密にした評価

$$\left|J(\boldsymbol{q}+\boldsymbol{u})-\left(J(\boldsymbol{q})+\langle J'(\boldsymbol{q}),\boldsymbol{u}\rangle+\frac{1}{2}\langle J''(\boldsymbol{q})\boldsymbol{u},\boldsymbol{u}\rangle\right)\right|\le M_1(\boldsymbol{u})(\|\boldsymbol{u}\|_{L^2}^2+\|\boldsymbol{u}'\|_{L^2}^2),$$

$$M_1(\boldsymbol{u})=\int_0^1sM(s\boldsymbol{u})ds\to0\quad(\|\boldsymbol{u}\|_{X_1}\to0) \tag{2.40}$$

が得られる．実際，定理 2.42 の証明を $V=X_1$, $f=J$, $a=\boldsymbol{q}$, $h=\boldsymbol{u}$ として繰り返し，(2.30) に (2.37) の第 1 の評価式を $\boldsymbol{u}\to s\boldsymbol{u}$, $\boldsymbol{v}\to\boldsymbol{u}$ と置き換えて用いれば

$$\left|\frac{d}{ds}F(s\boldsymbol{u})\right| = |\langle J'(\boldsymbol{q}+s\boldsymbol{u}) - J'(\boldsymbol{q}) - J''(\boldsymbol{q})(s\boldsymbol{u}), \boldsymbol{u}\rangle| \leq sM(s\boldsymbol{u})\|\tilde{\boldsymbol{u}}\|_{L^2}^2.$$

この両辺を s で 0 から 1 まで積分すれば (2.40) がしたがう. これは次の節で頻繁に用いられる.

2.1.6　2.1 節の問題

問題 2.1　$V = C[a,b]$ とする.

$$\|f\|_1 = \int_a^b |f(x)|dx, \quad \|f\|_2 = \left(\int_a^b |f(x)|^2 dx\right)^{1/2}, \quad \|f\|_C = \max |f(x)|$$

はいずれも V 上のノルムであることを確かめよ. また, このノルムはどの 2 つも同値ではないことを証明せよ.

問題 2.2　f をノルム空間 V から W への写像, $a \in V$ とする. V 全体で定義された線形写像 $L: V \to W$ が存在して $\|f(a+h) - f(a) - Lh\| = o(\|h\|)$, $\|h\| \to 0$ を満たすとき, $L \in B(V, W)$ であるためには f が a において連続であることが必要十分であることを示せ.

2.2　極値関数のための必要条件・オイラーの微分方程式

前節では $F(t, \boldsymbol{q}, \boldsymbol{v})$ が仮定 2.17 を満たすとき, ノルム空間 $X_1 = (PC^1([a,b]), \|\cdot\|_{X_1})$ 上の汎関数 $J(\boldsymbol{q}) = \int_a^b F(t, \boldsymbol{q}(t), \boldsymbol{q}'(t))dt$ は C^2 級で, $J'(\boldsymbol{q})$, $J''(\boldsymbol{q})$ はそれぞれ (2.23), (2.32) で与えられ, 評価式 (2.40) が成立することを示した. この節では X_1 の適当な部分空間 Y をとって $J(\boldsymbol{q})$ の Y 上での極値問題を考え, $\boldsymbol{q}_0 \in Y$ が停留関数 $J'(\boldsymbol{q}_0) = 0$ となることと $\boldsymbol{q}_0$ が**オイラーの微分方程式**と適当な境界条件を満たすことが同値であることを示す. $F(t, \boldsymbol{q}, \boldsymbol{v})$ は仮定 2.17 に加えて次の条件を満たすと仮定する（この条件が満たされない場合の困難については節末の問題 2.8, 2.9 を参照）.

仮定 2.48（**正則性の仮定**）　二階微分 $F_{\boldsymbol{vv}}(t, \boldsymbol{q}, \boldsymbol{v}) = \{\partial^2 F/\partial v_j \partial v_k\}_{j,k}(t, \boldsymbol{q}, \boldsymbol{v})$ は任意の $t \in [a,b]$, $\boldsymbol{q}, \boldsymbol{v} \in \mathbb{R}^d$ に対して正則行列である.

本節と次節では次の 2 つの問題の弱極値, すなわちノルム $\|\boldsymbol{u}\|_{X_1}$ に関する極大・極小問題を考える. 弱極値が強極値となるための十分条件は 2.4 節で考える.

(A) 固定端問題： $q_1, q_2 \in \mathbb{R}^d$ を与えられた 2 つの点とする．汎関数 J の $Z = \{q \in X_1 : q(a) = q_1, q(b) = q_2\}$ における極値を求めよ．

(B) 自由端問題： 汎関数 J の X_1 上における極値を求めよ．

2.2.1　固定端問題の弱極値関数

まず固定端問題（A）を考える．

■**線形部分空間上での極値問題への変換**　Z は一般には線形部分空間ではない．とり扱いやすくするため線形部分空間上の極値問題に翻訳しよう．$x_0(t) = (b-a)^{-1}\big((t-a)q_2 + (b-t)q_1\big)$ を 2 つの端点 (a, q_1), (b, q_2) を結ぶ線分として

$$Y = \{q \in X_1 : q(a) = q(b) = 0\}$$

と定める．Y は X_1 の線形閉部分空間で

$$Z = \{x_0 + q : q \in Y\}.$$

Z は Y を $x_0(t)$ で平行移動して得られるアフィン部分空間である．次の補題は証明を要しない．

補題 2.49　$\tilde{F}(t, q, v) = F(t, x_0(t) + q, x_0'(t) + v)$ と定義する．

(1) $F(t, q, v)$ が仮定 2.17, 仮定 2.48 を満たせば $\tilde{F}(t, q, v)$ も同じ仮定を満たす．

(2) 閉部分空間 Y 上での汎関数を

$$\tilde{J}(q) = \int_a^b \tilde{F}(t, q'(t), q'(t))dt \tag{2.41}$$

と定義する．$\tilde{J}(q_0)$ が $\tilde{J}$ の Y 上での極値であることと，$J(q_0 + x_0)$ が J の Z 上での極値であることは同値である．

そこで以下では $\tilde{F}(t, q'(t), q'(t))$, $\tilde{J}(q)$ をあらためて $F(t, q, q')$, $J(q)$ とかいて J の Y 上の極値問題を考えることにする（これはもちろん，固定端問題 $q_1 = q_2 = 0$ を考えるのと同じことである）．Y は X_1 の線形部分空間，し

たがって Y 自身がノルム $\|u\|_{X_1}$ によってノルム空間となり，前節の結果が適用できる．このようにして補題 2.44, 定理 2.35, 2.46 から次が得られる．

定理 2.50 Y 上の汎関数 J は C^2 級で $q \in Y, h, u, v \in Y$ に対して

$$\langle J'(q), h \rangle = \int_a^b \{F_q(t, q(t), q'(t)) \cdot h(t) + F_v(t, q(t), q'(t)) \cdot h'(t)\}dt,$$

$$(2.42)$$

$$\langle J''(q)u, v \rangle = \int_a^b G(t, q(t), q'(t))\tilde{u}(t) \cdot \tilde{v}(t)dt \qquad (2.43)$$

が成立する．ただし，(2.43) では定理 2.46 の記号を用いた．

定理 2.33, 2.50 によって，固定端問題の極値関数 $q \in Y$ は $J'(q) = 0$ を満たす．すなわち，次が成り立たねばならない：

$$\int_a^b \{F_q(t, q(t), q'(t)) \cdot h(t) + F_v(t, q(t), q'(t)) \cdot h'(t)\}dt = 0, \quad \forall h \in Y.$$

$$(2.44)$$

左辺の第 1 項で $F_q(t, q(t), q'(t)) = \left(\int_a^t F_q(s, q(s), q'(s))ds \right)'$ として部分積分を適用する．$h(a) = h(b) = \mathbf{0}$ だから

$$\int_a^b \left(-\int_a^t F_q(s, q(s), q'(s))ds + F_v(t, q(t), q'(t)) \right) \cdot h'(t)dt = 0 \quad (2.45)$$

が成立する．

$$u(t) = \int_a^t F_q(s, q(s), q'(s))ds, \quad f(t) = -u(t) + F_v(t, q(t), q'(t))$$

とかく．$q \in PC^1$ だったから $u \in PC^1([a,b])$, $f \in PC([a,b])$ である．これに次の補題を用いる．

■**変分法の基本補題** この補題は解析学においてしばしば用いられる重要な補題である．(2.45) に必要なのは $k = 1$ の場合であるが，一般の $k = 1, 2, \ldots$ について述べておく．

補題 2.51 $f \in PC([a,b])$, $k = 1, 2, \ldots$ とする．$0 \le j \le k - 1$ に対して

$$\boldsymbol{g}^{(j)}(a) = \boldsymbol{g}^{(j)}(b) = 0$$

を満たす任意の $\mathbb{R}^d$ 値 C^k 級関数 $\boldsymbol{g}$ に対して

$$\int_a^b \boldsymbol{f}(t) \cdot \boldsymbol{g}^{(k)}(t) dt = 0 \tag{2.46}$$

であれば，$\boldsymbol{f}(t)$ は $k-1$ 次多項式である．

■**オイラーの微分方程式** 変分法の基本補題の証明は後回しにして，補題を (2.45) に $k=1$ として適用すれば，次の定理が得られる．

定理 2.52 $\boldsymbol{q} \in Y$ が汎関数 $J(\boldsymbol{q})$ の固定端問題 $\boldsymbol{q}(a) = \boldsymbol{q}(b) = 0$ の停留関数であるためには，$\boldsymbol{q}$ が C^2 級で（**オイラーの微分方程式**と呼ばれる）二階微分方程式

$$\frac{d}{dt} F_{\boldsymbol{v}}(t, \boldsymbol{q}(t), \boldsymbol{q}'(t)) - F_{\boldsymbol{q}}(t, \boldsymbol{q}(t), \boldsymbol{q}'(t)) = 0 \tag{2.47}$$

の境界条件

$$\boldsymbol{q}(a) = 0, \quad \boldsymbol{q}(b) = 0 \tag{2.48}$$

を満たす解であることが必要十分である．

証明 $\boldsymbol{q}$ を停留関数とする．(2.48) が成立するのは，$\boldsymbol{q} \in Y$ から自明である．(2.45) に変分法の基本補題を $k=1$ として適用すれば，$\boldsymbol{f}(t)$ は定数関数：

$$\boldsymbol{f}(t) = -\boldsymbol{u}(t) + F_{\boldsymbol{v}}(t, \boldsymbol{q}(t), \boldsymbol{q}'(t)) = C \tag{2.49}$$

でなければならない．これより $F_{\boldsymbol{v}}(t, \boldsymbol{q}(t), \boldsymbol{q}'(t)) = \boldsymbol{u}(t) + C \in PC^1([a,b])$ となる．仮定 2.48 によって $\mathbb{R}^d \ni \boldsymbol{v} \mapsto \boldsymbol{w} = F_{\boldsymbol{v}}(t, \boldsymbol{q}, \boldsymbol{v}) \in \mathbb{R}^d$ は固定した $(t, \boldsymbol{q})$ に対して，$\boldsymbol{v}$ に関して局所的に C^∞ 級の微分同相（陰関数定理）だから，$\boldsymbol{q}'(t)$ は $(t, \boldsymbol{q}, \boldsymbol{w})$ の滑らかな関数 $K(t, \boldsymbol{q}, \boldsymbol{w})$ を用いて $\boldsymbol{q}'(t) = K(t, \boldsymbol{q}(t), \boldsymbol{u}(t) + C)$ とかける．したがって $\boldsymbol{q}'$ は PC^1 級，$\boldsymbol{q}$ は PC^2 級である．(2.49) を t で微分すれば $\boldsymbol{q}''(t)$ が存在する任意の点で (2.47) が満たされることがわかる．実は $\boldsymbol{q}(t)$ は C^2 級である．じっさい，(2.47) において d/dt を実行すれば

$$F_{\boldsymbol{vv}}(t, \boldsymbol{q}, \boldsymbol{q}')\boldsymbol{q}'' + F_{\boldsymbol{vq}}(t, \boldsymbol{q}, \boldsymbol{q}')\boldsymbol{q}' + F_{\boldsymbol{vt}}(t, \boldsymbol{q}, \boldsymbol{q}') - F_{\boldsymbol{q}}(t, \boldsymbol{q}, \boldsymbol{q}') = 0. \tag{2.50}$$

仮定 2.48 によって $F_{\boldsymbol{vv}}(t, \boldsymbol{q}(t), \boldsymbol{q}'(t))$ は正則行列だから (2.47) は正規系の方程式

$$q'' = -F_{vv}^{-1}(t, q, q')\big(F_{vq}(t, q, q')q' + F_{vt}(t, q, q') - F_q(t, q, q')\big) \qquad (2.51)$$

にかき直され，この右辺は $[a, b]$ 上連続．ゆえに $q''(t)$ も $[a, b]$ 上連続でなければならないからである

逆に $q \in C^2([a, b])$ が方程式 (2.47) と境界条件 (2.48) を満たすとしよう．(2.47) の両辺と $h(t)$ の内積をとって，区間 $[a, b]$ 上で積分し，左辺第 1 項に部分積分を施せば (2.44) がしたがう．ゆえに $J'(q) = 0$ が成立する． $\qquad \square$

■**補題 2.51 の証明** $\quad k = 1$ の場合のみを証明する．一般の場合は演習問題（問題 2.4）とする．$j = 1, \ldots, n$ に対して第 j 成分のみが 0 でない関数 $g(t)$ を考えれば，$n = 1$ のときに証明すれば十分である．

(i) f が連続の場合．$C = (b - a)^{-1} \int_a^b f(t)dt$ とおいて，$g(t) = \int_a^t (f(s) - C)ds$ と定義する．g は C^1 級，$g(a) = g(b) = 0$ で $g'(t) = f(t) - C$ である．ゆえに

$$\int_a^b (f(t) - C)^2 dt = \int_a^b (f(t) - C)g'(t)dt = \int_a^b f(t)g'(t)dt - C\int_a^b g'(t)dt.$$

仮定 (2.46) によって右辺の第 1 項 $= 0$, 第 2 項 $= C(g(b) - g(a)) = 0$. したがって，左辺 $= 0$. $(f(t) - C)^2$ は非負で連続だから，$f(t) - C = 0$ である．

(ii) 一般の場合．f の不連続点を $a \le t_0 < t_1 < \cdots < t_k \le b$ とする．十分大きな正の整数 n に対して $f_n(t)$ を t がすべての t_j から $1/n$ 以上離れた点では $f(t)$ に等しく，$(t_j - 1/n, t_j + 1/n)$ では $f(t_j - 1/n)$ と $f(t_j + 1/n)$ を結ぶ線分に等しい関数とする．このとき，$f_n(t)$ は明らかに連続，一様有界で，$n \to \infty$ のとき，不連続点 $\{t_1, \ldots, t_n\}$ の外では $f(t)$ に広義一様収束する．したがって $C_n = (b - a)^{-1} \int_a^b f_n(t)dt \to C = (b - a)^{-1} \int_a^b f(t)dt$ である．一方，$g_n(t) = \int_a^t (f_n(s) - C_n)ds$ と定めれば，$g_n(t)$ は C^1 級で $g_n(a) = g_n(b) = 0$. したがって，仮定 (2.46) によって，

$$0 = \int_a^b f(t)g_n'(t)dt = \int_a^b (f(t) - C_n)g_n'(t)dt = \int_a^b (f(t) - C_n)(f_n(t) - C_n)dt.$$

ここで，$n \to \infty$ とすれば，上に述べた f_n, C_n の収束の性質から右辺は $\int_a^b (f(t) - C)^2 dt$ に収束する．ゆえに $0 = \int_a^b (f(t) - C)^2 dt$ となり，この場合も $f(t) = C$ となる． $\qquad \square$

2.2.2　自由端問題・自然境界条件

次に自由端問題（B）を考えよう．$J(q)$ の X_1 における極値を求めればよい．

110　　　第 2 章　変分法の基本事項

定理 2.53　$J(\boldsymbol{q}) = \int_a^b F(t, \boldsymbol{q}(t), \boldsymbol{q}(t))dt$ を X_1 上の汎関数とする．$\boldsymbol{q}_0$ が X_1 における J の停留関数であるためには $\boldsymbol{q}_0$ が C^2 級で，オイラーの微分方程式

$$\frac{d}{dt}F_{\boldsymbol{v}}(t, \boldsymbol{q}_0(t), \boldsymbol{q}_0'(t)) - F_{\boldsymbol{q}}(t, \boldsymbol{q}_0(t), \boldsymbol{q}_0'(t)) = 0 \qquad (2.52)$$

と，（**自然境界条件**と呼ばれる）境界条件

$$F_{\boldsymbol{v}}(b, \boldsymbol{q}_0(b), \boldsymbol{q}_0'(b)) = F_{\boldsymbol{v}}(a, \boldsymbol{q}_0(a), \boldsymbol{q}_0'(a)) = 0 \qquad (2.53)$$

を満たすことが必要かつ十分である．

証明　定理 2.35, 系 2.37 によって，汎関数 J は X_1 において C^1 級で $\boldsymbol{q}_0$ が停留関数であるためには

$$\int_a^b \{F_{\boldsymbol{q}}(t, \boldsymbol{q}_0(t), \boldsymbol{q}_0'(t)) \cdot \boldsymbol{h}(t) + F_{\boldsymbol{v}}(t, \boldsymbol{q}_0(t), \boldsymbol{q}_0'(t)) \cdot \boldsymbol{h}'(t)\}dt = 0, \quad \forall \boldsymbol{h} \in X_1 \ (2.54)$$

が満たされることが必要十分である．(2.54) はもちろん任意の $\boldsymbol{h} \in Y \subset X_1$ に対しても成立するから，固定端問題に対して (2.44) から (2.47) を導いた議論によって $\boldsymbol{q}_0$ は C^2 級で，オイラーの微分方程式 (2.52) を満たさなければならない．そこで (2.54) の左辺第 2 項に部分積分を施せば

$$F_{\boldsymbol{v}}(b, \boldsymbol{q}_0(b), \boldsymbol{q}_0'(b)) \cdot \boldsymbol{h}(b) - F_{\boldsymbol{v}}(a, \boldsymbol{q}_0(a), \boldsymbol{q}_0'(a)) \cdot \boldsymbol{h}(a)$$
$$+ \int_a^b \left(F_{\boldsymbol{q}}(t, \boldsymbol{q}_0(t), \boldsymbol{q}_0'(t)) - \frac{d}{dt}F_{\boldsymbol{v}}(t, \boldsymbol{q}_0(t), \boldsymbol{q}_0'(t)) \right) \cdot \boldsymbol{h}(t)dt = 0.$$

この第 2 行目は $\boldsymbol{q}_0$ が (2.52) を満たすことから消える．ゆえに任意の $\boldsymbol{h} \in X_1$ に対して

$$F_{\boldsymbol{v}}(b, \boldsymbol{q}_0(b), \boldsymbol{q}_0'(b)) \cdot \boldsymbol{h}(b) - F_{\boldsymbol{v}}(b, \boldsymbol{q}_0(a), \boldsymbol{q}_0'(a)) \cdot \boldsymbol{h}(a) = 0$$

が成り立たねばならない．一方，任意の $\boldsymbol{c}_1, \boldsymbol{c}_2 \in \mathbb{R}^d$ に対して $\boldsymbol{h}(a) = \boldsymbol{c}_1$, $\boldsymbol{h}(b) = \boldsymbol{c}_2$ を満たす $\boldsymbol{h} \in X_1$ が存在する．ゆえに (2.53) が成立する．

　逆に $\boldsymbol{q}_0 \in X_1$ が C^1 級で，(2.52), (2.53) を満たすとしよう．(2.52) の両辺と $\boldsymbol{h}(t) \in X_1$ との内積をとり，$[a, b]$ で積分し，第 1 項に部分積分を適用し境界条件 (2.53) を用いれば (2.54) が成立することがわかる．$J'(\boldsymbol{q}_0) = 0$ である．　　　　□

問 2.54　(2.1) の汎関数 J を一般化して境界からの寄与を含む X_1 上の汎関数 J_1 を

$$J_1(\boldsymbol{q}_0) = \int_a^b F(t, \boldsymbol{q}_0(t), \boldsymbol{q}_0'(t))dt + \sigma_b(\boldsymbol{q}_0(b)) - \sigma_a(\boldsymbol{q}_0(a))$$

と定義する．ただし，σ_a, σ_b は $\mathbb{R}^d \to \mathbb{R}$ の滑らかな関数とする．次を示せ．

2.2 極値関数のための必要条件・オイラーの微分方程式　　111

(1) J_1 は X_1 上 C^2 級の汎関数である.

(2) $q_0 \in X_1$ が J_1 の停留関数であるためには, C^2 級でオイラーの微分方程式 (2.52) とともに次の境界条件を満たすことが必要十分である：

$$F_v(b, q_0(b), q_0'(b)) + \nabla_q \sigma_a(q_0(b)) = F_v(a, q_0(a), q_0'(a)) + \nabla_q \sigma_b(q_0(a)) = 0.$$

2.2.3　2.2 節の問題

問題 2.3　2.1 節の例 2.13 の汎関数のオイラーの微分方程式はニュートンの運動方程式 $mq''(t) = -(\nabla V)(q)$ であることを示せ.

問題 2.4　変分法の基本補題（補題 2.51）を一般の k に対して示せ.（ヒント：まず定数 $C_0, \ldots, C_{k-1}$ を

$$g(x) = f(x) - \sum_{j=0}^{k-1} C_j(x-a)^{j-1}, \quad g_1(x) = \int_a^x g(t)dt, \ldots, g_k(x) = \int_0^x g_{k-1}(t)dt$$

が $g_1(b) = \cdots = g_k(b) = 0$ を満たすように定めることができることを示せ. このとき,

$$\int_a^b g(x)^2 dx = \int_a^b g_k^{(k)}\big(f(x) - \sum_{j=0}^{k-1} C_j(x-a)^{j-1}\big)dx = 0$$

である.）

問題 2.5　$F(t, q, v)$ が t に依存しないとき, オイラーの方程式の解 $q(t)$ に対して $F(q(t), q'(t)) - q'(t) \cdot F_v(q(t), q'(t))$ は t によらない定数であることを示せ.

問題 2.6　上半平面 $y > 0$ の線素の長さが $ds = \sqrt{dx^2 + dy^2}/y$ で与えられているとき, 二点間を最短距離で結ぶ曲線は x 軸に垂直に交わる直線か円の一部であることを示せ.（ヒント：$J(y) = \int_0^1 y^{-1}\sqrt{y'^2 + 1}dx$. 問題 2.5 によって $y^{-1}\sqrt{y'^2 + 1} - y^{-1}y'^2/\sqrt{y'^2 + 1} = C$.）

問題 2.7　$x(a) = q_1, x(b) = q_2$ を満たす上半面 $x > 0$ の曲線を t 軸の周りに回転して得られる曲面の表面積は $J(x) = 2\pi \int_a^b x(t)\sqrt{1 + x'(t)^2}dt$ で与えられる. 表面積が最小となる曲線を求めよ.

問題 2.8　$X = PC^1([0,3])$ 上の汎関数を $J(x) = \int_0^3 x'(t)^2(1 - x'(t))^2 dt$ と定義し, 固定端問題 $x(0) = 0, x(3) = 2$ の変分問題を考える.

112　　第 2 章　変分法の基本事項

(1) オイラーの方程式の一般解は直線 $x = \alpha t + \beta$, 端点条件を満たすものは $x_0(t) = (2/3)t, J(x_0) = 4/27$ であることを示せ.

(2) $(0,0), (3,2)$ を結ぶ傾き 0 あるいは 1 をもつ任意の折れ線 x は $J(x) = 0$ を満たすことを示し，これらはすべて J の最小値を与えることを示せ.

(3) $v = 0, 1$ において $F(t,q,v) = v^2(v-1)^2$ は仮定 2.48 を満たさないことを示せ.

このように，正則性の仮定を満たさない汎関数の極値関数は必ずしも滑らかとはならず，オイラーの微分方程式を満たすとも限らない.

問題 2.9　$X = PC^1([0,1])$ 上の汎関数を $J(x) = \int_0^1 (1 + x'(t)^2)^{-1} dt$ と定義し，固定端問題 $x(0) = 0, x(1) = 1$ の変分問題を考える.

(1) オイラーの方程式を求め，その一般解は $x(t) = \alpha t + \beta$ であることを示せ.

(2) (t,x) 平面の $(0,0), (1,1)$ を結ぶ折れ線列を適当に選んで，$J(x)$ の上限は 1, 下限は 0 であることを示せ.

(3) $J(x) = 1$ であれば $x(t)$ は定数，$J(x) = 0$ となる関数は存在しないことを確かめて，境界条件 $x(0) = 0, x(1) = 1$ のもとで J は最大値も最小値ももたないことを示せ.

(4) この J に対して正則性の仮定が成立しないことを確かめよ.

2.3　弱極小値のための十分条件・ヤコビの条件

$f(\boldsymbol{x})$ が $\mathbb{R}^d$ 上の C^2 級実数値関数のとき，停留点 $\boldsymbol{x}_0$ は二階微分 $f''(\boldsymbol{x}_0)$ が正（負）定値なら極小（極大）値であった．これを汎関数 $J(\boldsymbol{q}) = \int_a^b F(t, \boldsymbol{q}(t), \boldsymbol{q}'(t)) dt$ の停留関数に拡張し，停留関数 $\boldsymbol{q}_0$ が弱極小あるいは弱極大点となるための十分条件を与えよう．前節までの記号 X, X_0, X_1, Y を用いる.

2.3.1　$J''(\boldsymbol{q}_0)$ の定める 2 次形式

以下，簡単のため固定端問題のみを考える．前節のように固定端条件を $\boldsymbol{q}(a) = \boldsymbol{q}(b) = 0$ として一般性を失わない．$\boldsymbol{q}_0 \in Y$ を J の停留関数 $J'(\boldsymbol{q}_0) = 0$ とする．J が $\boldsymbol{q}_0$ において極小となるための十分条件を与えよう．極大のときは J の代わりに $-J$ を考えればよい.

定理 2.50 によって J は Y 上 C^2 級で，(2.32) によって $J''(\boldsymbol{q}_0)$ の定める二次形式は

$$\langle J''(\boldsymbol{q}_0)\boldsymbol{u}, \boldsymbol{u}\rangle = (P\boldsymbol{u}', \boldsymbol{u}') + 2(Q\boldsymbol{u}', \boldsymbol{u}) + (R\boldsymbol{u}, \boldsymbol{u}) \tag{2.55}$$

$$= (P\boldsymbol{u}', \boldsymbol{u}') + (\tilde{Q}\boldsymbol{u}', \boldsymbol{u}) + (\tilde{R}\boldsymbol{u}, \boldsymbol{u}) \tag{2.56}$$

で与えられる．ただし，

$$P(t) = F_{\boldsymbol{vv}}(t, \boldsymbol{q}_0, \boldsymbol{q}_0'), \quad Q(t) = F_{\boldsymbol{qv}}(t, \boldsymbol{q}_0, \boldsymbol{q}_0'), \quad R(t) = F_{\boldsymbol{qq}}(t, \boldsymbol{q}_0, \boldsymbol{q}_0'); \tag{2.57}$$

$$\tilde{Q}(t) = Q(t) - {}^t Q(t), \quad \tilde{R}(t) = R(t) - {}^t Q'(t) \tag{2.58}$$

で $(\boldsymbol{f}, \boldsymbol{g})$ は L^2 内積 $\int_a^b \boldsymbol{f}(t) \cdot \boldsymbol{g}(t) dt$ である．(2.56) は (2.55) から部分積分

$$({}^t Q\boldsymbol{u}, \boldsymbol{u}') = -({}^t Q\boldsymbol{u}', \boldsymbol{u}) - ({}^t Q'\boldsymbol{u}', \boldsymbol{u})$$

によって導かれる．$P(t), R(t)$ は $d \times d$ 対称，$\tilde{Q}(t)$ は反対称行列，$P(t), \tilde{Q}(t)$ は t の C^1 級関数，$\tilde{R}(t)$ は連続関数である．

注意 2.47 の評価式 (2.40) を Y に制限し $J'(\boldsymbol{q}_0) = 0$ とおけば次が成立することがわかる．

補題 2.55 $\|\boldsymbol{u}\|_{X_1} \to 0$ のとき $M_1(\boldsymbol{u}) = o(\|\boldsymbol{u}\|_{X_1})$ を満たす汎関数が存在して，任意の $\boldsymbol{u} \in Y$ に対して

$$\left| J(\boldsymbol{q}_0 + \boldsymbol{u}) - \left(J(\boldsymbol{q}_0) + \frac{1}{2}\langle J''(\boldsymbol{q}_0)\boldsymbol{u}, \boldsymbol{u}\rangle \right) \right| \le M_1(\boldsymbol{u})(\|\boldsymbol{u}\|_{L^2}^2 + \|\boldsymbol{u}'\|_{L^2}^2). \tag{2.59}$$

$J(\boldsymbol{q})$ は $\boldsymbol{q}_0$ の近傍において $J(\boldsymbol{q}_0) + (1/2)\langle J''(\boldsymbol{q}_0)\boldsymbol{u}, \boldsymbol{u}\rangle$ によってよく近似されるのである．

以下本節では $\boldsymbol{q}_0$ に対して仮定 2.48 より強い次を仮定し，いちいち断らない．

仮定 2.56 (正値性の仮定) $P(t) = F_{\boldsymbol{vv}}(t, \boldsymbol{q}_0(t), \boldsymbol{q}_0'(t))$ に対して，正の定数 $\rho > 0$ が存在して，任意の $\xi \in \mathbb{R}^d$, $a \le t \le b$ に対して次が成立する：

$$P(t)\xi \cdot \xi \ge \rho|\xi|^2. \tag{2.60}$$

補題 2.57 t, ξ によらない正定数 C_1, C_2 が存在して，任意の $\boldsymbol{u} \in PC^1([a, b])$ に対して

$$\frac{\rho}{2}\|\boldsymbol{u}'\|_{L^2}^2 - C_1\|\boldsymbol{u}\|_{L^2}^2 \le \langle J''(\boldsymbol{q}_0)\boldsymbol{u}, \boldsymbol{u}\rangle \le C_2(\|\boldsymbol{u}'\|_{L^2}^2 + \|\boldsymbol{u}\|_{L^2}^2) \qquad (2.61)$$

が成立する. ただし $\rho > 0$ は仮定 2.56 の定数である.

証明 (2.55) を評価する. $\|\cdot\|$ を行列のノルム, $\max\{\|P(t)\|, \|Q(t)\|, \|R(t)\|: a \le t \le b\} = N$ とする. このとき, シュワルツの不等式, (2.60) によって

$$|2Q(t)\boldsymbol{u}'(t)\cdot\boldsymbol{u}(t)| \le 2N|\boldsymbol{u}'(t)||\boldsymbol{u}(t)| \le \frac{\rho}{2}|\boldsymbol{u}'(t)|^2 + \frac{8N^2}{\rho}|\boldsymbol{u}(t)|^2,$$

$$\rho|\boldsymbol{u}(t)|^2 \le P(t)\boldsymbol{u}(t)\cdot\boldsymbol{u}(t) \le N|\boldsymbol{u}(t)|^2, \qquad |R(t)\boldsymbol{u}(t)\cdot\boldsymbol{u}(t)| \le N|\boldsymbol{u}(t)|^2.$$

あわせて

$$\frac{\rho}{2}|\boldsymbol{u}'|^2 - \left(\frac{8N^2}{\rho} + N\right)|\boldsymbol{u}|^2 \le P\boldsymbol{u}'\cdot\boldsymbol{u}' + 2Q\boldsymbol{u}'\cdot\boldsymbol{u} + R\boldsymbol{u}\cdot\boldsymbol{u} \le C_2(|\boldsymbol{u}'|^2 + |\boldsymbol{u}|^2).$$

これを $t \in (a, b)$ について積分すれば (2.61) が得られる. $\qquad\square$

定理 2.58 ある定数 $C > 0$ が存在して, 任意の $\boldsymbol{u} \in Y$ に対して

$$\langle J''(\boldsymbol{q}_0)\boldsymbol{u}, \boldsymbol{u}\rangle \ge C\|\boldsymbol{u}\|_{L^2}^2 \qquad (2.62)$$

が成立すれば, $\boldsymbol{q}_0$ は狭義弱極小点である.

証明 $\langle J''(\boldsymbol{q}_0)\boldsymbol{u}, \boldsymbol{u}\rangle = L(\boldsymbol{u})$ とかく. (2.61) の第 1 の不等式と仮定の (2.62) をあわせて

$$\frac{\rho}{2}\|\boldsymbol{u}'\|^2 + \|\boldsymbol{u}\|^2 \le L(\boldsymbol{u}) + (C_1 + 1)\|\boldsymbol{u}\|^2 \le (1 + C^{-1}(C_1 + 1))L(\boldsymbol{u}).$$

ゆえに $c_0 = (1 + (C_1 + 1)/C)^{-1}\min(\rho/2, 1)$ とおけば

$$L(\boldsymbol{u}) \ge c_0(\|\boldsymbol{u}'\|_{L^2} + \|\boldsymbol{u}\|_{L^2}^2). \qquad (2.63)$$

(2.59) によって, $\boldsymbol{u} \in Y$ に対して $M_1(\boldsymbol{u}) \to 0$ $(\|\boldsymbol{u}\|_{X_1} \to 0)$ を満たす $M_1(\boldsymbol{u})$ が存在して

$$J(\boldsymbol{q}_0 + \boldsymbol{u}) - J(\boldsymbol{q}_0) \ge \frac{1}{2}L(\boldsymbol{u}) - M_1(\boldsymbol{u})(\|\boldsymbol{u}\|_{L^2}^2 + \|\boldsymbol{u}'\|_{L^2}^2). \qquad (2.64)$$

(2.63) とあわせれば,

$$J(\boldsymbol{q}_0 + \boldsymbol{u}) - J(\boldsymbol{q}_0) \ge \left(\frac{c_0}{2} - M_1(\boldsymbol{u})\right)(\|\boldsymbol{u}\|_{L^2}^2 + \|\boldsymbol{u}'\|_{L^2}^2).$$

2.3 弱極小値のための十分条件・ヤコビの条件 115

したがって，$\|\boldsymbol{u}\|_{X_1}$ を十分小さく，$M_1(\boldsymbol{u}) \le c_0/4$ が満たされるようにとれば

$$J(\boldsymbol{q}_0 + \boldsymbol{u}) - J(\boldsymbol{q}_0) \ge \frac{c_0}{4}(\|\boldsymbol{u}\|_{L^2}^2 + \|\boldsymbol{u}'\|_{L^2}^2).$$

$\boldsymbol{q}_0$ は狭義弱極小点である． □

問 2.59 $L(\boldsymbol{u})$ に対して $L(\boldsymbol{u}) \ge C(\|\boldsymbol{u}\|_{L^2}^2 + \|\boldsymbol{u}'\|_{L^2}^2)$ が任意の $\boldsymbol{u} \in Y$ に対して成立するためには，対称行列 $P(t)$ がいたるところ正値であることが必要であることを示せ．これから仮定 2.56 は (2.62) が一般に成立するためにはほとんど必要な条件であることがわかる．

2.3.2 共役点とヤコビの条件

固定端問題の停留関数 $\boldsymbol{q}_0(t)$ が弱極値関数となるための条件を微分方程式

$$(T\boldsymbol{u})(t) \equiv -(P(t)\boldsymbol{u}'(t))' + \tilde{Q}(t)\boldsymbol{u}'(t) + \tilde{R}(t)\boldsymbol{u}(t) = 0 \tag{2.65}$$

の解のゼロ点の情報によって与えよう．$P(t), \tilde{Q}(t), \tilde{R}(t)$ は (2.57), (2.58) によって $\boldsymbol{q}_0$ を用いて定義された行列値関数である．

$$L(\boldsymbol{u}) = \langle J''(\boldsymbol{q}_0)\boldsymbol{u}, \boldsymbol{u} \rangle$$

とかく．次は容易に確かめられる．

補題 2.60 (1) $\boldsymbol{u} \in C^2 \cap Y$ のとき，$L(\boldsymbol{u}) = (T\boldsymbol{u}, \boldsymbol{u})_{L^2}$, $\boldsymbol{u} \in Y$ が成り立つ．
(2) $T\boldsymbol{u} = 0$ は汎関数 $L(\boldsymbol{u})$ に対するオイラーの方程式である．
(3) $T\boldsymbol{u} = 0$ はオイラーの方程式 (2.52) の変分微分方程式である．

問 2.61 補題 2.60 を証明せよ．

■解の評価 $T\boldsymbol{u} = 0$ は $-\boldsymbol{u}''(t) - P(t)^{-1}(P'(t) - \tilde{Q}(t))\boldsymbol{u}'(t) + P(t)^{-1}\tilde{R}(t)$ $\boldsymbol{u}(t) = 0$ と同値だから，仮定 2.56 によって正規型の二階線形方程式，係数行列のノルムは $[a, b]$ 上有界である．一階化すれば

$$\frac{d}{dt}\tilde{\boldsymbol{u}}(t) = A(t)\tilde{\boldsymbol{u}}(t), \quad A = \begin{pmatrix} 0 & 1 \\ P^{-1}\tilde{R} & -P^{-1}(P' - \tilde{Q}) \end{pmatrix}, \quad \tilde{\boldsymbol{u}} = \begin{pmatrix} \boldsymbol{u} \\ \boldsymbol{u}' \end{pmatrix}.$$
$$\tag{2.66}$$

補題 2.62 $\Lambda = \max\{\|A(t)\| : a \le t \le b\}$ とする. $T\boldsymbol{u}(t) = 0$ の解 $\boldsymbol{u}(t)$ に対して

$$|\boldsymbol{u}(t) - \boldsymbol{u}(a) - (t-a)\boldsymbol{u}'(a)| \le \frac{C_0|t-s|^2}{2}, \quad C_0 = |\tilde{\boldsymbol{u}}(a)| \exp(\Lambda(b-a))\Lambda. \tag{2.67}$$

証明 ベクトルの内積の微分の公式とシュワルツの不等式によって

$$\frac{d}{dt}|\tilde{\boldsymbol{u}}|^2 = \frac{d}{dt}(\tilde{\boldsymbol{u}}, \tilde{\boldsymbol{u}}) = (A(t)\tilde{\boldsymbol{u}}, \tilde{\boldsymbol{u}}) + (\tilde{\boldsymbol{u}}, A(t)\tilde{\boldsymbol{u}}) \le 2\Lambda|\tilde{\boldsymbol{u}}|^2.$$

$a \le t \le b$ において積分すれば $|\tilde{\boldsymbol{u}}(t)|^2 \le |\tilde{\boldsymbol{u}}(a)|^2 \exp(2\Lambda(t-a))$. ゆえに

$$|\tilde{\boldsymbol{u}}(t)| \le |\tilde{\boldsymbol{u}}(a)| \exp(\Lambda(b-a)) \equiv C_1, \quad |\boldsymbol{u}''(t)| \le \left|\frac{d\tilde{\boldsymbol{u}}}{dt}(t)\right| \le C_0. \tag{2.68}$$

ゆえに $|\boldsymbol{u}'(t) - \boldsymbol{u}'(a)| \le C_0|t-a|$, これをもう一度積分すれば (2.67) がしたがう.
$\square$

■ポアンカレの補題

補題 2.63（ポアンカレの補題） 任意の $\boldsymbol{u}(a) = 0$ あるいは $\boldsymbol{u}(b) = 0$ を満たす $u \in PC^1([a,b])$ に対して次が成立する.

$$\int_a^b |\boldsymbol{u}(t)|^2 dt \le \frac{(b-a)^2}{2} \int_a^b |\boldsymbol{u}'(t)|^2 dt. \tag{2.69}$$

注意 2.64 2.6.3 項の補題 2.114 において, (2.69) は右辺の定数を $(b-a)^2/\pi^2$ におきかえても成立し, この定数をより小さくすることはできないことを示す.

補題 2.63 の証明 $\boldsymbol{u}(a) = 0$ とすれば $\boldsymbol{u}(t) = \int_a^t \boldsymbol{u}'(s)ds$. シュワルツの不等式を用いれば

$$|\boldsymbol{u}(t)|^2 \le (t-a)\int_a^t |\boldsymbol{u}'(s)|^2 ds \le (t-a)\int_a^b |\boldsymbol{u}'(s)|^2 ds$$

この両辺を a から b まで積分すれば (2.69) がしたがう. $\boldsymbol{u}(b) = 0$ のときも同様である.
$\square$

■共役点

定義 2.65 微分方程式 (2.65) の初期条件 $\boldsymbol{u}(a) = 0$ を満たす $\boldsymbol{u}(t) \equiv 0$ 以外の解の a より大きな最初のゼロ点の最小値を,（それが存在すれば）a の T に関する**共役点**という.

$T\boldsymbol{u} = 0$ の初期条件 $\boldsymbol{u}(a) = 0$, $\boldsymbol{u}'(a) = \boldsymbol{c}$ を満たす解を $\boldsymbol{u}(a, \boldsymbol{c})(t)$ とかく. $\boldsymbol{c}$ が $\mathbb{R}^d$ 全体を動けば $\boldsymbol{u}(a, \boldsymbol{c})$ は初期条件 $\boldsymbol{u}(a) = 0$ を満たす $T\boldsymbol{u} = 0$ の解すべてを動き,a の共役点は $\boldsymbol{c} \neq 0$ を動かしたときの $\boldsymbol{u}(a, \boldsymbol{c})(t)$ の a の次のゼロ点の最小値である.

例 2.66 $P(t)$ は単位行列,$\tilde{Q} = 0$, $T\boldsymbol{u} = -\boldsymbol{u}'' + R(t)\boldsymbol{u}$ とする.

(1) $R = 0$ のとき,$\boldsymbol{u}(0, \boldsymbol{c})(t) = t\boldsymbol{c}$. このとき,共役点は存在しない.

(2) R が対角行列 $\{-\omega_1^2, \ldots, -\omega_n^2\}$ のとき,

$$\boldsymbol{u}(0, \boldsymbol{c})(t) = (c_1 \sin(\omega_1 t)/\omega_1, \ldots, c_n \sin(\omega_n t)/\omega_n).$$

共役点は $\min\{\pi/\omega_1, \ldots, \pi/\omega_n\}$ である.

$\varepsilon_0 > 0$ を十分小さくとって,$P(t), \tilde{Q}(t), \tilde{R}(t)$ を a の左の近傍に $a - \varepsilon_0$ までそれぞれ C^2 級,あるいは連続的に延長し,

$P(t)$ が $[a - \varepsilon_0, b]$ において正値性の条件 $P(t) \geq \rho_0 > 0$ を満たす

ようにしておく.$\alpha \in [a - \varepsilon_0, b]$ に対して $t \in [a - \varepsilon_0, b]$ の $n \times n$ 行列値関数 $\Phi(t, \alpha)$ を

$$\Phi(t, \alpha) = (\boldsymbol{u}(\alpha, \boldsymbol{e}_1)(t), \ldots, \boldsymbol{u}(\alpha, \boldsymbol{e}_n)(t)) \tag{2.70}$$

と定義する.

補題 2.67 (1) 任意の $\boldsymbol{c} \in \mathbb{R}^d$ に対して $\boldsymbol{u}(\alpha, \boldsymbol{c})(t) = \Phi(t, \alpha)\boldsymbol{c}$ である.

(2) a の共役点は $\det \Phi(t, a)$ の a より大きな最初のゼロ点である.共役点が $[a, b]$ に存在するか,任意の $a < t \leq b$ に対して $\det \Phi(t, a) > 0$ であるかどちらかである.

(3) a の共役点が $[a, b]$ に存在しなければ,十分小さな $\varepsilon_0 > 0$ が存在して任意の $a - \varepsilon_0 \leq \alpha < a$ に対して $\Phi(t, \alpha)$ は $\alpha < t \leq b$ において正則である.

(4) 任意の $0 < \varepsilon_0' < \varepsilon_0$ に対してある正数 $\rho > 0$ が存在して,$a - \varepsilon_0 \leq \alpha < a - \varepsilon_0'$ を満たす任意の α に対して $[a, b]$ 上 $\det \Phi(t, \alpha) > \rho > 0$ が成立する.

証明 (1) は明らかである. ある $c \neq 0$ に対して $\boldsymbol{u}(a, \boldsymbol{c})(t) = 0 \Leftrightarrow \det \Phi(t, a) = 0$. ゆえに (1) から (2) の最初の命題が成立する.

(2) $\det \Phi(t, a)$ は連続だから, (2) の第 2 の命題を示すには, ある $\delta > 0$ が存在して $a < t < a + \delta$ において $\det \Phi(t, a) > 0$ であることを示せば十分である. $d \times d$ 単位行列を E とかく. $\varepsilon_0 > 0$ を十分小さくとって, $a - \varepsilon_0 \leq \alpha \leq a$ を満たす α に対して, (2.67) を区間 $[\alpha, b]$ に適用すれば

$$|\boldsymbol{u}(\alpha, \boldsymbol{e}_j) - (t - \alpha)\boldsymbol{e}_j| \leq \frac{C_0 |t - \alpha|^2}{2}, \quad \alpha \leq t \leq b.$$

したがって, $c_0 = (C_0 \sqrt{n})^{-1}$ と定義すれば, 第 1 章補題 1.24 によって $|t - \alpha| < d$ のとき, $\|(t - \alpha)^{-1} \Phi(t, \alpha) - E\| \leq 1/2$, ゆえに

$$\det \Phi(t, \alpha) > 0, \quad \alpha < t \leq \min(\alpha + c_0, b). \tag{2.71}$$

$\alpha = a$ ととれば, $a < t < \min(a + c_0, b)$ のとき, $\det \Phi(t, a) > 0$ である.

(3) $\varepsilon_0 < c_0/2$ として一般性を失わない. (2.71) によって, 任意の $a - \varepsilon_0 \leq \alpha \leq a$ に対して $\alpha < t \leq \min(\alpha + c_0, b)$ のとき, したがって, $\alpha < t \leq \min(a + c_0/2, b)$ のとき $\det \Phi(t, \alpha) > 0$. 仮定によって $(a, b]$ において $\det \Phi(t, a) > 0$. ゆえにある $\gamma > 0$ に対して $[a + c_0/2, b]$ 上で $\det \Phi(t, a) > \gamma$. 微分方程式の解の初期値に関する連続性によって $\det \Phi(t, \alpha)$ は (t, α) の連続関数だから, 十分小さい $\varepsilon_0 > 0$ をとれば, $a - \varepsilon_0 \leq \alpha \leq a$ を満たす α, $t \in [a + c_0/2, b]$ に対して $\det \Phi(t, \alpha) > \gamma/2$. ゆえに $a - \varepsilon_0 \leq \alpha < a$ のとき, $(\alpha, b]$ 上 $\det \Phi(t, \alpha) > 0$ である.

(4) (3) によって, 任意の $a - \varepsilon_0 \leq \alpha \leq a - \varepsilon_0'$, $a \leq t \leq a + c_0/2$ に対して $\det \Phi(t, \alpha) > 0$. $[a - \varepsilon_0, a - \varepsilon_0'] \times [a, a + c_0/2]$ はコンパクト集合. ゆえに (4) が成立する. $\square$

定理 2.68 ある正の定数 C に対して, $L(\boldsymbol{u}) \geq C\|\boldsymbol{u}\|_{L^2}$, $\boldsymbol{u} \in Y$ が成立すれば, a の T に関する共役点は b より大である.

証明 a の共役点を $c \leq b$ とする. $\boldsymbol{h}(a) = \boldsymbol{h}(c) = 0$ を満たす微分方程式 (2.65) の恒等的には 0 とならない解 $\boldsymbol{h} \in C^2([a, b])$ が存在する. この $\boldsymbol{h}$ を用いて $\boldsymbol{u}$ を

$$\boldsymbol{u}(t) = \boldsymbol{h}(t), \quad a \leq t \leq c \text{ のとき; } \quad \boldsymbol{u}(t) = 0, \quad c \leq t \leq b$$

と定義すれば明らかに $\boldsymbol{u} \in Y$ で $\|\boldsymbol{u}\|_{L^2} > 0$. 部分積分を実行すれば

$$L(\boldsymbol{u}) = \int_a^b (P\boldsymbol{u}' \cdot \boldsymbol{u}' + \tilde{Q}\boldsymbol{u}' \cdot \boldsymbol{u} + \tilde{R}\boldsymbol{u} \cdot \boldsymbol{u}) dt = \int_a^c T\boldsymbol{u} \cdot \boldsymbol{u} dt = 0.$$

2.3 弱極小値のための十分条件・ヤコビの条件 119

したがって,「$L(\boldsymbol{u}) \geq C\|\boldsymbol{u}\|_{L^2}$ が任意の $\boldsymbol{u} \in Y$ に対して成立する」とはならない. $\qquad\square$

定理 2.69 $Q(t)$ が任意の $a \leq t \leq b$ に対して対称行列, すなわち $\tilde{Q}(t) = 0$ とする. このとき, T に関する共役点が b より大であれば (これを**ヤコビの条件**という), ある正の定数 C に対して, $L(\boldsymbol{u}) \geq C\|\boldsymbol{u}\|_{L^2}$, $\boldsymbol{u} \in Y$ が成り立つ.

注意 2.70 次節でヤコビの条件が成立すれば ($Q(t)$ が対称行列でなくとも) $\boldsymbol{q}_0$ は J の強極小値を与えることを示す.

定理 2.69 の証明 (2.70) の $\Phi(t, \alpha)$ をとり, これを簡単に Φ あるいは $\Phi(t)$ とかく. $\Phi(t)$, $a \leq t \leq b$ は補題 2.67 によって正則, $\Phi(\alpha) = 0$ である. $\boldsymbol{u} \in Y$ に対して $\boldsymbol{q}(t) = \Phi(t)^{-1}\boldsymbol{u}(t)$ と定義する. $\boldsymbol{q}(t) \in Y$,

$$L(\boldsymbol{u}) = (P(\Phi\boldsymbol{q})', (\Phi\boldsymbol{q})') + (\tilde{R}\Phi\boldsymbol{q}, \Phi\boldsymbol{q}) \tag{2.72}$$

である. $T\Phi = 0$ だから $\tilde{R}\Phi = (P\Phi')'$. これを (2.72) の右辺の第 2 項に代入し部分積分を行うと

$$
\begin{aligned}
L(\boldsymbol{u}) &= (P(\Phi'\boldsymbol{q} + \Phi\boldsymbol{q}'), (\Phi\boldsymbol{q})') - ((P\Phi'\boldsymbol{q}', \Phi\boldsymbol{q}) - (P\Phi'\boldsymbol{q}, (\Phi\boldsymbol{q})')) \\
&= (P\Phi\boldsymbol{q}', (\Phi\boldsymbol{q})') - (P\Phi'\boldsymbol{q}', \Phi\boldsymbol{q}) \\
&= (P\Phi\boldsymbol{q}', \Phi\boldsymbol{q}') + (\boldsymbol{q}', ({}^t\Phi P\Phi' - {}^t\Phi' P\Phi)\boldsymbol{q}).
\end{aligned}
$$

ここで $B(t) = {}^t\Phi P\Phi' - {}^t\Phi' P\Phi = 0$ である. じっさい

$$
\begin{aligned}
\frac{d}{dt}B(t) &= {}^t\Phi' P\Phi' + {}^t\Phi(P\Phi')' - ({}^t\Phi' P)'\Phi - {}^t\Phi' P\Phi' \\
&= {}^t\Phi(P\Phi')' - ({}^t\Phi' P)'\Phi = {}^t\Phi\tilde{R}\Phi - {}^t(\tilde{R}\Phi)\Phi = 0
\end{aligned}
$$

で $B(\alpha) = 0$ だからである. ゆえに仮定 2.56 によって

$$L(\boldsymbol{u}) = (P\Phi\boldsymbol{q}', \Phi\boldsymbol{q}') \geq \rho\|\Phi\boldsymbol{q}'\|_{L^2}^2 \geq \rho C^{-1}\|\boldsymbol{q}'\|_{L^2}. \tag{2.73}$$

ただし, $\sup_{a \leq t \leq b}\|\Phi^{-1}\| = C$. 右辺にポアンカレの補題 (補題 2.63) を用いると別の定数 C_1 を用いて

$$L(\boldsymbol{u}) \geq C_1^2\|\boldsymbol{q}\|_{L^2}^2.$$

一方, $|\boldsymbol{u}(t)| \leq \|\Phi(t)\||\boldsymbol{q}(t)| \leq C_2|\boldsymbol{q}(t)|$. あわせて $C\|\boldsymbol{u}\|_{L^2}^2 \leq L(\boldsymbol{u})$ である. $\qquad\square$

2.3.3 2.3節の問題

問題 2.10 汎関数 $J_1(x) = \int_0^1 x'(t)^2(1 + x(t)'^2)dt$, $J_2(x) = \int_0^1 (x'(t)^2 + x(t)^2)dt$, $J_3(x) = \int_0^1 (x'(t)^2 - x(t)^2)dt$ のそれぞれの固定端問題 $x(0) = 0, x(1) = 0$ の停留関数がヤコビの条件を満たすか否かを調べよ.

2.4 強極値のための十分条件

停留関数 q_0 に対してヤコビの条件 (定理 2.69 参照) が成立するとき, $Q(t)$ が対称行列でなくとも q_0 は J の強極小点であること, すなわち, 十分小さい $\varepsilon > 0$ に対して

$$\|q_0 - q\|_{X_0} < \varepsilon \text{ ならば } J(q_0) \leq J(q)$$

であることを示そう. 証明は長い. X_0 の部分ノルム空間 Y_0 を

$$Y_0 = \{q \in X_0 \colon q(a) = q(b) = 0\}$$

と定義して $J(q)$ を Y_0 上の汎関数と考える.

■**強凸性の条件** ここまでは仮定 2.56, すなわち $F_{vv}(t, q, v)$ が停留曲線 q_0 の軌道 $(q, v) = (q_0(t), q_0'(t))$ に沿って正定値であることを仮定したが, 本節では断らない限りさらに強い次の条件を仮定する.

仮定 2.71 (強凸性の条件) $[a, b]$ を内部に含む閉区間 $[a_1, b_1]$, $a_1 < a < b < b_1$ と定数 $C > 0$ が存在して, 任意の $a_1 \leq t \leq b_1$, $q, v \in \mathbb{R}^d$, $\xi \in \mathbb{R}^d$ に対して

$$F_{vv}(t, q, v)\xi \cdot \xi \geq C|\xi|^2.$$

■**停留曲線と解曲線** まずいくつかの術語を定義しよう. 境界条件を無視して, オイラーの微分方程式 (2.52) の解を一般に**停留関数**, $q(t)$ が停留関数のとき, $\mathbb{R}^{d+1}$ の曲線 $(t, q(t))$ を**停留曲線**と呼ぶ. 停留曲線と停留関数は明らかに一対一に対応するので, これらをしばしば同一視し, 停留曲線 $q(t)$ といったりする.

一方，オイラーの方程式は二階の正規型微分方程式だから，第 1 章の方法で一階化すれば対応する方程式は速度ベクトル $\boldsymbol{q}'(t)$ を加えた ${}^t(\boldsymbol{q}(t), \boldsymbol{q}'(t))$ に対する方程式となり，その拡張相空間は $\mathbb{R}^{2d+1}$ である．したがって，停留関数 $\boldsymbol{q}$ に対して，拡張相空間の曲線 $(t, \boldsymbol{q}(t), \boldsymbol{q}'(t))$ を考えるのが自然である．拡張相空間 $\mathbb{R}^{2d+1}$ の座標を $(t, \boldsymbol{q}, \boldsymbol{v})$ とかき，$(t, \boldsymbol{q}(t), \boldsymbol{q}'(t))$ を停留曲線 $\boldsymbol{q}(t)$ の**解曲線**と呼ぶ．初期値問題の解の一意性によって解曲線は決して交わらないことに注意しよう．

2.4.1 停留曲線の場

$\boldsymbol{q}_0(t)$ を固定端条件 $\boldsymbol{q}(a) = \boldsymbol{q}(b) = 0$ のもとでの汎関数 (2.1)

$$J(\boldsymbol{q}) = \int_a^b F(t, \boldsymbol{q}(t), \boldsymbol{q}'(t)) dt \tag{2.74}$$

の停留関数とする．$\boldsymbol{q}_0(t)$ がヤコビの条件を満たすとする．$\delta > 0$ のとき，停留曲線 $(t, \boldsymbol{q}_0(t))$ の δ 近傍を

$$\Omega_\delta(\boldsymbol{q}_0) = \{(t, \boldsymbol{q}) : |\boldsymbol{q} - \boldsymbol{q}_0(t)| < \delta,\ a \le t \le b\} \subset \mathbb{R}^{n+1}$$

と定める．明らかに

$$\|\boldsymbol{q}_0(t) - \boldsymbol{q}(t)\|_{X_0} < \delta \Leftrightarrow \text{任意の } t \in [a, b] \text{ に対して } (t, \boldsymbol{q}(t)) \in \Omega_\delta(\boldsymbol{q}_0).$$

■**パラメータに滑らかに依存する曲線の族** $\Lambda \subset \mathbb{R}^m$ を開集合とする．$\lambda \in \Lambda$ をパラメータにもつ曲線の族，

$$\boldsymbol{x}_\lambda(t) : t_1(\lambda) \le t \le t_2(\lambda)$$

は次を満たすとき，$\lambda \in \Lambda$ に滑らかに依存する曲線族といわれる：

(1) $\boldsymbol{x}_\lambda(t)$ は $\{(t, \lambda) : \lambda \in \Lambda, t \in [t_1(\lambda), t_2(\lambda)]\}$ を含むある開集合上の滑らかな (t, λ) の関数の制限，

(2) 両端 $t_1(\lambda), t_2(\lambda)$ は Λ を含むある開集合上の滑らかな関数．

■停留曲線の場

定義 2.72 $\Omega \subset \mathbb{R}^{d+1}$ を領域，$\mathcal{F} = \{q_\lambda : \lambda \in \Lambda\}$ を λ に滑らかに依存する停留関数の族とする．任意の $(t, q) \in \Omega$ に対して $q_\lambda(t) = q$ を満たす $q_\lambda \in \mathcal{F}$ がただ 1 つ存在するとき，$\mathcal{F}$ は Ω 上の**停留曲線の場**であるといわれる．$\mathcal{F}$ はしばしば $\{(t, q_\lambda(t)) : \lambda \in \Lambda\}$ とも記される．

補題 2.73 停留関数 q_0 がヤコビの条件を満たすとする．$\delta > 0$ を十分小さくとれば，$\Omega_\delta(q_0)$ 上に停留曲線の場が存在する．

証明 $[a, b]$ を内部に含む閉区間 $[a_1, b_1]$ をとってオイラーの微分方程式

$$\frac{d}{dt} F_v(t, q(t), q'(t)) - F_q(t, q(t), q'(t)) = 0 \tag{2.75}$$

を区間 $[a_1, b_1]$ で考える（仮定 2.71 参照）．$q_0(t)$ を $[a_1, b_1]$ 上に微分方程式 (2.75) の解として延長しておく．$\beta \in \mathbb{R}^d$ に対して初期条件 $q(a_1) = \mathbf{0}, q'(a_1) = \beta$ を満たす (2.75) の解を $q(t, \beta)$ とかく．解 $q_0(t)$ は区間 $[a_1, b_1]$ 上存在するから，U を $q_0'(a_1)$ の十分小さな近傍とすれば，解の初期値に対する連続依存性（第 1 章定理 1.45，1.48 参照）によって，任意の $\beta \in U$ に対して，解 $q(t, \beta)$ も区間 $[a_1, b_1]$ 上で存在し，(t, β) の C^∞ 級関数である．$\mathcal{F} = \{(t, q(t, \beta)) : \beta \in U\}$ が $\Omega_\delta(q_0)$ 上の停留曲線の場であることを示そう．写像 K を

$$K : [a, b] \times U \ni (t, \beta) \mapsto (t, q(t, \beta)) \in [a, b] \times \mathbb{R}^d$$

と定義する．$j = 1, \ldots, n$ に対して $(\partial q/\partial \beta_j)(t, \beta)$ はオイラー方程式の解 $q(t, \beta)$ における変分微分方程式 (2.65) の初期条件 $u_j(a_1) = 0, u_j'(a_1) = e_j$ を満たす解，すなわち定義 2.65 の下で定義した記号を用いれば停留関数 $q(t, \beta)$ に対する $u(a_1, e_j)(t)$ に等しい．ゆえに補題 2.67 によって

$$\det\left(\frac{\partial q}{\partial \beta}\right)(t, \beta) = \det \Phi(t, a_1) \neq 0, \quad a \leq t \leq b. \tag{2.76}$$

したがって，U をさらに小さくとれば，K のヤコビ行列

$$\begin{pmatrix} \dfrac{\partial K}{\partial t} & \dfrac{\partial K}{\partial \beta} \end{pmatrix} = \begin{pmatrix} 1 & 0 \\ \partial_t q & \Phi(t, a_1) \end{pmatrix}$$

は $[a, b] \times \overline{U}$ を含むある開集合の任意の点 (t, β) において正則である．逆関数定理によって K は $[a, b] \times U$ からその像の上への微分同型で，像は十分小さい δ に対して $\Omega_\delta(q_0)$ を含む．$\mathcal{F} = \{(t, q(t, \beta)) : \beta \in U\}$ は，$\Omega_\delta(q_0)$ 上の停留曲線の場であ

2.4 強極値のための十分条件

る. □

問 2.74 q_0 がヤコビの条件を満たすとき,(a', q_1) を $(a, 0)$ の近く,(b', q_2) を $(b, 0)$ の近くにとれば,$q(a') = q_1, q(b') = q_2'$ となる停留関数がただ 1 つ存在することを示せ.(ヒント:微分方程式の解の初期値に関する連続性と補題 2.73 を用いる.)

■**停留曲線の場の勾配ベクトル場** $\mathcal{F}$ が Ω 上の停留曲線の場なら,任意の $(t, \boldsymbol{q}) \in \Omega$ に対して $\boldsymbol{q}_\lambda(t) = \boldsymbol{q}$ を満たす停留関数 $\boldsymbol{q}_\lambda \in \mathcal{F}$ がただ 1 つ存在する.そこで

$$\boldsymbol{v}(t, \boldsymbol{q}) = \boldsymbol{q}_\lambda'(t) \tag{2.77}$$

と定義する.$\Omega \ni (t, \boldsymbol{q}) \mapsto \boldsymbol{v}(t, \boldsymbol{q})$ が滑らかなベクトル場のとき,$\boldsymbol{v}(t, \boldsymbol{q})$ は $\mathcal{F}$ の**勾配ベクトル場**といわれる.このとき,$(s, \boldsymbol{q}_0) \in \Omega$ に対して,$\boldsymbol{q}_\lambda \in \mathcal{F}$ を $\boldsymbol{q}_\lambda(s) = \boldsymbol{q}_0$ を満たす停留関数とすれば,任意の t に対し $\boldsymbol{q}_\lambda'(t) = \boldsymbol{v}(t, \boldsymbol{q}_\lambda(t))$ が成立する.ゆえに勾配ベクトル場 $\boldsymbol{v}(t, \boldsymbol{q})$ のグラフ

$$\mathcal{L} = \{(t, \boldsymbol{q}, \boldsymbol{v}(t, \boldsymbol{q})) : (t, \boldsymbol{q}) \in \Omega\}$$

は解曲線の族のつくる集合

$$\Lambda_{\mathcal{F}} = \{(t, \boldsymbol{q}_\lambda(t), \boldsymbol{q}_\lambda'(t)) : \lambda \in \Lambda\}$$

の Ω の上の部分に等しい.

勾配ベクトル場のグラフ $\mathcal{L}$ 上の任意の曲線は Ω 内の曲線と $(t, \boldsymbol{q}) \longleftrightarrow (t, \boldsymbol{q}, \boldsymbol{v}(t, \boldsymbol{q}))$ によって一対一に対応する.

定義 2.75 Ω 内の曲線 $C = \{(t(s), \boldsymbol{q}(s)) : a \leq s \leq b\}$ に対応する $\mathcal{L}$ 上の曲線

$$\tilde{C} = \{(t(s), \boldsymbol{q}(s), \boldsymbol{v}(t(s), \boldsymbol{q}(s))) : a \leq s \leq b\} \tag{2.78}$$

を C の $\mathcal{L}$ への**もち上げ**という.

2.4.2 ルジャンドル変換・ハミルトニアン

パラメータ $\lambda \in \Lambda$ に滑らかに依存する停留曲線 $\boldsymbol{q}_\lambda$ に沿った汎関数 $J(\boldsymbol{q}_\lambda)$ の λ に関する微分を求めよう.まずは術語を準備しよう.

124　　　　　　　　　　　第 2 章　変分法の基本事項

■ルジャンドル変換

補題 2.76　$F(\boldsymbol{v})$ は $\mathbb{R}^d$ 上の C^2 級実数値関数で，ある定数 $C > 0$ に対して

$$(\partial^2 F)(\boldsymbol{v}) \geq C, \quad \boldsymbol{v} \in \mathbb{R}^d \tag{2.79}$$

を（対称行列の不等式の意味で）満たすとする．このとき，

(1) 任意の $\boldsymbol{p} \in \mathbb{R}^d$ に対して $\boldsymbol{v}$ の関数 $L_{\boldsymbol{p}}(\boldsymbol{v}) = \boldsymbol{v} \cdot \boldsymbol{p} - F(\boldsymbol{v})$ は最大値をもつ．写像 $\mathbb{R}^d \ni \boldsymbol{v} \mapsto (\partial F)(\boldsymbol{v}) \in \mathbb{R}^d$ は $\mathbb{R}^d$ の微分同型で，$L_{\boldsymbol{p}}(\boldsymbol{v})$ の最大値はただ 1 つの点 $\boldsymbol{v} = (\partial F)^{-1}(\boldsymbol{p})$ によって与えられる．この最大値を与える $\boldsymbol{p}$ の関数

$$H(\boldsymbol{p}) = \boldsymbol{v} \cdot \boldsymbol{p} - F(\boldsymbol{v}), \quad \boldsymbol{v} = (\partial F)^{-1}(\boldsymbol{p}) \tag{2.80}$$

を F の**ルジャンドル変換**という．

(2) $H(\boldsymbol{p})$ も $\boldsymbol{p} \in \mathbb{R}^d$ の凸関数 $(\partial^2 H)(\boldsymbol{p}) > 0$ で，$\boldsymbol{p} \mapsto (\partial H)(\boldsymbol{p})$ は $\mathbb{R}^d$ の微分同型写像 $\boldsymbol{v} \mapsto (\partial F)(\boldsymbol{v})$ の逆写像である．

(3) 任意の $\boldsymbol{v} \in \mathbb{R}^n$ に対して $\mathbb{R}^n \ni \boldsymbol{p} \mapsto \boldsymbol{v} \cdot \boldsymbol{p} - H(\boldsymbol{p})$ は最大値をもち，F は H のルジャンドル変換である：

$$F(\boldsymbol{v}) = \boldsymbol{v} \cdot \boldsymbol{p} - H(\boldsymbol{p}), \quad \boldsymbol{p} = (\partial H)^{-1}(\boldsymbol{v}).$$

証明　(1) テイラーの剰余公式と (2.79) によって，

$$F(\boldsymbol{v}) = F(0) + (\partial F)(0) \cdot \boldsymbol{v} + \frac{1}{2}(\partial^2 F)(\theta\boldsymbol{v})\boldsymbol{v} \cdot \boldsymbol{v} \geq \frac{C}{2}|\boldsymbol{v}|^2 - |\boldsymbol{v}||(\partial F)(0)| - |F(0)|.$$

$$\boldsymbol{p}\boldsymbol{v} - F(\boldsymbol{v}) \leq -\frac{C}{2}|\boldsymbol{v}|^2 + (|\boldsymbol{p}| + |(\partial F)(0)|)|\boldsymbol{v}| + |F(0)| \to -\infty \quad (|\boldsymbol{v}| \to \infty)$$

ゆえに任意の $\boldsymbol{p}$ に対して，$\boldsymbol{v} \to \boldsymbol{p} \cdot \boldsymbol{v} - F(\boldsymbol{v})$ は最大値をとる．最大となる点では $\boldsymbol{p} - (\partial F)(\boldsymbol{v}) = 0$．ゆえに，$\boldsymbol{v} \mapsto (\partial F)(\boldsymbol{v})$ は $\mathbb{R}^d$ の上への写像となる．一方，平均値の定理によって，$\boldsymbol{v}_1, \boldsymbol{v}_2$ を結ぶ線分上に適当に $\boldsymbol{v}_3$ をとれば，(2.79) によって

$$((\partial F)(\boldsymbol{v}_2) - (\partial F)(\boldsymbol{v}_1)) \cdot (\boldsymbol{v}_2 - \boldsymbol{v}_1) = (\partial^2 F)(\boldsymbol{v}_3)(\boldsymbol{v}_2 - \boldsymbol{v}_1) \cdot (\boldsymbol{v}_2 - \boldsymbol{v}_1) \geq C|\boldsymbol{v}_2 - \boldsymbol{v}_1|^2.$$

したがって，$\boldsymbol{v} \to (\partial F)(\boldsymbol{v})$ は一対一かつ上への写像．$(\partial^2 F)(\boldsymbol{v}) \geq C > 0$ だから逆関数の定理によって逆写像 $F_{\boldsymbol{v}}^{-1}$ も C^1 級，ゆえに $\boldsymbol{v} \mapsto (\partial F)(\boldsymbol{v})$ は $\mathbb{R}^d$ の C^1 級微分同型写像である．

$$\qquad 2.4 \quad 強極値のための十分条件 \qquad\qquad 125$$

(2) $\boldsymbol{v}(\boldsymbol{p}) = (\partial F)^{-1}(\boldsymbol{p})$ とかく. $L_{\boldsymbol{p}}(\boldsymbol{v})$ の最大値が (2.80) の $H(\boldsymbol{p}) = \boldsymbol{v}(\boldsymbol{p}) \cdot \boldsymbol{p} - F(\boldsymbol{v}(\boldsymbol{p}))$ で与えられるのは明らかである. これを微分すれば,

$$(\partial H)(\boldsymbol{p}) = \partial_{\boldsymbol{p}}\boldsymbol{v}(\boldsymbol{p}) \cdot \boldsymbol{p} + \boldsymbol{v}(\boldsymbol{p}) - (\partial_{\boldsymbol{p}}\boldsymbol{v})(\boldsymbol{p}) \cdot (\partial F)(\boldsymbol{v}(\boldsymbol{p})) = \boldsymbol{v}(\boldsymbol{p}) = (\partial F)^{-1}(\boldsymbol{p}).$$

したがって, $(\partial H)(\boldsymbol{p}) = (\partial F)^{-1}(\boldsymbol{p})$. ゆえに $\boldsymbol{p} \mapsto (\partial H)(\boldsymbol{p})$ も $\mathbb{R}^d$ の微分同型である. $(\partial F)(\boldsymbol{v}(\boldsymbol{p})) = \boldsymbol{p}$ を微分すれば, $\mathbf{1}$ を単位行列として

$$\mathbf{1} = (\partial^2 F)(\boldsymbol{v}(\boldsymbol{p})) \cdot (\partial_{\boldsymbol{p}}\boldsymbol{v})(\boldsymbol{p}) \Rightarrow (\partial^2 H)(\boldsymbol{p}) = (\partial_{\boldsymbol{p}}\boldsymbol{v})(\boldsymbol{p}) = (\partial^2 F)(\boldsymbol{v}(\boldsymbol{p}))^{-1} > 0.$$

ゆえに $H(\boldsymbol{p})$ も凸関数である.

(3) $\boldsymbol{p} \mapsto \partial H(\boldsymbol{p})$ は $\mathbb{R}^n$ の同型写像だから $|\boldsymbol{p}| \to \infty$ のとき, $|(\partial H)(\boldsymbol{p})| \to \infty$ であるが, $H(\boldsymbol{p})$ は凸関数だから, このとき, 任意の $\boldsymbol{v}$ に対して $M(\boldsymbol{p}) = \boldsymbol{v} \cdot \boldsymbol{p} - H(\boldsymbol{p}) \to -\infty$. ゆえに, $M(\boldsymbol{p})$ は最大値をもち, 最大値は $(\partial H)(\boldsymbol{p}) = \boldsymbol{v}$ の解, すなわち $\boldsymbol{p} = (\partial F)(\boldsymbol{v})$ によって与えられる. このとき (2.80) から $M(\boldsymbol{p}) = \boldsymbol{v} \cdot \boldsymbol{p} - H(\boldsymbol{p}) = F(\boldsymbol{v})$. F は H のルジャンドル変換である. $\qquad\square$

■ハミルトニアン・正準変数 物理の術語を借りて次のように定義する.

定義 2.77 強凸性の条件を満たす C^∞ 級関数 $F(t, \boldsymbol{q}, \boldsymbol{v})$ の $\boldsymbol{v}$ に関するルジャンドル変換

$$H(t, \boldsymbol{q}, \boldsymbol{p}) := \max\left\{ \boldsymbol{v} \cdot \boldsymbol{p} - F(t, \boldsymbol{q}, \boldsymbol{v}) : \boldsymbol{v} \in \mathbb{R}^d \right\}$$

を F に対する**ハミルトニアン**, $(t, \boldsymbol{q}, \boldsymbol{p}) = (t, \boldsymbol{q}, (\partial_{\boldsymbol{v}} F)(t, \boldsymbol{q}, \boldsymbol{v}))$ を**正準変数**, $\boldsymbol{p}$ を**運動量変数**という. 正準変数への変換の写像を Ξ とかく:

$$\Xi(t, \boldsymbol{q}, \boldsymbol{v}) = (t, \boldsymbol{q}, (\partial_{\boldsymbol{v}} F)(t, \boldsymbol{q}, \boldsymbol{v})). \qquad (2.81)$$

補題 2.78 $(t, \boldsymbol{q}, \boldsymbol{p}) = \Xi(t, \boldsymbol{q}, \boldsymbol{v})$ とする. 次が成立する:

(1) Ξ は $\mathbb{R}^{2d+1}$ の C^∞ 級微分同型写像である.

(2) F に対するハミルトニアンは $H(t, \boldsymbol{q}, \boldsymbol{p}) = \boldsymbol{v} \cdot \boldsymbol{p} - F(t, \boldsymbol{q}, \boldsymbol{v})$.

(3) Ξ の逆写像は $(t, \boldsymbol{q}, \boldsymbol{v}) = \Xi^{-1}(t, \boldsymbol{q}, \boldsymbol{p}) = (t, \boldsymbol{q}, H_{\boldsymbol{p}}(t, \boldsymbol{q}, \boldsymbol{p}))$.

(4) F は H の $\boldsymbol{p}$ に関するルジャンドル変換で $F(t, \boldsymbol{q}, \boldsymbol{v}) = \boldsymbol{v} \cdot \boldsymbol{p} - H(t, \boldsymbol{q}, \boldsymbol{p})$.

(5) (2.81) のとき, 次の等式が成立する.

$$F_{\boldsymbol{q}}(t, \boldsymbol{q}, \boldsymbol{v}) = -H_{\boldsymbol{q}}(t, \boldsymbol{q}, \boldsymbol{p}). \tag{2.82}$$

証明 補題 2.76 から (1) – (4) がしたがうのは明らかである。$H = \boldsymbol{v} \cdot \boldsymbol{p} - F$ の両辺を $(\boldsymbol{q}, \boldsymbol{p})$ の関数と考えて全微分する。右辺の微分に $\boldsymbol{p} = F_{\boldsymbol{v}}$ を用いると

$$H_{\boldsymbol{q}} d\boldsymbol{q} + H_{\boldsymbol{p}} d\boldsymbol{p} = \boldsymbol{v} d\boldsymbol{p} + \boldsymbol{p} d\boldsymbol{v} - F_{\boldsymbol{q}} d\boldsymbol{q} - F_{\boldsymbol{v}} d\boldsymbol{v} = \boldsymbol{v} d\boldsymbol{p} - F_{\boldsymbol{q}} d\boldsymbol{q}.$$

$H_{\boldsymbol{q}} = -F_{\boldsymbol{q}}$ である。 □

2.4.3 汎関数の変動と作用積分

$\{\boldsymbol{q}_\lambda\}$ を λ に滑らかに依存した停留関数の族とする。

$$C_\lambda = \{(t, \boldsymbol{q}_\lambda(t), \boldsymbol{q}'_\lambda(t)) : t_1(\lambda) \le t \le t_2(\lambda)\}$$

をその解曲線族,

$$\Xi(C_\lambda)$$
$$= \{(t, \boldsymbol{q}_\lambda(t), \boldsymbol{p}_\lambda(t)) = (t, \boldsymbol{q}_\lambda(t), F_{\boldsymbol{v}}(t, \boldsymbol{q}_\lambda(t), \boldsymbol{q}'_\lambda(t))) : t_1(\lambda) \le t \le t_2(\lambda)\}$$

を C_λ の正準変数による表現とする。$\Xi(C_\lambda)$ の端点 $(t_j, \boldsymbol{q}_\lambda(t_j), \boldsymbol{p}_\lambda(t_j))$, $t_j = t_j(\lambda)$ を $(t_j(\lambda), \boldsymbol{q}_j(\lambda), \boldsymbol{p}_j(\lambda))$, $j = 1, 2$ とかく。汎関数値

$$J_\lambda = J(\boldsymbol{q}_\lambda) = \int_{t_1(\lambda)}^{t_2(\lambda)} F(t, \boldsymbol{q}_\lambda(t), \boldsymbol{q}'_\lambda(t)) dt, \quad \lambda_1 \le \lambda \le \lambda_2 \tag{2.83}$$

の λ に関する導関数を考える。

補題 2.79 $dJ_\lambda/d\lambda$ は $\Xi(C_\lambda)$ の端点 $(t_j(\lambda), \boldsymbol{q}_j(\lambda), \boldsymbol{p}_j(\lambda))$ にしかよらず，次が成立する。

$$\frac{dJ_\lambda}{d\lambda} = \left\{ -H(t_j(\lambda), \boldsymbol{q}_j(\lambda), \boldsymbol{p}_j(\lambda)) \frac{dt_j(\lambda)}{d\lambda} + \boldsymbol{p}_j(\lambda) \frac{d\boldsymbol{q}_j(\lambda)}{d\lambda} \right\} \Bigg|_{j=1}^{j=2}. \tag{2.84}$$

証明 (2.83) を λ で微分する:

$$\frac{dJ_\lambda}{d\lambda} = \left\{ F(t_2, \boldsymbol{q}_\lambda(t_2), \boldsymbol{q}'_\lambda(t_2)) \frac{dt_2}{d\lambda} - F(t_1, \boldsymbol{q}_\lambda(t_1), \boldsymbol{q}'_\lambda(t_1)) \frac{dt_1}{d\lambda} \right\}$$
$$+ \int_{t_1(\lambda)}^{t_2(\lambda)} \left\{ F_{\boldsymbol{q}}(t, \boldsymbol{q}_\lambda, \boldsymbol{q}'_\lambda) \frac{\partial \boldsymbol{q}_\lambda}{\partial \lambda} + F_{\boldsymbol{v}}(t, \boldsymbol{q}_\lambda, \boldsymbol{q}'_\lambda) \frac{\partial \boldsymbol{q}'_\lambda}{\partial \lambda} \right\} dt. \tag{2.85}$$

$\partial \boldsymbol{q}'_\lambda / \partial \lambda = (d/dt)(\partial \boldsymbol{q}_\lambda / \partial \lambda)$ と考えて，部分積分を行う．$\boldsymbol{q}_\lambda(t)$ はオイラーの方程式を満たすから積分の項 (2.85) からは端点からの寄与のみが生き残って

$$\frac{dJ_\lambda}{d\lambda} = \left\{ F(t, \boldsymbol{q}_\lambda(t), \boldsymbol{q}'_\lambda(t))\frac{dt}{d\lambda} + F_{\boldsymbol{v}}(t, \boldsymbol{q}_\lambda(t), \boldsymbol{q}'_\lambda(t))\frac{\partial \boldsymbol{q}_\lambda}{\partial \lambda}(t) \right\} \bigg|_{t=t_1(\lambda)}^{t=t_2(\lambda)}.$$

$\boldsymbol{q}_j(\lambda) = \boldsymbol{q}_\lambda(t_j(\lambda))$ を微分して $d\boldsymbol{q}_j/d\lambda = (\partial \boldsymbol{q}_\lambda/\partial \lambda) + \boldsymbol{q}'_j(\lambda)(dt_j/d\lambda)$．$(\partial \boldsymbol{q}_\lambda/\partial \lambda)$ を $d\boldsymbol{q}_j/d\lambda - \boldsymbol{q}'_j(\lambda)(dt_j/d\lambda)$ で置き換え正準変数 $(t, \boldsymbol{q}(t), \boldsymbol{p}(t))$ を用いれば (2.84) が得られる． □

■**作用積分** (2.84) を λ について積分すれば，滑らかな停留関数族 $\{\boldsymbol{q}_\lambda\}$ に沿っての汎関数値の差は

$$J_{\lambda_2} - J_{\lambda_1} = \int_{\lambda_1}^{\lambda_2} \left(-H(t_j(\lambda), \boldsymbol{q}_j(\lambda), \boldsymbol{p}_j(\lambda))\frac{dt_j}{d\lambda} + \boldsymbol{p}_j(\lambda)\frac{d\boldsymbol{q}_j}{d\lambda} \right) d\lambda \bigg|_{j=1}^{j=2}. \tag{2.86}$$

これは $\boldsymbol{q}_\lambda$ の解曲線の端点がつくる曲線 $C_j = \{(t_j(\lambda), \boldsymbol{q}_j(\lambda), \boldsymbol{q}'_j(\lambda)) : \lambda_1 \le \lambda \le \lambda_2\}$ の正準表現

$$\Xi(C_j) = \{(t_j(\lambda), \boldsymbol{q}_j(\lambda), \boldsymbol{p}_j(\lambda)) : \lambda_1 \le \lambda \le \lambda_2\}, \quad j = 1, 2$$

に沿ってのベクトル場 $(-H(t, \boldsymbol{q}, \boldsymbol{p}), \boldsymbol{p}, \boldsymbol{0})$ の線積分の差である：

$$J_{\lambda_2} - J_{\lambda_1} = \int_{\Xi(C_j)} (-H(t, \boldsymbol{q}, \boldsymbol{p})dt + \boldsymbol{p}d\boldsymbol{q}) \bigg|_{j=1}^{j=2}. \tag{2.87}$$

定義 2.80 拡張相空間 $\mathbb{R}^{2n+1}$ の曲線 $C = \{(t(\lambda), \boldsymbol{q}(\lambda), \boldsymbol{v}(\lambda)) : \lambda_1 \le \lambda \le \lambda_2\}$ に対して線積分

$$A(C) = \int_{\Xi(C)} \{-H(t, \boldsymbol{q}, \boldsymbol{p})dt + \boldsymbol{p}d\boldsymbol{q}\} \tag{2.88}$$

を曲線 C の**作用積分** という．

作用積分を用いれば (2.87) は

$$J_{\lambda_2} - J_{\lambda_1} = A(C_2) - A(C_1)$$

とかかれる．

補題 2.81 曲線 C が解曲線 $\{(t, \boldsymbol{q}(t), \boldsymbol{q}'(t)) : a \le t \le b\}$ のとき，

$$A(C) = J(\boldsymbol{q})$$

である. すなわち解曲線 C の作用積分は C に沿っての汎関数の値に等しい.

証明 $(t, \boldsymbol{q}(t), \boldsymbol{p}(t)) = \Xi(t, \boldsymbol{q}(t), \boldsymbol{q}'(t))$ のとき, 解曲線 C 上 $\boldsymbol{q}'(t)dt = d\boldsymbol{q}(t)$ だから

$$-H(t, \boldsymbol{q}, \boldsymbol{p})dt + \boldsymbol{p}d\boldsymbol{q} = F(t, \boldsymbol{q}, \boldsymbol{q}')dt - \boldsymbol{q}' \cdot \boldsymbol{p}dt + \boldsymbol{p}d\boldsymbol{q} = F(t, \boldsymbol{q}(t), \boldsymbol{q}'(t))dt.$$

ゆえに $A(C) = J(\boldsymbol{q})$ である. □

■解曲線に沿って動かした曲線 $C_1 = \{(t_1(\lambda), \boldsymbol{q}_1(\lambda), \boldsymbol{v}_1(\lambda)): \lambda_1 \leq \lambda \leq \lambda_2\}$ が拡張相空間内の曲線のとき, 初期条件 $\boldsymbol{q}_\lambda(t_1(\lambda)) = \boldsymbol{q}_1(\lambda)$, $\boldsymbol{q}'_\lambda(t_1(\lambda)) = \boldsymbol{v}_1(\lambda)$ を満たす停留曲線の解曲線 $\{(t, \boldsymbol{q}_\lambda(t), \boldsymbol{q}'_\lambda(t)): t_1(\lambda) \leq t \leq t_2(\lambda)\}$ の終点がつくる曲線 $C_2 = \{(t_2(\lambda), \boldsymbol{q}_\lambda(t_2(\lambda)), \boldsymbol{q}'_\lambda(t_2(\lambda))): \lambda_1 \leq \lambda \leq \lambda_2\}$ を C_1 を解曲線に沿って動かした曲線という.

補題 2.82 C_1, C_2 を拡張相空間 $\mathbb{R}^{2n+1}$ 内の 2 つの閉曲線で C_2 は C_1 を解曲線に沿って動かしたものとする. このとき, $A(C_2) = A(C_1)$ が成立する.

証明 $C_1: (t_1(\lambda), \boldsymbol{q}_1(\lambda), \boldsymbol{v}_1(\lambda))$ と $C_2: (t_2(\lambda), \boldsymbol{q}_2(\lambda), \boldsymbol{v}_2(\lambda))$ を結ぶ解曲線を $\{(t, \boldsymbol{q}_\lambda(t), \boldsymbol{q}'_\lambda(t)): t_1(\lambda) \leq t \leq t_2(\lambda)\}$, とする. J_λ を (2.83) で定義する. C_j は閉曲線だから, $t_j(\lambda_1) = t_j(\lambda_2)$, $j = 1, 2$ で $\boldsymbol{q}_{\lambda_1}(t)$, $\boldsymbol{q}_{\lambda_2}(t)$ の初期条件は一致する. ゆえに $\boldsymbol{q}_{\lambda_1}(t) = \boldsymbol{q}_{\lambda_2}(t)$, $J_{\lambda_2} = J_{\lambda_1}$ である. (2.87) によって $A(C_2) - A(C_1) = J_{\lambda_2} - J_{\lambda_1} = 0$ がしたがう. □

■作用積分の不変性

定義 2.83 （横断体） $\mathcal{F} = \{\boldsymbol{q}_\lambda : \lambda \in \Lambda\}$ を λ に滑らかに依存する停留関数の族,

$$\Lambda_\mathcal{F} = \{(t, \boldsymbol{q}_\lambda(t), \boldsymbol{q}'_\lambda(t)): a_\lambda \leq t \leq b_\lambda, \lambda \in \Lambda\} \subset \mathbb{R}^{2n+1}$$

とする. 次の性質 (1)–(3) を満たす $M \subset \Lambda_\mathcal{F}$ は $\Lambda_\mathcal{F}$ の横断体といわれる：

(1) M はある領域 $D \subset \mathbb{R}^l$ 上の滑らかな $\mathbb{R}^{2n+1}$ 値関数のグラフである.

(2) $\Xi(M)$ 上で $-Hdt + \boldsymbol{p}d\boldsymbol{q} = 0$.

(3) 任意の $q_\lambda \in \mathcal{F}$ に対して,解曲線 $(t, q_\lambda(t), q'_\lambda(t))$ は M とただ一点で交わる.

$\Lambda_\mathcal{F}$ に横断体が存在するとき,$\mathcal{F} = \{q_\lambda : \lambda \in \Lambda\}$ あるいは停留曲線の族 $\{(t, q_\lambda(t)) : \lambda \in \Lambda\}$ は**横断体をもつ**という.

定理 2.84(作用積分の不変性) 滑らかに依存する停留関数の族 $\mathcal{F} = \{q_\lambda : \lambda \in \Lambda\}$ が横断体をもてば,$\Lambda_\mathcal{F} = \{(t, q_\lambda(t), q'_\lambda(t)) : a_\lambda \le t \le b_\lambda, \lambda \in \Lambda\} \subset \mathbb{R}^{2n+1}$ 上の任意の閉曲線 C に対して $A(C) = 0$ である.とくに,$\Lambda_\mathcal{F}$ 上の任意の曲線 C に対して,$A(C)$ は C の端点にのみ依存する.

証明 C を $\Lambda_\mathcal{F}$ 上の閉曲線 $C : (t(\lambda), q(\lambda), v(\lambda))$, $\lambda_1 \le \lambda \le \lambda_2$ とする.$(t(\lambda), q(\lambda), v(\lambda))$ を通る解曲線 $(t, q_\lambda(t), q'_\lambda(t))$ が横断体 M と交わる点を $Q_1(\lambda) = (t_1(\lambda), q_1(\lambda), v_1(\lambda))$ とすれば,$Q_1(\lambda) : \lambda_1 \le \lambda \le \lambda_2$ は M 上の閉曲線 C_1 を描く.C_1 は C を解曲線に沿って動かして得られたものであるから,補題 2.82 によって,$A(C) = A(C_1)$ である.一方,M は横断体だから $\Xi(C_1)$ 上 $-Hdt + pdq = 0$.ゆえに $A(C_1) = 0$, したがって $A(C) = 0$ である. $\square$

定義 2.85(ヒルベルト積分) $\mathcal{F}$ を領域 Ω 上の停留曲線の場とする.Ω 上の曲線 C に対して,線積分

$$\tilde{A}(C) := \int_{\Xi(\tilde{C})} -H(t, q, p)dt + pdq = A(\tilde{C}) \tag{2.89}$$

を曲線 C の停留曲線の場 $\mathcal{F}$ における**ヒルベルト積分**という.$\tilde{C}$ は曲線 C の勾配ベクトル場へのもち上げである(定義 2.75 参照).

C が Ω の閉曲線であれば,$\tilde{C}$ も閉曲線,ゆえに定理 2.84 から次の定理がしたがう.

定理 2.86(ヒルベルト積分の不変性) $\mathcal{F}$ を領域 Ω 上の停留曲線の場とする.$\mathcal{F}$ が横断体をもてば,Ω 上の任意の閉曲線 C の $\mathcal{F}$ におけるヒルベルト積分 $\tilde{A}(C)$ は 0 に等しい.とくに,Ω 上の任意の曲線 C に対して $\tilde{A}(C)$ は C の端点にのみ依存する.

2.4.4 ヤコビの定理

補題 2.87 q_0 がヤコビの条件を満たすと仮定する． $\delta > 0$ を十分小さくとれば， $\Omega_\delta(q_0)$ 上に**横断体をもつ停留曲線の場**が存在する．

証明 補題 2.73 の証明における停留曲線の場 $\mathcal{F}$ は対応する解曲線の族 $\mathcal{S} = \{(t, q(t,\beta), q'(t,\beta)) : \beta \in U\}$ の (t,q) 成分への射影である． $M = \{(a_1, \mathbf{0}, \beta) : \beta \in U\}$ と定める． M は $\beta \in U$ の滑らかな $\mathbb{R}^{2n+1}$ 値関数のグラフで $\mathcal{S}$ の任意の解曲線 $(t, q(t,\beta), q'(t,\beta))$ は M と一点 $(a_1, \mathbf{0}, \beta)$ で交わる． M の上では $t = a_1$, $q = \mathbf{0}$ は定数だから明らかに $\Xi(M)$ 上で $-H dt + p dq = 0$ を満たす． $\qquad\square$

やっと目標の定理をのべて証明ができる．

定理 2.88（ヤコビの定理）　 $F(t, q, v)$ が仮定 2.71 を満たすとする． J の固定端問題の停留関数 q_0 がヤコビの条件を満たせば， q_0 は J の強極小値関数である．

証明 $\delta > 0$ を十分小さくとる． $q(a) = q(b) = \mathbf{0}$, $(t, q(t)) \in \Omega_\delta(q_0)$, $a \le t \le b$ を満たす任意の $q \in PC^1([a,b])$ に対して， $J(q_0) \le J(q)$ が成立することを示せばよい．このとき， $C = \{(t, q(t)) : a \le t \le b\}$ は $\Omega_\delta(q_0)$ 内の上の曲線である．補題 2.87 によって $\Omega_\delta(q_0)$ 上に横断体をもつ停留曲線の場 $\mathcal{F}$ が存在する． C の $\mathcal{F}$ におけるヒルベルト積分を $\tilde{A}(C)$ とかく．

（第 1 段）（ $J(q_0)$ を $\tilde{C}$ 上のヒルベルト積分として表す．）停留曲線 $(t, q_0(t))$, $a \le t \le b$ を C_0 とかく．

$$J(q_0) = \int_a^b F(t, q_0(t), q_0'(t)) dt = \tilde{A}(C_0)$$

である（補題 2.81 参照）． $\mathcal{F}$ は横断体をもち， C と C_0 の端点は同じだから，ヒルベルト積分の不変性（定理 2.86）によって， $\tilde{A}(C_0) = \tilde{A}(C) = A(\tilde{C})$, $\tilde{C} = \{(t, q(t), v(t, q(t))) : a \le t \le b\}$, ただし $v(t, q)$ は $\mathcal{F}$ の勾配ベクトル場である．したがって，

$$J(q_0) = A(\tilde{C}) = \int_{\Xi(\tilde{C})} -H(t, q, p) dt + p dq.$$

右辺の線積分をパラメータ t を用いてかく． $v(t) = v(t, q(t))$ とかくと $\Xi(\tilde{C})$ 上 $p(t) = F_v(t, q(t), v(t))$, $H(t, q(t), p(t)) = v(t) \cdot p(t) - F(t, q(t), v(t))$, $dq = q'(t) dt$ だから

$$J(\boldsymbol{q}_0) = \int_a^b \{F(t, \boldsymbol{q}(t), \boldsymbol{v}(t)) + F_v(t, \boldsymbol{q}(t), \boldsymbol{v}(t))(\boldsymbol{q}'(t) - \boldsymbol{v}(t))\} dt$$

である．ゆえに，$\boldsymbol{q}(t), \boldsymbol{q}'(t), \boldsymbol{v}(t)$ の変数 t を省略してかけば

$$J(\boldsymbol{q}) - J(\boldsymbol{q}_0) = \int_a^b \{F(t, \boldsymbol{q}, \boldsymbol{q}') - F(t, \boldsymbol{q}, \boldsymbol{v}) - F_v(t, \boldsymbol{q}, \boldsymbol{v})(\boldsymbol{q}' - \boldsymbol{v})\} dt.$$

（第 2 段）（強凸性の条件の適用）テイラーの定理を用い，最後に仮定 2.71 を用いると

$$F(t, \boldsymbol{q}, \boldsymbol{q}') - F(t, \boldsymbol{q}, \boldsymbol{v}) - F_v(t, \boldsymbol{q}, \boldsymbol{v})(\boldsymbol{q}' - \boldsymbol{v})$$
$$= \int_0^1 (1 - \theta)\{F_{vv}(t, \boldsymbol{q}, \theta\boldsymbol{q}' + (1 - \theta)\boldsymbol{v})(\boldsymbol{q}' - \boldsymbol{v})\} \cdot (\boldsymbol{q}' - \boldsymbol{v}) d\theta \geq \frac{C}{2}|\boldsymbol{q}' - \boldsymbol{v}|^2.$$

ゆえに，

$$J(\boldsymbol{q}) - J(\boldsymbol{q}_0) \geq \frac{C}{2} \int_a^b |\boldsymbol{q}'(t) - \boldsymbol{v}(t, \boldsymbol{q}(t))|^2 dt \geq 0.$$

よって $\boldsymbol{q}_0$ は J の強極小点である． $\qquad\qquad\qquad\qquad\square$

2.4.5 ハミルトン・ヤコビ方程式

ふたたび (2.74) の汎関数 $J(\boldsymbol{q})$ に対するオイラーの微分方程式

$$\frac{d}{dt}F_v(t, \boldsymbol{q}(t), \boldsymbol{q}'(t)) - F_q(t, \boldsymbol{q}(t), \boldsymbol{q}'(t)) = 0 \qquad (2.90)$$

を考える．最初に正準変数を用いるとオイラーの微分方程式は大きな対称性をもつ一階微分方程式系に書き換えられることを示そう．$H(t, \boldsymbol{q}, \boldsymbol{p})$ を F に対するハミルトニアンとする．

■正準方程式

定理 2.89 $\boldsymbol{q}(t)$ を J に対するオイラーの微分方程式 (2.90) の解とする．このとき，$(t, \boldsymbol{q}(t), \boldsymbol{p}(t)) = \Xi(t, \boldsymbol{q}(t), \boldsymbol{q}'(t))$ とすれば $\boldsymbol{q}(t), \boldsymbol{p}(t)$ は連立一階微分方程式系

$$\frac{d\boldsymbol{q}}{dt} = \frac{\partial H}{\partial \boldsymbol{p}}(t, \boldsymbol{q}, \boldsymbol{p}), \qquad \frac{d\boldsymbol{p}}{dt} = -\frac{\partial H}{\partial \boldsymbol{q}}(t, \boldsymbol{q}, \boldsymbol{p}) \qquad (2.91)$$

を満たす．逆に，$(\boldsymbol{q}(t), \boldsymbol{p}(t))$ が (2.91) の解のとき，$\Xi^{-1}(t, \boldsymbol{q}(t), \boldsymbol{p}(t)) = (t, \boldsymbol{q}(t), \boldsymbol{q}'(t))$ で $\boldsymbol{q}(t)$ は停留関数である．(2.91) は $H(t, \boldsymbol{q}, \boldsymbol{p})$ に対する**正準方程式**と呼ばれる．

証明 $q(t)$ を停留関数とする. 補題 2.78 の (3) によって $q'(t) = H_p(t, q(t), p(t))$ が成立する. $p(t) = F_v(t, q(t), q'(t))$ を t で微分し, オイラーの微分方程式 (2.90), 等式 (2.82) を用いると

$$p'(t) = \frac{d}{dt}F_v(t, q, q') = F_q(t, q, q') = -H_q(t, q, p).$$

ゆえに, $(q(t), p(t))$ は正準方程式 (2.91) を満たす.

逆に $(q(t), p(t))$ が正準方程式を満たすとしよう. $(t, q(t), v(t)) = \Xi^{-1}(t, q(t), p(t))$ とおく. 補題 2.78 (3) と正準方程式を用いれば $v(t) = H_p(t, q(t), p(t)) = q'(t)$ だから, $p(t) = F_v(t, q(t), v(t)) = F_v(t, q(t), q'(t))$. これを t で微分して (2.91) が得られる. 次に (2.82) を用いれば

$$\frac{d}{dt}F_v(t, q(t), q'(t)) = p'(t) = -H_q(t, q(t), p(t)) = F_q(t, q(t), q'(t)).$$

ゆえに $q(t)$ は停留関数である. □

このように, 正準方程式はオイラー方程式に同値な連立一階方程式であるが, 第 1 章での単純な一階化と違って明らかな対称性をもっている. オイラー方程式の正準方程式による定式化を**正準形式** (canonical formalism) という. 正準形式が古典力学にもたらした成果や量子力学の誕生に果たした役割は極めて大きいが詳細を述べる余裕はない (たとえば, 文献 [アーノルド] など を参照). 第 5 章で用いるハミルトン・ヤコビの方程式の解法について述べて本項を終える.

■ハミルトン・ヤコビの方程式　$H(t, q, p)$ を $F(t, q, v)$ に対するハミルトニアンとする. このとき, $W(t, x)$ に対する方程式

$$\frac{\partial W}{\partial t}(t, x) + H\left(t, x, \frac{\partial W}{\partial x}(t, x)\right) = 0 \tag{2.92}$$

を H に対する**ハミルトン・ヤコビの方程式**と呼ぶ. (2.92) のように未知関数の偏微分を含む方程式を**偏微分方程式**と呼ぶ.

定理 2.90　$\varphi(x)$ を $x \in \mathbb{R}^d$ の滑らかな関数, U, U_1 を $\overline{U} \subset U_1$ を満たす $\mathbb{R}^d$ の有界開集合, $\alpha \in U_1$ に対して $(q_\alpha(t), p_\alpha(t))$ を, 初期条件 $(q_\alpha(0), p_\alpha(0)) = (\alpha, (\partial\varphi/\partial x)(\alpha))$ を満たす正準方程式 (2.91) の解,

$$(t, \boldsymbol{q}_\alpha(t), \boldsymbol{q}'_\alpha(t)) = \Xi^{-1}(\boldsymbol{q}_\alpha(t), \boldsymbol{p}_\alpha(t))$$

とする．このとき，$\varepsilon > 0, 0 < T < T_1$ を十分小さくとれば，次が成立する．

(1) 曲線の族 $\mathcal{F} = \{(t, \boldsymbol{q}_\alpha(t)) : \alpha \in U_1, -\varepsilon \le t \le T_1\}$ は $[0, T] \times U$ を含むある領域 Ω 上の停留曲線の場である．

(2) $(t, \boldsymbol{x}) \in \Omega$ に対して，$\boldsymbol{q}_\alpha(t) = \boldsymbol{x}$ を満たす停留曲線 $\boldsymbol{q}_\alpha \in \mathcal{F}$ をとり，

$$W(t, \boldsymbol{x}) = \varphi(\alpha) + \int_0^t F(s, \boldsymbol{q}_\alpha(s), \boldsymbol{q}'_\alpha(s)) ds \qquad (2.93)$$

と定義すれば，$W(t, \boldsymbol{x})$ は初期条件 $W(0, \boldsymbol{x}) = \varphi(\boldsymbol{x})$, $\boldsymbol{x} \in U$ を満たすハミルトン・ヤコビの方程式 (2.92) の Ω 上の解である．

証明　$(\partial \boldsymbol{q}_\alpha / \partial \alpha)(0)$ は単位行列に等しい．$(\partial \boldsymbol{q}_\alpha / \partial \alpha)(t)$ は (t, α) に連続に依存するから，$\varepsilon > 0, T_1 > 0$ を十分小さくとれば，$\alpha \in U_1, -\varepsilon < t \le T_1$ のとき，単位行列にいくらでも近くできる．したがって，逆関数の定理によって任意の $-\varepsilon \le t \le T_1$ に対して

$$U_1 \ni \alpha \mapsto \boldsymbol{q}_\alpha(t) \text{ は微分同型でその像は } U \text{ を含む} \qquad (2.94)$$

としてよい．これより，$\mathcal{F}$ は $[0, T] \times U$ を含むある領域 Ω 上の停留曲線の場，したがって (2.93) によって $W(t, \boldsymbol{x})$ を Ω 上で定義できる．$W(t, \boldsymbol{x})$ が初期条件 $W(0, \boldsymbol{x}) = \varphi(\boldsymbol{x})$, $\boldsymbol{x} \in U$ を満たすことは明らかである．(2.92) を満たすことを示す．$\mathcal{F}$ の勾配ベクトル場を $\boldsymbol{v}(t, \boldsymbol{q})$, $\Xi(t, \boldsymbol{q}, \boldsymbol{v}(t, \boldsymbol{q})) = (t, \boldsymbol{q}, \boldsymbol{p}(t, \boldsymbol{q}))$ とかく（(2.77) 参照）．

$(t^0, \boldsymbol{x}^0) \in \Omega$ を任意に固定する．$(\partial W / \partial t)(t^0, \boldsymbol{x}^0)$ を計算しよう．t を $(t, \boldsymbol{x}^0) \in \Omega$ となる範囲で t^0 の近傍を動かす．(2.94) によって $\boldsymbol{q}_\alpha(t) = \boldsymbol{x}^0$ を満たす α が一意に存在する．これを $\alpha(t)$, $\boldsymbol{q}_{\alpha(t)}(s) = \boldsymbol{q}_t(s)$ とかけば，$s \mapsto \boldsymbol{q}_t(s)$ は $\boldsymbol{q}_t(t) = \boldsymbol{x}^0$ を満たす停留曲線となる．ゆえに

$$W(t, \boldsymbol{x}^0) = \varphi(\boldsymbol{q}_t(0)) + \int_0^t F(s, \boldsymbol{q}_t(s), \boldsymbol{q}'_t(s)) ds$$

である．したがって，t をパラメータと考えてパラメータに滑らかに依存する汎関数のパラメータに関する微分についての補題 2.79 の等式 (2.84) を用いれば，初期時間は $t_0(s)|_{s=0} = 0$ と固定され，$\boldsymbol{q}_t(s)|_{s=t} = \boldsymbol{x}_0$ も固定されているので

$$\frac{\partial W}{\partial t}(t, \boldsymbol{x}^0) = \frac{d}{dt}\varphi(\boldsymbol{q}_t(0)) - H(t, \boldsymbol{q}_t(t), \boldsymbol{p}(t, \boldsymbol{q}_t(t))) - \boldsymbol{p}_t(0)\frac{d\boldsymbol{q}_t}{dt}(0) \qquad (2.95)$$

となる．ここで，初期値のとり方から $(\partial\varphi/\partial\boldsymbol{q})(\boldsymbol{q}_t(0)) = \boldsymbol{p}_t(0)$ だから最初と最後の項は打ち消し合い

$$\frac{\partial W}{\partial t}(t^0, \boldsymbol{x}^0) = -H(t^0, \boldsymbol{x}^0, \boldsymbol{p}(t^0, \boldsymbol{x}^0)) \tag{2.96}$$

となる．一方，t^0 と x_j^0 以外を固定して，x_j を動かして同じ議論をすれば $\boldsymbol{q}_{\alpha(x_j)}(t_0) = \boldsymbol{x}$ を満たす $\alpha(x_j)$ が一意的に存在する．ふたたび (2.84) を用いると，積分の両端 $t = 0, t^0$ は固定されているので $dt_j/d\lambda$ に対応する項は消える．(2.95) と同様な打ち消し合いから

$$\frac{\partial W}{\partial x_j}(t^0, \boldsymbol{x}^0) = p_j(t^0, \boldsymbol{x}^0), \qquad j = 1, \ldots, n \tag{2.97}$$

が得られる．(2.97) を (2.96) に代入して (2.92) が得られる． $\qquad\square$

2.5　変分の直接法とラグランジュの未定数乗数法

　ここまでの議論によって固定端問題の変分問題を解くには，まずオイラーの微分方程式 (2.47) の解を境界条件 $\boldsymbol{q}(a) = \boldsymbol{q}_1, \boldsymbol{q}(b) = \boldsymbol{q}_2$ の下で求め，次いでヤコビの条件を確かめればよいことがわかった．しかし，二階の微分方程式の解を具体的に求めることは一般にはきわめて困難であるばかりでなく，このように区間の両端で与えられた境界条件を満たす解が存在するかどうかさえ自明ではない．一方，汎関数の極値関数は必ずオイラーの微分方程式と境界条件を満たすから，汎関数 $J(\boldsymbol{q})$ の極値の存在を（微分方程式を解かずに）直接証明できれば，逆にオイラーの方程式の境界値問題の解が存在することが示されたことになる．変分問題の極値を直接求める方法を**変分の直接法**と呼ぶ．

　変分問題が数学において重要なものとみなされるに至ったのは歴史的にいえば，実は上の事実のためであり，とくに多変数関数に対する変分問題のオイラー方程式として現れる偏微分方程式の解法に変分の直接法が有効に用いられることがわかってきたからである．直接法は問題に応じて，さまざまな方法によって論じられており，その統一的理論というものは残念ながら存在しない．この節では，いくつかの場合に共通する論法を 1 つの例題を通して紹介する．次節ではこれを $F(t, \boldsymbol{q}, \boldsymbol{q}')$ が $\boldsymbol{q}, \boldsymbol{q}'$ についての二次関数である場合に適用し，シュトゥルム・リュービルの固有値問題を解くことにするが，そ

2.5 変分の直接法とラグランジュの未定数乗数法 135

の準備として制限付き極値問題でよく知られたラグランジュの未定数乗数法
を汎関数に拡張する.

2.5.1 変分の直接法, 例題

$V(\boldsymbol{x})$ を上に有界な $\boldsymbol{x} \in \mathbb{R}^d$ の C^2 級実数値関数, $V(\boldsymbol{x}) \leq M$ とする. こ
のとき, 任意の $a < b$ に対して, 固定端の汎関数

$$J(\boldsymbol{q}) = \int_a^b \left\{ \frac{1}{2}|\boldsymbol{q}'(t)|^2 - V(\boldsymbol{q}(t)) \right\} dt, \quad \boldsymbol{q}(a) = \boldsymbol{q}_1,\ \boldsymbol{q}(b) = \boldsymbol{q}_2 \quad (2.98)$$

に対する**最小値**が存在することを直接法によって示そう. 最小値を与える関
数 $\boldsymbol{q} \in PC^1([a,b])$ はオイラーの微分方程式 $\boldsymbol{q}''(t) + (\nabla V)(\boldsymbol{q}(t)) = 0$ の境界
条件 $\boldsymbol{q}(a) = \boldsymbol{q}_1, \boldsymbol{q}(b) = \boldsymbol{q}_2$ を満たす解である. 簡単のために, $\boldsymbol{q}_1 = \boldsymbol{q}_2 = 0$ と
して話を進める. 一般の場合もまったく同様である. $Y = \{\boldsymbol{q} \in PC^1([a,b]) :$
$\boldsymbol{q}(a) = \boldsymbol{q}(b) = 0\}$ とかく. (最小値はノルムに無関係に定義されることに注
意しよう).

証明

■ **1. 最小化列の存在** $V(\boldsymbol{x}) \geq -M$ だから任意の $\boldsymbol{q} \in Y$ に対して $J(\boldsymbol{q}) \geq -M(b-$
$a)$. 汎関数 $J(\boldsymbol{q})$ は下に有界である. $\inf\{J(\boldsymbol{q}) : \boldsymbol{q} \in Y\} = m$ とする. 下限の定義
によって $J(\boldsymbol{q}_n) \to m$ を満たす関数列 $\boldsymbol{q}_1, \boldsymbol{q}_2, \ldots \in Y$ が存在する. これを J の**最
小化列**という.

■ **2. 最小化列のコンパクト性** 最小化列 $\boldsymbol{q}_1, \boldsymbol{q}_2, \cdots \in Y$ が適当なノルムに関して
収束する部分列をもつことを示そう (通常, この手続きはアスコリ・アルツェラの
定理などを用いて最小化列が適当な位相でプレコンパクトであることを用いて示さ
れる. この位相は $J(\boldsymbol{q})$ が連続となる位相よりも弱いのが通常で, 極限関数が空間
Y に属することは別に証明しなければならない).

いまの場合は, $J(\boldsymbol{q}_n) \to m\ (n \to \infty)$ だから $\{J(\boldsymbol{q}_n)\}$ は有界. これより

$$\|\boldsymbol{q}_n'\|_{L^2([a,b])}^2 = 2\left(J(\boldsymbol{q}_n) + \int_a^b V(\boldsymbol{q}_n(t))dt\right) \leq 2C + 2M(b-a) \equiv C_1,$$

$$n = 1, 2, \ldots$$

であることがわかる. これからシュワルツの不等式によって, $a \leq r < s \leq b$ のとき

$$|\boldsymbol{q}_n(s) - \boldsymbol{q}_n(r)|^2 = \left| \int_r^s \boldsymbol{q}_n'(t)dt \right|^2 \le (s-r) \int_r^s |\boldsymbol{q}_n'(t)|^2 dt \le C_1(s-r).$$

したがって，$\{\boldsymbol{q}_n(t)\}$ は同等連続である．また $|\boldsymbol{q}_n(a)| = 0$ にも注意すれば

$$|\boldsymbol{q}_n(t)| \le \sqrt{C_1(b-a)}, \quad t \in [a, b], \quad n = 1, 2, \ldots.$$

$\{\boldsymbol{q}_n(t)\}$ は一様有界でもある．ゆえに，アスコリ・アルツェラの定理によって $\{\boldsymbol{q}_n\}$ は一様収束する部分列をもつ．この収束部分列を改めて $\{\boldsymbol{q}_n\}$ とかき，極限関数を $\boldsymbol{q}^0(t)$ とかく．$\boldsymbol{q}^0(t)$ は連続で

$$\lim_{n \to \infty} \|\boldsymbol{q}_n - \boldsymbol{q}^0\|_\infty = 0 \tag{2.99}$$

である．ただし $\|\boldsymbol{q}\|_\infty = \sup\{|\boldsymbol{q}(t)| : a \le t \le b\}$ である．

■ **3. 汎関数の下半連続性**　もし $\boldsymbol{q}_n \in Y$ が (2.99) より強い X_1 のノルムに関して収束し

$$\lim_{n \to \infty} \|\boldsymbol{q}_n - \boldsymbol{q}^0\|_{X_1} = 0 \tag{2.100}$$

であれば $J(\boldsymbol{q})$ のこのノルムに関する連続性により $J(\boldsymbol{q}^0) = \lim_{n \to \infty} J(\boldsymbol{q}_n) = m$ となって $\boldsymbol{q}^0$ は最小値を与える関数ということになり話がすむ．しかし，アスコリ・アルツェラの定理からは (2.99) しか得られないから，一般には $\boldsymbol{q}^0 \in Y$ ではないかもしれず，たとえ $\boldsymbol{q}^0 \in Y$ であっても，これだけからでは $J(\boldsymbol{q}^0) = \lim_{n \to \infty} J(\boldsymbol{q}_n)$ とはいえない．しかし，$\boldsymbol{q}^0 \in Y$ であることが知られていれば，一般に $\|\boldsymbol{q}_n - \boldsymbol{q}^0\|_\infty \to 0$ のとき，不等式

$$J(\boldsymbol{q}^0) \le \liminf_{n \to \infty} J(\boldsymbol{q}_n) \tag{2.101}$$

が成り立つ．この性質を汎関数 J の一様収束のノルム $\|\cdot\|_\infty$ に関する**下半連続性**という．これを証明しよう．

（下半連続性の証明）　$n \to \infty$ のとき，$\|\boldsymbol{q}_n - \boldsymbol{q}^0\|_\infty \to 0$ だから一様に $V(\boldsymbol{q}_n(t)) \to V(\boldsymbol{q}(t))$．ゆえに $\int_a^b V(\boldsymbol{q}_n(t))dt \to \int_a^b V(\boldsymbol{q}^0(t))dt$ である．$a < c < d < b$ とし $0 < |h| < \min\{c-a, b-d\}$ を十分小とする．このとき

$$\int_c^d \frac{|\boldsymbol{q}_n(t+h) - \boldsymbol{q}_n(t)|^2}{h^2}dt = \int_c^d \frac{1}{h^2} \left| \int_t^{t+h} \boldsymbol{q}_n'(s)ds \right|^2 dt$$

である．右辺の内側の積分をシュワルツの不等式を用いて評価し，次いで積分の順序を入れ換え，最後に積分領域を広げると

$$\le \int_c^d \frac{1}{|h|} \left(\int_t^{t+h} |\boldsymbol{q}_n'(s)|^2 ds \right) dt \le \int_{c-|h|}^{d+|h|} |\boldsymbol{q}_n'(s)|^2 ds \le \int_a^b |\boldsymbol{q}_n'(t)|^2 dt.$$

2.5 変分の直接法とラグランジュの未定数乗数法　　137

両辺の $\liminf_{n\to\infty}$ をとって $\boldsymbol{q}_n(t)$ が $\boldsymbol{q}^0(t)$ に一様収束することを用いれば，

$$\int_c^d \frac{|\boldsymbol{q}^0(t+h)-\boldsymbol{q}^0(t)|^2}{|h|^2}dt \le \liminf_{n\to\infty}\int_a^b |\boldsymbol{q}_n'(t)|^2 dt. \tag{2.102}$$

一方，仮定により $\boldsymbol{q}^0 \in PC^1([a,b])$ だから $[c,d]$ 上一様に

$$\left|\frac{\boldsymbol{q}^0(t+h)-\boldsymbol{q}^0(t)}{h}-(\boldsymbol{q}^0)'(t)\right| = \left|\frac{1}{h}\int_0^h ((\boldsymbol{q}^0)'(t+s)-(\boldsymbol{q}^0)'(t))ds\right| \le C$$

で，左辺は $h\to 0$ のとき，$(\boldsymbol{q}^0)'$ の不連続点の外では広義一様に 0 に収束する．したがって，(2.102) において $h\to 0$ とすれば

$$\int_c^d |(\boldsymbol{q}^0)'(t)|^2 dt \le \liminf_{n\to\infty}\int_a^b |\boldsymbol{q}_n'(t)|^2 dt \tag{2.103}$$

である．$a<c<d<b$ は任意であったからこれより

$$\int_a^b |(\boldsymbol{q}^0)'(t)|^2 dt \le \liminf_{n\to\infty}\int_a^b |\boldsymbol{q}_n'(t)|^2 dt.$$

ゆえに $J(\boldsymbol{q}^0) \le \liminf_{n\to\infty} J(\boldsymbol{q}_n)$ である．　　　　□

問 2.91　与えられた $\varepsilon > 0$ に対して積分区間 $[c,d]$ を $(\boldsymbol{q}^0)'$ の不連続点の近傍とその外部に分割して，(2.103) を詳しく証明せよ．

■ **4. 極限関数 $\boldsymbol{q}^0(t)$ はオイラー方程式の弱解**　第 3 段によって J はノルム $\|\boldsymbol{q}\|_\infty$ に関して下半連続だから，第 2 段の極限関数に対して $\boldsymbol{q}^0 \in Y$ であることがわかれば

$$m \le J(\boldsymbol{q}^0) \le \liminf_{n\to\infty} J(\boldsymbol{q}_n) = m = \inf_{\boldsymbol{q}\in Y} J(\boldsymbol{q}).$$

したがって，$J(\boldsymbol{q}^0)=m$ となって $\boldsymbol{q}^0(t)$ は最小値を与える関数であることがわかる．$\boldsymbol{q}^0(a)=\boldsymbol{q}^0(b)=0$ は自明であるから，$\boldsymbol{q}^0 \in PC^1([a,b])$ を示すことが問題である．このために，まず極限関数 $\boldsymbol{q}^0(t)$ がオイラー方程式の**弱解**，すなわち $\boldsymbol{q}^0$ は $\boldsymbol{u}(a)=\boldsymbol{u}'(a)=\boldsymbol{u}(b)=\boldsymbol{u}'(b)=0$ を満たす任意の C^2 級関数 $\boldsymbol{u}(t)$ に対して

$$\int_a^b \boldsymbol{q}^0(t)\cdot\boldsymbol{u}''(t)dt + \int_a^b \nabla V(\boldsymbol{q}^0(t))\cdot\boldsymbol{u}(t)dt = 0 \tag{2.104}$$

を満たすことを示そう（もし $\boldsymbol{q}^0(t)$ が C^2 級なら，部分積分によって (2.104) から

$$\int_a^b \left((\boldsymbol{q}^0)''(t) + \nabla V(\boldsymbol{q}^0(t))\right)\boldsymbol{u}(t)dt = 0. \tag{2.105}$$

したがって，変分法の基本補題（補題 2.51）によって $(\boldsymbol{q}^0)''(t) + \nabla V(\boldsymbol{q}^0(t)) = 0$ がしたがう．これが (2.104) を満たす $\boldsymbol{q}^0(t)$ が弱解と呼ばれる理由である）．

$L^2(a,b)$ の内積を $(\cdot,\cdot)$ とかく．$\boldsymbol{u}(t)$ を $\boldsymbol{u}(a)=\boldsymbol{u}'(a)=\boldsymbol{u}(b)=\boldsymbol{u}'(b)=0$ を満

たす C^2 級関数, $\varepsilon \in \mathbb{R}$ とする. 部分積分によって $(\boldsymbol{q}_n', \boldsymbol{u}') = -(\boldsymbol{q}_n, \boldsymbol{u}'')$. (2.99) によって $\boldsymbol{q}_n(t)$ は $\boldsymbol{q}^0(t)$ に一様収束するから, $n \to \infty$ のとき, $(\boldsymbol{q}_n', \boldsymbol{u}') \to -(\boldsymbol{q}^0, \boldsymbol{u}'')$. ゆえに, $\boldsymbol{q}_n, \boldsymbol{q}_n'$ などの変数 t を省略して

$$J(\boldsymbol{q}_n + \varepsilon\boldsymbol{u}) = \frac{1}{2}\int_a^b \left(|\boldsymbol{q}_n'|^2 + 2\varepsilon\boldsymbol{q}_n'\cdot\boldsymbol{u}' + \varepsilon^2|\boldsymbol{u}'|^2\right)dt - \int_a^b V(\boldsymbol{q}_n + \varepsilon\boldsymbol{u})dt$$

$$\to m + \int_a^b V(\boldsymbol{q}^0)dt + \int_a^b \left\{-\varepsilon\boldsymbol{q}^0\cdot\boldsymbol{u}'' + \frac{\varepsilon^2}{2}|\boldsymbol{u}'|^2 - V(\boldsymbol{q}^0 + \varepsilon\boldsymbol{u})\right\}dt$$

となる. 左辺は任意の n に対して m 以上だから右辺も同様. ゆえに, 任意の実数 ε に対して,

$$-\varepsilon\int_a^b \boldsymbol{q}^0\cdot\boldsymbol{u}''dt + \frac{\varepsilon^2}{2}\int_a^b |\boldsymbol{u}'|^2 dt - \int_a^b \left(V(\boldsymbol{q}^0 + \varepsilon\boldsymbol{u}) - V(\boldsymbol{q}^0)\right)dt \geq 0. \quad (2.106)$$

$\varepsilon > 0$ として, (2.106) の両辺を ε で除して $\varepsilon \downarrow 0$ とすれば,

$$-\int_a^b \boldsymbol{q}^0(t)\cdot\boldsymbol{u}''(t)dt - \int_a^b (\nabla V)(\boldsymbol{q}^0(t))\cdot\boldsymbol{u}(t)dt \geq 0 \qquad (2.107)$$

となる. 同様にして, $\varepsilon < 0$ として, (2.106) の両辺を ε で割り算をして $\varepsilon \uparrow 0$ とすれば, (2.107) の逆向きの不等式が得られる. これから (2.104) がしたがう.

■ **5. 弱解は C^2 級でオイラーの方程式を満たす** $\boldsymbol{u}(b) = \boldsymbol{u}'(b) = 0$ に注意しながら (2.104) に部分積分を 2 回用いて

$$\int_a^b \nabla V(\boldsymbol{q}^0(t))\cdot\boldsymbol{u}(t)dt = \int_a^b \left(\int_a^t \left(\int_a^s \nabla V(\boldsymbol{q}^0(r))dr\right)ds\right)\cdot\boldsymbol{u}''(t)dt \quad (2.108)$$

とかき直せば, (2.104) は

$$\int_a^b \left(\boldsymbol{q}^0(t) + \int_a^t \left(\int_a^s \nabla V(\boldsymbol{q}^0(r))dr\right)ds\right)\cdot\boldsymbol{u}''(t)dt = 0$$

となる. ゆえに変分法の基本補題 (補題 2.51) によって適当な定数ベクトル α, β が存在して

$$\boldsymbol{q}^0(t) + \left\{\int_a^t \left(\int_a^s (\nabla V)(\boldsymbol{q}^0(r))dr\right)ds\right\} = \alpha t + \beta. \qquad (2.109)$$

(2.109) によって $\boldsymbol{q}^0$ は C^2 級, ゆえに $\boldsymbol{q}^0 \in Y$ で, (2.109) を微分すれば $\boldsymbol{q}^0(t)$ がオイラーの方程式 $(\boldsymbol{q}^0)''(t) + \nabla V(\boldsymbol{q}^0(t)) = 0$ を満たすことがわかる. $\qquad \square$

　以上 **1–5** の各段階の証明は個々の問題に即した方法がとられるが, 上に述べた手続きは大筋において多くの変分問題の直接法に共通する.

2.5.2 ラグランジュの未定乗数法

$F(\boldsymbol{x})$, $G(\boldsymbol{x})$ を $\boldsymbol{x} \in \mathbb{R}^d$ の実数値関数で C^1 級, $\nabla G(\boldsymbol{x}) \neq 0$ とする. このとき, $F(\boldsymbol{x})$ の曲面 $\{\boldsymbol{x} \colon G(\boldsymbol{x}) = 0\}$ 上での最大値・最小値はラグランジュの未定乗数法によって求めることができる. この方法をノルム空間上の汎関数に対して一般化しよう.

V をノルム空間, K, J を $v \in V$ の C^1 級実数値汎関数, $S = \{v \in V \colon K(v) = 0\}$, $v_0 \in S$ とする.

定義 2.92 ある $\varepsilon > 0$ が存在して, $\|v - v_0\| < \varepsilon$ を満たす任意の $v \in S$ に対して $J(v_0) \leq J(v)$ が成立するとき, v_0 は J の S 上の極小点, $J(v_0)$ は極小値といわれる. 極大点, 極大値も同様に定義する.

定理 2.93 J の S 上の極小点 v_0 において $K'(v_0) \neq 0$ であれば, ある実数 λ が存在して

$$J'(v_0) - \lambda K'(v_0) = 0 \tag{2.110}$$

が成立する. 極大点に対しても同様である.

証明 $K'(v_0) \neq 0$ だから, $\langle K'(v_0), v \rangle \neq 0$ を満たす $v \in V$ が存在する. 任意に $h \in V$ をとり $(t, s) \in \mathbb{R}^2$ の C^1 級関数

$$f(t, s) = J(th + sv + v_0), \quad g(t, s) = K(th + sv + v_0)$$

を考える. $g(0, 0) = K(v_0) = 0$, $(\partial g / \partial s)(0, 0) = \langle K'(v_0), v \rangle \neq 0$. だから $\tilde{S} = \{(t, s) \colon g(t, s) = 0\}$ は平面 $\mathbb{R}^2$ の原点 $O = (0, 0)$ を通る曲線で, O は f の $\tilde{S}$ 上の極小点である. したがって, $f(t, s)$ の O における $\tilde{S}$ の接線方向への方向微分は 0. $\alpha \perp \nabla g(0, 0)$ を満たす任意の α に対して $\langle \alpha, (\nabla f)(0, 0) \rangle = 0$ でなければならない. ゆえに, ある (h に依存する) λ に対して $(\nabla f)(0, 0) = \lambda (\nabla g)(0, 0)$, すなわち

$$\langle J'(v_0), h \rangle = \lambda \langle K'(v_0), h \rangle, \quad \langle J'(v_0), v \rangle = \lambda \langle K'(v_0), v \rangle, \quad \forall h \in V$$

が成立する. ここで $\langle K'(v_0), v \rangle \neq 0$ だから $\lambda = \langle J'(v_0), v \rangle / \langle K'(v_0), v \rangle$. この λ に対して

$$\langle J'(v_0), h \rangle = \lambda \langle K'(v_0), h \rangle \Leftrightarrow \langle J'(v_0) - \lambda K'(v_0), h \rangle = 0, \quad \forall h \in V,$$

$J'(v_0) - \lambda K'(v_0) = 0$ が成立する. $\qquad\square$

140 第 2 章 変分法の基本事項

定理 2.93 をノルム空間 $X_1 = (PC^1([a,b]), \|\cdot\|_{X_1})$ 上の汎関数に応用できる．$J(\boldsymbol{q}), K(\boldsymbol{q})$ を

$$J(\boldsymbol{q}) = \int_a^b F(t, \boldsymbol{q}(t), \boldsymbol{q}'(t))dt, \qquad K(\boldsymbol{q}) = \int_a^b G(t, \boldsymbol{q}(t), \boldsymbol{q}'(t))dt \quad (2.111)$$

によって定義された汎関数とする．J に対する固定端変分問題を条件 $K(\boldsymbol{q}) = 0$ のもとで考えよう．2.2.1 項でのように一般の固定端問題は直線で平行移動することによってこの場合に帰着できるから，端点条件 $\boldsymbol{q}(a) = \boldsymbol{q}(b) = \boldsymbol{0}$ のもとで考えることにする．

こうすれば，問題を部分ノルム空間 $Y_1 = \{\boldsymbol{q} \in X_1 : \boldsymbol{q}(a) = \boldsymbol{q}(b) = \boldsymbol{0}\}$ 上の汎関数に対する変分問題と考えることができるから，定理 2.93 がそのまま適用できる．$J'(\boldsymbol{q}_0), K'(\boldsymbol{q}_0)$ が (2.23) などで与えられることを思い出せば，次が得られる．

定理 2.94 J, K を仮定 2.71 を満たす滑らかな関数 $F(t, \boldsymbol{q}, \boldsymbol{v}), G(t, \boldsymbol{q}, \boldsymbol{v})$ に対して (2.111) によって定義された Y_1 上の汎関数，$S = \{\boldsymbol{q} \in Y_1 : K(\boldsymbol{q}) = 0\}$ とする．$J(\boldsymbol{q})$ の S 上での極値関数 $\boldsymbol{q}_0 \in Y_1$ に対して次が成立する：$G_{\boldsymbol{v}}(t, \boldsymbol{q}_0(t), \boldsymbol{q}_0'(t)) \not\equiv \boldsymbol{0}$ あるいは $G_{\boldsymbol{q}}(t, \boldsymbol{q}_0(t), \boldsymbol{q}_0'(t)) \not\equiv \boldsymbol{0}$ が満たされれば，$\boldsymbol{q}_0$ はある $\lambda \in \mathbb{R}$ に対して境界条件 $\boldsymbol{q}_0(a) = \boldsymbol{q}_0(b) = \boldsymbol{0}$ を満たす微分方程式

$$\frac{d}{dt}(F_{\boldsymbol{v}} - \lambda G_{\boldsymbol{v}})(t, \boldsymbol{q}_0(t), \boldsymbol{q}_0'(t)) - (F_{\boldsymbol{q}} - \lambda G_{\boldsymbol{q}})(t, \boldsymbol{q}_0(t), \boldsymbol{q}_0'(t)) = 0 \quad (2.112)$$

の解である．(2.112) もオイラー・ラグランジュの方程式と呼ばれる．

2.5.3 2.5 節の問題

問題 2.11 N 次実対称行列 $A = (a_{jk})$ を用いて $\mathbb{R}^N$ 上の関数 J を $J(\boldsymbol{x}) = (A\boldsymbol{x}, \boldsymbol{x})$ と定める．J の単位球面 $S = \{\boldsymbol{x} : |\boldsymbol{x}| = 1\}$ 上における最大，最小値をラグランジュの未定乗数法を用いて求めよ．

問題 2.12 汎関数 $\int_0^1 u'(t)^2 dt$ に対する固定端変分問題 $u(0) = u(1) = 0$ を条件 $\int_0^1 u(t)^2 dt = 1$ のもとで解け．

問題 2.13 (t, x) 平面上の二点 $(a, 0), (-a, 0)$ を通り長さ $2l \geq 2a$ の曲線で，この二点を結ぶ線分とこの曲線が囲む面積が最大となるものを求めよ．

2.6 二次汎関数とシュトゥルム・リュービルの固有値問題 141

2.6 二次汎関数とシュトゥルム・リュービルの固有値問題

$P(t), Q(t)$ が t に連続に依存する $n \times n$ 対称行列のとき,

$$L(\boldsymbol{u}) = \int_a^b (P(t)\boldsymbol{u}'(t) \cdot \boldsymbol{u}'(t) + Q(t)\boldsymbol{u}(t) \cdot \boldsymbol{u}(t))dt \qquad (2.113)$$

の形の汎関数を**二次汎関数**と呼ぶ.二次汎関数は数理物理でとくに大切な汎関数である.L^2 内積の記号 $\int_a^b \boldsymbol{u}(t) \cdot \boldsymbol{v}(t)dt = (\boldsymbol{u}, \boldsymbol{v})$ を用いれば

$$L(\boldsymbol{u}) = (P\boldsymbol{u}', \boldsymbol{u}') + (Q\boldsymbol{u}, \boldsymbol{u})$$

である.$L(\boldsymbol{u})$ に対応する対称双一次形式を

$$L(\boldsymbol{u}, \boldsymbol{v}) = (P\boldsymbol{u}', \boldsymbol{v}') + (Q\boldsymbol{u}, \boldsymbol{v})$$

と定義する.この節では $L(\boldsymbol{u})$ を $X_1 = (PC^1([a,b]), \|\boldsymbol{u}\|_{X_1})$ 全体で考える自由端問題,ならびに固定端条件 $\boldsymbol{u}(a) = \boldsymbol{u}(b) = \boldsymbol{0}$ のもとでの固定端問題について考察する.簡単のため $X_1 = X, Y_1 = Y$ とかく.$Y_1 = \{\boldsymbol{u} \in X : \boldsymbol{u}(a) = \boldsymbol{u}(b) = \boldsymbol{0}\}$ であった.この節では**任意の** t **に対して** $P(t)$ **は正定値行列**と仮定する.

■**二次形式** 有限次元空間 $\mathbb{R}^d$ における二次形式 $F(\boldsymbol{x})$ は,対称行列 $A = (a_{jk})$ を用いて $F(\boldsymbol{x}) = (A\boldsymbol{x}, \boldsymbol{x})$ とかける.対称行列 A の固有値を $\lambda_1, \ldots, \lambda_d$,$\boldsymbol{v}_1, \ldots, \boldsymbol{v}_d$ を対応する固有ベクトルからなる $\mathbb{R}^d$ の正規直交基底とする.このとき,$\boldsymbol{v}_1, \ldots, \boldsymbol{v}_d$ を並べてつくった直交行列 T は $\{\boldsymbol{e}_1, \ldots, \boldsymbol{e}_d\}$ から $\{\boldsymbol{v}_1, \ldots, \boldsymbol{v}_d\}$ への基底の変換行列で,${}^tTAT$ は $\lambda_1, \ldots, \lambda_d$ を対角成分とする対角行列となり,$F(\boldsymbol{x})$ は対角化されて

$$F(\boldsymbol{x}) = \lambda_1 \tilde{x}_1^2 + \cdots + \lambda_d \tilde{x}_d^2, \quad \boldsymbol{x} = \tilde{x}_1 \boldsymbol{v}_1 + \cdots + \tilde{x}_d \boldsymbol{v}_d \qquad (2.114)$$

となる.$F(\boldsymbol{x})$ の性質はこの対角化によって明白となる.

■**シュトゥルム・リュービルの固有値問題** 本節では,有限次元空間の二次形式に対するこの結果を (2.113) の**有界区間** $[a,b]$ **上の二次汎関数** $L(\boldsymbol{u})$ の自由端,固定端汎関数に対して拡張する.このとき,$F(\boldsymbol{x})$ に行列 A が対応し

たように，$L(\boldsymbol{u})$ には**シュトゥルム・リュービル作用素**と呼ばれる二階微分作用素

$$T\boldsymbol{u} = -(P\boldsymbol{u}')' + Q\boldsymbol{u} \tag{2.115}$$

が対応する（補題 2.97 参照）．一般に微分を用いて定義された線形作用素を**微分作用素**といい，それが作用する関数の範囲をその**定義域**という．作用素 S の定義域を $D(S)$ とかく．シュトゥルム・リュービル作用素 T に固定端あるいは自由端境界条件に対応した定義域 $D(T_D), D(T_N)$ をそれぞれ

$$D(T_D) = \{\boldsymbol{u} \in C^2((a,b)) \cap X : \boldsymbol{u}(a) = \boldsymbol{u}(b) = 0\}, \tag{2.116}$$

$$D(T_N) = \{\boldsymbol{u} \in C^2((a,b)) \cap X : \boldsymbol{u}'(a) = \boldsymbol{u}'(b) = 0\} \tag{2.117}$$

と定めて作用素 T_D, T_N を $\boldsymbol{u} \in D(T_D), \boldsymbol{u} \in D(T_N)$ のとき，それぞれ

$$T_D\boldsymbol{u} = -(P\boldsymbol{u}')' + Q\boldsymbol{u}, \quad T_N\boldsymbol{u} = -(P\boldsymbol{u}')' + Q\boldsymbol{u}$$

と（同じ作用で）定義する．T_D と T_N は作用は同じであるが作用する関数の範囲が異なるのである．$\boldsymbol{u}(a) = \boldsymbol{u}(b) = 0$ は**ディリクレ境界条件**，$\boldsymbol{u}'(a) = \boldsymbol{u}'(b) = 0$ は**ノイマン境界条件**といわれ，T_D はディリクレ境界条件付きの，T_N はノイマン境界条件付きのシュトゥルム・リュービル作用素といわれる．

問 2.95　$P(a), P(b)$ が正則行列のとき，汎関数 $L(\boldsymbol{u})$ に対する自然境界条件 (2.53) は $\boldsymbol{u}'(a) = \boldsymbol{u}'(b) = 0$ となることを示せ．

定義 2.96　$T = T_D$ あるいは $T = T_N$ とする．$D(T) \ni \boldsymbol{u} \neq 0$ がある複素数 λ に対して $T\boldsymbol{u} = \lambda\boldsymbol{u}$ を満たすとき，λ を T の**固有値**，$\boldsymbol{u}$ を固有値 λ に属する T の**固有関数**という．固有値 λ に属する T の**固有空間** $\{\boldsymbol{u} \in D(T) : T\boldsymbol{u} = \lambda\boldsymbol{u}\}$ は $D(T)$ の線形部分空間である．関数 $\boldsymbol{u}$ は $\|\boldsymbol{u}\|^2 = 1$ のとき，**正規化されて**いるという．任意の固有関数は正規化できる．

　$F(\boldsymbol{x})$ の対角化に A の固有値が大切であったように，T_D あるいは T_N の固有値を求めることが問題である．一般に T の（ディリクレやノイマン条件のような）適当な境界条件のもとで固有値を求める問題を**シュトゥルム・リュービルの固有値問題**という．以下，断らない限り T は (2.115) で定義されたシュ

2.6 二次汎関数とシュトゥルム・リュービルの固有値問題   143

トゥルム・リュービル作用素, $d = 1$ とし,

$$P(t) \text{ は } C^1 \text{ 級. 定数 } C > 0 \text{ が存在して任意の } t \in [a,b] \text{ に対して } P(t) \geq C \quad (2.118)$$

と仮定する. $d \geq 2$ のときもほぼ同様にとり扱える.

補題 2.97 (1) 任意の $u \in D(T_D)$, $v \in Y$ に対して $L(u,v) = (T_D u, v)$ が成立する.

  (2) 任意の $u \in D(T_N)$, $v \in X$ に対して $L(u,v) = (T_N u, v)$ が成立する.

証明 部分積分をすれば明らかである. じっさい

$$(Pu', v') + (Qu, v) = \int_a^b \{P(t)u'(t)v'(t) + Q(t)u(t)v(t)\}dt$$

$$= P(t)u'(t)v(t)\Big|_a^b + \int_a^b \{-(P(t)u'(t))' + Q(t)u(t)\}v(t)dt.$$

固定端の場合は $v \in Y$ から $v(a) = v(b) = 0$, 自由端の場合は $u \in D(T_N)$ から $u'(a) = u'(b) = 0$ となって境界項が消えるからである. $\square$

補題 2.98 T_D, T_N は**対称**である. すなわち, $u, v \in D(T_D)$ あるいは $u, v \in D(T_N)$ のとき, それぞれ

$$(T_D u, v) = (u, T_D v) \quad \text{あるいは} \quad (T_N u, v) = (u, T_N v)$$

が成立する. 対称な作用素は**対称作用素**ともいわれる.

証明 補題 2.97 によって $(T_D u, v) = L(u,v) = L(v,u) = (T_D v, u) = (u, T_D v)$ だからである. T_D を T_N に替えても同様である. $\square$

2.6.1 二次汎関数と対称作用素

$P(t) = 1$, $Q(t) = 0$ のときの, 次の結果は基本的である.

補題 2.99 T を有界区間 $[a,b]$, $-\infty < a < b < \infty$ 上の微分作用素 $Tu = -u''$ とする.

  (1) T_D の固有値は

$$\lambda_n = \frac{n^2\pi^2}{(b-a)^2}, \quad n = 1, 2, \dots \quad (2.119)$$

で与えられる. λ_n に属する固有空間は 1 次元, 正規化された固有関数を

$$\varphi_n(t) = \sqrt{\frac{2}{b-a}} \sin\left(\frac{n\pi(t-a)}{b-a}\right), \quad n = 1, 2, \dots \qquad (2.120)$$

と選ぶことができる.

(2) T_N の固有値は

$$\mu_n = \frac{n^2\pi^2}{(b-a)^2}, \quad n = 0, 1, \dots \qquad (2.121)$$

で与えられる. μ_n に属する固有空間は 1 次元, 正規化された固有関数を

$$\psi_0(t) = (b-a)^{-1/2}, \quad \psi_n(t) = \sqrt{\frac{2}{b-a}} \cos\left(\frac{n\pi(t-a)}{b-a}\right), \quad n = 1, 2, \dots$$
$$(2.122)$$

と選ぶことができる.

証明 (1) を示す. 補題 2.97 によって, $u \in D(T_D)$ のとき,

$$-u'' = \lambda u \Rightarrow (u', u') = \lambda(u, u) \Rightarrow \lambda \geq 0$$

である. そこで, $\lambda = \kappa^2$, $\kappa \geq 0$ としよう, このとき, $-u'' = \kappa^2 u$ の一般解は

$$u(t) = C_1 e^{i\kappa t} + C_2 e^{-i\kappa t}.$$

$u \in D(T_D)$, $u(t) \not\equiv 0$ のためには $(C_1, C_2) \neq (0,0)$ で

$$C_1 e^{i\kappa a} + C_2 e^{-i\kappa a} = C_1 e^{i\kappa b} + C_2 e^{-i\kappa b} = 0$$

が満たされなければならない. ゆえに,

$$\det\begin{pmatrix} e^{i\kappa a} & e^{-i\kappa a} \\ e^{i\kappa b} & e^{-i\kappa b} \end{pmatrix} = 0 \Rightarrow e^{i\kappa(a-b)} = e^{i\kappa(b-a)} \Rightarrow \kappa = \frac{n\pi}{b-a}, \quad n = 0, 1, \dots.$$

したがって, κ^2 が固有値であれば κ は

$$\kappa_n = \frac{n\pi}{b-a}, \quad n = 0, 1, \dots$$

のいずれかに等しくなければならない. $\kappa = \kappa_n$ のとき, $C_2 = -C_1 e^{2i\kappa_n a}$ だから, κ_n^2 に属する固有関数は

$$u_n(t) = C_1 e^{i\kappa_n t} + C_2 e^{-i\kappa_n t} = 2C_1 i e^{i\kappa_n a} \sin \kappa_n(t - a).$$

$\kappa_0 = 0$ のときは $u_n(t) \equiv 0$ だから，$\kappa_0 = 0$ は固有値から除外しなければならない．これより，T_D の固有値は (2.119) の $\lambda_n, n = 1, 2, \dots$ によって与えられることがわかる．このとき，C_1 を $2C_1 i e^{i\kappa_n a}$ が実数となるように選べば固有関数は実数値ととれ，正規化固有関数として (2.120) の $\varphi_1(t), \varphi_2(t), \dots$ がとれることがわかる．T_N の固有値，固有関数も同様に求められる．詳しくは読者に任せよう．　　□

■**固有値，固有関数の性質**　ふたたび一般のシュトゥルム・リュービル作用素を考察する．

定理 2.100　$T = T_D$ あるいは $T = T_N$ とする．次が成立する．

(1) T の固有値は実数である．

(2) T の異なる固有値に属する固有関数 u, v は**直交する**，すなわち $(u, v)_{L^2} = 0$.

(3) 固有値 λ に属する T の固有空間は 1 次元である．

証明　(1) $Tu = \lambda u$ とする．$L(u) = (Tu, u) = \lambda\|u\|^2$. $L(u), \|u\|^2$ は実数だから λ も実数である．

(2) $Tu = \lambda u, Tv = \mu v$ ならば，$\lambda(u, v) = (Tu, v) = (u, Tv) = \mu(u, v)$. $\lambda \neq \mu$ なら $(u, v)_{L^2} = 0$ である．

(3) 二階線形微分方程式 $-(Pu')' + Qu - \lambda u = 0$ の解空間は 2 次元で，$\{u, v\}$ をその基底とすればロンスキアン $u'(t)v(t) - u(t)v'(t) \neq 0$, また $\{P(t)(u'(t)v(t) - u(t)v'(t))\}' = 0$ より $P(t)(u'(t)v(t) - u(t)v'(t))$ は t によらない定数である．もし固有空間が 2 次元なら u, v はいずれも固有関数であるが，これは矛盾である．$u, v \in D(T_D)$ なら $u(a) = v(a) = 0, u, v \in D(T_N)$ なら $u'(a) = v'(a) = 0$ となり，任意の t に対して $u'(t)v(t) - u(t)v'(t) = 0$ となってしまうからである．　　□

2.6.2　最小固有値の存在

$X = PC^1([a, b]), Y = \{u \in X : u(a) = u(b) = 0\}$ であった．最小値問題にノルムは無関係だから，ノルムによる区別は考えない．

対称行列 A の最小の固有値は二次形式 $\langle Ax, x \rangle$ の単位球面 $|x| = 1$ 上の最小値であることは (2.114) から明らかである．同様に，$L(u)$ の（固定端

146　　　　　　　　　　第 2 章　変分法の基本事項

問題に伴う）$\{u \in Y : \|u\|_{L^2} = 1\}$ 上の，あるいは（自由端問題に伴う）$\{u \in X : \|u\|_{L^2} = 1\}$ 上での最小値が存在し，それぞれ T_D あるいは T_N の最小固有値を与えることを示そう．これによって，T_D, T_N に固有値が少なくとも 1 つ存在することが示される．

定理 2.101　$S_Y = \{u \in Y : \|u\|_{L^2} = 1\}$, $S_X = \{u \in X, \|u\|_{L^2} = 1\}$ をそれぞれ Y, X のノルム $\|u\|_{L^2} = \left(\int_a^b |u(t)|^2 dt \right)^{1/2}$ に関する単位球とする．次が成り立つ．

(1) $L(u)$ の S_Y における最小値 $\lambda_1 \equiv \min\{L(u) : u \in S_Y\}$ が存在する．λ_1 は T_D の最小固有値，最小値を達成する $\varphi_1 \in S_Y$ は λ_1 に属する T_D の正規化された固有関数である．

(2) $L(u)$ の S_X における最小値 $\mu_1 \equiv \min\{L(u) : u \in S_X\}$ が存在する．μ_1 は T_N の最小固有値，最小値を達成する $\psi_1 \in S_X$ は μ_1 に属する T_N の正規化された固有関数である．

証明　変分の直接法によって証明する．おおむね前節の例題の証明の方針にしたがうが，いまの場合は二次汎関数の特殊性によって，汎関数の半連続性に関する第 3 段の議論をスキップできる．(1) を証明し，T_N については必要な修正をコメントする．以下この証明のノルムはすべて L^2 ノルムで，単に $\|u\|$ とかいたら L^2 ノルムのことである．

(1a) $\min\{Q(t) : t \in [a, b]\} = M$ とする．

$$L(u) = (Pu', u') + (Qu, u) \geq M, \quad u \in S_Y. \tag{2.123}$$

$L(u)$ は下に有界である．$\lambda_1 = \inf\{L(u) : u \in S_Y\}$ とする．任意の実数 c に対して $L(cu) = c^2 L(u)$ だから，

$$L(u) \geq \lambda_1 \|u\|_{L^2}^2, \quad \forall u \in Y \tag{2.124}$$

が成立する．

(1b) L の最小化列，$\{u_n\} \subset S_Y$, $L(u_n) \to \lambda_1$ $(n \to \infty)$ をとる．(2.123) によって $C\|u_n'\|^2 \leq (Pu_n, u_n) \leq L(u_n) - M$ だから $\|u_n'\|^2$ は有界．ゆえに，2.5 節の例題 (2.5.1 項) の第 2 段と同様にして，$\{u_n\}$ は一様有界，同等連続．アスコリ・アルツェラの定理によって一様収束する部分列をもつ．それをふたたび u_n，極限関数を φ_1 とかく．明らかに $\|\varphi_1\|^2 = 1$, $\varphi_1(a) = \varphi_1(b) = 0$ である．

2.6 二次汎関数とシュトゥルム・リュービルの固有値問題 147

(1c) 2.5 節の例題, 第 3 段の証明のようにして $L(u)$ も一様収束のノルム $\|u\|_C = \max\{|u(x)| : a \le t \le b\}$ に関して下半連続性であることがわかるが (問 2.103 で確かめよ), いまはこれを用いないで, $\varphi_1 \in D(T_D) \cap S_Y$ で $L(\varphi_1) = \lambda_1$ が成立することを示す.

(1d) φ が $-(P\varphi')' + Q\varphi - \lambda_1 \varphi = 0$ の弱解であること, すなわち

$$(\varphi_1, -(Pv')' + Qv - \lambda_1 v) = 0, \quad \forall v \in D(T_D) \tag{2.125}$$

が成立することを示そう. (2.124) によって,

$$L(u_n + \varepsilon v) \ge \lambda_1 \|u_n + \varepsilon v\|^2, \quad \forall v \in D(T_D), \ \forall \varepsilon \in \mathbb{R}.$$

両辺を ε に関して展開して

$$L(u_n) + 2\varepsilon L(u_n, v) + \varepsilon^2 L(v) \ge \lambda_1 (1 + 2\varepsilon(u_n, v) + \varepsilon^2 \|v\|^2). \tag{2.126}$$

補題 2.97 を用いて $L(u_n, v) = (u_n, T_D v)$ とし, $n \to \infty$ とすれば, $(u_n, v) \to (\varphi_1, v)$, $(u_n, T_D v) \to (\varphi_1, T_D v)$, $L(u_n) \to \lambda_1$ だから, (2.126) から

$$2\varepsilon(\varphi_1, T_D v) + \varepsilon^2 L(v) \ge 2\varepsilon\lambda_1(\varphi_1, v) + \varepsilon^2 \lambda_1 \|v\|^2.$$

これから前節第 4 段のようにして (2.125), $(\varphi_1, T_D v) = \lambda_1(\varphi_1, v)$ が得られる.

(1e) 最後に 2.5 節の第 5 段をまねて弱解が C^2 級, したがって $\varphi_1 \in D(T_D)$ で, $T_D \varphi_1 = -(P\varphi_1')' + Q\varphi_1 = \lambda_1 \varphi_1$ を満たすことを示そう. $v(a) = v'(a) = v(b) = v'(b) = 0$ を満たす $v \in C^2([a,b])$ はすべて $v \in D(T_D)$ であるから

$$0 = (\varphi, -(Pv')' + (Q - \lambda_1)v) = (P\varphi, -v'' - P^{-1}P'v' + P^{-1}(Q - \lambda_1)v)$$

$$= \left(-P\varphi + \int_a^x P'(t)\varphi(t)dt + \int_a^x \left(\int_a^t (Q(s) - \lambda_1)\varphi(s)ds \right) dt, v'' \right) = 0.$$

したがって, 変分法の基本補題 (補題 2.51) によって適当な定数 α, β が存在して

$$-P(x)\varphi(x) + \int_a^x P'(t)\varphi(t)dt + \int_a^x \left(\int_a^t (Q(s) - \lambda)\varphi(s)ds \right) dt = \alpha x + \beta.$$

ゆえに φ は C^1 級, 微分すれば

$$-P(x)\varphi'(x) + \int_a^x (Q(s) - \lambda)\varphi(s)ds = \alpha.$$

ゆえに, φ は C^2 級で, $-(P\varphi')' + (Q - \lambda)\varphi = 0$ である.

(1f) $T_D\varphi_1 = \lambda_1\varphi_1$ から $L(\varphi_1) = (T\varphi_1, \varphi_1) = \lambda_1$. $L(u)$ の S_Y における最小値 λ_1 は T_D の固有値, 最小値を達成する $\varphi_1 \in S_Y$ は固有値 λ_1 に属する固有関数であることがわかった. λ_1 は T_D の最小の固有値である. じっさい λ が T_D の固有値, $u \in D(T_D)$ を λ に属する正規化された固有関数とすれば $u \in S_Y$, $\lambda_1 \le L(u) = (T_D u, u) = \lambda$ だからである.

(2) 上の議論を $T = T_N$ に対して適用するのに必要な修正箇所をコメントしよう. $u \in S_X$ に対しても $L(u)$ は (2.123) を満たし, 下に有界である. $\mu_1 = \inf\{L(u) : u \in S_X\}$, $u_n \in S_X$ を $L(u)$ の最小化列とする. このとき, (2.123) によって $\|u_n'\|$ は有界, u_n は同等連続である.

自由端問題では固定端の場合と違って, $\{u_n(t)\}$ の値を一定に定めておく点 $t \in [a, b]$ が存在しない. このため $\{u_n\}$ が一様有界であることを示すには工夫が必要である. u と u' の L^2 ノルムの和で u の最大値を評価する次の補題 2.102 を用いる.

補題 2.102 $I = (a, b)$, $u \in X = PC^1(I)$ に対して次が成立する:

$$\sup_{a < t < b} |u(t)| \le (b-a)^{-1/2}\|u\| + (b-a)^{1/2}\|u'\|. \tag{2.127}$$

補題 2.102 を認めて先に進もう. $\|u_n\| = 1$, $\|u_n'\|$ は有界だから補題 2.102 によって $\{u_n\}$ は一様有界, 同等連続だから一様収束する部分列 $\{u_{n_j}\}$ をもつ. その極限関数を $\psi_1(t)$ とすれば $\|\psi_1\| = 1$, また (1d) を繰り返して ψ_1 が (2.125) と同様に, $T_N\psi_1 = \mu_1\psi_1$ の弱解であること, すなわち

$$(\psi_1, -(Pv')' + Qv - \mu_1 v) = 0, \quad v \in D(T_N)$$

を満たすことがわかる. これから $\psi_1 \in C^2([a, b]) \subset X$, ψ_1 はオイラーの方程式 $-(P\psi_1')' + Q\psi_1 = \mu_1\psi_1$ を満たすことがわかる. $v(a) = v'(a) = v(b) = v'(b) = 0$ を満たす $v \in C^2([a, b])$ は $D(T_N)$ に含まれるので (2.108) 以下の議論がこの場合も適用できるからである. したがって, $L(\psi_1) = \mu_1$ で ψ_1 は自由端汎関数 $L(u)$ の S_X における最小値を与える関数である. ゆえに, 自然境界条件 $\psi_1'(a) = \psi_1'(b)$ も満たさなければならない (定理 2.53 参照). これより固定端の場合と同様にして μ_1 は T_N の最小固有値, ψ_1 は最小固有値に属する T_N の固有関数であることがわかる.

$\square$

補題 2.102 の証明 $t, s \in I$ とする. $u'(r)$ を s から t まで積分し, 三角不等式, シュワルツの不等式を用いると

$$|u(t)| \le |u(s)| + \left|\int_t^s u'(r)dr\right| \le |u(s)| + (b-a)^{1/2}\|u'\|.$$

両辺を s について I 上積分し，第 1 の積分にふたたびシュワルツの不等式を用いると

$$(b-a)|u(t)| \leq (b-a)^{1/2}\|u\| + (b-a)^{3/2}\|u'\|.$$

両辺を $(b-a)$ で除すれば (2.127) が得られる． □

問 2.103 $L(u)$ が一様収束のノルム $\|u\|_{X_0}$ に関して下半連続であることを示せ．

2.6.3 固有関数の完全性と二次汎関数の対角化

定理 2.101 によって T_D, T_N はどちらも少なくとも 1 つの固有値をもつ．ここでは，T_D, T_N のどちらも無限個の固有値をもち，対応する正規化された固有関数系は Y あるいは X の基底をなし，この基底によって Y あるいは X 上の二次汎関数 $L(u)$ が対角化されることを示す．

■無限個の固有値

定理 2.104 $\lambda_1 < \cdots < \lambda_n$ を T_D の最初の n 個の固有値，$\varphi_1, \ldots, \varphi_n$ を $\lambda_1, \ldots, \lambda_n$ に属する正規化された固有関数とする．

$$S_{Y,n} = \{u \in Y : \|u\|_{L^2} = 1, \ (u, \varphi_j) = 0, \ j = 1, 2, \ldots, n\}$$

と定義する．このとき，$L(u)$ の $S_{Y,n}$ における最小値

$$\lambda_{n+1} = \min\{L(u) \colon u \in S_{Y,n}\} = L(\varphi_{n+1}) \tag{2.128}$$

が存在する．λ_{n+1} は T_D の λ_n より大きな最小の固有値，最小値 λ_{n+1} を達成する $\varphi_{n+1} \in S_{Y,n}$ は λ_{n+1} に属する T_D の正規化された固有関数である．

証明 $n = 0$ のときは定理 2.101 で示した．$n-1$, $n \geq 1$ まで成立すると仮定して n に対して証明しよう（数学的帰納法）．ほぼ定理 2.101 の証明の繰り返しである．

$L(u)$ は $S_{Y,n}$ 上でももちろん下に有界である．$\lambda_{n+1} = \inf\{L(u) \colon u \in S_{Y,n}\}$, $\{u_j \in S_{Y,n} : j = 1, 2, \ldots\}$ を最小化列 $L(u_j) \to \lambda_{n+1}$ $(j \to \infty)$ とする．このとき，定理 2.101 の証明と同様にして (2.123) が成立し，u_j は一様有界，同等連続，したがって一様収束する部分列が存在することがわかる．それをふたたび u_j とかき，$u_j \to \varphi$（一様収束）とする．$\varphi(a) = \varphi(b) = 0$, $\|\varphi\| = 1$, $(\varphi_j, \varphi) = 0$, $j = 1, 2, \ldots, n$ は一様収束性から明白である．$\varphi \in D(T_D)$ で $T\varphi = \lambda_{n+1}\varphi$ であることを示せばよい．

$S_{Y,n}$ から正規化条件 $\|u\| = 1$ をとり払って $\tilde{Y}_n$ を

$$\tilde{Y}_n = \{u \in Y : (u, \varphi_j) = 0, \ j = 1, 2, \ldots, n\}$$

と定義しよう（$\tilde{Y}_n$ はベクトル空間であることに注意）．$L(su) = s^2 L(u)$ だから，$u \in \tilde{Y}_n$ に対して，$L(u) \geq \lambda_{n+1}\|u\|^2$ が成立する．ゆえに，任意の $v \in \tilde{Y}_n \cap D(T_D)$, $\varepsilon \in \mathbb{R}$ に対して，

$$L(u_j + \varepsilon v) \geq \lambda_{n+1}\|u_j + \varepsilon v\| = \lambda_{n+1}(1 + 2\varepsilon(u_j, v) + \varepsilon^2\|v\|^2).$$

左辺を ε に関して展開して，(2.126) 以下の議論を繰り返せば，

$$(\varphi, (T_D - \lambda_{n+1})v) = 0, \quad \forall v \in \tilde{Y}_n \cap D(T_D) \tag{2.129}$$

が成立することがわかる．任意の $v \in D(T_D)$ に対して $\tilde{v} = v - \sum_{j=1}^{n}(v, \varphi_j)\varphi_j \in \tilde{Y}_n \cap D(T_D)$．ゆえに (2.129) を右辺第 1 項に用いれば

$$(\varphi, (T_D - \lambda_{n+1})v) = (\varphi, (T_D - \lambda_{n+1})\tilde{v}) + \sum_{j=1}^{n}(\lambda_j - \lambda_{n+1})(v, \varphi_j)(\varphi, \varphi_j) = 0.$$

これから定理 2.101 の証明の (1e) のようにして $\varphi \in D(T_D)$, $T_D\varphi = \lambda_{n+1}\varphi$, $L(\varphi) = \lambda_{n+1}$ が得られる．T_D の $\lambda_n < \lambda$ を満たす固有値 λ に属する正規化された固有関数を ψ とすれば $\psi \in S_{Y,n}$. $(L\psi, \psi) = \lambda \geq \lambda_{n+1}$. したがって λ_{n+1} は λ_n より大きな最小の固有値である． $\square$

T_N に対しては次の定理が成立する．定理 2.104 の証明を定理 2.101 (2) のときと同様に修正してこれを証明することは，読者の練習問題とする．

定理 2.105 $\mu_1 < \cdots < \mu_n$ を T_N の最初の n 個の固有値，$\psi_1, \ldots, \psi_n$ を $\mu_1 < \cdots < \mu_n$ に属する正規化された固有関数，

$$S_{X,n} = \{u \in X : \|u\|_{L^2} = 1, \ (u, \psi_j) = 0, \ j = 1, 2, \ldots, n\}$$

と定義する．このとき，$L(u)$ の $S_{X,n}$ における最小値

$$\mu_{n+1} = \min\{L(u) : u \in S_{X,n}\} = L(\psi_{n+1})$$

が存在する．μ_{n+1} は T_N の μ_n より大きな最小の固有値，μ_{n+1} を達成する $\psi_{n+1} \in S_{X,n}$ は μ_{n+1} に属する T_N の正規化された固有関数である．

2.6 二次汎関数とシュトゥルム・リュービルの固有値問題　　151

■**直交関数系**　定理 2.104, 2.105 によって T_D, T_N はいずれも無限個の固有値をもち，相異なる固有値に属する固有関数は互いに直交する．

定義 2.106　有界あるいは無限区間 $I = (a, b)$, $-\infty \le a < b \le \infty$, 上の互いに直交する正規化された関数系 $\{\varphi_n\colon n = 1, 2, \dots\}$, すなわち，任意の $n, m = 1, 2, \dots$ に対して

$$n \ne m \text{ のとき } (\varphi_n, \varphi_m)_{L^2((a,b))} = 0 \quad ; \quad \|\varphi_n\|_{L^2((a,b))} = 1$$

を満たす関数系は I 上の**正規直交関数系**といわれる．

定義 2.107　$\{\varphi_n\}$ を区間 I 上の正規直交関数系とする．$f \in L^2(I)$ に対して

$$c_n = (f, \varphi_n),\ n = 1, 2, \dots; \quad f_N(t) = \sum_{n=1}^{N} c_n \varphi_n(t),\ N = 1, 2, \dots \quad (2.130)$$

をそれぞれ $\{\varphi_n\}$ に関する**フーリエ係数**，**フーリエ級数**の第 N 部分和という．

　次の補題の証明は読者に任せる．

補題 2.108　(1) $(f, g) = 0 \Rightarrow \|f + g\|^2 = \|f\|^2 + \|g\|^2$ (ピタゴラスの定理)．

　(2) 正規直交系 $\{\varphi_n\}$, $c_1, \dots, c_N \in \mathbb{C}$ に対して $\left\| \sum_{n=1}^{N} c_n \varphi_n \right\|^2 = \sum_{n=1}^{N} |c_n|^2$.

問 2.109　補題 2.108 を証明せよ．

■**完全正規直交系**

定理 2.110　$\{\varphi_n\}$ を区間 I 上の正規直交関数系，$f \in L^2(I)$ を連続関数とする．f の $\{\varphi_n\}$ に関するフーリエ係数 $\{c_n\}$, フーリエ級数の第 N 部分和 f_N に対して

$$\sum_{n=1}^{\infty} |c_n|^2 \le \|f\|_{L^2}^2 \text{ (ベッセルの不等式)}, \quad (2.131)$$

$$\lim_{N \to \infty} \|f - f_N\|_{L^2}^2 = 0 \Leftrightarrow \sum_{n=1}^{\infty} |c_n|^2 = \|f\|^2 \text{ (パーセバルの等式)} \quad (2.132)$$

が成立する．(2.132) の第 1 の等式が成立するとき，f_N は f に I 上（二乗）平均収束するといわれる．

証明 c_n の定義, $\{\varphi_n\}$ が正規直交系であることから次の等式が成立する：

$$0 \le \|f - f_N\|^2 = \Big(f - \sum_{n=1}^{N} c_n\varphi_n, f - \sum_{n=1}^{N} c_n\varphi_n\Big) = \|f\|^2 - \sum_{n=1}^{N} |c_n|^2. \quad (2.133)$$

定理はこれから明らかである． □

定義 2.111 I 上の正規直交関数系 $\{\varphi_n\}$ は任意の連続関数 $f \in L^2(I)$ に対してパーセバルの等式が成り立つとき，**完全である**といわれる．

$N \to \infty$ において $\|f_N - f\| \to 0$ が成立するとき，しばしば

$$f(t) = \underset{N\to\infty}{\text{l.i.m}} \sum_{n=1}^{N} c_n\varphi_n(t) \ \text{あるいは} \ f(t) = \sum_{n=1}^{\infty} c_n\varphi_n(t) \ \text{（平均収束）}$$

とかく．このとき，f は $\{\varphi_n(t)\}$ の関数項級数の「無限一次結合」によって表され，$\{\varphi_n\}$ は関数の空間における基底の役割を演ずる．このことは第 3 章でより詳しく論ずる．

■ミニ・マックス原理 T_D ならびに T_N の正規化固有関数の全体が完全正規直交系をなすことを証明しよう．$N+1$ 番目の固有値 λ_{N+1} や μ_{N+1} をそれ以前の固有値や固有関数系によらずに特徴づける次の補題は重要である．

$\mathcal{Y} \subset Y$ あるいは $\mathcal{X} \subset X$ がそれぞれ Y, X の部分空間のとき，

$$\mathcal{Y}^\perp = \{u \in Y: (u,v) = 0, \ \forall v \in \mathcal{Y}\}, \ \mathcal{X}^\perp = \{u \in X: (u,v) = 0, \ \forall v \in \mathcal{X}\}$$

をそれぞれの直交補空間という．$v_1,\ldots,v_N$ の張る部分空間を $\langle v_1,\ldots,v_N \rangle$ とかく：

$$\langle v_1,\ldots,v_N \rangle = \Big\{\sum a_j v_j: a_1,\ldots,a_N \in \mathbb{R}\Big\}$$

である．次は**クーラントのミニ・マックス原理**といわれる．

補題 2.112 T_D, T_N の第 $N+1$ 固有値 λ_{N+1}, μ_{N+1} はそれぞれ

2.6 二次汎関数とシュトゥルム・リュービルの固有値問題 153

$$\lambda_{N+1} = \sup_{\mathcal{Y} \subset Y, \ \dim \mathcal{Y} = N} \left\{ \inf_{u \in \mathcal{Y}^\perp, \|u\|=1} L(u) \right\}, \qquad (2.134)$$

$$\mu_{N+1} = \sup_{\mathcal{X} \subset X, \ \dim \mathcal{X} = N} \left\{ \inf_{u \in \mathcal{X}^\perp, \|u\|=1} L(u) \right\} \qquad (2.135)$$

で与えられる.

証明 (1) T_D の固有値を小さな順に並べたものを $\lambda_1 < \lambda_2 < \cdots$, $\varphi_1, \varphi_2, \ldots$ をそれぞれに属する固有関数, $\mathcal{Y}_N = \langle \varphi_1, \ldots, \varphi_N \rangle$, $N = 1, 2, \ldots$ とする. 定理 2.104 によって $\lambda_{N+1} = \min\{L(u) : u \in \mathcal{Y}_N^\perp, \|u\| = 1\}$. したがって, 任意の $v_1, \ldots, v_N \in Y$ に対して,

$$\inf\{L(u) : u \in \langle v_1, \ldots, v_N \rangle^\perp, \|u\| = 1\} \leq \lambda_{N+1} \qquad (2.136)$$

を示せばよい. グラム・シュミットの正規直交化によって $v_1, \ldots, v_N$ は正規直交系としてよい. $(c_1, \ldots, c_{N+1}) \in \mathbb{R}^{N+1}$ に対する連立線形方程式

$$\begin{pmatrix} (v_1, \varphi_1) & \cdots & (v_1, \varphi_{N+1}) \\ \vdots & \ddots & \vdots \\ (v_N, \varphi_1) & \cdots & (v_N, \varphi_{N+1}) \end{pmatrix} \begin{pmatrix} c_1 \\ \vdots \\ c_{N+1} \end{pmatrix} = \begin{pmatrix} 0 \\ \vdots \\ 0 \end{pmatrix} \qquad (2.137)$$

には $c_1^2 + \cdots + c_{N+1}^2 = 1$ を満たす解が存在する. 左辺の行列の階数は明らかに N 以下だからである. このとき, $u = c_1 \varphi_1 + \cdots + c_{N+1} \varphi_{N+1} \in D(T_D) \cap \{v_1, \ldots, v_N\}^\perp$, $\|u\|^2 = 1$. ゆえに

$$L(u) = (T_D u, u)_{L^2} = \left(\sum_{j=1}^{N+1} \lambda_j c_j \varphi_j, \sum_{j=1}^{N+1} c_j \varphi_j \right)_{L^2} = \sum_{j=1}^{N+1} \lambda_j c_j^2 \leq \lambda_{N+1}.$$

よって (2.136) が成立する.

(2) (1) において Y を X に, T_D を T_N に置き換えればよい. $\qquad \square$

■固有値の単調性 クーラントのミニ・マックス原理から $Tu = -(Pu')' + Qu$ の固有値は P, Q が増加するとき増加する. すなわち次が成立する.

補題 2.113 $T_1 = -(P_1 u')' + Q_1 u$, $T_2 = -(P_2 u')' + Q_2 u$, ディリクレ境界条件付きの T_1, T_2 を $T_{1,D}, T_{2,D}$ とする.

任意の $a \leq t \leq b$ において $P_1(t) \leq P_2(t)$, $Q_1(t) \leq Q_2(t)$

が成立すれば，$T_{1,D}$ の固有値 $\lambda_1 < \lambda_2 < \cdots$，$T_{2,D}$ の固有値 $\mu_1 < \mu_2 < \cdots$ に対して

$$\lambda_1 \leq \mu_1, \ \lambda_2 \leq \mu_2, \ldots$$

が成立する．ノイマン境界条件付きの作用素 $T_{1,N}, T_{2,N}$ の固有値に対しても同じ命題が成立する．

証明 $(P_1u', u')_{L^2} + (Q_1u, u)_{L^2} \leq (P_2u', u')_{L^2} + (Q_2u, u)_{L^2}$ が任意の $u \in Y$ あるいは $u \in X$ に対して成立する．したがって，補題はクーラントのミニ・マックス原理から明らかである． $\square$

$A, B \in \mathbb{R}$ が定数のとき，$T_0u = -Au'' + Bu$ に対する境界値問題の固有値は補題 2.99 によってただちに求められる．これと補題 2.113 から次は明らかである．

補題 2.114 定数 $m_1 \leq m_2$, $M_1 \leq M_2$ が存在して

$$M_1 \leq P(t) \leq M_2, \quad m_1 \leq Q(t) \leq m_2, \quad a < t < b$$

が成立すると仮定する．

(1) $Tu = -(Pu')' + Qu$ のディリクレ境界値問題の固有値は次を満たす：

$$M_1 \frac{n^2\pi^2}{(b-a)^2} + m_1 \leq \lambda_n \leq M_2 \frac{n^2\pi^2}{(b-a)^2} + m_2, \quad n = 1, 2, \ldots.$$
(2.138)

(2) $Tu = -(Pu')' + Qu$ のノイマン境界値問題の固有値は次を満たす：

$$M_1 \frac{(n-1)^2\pi^2}{(b-a)^2} + m_1 \leq \mu_n \leq M_2 \frac{(n-1)^2\pi^2}{(b-a)^2} + m_2, \quad n = 1, 2, \ldots.$$
(2.139)

■**固有関数の完全性** T に対する境界値問題の T_D あるいは T_N の固有関数系の完全性を示そう．

定理 2.115 有限区間 $I = (a, b)$ 上の $Tu = -(Pu')' + Qu$ のディリクレ境界値問題あるいはノイマン境界値問題の正規化された固有関数の全体は完全正規直交系である．

証明 完全性を示せばよい. T_D に対して証明する. T_N に対しても同様である. 固有値 $\lambda_1 < \lambda_2 < \cdots$ に属する正規化された固有関数を $\varphi_1, \varphi_2, \ldots$ とする. 連続関数 $f \in L^2(I)$ に対して

$$f_N = c_1\varphi_1 + \cdots + c_N\varphi_N, \quad c_1 = (f, \varphi_1), \ldots, c_N = (f, \varphi_N); \quad v_N = f - f_N$$

とおく. $\lim_{N\to\infty} \|v_N\|_{L^2} = 0$ を示せばよい.

(1) $f \in D(T_D)$ のとき. $v_N \in \langle \varphi_1, \ldots, \varphi_N \rangle^\perp \cap D(T_D)$ だから定理 2.104 によって, $(T_D v_N, v_N) = L(v_N) \geq \lambda_{N+1}\|v_N\|^2$. また, $(T_D v_N, f_N) = (T_D f_N, v_N) = \sum_{j=1}^N c_j\lambda_j(\varphi_j, v_N) = 0$, $(T_D f_N, f_N) = \sum_{j,k=1}^N (c_j\lambda_j\varphi_j, c_k\varphi_k) = \sum_{j=1}^N \lambda_j c_j^2$ である. ゆえに

$$L(f) = (T_D f, f) = (T_D(f_N + v_N), f_N + v_N) = (T_D f_N, f_N) + (T_D v_N, v_N)$$

$$\geq \lambda_{N+1}\|v_N\|^2 + \sum_{j=1}^N \lambda_j c_j^2 \geq \lambda_{N+1}\|v_N\|^2 + \lambda_1 \sum_{j=1}^N c_j^2.$$

(2.139) によって, 適当な定数 $C > 0$ をとれば十分大きな任意の N に対して $\lambda_{N+1} \geq C(N+1)^2$, またベッセルの不等式によって $\sum_{j=1}^N c_j^2 \leq \|f\|_{L^2}^2$ だから

$$C(N+1)^2\|v_N\|^2 \leq L(f) + |\lambda_1|\|f\|^2 < \infty.$$

ゆえに $N \to \infty$ のとき, $\|v_N\| \to 0$ でなければならない.

(2) 一般の $f \in C([a,b])$ の場合. 任意の $\varepsilon > 0$ に対して a, b の近傍で 0 となる滑らかな関数 $\tilde{f}$ を $\|\tilde{f} - f\|_{L^2}^2 < \varepsilon^2$ を満たすようにとれる. このことは第 3 章で示すが (定理 3.20), いまはこれを認める. このとき, もちろん $\tilde{f} \in D(T_D)$. $c_j = (f, \varphi_j), \tilde{c}_j = (\tilde{f}, \varphi_j), j = 1, 2, \ldots$ とする. (1) によって十分大きな N_0 をとれば任意の $N \geq N_0$ に対して $\|\tilde{f} - \sum_{j=1}^N \tilde{c}_j\varphi_j\|^2 < \varepsilon^2$. 一方, ベッセルの不等式によって $\sum_{j=1}^\infty |\tilde{c}_j - c_j|^2 \leq \|\tilde{f} - f\|^2 < \varepsilon^2$. ゆえに

$$\left\|v_N\right\| \leq \|f - \tilde{f}\| + \left\|\tilde{f} - \sum_{j=1}^N \tilde{c}_j\varphi_j\right\| + \left\|\sum_{j=1}^N \tilde{c}_j\varphi_j - \sum_{j=1}^N c_j\varphi_j\right\| < 3\varepsilon.$$

ゆえに, このときも $\|v_N\| \to 0$ である. $\qquad\square$

■ $L(u)$ の対角化 以下, $T = T_D$ あるいは $T = T_N$ とする. 定理 2.115 によって T の正規化された固有関数系 $\{\varphi_n\}$ は完全. 任意の $u \in Y$ に対して平均収束の意味で

$$u = \sum_{n=1}^{\infty} c_n \varphi_n, \quad c_n = (u, \varphi_n), \ n = 1, 2, \ldots \tag{2.140}$$

が成立する．また $u \in D(T)$ であれば，Tu も連続関数で $(Tu, \varphi_n) = (u, T\varphi_n) = \lambda_n(u, \varphi_n) = c_n\lambda_n$ だからふたたび平均収束の意味で

$$Tu = \sum_{n=1}^{\infty} c_n \lambda_n \varphi_n. \tag{2.141}$$

したがって，$u \in D(T)$ に対して，フーリエ級数の部分和を $u_N = c_1\varphi_1 + \cdots + c_N\varphi_N$ とかけば，

$$L(u) = (Tu, u) = \lim_{N \to \infty} (Tu_N, u_N) = \sum_{n=1}^{\infty} c_n^2 \lambda_n. \tag{2.142}$$

作用素 T ならびに二次形式 $L(u)$ に対する展開式 (2.141) あるいは (2.142) を T あるいは L の固有関数からなる基底による対角化という．

2.6.4　フーリエ級数序説

　シュトゥルム・リュービル作用素の固有関数による関数の展開の中で最も広く応用されるのは補題 2.99 で与えた $-d^2/dx^2$ の固有関数による展開，すなわちフーリエ級数展開である．フーリエ級数については第 3 章で詳しく解説するが，その準備のため，ここで定理 2.115 からただちに導かれるいくつかの結果を述べておく．

　区間 $[0, l]$ 上の $-d^2/dt^2$ のディリクレ境界値問題に対する固有関数系

$$\sqrt{\frac{2}{l}} \sin\left(\frac{n\pi t}{l}\right), \quad n = 1, 2, \ldots \tag{2.143}$$

は定理 2.115 によって完全正規直交系である．したがって $[0, l]$ 上の任意の連続関数 u に対して平均収束の意味で

$$u(t) = \sum_{n=1}^{\infty} \frac{2}{l} \left(\int_0^l \sin\left(\frac{n\pi s}{l}\right) u(s) ds \right) \sin\left(\frac{n\pi t}{l}\right) \tag{2.144}$$

が成立する．(2.144) は u の**フーリエ・サイン級数**といわれる．

2.6 二次汎関数とシュトゥルム・リュービルの固有値問題　　　157

同様に定理 2.115 によって，$-d^2/dt^2$ のノイマン境界値問題の正規化固有関数系の

$$\frac{1}{\sqrt{l}}, \quad \sqrt{\frac{2}{l}}\cos\left(\frac{n\pi t}{l}\right), \quad n = 1, 2, \ldots$$

も完全正規直交関数系で $[0, l]$ 上の任意の連続関数 u に対して

$$u(x) = \frac{1}{l}\int_0^l u(t)dt + \sum_{n=1}^{\infty} \frac{2}{l}\left(\int_0^l \cos\left(\frac{n\pi s}{l}\right)u(s)ds\right)\cos\left(\frac{n\pi t}{l}\right) \quad (2.145)$$

が平均収束の意味で成立する．(2.145) は u の**フーリエ・コサイン級数**と呼ばれる

(2.144) の右辺は奇関数，(2.145) の右辺は偶関数，したがって，$[-l, l]$ 上の任意の奇関数に対しては (2.144) が，偶関数に対しては (2.145) が成立することになる．

いっぽう，$[-l, l]$ 上の任意の関数 $u(x)$ は

$$u(x) = u_o(x) + u_e(x),$$

$$u_o(x) = \frac{1}{2}(u(x) - u(-x)), \quad u_e(x) = \frac{1}{2}(u(x) + u(-x)),$$

と奇関数 $u_o(x)$ と偶関数 $u_e(x)$ の和に表せ，$u_o(x)$ に対しては (2.144) が u を u_o にとり替えて，$u_e(x)$ に対しては (2.145) が u を u_e にとり替えて成立する．ここで $u_o(x), u_e(x)$ の展開係数 $c_1, \ldots; d_0, d_1, \ldots$ は

$$c_n = \frac{2}{l}\int_0^l \sin\left(\frac{n\pi s}{l}\right)u_o(s)ds = \frac{1}{l}\int_{-l}^l \sin\left(\frac{n\pi s}{l}\right)u(s)ds \quad (2.146)$$

$$d_0 = \frac{1}{l}\int_0^l u_e(s)ds = \frac{1}{2l}\int_{-l}^l u(t)dt, \quad (2.147)$$

$$d_n = \frac{2}{l}\int_0^l \cos\left(\frac{n\pi s}{l}\right)u_e(s)ds = \frac{1}{l}\int_{-l}^l \cos\left(\frac{n\pi s}{l}\right)u(s)ds. \quad (2.148)$$

したがって，$[-l, l]$ 上の任意の連続関数が (2.146), (2.147), (2.148) の第 2式で定義された c_n, d_n を用いて，平均収束の意味で

$$u(t) = \sum_{n=0}^{\infty}\left(c_n \sin\left(\frac{n\pi t}{l}\right) + d_n \cos\left(\frac{n\pi t}{l}\right)\right) \quad (2.149)$$

と展開されることがわかる．これを u のフーリエ級数と呼ぶ．(2.149) はオイラーの公式を用いてより簡明に表現される．じっさい

$$\cos\left(\frac{n\pi t}{l}\right) = \frac{1}{2}\left(e^{i\pi nt/l} + e^{-i\pi nt/l}\right), \quad \sin\left(\frac{\pi t}{l}\right) = \frac{1}{2i}\left(e^{i\pi nt/l} - e^{-i\pi nt/l}\right),$$

とかいて (2.149) に代入すれば，

$$u(t) = d_0 + \sum_{n=1}^{\infty} e^{int}\left(\frac{d_n}{2} - i\frac{c_n}{2}\right) + \sum_{n=1}^{\infty} e^{-int}\left(\frac{d_n}{2} + i\frac{c_n}{2}\right).$$

$c_n,\ d_0,\ d_n$ に (2.146), (2.147), (2.148) の第 2 式を代入し，$c_n = -c_{-n}$, $d_{-n} = d_n$ に注意して整理すれば，

$$u(t) = \sum_{n=-\infty}^{\infty} \tilde{c}_n e^{i\pi nt/l}, \quad \tilde{c}_n = \frac{1}{l}\int_{-l}^{l} e^{i\pi nt/l}u(t)dt. \qquad (2.150)$$

このようにして次の定理が得られる．

定理 2.116　$u(t)$ を区間 $[-l, l]$ 上の連続関数 $u(t)$ とする．平均収束の意味で (2.150) が成立する．(2.150) は u のフーリエ級数と呼ばれる．

　(2.149) や (2.150) の右辺は $\mathbb{R}$ 上の周期 $2l$ の周期関数である．したがって，$u(t)$ を $\mathbb{R}$ 上の $2l$ 周期関数に延長し，延長された関数をふたたび $u(t)$ とかけば，(2.149) や (2.150) はすべての $t \in \mathbb{R}$ に対して成立し，フーリエ係数 $\tilde{c}_n$ は長さ $2l$ の任意の区間 I に対して

$$\tilde{c}_n = \frac{1}{l}\int_I e^{i\pi nt/l}u(t)dt$$

によって得られる．したがって，フーリエ級数は $[-l, l]$ 上の関数に対する理論と考えるよりも，$\mathbb{R}$ 上の $2l$ 周期関数に対する理論と考える方が自然である．

　ここでフーリエ級数が各 t において $u(t)$ に収束するかどうかの問題は微妙な問題であることを注意しておこう．じっさい，$\tilde{c}_n$ は積分で定義されているから，たとえば有限個の点で $u(t)$ の値をどのように変えても u のフーリエ級数は変わらない．したがって，フーリエ級数が u に平均収束しても各 t に対して関数値 $u_n(t)$ が $u(t)$ に収束するとは一般には結論できないのである．

フーリエ級数についての詳しい議論とその応用については第3章で学ぶが，フーリエ級数の関数値が収束するかどうかはこのように微妙で難しい問題を含んでいることをあらかじめ指摘しておく．

2.7 多変数関数の汎関数に対する変分問題

多変数関数の汎関数の変分問題を詳しく論ずるのは，関数解析や偏微分方程式に関するより詳しい知識が必要で，本書の程度を越える．ここでは，次の汎関数 (2.152) に対するオイラーの微分方程式が，二階偏微分方程式となることのみを示すことにする．二階偏微分方程式については，第3章でいくつかの例をとり扱う．また，第5章で二階偏微分方程式の一般論について述べる．以下ベクトルに太文字を使うことをやめ，$x = (x_1, \ldots, x_d) \in \mathbb{R}^d$ などとかく．

Ω を滑らかな境界 $\partial\Omega$ をもつ $\mathbb{R}^d$ の有界な領域，$F(x, u, v)$ を $(x, u, v) \in \Omega \times \mathbb{R} \times \mathbb{R}^d$ の滑らかな実数値関数とする．$V = \{u \in C^2(\overline{\Omega}) : $ 任意の $x \in \partial\Omega$ に対して $u(x) = 0\}$ を Ω 上の固定端条件 $u(x) = 0, x \in \partial\Omega$ を満たす C^2 級実数値関数の集合とし，V にノルムを

$$\|u\|_V = \sup\left\{ |u(x)| + |\nabla u(x)| + \sum_{j,k=1}^d \left| \frac{\partial^2 u}{\partial x_j \partial x_k}(x) \right| : x \in \Omega \right\} \quad (2.151)$$

と定義する．ノルム空間 V 上の汎関数

$$J(u) = \int_\Omega F(x, u(x), \nabla u(x)) dx \quad (2.152)$$

に対する極値問題を考えよう．ただし $\nabla u = (\partial u/\partial x_1, \ldots, \partial u/\partial x_d)$ である．前節までと同様に $F_{v_j} = \partial F/\partial v_j, j = 1, \ldots, d,$ などとかき，F_v でベクトル $F_v = (F_{v_1}, \ldots, F_{v_d})$ を表す．

問 2.117 $\|u\|_V$ は V 上のノルムであることを確かめよ．

定理 2.118 (2.152) の汎関数 $J(u)$ はノルム空間 V 上微分可能である．$u \in V$ が J の停留関数であるためには，偏微分方程式

$$\sum_{j=1}^{d} \frac{\partial}{\partial x_j}\{F_{v_j}(x, u(x), \nabla u(x))\} = F_u(x, u(x), \nabla u(x)) \qquad (2.153)$$

が満たされることが必要十分である.

注意 2.119 偏微分方程式 (2.153) は未知関数の二階偏微分までを含むので**二階偏微分方程式**と呼ばれる. $u \in V$ は境界条件 $u(x) = 0$, $x \in \partial\Omega$ を満たす. 偏微分方程式の適当な境界条件を満たす解を求める問題を**境界値問題**という.

定理 2.118 の証明 $J(u)$ が微分可能であり, その微分が V 上の線形汎関数

$$\langle J'(u), h\rangle = \int_\Omega \{F_v(x, u(x), \nabla u(x))\nabla h(x) + F_u(x, u(x), \nabla u(x))h(x)\}dx, \quad h \in V \tag{2.154}$$

で与えられることの証明は定理 2.35 の証明とほぼ同様だからここでは繰り返さない. $h \in V$ は $\partial\Omega$ 上で $h(x) = 0$ を満たすから, (2.154) に部分積分を施せば,

$$\langle J'(u), h\rangle = \int_\Omega \{-\mathrm{div}_x(F_v(x, u(x), \nabla u(x))) + F_u(x, u(x), \nabla u(x))\}h(x)dx \tag{2.155}$$

とかける. したがって, (2.153) が成立すれば u は J の停留関数である.

逆に $J'(u) = 0$ とすれば, 任意の $h \in V$ に対して, (2.155) の右辺 $= 0$ である. これから, 次の定理 2.120 を用いて (2.153) が得られる. $\qquad\qquad\square$

次の定理は一次元の場合の変分法の基本補題に対応するもので, 広く用いられる. $C_0^\infty(\Omega)$ は Ω のコンパクト部分集合の外で $u(x) = 0$ を満たす C^∞ 級関数全体の集合である.

定理 2.120 $f(x)$ を Ω 上の連続関数とする. 任意の $\psi \in C_0^\infty(\Omega)$ に対して,

$$\int_\Omega f(x)\psi(x)dx = 0 \tag{2.156}$$

であれば, Ω 上 $f(x) \equiv 0$ である.

証明 f は連続だから $f(q_0) \neq 0$ であればある $\delta > 0$ が存在して, q_0 のある近傍 $B_{2R}(q_0) = \{x : |x - q_0| < 2R\} \subset \Omega$ において $f(x) > \delta > 0$ あるいは $f(x) \leq -\delta < 0$ が成立する. 必要とあれば -1 を乗じて $f(x) \geq \delta > 0$ としてよい.

非負の関数 $\psi \in C_0^\infty(B_{2R}(q_0))$ で $B_R(q_0)$ 上では $\psi(x) \geq 1$ なるものが存在する. このとき,

$$\int_\Omega f(x)\psi(x)dx \geq C\delta, \quad \text{ただし, } C \text{ は } B_R(q_0) \text{ の体積}$$

が成立する. これは仮定 (2.156) に矛盾する. $\qquad\square$

例を 2 つあげて, この章を終わろう.

例 2.121 $g(x) \in C^\infty(\overline{\Omega})$ が与えられた関数のとき, 汎関数

$$J(u) = \int_\Omega \left(\left(\frac{\partial}{\partial x_1}(u-g) \right)^2 + \cdots + \left(\frac{\partial}{\partial x_d}(u-g) \right)^2 \right) dx \qquad (2.157)$$

は Ω 上の**ディリクレ積分**と呼ばれる. (2.153) によって, V 上の汎関数 (2.157) の停留関数 u はディリクレ境界条件

$$u(x) = 0, \quad x \in \partial\Omega \qquad (2.158)$$

を満たす偏微分方程式

$$\triangle u \equiv \frac{\partial^2 u}{\partial x_1^2} + \cdots + \frac{\partial^2 u}{\partial x_d^2} = f(x) \qquad (2.159)$$

の解である. ただし, $f(x) = \triangle g(x)$ である. (2.159) は**ポワソン方程式**と呼ばれる. 第 3 章で, Ω が長方形の場合に, ポワソン方程式のディリクレ境界値問題をフーリエ級数を用いて解く.

例 2.122 変分問題は考える領域 Ω が非有界のときにも考えられる. この場合は, J の定義域として, 無限遠において適当に減少する関数のなす関数空間をとるのが普通である. $Q(x)$ を $\mathbb{R}^d$ 上の有界な実数値関数として, 汎関数

$$J(u) = \int \left\{ \frac{1}{2} \left(\left| \frac{\partial u}{\partial x_1} \right|^2 + \cdots + \left| \frac{\partial u}{\partial x_d} \right|^2 \right) + Q(x)|u(x)|^2 \right\} dx$$

を関数空間

$$V = \left\{ u \in C^2(\mathbb{R}^d) : \int_{\mathbb{R}^d} |u(x)|^2 dx < \infty, \ \int_{\mathbb{R}^d} |\nabla u(x)|^2 dx < \infty \right\}$$

162 第 2 章 変分法の基本事項

上で定義しよう. V のノルムを

$$\|u\| = \left\{ \int \left(|u(x)|^2 + \left| \frac{\partial u}{\partial x_1} \right|^2 + \cdots + \left| \frac{\partial u}{\partial x_d} \right|^2 \right) dx \right\}^{1/2}$$

と定めれば, $J(u)$ は V 上の C^1 級汎関数である. ラグランジュ未定乗数法を用いれば, 条件

$$\int |u(x)|^2 dx = 1$$

のもとでの J の極値関数 u は, ある定数 E に対して, 微分方程式

$$-\frac{1}{2} \triangle u(x) + Q(x)u(x) = Eu(x) \tag{2.160}$$

を満たす. (2.160) はシュレーディンガー方程式, 微分作用素 $Tu = -(1/2)\triangle u + Q(x)u$ はシュレーディンガー作用素と呼ばれる. (2.160) に恒等的には 0 とはならない解 $u \in V$ が存在するとき, E はシュレーディンガー作用素 T の固有値, このときの解 u を E に属する固有関数と呼ぶ. シュレーディンガー作用素に対する固有値問題は, シュトゥルム・リュービル作用素に対する固有値問題の多変数の場合への一般化で, 量子力学の重要な問題である.

第3章
フーリエ級数

一般の関数をより簡単な関数で表現し，複雑な関数の性質を簡単な関数の性質を用いて調べようという考え方は，解析学において一般的である．その最も典型的な例は関数を x^n, $n = 0, 1, \ldots$ の無限一次結合，すなわち巾級数として表すテイラー展開とそれに基づくワイエルシュトラス流の複素関数論である．もう1つの典型例は前章で導入した**フーリエ級数**の理論である．これは周期 $2l$ の周期関数を指数関数 $e^{i\pi nx/l}$, $n = 0, \pm 1, \ldots$ の無限一次結合，すなわち**フーリエ級数**として

$$f(x) = \sum_{n=-\infty}^{\infty} c_n e^{i\pi nx/l} \tag{3.1}$$

と表現する方法である．$e^{i\pi nx/l}$ は最も簡単な微分作用素 d/dx の固有関数，すなわち

$$\frac{1}{i}\frac{d}{dx}e^{\pi inx/l} = \frac{\pi n}{l}e^{\pi inx/l}$$

を満たすことから，フーリエ級数は微分方程式と相性がよく，微分方程式にとくに広く応用される．本章では，フーリエ級数の性質とその偏微分方程式への応用を学ぶ．

一方，第2章で学んだようにシュトゥルム・リュービル作用素の固有関数の全体 $\{\varphi_n(x)\}$ は**完全直交関数系**をなし，任意の連続関数は $\varphi_n(x)$ によって $f(x) = \sum_{n=-\infty}^{\infty} c_n \varphi_n(x)$ と展開される．フーリエ級数の理論は，このような直交関数系による関数の展開の特別な場合とも考えられる．本章では，一

般の完全正規直交関数系による関数の展開の理論にもふれ，その応用を与える．このような一般化によって偏微分方程式への応用範囲が，定数係数の場合から変数係数の場合に拡張できる．**本章では関数は断らない限り複素数値関数である．**

3.1 フーリエ級数の定義とフーリエ係数の性質

本章の理論を一般の周期 $2l$ に対して拡張するのは簡単だから，ここでは $l = \pi$ の場合を考えることにする．こうすると $e^{\pi inx/l} = e^{inx}$ となって式が簡単になるからである．

定義 3.1 $\mathbb{R}$ の 2π 周期連続関数 $f(x)$ の第 n フーリエ係数を

$$c_n = \frac{1}{2\pi} \int_{-\pi}^{\pi} e^{-iny} f(y) dy, \quad n = 0, \pm 1, \ldots \tag{3.2}$$

と定義する．任意の a に対して次が成立する．

$$c_n = \frac{1}{2\pi} \int_{a-\pi}^{a+\pi} e^{-iny} f(y) dy.$$

このとき，(3.1) が $l = \pi$ として平均収束の意味で成立することは前章 2.6.4 項で学んだ．2π 周期関数 f は任意の $n \in \mathbb{Z}$ に対して $f(x) = f(x + 2n\pi)$ を満たす．そこで "数直線を半径 1 の円周に巻き付け" 円周上の点を角変数 θ を用いて表現すれば θ と $\theta + 2n\pi$ は円周上の同じ点を表すから，f は単位円周上の関数と考えることができる．そこで単位円周を $\mathbb{T}$ とかき，$\mathbb{T}$ 上の積分は $d\theta$ に関して行うことにすれば，フーリエ級数は単位円周 $\mathbb{T}$ 上の関数の基本周期関数系 $\{e^{in\theta}\}$ による展開とも考えることができる．

以下，このようにして $\mathbb{T}$ 上の関数と $\mathbb{R}$ 上の 2π 周期関数を同一視する．$\mathbb{T}$ 上の C^k 級関数とは $\mathbb{R}$ 上の C^k 級 2π 周期関数，**$\mathbb{T}$ 上の可積分関数とは $\mathbb{R}$ 上の長さ 2π の区間上リーマン可積分な (有界) 関数**のことである．$\mathbb{T}$ 上の可積分，C^k 級，区分的に連続な関数の全体の集合をそれぞれ $\mathcal{R}(\mathbb{T})$, $C^k(\mathbb{T})$, $PC(\mathbb{T})$ とかく．$\mathcal{R}(\mathbb{T})$ はまたしばしば $L^1(\mathbb{T})$ ともかかれる．以下現れる関数は断らない限りすべて可積分関数とする．式を簡単にするために前章までの記号を少し変更して $\mathbb{T}$ 上のリーマン可積分な関数に対して

$$\|f\|_{L^1(\mathbb{T})} = \frac{1}{2\pi} \int_0^{2\pi} |f(x)| dx, \quad \|f\|_{L^2(\mathbb{T})} = \left(\frac{1}{2\pi} \int_0^{2\pi} |f(x)|^2 dx \right)^{1/2},$$

$$\|g\|_{L^\infty(\mathbb{T})} = \sup\{|g(t)| : 0 \le t < 2\pi\}$$

と定義する．定数関数 1 のノルムを 1 と正規化するためである．

$\mathbb{T}$ 上のリーマン可積分な関数全体は通常の和・スカラー倍に関して $\mathbb{C}$ 上のベクトル空間である．$\mathcal{R}(\mathbb{T})$ の 2 つの関数を

$$\int_{\mathbb{T}} |f(t) - g(t)| dt = 0 \text{ を満たすとき，} f = g \text{ と同一視する} \tag{3.3}$$

ことによって，$\|f\|_{L^1(\mathbb{T})}, \|f\|_{L^2(\mathbb{T})}$ はそれぞれ $\mathcal{R}(\mathbb{T})$ 上のノルムとなる．このノルム空間 $(\mathcal{R}(\mathbb{T}), \|\cdot\|_{L^1(\mathbb{T})}), (\mathcal{R}(\mathbb{T}), \|\cdot\|_{L^2(\mathbb{T})})$ をそれぞれ $L^1(\mathbb{T})$, $L^2(\mathbb{T})$ とかく．$L^\infty(\mathbb{T})$ はノルム $\|f\|_{L^\infty(\mathbb{T})}$ をもつノルム空間 $(\mathcal{R}(\mathbb{T}), \|f\|_{L^\infty(\mathbb{T})})$ のことである．複素数値関数に対しては L^2 内積は

$$(f, g) = \frac{1}{2\pi} \int_a^b f(x) \overline{g(x)} dx$$

と定める．$\overline{f}$ は f の複素共役関数，すなわち $\overline{f}(x) = \overline{f(x)}$ である．$\mathbb{T}$ などが文脈から明らかなときには，ノルム $\|\cdot\|_{L^1(\mathbb{T})}$ などを単に $\|\cdot\|_{L^1}$ とかく．

問 3.2 任意の $n, m \in \mathbb{Z}$ に対して次を示せ：

$$(e^{in\theta}, e^{im\theta})_{L^2(\mathbb{T})} = \frac{1}{2\pi} \int_{\mathbb{T}} e^{i(n-m)\theta} d\theta = \delta_{mn} = \begin{cases} 1, & m = n, \\ 0, & m \ne n. \end{cases} \tag{3.4}$$

問 3.3 $p = 1, 2, \infty$ とする．$\|f\|_{L^p}$ が

$$\|f\|_{L^p} \ge 0, \|\alpha f\|_{L^p} = |\alpha| \|f\|_{L^p}, \|f + g\|_{L^p} \le \|f\|_{L^p} + \|g\|_{L^p}$$

を満たすことを示せ．

■リーマン積分の復習

この本で頻繁に用いられるリーマン積分についての基本事項を復習しておこう．詳しい解説ならびに証明などは杉浦光夫『解析入門 I』『解析入門 II』（東京大学出版会）などの教科書を参照していただきたい．以下，この教科書を「入門 I」「入門 II」とよぶ．

166   第 3 章　フーリエ級数

■**リーマン積分の定義**　（入門 I, 207 ページ）$V \subset \mathbb{R}^d$ を各辺が座標軸に平行な**有界な直方体**, f を V 上の有界な関数とする．任意の直方体 W に対して，W の体積を $|W|$, 最大辺の長さを $\delta(W)$ とかく．Δ が V の小直方体への細分 $V = \cup V_j$ のとき，$\delta(\Delta) = \max \delta(V_j)$ と定める．ある定数 S が存在して，任意の $\varepsilon > 0$ に対してある $\delta > 0$ が存在して，$\delta(\Delta) < \delta$ を満たす任意の分割 Δ と任意の $\xi_j \in V_j$ に対して

$$\left| S - \sum_j f(\xi_j)|V_j| \right| < \varepsilon$$

が成立するとき，f は V 上リーマン可積分であるといわれ，S は f の V 上の積分，$S = \int_V f dx$ とかかれる．V 上の可積分関数の全体を $\mathcal{R}(V)$ とかく．

■**ダルブーの定理**　（入門 I, 216 ページ）分割 Δ に対して

$$\underline{S}(\Delta, f) = \sum_j \inf_{x \in V_j} f(x)|V_j|, \quad \overline{S}(\Delta, f) = \sum_j \sup_{x \in V_j} f(x)|V_j|$$

を f の分割 Δ に関する不足和，過剰和という．f が V 上リーマン可積分であるためには，任意の $\varepsilon > 0$ に対して，$\overline{S}(\Delta, f) - \underline{S}(\Delta, f) < \varepsilon$ となる分割 Δ が存在することが必要十分である．このとき，

$$S = \lim_{\delta(\Delta) \to 0} \underline{S}(\Delta, f) = \lim_{\delta(\Delta) \to 0} \overline{S}(\Delta, f).$$

■**零集合**　（入門 I, 263 ページ）$\mathbb{R}^d$ の部分集合 K は任意の $\varepsilon > 0$ に対して，体積（$d = 1$ のときは長さ，$d = 2$ のときは面積）の和が ε 以下の可算個の直方体（$d = 1$ のときは区間，$d = 2$ のときは長方形）を用いて覆うことができるとき，**零集合**と呼ばれる．またある性質がある零集合に属する点を除いて成立するとき，その性質は**ほとんどいたるところ成立する**といわれる．

問 3.4　有限集合は零集合，可算集合は零集合，可算個の零集合の和集合は零集合であることを示せ．

■**ルベーグの定理**　（入門 I, 定理 9.5）$\mathbb{R}^d$ の有界直方体上の有界関数 f が積分可能であるためには f の不連続点の集合が零集合であることが，すなわち f がほとんどいたるところ連続であることが必要十分である．ただし，f が $x = x_0$ で（不）連続のとき，x_0 は f の（不）連続点といわれる．

注意 3.5　$f(x)$ がほとんどいたるところ連続関数 $g(x)$ に等しくても，$f(x)$ がほとんどいたるところ連続であるとは限らない．たとえば，$[0, 1]$ 区間上の関数 $f(x) =$

$$\begin{cases} 1, & x \in \mathbb{Q} \cap [0,1] \\ 0, & x \in [0,1] \setminus \mathbb{Q} \end{cases}$$ はほとんどいたるところ連続関数 $g(x) = 0$ に等しいが, い

たるところ不連続である. すなわち, $f(x)$ が「ほとんどいたるところ連続である」
ことと「ほとんどいたるところ連続関数に等しい」ことは**別の概念**である. 少し紛
らわしいが上の例を頭に入れておけば混乱はないだろう.

問 3.6 f を有界区間 $[a,b]$ 上の有界関数とする. f が $[a,b]$ 上可積分であるための
必要十分条件は, 任意の $\varepsilon > 0$ に対して, $|f(x) - g(x)| \le h(x), \int_a^b h(x)dx < \varepsilon$ を
満たす連続関数 g と h が存在することである. これを示せ.

問 3.7 (和と積) $f, g \in \mathcal{R}(V) \Rightarrow f + g \in \mathcal{R}(V), fg \in \mathcal{R}(V)$ を示せ.

■**体積確定集合** (入門 I, 255 ページ) 有界集合 K が体積確定であるとは, K の
特性関数 $\chi_K(x) = \begin{cases} 1, & x \in K, \\ 0, & x \notin K \end{cases}$ が K を含む (ある) 直方体 V 上可積分なこと
である. 関数 f が体積確定集合 K 上可積分であるとは, $\chi_K(x)f(x)$ が K を含む
(ある) 直方体 V 上可積分なことである.

　有限直方体 V 上のほとんどいたるところ等しい 2 つのリーマン可積分関数 $f(x)$,
$g(x)$ は (3.3) の左辺を ($\mathbb{T}$ を V で置き換えて) 満足する. また任意の体積確定集合
K に対して
$$\int_{K \cap V} f(x)dx = \int_{K \cap V} g(x)dx,$$
したがって, 積分に関する f と g の性質は同一である. そこで, 一般の体積確定集
合上のほとんどいたるところ等しいリーマン可積分関数を同一視する.

■**変数変換公式** (入門 II, 110 ページ) φ は有界直方体 $V \subset \mathbb{R}^d$ を含むあるコン
パクト集合から $\mathbb{R}^d$ への C^1 級写像で, ある正数 δ に対して $|\det \partial_x \varphi(x)| > \delta$ が成
立するとする. このとき, $\varphi(V)$ は体積確定, $\varphi(V)$ 上の任意の可積分関数 f に対
して $f(\varphi(x))$ は V 上可積分で
$$\int_{\varphi(V)} f(y)dy = \int_V f(\varphi(x))|\det \partial_x \varphi(x)|dx.$$

問 3.8 このとき, φ, φ^{-1} は零集合を零集合に写すことを示せ.

問 3.9 $f \in \mathcal{R}(\mathbb{T})$ なら (t,s) の関数 $f(t-s)$ は $\mathbb{T} \times \mathbb{T}$ 上可積分であることを示せ.

■**積分順序の交換** (「入門 I」249 ページ, 定理 7.1) V, W を直方体, $I = V \times W$
とする. $f(x,y)$ は I 上可積分, x を固定すると $y \mapsto f(x,y)$ は W 上可積分, y を
固定すると $x \mapsto f(x,y)$ は V 上可積分とする. このとき,

$$\int_V \left(\int_W f(x,y)dy \right) dx = \int_W \left(\int_V f(x,y)dx \right) dy = \int_I f(x,y)dxdy \,.$$

■**積分記号下の微分**　I を開区間, $V \subset \mathbb{R}^d$ を有界直方体, $f(t,x)$ を $I \times V$ 上の有界関数, 各 $t \in I$ に対して $f(t,x)$ は V 上可積分, 各 $x \in V$ に対して $f(t,x)$ は t に関して偏微分可能, $\{(\partial f/\partial t)(t,x) \colon x \in V\}$ は t の同等連続関数族とする. このとき, $\int_V f(t,x)dx$ は t の C^1 級関数で

$$\frac{\partial}{\partial t} \int_V f(t,x)dx = \int_V \frac{\partial f}{\partial t}(t,x)dx$$

3.1.1　フーリエ級数の定義

フーリエ係数を $\mathbb{T}$ 上の任意の可積分関数に対して定義しよう.

定義 3.10　$f \in \mathcal{R}(\mathbb{T})$ のとき,

$$\hat{f}(n) = \frac{1}{2\pi} \int_{\mathbb{T}} e^{-int} f(x)dx, \quad n = 0, \pm 1, \dots \tag{3.5}$$

を f の n 次フーリエ係数, 級数

$$\sum_{n=-\infty}^{\infty} \hat{f}(n) e^{inx} \tag{3.6}$$

を f の**フーリエ級数**という.

　f が連続関数ならフーリエ級数 (3.6) は平均収束の意味で f に収束することは前章で示したが, 平均収束は各 $x \in \mathbb{T}$ において級数が収束することを意味しなかった. そこで級数 (3.6) はまずはフーリエ係数 $\hat{f}(n)$ を用いて得られた形式的な級数と考える. これを一般化して（必ずしもある関数のフーリエ係数ではない）任意の数列 $\{c_n\}$ に対して形式的な級数 $\sum_{n=-\infty}^{\infty} c_n \exp(int)$ を考え, これを**三角級数**とよぶ.

3.1.2　フーリエ係数の性質

次の命題の証明は読者に任せる.

3.1 フーリエ級数の定義とフーリエ係数の性質　　169

命題 3.11　$f, g \in \mathcal{R}(\mathbb{T})$ とする．フーリエ係数に対して次が成立する：

(1) $\widehat{(f+g)}(n) = \hat{f}(n) + \hat{g}(n)$.

(2) 任意の複素数 α に対して $\widehat{(\alpha f)}(n) = \alpha \hat{f}(n)$.

(3) $\widehat{\overline{f}}(n) = \overline{\hat{f}(-n)}$.

(4) $f_\xi(x) = f(x - \xi)$, $\xi \in \mathbb{R}$ と定義するとき，$\hat{f}_\xi(n) = e^{-in\xi} \hat{f}(n)$.

(5) $|\hat{f}(n)| \leq \|f\|_{L^1}$.

(6) $f(x)$ が実数値関数であれば $\hat{f}(-n) = \overline{\hat{f}(n)}$.

問 3.12　命題 3.11 を証明せよ．

系 3.13　$j \to \infty$ のとき $\|f_j - f\|_{L^1} \to 0$ であれば，n に関して一様に $\hat{f}_j(n) \to \hat{f}(n)$ である．

問 3.14　系 3.13 を示せ．

f の微分，積分のフーリエ係数に関する次の性質も部分積分を用いて容易に証明できる．

命題 3.15　(1) $f \in C^l(\mathbb{T})$ とすれば $\widehat{f^{(k)}}(n) = (in)^k \hat{f}(n)$, $0 \leq k \leq l$.

(2) $f \in \mathcal{R}(\mathbb{T})$, $\hat{f}(0) = 0$ とする．$F(x) = \int_0^x f(s)ds$ と定義すると，$F \in C(\mathbb{T})$ で

$$\hat{F}(n) = \frac{\hat{f}(n)}{in}, \quad n \neq 0.$$

問 3.16　命題 3.15 を証明せよ．

命題 3.15(1) によって $f \in C^l(\mathbb{T})$ であれば

$$|\hat{f}(n)| \leq \frac{\|f^{(l)}\|_{L^1}}{|n|^l}, \quad n \neq 0. \tag{3.7}$$

したがって，関数 f が滑らかであればあるほどそのフーリエ係数 $|\hat{f}(n)|$ は $|n| \to \infty$ において急速に 0 に収束する．この逆の命題ものちに証明する．これより f がより滑らかであるための条件は $|\hat{f}(n)|$ が $|n| \to \infty$ のとき，より急速に 0 に収束することである．

問 3.17　$-\pi < x \le \pi$ において $f_1(x) = x$, $f_2(x) = |x|$ を満たす 2π 周期関数 f_1, f_2 のフーリエ係数を求め，比較せよ．見かけ上の滑らかさの違いにもかかわらず，$|n| \to \infty$ においてほぼ同程度の減衰を示すであろう．なぜか？

3.1.3　合成積とフーリエ級数

定理 3.18　$f, g \in L^1(\mathbb{T})$ に対して

$$h(t) = \frac{1}{2\pi} \int_0^{2\pi} f(t-s)g(s)ds \tag{3.8}$$

と定義する．h を f と g の**合成積**と呼び，$f * g$ とかく．次が成り立つ．

(1) $(f * g)(t) = (g * f)(t)$, $f * g \in C(\mathbb{T})$ である．

(2) $\|f * g\|_{L^1} \le \|f\|_{L^1} \cdot \|g\|_{L^1}$,　$\|f * g\|_{L^\infty} \le \|f\|_{L^1} \cdot \|g\|_{L^\infty}$.

(3) $\widehat{f * g}(n) = \hat{f}(n) \cdot \hat{g}(n)$.

(4) もし $f \in C^k(\mathbb{T})$ ならば，$(f * g)(t)$ も C^k 級で，$(f * g)^{(k)} = f^{(k)} * g = f * g^{(k)}$.

証明　(i) $f * g$ が 2π 周期的なのは明らかであろう．(3.8) において $s \to t - s$ と変数変換し，周期関数の 1 周期の区間上での積分はすべて同一であることを用いれば $(f * g)(t) = (g * f)(t)$ が得られる．$f * g$ の連続性は (iv) で証明する．

(ii) $|f(s)g(t-s)| \le |f(s)|\|g\|_\infty$ と評価して積分すれば，$\sup |h(t)| \le \|f\|_{L^1}\|g\|_{L^\infty}$. また，積分の順序を交換すれば

$$\|h\|_{L^1} = \frac{1}{2\pi} \int_0^{2\pi} |h(t)|dt \le \frac{1}{2\pi} \int_0^{2\pi} \left(\frac{1}{2\pi} \int_0^{2\pi} |f(t-s)g(s)|ds \right) dt$$

$$= \frac{1}{2\pi} \int_0^{2\pi} |f(t)|dt \cdot \frac{1}{2\pi} \int_0^{2\pi} |g(s)|ds = \|f\|_{L^1}\|g\|_{L^1}.$$

(iii) (2) と同様に積分の順序を交換すれば

$$\hat{h}(n) = \frac{1}{2\pi} \int_0^{2\pi} \left(\frac{1}{2\pi} \int_0^{2\pi} \{f(t-s)e^{-in(t-s)}\}\{g(s)e^{-ins}\}dt \right) ds = \hat{f}(n)\hat{g}(n).$$

(iv) $f * g$ が連続であることを示そう．次節の定理 3.20 を先どりして用いる．任意の $n = 1, 2, \ldots$ に対して $\|f_n - f\|_{L^1} < 1/n$ を満たす $f_n \in C^\infty(\mathbb{T})$ が存在する．このとき，

$$h_n(t) = \frac{1}{2\pi} \int_0^{2\pi} f_n(t-s)g(s)ds$$

と定義すれば，積分記号下で微分可能で $h_n(t)$ は滑らかな関数，とくに連続である．一方，

$$\|h - h_n\|_\infty \le \|f - f_n\|_{L^1}\|g\|_{L^\infty} \le \frac{1}{n}\|g\|_{L^\infty}$$

だから，$h_n(t)$ は $n \to \infty$ のとき $h(t) = f * g(t)$ に一様収束する．ゆえに $f * g$ も連続である．

(v) f が C^1 級なら，積分記号下で微分すれば

$$(f * g)'(t) = \frac{1}{2\pi} \int_0^{2\pi} f'(t-s)g(s)ds.$$

ゆえに $\|(f * g)'\|_{L^\infty} \le \|f'\|_{L^\infty}\|g\|_{L^1}$．右辺は (iv) によって連続関数，ゆえに $f * g$ も C^1 級である．これを繰り返せば，f が C^k 級なら $f * g$ も C^k 級で $\|(f * g)^{(k)}\|_{L^\infty} \le \|f^{(k)}\|_{L^\infty}\|g\|_{L^1}$ がわかる．　　　　□

次の定理の証明は問題 3.4 とする．

定理 3.19　合成積 $*$ は結合的かつ分配的である．すなわち次が成立する：

(1) $(f * g) * h = f * (g * h)$.

(2) $(f + g) * h = f * h + g * h$.

3.1.4　3.1 節の問題

問題 3.1　次の 2π 周期関数のフーリエ級数を求めよ．ただし，$\mu \notin \mathbb{Z}$ は定数，すべての関数は $-\pi < t \le \pi$ 上の値で与えられている．

(1) $f(t) = t$,　　　　　　(2) $f(t) = \cos(\mu t)$,　　(3) $f(t) = t^2$,

(4) $f(t) = \dfrac{1}{1 - 2a\cos t + a^2}$,　　(5) $f(t) = |t|$,　　　　(6) $f(t) = \sin(\mu t)$.

問題 3.2　次の 2π 周期関数のフーリエ級数を求めよ．ただし，$\mu \notin \mathbb{Z}$ は定数，すべての関数は $-\pi < t \le \pi$ 上の値で与えられている．

(1) $f(t) = \begin{cases} \sqrt{2\pi}, & |t| < 1/2, \\ 0, & 1/2 \le |t| \le \pi. \end{cases}$　　(2) $f(t) = \begin{cases} 1 - |t|, & |t| < 1, \\ 0, & 1 \le |t| \le \pi. \end{cases}$

(3) $f(t) = \begin{cases} \pm 1, & 0 < \mp t < 1, \\ 0, & \text{そのほか}. \end{cases}$

172   第 3 章　フーリエ級数

問題 3.3　$h(t) = e^{int}$ であれば $(f * h)(t) = \hat{f}(n)e^{int}$ であることを示し，$P(t) = \sum_{n=-N}^{N} c_n e^{int}$ に対して $f * P$ を求めよ．

問題 3.4　定理 3.19 を証明せよ．

3.2　近似定理

　任意の関数 f は，ノルム $\|\cdot\|_{L^2}$ に関して，滑らかな関数列でいくらでもよく近似できる．このことはすでに第 2 章 2.6 節，また前節においても用いたが，今後もしばしば用いられる．これを証明しておこう．区間 (a,b) の端点 a, b の近くでは $u(t) = 0$ となる C^∞ 級関数の全体の集合を $C_0^\infty((a,b))$ とかく（一般に，任意の区間あるいは領域 $\Omega \subset \mathbb{R}^n$ に対して，Ω のコンパクト部分集合の外では 0 となる Ω 上の C^k 級関数の全体の集合を $C_0^k(\Omega)$ とかく）．

定理 3.20（近似定理）　$p = 1$ あるいは $p = 2$, $-\infty \le a < b \le \infty$, f を区間 (a,b) の任意の有界閉部分区間上（リーマン）可積分で $|f(t)|^p$ が (a,b) 上広義可積分な関数とする．このとき，任意の $\varepsilon > 0$ に対して $\|f_\varepsilon - f\|_{L^p} < \varepsilon$ を満たす $f_\varepsilon \in C_0^\infty((a,b))$ が存在する．

証明　$p = 2$ のときに証明する．$p = 1$ のときも同様である．f が複素数値関数のときには，実部，虚部それぞれに対して証明すればよいから，f は実数値としてよい．$|f(t)|^2$ は (a,b) 上広義可積分だから適当な有界閉区間 $[c,d] \subset (a,b)$ が存在して

$$\int_{(a,b)\setminus[c,d]} |f(t)|^2 dt < \varepsilon^2. \tag{3.9}$$

したがって，$f(t)$ が区間 $[c,d]$ の外では 0 の場合に証明すれば十分である．このとき，f は有界である．$M = \sup|f(t)|$ とする．$[c,d]$ の細分 $\Delta : c = a_0 < a_1 < \cdots < a_N = d$ に対して，$m_j = \inf_{a_j \le t \le a_{j+1}} f(t)$ と定義し，階段関数 f_Δ を

$$f_\Delta(t) = \begin{cases} m_j, & a_j \le t < a_{j+1}, \ \ j = 0, \ldots, N-1, \\ 0, & [c,d] \text{ の外}, \end{cases}$$

と定義する．明らかに $f_\Delta(t) \le f(t)$ である．f は可積分だから Δ を十分細かくとれば，不足和は積分に十分近いから

$$\int_c^d |f(t) - f_\Delta(t)|^2 dt \le 2\|f\|_{L^\infty} \left\{ \int_c^d f(t)dt - \int_c^d f_\Delta(t)dt \right\} < \varepsilon^2 \tag{3.10}$$

となる．(3.10) が成立するように Δ をとって固定する．$f_\Delta(t)$ は階段関数だから明らかに $\lim_{s\to 0}\int_a^b |f_\Delta(t-s)-f_\Delta(t)|^2 dt = 0$．ゆえに n_0 を十分大きくとれば，任意の $n \geq n_0$ に対して

$$\sup_{|s|<1/n}\int_a^b |f_\Delta(t-s)-f_\Delta(t)|^2 dt < \varepsilon^2 \tag{3.11}$$

である．$\mathbb{R}$ 上の非負 C^∞ 級関数 $\varphi(t) \geq 0$ で

$$|t| \geq 1 \text{ のとき } \varphi(t) = 0, \quad \int_{\mathbb{R}} \varphi(t)dt = 1 \tag{3.12}$$

を満たすものが存在する（節末問題参照）．このような φ を任意にとり，$n = 1, 2, \dots$ に対して $\varphi_n(t) = n\varphi(nt)$ とおく．$\int \varphi_n(t)dt = 1$, $|t| \geq 1/n$ のとき $\varphi_n(t) = 0$ である．

$$f_{n\Delta}(t) = \int_{\mathbb{R}} \varphi_n(t-s)f_\Delta(s)ds = \sum_{j=0}^{N-1} m_j \int_{t-a_{j+1}}^{t-a_j} \varphi_n(s)ds, \quad n = 1, 2, \dots$$

と定義する．明らかに $f_{n\Delta} \in C^\infty(\mathbb{R})$, $t \notin [c-(1/n), d+(1/n)]$ のとき，$f_{n\Delta}(t) = 0$．ゆえに，十分大きな n に対して $f_{n\Delta} \in C_0^\infty((a,b))$ である．$\int \varphi_n(t)dt = 1$ を用いて

$$f_{n\Delta}(t) - f_\Delta(t) = \int_{|s|\leq 1/n} \varphi_n(s)\{f_\Delta(t-s)-f_\Delta(t)\}ds$$

とかき，$\varphi_n(s)(f_\Delta(t-s)-f_\Delta(t)) = \varphi_n(s)^{1/2}\cdot\varphi_n(s)^{1/2}(f_\Delta(t-s)-f_\Delta(t))$ と考えて，シュワルツの不等式を用いれば，

$$|f_{n\Delta}(t) - f_\Delta(t)|^2 \leq \int_{|s|\leq 1/n} \varphi_n(s)|f_\Delta(t+s)-f_\Delta(t)|^2 ds. \tag{3.13}$$

(3.13) を t について $\mathbb{R}$ 上積分し，積分順序を交換して (3.11) を用いれば，$n \geq n_0$ のとき，

$$\|f_{n\Delta} - f_\Delta\|_{L^2}^2 \leq \int_{|s|\leq 1/n} \varphi_n(s)\left(\int_{\mathbb{R}} |f_\Delta(t+s)-f_\Delta(t)|^2 dt\right)ds < \varepsilon^2.$$

これと (3.10) をあわせて $\|f_{n\Delta}-f\|_{L^2} < 2\varepsilon$ がしたがう． $\square$

3.2.1 3.2 節の問題

以下の問題は定理 3.20 の証明に用いた (3.12) を満たす $\mathbb{R}$ 上の非負 C^∞ 級関数 $\varphi(t) \geq 0$ が実際に存在することを確認するための問題である．

174 第3章 フーリエ級数

問題 3.5 $f(t) = \begin{cases} 0, & t \leq 0, \\ e^{-1/t}, & t > 0 \end{cases}$ と定義する. $f(t)$ が C^∞ 級関数であること
を示せ.

問題 3.6 前問の関数 $f(t)$ を用いて $a < b$ に対して $f_{ab}(t) = f(t-a)f(b-t)$ と
定義する. $f_{ab}(t)$ は $a < t < b$ では $f_{ab}(t) > 0$, その外では $f_{ab}(t) = 0$ を満たす
C^∞ 級関数であることを示せ. $\psi(t) = f_{ab}(t)/\|f_{ab}\|_{L^1}$ は

$$\psi \in C_0^\infty(\mathbb{R}), \quad t \notin (a,b) \text{ のとき } \quad \psi(t) = 0, \quad \int_\mathbb{R} \psi(t)dt = 1$$

を満たすことを示せ.

問題 3.7 前問の記号を用いる. $a_1 < a < c < d < b < b_1$ に対して

$$\varphi(t) = \frac{f_{ab}(t)}{f_{a_1c}(t) + f_{ab}(t) + f_{db_1}(t)}$$

と定義する. このとき, $\varphi(t)$ は次の条件を満たす C^∞ 級関数であることを示せ.

$$0 \leq \varphi(t) \leq 1, \quad c \leq t \leq d \text{ では } \varphi(t) = 1, \quad (a,b) \text{ の外では } \varphi(t) = 0.$$

3.3 フェイエー核とフーリエ級数のチェザロ総和法

フーリエ級数 (3.6) の部分和を

$$S_N(f,t) = \sum_{n=-N}^{N} c_n e^{int} \tag{3.14}$$

とかく. フーリエ級数論における大問題はフーリエ級数の収束, すなわち,
$S_N(f,t) \to f(t)$ か否かである. これが微妙で難しい問題であることはすで
にふれたが, これはたとえばコルモゴロフの例, すなわち (3.14) がいたると
ころ発散する (ルベーグ積分の意味で) 可積分関数 f の例によく表されてい
る (文献 [Zygumund], 310 ページ参照). この問題の解決のため, フーリエ以
来 200 年近くの長期にわたって多くの数学者による多大の努力がなされた. そ
の結果, 関数の概念の再検討がなされ, 集合論, 測度論, ルベーグ積分論など,
解析学に多くの新しい概念や方法が導入されることになった. フーリエ級数
論が解析学全体の発展に寄与した功績は計り知れない. 関数解析学もフーリエ

級数論の刺激を多く受けて発展してきたのである．その結果，[Hunt]，[Carleson] らの比較的最近の研究によって，ある $p > 1$ に対して（ルベーグ積分の意味で）$|f|^p \in L^1(\mathbb{T})$ であれば，そのフーリエ級数はほとんどいたるところ $f(t)$ に収束するという深い結果が証明されたが，本書ではこのような結果には立ち入らず，より簡単に証明できる収束定理を述べるに止める．

本節では部分和 $S_N(f,t)$ を調べる前段として，部分和の平均値

$$\sigma_N(f,t) = \frac{S_0(f,t) + \cdots + S_N(f,t)}{N+1}, \tag{3.15}$$

すなわち**チェザロ和**の収束問題を考える．以下にみるように，$\sigma_N(f,t)$ の収束問題は $S_N(f,t)$ に比べ格段に容易で，これを用いて，たとえば $\{e^{int} : n = 0, \pm 1, \ldots\}$ が完全であることの簡単な別証明が得られる．$S_N(f,t)$ の収束問題は 3.5 節で論ずる．次は微分積分の演習問題としてよく現れる．

定理 3.21 $\lim_{N\to\infty} S_N(f,t)$ が存在すれば $\lim_{N\to\infty} \sigma_N(f,t) = \lim_{N\to\infty} S_N(f,t)$ である．

問 3.22 定理 3.21 を証明せよ．

3.3.1 フェイエー核

■**ディリクレ核** (3.5) を (3.14) に代入すればフーリエ級数の部分和 $S_N(f,t)$ は

$$S_N(f,t) = \frac{1}{2\pi} \int_0^{2\pi} \left(\sum_{n=-N}^{N} e^{in(t-s)} \right) f(s)ds = (D_N * f)(t), \tag{3.16}$$

$$D_N(t) = \frac{\left(\sin\left(N + \frac{1}{2}\right)t \right)}{\sin\left(\frac{t}{2}\right)} \tag{3.17}$$

と合成積で表される．$D_N(t)$ は**ディリクレ核**と呼ばれる．

■**フェイエー核** (3.17) を (3.15) に代入して

$$\sin\frac{s}{2} \cdot \sum_{k=0}^{N} \sin\left(k + \frac{1}{2}\right)s = \frac{1}{2}\left(1 - \cos(N+1)s\right) = \sin\left(\frac{(N+1)s}{2}\right)^2$$

を用いればチェザロ和 $\sigma_N(f,t)$ も合成積で

$$\sigma_N(f,t) = \frac{1}{2\pi} \int_0^{2\pi} \sigma_N(t-s)f(s)ds = (\sigma_N * f)(t), \qquad (3.18)$$

$$\sigma_N(t) = \frac{1}{N+1} \left(\frac{\sin\left(\frac{(N+1)t}{2}\right)}{\sin\left(\frac{t}{2}\right)} \right)^2 \qquad (3.19)$$

と表現できる. $\sigma_N(t)$ は**フェイエー核**と呼ばれる. フェイエー核は

$$\sigma_N(t) = \frac{1}{N+1} \sum_{k=0}^{N} \sum_{n=-k}^{k} e^{int} = \sum_{n=-N}^{N} \left(1 - \frac{|n|}{N+1} \right) e^{int} \qquad (3.20)$$

ともかいておくと便利なこともある.

定義 3.23 $\{\exp(int) : n = 0, \pm 1, \dots\}$ の有限一次結合

$$\sum_{n=-N}^{N} c_n \exp(int)$$

を**三角多項式**, N をその**次数**と呼ぶ. フーリエ級数の部分和 $S_N(f,t)$, チェザロ和の部分和 $\sigma_N(f,t)$ はいずれも N 次三角多項式である.

問 3.24 三角多項式のフーリエ級数はそれ自身に等しいことを示せ.

■**総和核** チェザロ和 $\sigma_N(f,t)$ の収束問題が比較的とり扱いやすいのは, フェイエー核 $\sigma_N(t)$ が次に述べるよい性質をもつからである ((3.17) の $D_N(t)$ と比較せよ).

命題 3.25 $\sigma_N(t)$ は周期 2π をもつ周期 C^∞ 級関数, また偶関数 $\sigma_N(-t) = \sigma_N(t)$ で, 任意の $\delta > 0$ に対して, 次の性質をもつ.

$$\sigma_N(t) \geq 0, \quad \frac{1}{2\pi} \int_{\mathbb{T}} \sigma_N(t)dt = 1, \quad \lim_{N \to \infty} \int_{\delta < |t| \leq \pi} \sigma_N(t)dt = 0. \quad (3.21)$$

任意の $\delta > 0$ に対して, 性質 (3.21) を満たす関数族を一般に**総和核**と呼ぶ.

証明 $\sigma_N(t)$ は 2π 周期 C^∞ 級関数, (3.19) によって非負の偶関数である. 一方, $n \neq 0$ であれば, $\int_0^{2\pi} e^{int}dt = 0$ だから, (3.20) の第 2 式を積分すれば (3.21) の第 2 の等式が得られる. また, $\delta \leq |t| \leq \pi$ のとき $|\sigma_N(t)| \leq (N+1)^{-1}\sin^{-2}(\delta/2)$,

$$\int_{\delta < |t| \leq \pi} \sigma_N(t)dt \leq \frac{2\pi}{(N+1)\sin^2(\delta/2)} \to 0 \quad (N \to \infty)$$

である. □

$\sigma_N(t)$ は $\mathbb{T}$ 上のグラフの下の面積がつねに 1 の非負関数列であるが, $N \to \infty$ のときこれが $t = 0$ 周辺に集中していくのである.

■**線形写像 σ_N のノルム** $f \in \mathcal{R}(\mathbb{T})$ のとき, $\sigma_N(f, t)$ は C^∞ 級関数, したがって, もちろん同時に $\sigma_N(f, t) \in \mathcal{R}(\mathbb{T})$, $\sigma_N(f, t) \in C(\mathbb{T})$ である. この対応 $\sigma_N : f \mapsto \sigma_N(f)$ は明らかに線形

$$\sigma_N(f + g, t) = \sigma_N(f, t) + \sigma_N(g, t), \quad \sigma_N(cf, t) = c\sigma_N(f, t), \qquad c \in \mathbb{C}.$$

したがって, 作用素 $\sigma_N : f(t) \to \sigma_N(f, t)$ は関数空間 $L^1(\mathbb{T})$ から $L^1(\mathbb{T})$ への, 同時に $C(\mathbb{T})$ から $C(\mathbb{T})$ への線形作用素である.

命題 3.25 から σ_N の次の性質がしたがう. 連続関数の空間 $C(\mathbb{T})$ のノルムを $\|f\|_C = \max\{|f(t)| : t \in \mathbb{T}\} = \|f\|_\infty$ と定義する.「$\|f_n - f\|_C \Leftrightarrow f_n$ は f に一様収束」が成立する.

定理 3.26 $\sigma_N : f(t) \to \sigma_N(f, t)$ は, $L^2(\mathbb{T})$ から $L^2(\mathbb{T})$, $L^1(\mathbb{T})$ から $L^1(\mathbb{T})$, $C(\mathbb{T})$ から $C(\mathbb{T})$ への, いずれもノルムが 1 以下の有界作用素である:

$$\|\sigma_N(f)\|_C \leq \|f\|_C, \quad \|\sigma_N(f)\|_{L^1} \leq \|f\|_{L^1},$$
$$\|\sigma_N(f)\|_{L^2} \leq \|f\|_{L^2}. \tag{3.22}$$

証明 L^2 ノルムの評価式を示す. $\sigma_N(t-s)|f(s)| = (\sigma_N(t-s))^{1/2}(\sigma_N(t-s)$ $|f(s)|)^{1/2}$ と考えてシュワルツの不等式を用いれば

$$\sigma_N(f, t) \leq \left(\frac{1}{2\pi}\int_{\mathbb{T}} \sigma_N(t-s)ds\right)^{1/2}\left(\frac{1}{2\pi}\int \sigma_N(t-s)|f(s)|^2 ds\right)^{1/2}$$

となる. 右辺第 1 因子は (3.21) によって 1 に等しいから, 上式の両辺を 2 乗して積分すれば

$$\frac{1}{2\pi}\int_{\mathbb{T}}|\sigma_N(f,t)|^2 \leq \frac{1}{2\pi}\int_{\mathbb{T}}\left(\frac{1}{2\pi}\int_{\mathbb{T}}\sigma_N(t-s)|f(s)|^2 ds\right)dt = \frac{1}{2\pi}\int_{\mathbb{T}}|f(s)|^2 ds$$

となる．したがって，$\|\sigma_N(f)\|_{L^2(\mathbb{T})} \leq \|f\|_{L^2(\mathbb{T})}$．他の不等式のもっと簡単な証明は読者に任せる． $\square$

3.3.2 チェザロ和のノルムに関する収束とワイエルシュトラスの近似定理

チェザロ和 $\sigma_N(f)$ は $N \to \infty$ のとき $C(\mathbb{T}), L^1(\mathbb{T}), L^2(\mathbb{T})$ においてそれぞれのノルムに関して，f に収束することを示そう．

■チェザロ和の一様収束

定理 3.27 $f \in C(\mathbb{T})$ のとき，$\lim_{N\to\infty}\|\sigma_N(f) - f\|_C = 0$，すなわち，$\sigma_N(f,t)$ は $t \in [0, 2\pi]$ に関して一様に $f(t)$ に収束する．

証明 $\|f\|_C = M$ とする．任意に $\varepsilon > 0$ をとる．f は一様連続だから $\delta > 0$ を十分小さくとれば $|t-s| < \delta$ のとき，$|f(t) - f(s)| < \varepsilon/2$．(3.21) によって，この δ に対してある N_0 が存在し任意の $N \geq N_0$ に対して

$$\frac{1}{2\pi}\int_{\delta<|t|\leq\pi}\sigma_N(t)dt < \frac{\varepsilon}{4M}$$

が成立する．このとき，積分を

$$\sigma_N(f,t) - f(t) = \frac{1}{2\pi}\left(\int_{-\delta}^{\delta} + \int_{\delta<|s|<\pi}\right)\sigma_N(s)(f(t-s) - f(t))ds$$

と分解すれば，第 1，第 2 の積分の絶対値はそれぞれ

$$\frac{1}{2\pi}\int_{-\delta}^{\delta}\sigma_N(s)\frac{\varepsilon}{2}ds < \frac{\varepsilon}{2}, \qquad \frac{1}{2\pi}\int_{\delta<|s|\leq\pi}2M\sigma_N(s)ds < \frac{\varepsilon}{2}.$$

したがって，$N > N_0$ のとき，$\sup_{t\in\mathbb{T}}|\sigma_N(f,t) - f(t)| < \varepsilon$ である． $\square$

注意 3.28 一般に，ノルム空間 V から W への有界作用素の列 $\{T_n\}$ は任意の $u \in V$ に対して $T_n u$ が Tu に収束するとき，T に**強収束**するといわれる．この術語を用いて，定理 3.27 を「ノルム空間 $C(\mathbb{T})$ における作用素の列 σ_N は，$N \to \infty$ のとき恒等作用素 $I : f \to f$ に強収束する」といい表すことがある．

3.3 フェイエー核とフーリエ級数のチェザロ総和法 179

■ワイエルシュトラスの三角多項式近似定理 $[-\pi, \pi]$ 上の $f(-\pi) = f(\pi)$ を満たす連続関数は $\mathbb{R}$ 上の 2π 周期連続関数に拡張できる．このように拡張した関数に定理 3.27 を用いれば，任意の $\varepsilon > 0$ に対して N_0 が存在し，任意の $N \geq N_0$ に対し，$\|\sigma_N(f) - f\|_C < \varepsilon$ が成立する．$\sigma_N(f)$ は三角多項式だから，次が成立する．

補題 3.29 f を $[-\pi, \pi]$ 上の $f(-\pi) = f(\pi)$ を満たす連続関数とする．任意の $\varepsilon > 0$ に対して $\sup_{-\pi \leq t \leq \pi} |f_\varepsilon(t) - f(t)| < \varepsilon$ を満たす三角多項式 f_ε が存在する．

■ワイエルシュトラスの多項式近似定理 テイラーの剰余公式を用いれば，任意の $L > 0$ に対して

$$\sup_{|t| \leq L} \left| e^{int} - \sum_{k=0}^{N} \frac{(int)^k}{k!} \right| = \sup_{|t| \leq L} \left| \frac{(int)^{N+1}}{N!} \int_0^1 (1-\theta)^N e^{in\theta t} d\theta \right|$$

$$\leq \frac{(Ln)^{N+1}}{(N+1)!} \to 0 \quad (N \to \infty).$$

ゆえにテイラー級数 $e^{int} = \sum_{k=0}^{\infty} (int)^k/k!$ は任意の有界集合上一様収束する．したがって，補題 3.29 において三角多項式 f_ε の各項の $\exp(int)$ をテイラー展開して十分多くの項をとれば，$[-\pi, \pi]$ 上の $f(-\pi) = f(\pi)$ を満たす任意の連続関数 $f(t)$ が多項式によっていくらでもよく近似できることがわかる．任意の $[a, b]$ に対して，変数変換 $s \to t = (a+b)/2 + \{(b-a)s/2\pi\}$ は $[-\pi, \pi]$ を $[a, b]$ の上に写し，多項式を多項式に写すから，この事実は任意の有界閉区間 $[a, b]$ 上で成り立つ．また，$f(a) = f(b)$ とならない f に対しては，f を $[a, b]$ を内部に含む区間 $[a_1, b_1]$ に $f(a_1) = f(b_1)$ を満たす連続関数として拡張してからこの事実を $[a_1, b_1]$ 上で適用すれば，この場合にも，f を $[a, b]$ 上において多項式によっていくらでもよく近似することができることがわかる．このようにして，次の重要な定理が得られる．

補題 3.30 有界閉区間 $[a, b]$ 上の任意の連続関数 $f(t)$ と任意の正数 ε に対して

$$\sup_{a \leq t \leq b} |P_\varepsilon(t) - f(t)| < \varepsilon$$

180 第 3 章 フーリエ級数

を満たす多項式 P_ε が存在する.

注意 3.31 ワイエルシュトラスの近似定理において,考える区間が有界閉区間であることは本質的である. f が区間の端で不連続であったり,区間が無限区間であったりしたのでは,この定理は成立しない.確かめてみよ.

■L^p 空間での近似 ワイエルシュトラスの近似定理は連続関数が最大値ノルム $\|f\|_C$ に関して三角多項式,あるいは多項式で任意に近似できることを保証する.一方,近似定理(定理 3.20)によって任意の可積分関数は L^1 ノルム,あるいは L^2 ノルムに関して $C_0^\infty((0, 2\pi))$ に属する関数 f_ε によって,いくらでもよく近似できる.したがって,f_ε をさらに三角多項式,あるいは多項式で一様に近似すれば,任意の可積分関数 f を三角多項式,あるいは多項式で L^1 ノルム,あるいは L^2 ノルムに関していくらでもよく近似できることがわかる.また,補題 3.29 から補題 3.30 を導いた議論を繰り返せば,多項式による近似は任意の有界閉区間においても成り立つ.このことを周期性も考慮して次の形で述べておこう.

定理 3.32 (1) 三角多項式の全体は $C(\mathbb{T})$, $L^1(\mathbb{T})$, $L^2(\mathbb{T})$ のいずれにおいても稠密である.

(2) 多項式全体は任意の有界閉区間 $[a, b]$ に対して $C([a, b])$, $L^1([a, b])$, $L^2([a, b])$ のいずれにおいても稠密である.

■チェザロ和の $L^1(\mathbb{T})$, $L^2(\mathbb{T})$ ノルムに関する収束 定理 3.32 を用いて,$\sigma_N(f)$ が $L^2(\mathbb{T})$, $L^1(\mathbb{T})$ においても f に収束することを示そう.

定理 3.33 $f \in \mathcal{R}(\mathbb{T})$ とする.このとき

$$\lim_{N \to \infty} \|f - \sigma_N(f)\|_{L^1} = 0, \qquad \lim_{N \to \infty} \|f - \sigma_N(f)\|_{L^2} = 0. \qquad (3.23)$$

証明 第 2 の関係式を示そう.第 1 の関係式の証明も同様である.まず定理は $f = e^{int}$, $n = 0, 1, \ldots$ のときには成立することを示そう.$e_n(t) = e^{int}$ とかく.

$$S_N(e_n, t) = \begin{cases} 0, & N < |n|, \\ e_n(t), & N \geq |n| \end{cases} \quad \Rightarrow \quad \sigma_N(f, t) = \frac{(N - n + 1)e_n(t)}{N + 1}, \ N \geq n.$$

したがって，$N \to \infty$ のとき，

$$\|\sigma_N(e_n) - e_n\|_{L^2} = \frac{n}{N+1} \to 0.$$

ゆえに (3.23) は f が e^{int} の有限一次結合，すなわち三角多項式のときには成立する．

$f \in \mathcal{R}(\mathbb{T})$ とする．任意の $\varepsilon > 0$ に対して，N_0 を十分大きくとれば任意の $N \geq N_0$ に対して $\|\sigma_N(f) - f\|_{L^2} < \varepsilon$ となることを示そう．定理 3.32 によって，$\|f - f_\varepsilon\|_{L^2} < \varepsilon/3$ を満たす三角多項式 f_ε が存在する．このとき，任意の N に対して $\|\sigma_N(f) - \sigma_N(f_\varepsilon)\|_{L^2} < \varepsilon/3$（定理 3.26）が成り立つ．前半で示したように定理は三角多項式に対しては成立するのだから，N_0 を十分大きくとれば任意の $N \geq N_0$ に対して $\|f_\varepsilon - \sigma_N(f_\varepsilon)\|_{L^2} < \varepsilon/3$. ゆえに $N \geq N_0$ のとき，

$$\|f - \sigma_N(f)\|_{L^2} \leq \|f - f_\varepsilon\|_{L^2} + \|f_\varepsilon - \sigma_N(f_\varepsilon)\|_{L^2} + \|\sigma_N(f_\varepsilon) - \sigma_N(f)\|_{L^2} < \varepsilon.$$

これより，$\lim_{N \to \infty} \|f - \sigma_N(f)\|_{L^2} = 0$ である． $\square$

■**リーマン・ルベーグの定理**　定理 3.33 の証明とほとんど同じ議論を用いることによって，次の定理が得られる．のちの応用のために $f \in \mathcal{R}(\mathbb{T})$ より一般な関数に対して述べておく．

定理 3.34　$\{a_1, \dots, a_n\} \subset \mathbb{T}$ は有限集合，f は任意の閉区間 $I \subset \mathbb{T} \setminus \{a_1, \dots, a_n\}$ 上可積分，$|f(t)|$ は $\mathbb{T}$ 上広義可積分とする．このとき，次が成立する：

$$\lim_{|n| \to \infty} \hat{f}(n) = 0\,.$$

証明　f を小区間 (a_j, a_{j+1}) 上の関数に分割し，それぞれの小区間に定理 3.20 を用いれば，任意の $\varepsilon > 0$ に対して，$\|f - h_\varepsilon\|_{L^1} < \varepsilon/2$ を満たす $h_\varepsilon \in C^\infty(\mathbb{T})$ が存在することがわかる．次に定理 3.32 を用いて $\|h_\varepsilon - f_\varepsilon\|_{L^1} < \varepsilon/2$ を満たす三角多項式 f_ε をとれば，$\|f - f_\varepsilon\|_{L^1} < \varepsilon$. f_ε の次数を n_0 とすれば，$|n| > n_0$ のとき，$\hat{f_\varepsilon}(n) = 0$ だから，命題 3.11 の (5) を用いれば

$$|\hat{f}(n)| = |\hat{f}(n) - \hat{f_\varepsilon}(n)| \leq \|f - f_\varepsilon\|_{L^1} < \varepsilon, \quad |n| > n_0$$

となる．したがって，$\lim_{|n| \to \infty} \hat{f}(n) = 0$ である． $\square$

注意 3.35　$\{f_\lambda \in \mathcal{R}(\mathbb{T}) : \lambda \in [\alpha, \beta]\}$ が任意の λ_0 に対して $\lim_{\lambda \to \lambda_0} \|f_\lambda - f_{\lambda_0}\|_{L^1} \to 0$ を満たす $\mathcal{R}(\mathbb{T})$ の関数族のとき，$|n| \to \infty$ において $\hat{f_\lambda}(n)$ は λ に関して一様

に 0 に収束する．これは定理 3.34 の証明を適当に修正すれば得られる．読者の演習問題とする（3.3.4 項の問題 3.12）．

注意 3.36 三角級数 $\sum_{n=-\infty}^{\infty} c_n \exp(int)$ がある可積分関数のフーリエ級数となるための必要十分な条件を求めることは難しい問題である．リーマン・ルベーグの定理はこのための 1 つの必要条件 $|c_n| \to \infty \ (n \to \infty)$ を与える．

問 3.37 $f \in C(\mathbb{T})$ のフーリエ係数が $|\hat{f}(n)| \leq C|n|^{-l-2}$ を満たせば，$(d/dt)^k \sigma_N(f, t),\ k = 0, \ldots, l$ も一様収束することを示し，f は C^l 級であることを示せ．

問 3.38 $\sum_{n=1}^{\infty} e^{int}/n$ は任意の $t \in [-\pi, \pi] \setminus 0$ に対して収束することを示せ．この和を $f(t),\ t \neq 0$ と定義する．$f(t)$ は $t = 0$ の近傍で有界ではないことを示せ．これによって $\sum_{n=1}^{\infty} e^{int}/n$ をフーリエ級数とする $f \in \mathcal{R}(\mathbb{T})$ は存在しないことがわかる．（ヒント：$\left|(e^{it} - 1)\sum_{n=N}^{\infty} e^{int}/n\right| = \left|\sum_{n=N+1}^{\infty} e^{int}/n(n-1) - e^{itN}/N\right| \leq 2/N$．$\pi/(6N) < t \leq \pi/(4N)$ では $|e^{it} - 1| \leq \pi/(4N)$，$\Re \sum_{n=1}^{N} e^{int}/n = \sum_{n=1}^{N} \cos(nt)/n \geq \sum_{n=1}^{N} 1/\sqrt{2}n$．）

■**バナッハ・シュタインハウスの定理**　定理 3.33 や定理 3.34 の証明に用いられた方法は，抽象化されて次の定理にまとめられている．

定理 3.39 V, W をノルム空間，$T \in \boldsymbol{B}(V, W)$, $T_1, T_2, \cdots \in \boldsymbol{B}(V, W)$ は一様有界，すなわち，定数 M が存在して

$$\|T_n\|_{\boldsymbol{B}(V,W)} \leq M, \quad n = 1, 2, \ldots$$

を満たすとする．D を V の稠密な部分集合とする．このとき

$$\lim_{n \to \infty} T_n v = Tv,\ \forall v \in D \Rightarrow \lim_{n \to \infty} T_n u = Tu,\ \forall u \in V.$$

証明　$\varepsilon/3$ 論法を用いる．まず $\|T\| \leq M$ であることに注意しよう．じっさい，$v \in D$ に対しては $\|Tv\| = \lim_{n \to \infty} \|T_n v\| \leq M\|v\|$ である．一方，T は連続だから，任意の $u \in V$ に対して点列 $D \ni v_n \to u$ をとれば，$\|Tu\| = \lim_{n \to \infty} \|Tv_n\| \leq \lim_{n \to \infty} M\|v_n\| = M\|u\|$．したがって，$\|T\| \leq M$ でもある．

任意に $u \in V$ をとる．D は V において稠密だから $\|u - v\|_V < \varepsilon/(3M)$ となる $v \in D$ が存在する．$T_n v \to Tv$ だから n_0 を十分大きくとれば任意の $n > n_0$ に対して $\|T_n v - Tv\|_W < \varepsilon/3$ となる．したがって，$n > n_0$ のとき

$$\|T_n u - Tu\|_W \le \|T_n(u-v)\|_W + \|T_n v - Tv\|_W + \|T(u-v)\|_W < \varepsilon.$$

ゆえに $n \to \infty$ のとき $T_n u \to Tu$ である. $\square$

定理 3.40（フーリエ級数の一意性） $f, g \in \mathcal{R}(\mathbb{T})$ とする. すべての $n \in \mathbb{Z}$ に対して $\hat{f}(n) = \hat{g}(n)$ であれば, $f - g$ の任意の連続点において, したがってほとんどいたるところ $f(t) = g(t)$ である.

証明 $f-g$ を考えればすべての $n \in \mathbb{Z}$ に対して $\hat{f}(n) = 0$ のとき, f の任意の連続点において $f(t) = 0$ であることを示せばよい. このとき, $\sigma_N(f, t) = 0$, $N = 1, 2, \dots$. ゆえに, 定理 3.33 によって $N \to \infty$ のとき,

$$\int_{\mathbb{T}} |f(t)| dt = \int_{\mathbb{T}} |f(t) - \sigma_N(f, t)| dt \to 0.$$

一方, $f(t)$ は可積分であるからほとんどいたるところ連続である. f が t_0 で連続, $f(t_0) \ne 0$ であれば, ある $\varepsilon > 0$ が存在して $|t - t_0| < \varepsilon$ のとき, $|f(t)| > |f(t_0)|/2$, $\int_{\mathbb{T}} |f(t)| dt \ge \varepsilon_0 |f(t_0)| > 0$ となって矛盾である. ゆえに $f(t_0) - 0$ でなければならない. $\square$

3.3.3 不連続関数に対するチェザロ和の各点収束問題

定理 3.27 によって連続関数 $f \in C(\mathbb{T})$ に対して $\sigma_N(f, t)$ は $f(t)$ に一様収束する. 一方, 定理 3.33 によれば, $f \in \mathcal{R}(\mathbb{T})$ のとき, $\sigma_N(f)$ は f にノルム $\|f\|_{L^1}$ あるいは $\|f\|_{L^2}$ に関して収束する. しかし, 平均収束は各点 t における $\sigma_N(f, t)$ の収束を意味しない. そこで, $f \in \mathcal{R}(\mathbb{T})$ に対する $\sigma_N(f, t)$ の各点 t における収束問題を考えよう. 任意の $\delta > 0$ に対して, $N \to \infty$ のとき,

$$\sup_{t \in \mathbb{T}} \left| \int_{\delta < |s| \le \pi} \sigma_N(s) f(t-s) ds \right| \le \frac{1}{(N+1)\sin^2(\delta/2)} \int_{\mathbb{T}} |f(s)| ds \to 0 \tag{3.24}$$

だから, 任意の t_0 において $N \to \infty$ のとき,

$$\left| \sigma_N(f, t_0) - \frac{1}{2\pi} \int_{|s| < \delta} \sigma_N(s) f(t_0 - s) ds \right| \to 0.$$

したがって, $N \to \infty$ のとき, 任意の $\delta > 0$ に対して

184   第 3 章　フーリエ級数

$$\sigma_N(f, t_0) \text{ が収束する} \Leftrightarrow \frac{1}{2\pi} \int_{|s|<\delta} \sigma_N(s) f(t_0 - s) ds \text{ が収束する}$$

が成立する．右辺の積分は $f(t)$ の $|t - t_0| < \delta$ における値にしかよらず，$\delta > 0$ は任意であるから，$\sigma_N(f, t_0)$ が収束するかどうかは f の t_0 の近傍における振る舞いにしか依存しないことがわかる．次の定理はこの事情を精密に表現している．

定理 3.41（フェイエーの定理）　$f \in \mathcal{R}(\mathbb{T})$, $t_0 \in [0, 2\pi)$ とする．$N \to \infty$ において次が成立する．

(1) $\lim_{h \to 0}(f(t_0 + h) + f(t_0 - h))/2 =: f_{av}(t_0)$ なら $\sigma_N(f, t_0) \to f_{av}(t_0)$.

(2) f が t_0 で連続であれば $\sigma_N(f, t_0) \to f(t_0)$ である．

(3) f が $[a, b]$ 上連続なら任意の $\kappa > 0$ に対して $[a + \kappa, b - \kappa]$ 上一様収束の意味で $\sigma_N(f, t) \to f(t)$ である．

証明　$\varepsilon > 0$ に対して $\delta > 0$ を十分小さくとれば，任意の $0 < |h| < \delta$ に対して

$$\left| \frac{f(t_0 + h) + f(t_0 - h)}{2} - f_{av}(t_0) \right| < \varepsilon.$$

(3.21) の第 2 の等式を用いれば，

$$\sigma_N(f, t_0) - f_{av}(t_0) = \frac{1}{2\pi} \left(\int_\delta^{2\pi - \delta} + \int_{|s| \leq \delta} \right) \sigma_N(s)(f(t_0 - s) - f_{av}(t_0)) ds.$$

(3.24) と同様にして $N \to \infty$ のとき

$$\frac{1}{2\pi} \left| \int_\delta^{2\pi - \delta} \sigma_N(s)(f(t_0 - s) - f_{av}(t_0)) ds \right| \leq \frac{1}{(N+1)\sin^2(\delta/2)} \|f\|_\infty \to 0. \tag{3.25}$$

一方，$[-\delta, \delta]$ 上の積分は $\sigma_N(s) = \sigma_N(-s)$ によって，任意の N に対して

$$\frac{1}{\pi} \int_0^\delta \sigma_N(s) \left[\frac{f(t_0 + s) + f(t_0 - s)}{2} - f_{av}(t_0) \right] ds \tag{3.26}$$

に等しい．δ のとり方から，任意の $s \in (0, \delta]$ に対して，被積分関数の絶対値 $< \varepsilon \sigma_N(s)$，ゆえに $|(3.26)| < \varepsilon$ である．よって $\overline{\lim}_{N \to \infty} |\sigma_N(f, t_0) - f_{av}(t_0)| \leq \varepsilon$, $\varepsilon > 0$ は任意だから，(1) が，したがって (2) もしたがう．

　(3) f が有界閉区間の上の連続関数なら f は I 上一様連続である．したがって $|(3.26)| < \varepsilon$ とするための $\delta > 0$ は $t_0 \in [a + \kappa, b - \kappa]$ によらずにとれる．こ

の $\delta > 0$ に対して (3.25) は t_0 に関して一様に 0 に収束する．ゆえに (3) が成立する． $\square$

3.3.4 3.3 節の問題

問題 3.8 $f \in L^1(\mathbb{T})$ は定数 $C > 0$ が存在して，任意の $h \in \mathbb{T}$ に対して $|f(t_0 + h) - f(t_0)| \le C|h|^\alpha$ を満たすとき，t_0 において α 次ヘルダー連続といわれる．このとき，上と同じ定数 $C > 0$ を用いて次が成立することを示せ．

$$|\sigma_N(f, t_0) - f(t_0)| \le \frac{C(\pi + 1)}{1 - \alpha} N^{-\alpha}, \quad N = 1, 2, \dots.$$

問題 3.9 $f \in L^1(\mathbb{T})$ が $\hat{f}(0) = 0$ を満たすとき，$F(t) = \int_0^t f(s)ds \in C(\mathbb{T})$ に対して

$$\lim_{N \to \infty} \sum_{n=-N}^{N}{}' \left(1 - \frac{|n|}{N+1}\right) \frac{\hat{f}(n)}{n} = i\hat{F}(0)$$

を示せ．ただし $\sum'$ は $n = 0$ を除いた和を表す．（ヒント：(3.20) を用いよ．）

問題 3.10 $f \in \mathcal{R}(\mathbb{T})$ が $\hat{f}(n) = -\hat{f}(-n) \ge 0$, $n \ge 1$ を満たせば，$\sum_{n \ne 0} \hat{f}(n)/n < \infty$ であることを示せ．（ヒント：前問を用いよ．）これを用いて $c_n \to 0$, $n \to \pm\infty$ となる数列でどのような $f \in \mathcal{R}(\mathbb{T})$ に対しても $\sum c_n e^{int} = \sum \hat{f}(n)e^{int}$ とはならない例をつくれ．

問題 3.11 $\sum_{n=-\infty}^{\infty} \hat{f}(n), \sum_{n=-\infty}^{\infty} \hat{g}(u)$ がいずれも絶対収束するとき，次を示せ：

$$\widehat{(f \cdot g)}(n) = \sum_{k=-\infty}^{\infty} \hat{f}(n-k)\hat{g}(k).$$

問題 3.12 $f_\lambda \in \mathcal{R}(\mathbb{T})$, $\lambda \in [\alpha, \beta]$ とする．任意の λ_0 に対して $\lim_{\lambda \to \lambda_0} \|f_\lambda - f_{\lambda_0}\|_{L^1} \to 0$ が成立すれば，λ に関して一様に $\lim_{N \to \infty} \hat{f}_\lambda(n) = 0$ を満たすことを示せ．

3.4 フーリエ級数の L^2 理論の続き

フーリエ級数自身の，すなわち $S_N(f, t)$ の各点収束の問題は $\sigma_N(f, t)$ のように明解ではないが，連続関数 f のフーリエ級数の $L^2(T)$ のノルムに関する収束問題は $\sigma_N(f, t)$ と同様に明解に解決されている（前章定理 2.116 参照）．

まずこの定理 2.116 を一般の $f \in \mathcal{R}(\mathbb{T})$ に対して拡張しておこう．この節で用いるノルムはすべて $L^2(\mathbb{T})$ のノルム，内積は $L^2(\mathbb{T})$ の内積なので，$\|u\|_{L^2}$, $(u,v)_{L^2}$ を単に $\|u\|, (u,v)$ とかく．

定理 3.42 (1) 任意の $N = 0, 1, \ldots$ に対してフーリエ級数の第 N 部分和を対応させる写像 $S_N : f \to S_N(f,t)$ は，$\mathcal{R}(\mathbb{T})$ 上のノルム 1 の有界線形作用素である：

$$\|S_N f\| \leq \|f\|, \quad \forall f \in \mathcal{R}(\mathbb{T}). \tag{3.27}$$

(2) 任意の $f \in \mathcal{R}(\mathbb{T})$ に対して $S_N(f,t)$ は $f(t)$ に平均収束する：

$$\lim_{N \to \infty} \|f(t) - S_N(f,t)\| = 0. \tag{3.28}$$

証明 (1) ベッセルの不等式によって $\|S_N(f,t)\|^2 = \sum_{|n| \leq N} |c_n|^2 \leq \|f\|^2$. ゆえに $\|S_N(f)\| \leq \|f\|$. 一方 $f(t) = e^{int}$, $|n| \leq N$ に対して $S_N(f) = f$. ゆえに $\|S_N\|_{B(L^2)} = 1$ である．

(2) (3.28) は $f \in C(\mathbb{T})$ に対しては成立する．$C(\mathbb{T})$ は $L^2(\mathbb{T})$ の稠密部分空間である．ゆえに (2) は (1) からしたがう（定理 3.39 参照）．$\qquad\square$

3.4.1 完全正規直交系

$\mathbb{R}^3$ には自然な内積があり，直交基底 $\boldsymbol{e}_1, \boldsymbol{e}_2, \boldsymbol{e}_3$ は $\mathbb{R}^3$ の座標軸を定める．このとき，$\boldsymbol{x} \in \mathbb{R}^3$ は $\boldsymbol{x} = x_1 \boldsymbol{e}_1 + x_2 \boldsymbol{e}_2 + x_3 \boldsymbol{e}_3$ と展開され，点 $\boldsymbol{x}$ はその座標 (x_1, x_2, x_2) と同一視される．このように，点を座標で表すことによって，空間に関する幾何学的あるいは代数的な問題を解析的にとり扱うことができることはよく知られたことである．内積の定義された関数空間において，この類似を行うことができる．前章 2.6.3 項で導入した術語を復習しておこう（定義 2.107 参照）．以下に現れる関数はすべて $\mathbb{T}$ 上の可積分関数である．

定義 3.43 Λ を任意のパラメータの集合とする．$\Lambda = \mathbb{N}$ あるいは $\Lambda = \mathbb{Z}$ のとき，関数系 $\{u_\lambda\}$ は関数列といわれる．

(1) $(f,g) = 0$ のとき，f, g は **直交する** といわれる．

3.4 フーリエ級数の L^2 理論の続き 187

(2) $\lambda \neq \mu$ のとき $(u_\mu, u_\lambda) = 0$ を満たす関数系 $\{u_\lambda : \lambda \in \Lambda\}$ は**直交系**といわれる.

(3) 直交系 $\{u_\lambda\}$ は任意の u_λ が $\|u_\lambda\| = 1$ を満たすとき,**正規直交系**といわれる.

(4) $\{u_n\}$ が正規直交系関数列,$f \in \mathcal{R}(\mathbb{T})$ のとき,$(f, u_n), n = 1, 2, \ldots$ を f の $\{u_n\}$ に関する**第 n フーリエ係数**という.

■**グラム・シュミットの直交化法**　任意の関数列 $\{v_j : j = 1, 2, \ldots\}, v_j \neq 0$ に対して次の $u_1, u_2, \ldots$ は正規直交系である.

$$u_1 = \frac{v_1}{\|v_1\|},$$

$$u_2 = \frac{v_2 - (v_2, u_1)u_1}{\|v_2 - (v_2, u_1)u_1\|}, \ldots, u_n = \frac{v_n - \sum_{j=1}^{n-1}(v_n, u_j)u_j}{\|v_n - \sum_{j=1}^{n-1}(v_n, u_j)u_j\|}, \ldots.$$

ただし,$v_n - \sum_{j=1}^{n-1}(v_n, u_j)u_j = 0$ となる n は除いて考える.このようにして関数列から正規直交列をつくる方法を**グラム・シュミットの直交化法**という.

問 3.44　上の $\{u_n\}_{n=1}^{\infty}$ は正規直交系であることを確かめよ.

正規直交列 $\{u_n\}$ についての前章の定理 2.110 を任意の $f \in \mathcal{R}(\mathbb{T})$ に対して一般化しておく.

定理 3.45　$f \in \mathcal{R}(\mathbb{T})$ の $\{u_n\}$ に関する第 n フーリエ係数を c_n とする.

(1)（**最良近似性**）任意の $d_1, \ldots, d_N \in \mathbb{C}$ に対して

$$\left\|f - \sum_{n=1}^{N} c_n u_n\right\|^2 \leq \left\|f - \sum_{n=1}^{N} d_n u_n\right\|^2.$$

(2)（**直交性**）$\|f\|^2 = \left\|f - \sum_{n=1}^{N} c_n u_n\right\|^2 + \sum_{n=1}^{N} |c_n|^2.$

(3)（**ベッセルの不等式**）$\sum_{n=1}^{\infty} |c_n|^2 \leq \|f\|^2.$

188　　　　　　　　　　第 3 章　フーリエ級数

(4)（パーセバルの等式）$\displaystyle\lim_{N\to\infty}\left\|f-\sum_{n=1}^{N}c_nu_n\right\|^2=0\Leftrightarrow\|f\|^2=\sum_{n=1}^{\infty}|c_n|^2.$
このとき，$\{u_n\}$ は完全であるといわれる．

証明　(1) のみを証明する．(2)–(4) は定理 2.110 の証明にある．$g=f-\sum_{n=1}^{N}c_nu_n$
とおく．$1\le m\le N$ のとき，$(g,u_m)=c_m-\sum_{n=1}^{N}c_n(u_n,u_m)=0.$ $u_1,\ldots,u_N$
は g と直交するから，g は $v=(c_1-d_1)u_1+\cdots+(c_N-d_N)u_N$ とも直交する．
ゆえにピタゴラスの定理によって $\|g+v\|^2=\|g\|^2+\|v\|^2$, すなわち

$$\left\|f-\sum_{n=1}^{N}d_nu_n\right\|^2=\left\|f-\sum_{n=1}^{N}c_nu_n\right\|^2+\sum_{n=1}^{N}|c_n-d_n|^2. \tag{3.29}$$

これより (1) がしたがう．　　　　　　　　　　　　　　　　　　　　　□

注意 3.46　最良近似性 (1) は，ノルム $\|\cdot\|$ を距離に使って f を $\{u_1,\ldots,u_N\}$ の一
次結合 $\sum_{n=1}^{N}d_nu_n$ によって近似するとき，d_n を f のフーリエ係数，$d_n=c_n$ ととる
のが最もよい近似であることを意味する．このとき，$\sum_{n=1}^{N}c_nu_n$ は f の $u_1,\ldots,u_n$
の張る空間への直交射影である．

定義 3.47　関数列 $\{v_n\}$ からグラム・シュミットの直交化によってつくられ
た正規直交系が完全であるとき，$\{v_n\}$ は完全であるという．

■一般化されたフーリエ展開　関数列 $\{u_n\}$ が完全正規直交系であれば，定
理 3.45 によって任意の $f\in\mathcal{R}(\mathbb{T})$ に対して

$$\lim_{N\to\infty}\left\|f-\sum_{n=1}^{N}c_nu_n\right\|=0 \tag{3.30}$$

である．(3.30) が成立するとき，$f=\sum_{n=1}^{\infty}c_nu_n$ とかき，f の $\{u_n\}$ に関
する**一般化されたフーリエ展開**と呼ぶ．このとき，関数列 $\{u_n\}$ は関数空間
$L^2(\mathbb{T})$ の基底，フーリエ係数列 $\{c_n\}$ はこの基底に関する f の座標で，$\{c_n\}$
は $\sum_{n=1}^{\infty}|c_n|^2<\infty$ を満たす数列の空間 $\ell^2(\mathbb{N})$（第 2 章 2.1 節参照）に属す
る．関数にそのフーリエ係数列を対応させる写像

$$\mathcal{F}\colon L^2(\mathbb{T})\ni f\mapsto\{c_n\}\in\ell^2(\mathbb{N}) \tag{3.31}$$

3.4 フーリエ級数の L^2 理論の続き 189

はパーセバルの等式

$$\|f\|^2 = \sum_{n=1}^{\infty} |c_n|^2 = \|\mathcal{F}f\|_{\ell^2}^2$$

によってノルムを保つ作用素, あるいは距離を保つ作用素である.

$\Lambda = \mathbb{N}$ あるいは $\Lambda = \mathbb{Z}$ のとき, 数列空間 $\ell^2(\Lambda)$ の内積 $(\cdot, \cdot)_{\ell^2(\Lambda)}$ を

$$(\{c_n\}, \{d_n\})_{\ell^2(\Lambda)} = \sum_{n \in \Lambda} c_n \overline{d_n}$$

と定義する. $\{c_n\}, \{d_n\} \in \ell^2(\Lambda)$ であれば右辺の級数が絶対収束し, $(\{c_n\}, \{d_n\})_{\ell^2(\Lambda)}$ が内積の公理を満たすことを確認するのは容易である.

補題 3.48 $\mathcal{H}$ を任意の複素内積空間とする. このとき,

$$(u, v) = \frac{1}{4} \left(\|u + v\|^2 - \|u - v\|^2 + \|u + iv\|^2 - \|u + iv\|^2 \right) \qquad (3.32)$$

が成立する. したがって内積空間 $\mathcal{H}$ から $\tilde{\mathcal{H}}$ への線形作用素 T に対して

$$\|Tu\| = \|u\|, \quad \forall u \in \mathcal{H} \ \Leftrightarrow \ (Tu, Tv) = (u, v), \quad \forall u, v \in \mathcal{H}$$

が成立する. ノルムを保つ線形作用素 $\mathcal{F}$ は内積を保存する, あるいは, 長さを変えない線形作用素は角度も変えないのである.

これから次は明白である.

命題 3.49 $\{u_n\}$ を完全正規直交列, $f, g \in \mathcal{R}(\mathbb{T})$ の $\{u_n\}$ に関するフーリエ展開が $f = \sum_{n=1}^{\infty} c_n u_n$, $g = \sum_{n=1}^{\infty} d_n u_n$ のとき, $(f, g) = \sum_{n=1}^{\infty} c_n \overline{d_n}$ が成立する.

問 3.50 補題 3.48, 命題 3.49 を証明せよ.

■**$\{e^{int}\}$ の完全性** 前章で証明した次の定理の別証明を与えよう.

定理 3.51 $\{e^{int} : n = 0, \pm 1, \dots\}$ は完全正規直交系である.

証明 $f \in \mathcal{R}(\mathbb{T})$ のフーリエ係数を $\{c_n\}$ とする. 任意の $\varepsilon > 0$ に対して $\|f - \sum_{n=-N}^{N} d_n e^{int}\|^2 < \varepsilon$ を満たす三角多項式 $\sum_{n=-N}^{N} d_n \exp(int)$ が存在する (定理 3.20, 補題 3.29 を参照). 定理 3.45 (1) によって,

$$\left\| f - \sum_{n=-N}^{N} c_n e^{int} \right\|^2 \leq \left\| f - \sum_{n=-N}^{N} d_n e^{int} \right\|^2 < \varepsilon.$$

ゆえに $\lim_{N \to \infty} \|f - \sum_{n=-N}^{N} c_n e^{int}\|^2 = 0$ が成り立たなければならない. $\square$

関数列の平均収束は各点での関数値の収束を意味しない. 次はこれを確かめる問である.

問 3.52 二乗平均収束しても一様収束はしない関数列の例 $\{f_n\}$ を挙げよ. また, 二乗平均収束してもすべての t に対しては $f_n(t) \to f(t)$ とならない例も挙げよ.

問 3.53 $n = 1, 2, \ldots$ を $n = 2^k + (j-1)$, $k = 0, 1, \ldots$, $j = 1, \ldots, 2^k$ とかく. $t \in [0, 1)$ の関数 $f_n(t)$ を, $2^{-k}(j-1) \leq t < 2^{-k}j$ のとき $f_n(t) = 1$, その他の $t \in [0, 1)$ に対して 0 と定義する. $n \to \infty$ のとき, $\|f_n\|_{L^2} \to 0$ であるがどんな t に対しても $f_n(t)$ は収束しないことを示せ.

■パーセバルの等式の級数の和への応用 $\hat{f}(n) = c_n$, $n = 0, \pm 1, \ldots$ を満たす f をとり, パーセバルの等式

$$\sum_{n=-\infty}^{\infty} |c_n|^2 = \frac{1}{2\pi} \int_0^{2\pi} |f(t)|^2 dt$$

を用いることによっていくつかのよく知られた級数の和を求めることができる. 次はその例である.

問 3.54 3.1 節の問題 3.1, 3.2 に現れた関数のフーリエ級数にパーセバルの等式を適用することによって, 次の等式を示せ.

(1) $\displaystyle\sum_{n=1}^{\infty} \frac{1}{n^2} = \frac{\pi^2}{6}$,　　(2) $\displaystyle\sum_{n=1}^{\infty} \frac{1}{n^4} = \frac{\pi^4}{90}$,　　(3) $\displaystyle\sum_{n=1}^{\infty} \frac{1}{(2n-1)^2} = \frac{\pi^2}{8}$.

3.5　フーリエ級数の各点収束

本節ではフーリエ級数が各点で収束するためのいくつかの十分条件を与える.

3.5 フーリエ級数の各点収束　　191

定理 3.55　$f \in \mathcal{R}(\mathbb{T})$ とする．$\sum_{n=-\infty}^{\infty} |\hat{f}(n)| < \infty$ なら f のフーリエ級数は $\mathbb{T}$ 上一様収束する．t が f の連続点なら極限値は $f(t)$ に一致する．

証明　仮定によって $S_N(f,t)$ は明らかに一様に絶対収束する．したがって $\sigma_N(f,t)$ も同じ極限値に収束する．定理 3.41 によって f の任意の連続点において $\sigma_N(f,t)$ は $f(t)$ に収束する．したがって，$S_N(f,t)$ も $f(t)$ に収束する． □

3.5.1 微分可能な関数のフーリエ級数

定理 3.56　$f \in \mathcal{R}(\mathbb{T})$, $0 \le k$ を整数とする．$\sum_{n=-\infty}^{\infty} |n^k \hat{f}(n)| < \infty$ とする．f のフーリエ級数は一様収束して $f(t)$ に等しい：

$$f(t) = \sum_{n=-\infty}^{\infty} c_n e^{int}. \tag{3.33}$$

$f(t)$ は k 階連続微分可能関数である．

注意 3.57　前章 2.6 節末で注意したように，c_n は f の積分で定義されているから $f(t)$ の値をいくつかの点でとり替えたりしてもフーリエ級数は変わらない．定理 3.56 では，f を初めから連続関数などと仮定したわけではないから，等式 (3.33) には説明が必要であろう．(3.33) は詳しくいえば次の通りである．「(3.33) の右辺は任意の t に対して絶対収束し，(3.33) がほとんどいたるところ成立する．したがって，$f(t)$ は (3.33) の右辺と等しいとみなしてよい．このとき，f は k 階連続微分可能である．」

証明　仮定によって (3.33) の右辺は絶対一様収束し和は連続関数である．定理 3.55 によって極限は任意の連続点において $f(t)$ に等しい．f は連続関数にほとんどいたるところ一致し和に等しい（上の注意参照）．$k > 0$ のときには，(3.33) を k 回項別微分したものも絶対一様収束する．したがって，項別微分定理によって $f(t)$ は k 階連続微分可能関数である． □

定理 3.56 から次が得られる．

定理 3.58　$f \in C^{\infty}(\mathbb{T})$ であるためには，f のフーリエ係数 $\hat{f}(n)$ が任意の k に対して

$$\sup\{(1 + |n|)^k |\hat{f}(n)| : n \in \mathbb{Z}\} < \infty \tag{3.34}$$

192 第3章 フーリエ級数

を満たすことが必要十分である.

数列 $\{c_n\}$ は任意の k に対して (3.34) を ($\hat{f}(n)$ を c_n にかえて) 満たすとき,急減少であるといわれる.

問 3.59 定理 3.58 を証明せよ.

■$PC^1(\mathbb{T})$ のフーリエ級数 $f \in C^k(\mathbb{T})$ であれば,$\hat{f}(n) = o(1/|n|^k)$ (命題 3.15 参照).ゆえに $f \in C^k(\mathbb{T})$, $k \geq 2$ なら f のフーリエ級数は $f(t)$ に絶対一様収束する.L^2 理論を援用すればこの結果をもう少し精密化できる.

定理 3.60 $f \in PC^1(\mathbb{T})$ とする.f のフーリエ級数は絶対一様収束し $f(t) = \sum_{n=-\infty}^{\infty} \hat{f}(n)e^{int}$ が成立する.

証明 命題 3.15 によって $\widehat{f'}(n) = in\hat{f}(n)$ である.$f, f' \in L^2(\mathbb{T})$ だからパーセバルの等式によって

$$\sum_{n=-\infty}^{\infty} (1+n^2)|\hat{f}(n)|^2 = \|f\|^2 + \|f'\|^2 < \infty.$$

ゆえに,シュワルツの不等式を用いれば

$$\sum_{n=-\infty}^{\infty} |\hat{f}(n)| \leq \left(\sum_{n=-\infty}^{\infty} (1+n^2)|\hat{f}(n)|^2 \right)^{1/2} \left(\sum_{n=-\infty}^{\infty} (1+n^2)^{-1} \right)^{1/2} < \infty.$$

定理 3.55 によって f のフーリエ級数は $f(t)$ に絶対一様収束する. □

問 3.61 $k \geq 1$ を自然数,$f \in C^k([0,\pi])$, $f^{(j)}(0) = f^{(j)}(\pi) = 0$, $0 \leq j \leq k-1$ とする.$f(x)$ のフーリエ・サイン係数

$$A_n = \frac{2}{\pi} \int_0^{\pi} f(x) \sin(nx)dx \tag{3.35}$$

は $\sum_{n=1}^{\infty} n^{k-1}|A_n| < \infty$ を満たすことを示せ.

■ペイリー・ウィーナーの定理 次の定理は指数的に減衰するフーリエ係数をもつ関数を特徴付ける.

3.5 フーリエ級数の各点収束

定理 3.62(ペイリー・ウィーナーの定理) $f \in \mathcal{R}(\mathbb{T})$, $a > 0$ とする. f の
フーリエ係数が,任意の $0 < b < a$ に対して指数 b の指数減衰,すなわち定
数 C_b が存在して

$$|\hat{f}(n)| \leq C_b e^{-b|n|}, \quad n = 0, \pm 1, \dots \tag{3.36}$$

を満たすためには,f が帯状領域 $C_a = \{z \in \mathbb{C} : |\Im z| < a\}$ 上の正則関数
$f(z)$ の実軸への制限であることが必要十分である.

証明 $f \in \mathcal{R}(\mathbb{T})$ が C_a 上の正則関数 $f(z)$ の実軸への制限とする.f はもちろん
C^∞ 級である.このとき $f(z + 2\pi)$ と $f(z)$ は実軸上一致するから,一致の定理に
よって C_a 上 $f(z + 2\pi) = f(z)$ である.ゆえに,任意の $0 < b < a$ に対して

$$\int_0^{\pm ib} e^{-inz} f(z) dz = \int_{2\pi}^{2\pi \pm ib} e^{-inz} f(z) dz, \quad n = 0, \pm 1, \dots$$

が成立する.そこで $n \leq 0$ のときは,$e^{-inz} f(z)$ を長方形 $0 \to 2\pi \to 2\pi + ib \to$
$ib \to 0$ に沿って,$n > 0$ のときは $0 \to 2\pi \to 2\pi - ib \to -ib \to 0$ に沿って積分す
れば,コーシーの定理によって $n = 0, \pm 1, \dots$ のとき,符号同順で

$$\hat{f}(n) = \frac{1}{2\pi} \int_0^{2\pi} e^{-int} f(t) dt = \frac{1}{2\pi} \int_0^{2\pi} e^{-in(t \mp ib)} f(t \mp ib) dt.$$

したがって,$C_b = \max\{|f(t \pm ib)| : 0 \leq t \leq 2\pi\}$ と定義すれば

$$|\hat{f}(n)| \leq \frac{e^{-b|n|}}{2\pi} \int_0^{2\pi} |f(t \mp ib)| dt \leq C_b e^{-b|n|}.$$

ゆえに (3.36) が成り立つ.

逆に (3.36) が成り立てば,$\sum_{n=-\infty}^{\infty} \hat{f}(n) e^{int}$ は定理 3.56 によって $\mathbb{T}$ 上絶対一
様収束し $f(t)$ に等しい.$z \in C_a$ に対して $f(z) = \sum_{n=-\infty}^{\infty} \hat{f}(n) e^{inz}$ と定義する.
(3.36) によって右辺は C_a 上広義一様収束する.$\hat{f}(n) e^{inz}$ は正則だから,ワイエル
シュトラスの解析関数に対する一様収束定理によって $f(z)$ も C_a 上の正則関数と
なる.明らかに,$f(t)$ は $f(z)$ の実軸への制限である. $\square$

3.5.2 微分可能でない関数のフーリエ級数

次に微分可能でない関数のフーリエ級数の収束問題を考えよう.

194   第3章　フーリエ級数

■**部分和の積分表示**　チェザロ総和の収束問題をとり扱ったときと同様, フーリエ級数の収束問題のとり扱いにも, その部分和を積分作用素の形にかいておくことが大切である. 3.3.1 項の最初の部分をもういちど記録しよう.

補題 3.63　$f \in \mathcal{R}(\mathbb{T})$ とする. このとき, フーリエ級数の第 N 部分和は f のディリクレ核

$$D_N(t) = \sum_{n=-N}^{N} e^{int} = \frac{\sin(N + \frac{1}{2})t}{\sin(\frac{t}{2})} \tag{3.37}$$

による合成積である:

$$S_N(f,t) = \frac{1}{2\pi} \int_0^{2\pi} D_N(t-s)f(s)ds. \tag{3.38}$$

問 3.64　(1) $D_N(t) = \cot(t/2)\sin(Nt) + \cos(Nt)$ を示せ.

(2) $D_N(t)$ は 2π を周期とする周期関数で次を満たすことを示せ.

$$\frac{1}{2\pi} \int_T D_N(t)dt = 1, \quad D_N(t) = D_N(-t). \tag{3.39}$$

フーリエ級数の収束問題がチェザロ総和に対するそれよりも難しいのは, フェイエー核 $\sigma_N(x)$ が総和核, とくに $\sigma_N(x) \geq 0$ であったのに対して, ディリクレ核 $D_N(t)$ は $N \to \infty$ のとき正負に激しく振動する関数でとり扱いが難しいからである.

まず f が**有界変動関数**のとき, $S_N(f,t)$ が収束することを示そう. 簡単のため f は実数値とする. 有界変動関数の定義を思い出しておこう (入門 I, 345 ページ).

定義 3.65　f を区間 $[a,b]$ 上の実数値関数とする. 定数 M が存在して, $[a,b]$ の任意の分割 $\Delta : a = t_0 < t_1 < \cdots < t_N = b$ に対して, $\sum_{j=1}^{N-1} |f(t_j) - f(t_{j-1})| \leq M$ が満たされるとき, f は $[a,b]$ 上有界変動であるといわれる. このような M の下限を f の**全変動**という.

リプシッツ連続関数は明らかに有界変動である.

問 3.66　$[a,b]$ 上の連続ではあるが有界変動ではない関数の例をつくれ.

問 3.67 f が有界変動であることと，f が 2 つの単調増加関数 φ, ψ の差として $f(t) = \varphi(t) - \psi(t)$ と表せることは同値であることを示せ．このとき，f が連続なら φ, ψ を連続な単調増加関数とすることができることを示せ．（ヒント：入門 I，351 ページをみよ．）

問 3.68 有界変動関数は積分可能であることを示せ．

■**ジョルダン・ルベーグの定理** 問 3.67 によって有界変動関数 f は 2 つの単調増加関数 φ, ψ の差としてかける．一方，単調増加関数 φ, ψ は任意の点 t において左からの極限値 $\varphi(t-0), \psi(t-0)$，および右からの極限値 $\varphi(t+0), \psi(t+0)$ をもつ．したがって，f の左右の極限値 $f(t-0), f(t+0)$ が存在する．その平均値を定理 3.41 のときのように $f_{av}(t)$ とかく：

$$f_{av}(t) := \frac{f(t+0) + f(t-0)}{2}.$$

定理 3.69 2π 周期の有界変動関数 f に対して，f のフーリエ級数は任意の t において収束し，和は $f_{av}(t)$ に等しい．とくに，f が有界変動な連続関数であればフーリエ級数は $f(t)$ に一様収束する．

定理の証明に次のディリクレの積分公式を用いる．

補題 3.70（ディリクレの積分公式） (1) h を区間 $[0, a]$ 上の有界変動関数とする．任意の $0 < l < a$ に対して

$$\lim_{N \to \infty} \frac{2}{\pi} \int_0^l \frac{\sin(Ns)}{s} h(s) ds = h(+0). \tag{3.40}$$

(2) h を $\mathbb{R}$ の任意の有界区間上で連続な有界変動関数とする．任意の $0 < l$ に対して

$$\lim_{N \to \infty} \frac{2}{\pi} \int_0^l \frac{\sin(Ns)}{s} h(t+s) ds = h(t) \tag{3.41}$$

が t の任意の有界集合上一様に成立する．

証明 (1) h は 2 つの単調増加関数 p, n の差にかけるから，(3.40) を h が単調増加関数のときに示せば十分である．さらに $h(t) = (h(t) - h(+0)) + h(+0)$ とかいてよく知られた公式

$$\lim_{N \to \infty} \frac{2}{\pi} \int_0^l \frac{\sin(Ns)}{s} ds = 1$$

を用いれば，さらに $h(+0) = 0$ と仮定してよい．

$$\sup_{T > 0} \int_0^T \frac{\sin t}{t} dt = M \tag{3.42}$$

と定義する．$M < \infty$ である．任意に $\varepsilon > 0$ をとる．$h(+0) = 0$ だからある $0 < \delta < l$ が存在して

$$0 \leq h(t) < \min\left(1, \frac{\varepsilon}{4M}\right), \quad 0 < t < \delta. \tag{3.43}$$

$h(s)/s$ は $[\delta, l]$ 上可積分だからリーマン・ルベーグの定理によって

$$\lim_{N \to \infty} \frac{2}{\pi} \int_\delta^l \frac{\sin(Ns)}{s} h(s) ds = 0. \tag{3.44}$$

したがって，十分大きい N_0 が存在して任意の $N \geq N_0$ に対して

$$\left| \frac{2}{\pi} \int_0^\delta \frac{\sin(Ns)}{s} h(s) ds \right| < \varepsilon \tag{3.45}$$

を示せば十分である．$N \geq N_0$ に対して

$$f_N(t) = \int_0^t \frac{\sin(Ns)}{s} ds = \int_0^{Nt} \frac{\sin s}{s} ds, \quad g_N(t) = \frac{\sin(Nt)}{t}$$

とおく．(3.42) によって

$$\sup_{0 < t, N < \infty} |f_N(t)| \leq M \tag{3.46}$$

である．$g_N(t)$ は $[0, \delta]$ 上一様連続だから

$$\lim_{\rho \to +0} \frac{f_N(t + \rho) - f_N(t)}{\rho} = g_N(t), \quad 0 \leq t \leq \delta \text{ において一様収束.}$$

ゆえに，任意の $N \geq N_0$ に対して

$$\int_0^\delta \frac{\sin(Ns)}{s} h(s) ds = \int_0^\delta f_N'(s) h(s) ds = \lim_{\rho \to 0} \int_0^\delta \left(\frac{f_N(s + \rho) - f_N(s)}{\rho} \right) h(s) ds.$$

変数変換して右辺を

$$\lim_{\rho \to +0} \frac{1}{\rho} \left(\int_\rho^{\delta + \rho} f_N(s) h(s - \rho) d\rho - \int_0^\delta f_N(s) h(s) ds \right)$$

$$= \lim_{\rho \to +0} \frac{1}{\rho} \left(\int_\delta^{\delta + \rho} f_N(s) h(s - \rho) ds - \int_0^\rho f_N(s) h(s) ds \right.$$

$$\left. - \int_\rho^\delta f_N(s) (h(s) - h(s - \rho)) ds \right)$$

とかき換え (3.43), (3.46) を用いると $0 < \rho < \delta$ のとき

$$\left|\int_\delta^{\delta+\rho} f_N(s)h(s-\rho)ds\right| \le \frac{\rho\varepsilon}{4}, \quad \left|\int_0^\rho f_N(s)h(s)ds\right| < \frac{\rho\varepsilon}{4}.$$

$h(s) - h(s-\rho) > 0$ だから

$$\left|\int_\rho^\delta f_N(s)(h(s)-h(s-\rho))ds\right| \le M\int_\rho^\delta (h(s)-h(s-\rho))ds$$
$$= M\left(\int_{\delta-\rho}^\delta + \int_0^\rho\right)h(s)ds < \frac{2M\rho\varepsilon}{4M} = \frac{\rho\varepsilon}{2}$$

ゆえに (3.45) が成立する.

(2) (1) と同様にして h が連続な単調増加関数としてよい. $K = [\alpha, \beta]$ を有界区間とし, $t \in K$ に対して $h_t(s) = h(t+s) - h(t)$ と定義する. $h_t(+0) = 0$ である. 任意に $\varepsilon > 0$ をとる. h は有界区間上一様連続だから $0 < \delta < l$ を任意の $t \in K$ に対して $h_t(\delta) < \min(1, \varepsilon/4M)$ が成立するようにとれる. 一方, $t \to h_t(s)/s \in L^1([\delta, l])$ は連続, すなわち, 任意の $t_0 \in K$ に対して

$$\int_\delta^l |h_t(s) - h_{t_0}(s)|\frac{ds}{s} \to 0 \quad (t \to t_0) \tag{3.47}$$

だから, 注意 3.35 によって, h を h_t に置き換えたとき (3.44) が $t \in K$ に関して一様に成立する. したがって, (3.45) 以下の議論を繰り返せば (2) が得られる. □

問 3.71 (3.47) を示せ.

定理 3.69 の証明 (3.39) の第 1 の等式と f の周期性を用いれば,

$$S_N(f, t) - f_{av}(t) = \frac{1}{2\pi}\int_{-\pi}^\pi D_N(s)\{f(t-s) - f_{av}(t)\}ds$$

である. 積分を $[-\pi, 0]$ 上と $[0, \pi]$ 上に分け, 前者に変数変換 $s \to -s$ を施し, $D_N(s) = D_N(-s)$ を用いてかき直せば,

$$右辺 = \frac{1}{2\pi}\int_0^\pi D_N(s)\{(f(t+s) - f(t+0)) + (f(t-s) - f(t-0))\}ds$$

となる. ここで s の関数 $f(t+s) - f(t+0)$, $f(t-s) - f(t-0)$ はそれぞれ $[0, \pi]$ 上有界変動で, $s \to +0$ のとき 0 に収束する. したがって, $h(s)$ が $[0, \pi]$ 上有界変動で, $h(+0) = 0$ を満たすとき

$$\lim_{N\to\infty}\int_0^\pi D_N(s)h(s)ds = 0 \tag{3.48}$$

を示せば十分である.

(3.37) の分子の $\sin(N+1/2)t$ を三角関数の加法公式を用いてかき直すと

$$D_N(s) - \frac{2\sin(Ns)}{s} = \left(\frac{s\cos(s/2) - 2\sin(s/2)}{s\sin(s/2)} \right) \sin(Ns) + \cos(Ns).$$

右辺第 1 項の第 1 因子を,

$$g(s) = \frac{s\cos(s/2) - 2\sin(s/2)}{s\sin(s/2)}$$

とかけば, $g(s)$ は有界だから $g(s)h(s)$, $h(s)$ はいずれも $[0,\pi]$ 上可積分である. したがって, $\sin(Ns) = (e^{ins} - e^{-ins})/2i$, $\cos(Ns) = (e^{ins} + e^{-ins})/2$ とかいて, リーマン・ルベーグの定理を $g(s)h(s), h(s)$ に適用すれば, $N \to \infty$ のとき

$$\int_0^\pi \left(D_N(s) - \frac{2\sin(Ns)}{s} \right) h(s)ds$$
$$= \int_0^\pi (h(s)g(s)\sin(Ns) + h(s)\cos(Ns))ds \to 0. \qquad (3.49)$$

したがって, 定理の第 1 の主張は補題 3.70 (1) からしたがう.

f が連続なら収束が t に関して一様であることを示そう. 補題 3.70(2) の証明の記号を用いる. f が連続なら注意 3.35 によって (3.49) は h を h_t に替えたとき, t に関して一様に収束する. したがって, 補題 3.70(2) によって (3.48) も h を h_t に替えたとき, t に関して一様に成立する. よって $S_N(f,t)$ は $N \to \infty$ のとき, t に関して一様に $f_{av}(t) = f(t)$ に収束する. $\qquad\square$

注意 3.72 $f \in \mathcal{R}(\mathbb{T})$ のとき, チェザロ和 $\sigma_N(f,t_0)$ が収束するか否かは, $f(t)$ の t_0 の近傍での振る舞いにしか依存しないことを 3.3.3 項の冒頭で注意した. 同様のことはフーリエ級数の部分和 $S_N(f,t)$ に対してもいえる. 実際, $\delta < s < 2\pi - \delta$ のとき, $|1/\sin(s/2)| \le 1/\sin(\delta/2)$ であるから, この区間上 $f(t_0 - s)/\sin(s/2)$ は可積分である. したがって, リーマン・ルベーグの定理を用いれば, (3.49) を得たのと同様にして $N \to \infty$ のとき,

$$\int_{|s|>\delta} D_N(s)f(t_0 - s)ds = \int_{|s|>\delta} \frac{f(t_0 - s)}{\sin(s/2)} \sin(N + (1/2)s)ds \to 0$$

となるからである. とくに, f が t_0 の近傍で有界変動であれば $S_N(f,t_0) \to f_{av}(t_0)$, t_0 の近傍で連続有界変動であれば, t_0 の近傍で一様に $S_N(f,t) \to f(t)$ である.

3.5 フーリエ級数の各点収束

■ディニの定理　フーリエ級数に対するもう 1 つの収束定理を述べておこう.

定理 3.73（ディニの定理）　$f \in \mathcal{R}(\mathbb{T})$, $t_0 \in \mathbb{T}$ とする. 定数 A が存在して

$$\int_{\mathbb{T}} \left| \frac{f(t + t_0) - A}{t} \right| dt < \infty \tag{3.50}$$

が満たされれば, $\lim_{N \to \infty} S_N(f, t_0) = A$ が成立する.

証明　$S_N(f, t_0)$ が収束するか否かは, $f(t)$ の $t = t_0$ の近傍における振る舞いにしか依存しなかった. したがって, $f(t)$ が t_0 の小さな近傍の外では $f(t) = 0$ を満たすと仮定してさしつかえない.（3.39）によって

$$S_N(f, t_0) - A = \frac{1}{2\pi} \int_{-\pi}^{\pi} D_N(t) \{ f(t_0 + t) - A \} dt.$$

加法定理を用いて, $D_N(t) = \cot(t/2)\sin(Nt) + \cos(Nt)$ とし, 右辺の被積分関数を

$$\sin(Nt) \cdot \left(\frac{f(t_0 + t) - A}{\tan(t/2)} \right) + \cos(Nt) \cdot (f(t_0 + t) - A)$$

とかく. 第 1 項の第 2 因子は

$$\left| \frac{f(t_0 + t) - A}{\tan(t/2)} \right| \leq 2 \left| \frac{f(t_0 + t) - A}{t} \right|.$$

ゆえに定理の仮定から $[0, 2\pi]$ 上広義可積分. もちろん, $f(t_0 + t) - A$ も可積分だから, リーマン・ルベーグの定理によって $S_N(f, t_0) - A \to 0$ $(N \to \infty)$ である. □

$f \in PC(\mathbb{T})$ などであれば, もちろん $A = f_{av}(t_0)$ とおいて定理を用いるのであるが, ディニの定理は $f_{av}(t_0)$ の存在を仮定しない. そのときでも, 仮定 (3.50) が成立する A に対して, $\lim_{N \to \infty} S_N(f, t_0) = A$ が成立するのである.

■ギッブスの現象　定理 3.69, 3.73 において, 関数 f が不連続とすると不連続点では $S_N(f, t)$ は $f(t)$ に一様収束しない. このため, 近似関数列 $S_N(f, t)$ のグラフが f のグラフが存在しない部分に近づくことがある. この現象は**ギッブスの現象**と呼ばれる. 次の例はよく知られている：

$$f(t) = \begin{cases} -1, & 0 \leq t < \pi, \\ 1, & -\pi \leq t < 0 \end{cases}$$

とする．もちろん f は $t = 0$ において不連続．このとき，$S_N(t, \pi/N)$ は $N \to \infty$ のとき，f の値の存在しない $1.1789\cdots$ に収束する．じっさい

$$S_N\left(f, \frac{\pi}{N}\right) = \frac{1}{2\pi}\left\{\int_{-\pi/N}^{\pi/N} - \int_{\pi-\pi/N}^{\pi+\pi/N}\right\} D(s)ds.$$

$\pi - \pi/N \leq s \leq \pi + \pi/N$ のとき，$N \geq 2$ に対して $\sin(s/2) \geq \cos(\pi/2N) \geq 1/\sqrt{2}$ だから，右辺の第 2 の積分は $N \to \infty$ のとき 0 に収束する（リーマン・ルベーグの定理）．一方，(3.49) と同様にして $N \to \infty$ のとき

$$\frac{1}{2\pi}\int_{-\pi/N}^{\pi/N} D(s)ds \sim \frac{2}{\pi}\int_0^{\pi/N} \frac{\sin(Ns)}{s}ds \to \frac{2}{\pi}\int_0^{\pi} \frac{\sin s}{s}ds = 1.1789\cdots.$$

3.5.3 ポワソンの和公式

f を実数軸上の C^1 級関数とする．もし，$f(t), f'(t)$ が $t \to \pm\infty$ において十分速く減衰し，$\sum_{n=-\infty}^{\infty} f(t+2n\pi)$，$\sum_{n=-\infty}^{\infty} f'(t+2n\pi)$ が $\mathbb{T}$ 上一様収束すれば，

$$\varphi(t) = \sum_{n=-\infty}^{\infty} f(t+2n\pi)$$

は 2π 周期の C^1 級関数．したがって，$\varphi(t)$ のフーリエ級数は $\mathbb{T}$ 上一様絶対収束して

$$\varphi(t) = \sum_{n=-\infty}^{\infty} \hat{\varphi}(n)e^{int},\ t = 0\ を代入して \quad \sum_{n=-\infty}^{\infty} f(2n\pi) = \sum_{n=-\infty}^{\infty} \hat{\varphi}(n).$$
(3.51)

ここで，$n = 0, \pm 1, \ldots$ に対して

$$\hat{\varphi}(n) = \sum_{j=-\infty}^{\infty} \frac{1}{2\pi}\int_0^{2\pi} e^{-int}f(t+2j\pi)dt$$

$$= \sum_{j=-\infty}^{\infty} \frac{1}{2\pi}\int_{2j\pi}^{2(j+1)\pi} e^{-int}f(t)dt = \frac{1}{2\pi}\int_{-\infty}^{\infty} e^{-int}f(t)dt.$$

右辺は第 4 章で定義される f のフーリエ変換 $\times 1/\sqrt{2\pi}$ の整数値における値である．これを，(3.51) に代入すれば，次が得られる．

3.6 二次元のポワソン方程式とラプラス方程式への応用 201

定理 3.74（ポワソンの和公式） f を $\mathbb{R}$ 上の C^1 級関数とする. $\sum_{n=-\infty}^{\infty} f(t+2n\pi)$ とその項別微分が $\mathbb{T}$ 上一様収束すれば,

$$\sum_{n=-\infty}^{\infty} f(2n\pi) = \sum_{n=-\infty}^{\infty} \frac{1}{2\pi} \int_{-\infty}^{\infty} e^{-int} f(t) dt \tag{3.52}$$

が成立する.

3.5.4 3.5 節の問題

問題 3.13（ライプニッツの級数）フーリエ級数

$$\frac{t}{2} = \sin t - \frac{\sin(2t)}{2} + \frac{\sin(3t)}{3} - \cdots$$

が $-\pi < t < \pi$ において収束することを確かめ, 次を示せ.

$$\frac{\pi}{4} = 1 - \frac{1}{3} + \frac{1}{5} - \cdots$$

問題 3.14 $\cos(\mu t), -\pi \le t < \pi,$ のフーリエ級数が収束することを確かめ t が整数でないとき, 次を示せ.

$$\frac{\pi t}{\sin(\pi t)} = 1 + 2t^2 \sum_{n=1}^{\infty} \frac{(-1)^n}{t^2 - n^2}, \quad \pi \cot(\pi t) = \frac{1}{t} + \sum_{n=1}^{\infty} \frac{2t}{t^2 - n^2}$$

問題 3.15 $f(t)$ が t_0 においてヘルダー連続であれば, f のフーリエ級数は t_0 において $f(t_0)$ に収束することを示せ.

問題 3.16 この節のフーリエ級数に対する収束定理をフーリエ・サイン級数あるいはフーリエ・コサイン級数に対して修正して述べよ.

問題 3.17 $N \to \infty$ のとき $\|D_N\|_{L^1} = O(\log N)$ であることを示せ.

3.6 二次元のポワソン方程式とラプラス方程式への応用

$\mathbb{R}^n$ の領域 Ω 上の C^2 級の実数値関数 $u(x)$ に対する偏微分方程式

$$\Delta u \colon= \frac{\partial^2 u}{\partial x_1^2} + \cdots + \frac{\partial^2 u}{\partial x_n^2} = 0, \quad x \in \Omega \tag{3.53}$$

をラプラス方程式,

$$\Delta u = f(x), \quad x \in \Omega \tag{3.54}$$

をポワソン方程式という．ラプラス方程式はポワソン方程式の右辺が 0 の特別な場合である．ラプラス方程式を満たす関数は Ω 上調和である，あるいは Ω 上の調和関数といわれる．Ω の境界 $\partial\Omega$ 上の与えられた連続関数 φ に対して，$\partial\Omega$ 上で φ に一致し Ω 上 (3.53) あるいは (3.54) を満たす関数 u を求める問題をラプラス，あるいはポワソン方程式の**境界値問題**，あるいは，**ディリクレ問題**という．本節ではこの問題を Ω が平面 $\mathbb{R}^2 = \{(x,y) : x, y \in \mathbb{R}\}$ の円板あるいは長方形の場合にフーリエ級数の理論を応用して解くことにする（n が一般のときは第 5 章で学ぶ）．

しばしば，平面 $\mathbb{R}^2$ 上の点 (x,y) と複素数 $z = x+iy$ を同一視して $u(x,y) = u(z)$ とかく．極座標によって $z = re^{i\theta}$, $r \geq 0$, $\theta \in \mathbb{T}$ と表すとき，$x = r\cos\theta$, $y = r\sin\theta$ である．円周 $\mathbb{T} = \{e^{i\theta} : 0 \leq t \leq 2\pi\}$ 上の関数 $\varphi(e^{i\theta})$ をしばしば $\varphi(\theta)$ とかく．

問 3.75 $f(z)$ が Ω 上の正則関数のとき，その実部 u，虚部 v はいずれも調和関数であることを示せ．$f(z)$ は $f(\bar{z})$ が正則のとき，**反正則**であるといわれる．f が反正則のとき，その実部，虚部も調和関数であることを示せ．（ヒント：コーシー・リーマンの方程式を思い出せ．）

まず中心 z_0, 半径 l の円板 $B(z_0, l) = \{z : |z - z_0| < l\}$ 上のラプラス方程式の境界値問題を考えよう．独立変数の変換 $z = z_0 + l\omega$, すなわち点 $(x,y), (x_0, y_0), (t,s)$ を，それぞれ複素数 $z = x+iy, z_0 = x_0+iy_0, \omega = t+is$ と同一視して $\begin{pmatrix} x \\ y \end{pmatrix} = \begin{pmatrix} x_0 + ls \\ y_0 + lt \end{pmatrix}$ と変数変換するとき，$B(z_0, l)$ 上のラプラス方程式は原点中心の単位円板 $D := \{\omega : |\omega| < 1\}$ 上の問題に変換される．そこで，以下では簡単のため D 上のラプラス方程式を考えることにする．

問 3.76 変数変換 $z = z_0 + l\omega$ によって $B(z_0, l)$ 上のラプラス方程式の境界値問題が D 上のラプラス方程式の境界値問題に変換されることを示せ．

3.6.1 フーリエ級数のアーベル和

一般の級数 $\sum_{n=-\infty}^{\infty} a_n$ に対して $\sum_{n=-\infty}^{\infty} r^{|n|} a_n$ $(0 < r < 1)$ をその**アーベル和**という．$\varphi \in \mathcal{R}(\mathbb{T})$ のフーリエ級数 $\sum_{n=-\infty}^{\infty} e^{in\theta} \hat{\varphi}(n)$ のアーベル和

$$P_r\varphi(\theta) = \sum_{n=-\infty}^{\infty} r^{|n|}e^{in\theta}\hat{\varphi}(n) \tag{3.55}$$

を考えよう. $|\hat{\varphi}(n)| \leq (1/2\pi)\|\varphi\|_{L^1}$ だから, 級数 (3.55) は $0 \leq r < 1$, $\theta \in \mathbb{T}$ において広義一様に絶対収束する. (3.55) に $\hat{\varphi}(n)$ の定義式を代入すれば

$$P_r\varphi(\theta) = \sum_{n=-\infty}^{\infty} \frac{1}{2\pi} \int_{\mathbb{T}} r^{|n|}e^{in(\theta-\mu)}\varphi(\mu)d\mu.$$

$0 \leq r < 1$, $\theta \in \mathbb{T}$ のとき, 級数

$$\frac{1}{2\pi} \sum_{n=-\infty}^{\infty} r^{|n|}e^{in(\theta-\mu)} = \frac{1}{2\pi} \frac{1-r^2}{1-2r\cos(\theta-\mu)+r^2} \tag{3.56}$$

は $\mu \in \mathbb{T}$ に関して一様に絶対収束するから, 積分と和の順序を交換すれば

$$P_r\varphi(\theta) = \frac{1}{2\pi} \int_{\mathbb{T}} \frac{1-r^2}{1-2r\cos(\theta-\mu)+r^2}\varphi(\mu)d\mu \tag{3.57}$$

が任意の $0 \leq r < 1$, $\theta \in \mathbb{T}$ に対して成立する.

問 3.77 $0 \leq r < 1$ のとき, 級数 (3.56) は $\theta, \mu \in \mathbb{T}$ に関して一様に絶対収束することを確かめよ.

定義 3.78 $0 \leq r < 1$, $\theta \in \mathbb{T}$ の関数

$$P_r(\theta) = \frac{1}{2\pi} \frac{1-r^2}{1-2r\cos\theta+r^2}$$

を単位円板 $D = B(0,1)$ の**ポワソン核**, (3.57) を φ の**ポワソン積分**という.

ポワソン積分はポワソン核 $P_r(\theta)$ と $\varphi(\theta)$ の合成積である.

命題 3.79 $0 < r < 1$ のとき, ポワソン核 $P_r(\theta)$ は 2π 周期の C^∞ 級関数, $\mathbb{T}$ 上の総和核である. $0 < \delta < \pi$ のとき,

$$P_r(\theta) \geq 0, \quad \frac{1}{2\pi}\int_{\mathbb{T}} P_r(\theta)d\theta = 1, \quad \lim_{r\to 1}\int_{\delta<|\theta|\leq\pi} P_r(\theta)d\theta = 0. \tag{3.58}$$

問 3.80 (1) ポワソン核 $P_r(\theta)$ が関係式 (3.58) を満たすことを示せ.

(2) 三角多項式 $\varphi(\theta) = \sum_{n=-N}^{N} c_n \exp(in\theta)$ に対して $P_r\varphi(\theta) = \sum_{n=-N}^{N} c_n \exp(in\theta)r^{|n|}$ を示せ.

(3) $\varphi(\theta)$ が三角多項式のとき, $\lim_{r\to 1}\|P_r\varphi - \varphi\|_{C(\mathbb{T})}$ を示せ.

ポワソン核 $P_r(\theta)$ は総和核で三角多項式に対して $\lim_{r\to 1}\|P_r\varphi - \varphi\|_{C(\mathbb{T})} = 0$ である（問 3.80(3) 参照）. したがってチェザロ和に対してと同様に次が成立する.

定理 3.81　$L^2(\mathbb{T})$, $L^1(\mathbb{T})$, $C(\mathbb{T})$ のいずれのノルムに関しても,

$$\sup_{0<r<1}\|P_r\varphi\| \le \|\varphi\|, \quad \lim_{r\to 1}\|P_r\varphi - \varphi\| = 0$$

が成立する. とくに, φ が連続であれば, $r \to 1$ のとき, $P_r\varphi(\theta)$ は $\varphi(\theta)$ に $\mathbb{T}$ 上一様に収束する.

問 3.82　定理 3.27, 3.33 の証明を繰り返して定理 3.81 を証明せよ.

3.6.2　アーベル和と円板上のラプラス方程式のディリクレ問題

φ を単位円周 $\partial D = \{z : |z| = 1\}$ 上の実連続関数とする. D 上の調和関数 $u(z)$, $z = x + iy$, で ∂D 上 φ に一致するものを求めよう. 極座標 $z = re^{i\theta}$ を用いれば, φ は $\theta \in \mathbb{T}$ の関数である. $\varphi(\theta)$ のフーリエ級数のアーベル和 $P_r\varphi(\theta) = \sum_{n=-\infty}^{\infty} r^{|n|}e^{in\theta}\hat{\varphi}(n)$ を (x, y), $x + iy = z = re^{i\theta}$ の関数と考え, $u(z) = P_r\varphi(\theta)$ と定義する.

定理 3.83　φ が単位円周上の連続関数のとき, $u(z) = P_r\varphi(\theta)$ は単位開円板 D 上の C^∞ 級関数, さらに D の閉包 $\overline{D}$ 上の連続関数に拡張され, ラプラス方程式と境界条件

$$\Delta u(z) = 0, \quad u \in D; \quad u(z) = \varphi(z), \quad z \in \partial D$$

を満足する.

証明　$re^{-i\theta} = \bar{z}$, $\varphi(\theta)$ は実数値だから $\hat{\varphi}(-n) = \overline{\hat{\varphi}(n)}$. したがって,

$$u(z) = \hat{\varphi}(0) + \sum_{n=1}^{\infty} z^n \hat{\varphi}(n) + \sum_{n=1}^{\infty} \overline{z^n \hat{\varphi}(n)} = \hat{\varphi}(0) + 2\Re\left(\sum_{n=1}^{\infty} z^n \hat{\varphi}(n)\right) \quad (3.59)$$

である．$|\hat{\varphi}(n)| \leq \|\varphi\|_{L^1}$ だから，べき級数 $\sum_{n=1}^{\infty} \hat{\varphi}(n)z^n$ の収束半径は 1 以上，ゆえに D 上広義一様に収束し D 上の正則関数を定義する．もちろん C^{∞} 級である．正則関数の実部は調和だから，u は D 上ラプラス方程式を満たす．一方，定理 3.81 によって，$u(z) = P_r\varphi(\theta)$ は $r \to 1$ のとき $\varphi(\theta)$ に一様収束する．ゆえに $u(z)$ は $\overline{D}$ 上の連続関数に拡張され，円周上 $\varphi(\theta)$ に一致する． $\square$

$z \to (z - z_0)/l$ と変数変換して，以上の議論を半径 l, 中心 z_0 の円板 $B(z_0, l) = \{z : |z - z_0| < l\}$ に移せば一般の円板 $B(z_0, l)$ 上のディリクレ問題に対して次が得られる．

系 3.84 φ を円板 $B(z_0, l)$ の円周 $\partial B(z_0, l) = \{z : |z - z_0| = l\}$ 上の連続関数とする．$\hat{\varphi}(n)$ を，円周上の点を $z = z_0 + le^{i\theta}$ とかいて，φ を θ の関数と考えたときのフーリエ係数とする．このとき，$z = z_0 + re^{i\theta}, 0 \leq r < l$ の関数

$$\begin{aligned}
u(z) &= \hat{\varphi}(0) + 2\Re\left(\sum_{n=1}^{\infty} \frac{\hat{\varphi}(n)(z - z_0)^n}{l^n}\right) \\
&= \frac{1}{2\pi} \int_0^{2\pi} \frac{l^2 - r^2}{l^2 - 2lr\cos(\theta - \mu) + r^2} \varphi(z_0 + le^{i\mu})d\mu \quad (3.60)
\end{aligned}$$

は $B(z_0, l)$ 上 C^{∞} 級である．$u(z)$ はさらに $\overline{B(z_0, l)}$ 上の連続関数に拡張され，$B(z_0, l)$ 上のラプラス方程式と円周における境界条件を満足する：

$$\Delta u(z) = 0, \quad z \in B(z_0, l); \quad u(z) = \varphi(z), \quad |z - z_0| = l.$$

問 3.85 (3.60) を証明せよ．

定理 3.83 によって，円板上のラプラス方程式の境界値問題の解の 1 つがポワソン積分によって得られた．解がこれ以外にあるのかどうか，すなわち解が一意か否かを考えよう．一般の連結開集合，すなわち領域で次が成立する．

補題 3.86 Ω を区分的に滑らかな境界 $\partial\Omega$ をもつ任意の有界領域とする．Ω 上の調和関数 $u_1, u_2 \in C^2(\Omega) \cap C^1(\overline{\Omega})$ が境界 $\partial\Omega$ 上で $u_1 = u_2$ を満たせば，Ω 全体で $u_1 = u_2$ である．

証明 $u = u_2 - u_1$ とする. $u \in C^2(\Omega) \cap C^1(\overline{\Omega})$ で, u は Ω 上調和, $\partial\Omega$ 上 $u = 0$ である. したがって, グリーンの公式を用いれば

$$0 = \int_\Omega \Delta u \cdot u \, dxdy = -\int_\Omega |\nabla u|^2 dxdy$$

となる. これより, $\partial u/\partial x = \partial u/\partial y = 0$, したがって, $u(x,y)$ は Ω 上定数に等しい. 一方, 境界 $\partial\Omega$ 上で $u = 0$ だから $u(x,y) \equiv 0$, すなわち, $u_1(x,y) = u_2(x,y)$ である. $\qquad\square$

■平均値の定理

定理 3.87 u を領域 Ω 上の調和関数, 閉円板 $\overline{B(a,r)} \subset \Omega$ とする.

(1) $u(a)$ の値は円周 $\{z : |z - a| = r\}$ 上の u の値の平均値に等しい:

$$u(a) = \frac{1}{2\pi} \int_0^{2\pi} u(a + re^{i\theta}) d\theta. \tag{3.61}$$

(2) $u(a)$ の値は円板 $\{z : |z - a| \le r\}$ 上の u の値の平均値に等しい:

$$u(a) = \frac{1}{\pi r^2} \int_{B(a,r)} u(z) dxdy. \tag{3.62}$$

証明 u は閉円板 $\overline{B(a,r)}$ 上正則だから, 系 3.84 によって, $u(z)$ にポワソンの積分公式 (3.60) が成立する. $z = z_0 = a$, $r = 0$ とすれば (3.60) は (3.61) に一致する. (3.61) の両辺に r を乗じて r について 0 から R まで積分すれば $rdrd\theta = dxdy$ だから

$$u(a)\frac{R^2}{2} = \frac{1}{2\pi} \int_0^R \int_0^{2\pi} u(a + re^{i\theta}) r d\theta dr = \frac{1}{2\pi} \int_{B(a,R)} u(z) dxdy.$$

両辺を $R^2/2$ で除し, $R \to r$ とかき換えれば (3.62) が得られる. $\qquad\square$

■最大値の原理　連結な開集合を領域といったことを思いだそう.

定理 3.88 Ω を有界領域, u は Ω 上の調和関数, $\overline{\Omega}$ 上連続とする. もし Ω の内部のある点 a において u の $\overline{\Omega}$ における最大値が達成されたとすると, $u(z)$ は定数関数でなければならない. したがって $\max_{x \in \overline{\Omega}} u(x) = \max_{x \in \partial\Omega} u(x)$. 最小値についても同様である.

3.6 二次元のポワソン方程式とラプラス方程式への応用　　207

証明　$\max_{z\in\overline{\Omega}} = u(a)$, $a \in \Omega$ となったとする．(3.62) によって，$B(a,r) \subset \Omega$ を満たす任意の $r > 0$ に対して

$$0 = \frac{1}{\pi r^2} \int_{B(a,r)} (u(a) - u(z))dxdy.$$

しかしすべての $z \in B(a,r)$ に対して $u(a) - u(z) \geq 0$, $u(z) - u(a)$ は連続だから，これより $u(z) = u(a)$, $\forall z \in B(a,r)$ である．任意に $z \in \Omega$ をとる．z と a を結ぶ Ω 内の曲線 $\gamma(t)$, $0 \leq t \leq 1$, $\gamma(0) = a$, $\gamma(1) = z$ に対して $t_0 = \sup\{t: u(\gamma(s)) = u(a), 0 \leq \forall s \leq t\}$ と定義する．十分小さい s に対して $\gamma(s) \in B(a,r)$ だから $t_0 > 0$ である．$t_0 < 1$ とする．連続性によって $u(\gamma(t_0)) = u(a)$. したがって，この証明の最初の議論から，ある $\varepsilon > 0$ が存在して $B(\gamma(t_0), \varepsilon)$ 上で $u(z) = u(a)$ でなければならない．これは t_0 が上限であることに矛盾する．ゆえに $t_0 = 1$, $u(z) = u(a)$. u は Ω 上定数 $u(a)$ に等しくなければならない．　　□

■**一意性定理の一般化**　境界値問題の解は $\partial\Omega$ が滑らかで $\varphi \in C^1(\partial\Omega)$ でなければ境界まで込めて C^1 級にはならない．そこで補題 3.86 から境界の滑らかさの条件を除去し，$u \in C^1(\overline{\Omega})$ の条件を $u \in C(\overline{\Omega})$ に緩めて一意性定理を証明しよう．

定理 3.89　u_1, u_2 を有界領域 Ω 上の調和関数で $\overline{\Omega}$ 上連続とする．Ω の境界 $\partial\Omega$ 上 $u_1(z) = u_2(z)$ であれば，$\overline{\Omega}$ 上で $u_1(z) = u_2(z)$ である．

証明　$u(z) = u_1(z) - u_2(z)$ とおく．境界 $\partial\Omega$ において $u(z) = 0$. したがって，最大値・最小値原理によって $z \in \Omega$ に対しても $u(z) = 0$ である．　　□

　これからとくに，円板 $B(z_0, l)$ 上の調和関数で円周を込めて連続，円周 $|z - z_0| = l$ 上で $\varphi(z)$ に等しいものは (3.60) によって与えられるものに限ることがわかる．

■**調和関数の実解析性**

定理 3.90　領域 $\Omega \subset \mathbb{R}^2$ 上の調和関数 u は Ω 上実解析的である．すなわち，$u(x,y)$ は任意の $(x_0, y_0) \in \Omega$ のある近傍において収束する二変数のべき級数 $\sum_{m,n=0}^{\infty} a_{mn}(x-x_0)^m(y-y_0)^n$ に展開できる．これをラプラス方程式の**楕円性**という．

証明 $z_0 = (x_0, y_0) \in \Omega$ のとき, 円板 $B(z_0, l)$ を $\overline{B(z_0, l)} \subset \Omega$ のようにとれば u は $B(z_0, l)$ 上 $\Delta u = 0$ を満たし, その境界上 C^∞ 級である. ゆえに補題 3.86 によって, $|z - z_0| < l$ のとき, u は $\varphi(\theta) = u(z_0 + le^{i\theta})$ を用いて (3.60) のように

$$u(z) = \hat{\varphi}(0) + 2\Re\left(\sum_{n=1}^{\infty} \frac{\hat{\varphi}(n)(z - z_0)^n}{l^n}\right), \quad z = x + iy \qquad (3.63)$$

によって与えられなければならない. $|\hat{\varphi}(n)| \leq Cn^{-2}$ だから (3.63) は $|z - z_0| \leq l$ のとき一様絶対収束する $x - x_0, y - y_0$ の巾級数である. $\qquad\square$

定理 3.90 によって, ラプラス方程式の解は境界条件によらず Ω の内部においては実解析的, とくに C^∞ 級で, 境界での u の不連続性あるいは特異性は Ω の内部には伝播しない.

問 3.91 $\varphi \in \mathcal{R}(\mathbb{T})$ に対して次を示せ.

(1) (3.60) の $u(z)$ は D 上の調和関数で $\lim_{r \to 1} \|u(re^{i\theta}) - \varphi(\theta)\|_{L^2(\mathbb{T})} = 0$ を満たす.

(2) φ の連続点, したがってほとんどすべての θ において $r \to 1$ のとき, $u(re^{i\theta}) \to \varphi(\theta)$ が成立する.

（ヒント：ポワソン核が総和核であることを用いよ.）

3.6.3 長方形領域におけるポワソン方程式

$\Omega = (0, l) \times (0, l')$ が長方形の場合にポワソン方程式の境界値問題

$$\Delta u(x, y) = f(x, y), \quad (x, y) \in \Omega; \quad u(x, y) = 0, \quad (x, y) \in \partial\Omega \qquad (3.64)$$

をフーリエ級数を用いて解こう. 前項のアーベル和を用いた方法とはまったく違った方法である. 自然数 m, n に対して

$$\psi_{m,n}(x, y) = \frac{2}{\sqrt{ll'}} \sin\left(\frac{m\pi x}{l}\right) \sin\left(\frac{n\pi y}{l'}\right)$$

と定義する. $\psi_{m,n}(x, y)$ は正規直交系

$$\int_\Omega \psi_{m,n}(x, y)\psi_{m',n'}(x, y)dxdy = \delta_{mm'}\delta_{nn'},$$

長方形領域 Ω 上の微分作用素 $-\Delta$ に対する境界値問題

$$\psi_{m,n}(x,y) = 0$$

の固有値

$$\lambda_{m,n} = \left(\frac{m\pi}{l}\right)^2 + \left(\frac{n\pi}{l'}\right)^2$$

に属する固有関数

$$-\Delta\psi_{m,n}(x,y) = \lambda_{m,n}\psi_{m,n}(x,y)$$

である（確かめよ）．次は境界値問題 (3.64) が線形の問題であることの表現である．証明は省略してよいだろう．

定理 3.92 境界値問題 (3.64) に対して，**重ね合わせの原理**が成り立つ．すなわち，u_1, u_2 が境界 $\partial\Omega$ における境界条件 $u_1 = u_2 = 0$ を満たす Ω 上のポワソン方程式 $\Delta u_1 = f_1$, $\Delta u_2 = f_2$ の解であれば，任意の定数 $C_1, C_2 \in \mathbb{R}$ に対して $u = C_1 u_1 + C_2 u_2$ は $\Delta u = C_1 f_1 + C_2 f_2$ の境界条件 $u = 0$ を満たす解である．

$f(x,y)$ が固有関数 $\psi_{m,n}(x,y)$ に等しいとき，(3.64) の解はただちに求まり，

$$u_{m,n}(x,y) = \lambda_{m,n}^{-1}\psi_{m,n}(x,y)$$

である．そこで，一般の $f(x,y)$ を $\psi_{m,n}(x,y)$ の重ね合わせとしてかき，解 $u(x,y)$ を対応する解の重ね合わせとして求めよう．次の定理によって，固有関数系 $\{\psi_{m,n}(x,y) : m, n \in \mathbb{N}\}$ は**完全**正規直交系である．

補題 3.93 $\Omega = (0,l) \times (0,l')$ を長方形，$f \in C^2(\overline{\Omega})$, $(x,y) \in \partial\Omega$ のとき，$f(x,y) = 0$ とする．

$$C_{m,n} = \frac{4}{ll'} \int_0^l \int_0^{l'} \sin\left(\frac{m\pi x}{l}\right) \sin\left(\frac{n\pi y}{l'}\right) f(x,y) dx dy, \quad m, n = 1, 2, \dots \tag{3.65}$$

と定義するとき，次の二重級数は Ω 上一様に絶対収束して

$$f(x,y) = \sum_{n,m=1}^{\infty} C_{m,n} \sin\left(\frac{m\pi x}{l}\right) \sin\left(\frac{n\pi y}{l'}\right), \quad (x,y) \in \Omega. \tag{3.66}$$

証明 y を固定して $f(x, y)$ を x の関数と考えるとき，$f(x, y) = f_y(x)$ とかく．$f_y(x)$ は $C^2([0, l])$ で $f_y(0) = f_y(l) = 0$ だから

$$c_m(y) \equiv \frac{2}{l} \int_0^l \sin\left(\frac{m\pi x}{l}\right) f_y(x) dx = \frac{2}{m\pi} \int_0^l \cos\left(\frac{m\pi x}{l}\right) (\partial_x f)_y(x) dx. \quad (3.67)$$

したがって，定理 3.60 の証明と同様にベッセルの不等式も用いれば，$f_y(x)$ のフーリエ・サイン級数は $x \in (0, l)$ に関し一様に絶対収束し

$$f_y(x) = \sum_{m=1}^{\infty} c_m(y) \sin\left(\frac{m\pi x}{l}\right). \quad (3.68)$$

$c_m(y)$ も $[0, l']$ 上 C^2 級で $c_m(0) = c_m(l') = 0$ を満たすことが (3.67) を積分記号化で微分して確かめられる．ゆえに $n = 1, 2, \ldots$ に対して

$$C_{m,n} = \frac{2}{l'} \int_0^{l'} \sin\left(\frac{n\pi y}{l'}\right) c_m(y) dy = \frac{2}{n\pi} \int_0^{l'} \cos\left(\frac{n\pi y}{l'}\right) c_m'(y) dy \quad (3.69)$$

と定義すれば，$c_m(y)$ のフーリエ・サイン級数も y について一様に絶対収束して

$$c_m(y) = \sum_{n=1}^{\infty} C_{m,n} \sin\left(\frac{n\pi y}{l'}\right).$$

これを (3.68) とあわせて

$$f(x, y) = \sum_{m=1}^{\infty} \left\{ \sum_{n=1}^{\infty} C_{m,n} \sin\left(\frac{n\pi y}{l'}\right) \right\} \sin\left(\frac{m\pi x}{l}\right).$$

(3.67) を y に関して積分記号下で微分して (3.69) に代入すれば

$$C_{m,n} = \frac{4}{mn\pi^2} d_{m,n}, \quad d_{m,n} = \int_0^{l'} \int_0^l \cos\left(\frac{m\pi x}{l}\right) \cos\left(\frac{n\pi y}{l'}\right) \frac{\partial^2 f}{\partial x \partial y}(x, y) dx dy.$$

$(x, y) \in [0, l] \times [0, l']$ の関数の列 $\{\sqrt{4/ll'} \cos(m\pi x/l) \cos(n\pi y/l') : n, m = 1, 2, \ldots\}$ は正規直交系だから，ベッセルの不等式によって $\sum_{m,n=1}^{\infty} |d_{m,n}|^2 < \infty$. ゆえにシュワルツの不等式を 2 回用いて

$$\sum_{m=1}^{\infty} \sum_{n=1}^{\infty} \frac{|d_{m,n}|}{mn} \leq \sum_{m=1}^{\infty} \frac{1}{m} \left\{ \left(\sum_{n=1}^{\infty} \frac{1}{n^2} \right)^{1/2} \left(\sum_{n=1}^{\infty} |d_{m,n}|^2 \right)^{1/2} \right\}$$

$$\leq \frac{\pi}{\sqrt{6}} \left(\sum_{m=1}^{\infty} \frac{1}{m^2} \right)^{1/2} \left(\sum_{m,n=1}^{\infty} |d_{m,n}|^2 \right)^{1/2} = \frac{\pi^2}{6} \left(\sum_{m,n=1}^{\infty} |d_{m,n}|^2 \right)^{1/2}.$$

ゆえに $\sum_{m,n} |C_{m,n}| < \infty$. これから (3.66) の二重級数が (x, y) に関して一様に絶対収束して補題が成立することがわかる． $\square$

3.6 二次元のポワソン方程式とラプラス方程式への応用　　211

定理 3.94　$f(x, y)$ を補題 3.93 の条件を満たす C^2 級関数, $C_{m,n}$ を (3.65) の定数とする. このとき, $u \in C^2(\overline{\Omega})$ を満たすポワソン方程式の境界値問題 (3.64) の解がただ 1 つ存在し

$$u(x, y) = - \sum_{m,n=1}^{\infty} \frac{C_{m,n}}{(m\pi/l)^2 + (n\pi/l')^2} \sin\left(\frac{m\pi x}{l}\right) \sin\left(\frac{n\pi y}{l'}\right) \quad (3.70)$$

で与えられる.

証明　補題 3.93 の証明によって $\sum_{m,n=1}^{\infty} |C_{m,n}| < \infty$ だから, (3.70) において項別微分すれば $u \in C^2(\overline{\Omega})$ で u が方程式

$$\Delta u(x, y) = \sum_{m,n=1}^{\infty} C_{m,n} \sin\left(\frac{m\pi x}{l}\right) \sin\left(\frac{n\pi y}{l'}\right) = f(x, y)$$

を満たすことがわかる. (x, y) が Ω の境界にあるとき $u(x, y) = 0$ であることは明らかである. 解がただ 1 つであることは, 補題 3.86 からしたがう.　　　□

注意 3.95　第 5 章で学ぶように, $f \in C^\infty(\Omega)$ であれば, ポワソン方程式 $\Delta u(x) = f(x)$, $x \in \Omega$ の解は $C^\infty(\Omega)$ となる. しかし, $f \in C^\infty(\overline{\Omega})$ としても, $u \in C^\infty(\overline{\Omega})$ とはならない. これは, 方程式 $\Delta u = f$ が境界 $\partial\Omega$ 上で満されるとは限らないからである. ポワソン・ラプラス方程式については第 5 章でさらに詳しく学ぶ.

3.6.4　3.6 節の問題

問題 3.18　アーベル和 $P_r\varphi(\theta) = \sum_{n=-\infty}^{\infty} e^{in\theta} r^{|n|} \hat{\varphi}(n)$ に対して,

$$Q_r\varphi(\theta) = -i \sum_{n=-\infty}^{\infty} (\text{sgn } n) e^{in\theta} r^{|n|} \hat{\varphi}(n)$$

と定義する. ただし, $\text{sgn } n$ は $\pm n > 0$ のとき $= \pm 1$, $n = 0$ のとき $= 0$ である. 次を示せ.

(1) $Q_r\varphi(\theta)$ は $z = z_0 + re^{i\theta}$ の調和関数である.

(2) $u(z) = P_r\varphi(\theta) + iQ_r\varphi(\theta)$, $z = z_0 + re^{i\theta}$ は D 上の正則関数である. $Q_r\varphi(\theta)$ は $P_r\varphi(\theta)$ の**共役調和関数**と呼ばれる.

(3) 次の積分表現が成立する.

$$Q_r\varphi(\theta) = \frac{1}{2\pi} \int_{\mathbb{T}} \frac{2r \sin(\theta - \mu)}{1 - 2r \cos(\theta - \mu) + r^2} \varphi(\mu) d\mu.$$

(4) $\varphi \in C^1(\mathbb{T})$ であれば $\lim_{r \to 1} Q_r \varphi(\theta) = \tilde{\varphi}(\theta)$ が存在する. $\tilde{\varphi}$ を φ の共役関数という.

問題 3.19 $\varphi \in C^1(\mathbb{T})$ とする. 次を示せ.

(1) $u_-(z) = \sum_{n=0}^{\infty} z^n \hat{\varphi}(n)$ は D 内の正則関数, $u_+(z) = -\sum_{n=1}^{\infty} z^{-n} \hat{\varphi}(-n)$ は $\tilde{D} = \{z : |z| > 1\}$ 内の正則関数である.

(2) $\varphi(\theta) = \lim_{r \uparrow 1} u_-(re^{i\theta}) - \lim_{r \downarrow 1} u_+(re^{i\theta})$ が成立する (円周上の任意の C^1 級関数は円板の内部の正則関数の境界値と円板の外部の正則関数の境界値の差として表現される).

3.7 熱方程式への応用

両端が温度 0 に保たれた長さが l の一様な棒を考える. 棒は区間 $[0, l]$ で表現できるとし, x における熱伝導率を $\kappa(x)$, 比熱を $\sigma(x)$, 密度を $\rho(x)$ とする. このとき, 熱伝導の理論によれば, 時刻 $t = 0$ での温度分布 $\varphi(x)$ が知られているとき, 時刻 t における温度分布 $u(t, x)$ は**熱伝導方程式**あるいは**熱方程式**と呼ばれる偏微分方程式

$$\frac{\partial u}{\partial t} = \left(\frac{1}{\rho\sigma}\right) \frac{\partial}{\partial x}\left(\kappa \frac{\partial u}{\partial x}\right) \tag{3.71}$$

の条件

$$u(t, 0) = u(t, l) = 0, \quad t > 0; \qquad u(0, x) = \varphi(x), \quad 0 \le x \le l \tag{3.72}$$

を満たす解 $u(t, x)$ を求めることによって得られる. (3.72) の第 1 の条件は棒の両端の温度が 0 であるための条件で**境界条件**, 第 2 の条件は温度の初期分布が $\varphi(x)$ で与えられることを表すもので**初期条件**といわれる. 偏微分方程式の境界条件および初期条件を満たす解を求める問題を**初期・境界値問題**あるいは**混合問題**という. 熱方程式の混合問題 (3.71), (3.72) は次のようにして解くことができる.

3.7.1 一様な棒の場合, 変数分離法 I

いま, 棒は一様で κ, c, ρ は定数としよう. このとき方程式 (3.71) は

$$\frac{\partial u}{\partial t} = \mu \frac{\partial^2 u}{\partial x^2}, \qquad \mu = \frac{\kappa}{\rho c}$$

とかける．長さの単位を l から π に換える変数変換 $x = (l/\pi)y$ をし，次に方程式に現れる数を 1 にするように時間変数の変数変換 $t = (l^2/\pi^2 \mu)s$ をして，s, y をあらためて t, x とかくことにする．このとき，もとの問題 (3.71), (3.72) は $x \in [0, \pi]$ と $t \in [0, \infty)$ の関数に対する混合問題

$$\frac{\partial u}{\partial t} = \frac{\partial^2 u}{\partial x^2}, \qquad u(t, 0) = u(t, \pi) = 0, \tag{3.73}$$

$$u(0, x) = \varphi(x), \qquad 0 \le x \le \pi \tag{3.74}$$

に変換される．これはフーリエ級数を使ったときに式を簡単にするための変換である．以下ではこの混合問題 (3.73), (3.74) を考える．

■**変数分離型の解**　しばらく初期条件を忘れて，方程式と境界条件 (3.73) を満たす**変数分離型の解** $u(t, x) = c(t)X(x)$ を探すことにしよう．これが (3.73) を満たせば，

$$\left(\frac{\partial u}{\partial t} - \frac{\partial^2 u}{\partial x^2} \right) = c'(t)X(x) - c(t)X''(x) = 0 \Rightarrow \frac{c'(t)}{c(t)} = \frac{X''(x)}{X(x)}.$$

左辺は x によらず，右辺は t によらないから，この両辺は t, x によらない定数である．これを $-\lambda$ とかけば，

$$\frac{c'(t)}{c(t)} = \frac{X''(x)}{X(x)} = -\lambda \Rightarrow c'(t) = -\lambda c(t), \quad -X''(x) = \lambda X(x).$$

境界条件から $X(0) = X(\pi) = 0$，したがって X はシュトゥルム・リュービルの固有値問題

$$-X''(x) = \lambda X(x), \qquad X(0) = X(\pi) = 0 \tag{3.75}$$

の固有関数でなければならない．これは第 2 章補題 2.99 においてすでに解かれている：(3.75) の固有値と対応する正規化された固有関数は

$$\lambda_n = n^2, \quad \varphi_n(x) = \sqrt{\frac{2}{\pi}} \sin(nx), \ n = 1, 2, \ldots. \tag{3.76}$$

$\lambda = n^2$ のとき, $c'(t) = -\lambda c(t)$ から $c(t) = C_n e^{-n^2 t}$. このようにして, 熱方程式と境界条件 (3.73) を満たす変数分離型の解の列

$$c_n e^{-n^2 t} \sin(nx), \qquad n = 1, 2, \ldots, \tag{3.77}$$

が得られた. ただし任意定数はあわせて c_n とかいた.

■**重ね合わせの原理**　一般に $u_1(t,x), u_2(t,x)$ が (3.73) の方程式と境界条件を満たす解であれば, その任意の一次結合 $B_1 u_1(t,x) + B_2 u_2(t,x)$ も同様である. これは無限和に対しても正しい. たとえば数列 $\{c_n\}$ が

$$\sum_{n=1}^{\infty} |c_n| < \infty \tag{3.78}$$

を満たせば級数

$$u(t,x) = \sum_{n=1}^{\infty} c_n e^{-n^2 t} \sin(nx) \tag{3.79}$$

は, $t \geq 0, 0 \leq x \leq \pi$ において絶対一様収束, $u(t,x)$ は $(t,x) \in [0,\infty) \times [0,\pi]$ の連続関数である. これから, $u(t,x)$ は境界条件 $u(t,0) = u(t,\pi) = 0$ を満足する.

　さらに級数を和記号のもとで微分して評価すれば, 任意の $k, l = 0, 1, \ldots$ に対して

$$\sum_{n=1}^{\infty} \left| \left(\frac{\partial}{\partial t}\right)^k \left(\frac{\partial}{\partial x}\right)^l c_n e^{-tn^2} \sin(nx) \right| \leq \sum_{n=1}^{\infty} n^{2k+l} e^{-tn^2} |c_n| \tag{3.80}$$

は任意の $\delta > 0$ に対して $(t,x) \in [\delta, \infty) \times \mathbb{R}$ において一様収束する. したがって, $u(t,x)$ は $t > 0$ において (t,x) の C^∞ 級関数, 級数は項別微分可能である. したがって, 各項は熱方程式の解なのだから, $u(t,x)$ が $t > 0$ において熱方程式を満たすのは明らかである.

　(3.79) で定義された $u(t,x)$ の初期値 $u(0,x)$ が与えられた $\varphi(x)$ に等しくなるように数列 $\{c_n\}$ を定めよう. (3.79) に $t = 0$ を代入すれば,

$$u(0,x) = \sum_{n=1}^{\infty} c_n \sin(nx)$$

はフーリエ・サイン級数である．$\varphi \in C^1([0, \pi])$ が境界条件 $u(t, 0) = u(t, \pi) = 0$ に適合した条件 $\varphi(0) = \varphi(\pi) = 0$ を満たせば，φ のフーリエ・サイン級数は一様絶対収束し

$$\varphi(x) = \sum_{n=1}^{\infty} c_n \sin(nx), \quad c_n = \frac{2}{\pi} \int_0^{\pi} \varphi(y) \sin(ny) dy \qquad (3.81)$$

である（補題 3.93）．フーリエ級数の一意性から (3.79) の c_n は (3.81) の c_n に等しくなければならない．このようにして (3.81) の c_n を (3.79) に代入して得られた $u(t, x)$ は初期条件 (3.74) も満たすことがわかる．このようにして偏微分方程式の混合問題の解を求める方法を**変数分離法**と呼ぶ．

定理 3.96 $\varphi \in C^1([0, \pi])$ のとき，熱方程式の混合問題 (3.73), (3.74) の解 $u(t, x)$ で，$t \geq 0$ で連続，$t > 0$ で C^2 級となるものは一意的で

$$u(t, x) = \sum_{n=1}^{\infty} \frac{2}{\pi} \int_0^{\pi} e^{-tn^2} \sin(nx) \sin(ny) \, \varphi(y) dy \qquad (3.82)$$

によって与えられる．$u(t, x)$ は $t > 0$ のとき，(t, x) の C^∞ 級関数である．

証明 一意性を証明すればよい．重ね合わせの原理から初期値 $\varphi = 0$ のとき解が $u(t, x) \equiv 0$ であることを示せばよい．$\int_0^{\pi} u(t, x)^2 dx$ が $t > 0$ において減少関数であることを示そう．これは非負で $t = 0$ で 0 だから，これが示せれば $\int_0^{\pi} u(t, x)^2 dx = 0$. ゆえに，$u(t, x) \equiv 0$ となって証明が終わる．積分記号下で微分し，(3.73) を用いて $\partial u/\partial t$ を $\partial^2 u/\partial x^2$ でおき替え，部分積分を行えば

$$\frac{d}{dt} \int_0^{\pi} u(t, x)^2 dx = 2 \int_0^{\pi} \frac{\partial^2 u}{\partial x^2}(t, x) \cdot u(t, x) dx = -2 \int_0^{\pi} \left| \frac{\partial u}{\partial x}(t, x) \right|^2 dx \leq 0.$$

したがって，$\int_0^{\pi} u(t, x)^2 dx$ は $t > 0$ において減少する． $\square$

■**グリーン関数と熱核** (3.80) におけるのと同様に評価すれば，$t > 0$ のとき

$$G(t, x, y) = \sum_{n=1}^{\infty} \frac{2}{\pi} e^{-tn^2} \sin(nx) \sin(ny) \qquad (3.83)$$

が $x, y \in [0, \pi]$ に関して一様に収束し，(t, x, y) の C^∞ 級関数であることがわかる．(3.82) から $u(t, x)$ は

$$u(t,x) = \int_0^\pi G(t,x,y)\varphi(y)dy \tag{3.84}$$

とかける. この $G(t,x,y)$ を混合問題 (3.73), (3.74) の**基本解**あるいは**グリーン関数**と呼ぶ. (3.84) から $G(t,x,y)$ は $t = 0$ で y に単位熱源をおいたときの, 点 x の時間 t における温度である. $G(t,x,y) > 0$, $0 < x, y < \pi$ であるから ((3.86) 参照), y の熱源の影響は瞬時に棒のすみずみまで届くことがわかる.

注意 3.97 初期データ $\varphi(x)$ に時間 t における解 $u(t,x)$ を対応させる作用素を $G(t)$, すなわち,

$$G(t)\varphi(x) = \int_0^\pi G(t,x,y)\varphi(y)dy, \ \ t > 0; \qquad G(0)\varphi(x) = \varphi(x)$$

と定める. このとき混合問題の解の一意性から, $G(t)$ は作用素としての関係式

$$G(t)G(s) = G(t+s), \qquad t,s \geq 0, \qquad G(0) = I \tag{3.85}$$

を満たすことがわかる. I は恒等作用素である. 一般に, (3.85) を満たす作用素の族 $\{G(t) : t \geq 0\}$ を**作用素の 1-パラメータ半群**と呼ぶ.

問 3.98 $\{\sqrt{2/\pi}\sin(nx) : n = 1,2,\ldots\}$ が正規直交系であることを用いて $G(t,x,y)$ が

$$\int_0^\pi G(t,x,z)G(s,z,y)dz = G(t+s,x,y), \quad t,s > 0$$

を満たすことを確かめよ. これからも (3.85) がしたがう.

ポワソンの和公式を用いて基本解 $G(t,x,y)$ をかき換えよう.

定理 3.99 $G(t,x,y)$ を熱方程式の混合問題 (3.73), (3.74) の基本解とする. $t > 0$ のとき次が成立する:

$$G(t,x,y) = \sum_{n=-\infty}^{\infty} \frac{1}{\sqrt{4\pi t}}\left\{ e^{-(x-y-2n\pi)^2/4t} - e^{-(x+y-2n\pi)^2/4t} \right\}. \tag{3.86}$$

証明 x,y を固定して, $z \in \mathbb{R}$ の関数を

$$f(z) = \frac{2}{\pi}e^{-t(z/2\pi)^2}\sin\left(\frac{x}{2\pi}z\right)\cdot\sin\left(\frac{y}{2\pi}z\right) \tag{3.87}$$

と定義する．(3.83) から

$$G(t,x,y) = \frac{1}{2} \sum_{n=-\infty}^{\infty} \frac{2}{\pi} e^{-tn^2} \sin(nx)\sin(ny) = \frac{1}{2} \sum_{n=-\infty}^{\infty} f(2\pi n)$$

である．$f(z)$ は滑らかな関数で，$t > 0$ のとき，$\sum_{n=-\infty}^{\infty} f(z+2n\pi)$, $\sum_{n=-\infty}^{\infty} f'(z+2n\pi)$ は明らかに $\mathbb{T}$ 上一様収束する．したがって，ポワソンの和公式 (3.52) によって

$$\begin{aligned}
G(t,x,y) &= \sum_{n=-\infty}^{\infty} \frac{1}{4\pi} \int_{-\infty}^{\infty} e^{-inz} f(z)dz \\
&= \sum_{n=-\infty}^{\infty} \frac{1}{\pi} \int_{-\infty}^{\infty} e^{-i2\pi nz - tz^2} \sin(xz)\cdot\sin(yz)dz
\end{aligned}$$

となる．ただし，第 2 の等式を得るのに変数変換 $z \to 2\pi z$ を施した．オイラーの公式によって $\sin a = (e^{ia} - e^{-ia})/2i$ とすれば右辺の積分は

$$\frac{1}{4\pi} \int_{-\infty}^{\infty} e^{-i2\pi nz - tz^2}(e^{i(x-y)z} + e^{-i(x-y)z} - e^{i(x+y)z} - e^{-i(x+y)z})dz.$$

コーシーの定理を用いて積分路を変更して計算すれば，これは

$$\begin{aligned}
\frac{1}{2\sqrt{4\pi t}}\Big\{ &e^{-(x-y+2n\pi)^2/4t} + e^{-(x-y-2n\pi)^2/4t} \\
&- e^{-(x+y+2n\pi)^2/4t} - e^{-(x+y-2n\pi)^2/4t} \Big\}
\end{aligned}$$

に等しいことがわかる（これを確かめよ，第 4 章補題 4.12 の証明参照）．(3.86) がしたがう．　　　　　　　　　　　　　　　　　　　　　　　　　　　　$\square$

(3.86) に現れる関数

$$K(t,x) = \frac{1}{\sqrt{4\pi t}} e^{-x^2/4t}$$

は $t > 0$ における滑らかな関数で**熱核**と呼ばれる．

定理 3.100　(1) 熱核 $K(t,x)$ は $-\infty < x < \infty$, $t > 0$ において熱方程式を満たす：

$$\left(\frac{\partial}{\partial t} - \frac{\partial^2}{\partial x^2}\right) K(t,x) = 0.$$

(2) $K(t,x)$ は t をパラメータとして総和核の性質をもつ：$\delta > 0$ のとき，

$$K(t,x) > 0, \quad \int_{-\infty}^{\infty} K(t,x)dx = 1, \quad \lim_{t\downarrow 0} \int_{|x|\geq\delta} K(t,x)dx = 0.$$

218　　　第 3 章　フーリエ級数

(3) $\mathbb{R}$ 上の有界連続関数 $\varphi(x)$ に対して,

$$u(t,x) = \int_{-\infty}^{\infty} K(t, x-y)\varphi(y)dy \tag{3.88}$$

は $t \geq 0$ で連続, $t > 0$ で C^∞ 級の (t,x) の関数で熱方程式に対する初期値問題

$$\left(\frac{\partial}{\partial t} - \frac{\partial^2}{\partial x^2}\right) u(t,x) = 0, \quad t > 0\,; \qquad u(0,x) = \varphi(x)$$

の解である. すなわち, $K(t, x-y)$ は $\mathbb{R}$ 上の熱方程式の初期値問題に対する基本解である.

問 3.101　定理 3.100 を証明せよ.

注意 3.102　(3.86) によって, $G(t,x,y)$ は熱核 $K(t,x-y)$ の区間の端点 $y = 0$, $y = \pi$ に関する鏡像を次々につくり, $y = 0$, $y = \pi$ で境界条件を満たすように重ね合わせたものであることがわかる. またこれから

$$0 \leq G(t,x,y) \leq K(t, x-y). \tag{3.89}$$

物理では, これを両端が氷に冷やされたために温度が下がるのだと説明する.

問 3.103　(3.89) を確かめよ. これを用いて次を示せ.

(1) 初期条件が $\varphi_1(x) \geq \varphi_2(x)$ を満たせば, 対応する解は $u_1(t,x) \geq u_2(t,x)$ を満たす.

(2) $[0,\pi]$ 上の $\varphi(0) = \varphi(\pi) = 0$ を満たす連続関数 $\varphi(x)$ を初期条件とする熱方程式 (3.73) の解を $u(t,x)$, この区間の外に $\tilde\varphi(x) = 0$ として φ を拡張した $\tilde\varphi$ を初期条件とする全直線上の熱方程式の解を $\tilde u(t,x)$ とすれば, 区間 $[0,\pi]$ 上 $u(t,x) \leq \tilde u(t,x)$.

問 3.104　$t > 0, 0 \leq x \leq 2\pi$ における熱方程式の初期・境界条件 $u(0,x) = \varphi(x)$, $u(t,0) = u(t,2\pi)$ を満たす方程式の解を求め, 境界条件 $u(t,0) = u(t,\pi) = 0$ の場合と比較せよ.

3.7.2 非一様な棒の場合，変数分離法 II

前項の方法を $\kappa(x), \sigma(x), \rho(x)$ が一般の場合に拡張しよう．$\kappa(x), \sigma(x), \rho(x)$ は滑らかで，ある定数 $\delta > 0$ に対して $\kappa(x), \sigma(x), \rho(x) \geq \delta$ を満たすと仮定する．

■**変数変換** まず変数を変換して方程式 (3.71) をとり扱いやすい形にかき換えよう．

$$y = y(x) = \int_0^x \rho(\tau)\sigma(\tau)d\tau, \qquad l' = \int_0^l \rho(\tau)\sigma(\tau)d\tau$$

とする．$x \mapsto y(x)$ は単調増大で，区間 $[0, l]$ を $[0, l']$ に写し，

$$\frac{dv}{dy}(y(x)) = \frac{1}{\rho(x)\sigma(x)}\frac{d}{dx}v(y(x)).$$

したがって，$\mu(y) = \rho(x)\sigma(x)\kappa(x)$ とおき，$\psi(y) = \varphi(x)$ と定めれば，(3.71), (3.72) は，(t, y) の関数 $v(t, y) = u(t, x)$ に対する混合問題

$$\frac{\partial v}{\partial t} = \frac{\partial}{\partial y}\left(\mu\frac{\partial v}{\partial y}\right), \quad v(t, 0) = v(t, l') = 0, \quad v(0, y) = \psi(y) \qquad (3.90)$$

に変換される．(3.90) の解 $v(t, y)$ が求められれば，$v(t, x) = v(t, y(x))$ とおいて (3.71), (3.72) の解が得られる．

■**変数分離型の解** 定数係数のときのように，まず変数分離型の解 $v(t, y) = c(t)Y(y)$ を求めよう．$v(t, y)$ を (3.90) の偏微分方程式に代入すれば，

$$\frac{\partial v}{\partial t} - \frac{\partial}{\partial y}\left(\mu\frac{\partial v}{\partial y}\right) = c'(t)Y(y) - c(t)(\mu(y)Y'(y))' = 0.$$

したがって，

$$\frac{c'(t)}{c(t)} = \frac{(\mu(y)Y'(y))'}{Y(y)} = -\lambda$$

は定数．これから

$$-c'(t) = \lambda c(t), \quad -(\mu(y)Y'(y))' = \lambda Y(y). \qquad (3.91)$$

境界条件から Y は $Y(0) = Y(l') = 0$ を満たさなければならない．第 2 章で学んだようにシュトゥルム・リュービルの固有値問題

220   第 3 章　フーリエ級数

$$-(\mu(y)Y'(y))' = \lambda Y(y), \qquad Y(0) = Y(l') = 0 \tag{3.92}$$

は無限個の固有値 $\lambda_1, \lambda_2, \ldots$ をもち，正規化された固有関数列 $Y_1(y), Y_2(y), \ldots$ は完全正規直交系である．$\lambda = \lambda_n$ のとき，(3.91) の第 1 の方程式から $c(t) = Ce^{-\lambda_n t}$．このようにして，(3.90) の偏微分方程式と境界条件を満たす変数分離型の解の列

$$c_n e^{-\lambda_n t} Y_n(y), \qquad n = 1, 2, \ldots$$

が得られる．$c_n, n = 1, 2, \ldots$ は任意定数である．級数

$$v(t,y) = \sum_{n=1}^{\infty} c_n e^{-\lambda_n t} Y_n(y) \tag{3.93}$$

が一様収束し，二階微分まで項別微分可能であれば，重ね合わせの原理によって $v(t,y)$ は (3.90) を初期条件を除いて満足する．このための条件を求めよう．

■**固有値と固有関数の評価**　まず補題を用意しよう．$|I|$ は区間 I の長さである．

補題 3.105　f を区間 I 上の C^2 級関数，$|f(t)| \leq C_0$, $|f''(t)| \leq C_2$ とする．このとき，$2(C_0/C_2)^{1/2} < |I|$ であれば

$$|f'(t)| \leq 2(C_0 C_2)^{1/2}, \quad t \in I. \tag{3.94}$$

証明　$I' = [a, b] \subset I$ とする．$t, s \in I'$ に対して $f'(t) = f'(s) + \int_s^t f''(r)dy$．この両辺を s に関して I' 上積分して絶対値をとると

$$|I'||f'(t)| = \left| f(b) - f(a) + \int_a^b \left(\int_s^t f''(r)dy \right) ds \right| \leq 2C_0 + \frac{|I'|^2 C_2}{2}.$$

したがって，$|f'(t)| \leq 2C_0/|I'| + C_2|I'|/2$. $2(C_0/C_2)^{1/2} < |I|$ であれば，任意の $t \in I$ に対して t を含む長さ $|I'| = 2(C_0/C_2)^{1/2}$ の区間 $I' \subset I$ がとれる．このとき，$|f'(t)| \leq 2(C_0 C_2)^{1/2}$. □

補題 3.106　境界値問題 (3.92) の固有値，正規化された固有関数に対して，

$$C_1 n^2 \leq \lambda_n \leq C_2 n^2, \tag{3.95}$$

$$|Y_n(y)| \leq C, \quad |Y_n'(y)| \leq Cn, \quad |Y_n''(y)| \leq Cn^2, \qquad n = 1, 2, \ldots \tag{3.96}$$

が成り立つ. $C, C_1, C_2 > 0$ は定数である.

証明 $M_1 = \inf \mu(y), M_2 = \sup \mu(y), C' = \pi^2/l'$ と定義する. 前章の補題 2.114 によって固有値 λ_n は $C'M_1 n^2 \leq \lambda_n \leq C'M_2 n^2$ を満たす. したがって (3.95) が成立する.

次の式によって変数を y から t に変換し, 関数 $Y(y)$ から t の関数 $w(t)$ を定義する:

$$t = \int_0^y \frac{d\sigma}{\sqrt{\mu(\sigma)}}, \quad Y(y) = w(t(y)) \left(\frac{dt}{dy}\right)^{1/2} = w(t(y))\mu(y)^{-1/4}. \quad (3.97)$$

このとき, 区間 $[0, l']$ は $[0, l'']$, $l'' = \int_0^{l'} \frac{d\sigma}{\sqrt{\mu(\sigma)}}$ に変換され, $dt = \mu(y)^{-1/2}dy$. ゆえに

$$\int_0^{l'} |Y(y)|^2 dy = \int_0^{l''} |w(t)|^2 dt. \quad (3.98)$$

$$\frac{d}{dy}\left(\mu(y)\frac{dY}{dy}\right) = -\frac{d}{dy}\left(\frac{1}{4}\mu(y)^{-1/4}\mu'(y)\right)w(t) + \mu(x)^{-1/4}w''(t). \quad (3.99)$$

((3.99) を示すのは読者の問 3.107 とする.) したがって, 固有方程式 (3.91) は

$$w''(t) + \lambda w(t) - Q(t)w(t) = 0, \qquad Q(t) = \frac{1}{4}\mu(y)^{1/4}\{\mu(y)^{-1/4}\mu'(y)\}'|_{y=y(t)} \quad (3.100)$$

に変換される. $\mu(y) = \rho(x)\sigma(x)\kappa(x)$ だから $Q(t), \mu(y)$ は滑らかで有界である.

ある定数 $C > 0$ が存在して, $\|w\|_{L^2(0,l'')} = 1$ を満たす (3.100) の解は λ が十分大きいとき $|w(t)| \leq C$ を満たすことを示そう. これが示せれば, $\|Y_n\|_{L^2(0,l')} = 1$ で λ_n は $\lambda_n \geq C_1 n^2$ によっていくらでも大きくなれるのだから, (3.97), (3.98) によって, $|Y_n(y)| \leq C$, したがって (3.96) の第 1 式が成立することがわかる.

デュハメールの公式を用いると (3.100) の解はある定数 α, β に対して

$$w(t) = \alpha \cos(\sqrt{\lambda}t) + \beta \sin(\sqrt{\lambda}t) + \frac{1}{\sqrt{\lambda}} \int_0^t \sin(\sqrt{\lambda}(t-s))Q(s)w(s)ds \quad (3.101)$$

を満たすことがわかる. このとき, シュワルツの不等式, $\|w\|_{L^2(0,l'')} = 1$ によって

$$\left|\int_0^t \sin(\sqrt{\lambda}(t-s))Q(s)w(s)ds\right| \leq \int_0^{l''} |Q(s)w(s)|ds \leq \|Q\|_{L^2(0,l'')}. \quad (3.102)$$

右辺は λ によらない定数である. したがって, 第 1 項も λ によらない定数 C に対して

$$|\alpha \cos(\sqrt{\lambda}t) + \beta \sin(\sqrt{\lambda}t)| \leq C$$

を満たすことを示せばよい.

(3.101) に $L^2(0, \lambda'')$ ノルムに関する三角不等式を適用する. $\|w\|_{L^2(0,l'')} = 1$ で右辺の積分の $L^2(0, \lambda'')$ ノルムは (3.102) によって $\sqrt{l''}\|Q\|_{L^2(0,l'')}$ 以下. ゆえに

$$\|\alpha \cos(\sqrt{\lambda}t) + \beta \sin(\sqrt{\lambda}t)\|_{L^2(0,l'')} \le 1 + \frac{\sqrt{l''}}{\sqrt{\lambda}}\|Q\|_{L^2(0,l'')} \le C. \qquad (3.103)$$

この左辺 $\|\alpha \cos(\sqrt{\lambda}t) + \beta \sin(\sqrt{\lambda}t)\|_{L^2(0,l'')}$ を下から評価しよう. $\alpha \cos(\sqrt{\lambda}t) + \beta \sin(\sqrt{\lambda}t) = (\alpha^2 + \beta^2)^{1/2} \cos(\sqrt{\lambda}t + \theta)$ と合成すれば

$$\int_0^{l''} |\alpha \cos(\sqrt{\lambda}t) + \beta \sin(\sqrt{\lambda}t)|^2 dt = \frac{(\alpha^2 + \beta^2)}{2} \int_0^{l''} (1 + \cos 2(\sqrt{\lambda}t + \theta)) dt.$$

$\cos 2(\sqrt{\lambda}t + \theta)$ の任意の区間上の積分は $-1/\sqrt{\lambda}$ 以上だから, $l''\sqrt{\lambda} > 2$ を満たす λ に対しては

$$右辺 \ge \frac{(\alpha^2 + \beta^2)}{2}\left(l'' - \frac{1}{\sqrt{\lambda}}\right) \ge \frac{l''(\alpha^2 + \beta^2)}{4}. \qquad (3.104)$$

(3.103) と (3.104) を合わせて, $\lambda > (2/l'')^2$ を満たす λ に対しては

$$(\alpha^2 + \beta^2) \le \frac{4C^2}{l''}$$

が, ゆえに $|w(t)| \le C$ が成立することがわかった.

さらに, (3.100) から $|w(t)| \le C$ であれば, $\lambda \ge \|Q\|_\infty$ のとき, $|w''(t)| \le C(\lambda + \|Q\|_\infty) \le 2C\lambda$. したがって, 補題 3.105 によって $(2/l'')^2 \le \lambda$ であれば $|w'(t)| \le C_1\sqrt{\lambda}$ でもある. ゆえに変換公式 (3.97) によって固有値が $(2/l'')^2 \le \lambda_n$ を満たす n に対しては (3.96) が成立することがわかる. (3.95) によって $\lambda_n \le (2/l'')^2$ となる n はたかだか有限個だから, $C > 0$ を十分大きくとれば, 結局 (3.96) がすべての n に対して成立することがわかる. $\qquad\square$

問 3.107 等式 (3.99) を確かめよ.

補題 3.108 $c_n = (\psi, Y_n)$, $n = 1, 2, \ldots$ とする. $\sum_{n=1}^{\infty} |c_n| < \infty$ であれば (t, y) の関数

$$v(t, y) = \sum_{n=1}^{\infty} c_n e^{-\lambda_n t} Y_n(y)$$

は $t \ge 0$ において連続, $t > 0$ では C^2 級, 熱方程式に対する混合問題 (3.90) の解である.

証明 補題 3.106 によって (3.93) の右辺は $t \geq 0$ において一様絶対収束, $t > 0$ では二階まで項別微分が広義一様に絶対収束する. したがって, $v(t,y)$ は $t \geq 0$ において連続, $t > 0$ では C^2 級で明らかに初期条件, 境界条件を満たす. 項別微分すれば (3.93) が熱方程式を満たすのも明らかである. □

そこで, 補題 3.108 の仮定が満たされるための十分条件を与えよう.

補題 3.109 $\psi(y) \in PC^1([0,l'])$, $\psi(0) = \psi(l') = 0$ とする. このとき $\sum_{n=1}^{\infty} |c_n| < \infty$ が成立する.

証明 まず $\{\lambda_n^{-1/2} \mu^{1/2} Y_n'\}$ が正規直交系であることに注意しよう.

$$(\mu^{1/2} Y_n', \mu^{1/2} Y_m') = (\mu Y_n', Y_m') = -((\mu Y_n')', Y_m) = \lambda_n(Y_n, Y_m) = \delta_{mn}\lambda_n$$

だからである. ψ は区間の両端で 0 に等しいから部分積分によって

$$|c_n| = |(\psi, Y_n)| = \lambda_n^{-1}|(\psi, -(\mu Y_n')')| = \lambda_n^{-1/2}|(\sqrt{\mu}\psi', \lambda_n^{-1/2}\sqrt{\mu}Y_n')|.$$

ゆえにシュワルツの不等式, ベッセルの不等式, ついで補題 3.106 によって

$$\sum |c_n| \leq \left(\sum \lambda_n^{-1}\right)^{1/2} \left(\sum |(\sqrt{\mu}\psi', \lambda_n^{-1/2}\sqrt{\mu}Y_n')|^2\right)^{1/2}$$
$$\leq C\left(\sum n^{-2}\right)^{1/2}\|\sqrt{\mu}\psi'\|_{L^2} < \infty$$

である. □

以上をあわせて次の定理が解の一意性を除いて証明された.

定理 3.110 初期値 ψ が区間 $[0,l']$ 上 PC^1 級で $\psi(0) = \psi(l') = 0$ を満たすとする. このとき, $t \geq 0$ において連続, $t > 0$ で C^2 級の熱方程式の初期・境界値問題 (3.90) の解が一意的に存在し,

$$v(t,y) = \int_0^{l'} G(t,y,z)\psi(z)dz$$

で与えられる. ただし,

$$G(t,y,z) = \sum_{n=1}^{\infty} e^{-\lambda_n t}Y_n(y)Y_n(z)$$

で $\lambda_1, \lambda_2, \ldots$ は固有値問題 (3.92) の固有値, $Y_1, Y_2, \ldots$ は対応する正規直交固有関数系である.

証明 解の一意性は，κ, σ, ρ が定数の場合と同様に示せる．読者の演習問題（問 3.111）とする． □

問 3.111 混合問題 (3.90) の，$t \geq 0$ で連続，$t > 0$ で C^2 級の解は一意的であることを示せ．

3.8 弦の振動方程式への応用

本章の最後に，両端が固定された弦の振動を記述する方程式をフーリエ級数を用いて解こう．弦は区間 $[0, l]$ で表現されるとし，力学的に一様でその張力は一定とする．このとき，振動が微小であれば，時間 t，位置 x における弦の変位 $u(t, x)$ は適当な単位系をとるとき近似的に次の偏微分方程式

$$\frac{\partial^2 u}{\partial t^2} - \frac{\partial^2 u}{\partial x^2} = 0 \tag{3.105}$$

を満足する．(3.105) は**微小振動の方程式**あるいは**波動方程式**と呼ばれる．

式を簡単にするため，前節と同様 $l = \pi$ とする．両端が固定されていることから $u(t, x)$ は境界条件 $u(t, 0) = u(t, \pi) = 0$ を満たさなければならない．初期時間における変位 $u(0, x) = \varphi(x)$ と初期速度 $u_t(0, x) = \psi(x)$ を与えて区間 $[0, \pi]$ における初期・境界値問題

$$\begin{cases} \dfrac{\partial^2 u}{\partial t^2} - \dfrac{\partial^2 u}{\partial x^2} = 0, \quad u(t, 0) = u(t, \pi) = 0, \\[2mm] u(0, x) = \varphi(x), \qquad u_t(0, x) = \psi(x) \end{cases} \tag{3.106}$$

を解こう．変数分離法を用いた前節の議論を修正して繰り返す．

■**変数分離による解法** まず，初期条件を忘れて，境界条件 $u(t, 0) = u(t, \pi) = 0$ を満たす，$u(t, x) = c(t)X(x)$ の形の波動方程式の解を探す．$u(t, x) = c(t)X(x)$ を波動方程式に代入すれば，

$$\left(\frac{\partial^2 u}{\partial t^2} - \frac{\partial^2 u}{\partial x^2} \right) = c''(t)X(x) - c(t)X''(x) = 0,$$

$$\Rightarrow \quad \frac{c''(t)}{c(t)} = \frac{X''(x)}{X(x)} = -\lambda\,(\,= 定数)$$

$$\Rightarrow \quad c''(t) = -\lambda c(t), \quad -X''(x) = \lambda X(x).$$

境界条件から $X(0) = X'(\pi) = 0$. したがって，前節と同様にして $\lambda = n^2$, $n = 1, 2, \ldots$ のときにのみ $X(t) \not\equiv 0$ となる解 X が存在し，

$$X_n(x) = C_n \sin(nx), \quad c_n(t) = A_n \cos(nt) + B_n \sin(nt), \quad n = 1, 2, \ldots$$

となる．これより，境界条件 $u(t, 0) = u(t, \pi) = 0$ を満たす (3.106) の変数分離型の解の列

$$(A_n \cos(nt) + B_n \sin(nt)) \sin(nx), \qquad n = 1, 2, \ldots \tag{3.107}$$

が得られる．波動方程式に対しても重ね合わせの原理が成り立つ．そこで，解を (3.107) の重ね合わせ

$$u(t, x) = \sum_{n=1}^{\infty} (A_n \cos(nt) + B_n \sin(nt)) \sin(nx) \tag{3.108}$$

として求めよう．熱方程式の場合の (3.77) と違って $t > 0$ で指数減衰する項を含まないことに注意しよう．

$\sum_{n=1}^{\infty} n^2(|A_n| + |B_n|) < \infty$ であれば，級数 (3.108) は二階微分まで込めて一様収束し，u が境界条件 $u(t, 0) = u(t, \pi) = 0$ および波動方程式を満たすのは明らかである．また，

$$u(0, x) = \sum_{n=1}^{\infty} A_n \sin(nx), \qquad u_t(0, x) = \sum_{n=1}^{\infty} nB_n \sin(nx)$$

である．ゆえに φ, ψ のフーリエ・サイン係数 A_n, nB_n:

$$\varphi(x) = \sum_{n=1}^{\infty} A_n \sin(nx), \quad \psi(x) = \sum_{n=1}^{\infty} nB_n \sin(nx) \tag{3.109}$$

が $\sum_{n=1}^{\infty} n^2(|A_n| + |B_n|) < \infty$ を満たせばよい．次は問 3.61 において示されている．

補題 3.112 $k \geq 1$ とする．$f \in C^k([0, \pi])$ で $f^{(j)}(0) = f^{(j)}(\pi) = 0$, $0 \leq j \leq k - 1$ のとき，$f(x)$ のフーリエ・サイン係数 $A_n = \frac{2}{\pi} \int_0^{\pi} f(x) \sin(nx) dx$ は $\sum_{n=1}^{\infty} n^{k-1}|A_n| < \infty$ を満たす．

これから次の定理が得られる．

226 第 3 章 フーリエ級数

定理 3.113 φ, ψ が補題 3.112 の条件をそれぞれ $k = 3$, $k = 2$ に対して満たすとする.

$$u(t,x) = \sum_{n=1}^{\infty} \frac{2}{\pi} \left(\cos(nt) \int_0^{\pi} \sin(nx)\sin(ny)\varphi(y)dy \right.$$
$$\left. + \frac{\sin(nt)}{n} \int_0^{\pi} \sin(nx)\sin(ny)\psi(y)dy \right) \quad (3.110)$$

は, (t,x) の C^2 級関数で波動方程式の初期・境界値問題 (3.106) の一意的な解である.

証明 (3.110) は (3.108) に A_n を φ のフーリエ・サイン係数, B_n を (ψ のフーリエ・サイン係数)$/n$ と定めて代入したものである. 補題 3.112 によって A_n, B_n は $\sum_{n=1}^{\infty} n^2(|A_n| + |B_n|) < \infty$ を満たす. ゆえに (3.110) は, (3.106) の C^2 級の解である. 一意性は次の定理においてより弱い条件の下で証明する. □

■**進行波解・ダランベールの公式** (3.110) は三角関数の加法定理とフーリエ・サイン級数の収束定理を用いて次のように簡単化される. 区間 $[0, \pi]$ 上の関数に対するフーリエ・サイン級数の

$$\varphi(x) = \sum_{n=1}^{\infty} \frac{2}{\pi} \int_0^{\pi} \sin(nx)\sin(ny)\,\varphi(y)dy \quad (3.111)$$

の右辺は $\mathbb{R}$ 上の 2π 周期奇関数である. したがって, $[0, \pi]$ 上の関数 φ を, まず $[-\pi, \pi]$ に奇関数として拡張し ($\varphi(0) = \varphi(\pi) = 0$ に注意しよう), 次にこれを $\mathbb{R}$ に 2π 周期関数として延長して, それをふたたび $\varphi(x)$ とかけば, $\varphi(x)$ は 2π 周期奇関数で, (3.111) は任意の $x \in \mathbb{R}$ に対して成立する. したがって $\cos(nt)\sin(nx) = (1/2)(\sin n(x+t) + \sin n(x-t))$ とかけば, (3.110) の右辺の第 1 項の和は $(1/2)(\varphi(x+t) + \varphi(x-t))$ に等しいことがわかる. また,

$$\frac{1}{n}\sin(nx)\sin(nt) = \frac{1}{2n}(\cos n(x-t) - \cos n(t+x)) = \frac{1}{2}\int_{x-t}^{x+t} \sin(ns)ds$$

として, 和と積分の順序を入れ換えれば, 第 2 項が $(1/2)\int_{x-t}^{x+t} \psi(s)ds$ に等しいこともわかる. ゆえに, (3.110) は

$$u(t,x) = \frac{1}{2}\left(\varphi(x+t) + \varphi(x-t) + G(x+t) - G(x-t)\right),$$

$$G(x) = \int_0^x \psi(s)ds \tag{3.112}$$

とかき直せる. ここで $\varphi(x-t), G(x-t)$ は $\varphi(x), G(x)$ の右方向へ t の平行移動, すなわち波形を変えずに速度 1 で右方向に進行する波を, $\varphi(x+t), G(x+t)$ は速度 1 で左方向に進行する波を表す (これらは進行波と呼ばれる). このように解 $u(t,x)$ はこれらの進行波の重ね合わせである. (3.112) は**ダランベールの公式**と呼ばれる.

これまで, (3.110) あるいは (3.112) を得るのに, $\varphi \in C^3([0,\pi])$, $\psi \in C^2([0,\pi])$ と仮定したが, このように表現してみれば, $u(t,x)$ が (t,x) の C^2 級関数で, 方程式 (3.106) の解となるためには, $\varphi \in C^2([0,\pi])$, $\psi \in C^1([0,\pi])$ であれば十分であることは明らかであろう. これより, 次の定理が得られる.

定理 3.114 φ, ψ を $\varphi(x), \varphi'(x), \varphi''(x), \psi(x), \psi'(x)$ が $x = 0$, $x = \pi$ で 0 に等しい $[0,\pi]$ 上 C^2 ならびに C^1 級の関数とする. これらを直線 $\mathbb{R}$ へ 2π 周期奇関数として拡張するとき, 波動方程式の初期・境界値問題 (3.106) の解は (3.112) によって与えられる. また $[0,\pi] \times [0,\infty)$ で C^2 級の解はこの解にかぎる.

証明 解の一意性を除けば証明済みである. 解の一意性を示すには, $u(t,x)$ が C^2 級で (3.106) を $\varphi = \psi = 0$ の条件のもとで満たすとき, $u(t,x) = 0$ であることを示せばよい.

$$E(t) = \frac{1}{2}\int_0^\pi (u_x(t,x)^2 + u_t(t,x)^2)dx$$

とおく. $E(0) = 0$ である. t で微分し, u が方程式を満たすことを用い, 部分積分を施し, 境界条件 $u(t,\pi) = u(t,0) = 0$ を用いれば

$$\frac{d}{dt}E(t) = \int_0^\pi (u_x(t,x)u_{tx}(t,x) + u_t(t,x)u_{xx})dx$$
$$= u_t(t,\pi)u_x(t,\pi) - u_t(t,0)u_x(t,0) = 0.$$

ゆえに $E(t) = E(0) = 0$, $u_x(t,x) = u_t(t,x) = 0$. これより $u(t,x)$ は定数. $u(t,\pi) = u(t,0) = 0$ だから $u(t,x) \equiv 0$ である. $\square$

注意 3.115 $\mathbb{R}$ 上の任意の C^2 級および C^1 級の関数 $\varphi(x)$ および $\psi(x)$ に対して，(3.112) は $\mathbb{R} \times \mathbb{R}$ 上の波動方程式 $(\partial^2/\partial t^2 - \partial^2/\partial x^2)u(t, x) = 0$ の初期条件 $u(0, x) = \varphi(x), u_t(0, x) = \psi(x)$ を満たす解であることに注意しよう．

以上，本章で現れた偏微分方程式は独立変数 2 個のものに限られたが，ここで用いた方法はさらに多くの変数をもつ方程式に対しても同様に適用できる．しかし，適用できる方程式の形や，考える領域の形が限られる点が難点である．第 5 章においてより一般の偏微分方程式についてまなぶ．

第4章

フーリエ変換と超関数

第 3 章では $\mathbb{R}$ 上の $2l$ 周期関数 $f(x)$ をフーリエ級数 $f(x) = \sum_{n=-\infty}^{\infty} c_n e^{i\pi nx/l}$ として表現した. これは $2l$ 周期の指数関数列 $e^{i\pi nx/l}$, $n = 0, \pm 1, \ldots$ の重ね合わせである. 本章では直線 $\mathbb{R}$, あるいは $\mathbb{R}^n$ 上の一般の関数 $f(x)$ を連続無限個の指数関数族 $\{e^{ix\cdot\xi} : \xi \in \mathbb{R}^n\}$ の重ね合わせで

$$f(x) = \frac{1}{(2\pi)^{n/2}} \int_{\mathbb{R}^n} e^{ix\cdot\xi} \hat{f}(\xi) d\xi \tag{4.1}$$

と表現する. これを f のフーリエ展開という. フーリエ展開 (4.1) における重み関数 $\hat{f}(\xi)$ は $f(x)$ のフーリエ変換:

$$\hat{f}(\xi) = \frac{1}{(2\pi)^{n/2}} \int_{\mathbb{R}^n} e^{-ix\cdot\xi} f(x) dx \tag{4.2}$$

で与えられる. $\hat{f}$ を $\mathcal{F}f$ ともかく. 本章の前半では, 可積分関数のフーリエ変換の基本的な性質を学ぶ.

指数関数 $e^{ix\cdot\xi}$ は微分作用素 $-i\partial/\partial x_j$ に対して

$$-i(\partial/\partial x_j)e^{ix\cdot\xi} = \xi_j e^{ix\cdot\xi}, \quad j = 1, \ldots, n$$

を満たす (すなわち $-i\partial/\partial x_j$ の固有値 ξ_j の固有関数である) ことからフーリエ変換は,

$$\mathcal{F}\left(\frac{1}{i}\frac{\partial f}{\partial x_j}\right)(\xi) = \xi_j \mathcal{F}f(\xi), \qquad j = 1, \ldots, n \tag{4.3}$$

のように $-i\partial/\partial x_j$ を座標変数 ξ_j をかける作用素に変換する. これにより定数係数の偏微分方程式はフーリエ変換によって代数方程式に変換される. この方法によって偏微分方程式の解を求めようとすると, しかしながら, しばしば可積分でない関数をフーリエ変換しなければならなくなる. このため**超関数**を導入し, 可積分でない関数のフーリエ変換を超関数として定義する. 超関数の導入によってフーリエ変換の応用範囲が飛躍的に増大する. 本章の後半では超関数とそのフーリエ変換について学ぶ. フーリエ変換の偏微分方程式への応用については第 5 章で述べる.

次の記号を用いる. $D_j = -i\partial/\partial x_j$, $j = 1,\ldots,n$, とし, ベクトルのように $D = (D_1,\ldots,D_n)$ とかく. 非負整数の組 $\alpha = (\alpha_1,\ldots,\alpha_n)$ を**多重指数**と呼び, $|\alpha| = \alpha_1 + \cdots + \alpha_n$ をその**長さ**という. ベクトル x に対して, $x^\alpha = x_1^{\alpha_1} \cdots x_n^{\alpha_n}$ とかき, 関数 $u(x)$ に対して

$$D^\alpha u(x) = D_1^{\alpha_1} \cdots D_n^{\alpha_n} u(x) = (-i)^{|\alpha|} \frac{\partial^\alpha u}{\partial x^\alpha}(x)$$

$$= (-i)^{|\alpha|} \frac{\partial^{|\alpha|} u}{\partial x_1^{\alpha_1} \cdots \partial x_n^{\alpha_n}}(x)$$

と定める. 同様に $\partial_j = \partial/\partial x_j, \partial = (\partial_1,\ldots,\partial_n)$ とかき, $\partial^\alpha = \partial_1^{\alpha_1} \ldots \partial_n^{\alpha_n}$ とする. 多重指数 $\alpha = (\alpha_1,\ldots,\alpha_n)$, $\beta = (\beta_1,\ldots,\beta_n)$ に対し, $\beta \le \alpha$ とは $\beta_j \le \alpha_j, j = 1,\ldots,n$ のこと, $\beta < \alpha$ とは $\beta \le \alpha$ であって $\beta \neq \alpha$ のことである. $\beta \le \alpha$ のとき, 二項係数を

$$\begin{pmatrix} \alpha \\ \beta \end{pmatrix} = \begin{pmatrix} \alpha_1 \\ \beta_1 \end{pmatrix} \cdots \begin{pmatrix} \alpha_n \\ \beta_n \end{pmatrix} = \frac{\alpha_1! \cdots \alpha_n!}{\beta_1! \cdots \beta_n! (\alpha_1 - \beta_1)! \cdots (\alpha_n - \beta_n)!}$$

と定義する. 本章では, 関数はすべて複素数値関数である.

補題 4.1 任意の $s \in \mathbb{N}$ に対して定数 C_{1s}, C_{2s} が存在して

$$C_{1s}(1 + |x|)^s \le \sum_{|\alpha| \le s} |x^\alpha| \le C_{2s}(1 + |x|)^s, \quad x \in \mathbb{R}^n. \tag{4.4}$$

問 4.2 補題 4.1 を証明せよ.

4.1 可積分関数のフーリエ変換

問 4.3 次を示せ．ただし和は $|\alpha| = l$ を満たすすべての多重指数 α にわたってとる．

$$(x_1 + \cdots + x_n)^l = \sum_{|\alpha|=l} \frac{l!}{\alpha!} x^\alpha. \tag{4.5}$$

4.1 可積分関数のフーリエ変換

本節では，$\mathbb{R}^n$ 上の可積分関数に対してフーリエ変換を定義し，その性質，とくにフーリエの反転公式 (4.1)，微分作用素の対角化公式 (4.3)，合成積と積のフーリエ変換の公式などについて述べる．本節では，f, g などは断らない限り可積分関数である．この節の多くの結果は，のちに超関数に対して拡張される．ただし，本書では f が $\mathbb{R}^n$ 上可積分であることを以下のように定義する．広義リーマン積分の順序交換を簡単にするためである．

定義 4.4（可積分関数） $\mathbb{R}^n$ 上の関数 f は，任意の有限直方体 V においてたかだか有限個の点 $a_1, \ldots, a_N$ の任意に小さい近傍 $\bigcup_{j=1}^{N} B(a_j, \varepsilon)$ を除いて（有界）リーマン可積分で，$|f(x)|$ が $\mathbb{R}^n$ において広義可積分のとき，$\mathbb{R}^n$ 上**可積分**，$|f(x)|^2$ が $\mathbb{R}^n$ において広義可積分のとき **2 乗可積分**であるといわれる．可積分関数全体を $L^1(\mathbb{R}^n)$，2 乗可積分関数全体を $L^2(\mathbb{R}^n)$ とかく．

フーリエ変換は (4.2) のように積分によって定義される．したがって，ほとんどいたるところ相等しい 2 つの可積分関数のフーリエ変換は同一である．そこで以下ではほとんどいたるところ相等しい 2 つの可積分関数は同一視する．

（広義）可積分関数を上のように定義しておけば次が成立する．証明にはルベーグ積分の理論を用いると簡単であるが，ここではこれを認めて先に進む（証明に興味のある読者は文献［谷島］のそれぞれ 104–108 ページ，57 ページなどを参照）．以下この定理が適用できるときにはいちいち断らず「積分順序を交換して」とか「積分記号下の微分に関する定理によって」ということにする．

定理 4.5（フビニの定理） $f(x, y)$ を $(x, y) \in \mathbb{R}^n \times \mathbb{R}^m$ の可積分関数とする．このとき，ほとんどすべての x に対して $f(x, \cdot)$ は $y \in \mathbb{R}^m$ の可積分関数，

ほとんどすべての y に対して $f(\cdot, y)$ は $x \in \mathbb{R}^n$ の可積分関数，$\int_{\mathbb{R}^m} f(x,y)dy$ は x について可積分，$\int_{\mathbb{R}^n} f(x,y)dx$ は y について可積分で次が成立する：

$$\int_{\mathbb{R}^m} \Big(\int_{\mathbb{R}^n} f(x,y)dx \Big) dy = \int_{\mathbb{R}^n} \Big(\int_{\mathbb{R}^m} f(x,y)dy \Big) dx = \int_{\mathbb{R}^{m+n}} f(x,y)dxdy\,.$$
(4.6)

定理 4.6（積分記号下の微分） I を開区間，$f(x,t)$ を $(x,t) \in \mathbb{R}^n \times I$ の関数で，任意に t を固定すれば x について可積分，任意に $x \in \mathbb{R}^n$ を固定すれば t について偏微分可能とする．このとき，ある可積分関数 $g(x)$ が存在して $|\partial_t f(x,t)| \leq g(x)$ がすべての (x,t) に対して成立すれば，$F(t) = \int_{\mathbb{R}^n} f(x,t)dx$ は t について微分可能で

$$F'(t) = \int_{\mathbb{R}^n} \partial_t f(x,t)dx$$

が成立する．

4.1.1 可積分関数に対するフーリエ変換とその性質

初めに，有界区間 $[-M, M]$ の外では $f(x) = 0$ を満たす $\mathbb{R}$ 上の任意の滑らかな関数 $f(x)$ が (4.1) のようにフーリエ展開できることを，フーリエ級数を用いて導いてみよう．このとき，$\pi l > M$ を満たす自然数 l に対して f を $x \in [-\pi l, \pi l]$ の関数と考えれば

$$f(x) = \sum_{n=-\infty}^{\infty} c_n e^{ix(n/l)}, \quad c_n = \frac{1}{2\pi l} \int_{-\pi l}^{\pi l} e^{-iy(n/l)} f(y)dy.$$

ここで，$x \notin [-\pi l, \pi l]$ のとき $f(x) = 0$ だから

$$c_n = \frac{1}{2\pi l} \int_{-\infty}^{\infty} e^{-iy(n/l)} f(y)dy = \frac{1}{\sqrt{2\pi l}} \hat{f}\left(\frac{n}{l}\right).$$

したがって，$\pi l > M$ を満たす任意の自然数 l に対して

$$f(x) = \sum_{n=-\infty}^{\infty} \frac{1}{\sqrt{2\pi l}} e^{ix(n/l)} \hat{f}\left(\frac{n}{l}\right), \quad x \in [-\pi l, \pi l]$$

が成立する．この右辺は周期 $2\pi l$ の周期関数である．ゆえに f を $[-\pi l, \pi l]$ の外に $2\pi l$ 周期関数として定義し直したものを $f_l(x)$ とすれば，任意の $x \in \mathbb{R}$ に対して

$$f_l(x) = (\sqrt{2\pi}l)^{-1} \sum_{n=-\infty}^{\infty} e^{ix(n/l)} \hat{f}(n/l) \tag{4.7}$$

が成立する．(4.7) において $l \to \infty$ とすれば，任意の x に対して左辺は $f(x)$ に収束．したがって $\Delta = 1/l$ とおいてリーマン積分の定義を思い出せば，

$$f(x) = \lim_{\Delta \to 0} \frac{1}{\sqrt{2\pi}} \sum_{n=-\infty}^{\infty} \Delta e^{ix(n\Delta)} \hat{f}(n\Delta) = \frac{1}{\sqrt{2\pi}} \int_{-\infty}^{\infty} e^{ix\cdot\xi} \hat{f}(\xi) d\xi \tag{4.8}$$

となり $f(x)$ が (4.1) のように表されることが導かれる．

あらためて $\mathbb{R}^n$ 上の可積分関数に対してフーリエ変換を定義し，その性質を調べ，関係式 (4.8) を証明しよう．$\|f\|_\infty = \|f\|_{L^\infty(\mathbb{R}^n)}$, $\|f\|_1 = \|f\|_{L^1(\mathbb{R}^n)}$, $\|f\|_2 = \|f\|_{L^1(\mathbb{R}^n)}$ とかく．

定義 4.7 $\mathbb{R}^n$ 上の可積分関数 $f(x)$ に対して，f の**フーリエ変換** $\mathcal{F}f(\xi) = \hat{f}(\xi)$, **共役フーリエ変換** $\check{\mathcal{F}}f(\xi) = \check{f}(\xi)$ を次のように定義する．

$$\hat{f}(\xi) = \frac{1}{(2\pi)^{n/2}} \int_{\mathbb{R}^n} e^{-ix\cdot\xi} f(x) dx, \quad \check{f}(\xi) = \frac{1}{(2\pi)^{n/2}} \int_{\mathbb{R}^n} e^{ix\cdot\xi} f(x) dx \,. \tag{4.9}$$

$\check{f}(\xi) = \hat{f}(-\xi)$ だから $\check{\mathcal{F}}$ の性質は $\mathcal{F}$ の性質からただちに得られる．$\overline{f}$ を $\overline{f}(x) = \overline{f(x)}$ と定義する．フーリエ変換の定義に慣れるように読者は次の定理を自ら証明していただきたい．

定理 4.8 $f, g \in L^1(\mathbb{R}^n)$, α, β は複素数，$a \in \mathbb{R}^n$, A は行列式 1 の直交行列とする．

(1) $\mathcal{F}$ は線形写像である：$(\widehat{\alpha f + \beta g})(\xi) = \alpha \hat{f}(\xi) + \beta \hat{g}(\xi)$.

(2) $\mathcal{F}\overline{f}(\xi) = \overline{\mathcal{F}f(-\xi)}$.

(3) $\mathcal{F}: L^1(\mathbb{R}^n) \to L^\infty(\mathbb{R}^n)$ は有界である：$\|\hat{f}\|_\infty \le (2\pi)^{-n/2} \|f\|_1$.

(4) $\mathcal{F}$ は平行移動を指数のかけ算に変換する：$\mathcal{F}(f(x-a))(\xi) = e^{-ia\cdot\xi} f(\xi)$.

(5) $f_A(x) = f(Ax)$ とすれば，$\mathcal{F}(f_A)(\xi) = (\hat{f})_A(\xi)$.

問 4.9 定理 4.8 を証明せよ.

$\mathbb{R}^n$ 上の（一様）連続で $\lim_{|\xi|\to\infty} \hat{f}(\xi) = 0$ を満たす関数の全体を $C_*^0(\mathbb{R}^n)$ とかく.

定理 4.10（リーマン・ルベーグの定理）　$f \in L^1(\mathbb{R}^n)$ のとき，$\hat{f} \in C_*^0(\mathbb{R}^n)$ である.

証明　(1) フーリエ変換の定義から任意の $\eta \in \mathbb{R}^n$ に対して

$$\begin{aligned}
|\hat{f}(\xi+\eta) - \hat{f}(\xi)| &= \left| \frac{1}{(2\pi)^{n/2}} \int_{\mathbb{R}^n} |(e^{-ix\cdot(\xi+\eta)} - e^{-ix\cdot\xi})f(x)dx \right| \\
&\leq \frac{1}{(2\pi)^{n/2}} \int_{\mathbb{R}^n} |(e^{-ix\cdot\eta} - 1)f(x)|dx.
\end{aligned} \tag{4.10}$$

任意に $\varepsilon > 0$ をとる. 可積分性の定義によって, 定義 4.4 における $a_1, \dots, a_N$ の近傍 $B(a_1, \varepsilon), \dots, B(a_N, \varepsilon)$ と定数 M が存在して

$$\int_{\mathbb{R}^n \setminus (\{|x| \leq M\} \cup \bigcup_{j=1}^N B(a_j, \varepsilon))} |(e^{-ix\cdot\eta} - 1)f(x)|dx < \frac{\varepsilon}{2}.$$

$\eta \to 0$ のとき $|e^{ix\cdot\eta} - 1|$ はコンパクト集合 $\{|x| \leq M\} \cup \bigcup_{j=1}^N \overline{B(a_j, \varepsilon)}$ 上一様に 0 に収束するから, ある $\delta > 0$ が存在して $|\eta| < \delta$ のとき

$$\int_{\{|x| \leq M\} \cup \bigcup_{j=1}^N B(a_j, \varepsilon)} |(e^{-ix\cdot\eta} - 1)f(x)|dx < \frac{\varepsilon}{2}.$$

ゆえに (4.10) の右辺は 0 に収束する. これは $\hat{f}$ が $\mathbb{R}^n$ 上一様連続であることを意味する.

(2) $\lim_{|\xi|\to\infty} \hat{f}(\xi) = 0$ を $n = 1$ のときに証明する. 一般の n のときは以下で区間を長方形に置き換えて議論すればよい. リーマン積分ならびに広義積分の定義によって, 任意の $\varepsilon > 0$ に対して $\|f - f_\varepsilon\|_{L_1} < \varepsilon$ を満たす有限個の有限区間の定義関数の一次結合 $f_\varepsilon(x)$ が存在する. 区間 $[a,b]$ の定義関数 $\chi_{[a,b]}(x)$ に対して

$$\hat{\chi}_{[a,b]}(\xi) = \frac{1}{\sqrt{2\pi}\xi i}\left(e^{-ia\xi} - e^{-ib\xi} \right) \to 0, \qquad |\xi| \to \infty$$

だから f_ε に対しても, $\lim_{|\xi|\to\infty} \hat{f}_\varepsilon(\xi) = 0$. ゆえに, 定理 4.8(3) によって

$$\varlimsup_{|\xi|\to\infty} |\hat{f}(\xi)| \leq \varlimsup_{|\xi|\to\infty} (|\hat{f}(\xi) - \hat{f}_\varepsilon(\xi)| + |\hat{f}_\varepsilon(\xi)|) \leq (2\pi)^{-1/2}\varepsilon.$$

$\varepsilon > 0$ は任意だから $\lim_{|\xi|\to\infty} \hat{f}(\xi) = 0$ である. □

4.1 可積分関数のフーリエ変換　　235

　以下ではしばしば，証明の (1) に現れた (4.10) 以下の近似の議論を繰り返さず，たとえば単に $\eta \to 0$ のとき広義一様に $|e^{ix\cdot\eta} - 1| \to 0$ だから (4.10) の右辺は 0 に収束するということにする.

問 4.11 $a > 0$ とする. 次の $\mathbb{R}$ 上の関数のフーリエ変換を求め, 定理 4.10 の性質を確かめよ.

(1) $f(x) = e^{-a|x|}$, 　(2) $f(x) = 1/(x^2 + a^2)$, 　(3) $f(x) = \max(0, 1 - |x|/a)$.

4.1.2 フーリエの反転公式

■ガウス関数のフーリエ変換　　フーリエの反転公式 (4.1) の証明のためにガウス関数 e^{-ax^2} のフーリエ変換を計算しておこう（この計算は, 第 3 章 (3.86) を導くためにも使った）.

補題 4.12 $\Re a > 0$ とし, $\sqrt{a}$ は $a > 0$ のとき $\sqrt{a} > 0$ を満たす分枝とする. このとき, 次式が成り立つ.

$$\frac{1}{(2\pi)^{n/2}} \int_{\mathbb{R}^n} e^{ix\cdot\xi - ax^2/2} dx = \frac{1}{(\sqrt{a}\,)^n} e^{-\xi^2/2a}. \tag{4.11}$$

証明　(4.11) の左辺の積分を累次積分としてかけば,

$$\int_{\mathbb{R}^n} e^{ix\cdot\xi - ax^2/2} dx = \left(\int_{-\infty}^{\infty} e^{ix_1\cdot\xi_1 - ax_1^2/2} dx_1 \right) \cdots \left(\int_{-\infty}^{\infty} e^{ix_n\cdot\xi_n - ax_n^2/2} dx_n \right).$$

したがって, 補題は $n = 1$ のときに証明すれば十分である. このとき, (4.11) の左辺も右辺も a の複素数平面の右半平面における正則関数である. したがって, 一致の定理によって (4.11) は $a > 0$ のときに証明すれば十分である. $a > 0$ のとき,

$$\int_{-\infty}^{\infty} e^{ix\cdot\xi - ax^2/2} dx = e^{-\xi^2/2a} \int_{-\infty}^{\infty} e^{-a(x - i\xi/a)^2/2} dx$$

$$= e^{-\xi^2/2a} \int_{\Im z = -\xi/a} e^{-az^2/2} dz \tag{4.12}$$

と複素積分の形にかく. 積分路 $-N \to N \to N - i\xi/a \to -N - i\xi/a \to -N$ 上の縦線部分の積分が

$$\lim_{\pm N \to \infty} \int_{-\xi/a}^{0} e^{-a(N+iy)^2/2} dy = 0$$

となることに注意して，コーシーの定理を用いて積分路を変更すれば

$$\int_{\Im z=-\xi/a} e^{-az^2/2}dz = \int_{-\infty}^{\infty} e^{-ax^2/2}dx = \sqrt{\frac{2\pi}{a}}. \qquad (4.13)$$

(4.12) と (4.13) から (4.11) がしたがう． $\qquad\qquad\qquad\qquad\square$

第 3 章定理 3.100 において示したように関数族

$$K_\varepsilon(x) = \frac{1}{(2\pi\varepsilon)^{n/2}} \exp\left(\frac{-x^2}{2\varepsilon}\right), \qquad \varepsilon > 0$$

は総和核，すなわち，$\varepsilon \to 0$ のとき，任意の $\delta > 0$ に対して

$$K_\varepsilon(x) \geq 0, \quad \int_{\mathbb{R}^n} K_\varepsilon(x)dx = 1, \quad \int_{|x|>\delta} K_\varepsilon(x)dx \to 0 \qquad (4.14)$$

が成立する．一般に，$K_\varepsilon(x)$ が総和核であれば，任意の有界連続関数 $f(x)$ に対して

$$\lim_{\varepsilon\to 0} \int K_\varepsilon(x-y)f(y)dy = f(x) \qquad （広義一様収束） \qquad (4.15)$$

が成立する．このことは第 3 章の定理 3.27 と同様である．

問 4.13 任意の有界連続関数 $f(x)$ に対して (4.15) が成立することを確かめよ．

補題 4.14 $G(x) = (2\pi)^{-n/2}e^{-x^2/2}$ をガウス関数とする．f が $\mathbb{R}^n$ の可積分関数，x が f の連続点のとき，

$$\lim_{\varepsilon\to 0} \int G_\varepsilon(y)f(x-y)dy = f(x), \quad G_\varepsilon(x) = \varepsilon^{-n}G\left(\frac{x}{\varepsilon}\right) \qquad (4.16)$$

が成り立ち，したがって，ほとんどすべての $x \in \mathbb{R}^n$ に対して等式 (4.16) が成立する．

証明 任意に $\sigma > 0$ をとる．x は連続点だから，ある $\gamma > 0$ が存在して $|y| < \gamma$ のとき，$|f(x-y) - f(x)| < \sigma/3$．この $\gamma > 0$ を用いて $\mathbb{R}^n$ 上の積分を

$$\int G_\varepsilon(y)f(x-y)dy - f(x)$$

$$= \int_{|y|<\gamma} G_\varepsilon(y)(f(x-y)-f(x))dy + \int_{|y|>\gamma} G_\varepsilon(y)f(x-y)dy - \int_{|y|>\gamma} G_\varepsilon(y)f(x)dy$$

と分割すると，右辺において明らかに | 第 1 項 | $\leq \sigma/3$, | 第 2 項 | $\leq G_\varepsilon(\gamma) \int_{\mathbb{R}^n} |f(x-y)| dy = \|f\|_1 G_\varepsilon(\gamma)$, | 第 3 項 | $\leq |f(x)| \int_{|y| > \gamma/\varepsilon} G(y) dy$. したがって，十分小さな $\varepsilon_0 > 0$ をとれば任意の $0 < \varepsilon < \varepsilon_0$ に対して | 第 2 項 | $< \sigma/3$, | 第 3 項 | $< \sigma/3$. ゆえに (4.16) が成立する． $\qquad\square$

■**フーリエの反転公式**　f とそのフーリエ変換 $\hat{f}$ がどちらも可積分な $\mathbb{R}^n$ 上の関数の空間を $M(\mathbb{R}^n)$ とかく．$M(\mathbb{R}^n) = \{f \colon f \in L^1(\mathbb{R}^n),\ \hat{f} \in L^1(\mathbb{R}^n)\}$ である．$M(\mathbb{R}^n)$ は $\mathbb{C}$ 上のベクトル空間で，ノルム $\|f\|_M = \|f\|_1 + \|\hat{f}\|_1$ によってノルム空間である．

定理 4.15（フーリエの反転公式）　任意の $f \in M(\mathbb{R}^n)$ に対してフーリエの反転公式：

$$f(x) = \frac{1}{(2\pi)^{n/2}} \int_{\mathbb{R}^n} e^{ix\cdot\xi} \hat{f}(\xi) d\xi = \frac{1}{(2\pi)^{n/2}} \int_{\mathbb{R}^n} e^{-ix\cdot\xi} \check{f}(\xi) d\xi \qquad (4.17)$$

が成立する．とくに，$\mathcal{F}$, $\check{\mathcal{F}}$ は $M(\mathbb{R}^n)$ の同型写像で $\mathcal{F}^{-1} = \check{\mathcal{F}}$ である．$f \in M(\mathbb{R}^n)$ は有界，一様連続で $|f(x)| \to 0$ $(|x| \to \infty)$ を満たす．$\hat{f}$ も同様である．

証明　$f \in M(\mathbb{R}^n)$ に対して $g(x) = (\check{\mathcal{F}}\hat{f})(x)$ と定義する．リーマン・ルベーグの定理（定理 4.10）によって g は連続関数である．したがって，f の任意の連続点において $g(x) = f(x)$ であることを示せばよい．任意の連続点において等しいリーマン可積分関数は同じものと考えるという約束にしたがって，$g = f$ だからである．

$\varepsilon > 0$ のとき $0 \leq e^{-\varepsilon\xi^2/2} \leq 1$ で，広義一様に $\lim_{\varepsilon\to0} e^{-\varepsilon\xi^2/2} = 1$. したがって

$$g(x) = \frac{1}{(2\pi)^{n/2}} \lim_{\varepsilon\to0} \int e^{ix\cdot\xi - \varepsilon\xi^2/2} \left(\frac{1}{(2\pi)^{n/2}} \int e^{-iy\cdot\xi} f(y) dy \right) d\xi \qquad (4.18)$$

である（下の注意 4.16 参照）．$|e^{ix\cdot\xi - \varepsilon\xi^2/2} e^{-iy\cdot\xi} f(y)| = e^{-\varepsilon\xi^2/2}|f(y)|$ は (y, ξ) に関して可積分だから，積分順序を変更し (4.11) を用いれば，

$$(4.18) \text{ の右辺} = \frac{1}{(2\pi)^n} \lim_{\varepsilon\to0} \int \left(\int e^{i(x-y)\cdot\xi - \varepsilon\xi^2/2} d\xi \right) f(y) dy$$
$$= \lim_{\varepsilon\to0} \frac{1}{(2\pi\varepsilon)^{n/2}} \int e^{-(x-y)^2/2\varepsilon} f(y) dy.$$

f は可積分だから，(4.15) によってこの右辺は f の任意の連続点 x において $f(x)$ に収束する．ゆえに f, g の連続点において $g(x) = f(x)$ である．

238   第 4 章　フーリエ変換と超関数

上式で x と y の符号をすべて変えれば $\mathcal{F}\check{\mathcal{F}}f = f$ でもあることがわかる.

$f \in M(\mathbb{R}^n)$ であれば, $\hat{f} \in M(\mathbb{R}^n)$ でもある. じっさい, 定義から $\hat{f} \in L^1(\mathbb{R}^n)$, 反転公式から $\mathcal{F}\hat{f}(x) = f(-x) \in L^1(\mathbb{R}^n)$ だからである. ゆえに, $\mathcal{F}$ は $M(\mathbb{R}^n)$ から $M(\mathbb{R}^n)$ への写像, $\check{\mathcal{F}}\mathcal{F}f = \mathcal{F}\check{\mathcal{F}}f = f$ だから同型写像である. 最後の主張は反転公式とリーマン・ルベーグの定理から明らかである. □

注意 4.16　(1) 定理 4.15 の証明で (4.18) にわざと因子 $e^{-\varepsilon\xi^2/2}$ を挿入して, 極限 $\lim_{\varepsilon\to 0}$ をとるという操作をしたのは, 積分の順序交換において発散積分の困難を避けるためである. このテクニックは以下の議論においてしばしば用いられる.

(2) 定理 4.15 によって $\check{\mathcal{F}}$ は $\mathcal{F}$ の逆作用素である. このため, 共役フーリエ変換はしばしば**逆フーリエ変換**, あるいは**フーリエ逆変換**とも呼ばれる.

■**フーリエの積分公式**　フーリエの反転公式は可積分な有界変動関数に対しても成立する.

定理 4.17（フーリエの積分公式）　$f(x)$ が $\mathbb{R}^1$ 上の可積分な有界変動関数のとき

$$\lim_{N\to\infty} \frac{1}{\sqrt{2\pi}} \int_{-N}^{N} e^{ix\cdot\xi}\hat{f}(\xi)d\xi = \frac{1}{2}(f(x+0) + f(x-0)). \tag{4.19}$$

証明　ディリクレの積分公式（第 3 章補題 3.70）によって h が有界変動であれば, 任意の l に対して

$$\lim_{N\to\infty} \int_0^l \frac{\sin(Ny)}{y}h(y)dy = \frac{\pi}{2}h(+0)\,.$$

$y \geq l$ のとき, $|\sin(Ny)/y| \leq l$ だから, h が $[0,\infty)$ 上可積分でもあれば

$$\lim_{l\to\infty} \sup_N \left| \int_l^\infty \frac{\sin(Ny)}{y}h(y)dy \right| \leq \lim_{l\to\infty} \frac{1}{l} \int_l^\infty |h(y)|dy = 0.$$

したがって

$$\lim_{N\to\infty} \int_0^\infty \frac{\sin(Ny)}{y}h(y)dy = \frac{\pi}{2}h(+0) \tag{4.20}$$

である. f が定理の仮定を満たすとき, 任意の $x \in \mathbb{R}$ に対して, $y \in [0,\infty)$ の関数 $h(y) \equiv f(x+y) + f(x-y)$ は y の有界変動関数で $\mathbb{R}$ 上可積分だから, (4.20) によって

4.1 可積分関数のフーリエ変換

$$\frac{\pi}{2}(f(x+0) + f(x-0)) = \lim_{N \to \infty} \int_0^\infty \frac{\sin(Ny)}{y}(f(x+y) + f(x-y))dy$$

$$= \lim_{N \to \infty} \int_{-\infty}^\infty \frac{\sin(Ny)}{y} f(x-y)dy \qquad (4.21)$$

である. 右辺に等式 $\sin(Ny)/y = \frac{1}{2}\int_{-N}^N e^{iy\cdot\xi}d\xi$ を代入し, f の可積分性を用いて積分順序を交換すれば (4.21) の右辺の積分は

$$\int_{-N}^N \left(\frac{1}{2}\int_{-\infty}^\infty e^{iy\cdot\xi}f(x-y)dy\right)d\xi = \frac{1}{2}\int_{-N}^N \left(\int_{-\infty}^\infty e^{i(x-y)\cdot\xi}f(y)dy\right)d\xi$$

とかける. ゆえに (4.19) が成立する. □

注意 4.18 $f(x)$ が有界変動のとき, $\hat{f}(\xi)$ は必ずしも可積分ではない. したがって (4.19) において積分範囲を $[-N, N]$ として $N \to \infty$ とした極限のとり方は大切である.

問 4.19 区間 $[a, b]$ の特性関数 $\chi_{[a,b]}(x)$ は有界変動である. 左辺を直接計算することによって, $\chi_{[a,b]}(x)$ に対して (4.19) が成り立つことを確かめよ. 極限のとり方を変えて積分範囲をたとえば $[-N/2, 2N]$ として $N \to \infty$ としてみよ. (4.19) は成立するか?

4.1.3 微分作用素の変換と偏微分方程式

フーリエ変換は微分作用素 $D_j = -i\partial/\partial x_j$ を座標変数 ξ_j によるかけ算作用素に変換する. 定理の証明のために次を復習しておこう.

問 4.20 $f(x)$ を $\mathbb{R}$ 上の可積分関数とする. $f(R_j^\pm) \to 0$ を満たす数列 $R_j^\pm \to \pm\infty$ が存在することを示せ. $f(x, y)$ が $\mathbb{R}^{n+m}$ 上の可積分関数なら $\int_{\mathbb{R}^n} f(x, y)dx$ は $y \in \mathbb{R}^m$ の可積分関数であることを示せ (定理 4.5 参照).

定理 4.21 (1) f が C^l 級で, 任意の $|\alpha| \le l$ に対して $D^\alpha f(x)$ が可積分であれば

$$\widehat{D^\alpha f}(\xi) = \xi^\alpha \hat{f}(\xi), \quad |\alpha| \le l. \qquad (4.22)$$

(2) $(1 + |x|)^l f(x)$ が可積分であれば, $\hat{f}(\xi)$ は C^l 級で,

$$D_\xi^\alpha \hat{f}(\xi) = \mathcal{F}((-x)^\alpha f)(\xi), \quad |\alpha| \le l. \qquad (4.23)$$

240   第 4 章　フーリエ変換と超関数

証明　$l = 1$ に対して証明する．$l > 1$ のときは以下の議論を繰り返せばよい．

(1) $f(x)$ は $\mathbb{R}^n$ 上可積分だから，問 4.20 によって適当な数列 $R_k^{\pm} \to \infty \ (k \to \infty)$ が存在して

$$\lim_{k \to \infty} \int_{\mathbb{R}^{n-1}} |f(x_1, \ldots, x_{k-1}, R_k^{\pm}, x_{k+1}, \ldots, x_n)| dx_1 \cdots \widehat{dx_k} \cdots dx_n = 0$$

が成立する．ここで，$\widehat{dx_k}$ は dx_k を省くことを意味する．ゆえに，部分積分を用いて

$$\begin{aligned}
\mathcal{F}(D_j f)(\xi) &= \frac{-i}{(2\pi)^{n/2}} \int_{\mathbb{R}^n} e^{-ix \cdot \xi} \frac{\partial f}{\partial x_j}(x) dx \\
&= \lim_{k \to \infty} \frac{-i}{(2\pi)^{n/2}} \int_{R_k^-}^{R_k^+} e^{-ix \cdot \xi} \frac{\partial f}{\partial x_j}(x) dx \\
&= \frac{1}{(2\pi)^{n/2}} \int_{\mathbb{R}^n} \xi_j e^{-ix \cdot \xi} f(x) dx = \xi_j \hat{f}(\xi), \quad j = 1, 2, \ldots, n.
\end{aligned}$$

(2) $f(x)$, $x_j f(x)$ は可積分，$|e^{-ix \cdot \xi} f(x)| \leq |f(x)|$, $|(\partial/\partial \xi_j)(e^{-ix \cdot \xi} f(x))| \leq |x_j f(x)|$ だから，積分記号下の微分に関する定理を用いれば，$\hat{f}(\xi)$ は微分可能で

$$D_{\xi_j} \hat{f}(\xi) = \frac{1}{(2\pi)^{n/2}} \int_{\mathbb{R}^n} e^{-ix \cdot \xi}(-x_j) f(x) dx = \mathcal{F}(-x_j f)(\xi)$$

となる．　　　　　　　　　　　　　　　　　　　　　　　　　　　　　□

注意 4.22　(1) (4.22), (4.23) とフーリエの反転公式から，

$$(\mathcal{F}^{-1} D^\alpha \hat{f})(x) = (-x)^\alpha f(x), \qquad (\mathcal{F}^{-1} x^\alpha \hat{f})(x) = D^\alpha f(x)$$

が成立する．ゆえに X_j を座標関数 x_j を乗ずる作用素とすると，作用素の間の関係式として，

$$\mathcal{F}^{-1} D^\alpha \mathcal{F} = (-X)^\alpha, \quad \mathcal{F}^{-1} X^\alpha \mathcal{F} = D^\alpha.$$

(2) (4.22), (4.23) に定理 4.8(3) を適用すれば

$$\|(1 + |\xi|)^l \hat{f}\|_\infty \leq C_l \sum_{|\alpha| \leq l} \|D^\alpha f\|_1, \quad \sum_{|\alpha| \leq l} \|D_\xi^\alpha \hat{f}\|_\infty \leq C_l \|(1 + |x|)^l f\|_1$$

（補題 4.1 参照）．これから大ざっぱにいえば，"$f(x)$ がより滑らかなら $\hat{f}(\xi)$ はより速く減少する"，"f がより速く減少するなら $\hat{f}(\xi)$ はより滑らかである" といってよい．これは f とそのフーリエ係数の間にも成り立つ性質でもあった．

4.1 可積分関数のフーリエ変換　　241

■ペイリー・ウィーナーの定理　　フーリエ変換の滑らかさに関しては，さらに次が成立する．$\mathbb{R}^n$ の開集合 Ω 上の関数 f に対して $\{x \in \Omega : f(x) \neq 0\}$ の閉包を f の台といい $\operatorname{supp} f$ とかく．$\Omega \subset \mathbb{R}^n$ が開集合のとき，$k = 0, 1, \ldots, \infty$ に対して，コンパクトな台をもつ Ω 上の C^k 級関数の全体の集合を $C_0^k(\Omega)$ とかく．次はフーリエ級数に対する同じ名前の定理のフーリエ変換版であるが，φ の台に関する情報も含まれる．$B(O, R)$ は O を中心とする半径 R の開球である．

定理 4.23（ペイリー・ウィーナーの定理）　$R > 0$ とする．$\varphi \in C_0^\infty(B(O, R))$ のためには，$\hat{\varphi}(\xi)$ が，$\mathbb{C}^n$ 上の整関数 $\hat{\varphi}(\zeta)$, $\zeta = \xi + i\eta$ に解析拡張され，任意の N に対して適当な定数 C_N が存在し

$$|\hat{\varphi}(\zeta)| \le C_N (1 + |\zeta|)^{-N} e^{R|\eta|} \tag{4.24}$$

が満たされることが必要十分である．

証明　$e^{-ix\cdot\zeta} = \sum_{l=0}^\infty (-ix \cdot \zeta)^l / l!$ は $\mathbb{R}^n \times \mathbb{C}^n$ の任意の有界集合上 (x, ζ) に関して一様収束するから，φ が $|x| > R$ において $\varphi(x) = 0$ を満たす可積分関数なら $\zeta \in \mathbb{C}^n$ の巾級数

$$\hat{\varphi}(\zeta) = \frac{1}{(2\pi)^{n/2}} \int_{\mathbb{R}^n} e^{-ix\cdot\zeta} \varphi(x) dx = \sum_{l=0}^\infty \frac{1}{(2\pi)^{n/2} l!} \int_{\mathbb{R}^n} (-ix \cdot \zeta)^l \varphi(x) dx$$

は $\mathbb{C}^n$ 上広義一様収束し $\zeta \in \mathbb{C}^n$ の整関数である．φ がさらに C^∞ 級であれば部分積分によって

$$\zeta^\alpha \hat{\varphi}(\zeta) = \frac{1}{(2\pi)^{n/2}} \int_{\mathbb{R}^n} e^{-ix\cdot\zeta} D^\alpha \varphi(x) dx \,.$$

$|x| \le R$, $\zeta = \xi + i\eta$ のとき，$|e^{-ix\cdot\zeta}| = e^{x\eta} \le e^{R|\eta|}$．ゆえに

$$|\zeta^\alpha \hat{\varphi}(\zeta)| \le (2\pi)^{-n/2} e^{R|\eta|} \|D^\alpha \varphi\|_1 \,.$$

両辺を $|\alpha| \le N$ について加えれば，

$$(1 + |\zeta|)^N |\hat{\varphi}(\zeta)| \le (2\pi)^{-n/2} e^{R|\eta|} \sum_{|\alpha| \le N} \|D^\alpha \varphi\|_1$$

となる（補題 4.1 参照）．したがって (4.24) が成立する．逆に，(4.24) が成立すれば，フーリエの反転公式と定理 4.21 によって，

$$\varphi(x) = \frac{1}{(2\pi)^{n/2}} \int_{\mathbb{R}^n} e^{ix\cdot\xi} \hat{\varphi}(\xi) d\xi \in C^\infty(\mathbb{R}^n) \tag{4.25}$$

である. $|x| > R$ のとき, $\varphi(x) = 0$ を示そう. 座標を変換して $x = (x_1, 0, \ldots, 0)$, $x_1 > R$ としてよい. $(\xi_2, \ldots, \xi_n) \in \mathbb{R}^{n-1}$ を固定するとき, $e^{ix_1\cdot\zeta_1}\hat{\varphi}(\zeta_1, \xi_2, \ldots, \xi_n)$ は $\zeta_1 = \xi_1 + i\tau \in \mathbb{C}$ の整関数. $\tau = \Im\zeta_1 > 0$ として, (4.24) を $N = 2n$ に対して用いれば

$$|e^{ix_1\cdot\zeta_1}\hat{\varphi}(\zeta_1, \xi_2, \ldots, \xi_n)| \le C_{2n}(1 + |\xi| + \tau)^{-2n} e^{(R-x_1)\tau}. \tag{4.26}$$

したがって, コーシーの積分定理を用いて (4.25) の積分路を $\Im\xi_1 = \tau$ に変更することができて,

$$\varphi(x) = \frac{1}{(2\pi)^{n/2}} \int_{\mathbb{R}^{n-1}} e^{i(x_2\xi_2 + \cdots + x_n\xi_n)}$$
$$\times \left\{ \int_{-\infty}^{\infty} e^{ix_1\cdot(\xi_1 + i\tau)}\hat{\varphi}(\xi_1 + i\tau, \xi_2, \ldots, \xi_n) d\xi_1 \right\} d\xi_2 \cdots d\xi_n.$$

(4.26) によって τ によらない定数 C, C' が存在して

$$|\varphi(x)| \le C e^{(R-x_1)\tau} \int_{\mathbb{R}^n} (1 + |\xi| + \tau)^{-2n} d\xi \le C' e^{(R-x_1)\tau}.$$

$\tau \to \infty$ とすれば, $\varphi(x) = 0$ でなければならないことがわかる. $\qquad\square$

定理 4.23 より弱い次の形の定理もよく用いられる.

定理 4.24 f を連続関数とする. $f(x)$ がある定数 $C, R > 0$ に対して, $|f(x)| \le Ce^{-R|x|}$ を満たせば, $\hat{f}(\xi)$ は $\{\zeta \in \mathbb{C}^n : |\Im\zeta| < R\}$ 上の正則関数 $\hat{f}(\zeta)$ の $\mathbb{R}^n$ への制限である. 逆に $\hat{f}(\xi)$ が $|\Im\zeta| < R$ で正則で $|\hat{f}(\zeta)| \le C(1 + |\zeta|)^{-n-1}$ を満たす関数 $\hat{f}(\zeta)$ の $\mathbb{R}^n$ への制限とすれば, f は任意の $R' < R$ に対して $|f(x)| \le C_1 e^{-R'|x|}$ を満たす.

問 4.25 定理 4.24 を証明せよ.

問 4.26 $f \in L^1(\mathbb{R}^1)$, $F(x) = \int_{-\infty}^x f(y) dy$ とする. $F \in L^1(\mathbb{R}^1)$ とすれば, $\hat{F}(\xi) = \hat{f}(\xi)/i\xi$, $\xi \neq 0$ であることを示せ.

■**線形偏微分作用素** 多重指数 α, $|\alpha| \le m$ に対して $a_\alpha(x)$ を与えられた関数とする. このとき, 関数 u に対して

$$P(x, D)u(x) = \sum_{|\alpha| \leq m} a_\alpha(x) D^\alpha u(x) \tag{4.27}$$

を対応させる作用素 $P(x, D)$ を（線形）偏微分作用素といい，未知関数 $u(x)$ に対して

$$P(x, D)u = f \tag{4.28}$$

の形で与えられる方程式を（線形）偏微分方程式という．$P(x, D)$ の中に含まれる，微分の最高階数 m を $P(x, D)$，あるいは方程式 (4.28) の階数，ξ の多項式 $P(x, \xi) = \sum_{|\alpha| \leq m} a_\alpha(x)\xi^\alpha$ を $P(x, D)$ あるいは方程式 (4.28) の特性多項式という．$P(x, D)$ においてすべての $a_\alpha(x)$ が定数のとき，$P(x, D)$ は定数係数であるといい，(4.28) は定数係数偏微分方程式といわれる．

ラプラス方程式： $\qquad -\Delta u \equiv (D_1^2 + \cdots + D_n^2)u = f,$

波動方程式： $\qquad \Box u \equiv -D_0^2 u + (D_1^2 + \cdots + D_n^2)u = 0,$

熱伝導方程式： $\qquad iD_0 u + (D_1^2 + \cdots + D_n^2)u = 0$

はいずれも定数係数偏微分方程式で，特性多項式はそれぞれ $\xi_1^2 + \cdots + \xi_n^2$，$-\xi_0^2 + (\xi_1^2 + \cdots + \xi_n^2)$，$i\xi_0 + (\xi_1^2 + \cdots + \xi_n^2)$ である．

$P(x, D) = P(D)$ が定数係数のとき，(4.28) の両辺にフーリエ変換を施せば，(4.22) によって

$$\mathcal{F}P(D)u = P(\xi)\hat{u}(\xi) = \hat{f}(\xi).$$

したがって，$P(\xi) \neq 0, \xi \in \mathbb{R}^n$ であれば $\hat{u}(\xi) = P(\xi)^{-1}\hat{f}(\xi)$．フーリエの反転公式から

$$u(x) = \frac{1}{(2\pi)^{n/2}} \int e^{ix\cdot\xi} \frac{\hat{f}(\xi)}{P(\xi)} d\xi \tag{4.29}$$

として (4.28) の解が得られる．波動方程式の例からもわかるように，一般には $P(\xi) = 0$ となり得るし，また波動方程式や熱伝導方程式において興味ある問題は初期値問題などであるから，このような単純な話で定数係数偏微分方程式の問題が完全に解けたというわけではけっしてないが，フーリエ変換が偏微分方程式の研究に重要な役割を果たすことは容易に理解されよう．定

数係数偏微分方程式については第5章において詳しく学ぶ. ここでは次のことだけを注意しておこう.

注意 4.27 常微分方程式には解が無限個存在したのと同様, 定数係数偏微分方程式の解は一般に無限個存在する（変数係数の偏微分方程式に対しては, 事情が複雑で解がまったく存在しないものも存在する（ハンス・レビーの反例, たとえば文献 [アグモン], 63–66 ページ参照)). しかし, $P(\xi) \neq 0$ の場合, 上に述べた方法で解を求めると, (4.29) によってただ 1 つの解が得られ, 他には解が存在しないようにみえる. これは, 上のような解の求め方をする場合には, これら無限個の解の中から, フーリエ変換が可能な特定の解を選び出すという操作を暗黙のうちに行っているからである. たとえば, 方程式 $-\Delta u + u = 0$ の特性多項式は $\xi^2 + 1 \neq 0$ であるから, フーリエ変換の方法で解を求めれば, 明らかに $u \equiv 0$ である. しかし, たとえば, $|\omega| = 1$ を満たす任意の $\omega \in \mathbb{R}^n$ に対して, $e^{\omega \cdot x}$ はこの方程式の解であり, したがってそれらの重ね合わせもすべて解となる. しかし, これらの解に対してはフーリエ変換が定義できない. この事情はのちにフーリエ変換を超関数に対して拡張しても同様である.

4.1.4　合成積とそのフーリエ変換

偏微分方程式の解の公式 (4.29) の右辺を $f(x)$ を使って表そう（注意 4.30 も参照). このためには関数の積のフーリエ変換あるいは共役フーリエ変換を求める必要がある.

■合成積　まず合成積の定義から始める. 第3章で定義した円周 $\mathbb{T}$ 上の関数に対する合成積と定数が異なるので若干の注意が必要である.

定理 4.28　f, g は $\mathbb{R}^n$ 上の可積分関数, g は有界とする. このとき,

$$(f * g)(x) = \int_{\mathbb{R}^n} f(x - y)g(y)dy \tag{4.30}$$

を f と g の**合成積**という. 次が成立する. ただし, h は可積分である.

(1) （**可換性**）$(f * g)(x) = (g * f)(x)$.

(2) （**結合律**）$((f * g) * h)(x) = (f * (g * h))(x)$.

(3) $f * g$ は可積分かつ有界, 連続で

$$\|f * g\|_1 \leq \|f\|_1 \|g\|_1, \quad \|f * g\|_\infty \leq \|f\|_1 \|g\|_\infty.$$

4.1 可積分関数のフーリエ変換

証明 $|f(x-y)g(y)| \le \|g\|_\infty |f(x-y)|$ だから，積分 (4.30) は収束し $f*g$ は有界：

$$\sup |(f*g)(x)| \le \|f\|_1 \|g\|_\infty. \tag{4.31}$$

命題 (3) の第 2 の評価式が成立する．$f \in C_0^\infty(\mathbb{R}^n)$ であれば積分記号下の微分が可能，とくに $(f*g)(x)$ は連続である．一方，定理 3.20 によって，関数列 $f_j \in C_0^\infty(\mathbb{R}^n)$ で $\|f_j - f\|_1 \to 0$ $(j \to \infty)$ を満たすものが存在する．このとき，(4.31) によって

$$\sup |(f_j*g)(x) - (f*g)(x)| \le \|f_j - f\|_1 \|g\|_\infty \to 0 \quad (j \to \infty) .$$

ゆえに $(f*g)(x)$ は連続である．

$$\int \left\{ \int |f(x-y)g(y)|dx \right\} dy = \int |f(x)|dx \cdot \int |g(y)|dy < \infty$$

だから，$f(x-y)g(y)$ は $(x,y) \in \mathbb{R}^n \times \mathbb{R}^n$ の可積分関数（定理 4.5 参照）．積分順序を交換すれば，

$$\int |(f*g)(x)|dx \le \int \left\{ \int |f(x-y)g(y)|dx \right\} dy = \|f\|_1 \|g\|_1.$$

したがって，$f*g$ は可積分で (3) の第 2 の評価式も成立する．(1) が成立するのは明らかである．

(2) を示す．g は有界かつ可積分だから $f*g,\ g*h$ はいずれも有界可積分．したがって，$(f*g)*h,\ f*(g*h)$ も有界可積分である．$|f(x-y)g(y-z)h(z)| \le \|g\|_\infty |f(x-y)h(z)|$ だから，$|f(x-y)g(y-z)h(z)|$ は (y,z) に関して可積分．ゆえに，積分順序の交換をすれば，

$$((f*g)*h)(x) = \int \left\{ \int f(x-y)g(y-z)h(z)dy \right\} dz$$
$$= \int \left\{ \int f(x-y)g(y-z)h(z)dz \right\} dy = (f*(h*g))(x)$$

となる． $\qquad\qquad\qquad\square$

■積と合成積のフーリエ変換

定理 4.29 $f, g \in M(\mathbb{R}^n)$ とする．このとき，$f*g \in M(\mathbb{R}^n)$, $f \cdot g \in M(\mathbb{R}^n)$ で，次が成立する．

$$\widehat{(f*g)}(\xi) = (2\pi)^{n/2}\hat{f}(\xi) \cdot \hat{g}(\xi), \quad \widehat{(f \cdot g)}(\xi) = (2\pi)^{-n/2}(\hat{f}*\hat{g})(\xi). \tag{4.32}$$

証明 フーリエの反転公式によって任意の $f \in M(\mathbb{R}^n)$ に対して $f, \hat{f}$ は有界連続で可積分，ゆえに $f \cdot g, \hat{f} \cdot \hat{g}$ もそうである．また，定理 4.28 によって，$f * g, \hat{f} * \hat{g}$ も可積分で有界連続である．したがって，関係式 (4.32) を示せば，定理の証明が終わる．

$e^{-ix\cdot\xi} = e^{-i(x-y)\cdot\xi}e^{-iy\cdot\xi}$ とかいて，定理 4.28 の証明のときと同様に，積分順序を交換すれば

$$(2\pi)^{n/2}\mathcal{F}(f * g)(\xi) = \int_{\mathbb{R}^n} e^{-ix\cdot\xi}\left(\int_{\mathbb{R}^n} f(x-y)g(y)dy\right)dx$$
$$= \int_{\mathbb{R}^n}\left(\int_{\mathbb{R}^n} e^{-i(x-y)\cdot\xi}f(x-y)dx\right)e^{-iy\cdot\xi}g(y)dy = (2\pi)^n\hat{f}(\xi)\hat{g}(\xi).$$

となる．これは，(4.32) の第 1 式である．第 1 式において f, g をそれぞれ $\check{f}, \check{g}$ で置き換えれば，フーリエの反転公式によって

$$(2\pi)^{n/2}f(x)g(x) = \mathcal{F}(\check{f} * \check{g})(x) = \check{\mathcal{F}}(\hat{f} * \hat{g})(x) \tag{4.33}$$

となる．ただし最後に変数変換を行った．(4.33) の両辺のフーリエ変換をとれば，ふたたびフーリエの反転公式によって (4.32) の第 2 式が得られる． $\qquad\square$

注意 4.30 定数係数偏微分方程式 $P(D)u = f$ において $P(\xi) \neq 0$ であれば，その解の 1 つ $u(x)$ は (4.29) によって与えられる．したがって，$P(D)$ の**基本解**と呼ばれる関数 $E(x)$ を

$$E(x) = \frac{1}{(2\pi)^n}\int_{\mathbb{R}^n}\frac{e^{ix\cdot\xi}d\xi}{P(\xi)} \tag{4.34}$$

と定義すれば，$u(x)$ は (4.32) の第 2 式によって

$$u(x) = \int_{\mathbb{R}^n} E(x-y)f(y)dy$$

と表される．このように (4.29) の右辺は f を用いて表すことができる．しかし一般には，(4.34) の被積分関数 $1/P(\xi)$ は可積分ではなく，$E(x)$ を関数として求めることが困難な場合が多い．このような困難は超関数を導入することによって解決される．詳しくは第 5 章 5.2 節を参照．

問 4.31 $\mathbb{R}^1$ 上の連続な偶関数で $f(x)$ は可積分であるが $f(x)^2$ は可積分でない例を挙げよ．この例を用いて f が連続可積分でも $(f * f)(x)$ がすべての x に対して定義できるとは限らないことを確かめよ．

4.1 可積分関数のフーリエ変換

問 4.32 $f \in C_0^\infty(\mathbb{R}^1)$ とする. 微分方程式 $-d^2u/dx^2 + u = f$ の解をフーリエ変換を用いて求めよ. 次に, この方程式の一般解を求め, フーリエ変換を用いて得られた解との関連を述べよ.

4.1.5 フーリエ変換の L^2 理論, パーセバル・プランシェレルの定理

$\mathbb{R}^n$ 上の複素数値関数 $f(x), g(x)$ に対して, 内積 (f,g), ノルム $\|f\|_2$ を第3章と同様に,

$$(f,g) = \int_{\mathbb{R}^n} f(x)\overline{g(x)}dx, \qquad \|f\|_2 = \sqrt{(f,f)} \qquad (4.35)$$

と定義する. フーリエ変換は $\mathbb{C}^n$ におけるユニタリ変換と同様にノルム $\|f\|_2$, 内積 (f,g) を変えない変換であることを示そう. $M(\mathbb{R}^n) \subset L^2(\mathbb{R}^n)$ であることに注意しよう.

定理 4.33 (パーセバル・プランシェレルの定理) $\quad f, g \in M(\mathbb{R}^n)$ のとき

(1) $\quad (\mathcal{F}f, g) = (f, \check{\mathcal{F}}g), \qquad (f, \mathcal{F}g) = (\check{\mathcal{F}}f, g).$

(2) $\quad (\mathcal{F}f, \mathcal{F}g) = (f, g), \qquad \|\mathcal{F}f\|_2 = \|f\|_2.$

証明 (1) $|f(x)g(\xi)|$ は (x, ξ) に関して可積分だから, 積分の順序を交換すれば

$$\int \left(\frac{1}{(2\pi)^{n/2}} \int e^{-ix\cdot\xi} f(x)dx \right) \overline{g(\xi)}d\xi = \int f(x)\overline{\left(\frac{1}{(2\pi)^{n/2}} \int e^{ix\cdot\xi} g(\xi)d\xi \right)}dx,$$

すなわち, $(\mathcal{F}f, g) = (f, \check{\mathcal{F}}g)$ である. 第2の等式も同様にして得られる.

(2) (1) の第1式の g を $\mathcal{F}g$ で置き換えてフーリエの反転公式を用いると

$$(\mathcal{F}f, \mathcal{F}g) = (f, \check{\mathcal{F}}\mathcal{F}g) = (f, g)$$

となって, (2) の第1式が得られる. この式において $f = g$ とおけば $\|\mathcal{F}f\|_2^2 = \|f\|_2^2$ となる. $\qquad\square$

一般に $L^2(\mathbb{R}^n)$ の有界作用素 T に対して $(Tf, g) = (f, Sg)$ を任意の $f, g \in L^2$ に対して満たす作用素 S を T の**共役作用素**と呼ぶ. 定理 4.33 の (1) から $\check{\mathcal{F}}$ は $\mathcal{F}$ の共役作用素, $\mathcal{F}$ は $\check{\mathcal{F}}$ の共役作用素である. 任意の $f \in L^2(\mathbb{R}^n)$ に対して $\|Tf\|_2 = \|f\|_2$ を満たす作用素 T は $L^2(\mathbb{R}^n)$ の**等距離作用素**であるといわれる. $\mathcal{F}, \check{\mathcal{F}}$ は等距離作用素である.

問 4.34 $f, \partial_1 f, \ldots, \partial_n f \in M(\mathbb{R}^n)$ とする. 次を示せ.

(1) $\hat{f}, \xi_1 \hat{f}, \ldots, \xi_n \hat{f} \in M(\mathbb{R}^n)$ である.

(2) $\sum_{j=1}^n \|\partial f / \partial x_j\|_2^2 = \||\xi| \mathcal{F} f\|_2^2$ である.

問 4.35 $f \in C_0^\infty(\mathbb{R}^1)$ とする. 微分方程式 $-d^2 u/dx^2 + u = f$ の $u \in M(\mathbb{R}^1)$ となる解は $\|u\|_2 \le \|f\|_2$ を満たすことを示せ.

■**リーマン積分とルベーグ積分** 第3章の定理 3.20 (の $\mathbb{R}^n$ への拡張) によって, 任意の $f \in L^2(\mathbb{R}^n)$ に対して, $f_n \in C_0^\infty(\mathbb{R}^n), n = 1, 2, \ldots$ を $n \to \infty$ のとき $\|f_n - f\|_2 \to 0$ を満たすようにとることができる. このとき, 定理 4.33 によって, $\|\hat{f}_n - \hat{f}_m\|_2 \to 0 \ (n, m \to \infty)$, すなわち $\{\hat{f}_n\}$ は $L^2(\mathbb{R}^n)$ のコーシー列である. したがって, もし $L^2(\mathbb{R}^n)$ が完備な距離空間であれば, ある $g \in L^2(\mathbb{R}^n)$ が存在して $\|\hat{f}_n - g\|_2 \to 0$ となり, この g を f のフーリエ変換 $\hat{f}$ と定義することによって, フーリエ変換 $\mathcal{F}$ は $L^2(\mathbb{R}^n)$ 全体で定義された, ノルムと内積を保つ $L^2(\mathbb{R}^n)$ の同型写像となる. 実はこれは $L^2(\mathbb{R}^n)$ を定義する積分がルベーグ積分の意味であれば正しい. この本では積分はリーマン積分の意味とするのであるが, しばしばそのために理論が中途半端となることがある. そこで, そのような場合には「積分がルベーグ積分であればこれこれしかじかが成立する」という命題をあわせて述べることにする. 読者には将来学ぶルベーグ積分によるとそのようなより完全な命題が成り立つのだということを留意していただければ十分である (定理 4.5, 定理 4.6 についても同様である).

4.2 $\mathcal{S}(\mathbb{R}^n)$ 上のフーリエ変換

急減少関数の空間 $\mathcal{S}(\mathbb{R}^n)$ を次のように定義する. この空間はフーリエ変換と非常に相性がよい空間で, 超関数とその上のフーリエ変換は $\mathcal{S}(\mathbb{R}^n)$ とその上のフーリエ変換を土台にして定義される.

定義 4.36 $u \in C^\infty(\mathbb{R}^n)$ はそれ自身とすべての導関数が $|x| \to \infty$ においてどんな $(1 + |x|)^{-N}$ より速く減少するとき, すなわち

$$\text{任意の } \alpha, N \text{ に対して} \quad \lim_{|x| \to \infty} (1 + |x|)^N |\partial^\alpha u(x)| = 0 \tag{4.36}$$

が満たされるとき，**急減少である**といわれる．急減少関数全体の空間を $\mathcal{S}(\mathbb{R}^n)$ あるいは $\mathcal{S}$ とかく．(4.36) は

$$任意の \alpha, N に対して (1 + |x|)^N |\partial^\alpha u(x)| は有界 \qquad (4.37)$$

と明らかに同値である．

本節では関数空間 $\mathcal{S}$ の性質，とくにその完備性とフーリエ変換の $\mathcal{S}(\mathbb{R}^n)$ における作用素としての性質を調べる．これらは超関数とそのフーリエ変換を考える際に基本的である．以下に述べるように超関数の空間は $\mathcal{S}(\mathbb{R}^n)$ の双対空間として定義され，超関数のフーリエ変換は $\mathcal{S}(\mathbb{R}^n)$ におけるフーリエ変換の共役作用素として定義されるからである．

問 4.37 (4.36) と (4.37) は同値であることを示せ．

問 4.38 任意の $a > 0$ に対して $\exp(-ax^2), \exp(-a\sqrt{x^2+1}) \in \mathcal{S}$ であるが，任意の $k \in \mathbb{Z}$ に対して $(1 + |x|^2)^{-k} \notin \mathcal{S}$, $\exp(-|x|) \notin \mathcal{S}$ であることを示せ．

命題 4.39 (1) 任意の $f \in \mathcal{S}$ は可積分である．

(2) $\mathcal{S}(\mathbb{R}^n)$ は微分，多項式を乗ずる作用によって不変である．すなわち，$f \in \mathcal{S}$ のとき，任意の α, β に対して $x^\alpha \partial^\beta f \in \mathcal{S}$ である．

命題 4.39 によって $\mathcal{S}(\mathbb{R}^n)$ は微分，多項式によるかけ算に関して不変である．

問 4.40 命題 4.39 を証明せよ．

任意の N に対して $C_1 \le (1 + |x|)^N/(1 + |x|^2)^{N/2} \le C_2$ が適当な定数 $0 < C_1 < C_2 < \infty$ に対して成立する．したがって，(4.36) や命題 4.39 の (1) は $(1 + |x|)^N$ を $(1 + |x|^2)^{N/2}$ に置き換えてもよい．以下では $(1 + |x|)^N$ のかわりにしばしば $(1 + |x|^2)^{N/2}$ を用いる．$(1 + |x|)^N$ は原点で微分可能でないが，$(1 + |x|^2)^{N/2}$ は C^∞ 級関数で好都合だからである．スペースを省くため $\langle x \rangle = (1 + |x|^2)^{1/2}$ とかく．$(1 + |x|^2)^{N/2} = \langle x \rangle^N$ である．

4.2.1 $\mathcal{S}$ における収束の概念と距離空間

$\mathcal{S}(\mathbb{R}^n)$ に位相を定義し，収束の概念を導入する．

250 第 4 章　フーリエ変換と超関数

■$\mathcal{S}(\mathbb{R}^n)$ における収束

定義 4.41　$f_1, f_2, \ldots \in \mathcal{S},\, f \in \mathcal{S}$ とする．任意の k, α に対して

$$\lim_{n \to \infty} \sup_{x \in \mathbb{R}^n} \langle x \rangle^k |\partial^\alpha (f_n - f)(x)| = 0 \qquad (4.38)$$

が成立するとき，$f_1, f_2, \ldots$ は f に $\mathcal{S}$ の**意味で収束する**といい $f_n \xrightarrow{\mathcal{S}} f \ (n \to \infty)$ とかく．

　ノルム空間 V の収束 $u_n \xrightarrow{V} u$ はノルムを用いて $\|u_n - u\| \to 0$ と定義され，連続に関連したさまざまな概念がノルムを用いた量によって表現された．たとえば線形作用素 $T : V \to V$ が連続であることと，ある定数 $C > 0$ が存在して $\|Tu\| \le C\|u\|$ となることは同値で，このことによって，たとえば T が連続であるか否かを量的に判定することが可能になった．そこで $\mathcal{S}$ の収束をこのように計量化した形で表現しよう．$k = 0, 1, \ldots$ に対して，

$$p_k(f) = \sup\{\langle x \rangle^k \sum_{|\alpha| \le k} |\partial^\alpha f(x)| : \ x \in \mathbb{R}^n\} \qquad (4.39)$$

と定める．$p_0, p_1, \ldots$ は $p_0 \le p_1 \le \cdots$ を満たす $\mathcal{S}$ のノルムの列で，$f_1, f_2, \ldots \in \mathcal{S}$ に対して

$$f_n \xrightarrow{\mathcal{S}} f \ (n \to \infty) \Leftrightarrow \lim_{n \to \infty} p_k(f_n - f) = 0, \quad k = 0, 1, \ldots \qquad (4.40)$$

であるのは定義 4.41 から明らかである．(4.40) を適当な距離に関する収束として表そう．

■距離空間 $\mathcal{S}(\mathbb{R}^n)$　(4.39) の $p_1(f), p_2(f), \ldots$ を用いて

$$\tilde{d}(f) = \sum_{k=0}^{\infty} \frac{1}{2^k} \frac{p_k(f)}{1 + p_k(f)}, \quad f \in \mathcal{S} \qquad (4.41)$$

と定義する．明らかに $0 \le \tilde{d}(f) < 2$ で $\tilde{d}(f) = 0 \ \Leftrightarrow \ f = 0$ である．

補題 4.42　$d(f, g) = \tilde{d}(f - g)$ と定義する．次が成立する．

(1) $d(f, g)$ は**平行移動不変**：$d(f + h, g + h) = d(f, g)$ な $\mathcal{S}$ 上の距離である．

(2) $f_1, f_2, \ldots \in \mathcal{S}$ に対して, $n \to \infty$ のとき, $d(f_n, f) \to 0 \Leftrightarrow f_n \xrightarrow{\mathcal{S}} f$.

証明 (1) $d(f+h, g+h) = d(f, g)$ で距離の公理のうち正値性,

$$d(f, f) = 0, d(f, g) \geq 0 \text{ で, } d(f, g) = 0 \Leftrightarrow f = g$$

と対称性, $d(f, g) = d(g, f)$ が満たされるのは明らかである. 三角不等式を示す. まず

$$\frac{x}{1+x} \text{ は単調増加関数で, } \frac{x+y}{1+x+y} \leq \frac{x}{1+x} + \frac{y}{1+y}, \quad x, y > 0$$

であることに注意しよう. 任意の k に対して $p_k(f)$ はノルムだから, $p_k(f+g) \leq p_k(f) + p_k(g)$. ゆえに

$$\frac{p_k(f+g)}{1+p_k(f+g)} \leq \frac{p_k(f)+p_k(g)}{1+p_k(f)+p_k(g)} \leq \frac{p_k(f)}{1+p_k(f)} + \frac{p_k(g)}{1+p_k(g)}.$$

ゆえに $\tilde{d}(f+g) \leq \tilde{d}(f) + \tilde{d}(g)$. したがって, $d(f, g)$ は三角不等式も満たし, $\mathcal{S}$ 上の距離である.

(2) 明らかに $d(f_n, f) \to 0 \Leftrightarrow p_k(f_n - f) \to 0, k = 1, 2, \ldots$ である. ゆえに (2) が成立する. □

$(S_1, d_1), (S_2, d_2)$ が距離空間のとき, S_1 から S_2 への写像 F が点 $v \in S_1$ において連続であるとは, 任意の $\varepsilon > 0$ に対して, ある $\delta > 0$ が存在して $d_1(u, v) < \delta$ を満たす任意の u に対して $d_2(F(u), F(v)) < \varepsilon$ が満たされることであった. F は任意の $v \in S_1$ において連続であるとき, S_1 上**連続**であるといわれた. 次の問題を解いて距離空間の間の連続写像についての性質を思い出しておこう.

問 4.43 距離空間 S_1 から S_2 への写像 F, 部分集合 $G \subset S_2$ に対して $F^{-1}(G) = \{v \in S_1 : F(v) \in G\}$ は G の F による逆像である. 次を示せ.

$$F \text{ が } S_1 \text{ 上連続} \Leftrightarrow \text{任意の開集合 } G \subset S_2 \text{ に対して } F^{-1}(G) \text{ も開集合}$$
$$\Leftrightarrow \text{任意の閉集合 } K \subset S_2 \text{ に対して } F^{-1}(K) \text{ は閉集合.}$$

■**連続性のノルムによる表現**　線形写像 $T: \mathcal{S} \to \mathcal{S}$ あるいは $\mathcal{S} \to \mathbb{C}$ の連続性をノルムの列 $\{p_k\}$ を用いて表現できる. この表現は T の連続性を調べるのに役に立つ.

定理 4.44 (1) 線形写像 $T\colon \mathcal{S} \to \mathcal{S}$ が連続であるためには，任意の $N \geq 0$ に対してある $k \geq 0$ と定数 $C > 0$ が存在して，

$$p_N(Tf) \leq C p_k(f), \quad f \in \mathcal{S} \tag{4.42}$$

となることが必要十分である．

(2) 線形写像 $T\colon \mathcal{S} \to \mathbb{C}$ が連続であるためにはある N と $C > 0$ が存在して

$$|T(f)| \leq C p_N(f), \quad f \in \mathcal{S} \tag{4.43}$$

となることが必要十分である．$\mathcal{S}$ から $\mathbb{C}$ への連続線形作用素を**連続線形汎関数**という．

定理の証明のために，次の補題を用いる．

補題 4.45 $\varepsilon > 0$, $N = 0, 1, \ldots$ に対して $U_{N,\varepsilon} = \{f \in \mathcal{S}\colon p_N(f) < \varepsilon\}$ と定義する．$\{U_{N,\varepsilon}\colon \varepsilon > 0, N = 0, 1, \ldots\}$ は $\mathcal{S}$ の 0 の基本近傍系である．すなわち，次の (1), (2) が成立する：

(1) 任意の N, $\varepsilon > 0$ に対して，ある $\delta > 0$ が存在して，$\tilde{d}(f) < \delta \Rightarrow p_N(f) < \varepsilon$.

(2) 任意の $\varepsilon > 0$ に対して，ある N と $\delta > 0$ が存在して，$p_N(f) < \delta \Rightarrow \tilde{d}(f) < \varepsilon$.

証明 $p_0(f) \leq p_1(f) \leq \cdots$ だから，任意の $N = 0, 1, \ldots$ に対して次が成立する．

$$\frac{1}{2^N} \frac{p_N(f)}{1 + p_N(f)} \leq \tilde{d}(f) \leq 2 p_N(f) + \frac{1}{2^N}. \tag{4.44}$$

(1) 任意に $\varepsilon > 0$ をとる．$\delta = 2^{-N} \varepsilon / (1 + \varepsilon)$ と定める．$t/(1 + t)$ は $0 < t < \infty$ の狭義増加関数だから，$\tilde{d}(f) < \delta$ なら (4.44) の第 1 の不等式によって $p_N(f) < \varepsilon$ である．

(2) N, δ を $2^{-N} < \varepsilon/2$, $\delta = \varepsilon/4$ と定めれば，(4.44) の第 2 の不等式によって $p_N(f) < \delta$ のとき $\tilde{d}(f) < \varepsilon$ である． $\square$

定理 4.44 の証明 T は線形写像，距離 $d(f, g)$ は平行移動だから，T は原点 0 で連続であれば $\mathcal{S}$ 上で連続である．

$$4.2 \quad \mathcal{S}(\mathbb{R}^n) \text{ 上のフーリエ変換} \qquad 253$$

(1) (4.42) が成立すれば T は連続である. $f_n \xrightarrow{\mathcal{S}} 0$ なら任意の k に対して $p_k(f_n) \to 0$. したがって, (4.42) から任意の N に対して $p_N(Tf_n) \to 0$ となるからである.

逆に T が連続なら (4.42) が成立することを示そう. 任意の $j \in \mathbb{N}, c \in \mathbb{C}$ に対して $p_j(cf) = |c|p_j(f)$ が成立するから, 任意の N に対して $k, \delta > 0$ が存在して

$$p_k(f) \leq \delta \Rightarrow p_N(Tf) \leq 1 \tag{4.45}$$

を示せば十分である (第 2 章定理 2.27 の証明参照). 補題 4.45 (1) から, $\tilde{d}(Tf) < \delta_1 \Rightarrow p_N(Tf) \leq 1$ を満たす $\delta_1 > 0$ が存在する. T は連続だから, $\tilde{d}(f) < \delta_2 \Rightarrow \tilde{d}(Tf) < \delta_1$ を満たす $\delta_2 > 0$ が存在する. 補題 4.45(2) によって $p_k(f) < \delta \Rightarrow \tilde{d}(f) < \delta_2$ を満たす $k \in \mathbb{N}$ と $\delta > 0$ が存在する. このとき, $p_N(Tf) \leq 1$ である.

より簡単な (2) の証明は読者にまかせる. $\qquad \square$

注意 4.46 定理 4.44 は距離 $d(f, g)$ が単調増加するノルムの列 $p_0 \leq p_1 \leq \cdots$ を用いて (4.41) によって定義されたベクトル空間 V 上の線形作用素, あるいは V から $\mathbb{C}$ への線形作用素に対して一般的に成立する定理である. これはその証明から明らかである.

■**$\mathcal{S}$ の完備性** ユークリッド空間 $\mathbb{R}^n$ の任意のコーシー列 $\{c_n\}$ は収束する. この性質はユークリッド空間の**完備性**と呼ばれ, $\mathbb{R}^n$ の最も重要な性質の 1 つである. 距離空間 $(\mathcal{S}, d)$ も完備であることを示そう.

定義 4.47 距離空間 $(\mathcal{S}, d)$ の点列 $\{u_n\}$ は, 任意の $\varepsilon > 0$ に対して N が存在し, 任意の $n, m > N$ に対して $d(u_n, u_m) < \varepsilon$ が成立するとき, **コーシー列**であるといわれる. コーシー列がつねに収束する距離空間 (S, d) は**完備**であるといわれる.

定理 4.48 距離空間 $(\mathcal{S}, d)$ は完備である.

証明 $\{f_n : n = 1, 2, \dots\}$ を $\mathcal{S}$ のコーシー列 : $d(f_n, f_m) \to 0, m, n \to \infty$ とする. このとき, 補題 4.45 によって任意の $k, \varepsilon > 0$ に対して n_0 が存在し, $n, m > n_0$ のとき,

$$p_k(f_n - f_m) = \sup_{x \in \mathbb{R}^n} \langle x \rangle^k \sum_{|\alpha| \leq k} |\partial^\alpha f_n(x) - \partial^\alpha f_m(x)| < \varepsilon. \tag{4.46}$$

254　　第 4 章　フーリエ変換と超関数

ゆえに, 任意の α に対して $\partial^\alpha f_n(x)$ は一様収束する. $\lim_{n\to\infty} f_n(x) = f(x)$, $\lim_{n\to\infty} \partial^\alpha f_n(x) = f_\alpha(x)$ と定義する. 項別微分定理によってこれから $f \in C^\infty(\mathbb{R}^n)$ で $\partial^\alpha f(x) = f_\alpha(x)$ である. (4.46) において, $m \to \infty$ とすれば, $n > n_0$ のとき

$$p_k(f_n, f) = \sup_{x \in \mathbb{R}^n} \langle x \rangle^k \sum_{|\alpha| \le k} |\partial^\alpha f_n(x) - \partial^\alpha f(x)| \le \varepsilon.$$

ゆえに $\lim_{n\to\infty} p_k(f_n, f) = 0$. これが任意の $k = 1, 2, \ldots$ に対して成立するから $f \in \mathcal{S}$ で, $f_n \xrightarrow{\mathcal{S}} f$. $\mathcal{S}$ は完備である.　　　　　　　□

■ベールの範疇定理　次の性質はしばしば「完備距離空間はベール空間である」といい表される. $B(u_0, r) = \{u : d(u, u_0) < r\}$ を開球, $\overline{B(u_0, r)} = \{u : d(u, u_0) \le r\}$ を閉球と呼ぶ.

定理 4.49（ベールの範疇定理）　(S, d) を完備な距離空間, F_n, $n = 1, 2, \ldots$ をその閉部分集合列とする. このとき, $S = \bigcup_{n=1}^\infty F_n$ であれば, 少なくとも 1 つの F_n はある開球を含む.

証明　背理法によって証明する. どの F_n も開球を含まない, したがって, F_n のどのような部分集合も開集合ではないとする. S は開集合だから, もちろん $F_1 \ne S$. F_1 は閉集合だから $S \setminus F_1$ は空でない開集合. ゆえに,

$\overline{B}_1 \subset S \setminus F_1$ を満たす閉球 $\overline{B}_1 = \{x : d(x, x_1) \le \varepsilon_1\}$, $\varepsilon_1 > 0$ が存在する.

（開球 $B(u_0, r)$ はつねに閉球 $\overline{B(u_0, r/2)}$ を含むことに注意.）F_2 は開球を含まないのだから, $B_1 = \{x : d(x, x_1) < \varepsilon_1\} \not\subset F_2$, したがって, $B_1 \setminus F_2$ は空でない開集合. 上と同様にして,

$\overline{B}_2 \subset B_1 \setminus F_2$ を満たす閉球 $\overline{B}_2 = \{x : d(x, x_2) \le \varepsilon_2\}$, $\varepsilon_2 < \dfrac{\varepsilon_1}{2}$ が存在する.

F_3 は開球を含まないから, $B_2 = \{x : d(x, x_2) < \varepsilon_2\} \not\subset F_3$, $B_2 \setminus F_3$ は空でない開集合. ゆえに,

$\overline{B}_3 \subset B_2 \setminus F_3$ を満たす閉球 $\overline{B}_3 = \{x : d(x, x_3) \le \varepsilon_3\}$, $\varepsilon_3 < \dfrac{\varepsilon_2}{2}$ が存在する.

この議論を繰り返せば, 閉球の列 $\{\overline{B}_n : n = 1, 2, \ldots\}$ を

$$\overline{B}_n = \{x : d(x, x_n) \le \varepsilon_n\}, \ \varepsilon_n \le \frac{\varepsilon_1}{2^n}, \qquad \overline{B}_n \subset B_{n-1} \setminus F_n, \qquad n = 1, 2, \ldots$$

$$(4.47)$$

のようにとれることがわかる．このとき，$d(x_n, x_m) \leq \varepsilon/2^m$，$m \leq n$ だから，$\{x_n : n = 1, 2, \ldots\}$ は S のコーシー列．S は完備だから，x_n はある点 $x \in S$ に収束する．任意の $m \geq n$ に対して $x_m \in \overline{B}_n$ だから，$x \in \overline{B}_n$, $n = 1, 2, \ldots$ である．一方，(4.47) によって $\overline{B}_n \bigcap F_n = \emptyset$ だから，$x \notin F_n$, $n = 1, 2, \ldots$．したがって，$x \notin \bigcup_{n=1}^{\infty} F_n = S$．これは矛盾である． $\square$

■**一様有界性の定理** やや抽象的なベールの範疇定理から，次の具体的な定理が導かれる．

定理 4.50（一様有界性の定理） $\{T_n\}$ を $\mathcal{S}$ 上の連続線形汎関数列とする．任意の $f \in \mathcal{S}$ に対して，$\{T_n(f)\}$ が有界であれば，ある $N \in \mathbb{N}$ と定数 $C > 0$ が存在して，

$$\sup_n |T_n(f)| \leq C p_N(f), \quad \forall f \in \mathcal{S}. \tag{4.48}$$

任意の $f \in \mathcal{S}$ に対して，$\lim_{n \to \infty} T_n(f) = T(f)$ が存在すれば，$T(f)$ も $\mathcal{S}$ から $\mathbb{C}$ への連続線形写像である．

この定理はしばしば**共鳴定理**とも呼ばれる．各ベクトルに対する $T_n(f)$ の有界性から適当なノルム p_N に関する T_n の作用素ノルム $\sup_{f \neq 0} |T_n(f)|/p_N(f)$ の有界性が"共鳴して"したがうからである．

証明 $k = 1, 2, \ldots$ に対して

$$V_k = \bigcap_{n=1}^{\infty} \{f : |T_n(f)| \leq k\}$$

と定義する．T_n は連続だから V_k は $\mathcal{S}$ の閉集合．仮定により任意の $f \in \mathcal{S}$ に対してある $k \in \mathbb{N}$ が存在し $|T_n(f)| \leq k$, $n = 1, 2, \ldots$，すなわち $f \in V_k$．ゆえに $\mathcal{S} = \bigcup_{k=1}^{\infty} V_k$ である．$(\mathcal{S}, d)$ は完備だからベールの範疇定理によって，ある V_k はある開球 $B = B(f_0, r)$ を含む．

$$U = B - B := \{f - g : f, g \in B\} = \bigcup_{g \in B} \{f - g : f \in B\}$$

と定義する．明らかに $0 \in U$，$\{f - g : f \in B\} = B(f_0 - g, r)$．これは開集合だから U は 0 を含む開集合，したがって，ある $\delta > 0$ に対して $B(0, \delta) \subset U$ である．$f \in U$ ならば，$f = f_1 - f_2$, $f_j \in B$ だから，$\sup_n |T_n(f)| \leq 2k$ である．補題 4.45 によって，ある $N \in \mathbb{N}, \varepsilon > 0$ が存在して

$$p_N(f) \leq \varepsilon \Rightarrow f \in B(0, \delta) \Rightarrow f \in U \Rightarrow \sup_n |T_n(f)| \leq 2k.$$

これから，定理 4.44 の証明と同様にして $|T_n(f)| \leq (2k/\varepsilon)p_N(f)$ となることがわかる． $\square$

■$C_0^\infty(\mathbb{R}^n) \subset \mathcal{S}(\mathbb{R}^n)$ は稠密　この項の最後に，次の定理を示しておこう．

定理 4.51　任意の $f \in \mathcal{S}$ に対して，$f_j \xrightarrow{\mathcal{S}} f,\, j \to \infty$ を満たす関数列 $f_j \in C_0^\infty(\mathbb{R}^n)$ が存在する．

証明　$\chi(x)$ を $|x| \leq 1$ のとき $\chi(x) = 1$, $|x| \geq 2$ のとき $\chi(x) = 0$, その他では $0 \leq \chi(x) \leq 1$ を満たす C^∞ 級関数とし $f_j(x) = \chi(x/j)f(x)$ と定義する．$f_j \in C_0^\infty(\mathbb{R}^n)$ で，任意の $k = 0, 1, \ldots$ に対して，$j \to \infty$ のとき

$$p_k(f - f_j) = \sup\{\langle x \rangle^k \sum_{|\alpha| \leq k} |\partial^\alpha (f - f_j)(x)| : x \in \mathbb{R}^n\} \to 0 \tag{4.49}$$

である．したがって，$f_j \xrightarrow{\mathcal{S}} f, j \to \infty$ である． $\square$

問 4.52　(4.49) を確かめよ．

4.2.2　微分作用素，合成積の連続性
■微分作用素の連続性

定義 4.53　$\mathbb{R}^n$ 上の C^k 級関数 $a(x)$ は，ある定数 C_k, m_k に対して

$$\sum_{|\alpha| \leq k} |(\partial^\alpha a)(x)| \leq C_k \langle x \rangle^{m_k} \tag{4.50}$$

を満たすとき，**緩増加 C^k 級関数**といわれる．緩増加 C^0 級関数は**緩増加連続関数**，任意の k に対して緩増加 C^k 級の関数は緩増加 C^∞ 級関数といわれる．

定理 4.54　$a_\alpha(x), |\alpha| \leq l$ を緩増加 C^∞ 級関数とする．$a_\alpha(x)$ を係数とする偏微分作用素 $P(x, D)f(x) \equiv \sum_{|\alpha| \leq l} a_\alpha(x)\partial^\alpha f(x)$ は $\mathcal{S}$ から $\mathcal{S}$ への連続線形作用素である．

証明 $p_k,\ k = 1, 2, \ldots$ を $\mathcal{S}$ のノルム (4.39) とする. ライプニッツの公式によって, ある定数 $C_k > 0$ が存在して $p_k(P(x, D)f) \leq C_k p_{k+l+m_k}(f)$ であることが示せる. ただし, m_k は (4.50) がすべての $a_\alpha(x)$ に対して成立するような指数である. 定理 4.44 によって $P(x, D): \mathcal{S} \to \mathcal{S}$ は連続である. $\qquad\square$

問 4.55 定理の証明中の評価式 $p_k(P(x, D)f) \leq C_k p_{k+l+m_k}(f),\ k = 0, 1, \ldots$ を示せ.

■**合成積の連続性** $f, g \in \mathcal{S}$ は有界可積分だから定理 4.28 によって合成積 $f * g$ は連続で有界可積分である. さらに次が成立する.

定理 4.56 $f, g \in \mathcal{S}$ のとき, $f * g \in \mathcal{S}$. $\mathcal{S} \times \mathcal{S} \ni (f, g) \mapsto f * g \in \mathcal{S}$ は連続な双線形作用素, すなわち連続で, g を固定すれば f について線形, f を固定すれば g について線形な作用素である. 任意の α に対して次が成立する:

$$\partial^\alpha (f * g) = (\partial^\alpha f) * g = f * (\partial^\alpha g). \tag{4.51}$$

証明 任意の α に対して積分記号下の微分ができて

$$\partial^\alpha (f * g)(x) = \int_{\mathbb{R}^n} (\partial^\alpha f)(x - y) g(y) dy = ((\partial^\alpha f) * g)(x) \tag{4.52}$$

は連続関数である. ゆえに (4.51) が成立し, $f * g \in C^\infty(\mathbb{R}^n)$. $|\alpha|, |\beta| \leq k$ とする. (4.52) に x^β を乗じて $x^\beta = ((x - y) + y)^\beta$ を二項定理を用いて展開すれば

$$x^\beta \partial^\alpha (f * g)(x) = \sum_{\gamma \leq \beta} \binom{\beta}{\gamma} \int_{\mathbb{R}^n} (x - y)^\gamma (\partial^\alpha f)(x - y) y^{\beta - \gamma} g(y) dy.$$

右辺にシュワルツの不等式を適用すれば, 適当な定数 C に対して

$$|x^\beta \partial^\alpha (f * g)(x)| \leq C \sum_{\gamma \leq \beta} \left(\int_{\mathbb{R}^n} |x^\gamma (\partial^\alpha f)(x)|^2 dx \right)^{1/2} \left(\int_{\mathbb{R}^n} |y^{\beta - \gamma} g(y)|^2 dy \right)^{1/2}.$$

右辺の積分を

$$\int_{\mathbb{R}^n} |x^\gamma (\partial^\alpha f)(x)|^2 dx \leq \sup_{x \in \mathbb{R}^n} \langle x \rangle^{n+1} |x^\gamma (\partial^\alpha f)(x)|^2 \int_{\mathbb{R}^n} \langle x \rangle^{-n-1} dx \leq C p_{k+n+1}(f)^2,$$

$|y^{\beta - \gamma} g(y)|^2$ の積分も同様に評価し $\sum_{|\beta| \leq k} |x^\beta| \leq C \langle x \rangle^k$ とすると

$$p_k(f * g) \leq C \sum_{|\alpha|, |\beta| \leq k} |x^\beta \partial^\alpha (f * g)(x)| \leq C p_{k+n+1}(f) p_{k+n+1}(g). \tag{4.53}$$

これから $f * g \in \mathcal{S}$. $f_j \xrightarrow{\mathcal{S}} f$, $g_j \xrightarrow{\mathcal{S}} g$ のとき, $f_j * g_j \xrightarrow{\mathcal{S}} f * g$ である. $\square$

定理 4.57 φ を有界な台をもつ $\int \varphi(x)dx = 1$ を満たす $\mathbb{R}^n$ の可積分関数とする. $0 < \varepsilon < 1$ に対して, $\varphi_\varepsilon(x) = \varepsilon^{-n}\varphi(x/\varepsilon)$ とおく. 任意の $f \in \mathcal{S}$ に対して, $f * \varphi_\varepsilon \xrightarrow{\mathcal{S}} f$ $(\varepsilon \to 0)$ が成立する.

証明 $|x| \geq R$ に対して $\varphi(x) = 0$ とする. $k \in \mathbb{N}$, $|\alpha| \leq N$ とする. 変数変換し, 積分記号下で微分すれば

$$\partial_x^\alpha \{(f * \varphi_\varepsilon)(x) - f(x)\} = \int_{\mathbb{R}^n} \partial_x^\alpha \{f(x - \varepsilon y) - f(x)\}\varphi(y)dy.$$

テイラーの剰余公式を用いると

$$f(x - \varepsilon y) - f(x) = -\varepsilon \sum_{j=1}^n \int_0^1 \frac{\partial f}{\partial x_j}(x - \varepsilon\theta y)d\theta \cdot y_j.$$

$y \in \operatorname{supp}\varphi$, $0 \leq \varepsilon, \theta \leq 1$ のとき $(1 + |x|) \leq (1 + |x - \varepsilon\theta y|)(1 + R)$ だから,

$$\sup_{x \in \mathbb{R}^n} \{(1 + |x|)^k |\partial_x^\alpha (f(x - \varepsilon y) - f(x))\varphi(y)|\}$$
$$\leq \varepsilon(1 + R)^k R \sup_{x \in \mathbb{R}^n} \{(1 + |x|)^k |\partial^\alpha \nabla f(x)|\} \cdot |\varphi(y)|$$

となる. この両辺を $y \in \mathbb{R}^n$ に関して積分し, $|\alpha| \leq k$ に関して和をとれば,

$$p_k(f * \varphi_\varepsilon - f) \leq \varepsilon(1 + R)^k R p_{k+1}(f)\|\varphi\|_1.$$

したがって, $\varepsilon \to 0$ のとき, $f * \varphi_\varepsilon \xrightarrow{\mathcal{S}} f$ である. $\square$

4.2.3 $\mathcal{S}$ 上のフーリエ変換の連続性

$\mathcal{S} \subset M$ だからフーリエの反転公式, 微分とフーリエ変換の間の関係式, 積と合成積のフーリエ変換の間の公式など 4.1 節で得られた結果は, もちろん, すべて $\mathcal{S}$ 上のフーリエ変換に対しても成立する. フーリエ変換 $\mathcal{F}$ は $\mathcal{S} \to \mathcal{S}$ の同型写像であることを示そう.

定理 4.58 $\mathcal{F}, \check{\mathcal{F}}$ は, $\mathcal{S}$ から $\mathcal{S}$ の上への一対一の連続線形作用素である.

証明　任意の $f \in \mathcal{S}$ に対してフーリエの反転公式が成立し，$\mathcal{F}f(\xi) = \check{\mathcal{F}}f(-\xi)$ だから，$\mathcal{F}$ が $\mathcal{S}$ から $\mathcal{S}$ への連続写像であることを示せば十分である．$f \in \mathcal{S}$, $|\alpha| \leq k$, $|\beta| \leq k$ とする．積分記号下で微分し，$\xi^\alpha e^{-ix\cdot\xi} = (-D)^\alpha e^{-ix\cdot\xi}$ として部分積分を繰り返せば（(4.22), (4.23) 参照）

$$\xi^\beta (D_\xi^\alpha \hat{f})(\xi) = (2\pi)^{-n/2} \xi^\beta D_\xi^\alpha \int e^{-ix\cdot\xi} f(x)dx$$

$$= (2\pi)^{-n/2} \int e^{-ix\cdot\xi} D_x^\beta ((-x)^\alpha f(x))dx. \tag{4.54}$$

ライプニッツの公式を用いれば右辺の被積分関数の絶対値 $\leq C\langle x\rangle^k \sum_{|\gamma| \leq k} |\partial_x^\gamma f(x)|$ と評価される．ゆえに定理 4.56 の証明と同様にして

$$|(4.54) \text{ の右辺}| \leq C \int_{\mathbb{R}^n} \langle x\rangle^k \sum_{|\beta| \leq k} |D^\beta f(x)|dx \leq C_1 p_{n+k+1}(f).$$

したがって $p_k(\hat{f}) \leq C_k p_{k+n+1}(f)$, $k = 0, 1, \dots$ が成立する．$\hat{f} \in \mathcal{S}$ で $\mathcal{F}\colon \mathcal{S} \to \mathcal{S}$ は連続である． $\square$

4.3 超関数

　本節では関数の概念を拡張して（緩増加）超関数を導入し，フーリエ変換を超関数に対して拡張する．緩増加関数はすべて超関数となり，緩増加関数に対してフーリエ変換が可能になる．これによってフーリエ変換の応用範囲は格段に拡大する．まず超関数の定義から始めることにする．

4.3.1 緩増加超関数の定義

■関数の定義する汎関数　超関数への関数概念の拡張は関数を汎関数と同一視することによってなされる．その基礎となるのは次の補題である．

補題 4.59　f を緩増加連続関数とする．このとき，$\mathcal{S}$ から $\mathbb{C}$ への線形作用素

$$\mathcal{S}(\mathbb{R}^n) \ni \varphi \mapsto T_f(\varphi)\colon = \int_{\mathbb{R}^n} f(x)\varphi(x)dx \in \mathbb{C}$$

は次の性質を満たす．

(1) T_f は連続線形汎関数である．

(2) $T_f = T_g$ であれば $f = g$ である．

260   第 4 章　フーリエ変換と超関数

証明　(1) $|f(x)| \leq C\langle x \rangle^m$ とする.

$$|T_f \varphi| \leq C \int_{\mathbb{R}^n} \langle x \rangle^m |\varphi(x)| dx \leq C p_{n+m+1}(\varphi) \int_{\mathbb{R}^n} \langle x \rangle^{-n-1} dx = C' p_{n+m+1}(\varphi).$$

ゆえに T_f は $\mathcal{S}$ 上の連続線形汎関数である.

(2) $T_f = T_g$ であれば任意の $\varphi \in \mathcal{S}(\mathbb{R}^n)$ に対して, とくに任意の $\varphi \in C_0^\infty(\mathbb{R}^n)$ に対して $\int_{\mathbb{R}^n} (f(x) - g(x))\varphi(x) dx = 0$ が成立する. したがって, 第 2 章定理 2.120 によって $f = g$ である.　　　　　　　　　　　　　　　　　　　　□

■**超関数の定義**　補題 4.59 によって緩増加連続関数 f に連続線形汎関数 T_f を対応させる写像

$$f \mapsto T_f$$

は一対一, f は T_f によって一意的に決定される. したがって, 関数 f を汎関数 T_f と同一視すれば関数全体は $\mathcal{S}$ 上の連続線形汎関数全体の集合に含まれることがわかる. そこで, ある関数によって T_f とは表されない一般の汎関数も関数と考えて (関数の概念を拡張し) **超関数**と呼ぼうというのである. そこで, あらためて次のように定義する.

定義 4.60　$\mathcal{S}(\mathbb{R}^n)$ 上の連続線形汎関数 T を $\mathbb{R}^n$ 上の**緩増加超関数**という. $\mathbb{R}^n$ 上の緩増加超関数全体を $\mathcal{S}'(\mathbb{R}^n)$, あるいは単に $\mathcal{S}'$ とかく. $T \in \mathcal{S}'$, $\varphi \in \mathcal{S}$ に対して $T(\varphi)$ を $\langle T, \varphi \rangle$ ともかく.

注意 4.61　$\mathcal{S}$ は ($\mathcal{S}'(\mathbb{R}^n)$ の) **試験関数**の空間とも呼ばれる. 超関数は試験関数に対して $\langle T, \varphi \rangle$ を試して決められるからである. 次章で試験関数の空間を制限して, より一般の超関数を定義するが, 本章では, **超関数といえば, 断らない限り緩増加超関数のことである**. $T = T_f$ のとき, $\langle T, \varphi \rangle$ は $\mathbb{R}^n$ に分布した $f(x)$ を試験関数 $\varphi(x)$ を用いて "かき集めた" ものと考えることもできる. このため超関数は英語では distribution (分布) と呼ばれている.

定義 4.60 の超関数はやや抽象的で, 最初は, 関数という実感がわかないかもしれないが, すぐ後で任意の超関数は滑らかな通常の関数 (の定義する超関数 (例 4.62 参照)) の極限であることや, 超関数はすべて連続関数の導関数であることなどを示すので, これらの事実によって超関数がだんだんと

4.3 超関数　　261

関数として実感できるようになるであろう．また，超関数の概念をこのように定義することによって（後に示すように），超関数の和や積はもちろん，微分・積分などの解析的な演算も自然に定義でき，超関数を普通の関数と同様にとり扱うことができることがわかる．のみならず，超関数は何回でも自由に微分ができることが示され，解析学の非常に便利な道具となるのである．

■**超関数の例**　超関数の例をいくつか述べよう．

例 4.62（緩増加局所可積分関数の決める超関数）　補題 4.59 を少し拡張しておく．ある N に対して，$(1+|x|)^{-N}f(x)$ が可積分となる関数 f を**緩増加局所可積分関数**と呼ぶ．緩増加局所可積分関数 f に対して，

$$T_f(\varphi) = \int f(x)\varphi(x)dx, \qquad \varphi \in \mathcal{S} \tag{4.55}$$

と定義すれば，$T_f \in \mathcal{S}'(\mathbb{R}^n)$ である．じっさい，

$$|T_f(\varphi)| \leq \sup |(1+|x|)^N \varphi(x)| \cdot \int (1+|x|)^{-N}|f(x)|dx \leq Cp_N(\varphi)$$

となるからである．補題 4.59 と同様に，対応 $f \to T_f \in \mathcal{S}'$ は一対一，この対応で緩増加局所可積分関数はすべて超関数とみなせる．T_f を f の定める超関数という．ただし，すべての連続点で等しい 2 つの緩増加局所可積分関数 f, g は同じものとみなすと約束をするのはいつも通りである（第 3 章 (3.3) 参照）．

注意 4.63　通常の意味での任意の関数が超関数とみなされるわけではない．たとえば，ある $\varphi \in \mathcal{S}$ に対して $f(x)\varphi(x)$ が可積分とはならないような関数は超関数とはならない．したがって，実は「関数全体 ⊂ 超関数全体」というわけではない．

関数に対する (4.55) の関係に留意して，任意の超関数 T に対して

$$T(\varphi) = \int T(x)\varphi(x)dx$$

とかくことがある．一般には右辺の $T(x)$ はいわゆる "関数もどき" を表すシンボルで，各 x において具体的な意味があるわけではないが，このようにかくと便利なことが多いのでこの "シンボル" $T(x)$ は非常にしばしば用いられる．

262   第 4 章　フーリエ変換と超関数

例 4.64（デルタ関数）　任意の $a \in \mathbb{R}^n$ に対して

$$\langle \delta_a, \varphi \rangle = \varphi(a), \quad \varphi \in \mathcal{S}(\mathbb{R}^n) \tag{4.56}$$

と定義する．$|\langle \delta_a, \varphi \rangle| \leq p_0(\varphi)$ だから $\delta_a \in \mathcal{S}'$ である．これを a に台をも
つ**デルタ関数**と呼ぶ．上のシンボリックなかき方をすれば $\int_{\mathbb{R}^n} \delta_a(x)\varphi(x)dx = \varphi(a)$．$\delta_a(x)$ は形式的に

$$\delta_a(x) = 0, \quad x \neq a, \qquad \int_{\mathbb{R}^n} \delta_a(x)dx = 1$$

を満たす "関数" である．

例 4.65（コーシーの主値）　$\mathbb{R} \setminus \{0\}$ 上の関数 $1/x$ は原点の近傍で可積分で
ないが

$$\mathcal{S}(\mathbb{R}^1) \ni f \mapsto p.v. \int_{\mathbb{R}} \frac{f(x)}{x}dx := \lim_{\varepsilon \to 0} \int_{|x| > \varepsilon} \frac{f(x)}{x}dx \in \mathbb{C} \tag{4.57}$$

は存在し緩増加超関数である．これを**コーシーの主値**という．

問 4.66　コーシーの主値は緩増加超関数であることを示せ．

例 4.67　$f(x) = e^{c\langle x \rangle}, c > 0$ とする．T_f は緩増加超関数ではない．たとえ
ば $\varphi(x) = \exp(-\sqrt{\langle x \rangle}) \in \mathcal{S}$ に対して $\int f(x)\varphi(x)dx = \infty$ だからである．
$|x| \to \infty$ における増加が緩増加関数に比べて速すぎる関数も緩増加超関数に
はならない．緩増加超関数は緩やかに増加する "関数" なのである．

4.3.2　超関数に対する四則

　超関数を通常の関数概念の一般化と考えるのだから，関数の定める超関数
T_f や T_g に対しては，$T_f \pm T_g = T_{f \pm g}, \alpha T_f = T_{\alpha f}, f T_g = T_{fg}$ としなけれ
ばならない．このように定義すると，たとえば和については

$$\langle T_f + T_g, \varphi \rangle = \langle T_{f+g}, \varphi \rangle = \int (f(x) + g(x))\varphi(x)dx = \langle T_f, \varphi \rangle + \langle T_g, \varphi \rangle.$$

これより一般の超関数 T, S に対してその和 $T + S$ は線形写像の和として定
義すべきであることがわかる．$\varphi \mapsto T(\varphi), \varphi \mapsto S(\varphi)$ が $\mathcal{S}$ から $\mathbb{C}$ への連続

4.3 超関数　　263

線形汎関数なら，$\varphi \mapsto T(\varphi) + S(\varphi)$ も連続線形汎関数である．そこで，次のように定義する．

定義 4.68　$T, S \in \mathcal{S}'$ に対して，その和，差およびスカラー倍を

$$\langle T \pm S, \varphi \rangle = \langle T, \varphi \rangle \pm \langle S, \varphi \rangle, \quad \langle \alpha T, \varphi \rangle = \alpha \langle T, \varphi \rangle, \quad \varphi \in \mathcal{S} \qquad (4.58)$$

と，線形写像の和，差およびスカラー倍として定義する．これによって $\mathcal{S}'$ が $\mathbb{C}$ 上のベクトル空間となるのは明らかである．

　同様に関数 g によって定まる超関数 T_g と関数 f の積は fg の定める超関数，すなわち $fT_g = T_{fg}$ となるべきである．このとき，任意の $\varphi \in \mathcal{S}$ に対して，

$$\langle fT_g, \varphi \rangle = \langle T_{fg}, \varphi \rangle = \int g(x)\{f(x)\varphi(x)\}dx = \langle T_g, f\varphi \rangle.$$

したがって，一般の超関数 $T \in \mathcal{S}'$ に対しても，積 fT を $\langle fT, \varphi \rangle = \langle T, f\varphi \rangle$ と定義するのが自然である．そこで次のように定義する．

補題 4.69　$T \in \mathcal{S}',\ f$ を緩増加 C^∞ 級関数とする．このとき，

$$\mathcal{S} \ni \varphi \to \langle T, f\varphi \rangle \in \mathbb{C}$$

は連続線形汎関数，すなわち $\mathcal{S}'$ の元である．T と f の積 fT を次で定義する．

$$\langle fT, \varphi \rangle = \langle T, f\varphi \rangle. \qquad (4.59)$$

証明　定理 4.54 によって $\mathcal{S} \ni \varphi \to f\varphi \in \mathcal{S}$ は連続線形写像，$\mathcal{S} \ni \varphi \to \langle T, \varphi \rangle \in \mathbb{C}$ は定義によって連続線形汎関数．ゆえに，合成写像 $\mathcal{S} \ni \varphi \to \langle T, f\varphi \rangle \in \mathbb{C}$ も連続線形汎関数である．　　　　　　　　　　　　　　　　　　　　　　□

注意 4.70　(1) $f(x) = e^{ax^2}$ や $f(x) = e^{a\sqrt{\langle x \rangle}},\ a > 0$ のように $|x| \to \infty$ のときどんな多項式よりも速く増大する関数を（緩増加）超関数に乗ずることは一般にはできない．すべての $\varphi \in \mathcal{S}$ に対して $f\varphi \in \mathcal{S}$ というわけにはいかないからである．もちろん，T が遠方においてより急速に減衰する超関数に対してはその限りではない．

(2) 同様に C^∞ 級ではない関数を任意の超関数に乗ずることはできない．

(3) 超関数どうしの積を定義することも一般には不可能である（注意 4.100 参照）

264　　　　　　　第 4 章　フーリエ変換と超関数

4.3.3　超関数の局所化定理

　超関数 T は各点で値をもつものではないから，$T(a) = 0$ などという命題は意味をもたない．しかし，開集合 $U \subset \mathbb{R}^n$ の上で $T = 0$, したがって，ある点の近傍で $T = S$ などということはできる．$\varphi \in C_0^\infty(U)$ は $x \notin U$ に対して $\varphi(x) = 0$ と定義して $\varphi \in C_0^\infty(\mathbb{R}^n) \subset \mathcal{S}(\mathbb{R}^n)$ と考える．

定義 4.71　$T \in \mathcal{S}'$, $U \subset \mathbb{R}^n$ を開集合とする．任意の $\varphi \in C_0^\infty(U)$ に対して $T(\varphi) = 0$ となるとき，U 上 $T = 0$ であるという．2 つの超関数 T, S は U 上 $T - S = 0$ のとき，U 上 $T = S$ であるという．

注意 4.72　(1) $T \in \mathcal{S}'$, U が開集合のとき，U 上の局所可積分関数 f が存在して，

$$\langle T, \varphi \rangle = \int_U f(x)\varphi(x), \qquad \varphi \in C_0^\infty(U)$$

が成立するとき（$T_f \in \mathcal{S}'$ が定義できない場合でも），U 上 $T = f$ ということにする．これによる混乱は生じない（4.3.12 項参照）．

　(2) $U = \mathbb{R}^n$ のとき，$T \in \mathcal{S}'(\mathbb{R}^n)$ が定義 4.71 の意味で $\mathbb{R}^n$ 上 $T = 0$ であれば $T = 0$ である．$C_0^\infty(\mathbb{R}^n) \subset \mathcal{S}(\mathbb{R}^n)$ は稠密だからである（定理 4.51 参照）．

定理 4.73（超関数の局所化定理）　$T \in \mathcal{S}'$, $U \subset \mathbb{R}^n$ とする．任意の $a \in U$ に対して，a の開近傍 $U_a \subset U$ が存在して U_a 上 $T = 0$ とすれば U 上で $T = 0$ である．したがって，$T, S \in \mathcal{S}'$ に対して，任意の $a \in U$ に対して a の開近傍 U_a が存在して U_a 上 $T = S$ であれば，U 上 $T = S$ である．

証明　任意の $\varphi \in C_0^\infty(U)$ に対して，$T(\varphi) = 0$ を示せばよい．$K = \operatorname{supp}\varphi \Subset U$ とする．K はコンパクト集合である．各 $a \in K$ に対して定理の条件を満たす $U_a \subset U$ をとる．$\{U_a : a \in K\}$ は K の開被覆である．そこで，ハイネ・ボレルの定理（入門 I, 70 ページ）を用いて，その有限開被覆 $U_{a_1}, \ldots, U_{a_N}$ を選び，これに属する単位の分解 $\{\varphi_1, \ldots, \varphi_N\}$ をとる．すなわち $\varphi_1(x) \in C_0^\infty(U_{a_1}), \ldots, \varphi_N(x) \in C_0^\infty(U_{a_N})$ を任意の $x \in K$ に対して $\sum_{j=1}^N \varphi_j(x) = 1$ を満たすようにとる（このような関数列がとれることについては，入門 II, 89 ページ参照）．このとき，$\varphi_j\varphi \in C_0^\infty(U_{a_j})$, $\varphi = \varphi_1\varphi + \cdots + \varphi_N\varphi$ となる．仮定から $T(\varphi_j\varphi) = 0$. ゆえに

$$T(\varphi) = T(\varphi_1\varphi) + \cdots + T(\varphi_N\varphi) = 0.$$

したがって，U 上で $T = 0$ である. □

系 4.74 $T \in \mathcal{S}'(\mathbb{R}^n)$, $\{U_\lambda : \lambda \in \Lambda\}$ を $\mathbb{R}^n$ の開集合の族とする. 各 U_λ 上 $T = 0$ であれば $\bigcup_{\lambda \in \Lambda} U_\lambda$ 上 $T = 0$ である.

問 4.75 定理 4.73 の証明をまねて，系 4.74 を示せ.

■超関数の台 系 4.74 によって，T がその上で 0 となるすべての開集合の和集合 G は T がその上で 0 となる最大の開部分集合である. G の補集合を T の台と呼び $\operatorname{supp} T$ とかく. $\operatorname{supp} T$ は閉集合である. $a \in \operatorname{supp} T$ のためには点 a のどんなに小さな開近傍においても $T \neq 0$ となることが必要十分である.

問 4.76 (1) デルタ関数 δ_a の台は $\{a\}$ であることを示せ.

(2) 連続関数 f の決める超関数 T_f の台は f の関数としての台，すなわち $\{x \in \mathbb{R}^n : f(x) \neq 0\}$ の閉包に等しいことを示せ.

■コンパクトな台をもつ超関数 $\mathcal{E}'(\mathbb{R}^n)$

定義 4.77 $\mathbb{R}^n$ のコンパクトな台をもつ超関数全体のなすベクトル空間を $\mathcal{E}'(\mathbb{R}^n)$ とかく.

定義 4.78 $\mathcal{E} = \mathcal{E}(\mathbb{R}^n)$ を $\mathbb{R}^n$ 上の C^∞ 級関数の全体のなすベクトル空間とする. 関数列 $f_1, f_2, \cdots \in \mathcal{E}$ は

$$\text{任意の } \alpha \text{ に対して } \partial^\alpha f_n(x) \xrightarrow{n \to \infty} \partial^\alpha f(x) \text{（広義一様収束）}$$

を満たすとき $\mathcal{E}$ の位相で f に収束する，あるいは $\mathcal{E}$ において f に収束するといい，$f_n \xrightarrow{\mathcal{E}} f$ とかく.

明らかに $\mathcal{S} \subset \mathcal{E}$, $f_n \xrightarrow{\mathcal{S}} f$ なら $f_n \xrightarrow{\mathcal{E}} f$ である. したがって，$\mathcal{E}$ 上の連続線形汎関数は $\mathcal{S}'$ に属する.

補題 4.79 $C_0^\infty(\mathbb{R}^n)$ は，したがって $\mathcal{S}(\mathbb{R}^n)$ も $\mathcal{E}(\mathbb{R}^n)$ の稠密線形部分空間である.

証明 $|x| \leq 1$ のとき $\chi(x) = 1$, $|x| \geq 2$ のとき $\chi(x) = 0$ を満たす $\chi \in C_0^\infty(\mathbb{R}^n)$ をとる. $\varphi \in \mathcal{E}$ に対して $\varphi_j(x) = \chi(x/j)\varphi(x)$, $j = 1, 2, \ldots$ と定義する. 明らかに $\varphi_j \in C_0^\infty(\mathbb{R}^n)$ で, 任意の α に対して $\partial^\alpha \varphi_j(x) \to \partial^\alpha \varphi(x)$ $(j \to \infty$, 広義一様収束) である. これより補題がしたがう. $\qquad\square$

定理 4.80 $T \in \mathcal{E}'$, $f \in C_0^\infty(\mathbb{R}^n)$ は $\operatorname{supp} T$ を含むある開集合の上で $f(x) = 1$ を満たすとする. このとき,

(1) 任意の $\varphi \in \mathcal{S}$ に対して $T(f\varphi) = T(\varphi)$.

(2) $\mathcal{E} \ni \varphi \mapsto T(f\varphi)$ は $\mathcal{E}$ 上の連続線形汎関数.

(3) $g \in C_0^\infty(\mathbb{R}^n)$ を K を含むある開集合の上で $g(x) = 1$ となるもう 1 つの関数とすれば, 任意の $\varphi \in \mathcal{E}$ に対して $T(f\varphi) = T(g\varphi)$ である.

証明 (1) $\operatorname{supp} T$ の近傍で $(f(x) - 1)\varphi(x) = 0$ だから $G = \mathbb{R}^n \setminus \operatorname{supp} T$ とすれば, G は $\operatorname{supp} T$ と交わらない開集合で $\operatorname{supp}(f - 1)\varphi \subset G$. これより $T(f\varphi - \varphi) = 0$, ゆえに $T(f\varphi) = T(\varphi)$ である.

(2) $\varphi_n \xrightarrow{\mathcal{E}} \varphi$ なら明らかに $f\varphi_n \xrightarrow{\mathcal{S}} f\varphi$ だからである.

(3) $f(x) - g(x) \in C_0^\infty(\mathbb{R}^n)$ は $\operatorname{supp} T$ を含む開集合の上で 0, したがって, $\langle T, (f - g)\varphi \rangle = 0$ となるからである. $\qquad\square$

そこで, $\operatorname{supp} T$ を含むある開集合の上で $f(x) = 1$ を満たす $f \in C_0^\infty(\mathbb{R}^n)$ をとって, 任意の $\varphi \in C^\infty(\mathbb{R}^n)$ に対して

$$\langle T_e, \varphi \rangle = \langle T, f\varphi \rangle \tag{4.60}$$

と定義すれば, T_e は T の $\mathcal{E}$ 上の連続線形汎関数への拡張である. 一方, $\mathcal{S}(\mathbb{R}^n)$ は $\mathcal{E}(\mathbb{R}^n)$ において稠密 (補題 4.79 参照). ゆえに, T_e は T の $\mathcal{E}$ 上の連続線形汎関数への一意的な拡張である. そこで $T \in \mathcal{E}'$ のとき, T_e をふたたび T とかいて T は $\mathcal{E}$ 上の連続線形汎関数と理解することにする. 実は次の定理によって, $\mathcal{E}$ 上の連続線形汎関数はコンパクト台をもつ超関数である.

定理 4.81 (1) $T \in \mathcal{E}'(\mathbb{R}^n)$ の台を K とする. このときある整数 $N \geq 0$ が存在して K を含む任意の開集合 $G \Subset \mathbb{R}^n$ に対して次が成立する.

$$|\langle T, \varphi \rangle| \leq C \sup_{x \in G} \sum_{|\alpha| \leq N} |\partial^\alpha \varphi(x)|, \quad \varphi \in \mathcal{E}. \tag{4.61}$$

$\qquad$ 4.3 超関数 $\qquad$ 267

(2) $\mathcal{E}$ 上の任意の連続線形汎関数（を $\mathcal{S}$ に制限したもの）はコンパクトな
台をもつ超関数である.

注意 4.82 一般には (4.61) の G を K で置き換えることはできない（文献 [Schwartz],
95 ページ参照，ただし同 93 ページ，定理 28 も参照）.

定理 4.81 の証明 (1) ある N が存在して，任意の $\varphi \in \mathcal{S}$ に対して $|T(\varphi)| \leq C p_N(\varphi)$
が成立する. K のある近傍で $f(x) = 1$, supp $f \subset G$ を満たす $f \in C_0^\infty(\mathbb{R}^n)$ が存
在する. このとき，定義 (4.60) によって任意の $\varphi \in \mathcal{S}$ に対して

$$|\langle T, \varphi \rangle| = |\langle T, f\varphi \rangle| \leq C p_N(f\varphi) \leq C \sum_{|\alpha| \leq N} \sup_{x \in G} |D^\alpha \varphi(x)|.$$

(2) $N = 0, 1, \ldots$ に対して $\mathcal{E}$ 上の非負値関数 $\tilde{p}_N(f)$ を

$$\tilde{p}_N(f) = \sum_{|\alpha| \leq N} \sup_{|x| \leq N} |\partial^\alpha f(x)|$$

と定義する（$\tilde{p}_N(f)$ は "$\tilde{p}_N(f) = 0 \Rightarrow f = 0$" の性質を除いてノルムの性質をもつ
ので，$\mathcal{E}$ の**セミノルム**と呼ばれる）. 明らかに

$$f_n \xrightarrow{\mathcal{E}} 0 \ (n \to \infty) \Leftrightarrow \lim_{n \to \infty} \tilde{p}_N(f_n) = 0, \quad N = 1, 2, \ldots.$$

したがって，$U_{\varepsilon, N} = \{f \in \mathcal{E} : \tilde{p}_N(f) < \varepsilon\}$ と定義するとき，$\{U_{\varepsilon, N} : \varepsilon > 0, \ N = 0, 1, \ldots\}$ は $\mathcal{E}$ の原点の基本近傍系である. T が $\mathcal{E}$ 上の連続線形汎関数であれば，
ある $N \in \mathbb{N}$, $\varepsilon > 0$ が存在して，$\varphi \in U_{\varepsilon, N}$ のとき，$|T(\varphi)| < 1$. これから

$$|T(\varphi)| \leq 2\varepsilon^{-1} \tilde{p}_N(\varphi) \tag{4.62}$$

がしたがう. $\tilde{p}_N(\varphi) \neq 0$ なら $\varepsilon\varphi/2\tilde{p}_N(\varphi) \in U_{\varepsilon, N}$, $\tilde{p}_N(\varphi) = 0$ なら $k = 1, 2, \ldots$ に
対して，$k\varphi \in U_{\varepsilon, N}$, $k|T(\varphi)| < 1$, ゆえに $T(\varphi) = 0$ だからである. (4.62) によっ
て，コンパクト集合 $|x| \leq N$ を含む開集合上で $\varphi(x) = 0$ を満たす $\varphi \in \mathcal{S}$ に対し
て $\langle T, \varphi \rangle = 0$. ゆえに $T \in \mathcal{E}'(\mathbb{R}^n)$ である. $\qquad \square$

4.3.4　超関数の微分

超関数の導関数を定義しよう. f が滑らかな緩増加関数のとき，f の決め
る超関数 T_f の α 階導関数は $\partial^\alpha f$ の決める超関数，$\partial^\alpha T_f = T_{\partial^\alpha f}$ とすべき
である. このとき，部分積分によって

$$\langle T_{\partial^\alpha f}, \varphi \rangle = \int \partial^\alpha f(x)\varphi(x)dx$$
$$= (-1)^{|\alpha|} \int f(x)\partial^\alpha \varphi(x)dx = (-1)^{|\alpha|}\langle T_f, \partial^\alpha \varphi \rangle. \qquad (4.63)$$

この右辺の汎関数は T_f によって表されるから，一般の超関数 T に対しても定義できる．そこで，一般の $T \in \mathcal{S}'$ の導関数 $\partial^\alpha T$ を，(4.63) の右辺で（T_f を T で置き換えて）定義しよう．

補題 4.83 $T \in \mathcal{S}'$ とする．任意の α に対して $\mathcal{S} \ni \varphi \to (-1)^{|\alpha|}\langle T, \partial^\alpha \varphi \rangle$ $\in \mathbb{C}$ は $\mathcal{S}$ 上の連続線形汎関数，すなわち超関数である．$T \in \mathcal{S}'$ の導関数 $\partial^\alpha T$ を次の式で定義する：

$$\langle \partial^\alpha T, \varphi \rangle = (-1)^{|\alpha|}\langle T, \partial^\alpha \varphi \rangle. \qquad (4.64)$$

証明 $\mathcal{S} \ni \varphi \to \partial^\alpha \varphi \in \mathcal{S}$ は定理 4.54 によって線形連続である．したがって合成写像：$\varphi \mapsto \partial^\alpha \varphi \mapsto \langle T, \partial^\alpha \varphi \rangle$ も連続線形である． $\qquad \square$

問 4.84 微分演算 $\mathcal{S}' \ni T \to \partial^\alpha T \in \mathcal{S}'$ はベクトル空間 $\mathcal{S}'$ の線形写像であること，すなわち，$a, b \in \mathbb{C}$, $T, S \in \mathcal{S}'$ に対して次が成立することを示せ．

$$\partial^\alpha (aT + bS) = a\partial^\alpha T + b\partial^\alpha S.$$

問 4.85 f が緩増加 C^∞ 級関数，$T \in \mathcal{S}'$ のとき，ライプニッツの公式：

$$\partial^\alpha (fT) = \sum_{0 \le \beta \le \alpha} \binom{\alpha}{\beta} \partial^\beta f \cdot \partial^{\alpha - \beta} T$$

が成立することを示せ．

次の命題はほぼ明らかであろう．

命題 4.86（微分の局所性） $T, S \in \mathcal{S}'$, $U \subset \mathbb{R}^n$ は開集合とする．U 上で $T = S$ が成立すれば，任意の α に対して，U 上で $\partial^\alpha T = \partial^\alpha S$ が成立する．

問 4.87 命題 4.86 を証明せよ．

4.3 超関数　　269

(4.63) によって，滑らかな関数に対しては $\partial^\alpha T_f = T_{\partial^\alpha f}$，すなわち超関数の意味の微分と通常の意味での微分は一致する．定義から明らかに，**任意の超関数は無限階微分可能である**．したがって，たとえ局所可積分関数 $f(x)$ が通常の意味では微分できなくとも，それが決める超関数 T_f は微分可能となる．f が微分可能でない点において，T_f の導関数は f の導関数とどういう関係にあるのか？

直線 $\mathbb{R}$ 上で考えよう．$f(x)$ が有限個の点 $\{a_1, \ldots, a_N\}$ を除いては連続微分可能とし，簡単のため f は遠方では緩増加 C^1 級とする．微分の局所性（命題 4.86）によって，開集合 $\mathbb{R} \setminus \{a_1, \ldots, a_N\}$ においては T'_f は f' に等しい（注意 4.72 参照）．問題は $\{a_1, \ldots, a_N\}$ の近傍における振る舞いである．f' の振る舞いによって，2 つの場合に分けて考えよう．

定理 4.88　f が有限個の点 $\{a_1, \ldots, a_N\}$ を除いて連続微分可能とする．関数 $f'(x)$ が各 a_j の近傍で可積分とすれば，a_j において $f(a_j + 0)$, $f(a_j - 0)$ が存在し，

$$T'_f = \sum_{j=1}^{N} (f(a_j + 0) - f(a_j - 0))\delta_{a_j} + T_{f'} \tag{4.65}$$

である．とくに，a の近傍 U で $f'(x)$ が可積分，f が連続ならば，f が a で微分不可能であっても U 上で $T'_f = T_{f'}$ が成立する．

証明　$N = 1$ のときに示す．一般の場合の証明も同様である．a_1 を a とかく．$f'(x)$ が a の近傍で可積分だから，$c < a$ として

$$f(a - 0) = f(c) + \lim_{\varepsilon \to 0} \int_c^{a-\varepsilon} f'(x)dx$$

が存在する．同様に $f(a + 0)$ も存在する．$\varphi \in \mathcal{S}$ とする．部分積分によって

$$\langle T'_f, \varphi \rangle = -\int f(x)\varphi'(x)dx = -\lim_{\varepsilon \to 0}\left(\int_{-\infty}^{a-\varepsilon} + \int_{a+\varepsilon}^{\infty}\right)f(x)\varphi'(x)dx$$

$$= (f(a+0) - f(a-0))\varphi(a) + \int_{-\infty}^{\infty} f'(x)\varphi(x)dx.$$

したがって (4.65) が成立する．　□

問 4.89　$Y(x)$ をヘビサイド関数，すなわち，$x < 0$ のとき $Y(x) = 0$, $x \geq 0$ のとき $Y(x) = 1$ とする．$Y' = \delta_0$ であることを示せ．

次に，$f(a-0)$ あるいは $f(a+0)$ が存在しない点 a の近傍 U で考えてみよう．このとき，$f'(x)$ は a の左側近傍 $(a-\varepsilon,a)$ あるいは右側近傍 $(a,a+\varepsilon)$ で可積分ではないから，$T_{f'}$ を (4.55) のように定義することはできない．この場合，T_f' の表現は f' の a の近傍における振る舞いによって異なる．

例 4.90　$\log x_+ = \begin{cases} 0, & x \leq 0 \text{ のとき}, \\ \log x, & x > 0 \text{ のとき} \end{cases}$ と定義する．$\log x_+$ は緩増加局所可積分だから $T = T_{\log x_+} \in \mathcal{S}'$ が (4.55) によって定義される．また，$\mathbb{R}^1 \setminus \{0\}$ ではもちろん通常の意味で微分可能で，$x < 0$ では $(\log x_+)' = 0$ で，$x > 0$ では $(\log x_+)' = 1/x$ だから

$$T' = \begin{cases} 0, & x < 0 \\ 1/x, & x > 0 \end{cases} \tag{4.66}$$

である．0 の近傍での T' の振る舞いを調べよう．定義に戻って，部分積分を行えば

$$\begin{aligned}
\langle T', \varphi \rangle &= -\int_0^\infty \varphi'(x) \log x\, dx \\
&= -\lim_{\varepsilon \to 0} \int_\varepsilon^\infty \varphi'(x) \log x\, dx = \lim_{\varepsilon \to 0} \left(\varphi(\varepsilon) \log \varepsilon + \int_\varepsilon^\infty \frac{\varphi(x)}{x} dx \right).
\end{aligned}$$

右辺の積分を ε から 1 までと 1 から ∞ までに分割し，ε から 1 までの積分を

$$\int_\varepsilon^1 \frac{\varphi(x)}{x} dx = \int_\varepsilon^1 \frac{\varphi(x) - \varphi(0)}{x} dx - \varphi(0) \log \varepsilon$$

とかく．$x^{-1}(\varphi(x) - \varphi(0))$ は $(0,1)$ 上可積分，$\varepsilon \to 0$ のとき，$(\varphi(\varepsilon) - \varphi(0)) \log \varepsilon \to 0$ だから

$$\langle T', \varphi \rangle = \int_0^1 \frac{\varphi(x) - \varphi(0)}{x} dx + \int_1^\infty \frac{\varphi(x)}{x} dx \tag{4.67}$$

とかける．$0 \notin \operatorname{supp} \varphi$ のときには，(4.67) は

$$\langle T', \varphi \rangle = \int_0^\infty \frac{\varphi(x)}{x} dx$$

となり，(4.66) と一致する．このように $(\log x_+)'$ を表す式は一般にはやや複雑である．

4.3 超関数

例 4.91 $(\log|x|)'$. 通常の微分 $1/x$ は $\mathbb{R} \setminus \{0\}$ では局所可積分である. 超関数微分の定義によって $\langle (\log|x|)', \varphi \rangle$ は

$$-\int_{-\infty}^{\infty} \varphi'(x) \log|x| dx = -\lim_{\varepsilon \to 0} \left(\int_{-\infty}^{-\varepsilon} + \int_{\varepsilon}^{\infty} \right) \varphi'(x) \log|x| dx$$

$$= \lim_{\varepsilon \to 0} \left((\varphi(\varepsilon) - \varphi(-\varepsilon)) \log \varepsilon + \int_{|x|>\varepsilon} \frac{\varphi(x)}{x} dx \right) = \lim_{\varepsilon \to 0} \int_{|x|>\varepsilon} \frac{\varphi(x)}{x} dx$$

に等しい. ここで $\varepsilon \to 0$ のとき, $(\varphi(\varepsilon) - \varphi(-\varepsilon)) \log \varepsilon \to 0$ となることを用いた. この右辺はコーシーの主値である (例 4.65 参照).

このように, f が $\mathbb{R}^1 \setminus \{a_1, \ldots, a_N\}$ において C^1 級のとき, f' が点 $\{a_1, \ldots, a_N\}$ の周りで局所積分可能でない場合にも, f が局所可積分であれば, 超関数微分 T'_f は, $\mathbb{R}^1 \setminus \{a_1, \ldots, a_N\}$ 上では f' に等しく, しかも $\mathbb{R}^1$ 全体で定義された超関数を定義する. 一般にいくつかの点 $\{a_1, \ldots, a_N\} \subset \mathbb{R}^n$ の補集合では滑らかであるが, 各 a_j の近傍では積分可能でない関数 f に対して, $\mathbb{R}^n \setminus \{a_1, \ldots, a_N\}$ において f に一致する超関数 $T \in \mathcal{S}'$ が存在するとき, T を f の**正則化**という. T'_f は f' の 1 つの正則化を与える. 超関数微分は正則化の 1 つの方法を与えるのである.

問 4.92 $a \in \mathbb{R}^n$ とする. $\mathbb{R}^n$ 上の関数 $|x-a|^{2-n}$ は $x = a$ を除いて C^∞ 級で, $\Delta |x-a|^{2-n} = 0$ を満たすことを示せ. ただし, $\Delta = \partial_1^2 + \cdots + \partial_n^2$ は n 次元ラプラシアンである.

前問の $|x-a|^{2-n}$ は $x = a$ において微分可能ではない. しかし局所可積分である. 次の定理は $(n-2)^{-1}\omega_n^{-1}|x-a|^{2-n}$ が $-\Delta$ の**基本解**であることを意味する.

定理 4.93 $\Delta = \partial_1^2 + \cdots + \partial_n^2$ を n 次元ラプラシアン, ω_n を $\mathbb{R}^n$ の $n-1$ 次元単位球面の面積とする. 超関数微分の意味で次が成立する.

$$-\Delta |x-a|^{2-n} = (n-2)\omega_n \delta_a, \quad n \geq 3. \tag{4.68}$$

$$-\Delta \log|x-a| = 2\pi \delta_a, \quad n = 2. \tag{4.69}$$

証明 (4.68) を示す. 2 次元の場合も同様である. 超関数微分の定義によって任意の $\varphi \in \mathcal{S}(\mathbb{R}^n)$ に対して

$$\langle \Delta |x-a|^{2-n}, \varphi \rangle = \int \frac{(\Delta\varphi)(x)}{|x-a|^{n-2}} dx = \lim_{\varepsilon \to 0} \int_{|x-a|>\varepsilon} \frac{(\Delta\varphi)(x)}{|x-a|^{n-2}} dx.$$

グリーンの公式を用い, $\varphi \in \mathcal{S}$ が急減少することから部分積分によって現れる無限遠方からの寄与が消えることを用いると右辺は

$$\lim_{\varepsilon \to 0} \left(\int_{|x-a|>\varepsilon} \varphi(x) \Delta |x-a|^{2-n} dx \right.$$
$$\left. + \int_{|x-a|=\varepsilon} \left\{ \frac{\partial\varphi}{\partial\nu}(x)|x-a|^{2-n} - \varphi(x)\frac{\partial}{\partial\nu}|x-a|^{2-n} \right\} d\sigma(x) \right) \quad (4.70)$$

となる. $\partial/\partial\nu$ は球面上の $|x-a| > \varepsilon$ から見て外向き法線方向, すなわち動径が小さくなる方向への微分, $d\sigma$ は球面の面積要素である. 問 4.92 で示したように $|x-a|^{2-n}$ は $x \neq a$ で C^∞ 級で $\Delta(|x-a|^{2-n}) = 0$. また, 球面 $|x-a| = \varepsilon$ 上

$$\frac{\partial}{\partial\nu}|x-a|^{2-n} = (n-2)|x-a|^{1-n} = (n-2)\varepsilon^{1-n}$$

である. これより (4.70) は

$$\lim_{\varepsilon \to 0} \left(\varepsilon^{2-n} \int_{|x-a|=\varepsilon} \frac{\partial\varphi}{\partial\nu}(x) d\sigma(x) - (n-2)\varepsilon^{1-n} \int_{|x-a|=\varepsilon} \varphi(x) d\sigma(x) \right)$$

に等しい. ここで $\sup |\nabla\varphi(x)| = M$ とすれば, $|$ 第 1 項 $| \leq M\omega_n \varepsilon \to 0 \ (\varepsilon \to 0)$. また $\varepsilon \to 0$ のとき

第 2 項 $=$ "$\varphi(x)$ の球面 $|x-a| = \varepsilon$ 上の平均値" $\times \omega_n(n-2) \to (n-2)\omega_n\varphi(a)$.

ゆえに $\langle -\Delta |x-a|^{2-n}, \varphi \rangle = (n-2)\omega_n\varphi(a)$. これが示すべきことであった. $\square$

4.3.5 超関数の変数変換

$y = y(x)$ およびその逆写像 $x = x(y)$ を $\mathbb{R}^n$ の微分同型写像とする. $f, \varphi \in C_0^\infty(\mathbb{R}^n)$ に対して積分の変数変換公式

$$\int_{\mathbb{R}^n} f(y(x))\varphi(x)dx = \int_{\mathbb{R}^n} f(y)\varphi(x(y)) \left| \det \frac{\partial x}{\partial y}(y) \right| dy \quad (4.71)$$

が成立する. そこで超関数の変数変換では, $\mathbb{R}^n$ 上の分布の変換のように, $T(x)dx$ が体積要素として変換すると考えることにする.

4.3 超関数   273

定義 4.94　$y = y(x)$ を $\mathbb{R}^n$ の C^∞ 級微分同型写像で $\varphi(x) \to \varphi(x(y))$ $|\det(\partial x/\partial y)(y)|$ が $\mathcal{S}$ から $\mathcal{S}$ への連続線形作用素を引き起こすとき，超関数 $T(y(x))$ を

$$\int_{\mathbb{R}^n} T(y(x))\varphi(x)dx = \int_{\mathbb{R}^n} T(y)\varphi(x(y)) \left|\det \frac{\partial x}{\partial y}\right| dy, \quad \varphi \in \mathcal{S} \qquad (4.72)$$

によって定義する．

例 4.95　(1) [平行移動] $y(x) = x - h$ のとき，

$$\int T(x - h)\varphi(x)dx = \int T(x)\varphi(x + h)dx.$$

とくに $\delta(x - a) = \delta_a$ である．

(2) [線形変換] A が n 次正則行列のとき，

$$\int T(Ax)\varphi(x)dx = |\det A|^{-1} \int T(x)\varphi(A^{-1}x)dx.$$

とくに，$\delta_a(Ax) = |\det A|^{-1}\delta_{A^{-1}a}$ となる．δ_0 は $-n$ 次同次関数である．

4.3.6　超関数の収束

定義 4.96　(1) $T \in \mathcal{S}'$ とする．超関数の列 $T_n \in \mathcal{S}'$, $n = 1, 2, \ldots$ は

$$\lim_{n \to \infty} T_n(\varphi) = T(\varphi), \quad \forall \varphi \in \mathcal{S} \qquad (4.73)$$

を満たすとき，T に収束するといい，$T_n \xrightarrow{\mathcal{S}'} T$ とかく．連続パラメータをもつ場合も同様に定義する．

(2) 超関数の無限級数 $\sum_{j=1}^{\infty} T_j$ は部分和の列 $S_n = \sum_{j=1}^{n} T_j$ が収束するとき収束するといい，$\sum_{j=1}^{\infty} T_j = \lim_{n \to \infty} S_n$ と定義する．

■$\mathcal{S}'(\mathbb{R}^n)$ の完備性　次は一様有界性の定理（定理 4.50）の直接的な帰結である．

274 第 4 章 フーリエ変換と超関数

定理 4.97　$\{T_n\} \subset \mathcal{S}'$ を超関数列とする．任意の $\varphi \in \mathcal{S}$ に対して $\lim_{n\to\infty} T_n(\varphi)$ が存在すれば，$T(\varphi) = \lim_{n\to\infty} T_n(\varphi)$ は超関数で $\lim_{n\to\infty} T_n = T$ が成立する．

問 4.98　ある緩増加局所可積分関数 $g(x)$ に対して $|f_n(x)| \leq g(x)$ を満たす $\mathbb{R}^n$ の局所関数列 $f_n(x)$ が $n \to \infty$ において，任意の有界部分集合上一様に $f(x)$ に収束すれば，$T_{f_n} \xrightarrow{\mathcal{S}'} T_f$ であることを示せ．

問 4.99　任意の $n \in \mathbb{N}$ に対して $\sum_{k=1}^{\infty} k^n \delta(x-k)$ は収束することを示せ．

注意 4.100　$\{K_\varepsilon(x) = (2\pi\varepsilon)^{-1/2} e^{-x^2/2\varepsilon} : \varepsilon > 0\}$ は $\mathbb{R}^1$ 上の総和核で，$\varepsilon \to 0$ のとき $K_\varepsilon(x) \to \delta_0(x)$ である．超関数どうしの積が可能であれば，$K_\varepsilon(x)^2 \to \delta(x)^2$ となるべきであるが，$\varphi(0) > 0$ であれば，$\varepsilon \to 0$ のとき，

$$\int_{-\infty}^{\infty} K_\varepsilon^2(x)\varphi(x)dx = \frac{1}{2\pi\sqrt{\varepsilon}} \int_{-\infty}^{\infty} e^{-x^2} \varphi(\sqrt{\varepsilon}x)dx \to \infty$$

である．これから，超関数 $\delta(x)^2$ の定義が困難であることが理解されよう．

■微分の連続性

定理 4.101　微分演算 $\partial^\alpha : T \to \partial^\alpha T$ は $\mathcal{S}'$ 上の連続線形写像である．

証明　$T_n \xrightarrow{\mathcal{S}'} T$ とする．任意の $\varphi \in \mathcal{S}$，多重指数 α に対し，$n \to \infty$ において

$$\langle \partial^\alpha T_n, \varphi \rangle = (-1)^{-|\alpha|} \langle T_n, \partial^\alpha \varphi \rangle \to (-1)^{-|\alpha|} \langle T, \partial^\alpha \varphi \rangle = \langle \partial^\alpha T, \varphi \rangle.$$

ゆえに $\partial^\alpha T_n \xrightarrow{\mathcal{S}'} \partial^\alpha T$ である．∂^α は明らかに線形写像である．　　　　□

例 4.102　(1) $\{K_n(x)\}$ をポワソン核，フェイエー核，熱核など一次元総和核とする．$n \to \infty$ のとき，$K_n(x) \xrightarrow{\mathcal{S}'} \delta_0(x)$ だから $K_n'(x) \to \delta_0'(x)$ である．

(2) f_n が可積分関数列 $\|f_n - f\|_1 \to 0$ $(n \to \infty)$ であれば，$f_n \xrightarrow{\mathcal{S}'} f$ だから，任意の α に対して $\partial^\alpha f_n \xrightarrow{\mathcal{S}'} \partial^\alpha f$．

系 4.103（項別微分定理）　$\sum_{j=1}^{\infty} T_j = S$ であれば，$\sum_{j=1}^{\infty} \partial^\alpha T_j = \partial^\alpha S$ である．

4.3 超関数   275

問 4.104 系 4.103 を証明せよ.

一般の関数はもちろん微分が何回でもできるわけにはいかない. また, 微分と極限の入れ換え, 項別微分を行うためには, 何らかの条件が必要で, 1・2 年生で学ぶ微分積分においてこれらの条件の記憶に苦労された読者も多いだろう. これに対して, 超関数は何回でも自由に微分ができるし, 微分と極限の入れ換え, 項別微分などもまったく自由である. このような演算あるいは解析的操作の自由性は超関数がもたらした大きな成果である.

■**超関数のパラメータに関する微分** 超関数に対する変数変換公式を用いれば,

$$\lim_{h \to 0} \left\langle \frac{\delta(x+h) - \delta(x)}{h}, \varphi \right\rangle = \lim_{h \to 0} \frac{\varphi(-h) - \varphi(0)}{h} = -\varphi'(0) = \langle \delta_0', \varphi \rangle$$

であるから, **超関数の微分が通常の微分と同様に**

$$\lim_{h \to 0} \frac{\delta(x+h) - \delta(x)}{h} = \delta'(x) \quad (\mathcal{S}' \text{における収束})$$

と定義できることがわかる.

これは一般の超関数に対して成立する.

定理 4.105 $T \in \mathcal{S}'(\mathbb{R}^n)$ とする. $h \to 0$ のとき

$$\frac{T(x + h\boldsymbol{e}_j) - T(x)}{h} \xrightarrow{\mathcal{S}'} \frac{\partial T}{\partial x_j}(x), \quad j = 1, 2, \ldots, n. \tag{4.74}$$

定理の証明には次が必要である. この補題はのちにも用いる.

補題 4.106 $\varphi \in \mathcal{S}$ に対して, パラメータ $x \in \mathbb{R}^n$ に依存する $y \in \mathbb{R}^n$ の関数を $\varphi_x(y) = \varphi(x+y)$ と定める. $h \to 0$ のとき, 任意の $x \in \mathbb{R}^n$ に対して

$$\frac{\varphi_{x+h\boldsymbol{e}_j}(y) - \varphi_x(y)}{h} \xrightarrow{\mathcal{S}} \left(\frac{\partial \varphi}{\partial x_j}\right)_x (y) = \frac{\partial \varphi}{\partial x_j}(x+y), \quad j = 1, \ldots, n \tag{4.75}$$

である. このことを, $x \to \varphi_x \in \mathcal{S}$ は $\mathcal{S}$ 値関数として**偏微分可能**であるという. このとき, 導関数は通常の導関数に一致する.

補題 4.106 を繰り返し適用すれば次の系が得られる.

276   第 4 章　フーリエ変換と超関数

系 4.107　φ_x は，$\mathcal{S}$ 値関数として C^∞ 級である．次が成立する：

$$\frac{\partial^\alpha \varphi_x}{\partial x^\alpha}(y) = \left(\frac{\partial^\alpha \varphi}{\partial x^\alpha}\right)_x(y).$$

補題 4.106 の証明　$n=1$, $x=0$ のときに証明する．一般の n, x のときも同様である．

$$\psi_h(y) = \frac{\varphi_h(y) - \varphi_0(y)}{h} - \varphi'(y)$$

と定義する．テイラーの定理によって

$$\psi_h(y) = h \int_0^1 (1-t)\varphi''(y+th)dt.$$

$|h| \leq 1/2$, $0 < t < 1$ のとき，$(1+|y|) \leq 2(1+|y+th|)$ だから，$k = 0, 1, \ldots$ のとき

$$p_k(\psi_h) \leq |h| \sup_{y \in \mathbb{R}} \{2^k(1+|y|)^k \sum_{j=2}^{k+2} |\varphi^{(j)}(y)|\} \leq 2^k |h| p_{k+2}(\varphi) \to 0 \quad (h \to 0).$$

したがって，$\mathcal{S}(\mathbb{R}^1)$ において (4.75) が成立する． □

定理 4.105 の証明　$n = 1$ のときに証明する．一般次元のときも同様である．$\varphi_h(x) = \varphi(x+h)$ とかく．変数変換，補題 4.106，微分の定義を順次用いると

$$\lim_{h \to 0} \left\langle \frac{T(x+h) - T(x)}{h}, \varphi \right\rangle = \lim_{h \to 0} \left\langle T, \frac{\varphi_{-h} - \varphi}{h} \right\rangle = -\langle T, \varphi' \rangle = \langle T', \varphi \rangle.$$

これは (4.74) を意味する． □

　一般のパラメータに依存する超関数の微分は次のように定義する．

定義 4.108　$I = (a, b)$ を開区間，$T_\lambda \in \mathcal{S}'(\mathbb{R}^n)$ を $\lambda \in I$ に依存する超関数族とする．$\mathcal{S}'$ における極限値

$$\lim_{\lambda \to \lambda_0} \frac{T_\lambda - T_{\lambda_0}}{\lambda - \lambda_0} \tag{4.76}$$

が存在するとき，T_λ は $\lambda_0 \in I$ において $\mathcal{S}'$ 値関数として微分可能であるといい，極限値 (4.76) を $(dT_\lambda/d\lambda)(\lambda_0)$ とかく．任意の $\lambda \in I$ において微分可能なとき，T_λ は I 上微分可能であるといい，$dT_\lambda/d\lambda$ をその導関数という．

4.3.7 超関数と関数の合成積

$\varphi \in \mathcal{S}(\mathbb{R}^n)$ の反転 $\tilde{\varphi}(y)$ と平行移動 $\varphi_x(y)$ を

$$\tilde{\varphi}(y) = \varphi(-y), \quad \varphi_x(y) = \varphi(y - x), \quad x, y \in \mathbb{R}^n$$

と定義する．ここで，$\varphi_x(y)$ は前項と違った意味で使われているが混乱はないであろう．$\varphi \in \mathcal{S}$ であれば，各 $x \in \mathbb{R}^n$ に対して $(\tilde{\varphi})_x(y) = \varphi(x - y)$ は y の急減少関数である．反転と平行移動を用いれば $\varphi, \psi \in \mathcal{S}$ の合成積は

$$(\psi * \varphi)(x) = \int_{\mathbb{R}^n} \psi(y)\varphi(x - y)dy = \int_{\mathbb{R}^n} \psi(y)(\tilde{\varphi})_x(y)dy = \langle \psi, (\tilde{\varphi})_x \rangle$$

と表される．ψ を $T \in \mathcal{S}'$ で置き換えて T と φ の合成積を次のように定義する．

定義 4.109（合成積）　$T \in \mathcal{S}'$ と $\varphi \in \mathcal{S}$ の合成積 $(T * \varphi)(x) = (\varphi * T)(x)$ を次で定義する：

$$(T * \varphi)(x) = \langle T, (\tilde{\varphi})_x \rangle = \int T(y)\varphi(x - y)dy, \qquad x \in \mathbb{R}^n.$$

問 4.110　任意の $\varphi \in \mathcal{S}$ に対して，$\delta_0 * \varphi = \varphi * \delta_0 = \varphi$ を示せ．

注意 4.111　関数どうしの合成積に対しては $f * g = g * f$ が成立する．超関数と急減少関数の合成積に対しては初めから $T * \varphi = \varphi * T$ とする．

■$T * \varphi$ は滑らかな緩増加関数

定理 4.112　$T \in \mathcal{S}', \varphi \in \mathcal{S}$ とする．

(1) $T * \varphi$ は緩増加 C^∞ 級関数である．（したがって $T * \varphi \in \mathcal{S}'(\mathbb{R}^n)$ と考えることができる．）

(2) 任意の α に対して，$\partial^\alpha(T * \varphi) = T * \partial^\alpha \varphi = \partial^\alpha T * \varphi$.

(3) T が任意の $\psi \in \mathcal{S}$ に対して $|T(\psi)| \leq C p_N(\psi)$ を満たすとき，$(T * \varphi)(x)$ の導関数は

$$|\partial^\alpha(T * \varphi)(x)| \leq C p_{N+|\alpha|}(\varphi)(1 + |x|)^N, \qquad x \in \mathbb{R}^n \qquad (4.77)$$

を満たす．N は仮定に現れた N，2 つの C は同じ定数である．

証明 $n = 1$ のときに証明する．一般の n に対する証明もほぼ同様である．

(i) まず $T * \varphi$ は C^∞ 級で，(2) が成立することを示そう．補題 4.106 によって，$\varphi \in \mathcal{S}$ のとき，$\mathbb{R} \ni x \mapsto (\tilde{\varphi})_x \in \mathcal{S}$ は $\mathcal{S}$ 値微分可能関数で，$h \to 0$ のとき

$$\frac{(\tilde{\varphi})_{x+h}(y) - (\tilde{\varphi})_x(y)}{h} \xrightarrow{\mathcal{S}_y} (\tilde{\varphi'})_x(y) = -(\tilde{\varphi}_x)'(y).$$

写像 $T: \mathcal{S} \to \mathbb{C}$ は連続だから，これより

$$\frac{(T * \varphi)(x + h) - (T * \varphi)(x)}{h} = \frac{\langle T, (\tilde{\varphi})_{x+h}\rangle - \langle T, (\tilde{\varphi})_x\rangle}{h} = \left\langle T, \frac{(\tilde{\varphi})_{x+h} - (\tilde{\varphi})_x}{h} \right\rangle$$

$$\xrightarrow{h \to 0} \langle T, (\tilde{\varphi'})_x\rangle = -\langle T, (\tilde{\varphi}_x)'\rangle = \langle T', \tilde{\varphi}_x\rangle = (T' * \varphi)(x). \tag{4.78}$$

ゆえに，$(T * \varphi)(x)$ は微分可能で，(4.78) の第 1 式，第 4 式，第 6 式をとり出すと

$$(T * \varphi)'(x) = (T * \varphi')(x) = (T' * \varphi)(x). \tag{4.79}$$

(4.79) を繰り返し用いると，$T * \varphi \in C^\infty(\mathbb{R})$ で，$j = 1, 2, \ldots$ に対して $(T * \varphi)^{(j)} = T * \varphi^{(j)} = T^{(j)} * \varphi$ が成立することがわかる．よって (2) が成立する．

(ii) (3) を示す．(1) は (3) からしたがう．T が (3) の条件を満たすとする．このとき，

$$|(T * \varphi)^{(j)}(x)| = |(T * \varphi^{(j)})(x)| = |\langle T, (\widetilde{\varphi^{(j)}})_x\rangle| \le C p_N (\widetilde{\varphi^{(j)}})_x. \tag{4.80}$$

$(\widetilde{\varphi^{(j)}})_x(y) = \varphi^{(j)}(x - y)$ だから $(1 + |y|) \le (1 + |x - y|)(1 + |x|)$ を用いれば，

$$p_N(\widetilde{\varphi^{(j)}})_x \le (1 + |x|)^N \sup_{y \in \mathbb{R}} (1 + |x - y|)^N \sum_{k=0}^{N} |\varphi^{(j+k)}(x - y)| \le p_{N+j}(\varphi)(1 + |x|)^N.$$

ゆえに，

$$|(T * \varphi)^{(j)}(x)| \le C p_{N+j}(\varphi)(1 + |x|)^N. \tag{4.81}$$

よって (1), (3) が成立する． $\qquad \square$

■ T がコンパクト台をもつときの $T * \varphi$

定理 4.113 (1) $T \in \mathcal{E}'(\mathbb{R}^n)$，$\varphi \in \mathcal{S}(\mathbb{R}^n)$ のとき，$T * \varphi \in \mathcal{S}$ である．

(2) $T \in \mathcal{E}'(\mathbb{R}^n)$ を任意に固定するとき，$\mathcal{S} \ni \varphi \mapsto T * \varphi \in \mathcal{S}$ は連続線形作用素である．

4.3 超関数　　279

証明 $\operatorname{supp} T = K$ をコンパクトとしよう. $\operatorname{supp} T \subset G$ を満たす有界開集合 G をとれば (4.61) によって, ある定数 N, C が存在して

$$|(T*\varphi)^{(j)}(x)| \le C \sum_{0 \le k \le N} \sup_{y \in G}\{|D_y^k \varphi^{(j)}(x-y)| : y \in G\} \le C(1+|x|)^{-N-j}p_{N+j}(\varphi).$$

ゆえに, $T*\varphi \in \mathcal{S}$ で, 任意の $j = 0, 1, \dots$ に対して,

$$p_j(T*\varphi) \le Cp_{N+j}(\varphi)$$

が成立する. したがって, $\mathcal{S} \ni \varphi \to T*\varphi \in \mathcal{S}$ は連続である. □

■$T*\varphi$ の T, φ に関する連続依存性

定理 4.114 (1) $\varphi \in \mathcal{S}$ のとき, $\mathcal{S}' \ni T \mapsto T*\varphi \in \mathcal{S}'$ は連続線形作用素である.

(2) $T \in \mathcal{S}'$ のとき, $\mathcal{S} \ni \varphi \mapsto T*\varphi \in \mathcal{S}'$ は連続線形作用素である.

証明 ここでは (1) のみを示す. (2) は定理 4.112 の (3) からしたがう. $T_k \xrightarrow{\mathcal{S}'} T$ $(k \to \infty)$ とする. このとき, 任意の x に対して

$$(T_k*\varphi)(x) = \langle T_k, \tilde{\varphi}_x \rangle \to \langle T, \tilde{\varphi}_x \rangle = (T*\varphi)(x). \tag{4.82}$$

一方, 一様有界性の定理 (定理 4.50) によって, k によらない N と定数 $C > 0$ が存在して

$$|T_k(\varphi)| \le Cp_N(\varphi), \quad \varphi \in \mathcal{S}$$

が成立するから, 定理 4.112 の (3) によって評価式 (4.77) が k に依存しない定数を用いて成立する. とくに $\alpha = 0$ として $C_1 = Cp_N(\varphi)$ とすれば

$$|(T_k*\varphi)(x)| \le C_1(1+|x|)^N. \tag{4.83}$$

また, $p_N(\varphi_x - \varphi_{x'})$ を補題 4.106 の証明のように評価すれば, $|x - x'| \le 1$ のとき

$$|T_k*\varphi(x) - T_k*\varphi(x')| \le Cp_N(\tilde{\varphi}_x - \tilde{\varphi}_{x'}) \le C|x - x'|(1+|x|)^{N+1}p_{N+1}(\varphi).$$

ゆえに $\{T_k*\varphi\}$ は任意の有界集合上同等連続, (4.82) によって $T_k*\varphi(x)$ は $T*\varphi(x)$ に広義一様収束する (問 4.115 参照). (4.83) と合わせて任意の $\psi \in \mathcal{S}$ に対して,

$$\int (T_n*\varphi)(x)\psi(x)dx \to \int (T*\varphi)(x)\psi(x)dx$$

が成立することがわかる（問 4.98 参照）. □

問 4.115 $\Omega \subset \mathbb{R}^n$ を有界閉集合, $\{f_k(x)\}$ を Ω 上の同等連続な関数列とする. $\lim_{k\to\infty} f_k(x) = f(x)$ なら $f_k(x)$ は $f(x)$ に一様収束することを示せ.

4.3.8 超関数の近似

本項では任意の超関数が滑らかな関数でいくらでもよく近似できることを示そう. 次はよく知られた距離空間の間の写像の性質である.

補題 4.116 $K \subset \mathbb{R}^n$ をコンパクト集合とする. $\lambda \in K$ の $\mathcal{S}$ 値連続関数 u_λ は一様連続である. すなわち, 任意の $\varepsilon > 0$ に対してある $\delta > 0$ が存在して, $|\lambda - \mu| < \delta$ を満たす任意の $\lambda, \mu \in K$ に対して $d(u_\lambda, u_\mu) < \varepsilon$ が成立する.

問 4.117 有界閉集合上の実数値連続関数が一様連続であることの証明を思い出して補題 4.116 を示せ.

■$\mathcal{S}$ 値連続関数のリーマン積分　閉直方体 $K \in \mathbb{R}^m$ の小直方体 Δ_j への分割 $\Delta = \{\Delta_j : j = 1, \ldots, N\}$ に対して $|\Delta_j|$ を Δ_j の体積, $\mathrm{diam}\Delta_j$ を Δ_j の最大辺の長さ, $\delta(\Delta) = \max_{1 \le j \le N} \mathrm{diam}\Delta_j$ とする.

u_λ が $\lambda \in K$ の $\mathcal{S}(\mathbb{R}^n)$ 値連続関数のとき, 任意の $x \in \mathbb{R}^n$ に対して, $\lambda \mapsto u_\lambda(x)$ は明らかに $\lambda \in K$ の連続関数である. したがって, $\lambda_j \in \Delta_j$, $j = 1, \ldots, \lambda_N$ を任意に選んで定義したリーマン和

$$S(u_\lambda, \Delta)(x) = \sum_{j=1}^N u_{\lambda_j}(x)|\Delta_j|, \quad \lambda_j \in \Delta_j, \ \ j = 1, \ldots, N \qquad (4.84)$$

に対して

$$\lim_{\delta(\Delta)\to 0} S(u_\lambda, \Delta)(x) = \int_K u_\lambda(x)d\lambda \qquad (4.85)$$

が成立する. (4.85) が $\mathcal{S}$ における収束の意味で成立することを示そう.

補題 4.118 $\Delta = \{\Delta_j : j = 1, \ldots, N\}$ を閉直方体 $K \in \mathbb{R}^m$ の小直方体 Δ_j への分割とする.

(1) $\delta(\Delta) \to 0$ のとき, $\lambda_j \in \Delta_j$ の任意の選び方に対して,

$$S(u_\lambda, \Delta)(x) \xrightarrow{\;\mathcal{S}\;} \int_K u_\lambda(x)d\lambda. \tag{4.86}$$

(2) 任意の $T \in \mathcal{S}'$ に対して

$$\left\langle T, \int_K u_\lambda d\lambda \right\rangle = \int_K \langle T, u_\lambda \rangle d\lambda. \tag{4.87}$$

証明 分割 Δ に対して

$$\Phi_\Delta(x) = \int_K u_\lambda(x)d\lambda - S(u_\lambda, \Delta)(x), \quad \Phi_{\Delta,j}(x) = \int_{\Delta_j} (u_\lambda(x) - u_{\lambda_j}(x))d\lambda$$

と定義する．$\Phi_\Delta(x) = \sum_{j=1}^N \Phi_{\Delta,j}(x)$ である．補題 4.45 と補題 4.116 によって任意の $k = 0, 1, \ldots, \varepsilon > 0$ に対して，$\delta_{k\varepsilon}$ が存在して，$\delta(\Delta) < \delta_{k\varepsilon}$ を満たす任意の分割 Δ と $\lambda_j \in \Delta_j$ のとり方によらずに

$$\text{任意の } \lambda \in \Delta_j \text{ に対して } p_k(u_\lambda - u_{\lambda_j}) < \varepsilon, \ j = 1, 2, \ldots, N$$

が満たされることがわかる．p_k がノルムであることを用い，積分記号下で微分して $p_k(\Phi_{\Delta,j})$ を評価すれば，これより

$$p_k(\Phi_\Delta) \le \sum_{j=1}^N p_k(\Phi_{\Delta,j}) \le \sum_{j=1}^N \int_{\Delta_j} p_k(u_\lambda - u_{\lambda_j})d\lambda < |K|\varepsilon$$

である．ゆえに $\delta(\Delta) \to 0$ のとき，$\Phi_\Delta \xrightarrow{\;\mathcal{S}\;} 0$, すなわち (4.86) が成立する．(4.86) によって，任意の $T \in \mathcal{S}'$ に対して

$$\langle T, S(u_\lambda, \Delta) \rangle \to \left\langle T, \int_K u_\lambda d\lambda \right\rangle \quad (\delta(\Delta) \to 0).$$

一方，$\langle T, u_\lambda \rangle$ は $\lambda \in K$ の連続関数だから，左辺はリーマン積分の定義によって，$\delta(\Delta) \to 0$ のとき

$$\sum_{j=1}^N \langle T, u_{\lambda_j} \rangle |\Delta_j| \to \int_K \langle T, u_\lambda \rangle d\lambda.$$

ゆえに (4.87) が成立する． $\square$

関数の合成積に対しては，T が緩増加，$\varphi \in C_0^\infty$, $\psi \in \mathcal{S}$ であれば，積分の順序交換定理（定理 4.5 参照）によって

$$\int (T * \varphi)(x)\psi(x)dx = \int \left(\int T(y)\varphi(x-y)dy \right)\psi(x)dx$$

$$= \int T(y)\left(\int \varphi(x-y)\psi(x)dx \right)dy = \int T(y)(\tilde{\varphi}*\psi)(y)dy. \quad (4.88)$$

次の補題はこの関係が T を超関数としても正しいことを意味する.

補題 4.119 $T \in \mathcal{S}'(\mathbb{R}^n)$, $\varphi(x) \in C_0^\infty(\mathbb{R}^n)$, $\psi \in \mathcal{S}(\mathbb{R}^n)$ とする. 次が成立する.

$$\langle T * \varphi, \psi \rangle = \langle T, \tilde{\varphi}*\psi \rangle. \quad (4.89)$$

証明 定理 4.112 によって $(T*\varphi)(x)$ は緩増加 C^∞ 級関数. ゆえに, $(T*\varphi)(x)\psi(x)$ は積分可能で,

$$\langle T * \varphi, \psi \rangle = \int \langle T, (\tilde{\varphi})_x \rangle \psi(x)dx = \lim_{K \to \infty} \int_{|x|<K} \langle T, (\tilde{\varphi})_x \psi(x) \rangle dx.$$

ここで, $x \mapsto (\tilde{\varphi})_x(y) \cdot \psi(x)$ は y の超関数の空間 $\mathcal{S}(\mathbb{R}_y^n)$ に値をとる x の連続関数（確かめてみよ）. ゆえに (4.87) によって,

$$\int_{|x|<K} \langle T, (\tilde{\varphi})_x \cdot \psi(x) \rangle dx = \left\langle T, \int_{|x|<K} (\tilde{\varphi})_x \cdot \psi(x)dx \right\rangle. \quad (4.90)$$

$k = 1, 2, \dots$ に対して x によらない定数 C_k が存在して, $p_k((\tilde{\varphi})_x) \leq C_k(1 + |x|)^k p_k(\varphi)$. ゆえに

$$p_k\left(\int_{|x|>K} (\tilde{\varphi})_x(y) \cdot \psi(x)dx \right) \leq C p_k(\varphi) \int_{|x|>K} (1+|x|)^k |\psi(x)|dx \to 0 \quad (K \to \infty).$$

$\tilde{\varphi}*\psi \in \mathcal{S}(\mathbb{R}^n)$ だから, これより $K \to \infty$ のとき, $\int_{|x|<K} (\tilde{\varphi})_x \cdot \psi(x)dx \xrightarrow{\mathcal{S}} \tilde{\varphi}*\psi$. (4.90) の右辺は (4.89) の右辺に収束することがわかる. $\square$

■超関数の近似 1　緩増加 C^∞ 級関数による近似

定理 4.120 任意の $x \in \mathbb{R}^n$ に対して $0 \leq \varphi(x) \leq 1$ で, $\int_{\mathbb{R}^n} \varphi(x)dx = 1$ を満たす $\varphi \in C_0^\infty(\mathbb{R}^n)$ に対して $\varphi_\varepsilon(x) = \varepsilon^{-n}\varphi(x/\varepsilon)$, $\varepsilon > 0$ と定義する. このとき, 任意の $T \in \mathcal{S}'$ に対して, $T_\varepsilon = T * \varphi_\varepsilon$ は C^∞ 級緩増加関数で, $\varepsilon \to 0$ のとき $T_\varepsilon \xrightarrow{\mathcal{S}'} T$ である.

証明 定理 4.112 の (1) によって $T * \varphi_\varepsilon$ は緩増加 C^∞ 級関数である. $\psi \in \mathcal{S}$ とする. 定理 4.57 によって, $\varepsilon \to 0$ のとき, $(\widetilde{\varphi_\varepsilon}) * \psi \xrightarrow{\mathcal{S}} \psi$. ゆえに, 補題 4.119 によって,

$$\lim_{\varepsilon \to 0} \langle T * \varphi_\varepsilon, \psi \rangle = \lim_{\varepsilon \to 0} \langle T, \widetilde{\varphi_\varepsilon} * \psi \rangle = \langle T, \psi \rangle.$$

したがって $\lim_{\varepsilon \to 0} T * \varphi_\varepsilon = T$ である. □

■超関数の近似 2 $C_0^\infty(\mathbb{R}^n)$ による近似

定理 4.121 任意の $T \in \mathcal{S}'$ に対して $k \to \infty$ のとき

$$T_k(x) \xrightarrow{\mathcal{S}'} T$$

を満たす関数列 $T_1, T_2, \ldots \in C_0^\infty(\mathbb{R}^n)$ が存在する.

証明 定理 4.120 によって $S_k \xrightarrow{\mathcal{S}'} T$ を満たす緩増加 C^∞ 級の関数列 $\{S_k(x)\}$ が存在する. このとき, 一様有界性の定理 4.50 によって $N \in \mathbb{N}$ と定数 $C > 0$ が存在して

$$|\langle S_k, f \rangle| \leq C p_N(f), \quad f \in \mathcal{S}, \quad k = 1, 2, \ldots. \tag{4.91}$$

任意の x に対して $0 \leq \chi(x) \leq 1$ で, $|x| \leq 1$ のとき $\chi(x) = 1$ を満たす $\chi(x) \in C_0^\infty(\mathbb{R}^n)$ をとり, $\chi_k(x) = \chi(x/k)$, $T_k(x) = \chi(x/k) S_k(x)$ と定義する. $T_k \in C_0^\infty(\mathbb{R}^n)$ である. 任意の多重指数 β に対して $|\partial^\beta (1 - \chi_k)(x)| \leq C_\beta k^{-|\beta|}$, $k = 1, 2, \ldots$ で, $|x| \leq k$ のとき $1 - \chi_k(x) = 0$. したがって, $\psi \in \mathcal{S}(\mathbb{R}^n)$ のとき, 任意の N に対して

$$p_N(\psi - \chi_k \psi) = \sup_{x \in \mathbb{R}^n} \sum_{|\alpha|=0}^{N} (1 + |x|)^N |\partial^\alpha \{(1 - \chi_k)\psi\}(x)| \to 0 \quad (k \to \infty).$$

ゆえに, (4.91) によって $|\langle S_k, \chi_k \psi - \psi \rangle| \leq C p_N(\chi_k \psi - \psi) \to 0$.

$$\langle T_k, \psi \rangle = \langle S_k, \chi_k \psi \rangle = \langle S_k, \psi \rangle + \langle S_k, \chi_k \psi - \psi \rangle \to \langle T, \psi \rangle \quad (k \to \infty)$$

が成立する. □

■合成積の性質の一般化 定理 4.121 を用いてこれまでに得られている合成積に関するいくつかの性質を一般化しておこう.

定理 4.122　(1) $\varphi, \psi \in \mathcal{S}, T \in \mathcal{S}'$ に対して $\langle \varphi * T, \psi \rangle = \langle T, \tilde{\varphi} * \psi \rangle$ である.

(2) $\varphi, \psi \in \mathcal{S}, T \in \mathcal{S}'$ であれば $\psi * (\varphi * T) = (\psi * \varphi) * T$.

証明　$T \in \mathcal{S}'$ とする. 定理 4.121 を用いて $T_n \xrightarrow{\mathcal{S}'} T$ を満たす $T_n \in C_0^\infty$, $n = 1, 2, \dots$ をとる. (4.88), 定理 4.28 によって $\varphi, \psi \in \mathcal{S}$ に対して

$$\langle \varphi * T_n, \psi \rangle = \langle T_n, \tilde{\varphi} * \psi \rangle, \quad \psi * (\varphi * T_n) = (\psi * \varphi) * T_n \tag{4.92}$$

が成立する. $\tilde{\varphi} * \psi, \ \psi * \varphi \in \mathcal{S}$, 定理 4.114 によって $\varphi * T_n \xrightarrow{\mathcal{S}'} \varphi * T$ だから, (4.92) の両辺において $n \to \infty$ とすれば, (1), (2) がしたがう.　　　□

問 4.123　T をコンパクト台 K をもつ超関数とする. $\varphi \in C_0^\infty(\mathbb{R}^n)$ に対して $T * \varphi \in C_0^\infty(\mathbb{R}^n)$ で, $\operatorname{supp} \varphi \subset \{x : |x| \leq R\}$ のとき, $\operatorname{supp}(T * \varphi) \subset \{x + y : x \in K, |y| \leq R\}$ であることを示せ.

問 4.124　T をコンパクト台 K をもつ超関数とする. 任意の開集合 $G \supset K$ に対して, 定理 4.121 の $T_n \in C_0^\infty(\mathbb{R}^n)$ を $\operatorname{supp} T_n \subset G$ を満たすようにとれることを示せ.

4.3.9　超関数と超関数の合成積

定理 4.122 の (1) によって

$$\langle \varphi * T, \psi \rangle = \langle T, \tilde{\varphi} * \psi \rangle$$

である. 一方, 定理 4.113 によって $\varphi \in \mathcal{E}'$ なら $\tilde{\varphi} * \psi \in \mathcal{S}$ である. そこで緩増加超関数とコンパクト台をもつ超関数との合成積をこれを用いて定義しよう. 超関数に対しても $\tilde{S}(x) = S(-x)$ と定義する.

定理 4.125　$T \in \mathcal{S}', S \in \mathcal{E}'$ のとき,

$$\mathcal{S} \ni \varphi \to \langle T, \tilde{S} * \varphi \rangle \in \mathbb{C} \tag{4.93}$$

は緩増加超関数である. この超関数を T と S の**合成積**と呼び, $T * S$ あるいは $S * T$ とかく. このとき次が成り立つ.

(1) $\partial^\alpha(T * S) = \partial^\alpha T * S = T * \partial^\alpha S$.

(2) $S \in \mathcal{E}'$ を固定するとき, $\mathcal{S}' \ni T \to T * S \in \mathcal{S}'$ は連続である.

証明 (1) $S \in \mathcal{E}'(\mathbb{R}^n)$ であれば，明らかに $\tilde{S} \in \mathcal{E}'(\mathbb{R}^n)$ である．定理 4.114 によって $\varphi \in \mathcal{S}$ のとき，$\tilde{S} * \varphi \in \mathcal{S}(\mathbb{R}^n)$ で $\mathcal{S} \ni \varphi \to \tilde{S} * \varphi \in \mathcal{S}$ は $\mathcal{S}$ の連続線形作用素である．したがって，(4.93) は $\mathcal{S}$ 上の連続線形汎関数である．微分，合成積の定義と定理 4.112 (2) によって

$$\langle \partial^\alpha (T * S), \varphi \rangle = (-1)^{|\alpha|} \langle T * S, \partial^\alpha \varphi \rangle = (-1)^{|\alpha|} \langle T, \tilde{S} * \partial^\alpha \varphi \rangle \tag{4.94}$$

$$= (-1)^{|\alpha|} \langle T, \partial^\alpha (\tilde{S} * \varphi) \rangle = \langle \partial^\alpha T, \tilde{S} * \varphi \rangle = \langle \partial^\alpha T * S, \varphi \rangle. \tag{4.95}$$

ゆえに，$\partial^\alpha (T * S) = \partial^\alpha T * S$ である．一方，(4.94) の右辺は

$$\langle T, \widetilde{\partial^\alpha S} * \varphi \rangle = \langle T * \partial^\alpha S, \varphi \rangle$$

にも等しい．ゆえに，$\partial^\alpha (T * S) = T * \partial^\alpha S$ でもある．

(2) $\tilde{S} * \varphi \in \mathcal{S}$ だから，$\mathcal{S}'$ における収束の定義から (2) は明らかである．　　□

定理 4.126 任意の $T \in \mathcal{S}'$ に対して $T * \delta_0 = T$ である．

証明 $\tilde{\delta_0} = \delta_0$, 任意の $\varphi \in \mathcal{S}$ に対して $\delta_0 * \varphi = \varphi$ だから $\langle T * \delta_0, \varphi \rangle = \langle T, \delta_0 * \varphi \rangle = \langle T, \varphi \rangle$. ゆえに $T * \delta_0 = T$ である．　　□

4.3.10 超関数の局所構造定理

定理 4.121 において超関数は $C_0^\infty(\mathbb{R}^n)$ の関数列の極限であることを示した．この項では超関数は任意の有界集合上においてある連続関数の導関数であることを示そう．正確には次を示す．

定理 4.127 $T \in \mathcal{E}'(\mathbb{R}^n)$ とする．ある連続関数 $g(x)$ と多重指数 α が存在して $T = \partial^\alpha g$ である．

証明 $n = 1$ のときに証明する．一般の n に拡張するのは読者に任せる．ある N が存在して任意の開集合 $G \ni \mathrm{supp}\, T$ に対して

$$|T(u)| \le C \sup_{x \in G} \sum_{|\alpha| \le N} |\partial^a u(x)| \tag{4.96}$$

が成立する（定理 4.81 参照）．この N を用いて

$$\delta^N(x) = \begin{cases} x^{N+2}/(N+2)!, & x \ge 0 \\ 0, & x < 0 \end{cases}$$

と定義する. $\delta^N(x)$ は C^{N+1} 級緩増加関数で $(d/dx)^{N+3}\delta^N(x) = \delta_0(x)$ である. したがって, 定理 4.125 によって

$$(d/dx)^{N+3}(T * \delta^N) = T.$$

$T * \delta^N$ が連続関数の定める超関数であることを示せばよい. $a_+ = \max(a, 0)$ とかく. $\int \chi(x)dx = 1$ を満たす $C_0^\infty((-1,1))$ をとり, $\chi_\varepsilon(x) = \varepsilon^{-1}\chi(x/\varepsilon)$,

$$\delta^{N,\varepsilon}(x) = \delta^N * \chi_\varepsilon(x) = \frac{1}{(N+2)!} \int_{-1}^1 (x - \varepsilon y)_+^{N+2} \chi(y)dy, \quad 0 < \varepsilon < 1$$

と定義する. $\delta^{N,\varepsilon} \in C^\infty(\mathbb{R})$ で, $0 < \varepsilon < 1$ によらない定数 C が存在して

$$\sum_{|\alpha| \le N} |\partial^\alpha(\delta^{N,\varepsilon}(x) - \delta^N(x))| \le C\varepsilon\langle x\rangle^{N+1}, \tag{4.97}$$

任意の $\varphi \in \mathcal{S}$, $\operatorname{supp} T \Subset G$ を満たす有界開集合 G に対して

$$\sup_G \sum_{|\alpha| \le N} \left| \partial^\alpha \left(\widetilde{\delta^{N,\varepsilon}} * \varphi(x) - \widetilde{\delta^N} * \varphi(x) \right) \right| \le C\varepsilon.$$

したがって, (4.96) によって $T * \delta^{N,\varepsilon} \xrightarrow{\mathcal{S}'} T * \delta^N$. 一方, ふたたび (4.96) によって

$$|T * \delta^{N,\varepsilon}(x) - T * \delta^{N,\varepsilon'}(x)|$$
$$\le C \sup_{y \in G} \sum_{|\alpha| \le N} |\partial_y^\alpha(\delta^{N,\varepsilon}(x-y) - \delta^{N,\varepsilon'}(x-y))| \le C|\varepsilon - \varepsilon'|\langle x\rangle^{N+2}.$$

したがって, $\varepsilon \to 0$ のとき, $T * \delta^{N,\varepsilon}(x)$ は任意のコンパクト集合上で連続関数に一様収束する. (4.97) から $|T * \delta^{N,\varepsilon}(x)| \le C(1 + |x|)^N$ でもある. したがって, $T * \delta^N(x) = \lim_{\varepsilon \to 0} T * \delta^{N,\varepsilon}(x)$ は連続関数である. $\qquad\square$

注意 4.128 $T * \delta^N$ はコンパクト台をもたない. しかし $f \in C_0^\infty(G)$ を K の近傍で 1 を満たす関数とすれば, $T = f(d/dx)^{N+3}(T * \delta^N) = \{(d/dx)^{N+3}f + [f, (d/dx)^{N+3}]\}(T * \delta^N)$. ただし線形作用素に対して $[A, B] = AB - BA$. $[f, (d/dx)^{N+3}]$ は $N + 2$ 次微分作用素であるから, T をコンパクト台をもつ有限個の連続関数の導関数の和としてかくことはできる.

■**台が 1 点の超関数** 台が 1 点からなる超関数に対する次の定理はよく用いられる.

        4.3　超関数　　　287

定理 4.129　台が 1 点 $\{a\}$ からなる超関数 T はデルタ関数 δ_a とその導関数の有限一次結合である：

$$T = \sum_{|\alpha| \leq N} C_\alpha \partial^\alpha \delta_a. \tag{4.98}$$

証明　一次元の場合に証明する．多次元の場合の証明も同様である．$a = 0$ として一般性を失わない．$|T(\varphi)| \leq C p_N(\varphi)$, $\varphi \in \mathcal{S}(\mathbb{R})$ を満たす N が存在する．0 の近傍で $\psi(x) = 1$, $|x| \geq 1$ のとき $\psi(x) = 0$ を満たす $\psi \in C^\infty(\mathbb{R})$ を任意に選んで固定し，$\psi_\varepsilon(x) = \psi(x/\varepsilon)$, $\varepsilon > 0$ と定義する．$x = 0$ の近傍で $\psi_\varepsilon(x) = 1$ だから，

$$T(\varphi) = T(\psi_\varepsilon \varphi), \quad \varphi \in \mathcal{S}(\mathbb{R}). \tag{4.99}$$

テイラーの剰余公式によって

$$\varphi(x) = \varphi(0) + \cdots + \frac{\varphi^{(N)}(0)}{N!} x^N + R_N(x),$$

$$R_N(x) = \frac{x^{N+1}}{N!} \int_0^1 (1-\theta)^N \varphi^{(N+1)}(\theta x) d\theta.$$

剰余項 $R_N(x)$ の N 階までの導関数は $x \times C^\infty$ 級関数の形，$|x| > \varepsilon$ のとき $\psi_\varepsilon(x) = 0$ だから，$\varepsilon \to 0$ のとき

$$p_N(\psi_\varepsilon R_N) = \sum_{k=0}^N \sup(1 + |x|)^N \{|(\psi_\varepsilon R_N)^{(k)}(x)| : x \in \mathbb{R}\} \leq C\varepsilon \to 0.$$

$T(\psi_\varepsilon R_N)$ は $\varepsilon > 0$ によらないからこれより

$$|T(\psi_\varepsilon R_N)| = \lim_{\varepsilon \to 0} |T(\psi_\varepsilon R_N)| \leq \lim_{\varepsilon \to 0} C p_N(\psi_\varepsilon R_N) = 0$$

である．したがって，

$$T(\varphi) = T(\psi_\varepsilon \varphi) = \varphi(0) T(\psi_\varepsilon) + \frac{\varphi'(0)}{1!} T(\psi_\varepsilon x) + \cdots + \frac{\varphi^{(N)}(0)}{N!} T(\psi_\varepsilon x^N).$$

$C_0 = T(\psi_\varepsilon)$, $C_1 = -T(\psi_\varepsilon x), \ldots,$ $C_N = (-1)^N T(\psi_\varepsilon x^N)/N!$ とおけば，

$$T = C_0 \delta + C_1 \delta' + \cdots + C_N \delta^{(N)}$$

である．$C_0, \ldots, C_N$ は ε によらないことに注意しよう．　　　　　□

4.3.11 超関数に対する常微分方程式の簡単な例

ここでは超関数に対する簡単な常微分方程式を解いて，通常の解と超関数の解との違いを指摘する．C^∞ 級緩増加関数 $a_j(x)$ を係数とする $\mathbb{R}$ 上の常微分方程式

$$a_0(x)\frac{d^n T}{dx^n} + a_1(x)\frac{d^{n-1}T}{dx^{n-1}} + \cdots + a_n(x)T = f(x) \tag{4.100}$$

を考える．$I = (a, b)$ を開区間とする．超関数の意味で (4.100) を満たす T，すなわち任意の $\varphi \in C_0^\infty(a, b)$ に対して

$$\left\langle T, (-1)^n (a_0\varphi)^{(n)} + (-1)^{n-1}(a_1\varphi)^{(n-1)} + \cdots + a_n(x)\varphi(x)\right\rangle = \langle f, \varphi\rangle \tag{4.101}$$

を満たす $T \in \mathcal{S}'(\mathbb{R})$ を (4.100) の区間 I 上の**超関数解**，あるいは**弱解**という．弱解に対して C^n 級で (4.100) を満たす $T(x)$ は**古典解**と呼ばれる．

定理 4.130 (1) (a, b) 上の $dT/dx = 0$ の弱解 T は (a, b) 上定数に等しい．

(2) $q, r \in C^\infty(\mathbb{R})$ とする．一階線形方程式 $T' + qT = r$ の弱解 $T \in \mathcal{S}'(\mathbb{R})$ は古典解

$$T = Ce^{-Q} + \int_a^x e^{Q(y)-Q(x)}r(y)dy \tag{4.102}$$

に等しい．ただし C は任意定数，Q は q の不定積分である．

証明 (1) $\int_a^b \varphi_0(x)dx = 1$ を満たす $\varphi_0 \in C_0^\infty(a, b)$ を任意にとって固定し $C_0 = \langle T, \varphi_0\rangle$ と定義する．任意の $\varphi \in C_0^\infty(a, b)$ に対して

$$\tilde{\varphi}(x) = \varphi(x) - \varphi_0(x)\int_a^b \varphi(y)dy, \quad \psi(x) = \int_a^x \tilde{\varphi}(y)dy$$

と定義する．$\psi \in C_0^\infty(a, b)$ である（確かめよ）．$T' = 0$ だから

$$0 = \langle T', \psi\rangle = -\langle T, \psi'\rangle = -\langle T, \tilde{\varphi}\rangle = -\langle T, \varphi\rangle + C_0\int_a^b \varphi(y)dy, \quad C_0 = \langle T, \varphi_0\rangle.$$

したがって，

$$\langle T, \varphi\rangle = C_0\int_a^b \varphi(y)dy = \langle C_0, \varphi\rangle.$$

T は (a, b) 上定数 C_0 に等しい．

4.3 超関数　　289

(2) $a \in \mathbb{R}$ を任意にとる．T が $T' + qT = r$ の弱解であれば

$$\frac{d}{dx}\left(e^Q T - \int_a^x e^Q r dx\right) = 0.$$

したがって，(1) によって，$e^Q T - \int_a^x e^Q r = C$，$T$ は (4.102) で与えられる古典解である．　　　　　　　　　　　　　　　　　　　　　　　　　　　　□

　この定理から，一階線形微分方程式 $dT/dx + qT = r$ の弱解はすべて古典解で，超関数まで解の枠を広げても古典解以外の新しい解は現れないことがわかる．このことは一般の方程式 (4.100) においても，$f(x)$ が滑らかで $a_0(x) \neq 0$，すなわち (4.100) が正規型であれば正しい．この事実を (4.100) の**弱解の正則性**という．

■非正規型微分方程式の弱解　$a_0(x) = 0$ となる点が存在して方程式が正規型でなくなると弱解の正則性が成立せず新たなクラスの解が現れることがある．これを例によってみてみよう．

例 4.131　$x dT/dx = 0$ の一般の弱解は不連続な関数

$$T(x) = \begin{cases} C_1, & x \geq 0 \\ C_2, & x < 0 \end{cases} \tag{4.103}$$

（の定義する超関数）で与えられる．ただし，C_1, C_2 は任意の定数である．(4.103) の右辺は $T(0)$ をどのように定めても同じ超関数を定義することに注意せよ．

証明　$U \subset \mathbb{R} \setminus \{0\}$ が開集合のとき，任意の $\varphi \in C_0^\infty(U)$ に対して $\psi(x) := (1/x)\varphi(x) \in C_0^\infty(U)$ である．したがって，T が $x dT/dx = 0$ の弱解なら

$$\left\langle \frac{dT}{dx}, \varphi \right\rangle = \left\langle x\frac{dT}{dx}, \psi \right\rangle = 0.$$

ゆえに超関数の局所化定理によって $(-\infty, 0)$, $(0, \infty)$ のおのおのの上で $dT/dx = 0$. 定理 4.130 によって C_1, C_2 を任意定数として $T(x) = C_1$, $-\infty < x < 0$, $T(x) = C_2$, $0 < x < \infty$ でなければならない．そこで，任意の定数 C_1, C_2 に対して $T_1(x)$ を $x \neq 0$ のときは (4.103) の右辺で，$x = 0$ では任意に C をとって $T_1(0) = C$ と定

義すれば, $T_1(x)$ は局所リーマン可積分, $T_1(x)$ の定義する超関数 T_1 は $\varphi \in \mathcal{S}(\mathbb{R})$ に対して

$$\left\langle x\frac{dT_1}{dx}, \varphi \right\rangle = \left\langle \frac{dT_1}{dx}, x\varphi \right\rangle = \langle T_1, (x\varphi)' \rangle = C_2 \int_{-\infty}^0 (x\varphi)' dx + \int_0^\infty (x\varphi)' dx = 0$$

を満たす. したがって $T_1(x)$ は $xdT/dx = 0$ の弱解である.

一方, $xdT/dx = 0$ には T_1 の形の解以外に解はない. じっさい, 任意の弱解 T は $(-\infty, 0)$, $(0, \infty)$ 上においてある定数 C_1, C_2 に等しい. そこで T_1 を (4.103) の局所可積分関数で定めた超関数とし $S = T - T_1$ と定義すれば, S は $\mathbb{R} \setminus \{0\}$ 上 $S = 0$, すなわち $\operatorname{supp} S = \{0\}$. 定理 4.129 によって

$$S(x) = c_0 \delta_0(x) + \cdots + c_n \delta_0^{(n)}(x)$$

でなければならない. 一方, $\langle x\delta^{(k)}, \varphi \rangle = (-1)^k (x\varphi)^{(k)}(0) = (-1)^k k\varphi^{(k-1)}(0)$, すなわち $x\delta^{(k)} = -k\delta^{(k-1)}$ だから

$$x\frac{dS}{dx} = -c_0 \delta_0(x) - \cdots - (n+1)c_n \delta_0^{(n)}(x) = 0. \tag{4.104}$$

これより $c_0 = \cdots = c_n = 0$, したがって $T = T_1$ であることがわかる. $\qquad\square$

問 4.132 (4.104) から $c_0 = \cdots = c_n = 0$ を導け.

4.3.12 一般の超関数

緩増加超関数 $T \in \mathcal{S}'(\mathbb{R}^n)$ は全空間 $\mathbb{R}^n$ で定義されているが, 無限遠での増大度に制約があり, たとえば e^{x^2} は緩増加超関数ではない. このような増大度の制約が不便をきたすことがある (第 5 章 5.2 節参照). そこで, 超関数を任意の開集合 $G \subset \mathbb{R}^n$ において定義しよう. アイデアは試験関数の台をコンパクトにしてしまうことである.

定義 4.133 $\varphi \in C_0^\infty(G)$ とする. 関数列 $\varphi_1, \varphi_2, \cdots \in C_0^\infty(G)$ は次の 2 つの条件,

(1) あるコンパクト集合 $K \subset G$ が存在して $\operatorname{supp} \varphi_k \subset K$, $k = 1, 2, \ldots$,

(2) $k \to \infty$ のとき, 任意の α に対して $\partial^\alpha \varphi_k(x)$ は $\partial^\alpha \varphi(x)$ に一様収束する,

を満たすとき, $\varphi(x)$ に $\mathcal{D}(G)$ の意味で収束するといわれ,

$$\varphi_n \xrightarrow{\mathcal{D}} \varphi \quad (n \to \infty)$$

とかかれる．またこのように収束の概念が定義された関数空間 $C_0^\infty(G)$ を $\mathcal{D}(G)$ とかく．

定義 4.134 複素ベクトル空間 $C_0^\infty(G)$ から複素数 $\mathbb{C}$ への線形写像 $T : \varphi \to T(\varphi)$ は

$$\varphi_k \xrightarrow{\mathcal{D}} 0 \quad (k \to \infty) \Rightarrow T(\varphi_k) \to 0 \quad (k \to \infty) \tag{4.105}$$

を満たすとき，G 上の（一般の）超関数であるといわれる．G 上の超関数全体の集合を $\mathcal{D}'(G)$ とかく．$T(\varphi) = \langle T, \varphi \rangle$ ともかく．

f が G 上の局所可積分関数のとき，$\varphi \in \mathcal{D}(G)$ に対して

$$T_f(\varphi) = \int_G f(x)\varphi(x)dx$$

と定めれば，$T_f \in \mathcal{D}'(G)$ となることは $\mathcal{S}'$ のときと同様である．また超関数の算法四則，微分，収束などは，試験関数の空間 $\mathcal{S}$ を $\mathcal{D}(G)$ に置き換えて，緩増加超関数に対してと同様に定義され，同様な性質が成立する．また，$T \in \mathcal{D}'(G)$ の開集合 $U \subset G$ への局所化もまったく同様に定義される．

■**一般の超関数の局所構造** 任意の超関数 $T \in \mathcal{D}'(G)$ は局所的には，$\mathcal{S}'$ の元と同じものと考えてよく，単に遠方，あるいは G の境界付近での挙動に制約がなくなったものと考えてよい．じっさい，$T \in \mathcal{S}'(\mathbb{R}^n)$ のとき，任意の開集合 G に対して，

$$T|_G : \mathcal{D}(G) \ni \varphi \mapsto \langle T, \varphi \rangle$$

は G 上で T に一致する G 上の超関数であり，逆に，$T \in \mathcal{D}'(G)$ なら $\overline{G'} \subset G$ を満たす任意の開集合 G' に対して G' 上 1 となる $f \in C_0^\infty(G)$ をとり

$$\tilde{T} : \mathcal{S}(\mathbb{R}^n) \ni \varphi \mapsto \langle T, f\varphi \rangle$$

と定義すれば $\tilde{T}$ は G' 上 T に一致する緩増加超関数である．

定理 4.113 と問 4.123 によって $\varphi \in \mathcal{D}(\mathbb{R}^n)$，$\tilde{S} \in \mathcal{E}'(\mathbb{R}^n)$ のとき，$\tilde{S} * \varphi \in \mathcal{D}(\mathbb{R}^n)$ で $\mathcal{D}(\mathbb{R}^n) \ni \varphi \mapsto \tilde{S} * \varphi \in \mathcal{D}(\mathbb{R}^n)$ は連続である．したがって，$T \in \mathcal{D}'(\mathbb{R}^n)$ と $S \in \mathcal{E}'(\mathbb{R}^n)$ の合成積 $T * S \in \mathcal{D}'(\mathbb{R}^n)$ が次の (4.106) によっ

て定義される．これまでの議論の繰り返しが多い次の定理の証明は読者の演習問題とする．

定理 4.135 (1) $T \in \mathcal{D}'(\mathbb{R}^n)$, $\varphi \in C_0^\infty(\mathbb{R}^n)$ に対して $(T * \varphi)(x) = T(\tilde{\varphi}_x)$, $\tilde{\varphi}_x(y) = \varphi(x - y)$ と定義する．$(T * \varphi)(x)$ は $C^\infty(\mathbb{R}^n)$ で任意の α に対して $\partial^\alpha(T * \varphi) = \partial^\alpha T * \varphi = T * \partial^\alpha \varphi$ が成立する．

(2) $T \in \mathcal{D}'(\mathbb{R}^n)$ と $S \in \mathcal{E}'(\mathbb{R}^n)$ の合成積 $T * S \in \mathcal{D}'(\mathbb{R}^n)$ を

$$\langle T * S, \varphi \rangle = \langle T, \tilde{S} * \varphi \rangle, \quad \varphi \in \mathcal{D}(\mathbb{R}^n) \tag{4.106}$$

によって定義する．$\partial^\alpha(T * S) = \partial^\alpha T * S = T * \partial^\alpha S$ が成立する．

問 4.136 定理 4.135 を証明せよ．

4.3.13 4.3 節の問題

問題 4.1 $f(x)$ を $0 < x < 2\pi$ において $(\pi - x)/2$ に等しく，$f(0) = 0$ を満たす 2π 周期関数とする．

(1) 次の級数は $(0, 2\pi)$ 上広義一様収束して $f(x)$ に等しいことを示せ．

$$\sin x + \frac{\sin(2x)}{2} + \frac{\sin(3x)}{3} + \cdots . \tag{4.107}$$

(2) (4.107) の部分和は $\mathbb{R}$ 上一様有界，(4.107) は $\mathcal{S}'(\mathbb{R})$ の位相で f に収束することを示せ．

(3) (4.107) を微分して次を示せ．

$$\cos x + \cos(2x) + \cdots = -\frac{1}{2} + \pi \sum_{n=-\infty}^{\infty} \delta(x - 2\pi n), \tag{4.108}$$

$$\sin x + 2\sin(2x) + \cdots = \pi \sum_{n=-\infty}^{\infty} \delta'(x - 2\pi n). \tag{4.109}$$

(3) (4.108) から次を導け．

$$\sum_{n=-\infty}^{\infty} e^{inx} = 2\pi \sum_{n=-\infty}^{\infty} \delta(x - 2n\pi).$$

(4) フーリエ変換に対するポワソンの和公式

$$\sum_{n=-\infty}^{\infty} \hat{f}(n) = \sqrt{2\pi} \sum_{n=-\infty}^{\infty} f(2n\pi)$$

を示せ．

4.4 超関数のフーリエ変換　　　293

問題 4.2 上半平面で正則な関数 $\log(x+iy)$ を y をパラメータとする $x \in \mathbb{R}$ の関数と考え,

$$\log(x+i0) = \begin{cases} \log|x| + i\pi, & x < 0 \text{ のとき}, \\ \log x, & x > 0 \text{ のとき} \end{cases}$$

と定義する. $y \downarrow 0$ のとき, $\log(x+iy) \xrightarrow{\mathcal{S}'} \log(x+i0)$ を示し, これを微分して次を示せ.

$$\lim_{y \downarrow 0} \frac{1}{x \pm iy} = p.v.\frac{1}{x} \mp i\pi\delta(x), \qquad \frac{1}{2i}\left(\frac{1}{x-i0} - \frac{1}{x+i0}\right) = \delta(x).$$

(例 4.91 参照. 例 4.149 に詳しい計算がある.) 最後の等式はポワソン核に対する等式

$$\lim_{\varepsilon \to 0} \frac{1}{\pi} \frac{\varepsilon}{x^2 + \varepsilon^2} = \delta(x)$$

と同等である.

問題 4.3 $f(x) = \begin{cases} x^{-1/2}, & x > 0 \\ 0, & x \le 0 \end{cases}$ の超関数微分は

$$\langle f', \varphi \rangle = \lim_{\varepsilon \downarrow 0}\left(-\frac{1}{2}\int_\varepsilon^\infty \varphi(x)x^{-\frac{3}{2}}\,dx + \varphi(0)\varepsilon^{-\frac{1}{2}}\right)$$

であることを示せ.

問題 4.4 $\mathbb{R}^2$ の関数 $f(x,y) = \begin{cases} 1, & x^2 + y^2 \le 1 \\ 0, & x^2 + y^2 > 1 \end{cases}$ の超関数微分 $\partial_x f, \partial_y f$ を求めよ.

4.4 超関数のフーリエ変換

■$\mathcal{S}'$ のフーリエ変換　　緩増加超関数のフーリエ変換を定義しよう. f が可積分のときは, $\hat{f}(\xi)$ は有界連続関数であった. f と T_f を同一視するのだから, このとき, T_f のフーリエ変換 $\mathcal{F}T_f$ は $\mathcal{F}T_f = T_{\hat{f}}$ と定義するのが自然である. このとき, 定理 4.33 の (1) のときのように

$$\langle T_{\hat{f}}, \varphi \rangle = \langle \hat{f}, \varphi \rangle = \langle f, \hat{\varphi} \rangle = \langle T_f, \hat{\varphi} \rangle \tag{4.110}$$

が成立する. $\varphi \to \hat{\varphi}$ は $\mathcal{S}(\mathbb{R}^n)$ から $\mathcal{S}(\mathbb{R}^n)$ への連続写像だから, 任意の $T \in \mathcal{S}'(\mathbb{R}^n)$ に対して

$$\mathcal{S}(\mathbb{R}^n) \ni \varphi \mapsto \langle T, \hat{\varphi} \rangle \in \mathbb{C}$$

は連続線型汎関数, すなわち緩増加超関数である. そこで次のように定義する.

定義 4.137 $T \in \mathcal{S}'$ とする. このとき, 超関数 $\mathcal{F}T, \check{\mathcal{F}}T$ を

$$\langle \mathcal{F}T, \varphi \rangle = \langle T, \hat{\varphi} \rangle, \qquad \langle \check{\mathcal{F}}T, \varphi \rangle = \langle T, \check{\varphi} \rangle \tag{4.111}$$

によって定義する. $\mathcal{F}T, \check{\mathcal{F}}T$ をそれぞれ T の**フーリエ変換, 共役フーリエ変換**と呼ぶ. $\mathcal{F}T = \hat{T}, \check{\mathcal{F}}T = \check{T}$ ともかく.

任意の緩増加局所可積分関数 f は超関数 $T_f \in \mathcal{S}'(\mathbb{R}^n)$ を定める. そこでこのような関数 f のフーリエ変換を超関数 T_f のフーリエ変換として $\hat{f} = \mathcal{F}T_f$ と定義する. このようにして, 積分可能でない緩増加局所可積分関数に対してそのフーリエ変換が超関数として定義される. このような関数のフーリエ変換を具体的に計算するには, 次に述べるさまざまな $\mathcal{S}'$ のフーリエ変換の性質を用いることが多い. $\mathcal{S}'$ におけるフーリエ変換の性質を調べよう. $\mathcal{F}, \check{\mathcal{F}}$ が $\mathcal{S}'$ 上の線形写像であることは明らかであろう.

■**フーリエの反転公式**　4.1 節で述べた可積分関数のフーリエ変換に対するフーリエの反転公式は緩増加超関数に対しても成立する.

定理 4.138　フーリエ変換 $\mathcal{F}$, 共役フーリエ変換 $\check{\mathcal{F}}$ は, $\mathcal{S}'(\mathbb{R}^n)$ から $\mathcal{S}'(\mathbb{R}^n)$ への一対一, 上への連続線形作用素で, 互いにその逆作用素である.

証明　$T_n \xrightarrow{\mathcal{S}'} T$ とする. 任意の $\varphi \in \mathcal{S}$ に対して $\langle \mathcal{F}T_n, \varphi \rangle = \langle T_n, \hat{\varphi} \rangle \to \langle T, \hat{\varphi} \rangle = \langle \mathcal{F}T, \varphi \rangle$, ゆえに $\mathcal{F}T_n \xrightarrow{\mathcal{S}'} \mathcal{F}T$. $\mathcal{F} \colon \mathcal{S}' \to \mathcal{S}'$ は連続である. 同様にして $\check{\mathcal{F}}$ が $\mathcal{S}'$ の連続な作用素であることが示せる.

定理 4.58 によって, 任意の $\varphi \in \mathcal{S}$ に対して $\check{\mathcal{F}}\mathcal{F}\varphi = \mathcal{F}\check{\mathcal{F}}\varphi = \varphi$ が成立する. ゆえに, フーリエ変換の定義 (4.111) から,

$$\langle \mathcal{F}\check{\mathcal{F}}T, \varphi \rangle = \langle \check{\mathcal{F}}T, \mathcal{F}\varphi \rangle = \langle T, \check{\mathcal{F}}\mathcal{F}\varphi \rangle = \langle T, \varphi \rangle,$$

したがって, $\mathcal{F}\check{\mathcal{F}}T = T$. 同様にして, $\check{\mathcal{F}}\mathcal{F}T = T$ である. したがって, $\mathcal{F}, \check{\mathcal{F}} \colon \mathcal{S}' \to \mathcal{S}'$ は一対一, 上への写像で, 互いにその逆である. $\qquad \square$

フーリエ変換の $\mathcal{S}'$ における連続性から次は明らかであろう.

4.4 超関数のフーリエ変換　　295

系 4.139　$\{T_t : t \in \mathbb{R}\}$ をパラメータに依存する超関数とする．$\mathbb{R} \ni t \mapsto T_t \in \mathcal{S}'$ が微分可能であれば，$t \mapsto \mathcal{F}T_t$ も微分可能で，$(d/dt)\mathcal{F}T_t = \mathcal{F}(dT_t/dt)$ が成立する．

問 4.140　系 4.139 を証明せよ．

■**微分作用素の変換**　フーリエ変換は微分作用素をかけ算作用素に，かけ算作用素を微分作用素に変換する．このことは，$\mathcal{S}'$ 上においても成立する．$D = -i\partial/\partial x$ である．

定理 4.141（微分とかけ算の変換）　$T \in \mathcal{S}'$ とする．任意の α に対して

$$(\mathcal{F}D^\alpha T)(\xi) = \xi^\alpha(\mathcal{F}T)(\xi), \qquad (D^\alpha \mathcal{F}T)(\xi) = \mathcal{F}((-x)^\alpha T)(\xi). \quad (4.112)$$

証明　$\varphi \in \mathcal{S}$ とする．関数のフーリエ変換に対する微分とかけ算の変換法則，$(-D)^\alpha \mathcal{F}\varphi = \mathcal{F}(x^\alpha \varphi)$（定理 4.21 参照）によって

$$\langle \mathcal{F}D^\alpha T, \varphi \rangle = \langle D^\alpha T, \mathcal{F}\varphi \rangle = \langle T, (-D)^\alpha \mathcal{F}\varphi \rangle = \langle T, \mathcal{F}(x^\alpha \varphi) \rangle = \langle \xi^\alpha \mathcal{F}T, \varphi \rangle.$$

よって，(4.112) の第 1 式が成立する．第 2 式も同様にして示せる．　□

■**合成積と積のフーリエ変換**　定理 4.112 によって，$T \in \mathcal{S}'(\mathbb{R}^n)$, $f \in \mathcal{S}(\mathbb{R}^n)$ のとき，積と合成積 $fT, f * T \in \mathcal{S}'(\mathbb{R}^n)$ が定義された．

定理 4.142（合成積と積のフーリエ変換）　$T \in \mathcal{S}'(\mathbb{R}^n)$, $f \in \mathcal{S}(\mathbb{R}^n)$ とする．次が成り立つ．

$$\mathcal{F}(f * T) = (2\pi)^{n/2}\mathcal{F}f \cdot \mathcal{F}T, \quad \mathcal{F}(f \cdot T) = (2\pi)^{-n/2}\mathcal{F}f * \mathcal{F}T. \quad (4.113)$$

証明　$\tilde{f}(x) = f(-x)$ とかく．定理 4.122 の (1), $\langle f * T, \varphi \rangle = \langle T, \tilde{f} * \varphi \rangle$ によって

$$\langle \mathcal{F}(f * T), \varphi \rangle = \langle f * T, \hat{\varphi} \rangle = \langle T, \tilde{f} * \hat{\varphi} \rangle$$

である．右辺をさらにかき換えよう．$\tilde{f} = \mathcal{F}\hat{f}$ だから $\mathcal{S}$ における合成積の公式 (4.32) によって，$\tilde{f} * \hat{\varphi} = (\mathcal{F}\hat{f}) * \hat{\varphi} = (2\pi)^{n/2}\mathcal{F}(\hat{f} \cdot \varphi)$．ゆえに，

$$\langle T, \tilde{f} * \hat{\varphi} \rangle = (2\pi)^{n/2}\langle \hat{T}, \hat{f} \cdot \varphi \rangle = \langle (2\pi)^{n/2}\hat{f} \cdot \hat{T}, \varphi \rangle,$$

$\mathcal{F}(f * T) = (2\pi)^{n/2}\hat{f} \cdot \hat{T}$ である．第 2 式の証明も同様である．　□

296　　　　　　　　　第 4 章　フーリエ変換と超関数

■正則アフィン座標変換とフーリエ変換　最後に超関数の正則なアフィン写像による変数変換とフーリエ変換の関係について調べておこう.

定理 4.143　$T \in \mathcal{S}'(\mathbb{R}^n)$ とする. $a \in \mathbb{R}^n$, $n \times n$ 正則行列 A に対して $T_a(x) = T(x - a)$, $T_A(x) = T(Ax)$ とかく,

$$\widehat{T_a}(\xi) = e^{-ia \cdot \xi}\hat{T}(\xi), \quad \widehat{T_A}(\xi) = |\det A|^{-1}\hat{T}(^tA^{-1}\xi) \qquad (4.114)$$

である. ^tA は A の転置である.

証明　$\varphi \in \mathcal{S}$ とする. $\hat{\varphi}(x + a) = \mathcal{F}(e^{-ia \cdot \xi}\varphi)(x)$ だから,

$$\langle \widehat{T_a}, \varphi \rangle = \langle T_a, \hat{\varphi} \rangle = \langle T, \hat{\varphi}(x+a) \rangle = \langle T, \mathcal{F}(e^{-ia \cdot \xi}\varphi) \rangle = \langle \hat{T}, e^{-ia \cdot \xi}\varphi \rangle = \langle e^{-ia \cdot \xi}\hat{T}, \varphi \rangle.$$

ゆえに, $\widehat{T_a}(\xi) = e^{-ia \cdot \xi}\hat{T}(\xi)$ である. 第 2 式を示す. 座標変換の公式から

$$\langle \widehat{T_A}, \varphi \rangle = \langle T_A, \hat{\varphi} \rangle = |\det A|^{-1}\langle T, \hat{\varphi}(A^{-1}\xi) \rangle \qquad (4.115)$$

である. 変数変換 $x \to {}^tAx$ によって

$$|\det A|^{-1}\hat{\varphi}(A^{-1}\xi) = (2\pi)^{-n/2}|\det A|^{-1}\int e^{-ix \cdot A^{-1}\xi}\varphi(x)dx$$
$$= (2\pi)^{-n/2}\int e^{-ix \cdot \xi}\varphi(A^tx)dx = \widehat{\varphi_{^tA}}(\xi).$$

したがって, (4.115) の右辺は

$$\langle T, \widehat{\varphi_{^tA}} \rangle = \langle \hat{T}, \varphi_{^tA} \rangle = \langle |\det A|^{-1}(\mathcal{F}T)_{^tA^{-1}}, \varphi \rangle$$

に等しい. ゆえに, $\mathcal{F}(T(Ax))(\xi) = |\det A|^{-1}\hat{T}(^tA^{-1}\xi)$ が成立する.　　□

問 4.144　$T \in \mathcal{S}'(\mathbb{R}^n)$ を球対称, すなわち, 行列式が 1 の任意の直交行列に対して $T(Ax) = T(x)$ とする. このとき, $\hat{T}$ も球対称であることを示せ.

問 4.145　$T \in \mathcal{S}'(\mathbb{R}^n)$ を l 次同次, すなわち $T(ax) = a^lT(x)$, $a > 0$ とする. このとき, $\hat{T}$ は $-n - l$ 次同次であることを示せ.

4.4.1　超関数のフーリエ変換の例

よく用いられる超関数のフーリエ変換を計算しておこう.

4.4 超関数のフーリエ変換　　297

例 4.146（デルタ関数のフーリエ変換）　$\delta = \delta_0$ を n 次元デルタ関数とする.

$$\hat{\delta}(\xi) = (2\pi)^{-n/2}, \qquad \check{\delta}(\xi) = (2\pi)^{-n/2}$$

である. 任意の $\varphi \in \mathcal{S}(\mathbb{R}^n)$ に対して

$$\langle \hat{\delta}, \varphi \rangle = \langle \delta, \hat{\varphi} \rangle = \hat{\varphi}(0) = \langle (2\pi)^{-n/2}, \varphi \rangle, \quad \check{\delta}(x) = \hat{\delta}(-x) = (2\pi)^{-n/2}$$

だからである. これよりフーリエの反転公式を用いれば, 定数関数 $f(x) = 1$ に対して

$$\mathcal{F}(1) = \check{\mathcal{F}}(1) = (2\pi)^{n/2}\delta(x).$$

例 4.147（総和核）　$f_\varepsilon(\xi) = (2\pi)^{-n/2}e^{-\varepsilon\xi^2/2}$, $\varepsilon > 0$ と定義する. $\varepsilon \to +0$ のとき,

$$0 < f_\varepsilon(x) \le (2\pi)^{-n/2}, \quad f_\varepsilon(x) \to (2\pi)^{-n/2} \quad (\text{広義一様収束}),$$

したがって, $f_\varepsilon \xrightarrow{\mathcal{S}'} (2\pi)^{-n/2}$ である. 例 4.146 と $\mathcal{F}$ の $\mathcal{S}'$ における連続性によって, これから $\mathcal{F}f_\varepsilon \xrightarrow{\mathcal{S}'} \delta_0(x)$ である. 補題 4.12 を用いると

$$\mathcal{F}f_\varepsilon(x) = \frac{1}{(2\pi)^n}\int_{\mathbb{R}^n} e^{-ix\cdot\xi - \varepsilon\xi^2/2}d\xi = \frac{1}{(2\pi\varepsilon)^{n/2}}e^{-x^2/2\varepsilon}$$

となる. ゆえに, $(2\pi\varepsilon)^{-n/2}e^{-x^2/2\varepsilon} \xrightarrow{\mathcal{S}'} \delta_0(x)$. これは, $(2\pi\varepsilon)^{-n/2}e^{-x^2/2\varepsilon}$ が総和核であることを意味する.

問 4.148　$g_\varepsilon(\xi) = \sqrt{2\pi}e^{-\varepsilon|\xi|}$, $\xi \in \mathbb{R}$ と定義する. $\varepsilon \to +0$ のとき, $g_\varepsilon \xrightarrow{\mathcal{S}'} \sqrt{2\pi}$ を示せ. 次に

$$\mathcal{F}g_\varepsilon(x) = \frac{\varepsilon}{\pi}\frac{1}{x^2 + \varepsilon^2} \to \delta_0(x)$$

を示せ（$(\varepsilon/\pi)(x^2 + \varepsilon^2)^{-1}$ はポワソン核である）.

例 4.149（ヘビサイド関数のフーリエ変換）　$Y(x) = \begin{cases} 1, & x \ge 0 \\ 0, & x < 0 \end{cases}$ をヘビサイド関数という. $\varepsilon > 0$ に対して, $Y_\varepsilon(x) = e^{-\varepsilon x}Y(x)$ と定義すれば, $\mathcal{S}'(\mathbb{R})$ の意味で $Y_\varepsilon \to Y$, $\varepsilon \to 0$ である. したがって, フーリエ変換の連続性によって, $\mathcal{F}Y_\varepsilon \to \mathcal{F}Y$, $\varepsilon \to 0$ となる. Y_ε は可積分だから

$$\mathcal{F}Y_\varepsilon(\xi) = \frac{1}{\sqrt{2\pi}} \int_0^\infty e^{-ix\cdot\xi - \varepsilon x} dx = \frac{1}{\sqrt{2\pi}i(\xi - i\varepsilon)}$$

となる．したがって，

$$\mathcal{F}Y(\xi) = \lim_{\varepsilon \to 0} \frac{1}{\sqrt{2\pi}i(\xi - i\varepsilon)} = \frac{1}{\sqrt{2\pi}i} \frac{1}{\xi - i0}$$

となる（第2式は定義である）．ここで，

$$\frac{1}{\xi - i\varepsilon} = \frac{\xi}{\xi^2 + \varepsilon^2} + \frac{i\varepsilon}{\xi^2 + \varepsilon^2}$$

で，問 4.148 の結果から

$$\frac{i\varepsilon}{\xi^2 + \varepsilon^2} \to i\pi\delta.$$

一方，$\xi/(\xi^2 + \varepsilon^2)$ は奇関数だから，$\varphi \in \mathcal{S}$ のとき，

$$\lim_{\varepsilon \to 0} \int_{-\infty}^\infty \frac{\xi\varphi(\xi)}{\xi^2 + \varepsilon^2} = \lim_{\varepsilon \to 0} \int_{|\xi| > \varepsilon} \frac{\varphi(\xi)}{\xi} d\xi \tag{4.116}$$

となる．この右辺はコーシーの主値に等しいから（例 4.91 参照），結局

$$\lim_{\varepsilon \to 0} \int \frac{\varphi(\xi)}{\xi - i\varepsilon} d\xi = p.v. \int_{-\infty}^\infty \frac{\varphi(\xi)}{\xi} d\xi + i\pi\varphi(0)$$

となる．ゆえに，

$$\mathcal{F}Y = \frac{1}{\sqrt{2\pi}i(\xi - i0)} = \frac{1}{\sqrt{2\pi}i} p.v. \frac{1}{\xi} + \sqrt{\frac{\pi}{2}}\delta(\xi)$$

となる．まったく同様にして，$\tilde{Y}(x) = Y(-x)$ に対して

$$\mathcal{F}\tilde{Y} = \frac{-1}{\sqrt{2\pi}i(\xi + i0)} = -\frac{1}{\sqrt{2\pi}i} p.v. \frac{1}{\xi} + \sqrt{\frac{\pi}{2}}\delta(\xi)$$

である．これらにフーリエの反転公式を用いれば次式が得られる．

$$\mathcal{F}\left(\frac{1}{x - i0}\right) = \sqrt{2\pi}i\tilde{Y}, \quad \mathcal{F}\left(\frac{1}{x + i0}\right) = -\sqrt{2\pi}iY, \tag{4.117}$$

$$\mathcal{F}\left(p.v. \frac{1}{\xi}\right) = \sqrt{\frac{\pi}{2}}i(\tilde{Y}(x) - Y(x)). \tag{4.118}$$

4.4 超関数のフーリエ変換　　299

問 4.150　(4.116) を証明せよ.（ヒント：任意の $\delta > 0$ に対して N を十分大きくとれば，(4.116) の両辺の $|\xi| \geq N$ における積分は $\varepsilon > 0$ に関して一様に δ 以下であることを用いて積分を有限区間に制限せよ.）

例 4.151（デルタ関数の平面波展開）　$(2\pi)^{-n/2} e^{-\varepsilon|\xi|} \xrightarrow{\mathcal{S}'(\mathbb{R}^n)} (2\pi)^{-n/2}$. したがって，

$$\frac{1}{(2\pi)^n} \int_{\mathbb{R}^n} e^{-\varepsilon|\xi|-i\xi\cdot x} d\xi \xrightarrow{\mathcal{S}'} \delta_0, \quad \varepsilon \to +0$$

である. 積分を極座標 $\xi = r\omega, 0 < r < \infty, \omega \in \mathbb{S}^{n-1}$ を用いて

$$\frac{1}{(2\pi)^n} \int_{\mathbb{S}^{n-1}} \int_0^\infty e^{-ir(\omega x - i\varepsilon)} r^{n-1} dr d\omega$$

とかき, r について先に積分し

$$\int_0^\infty e^{-ir(\omega x - i\varepsilon)} r^{n-1} dr = \frac{1}{i^n(\omega x - i\varepsilon)^n} \int_0^\infty e^{-r} r^{n-1} dr$$
$$= \frac{(n-1)!}{i^n(\omega x - i\varepsilon)^n}$$

を代入すれば

$$\lim_{\varepsilon \to +0} \frac{(n-1)!}{i^n(2\pi)^n} \int_{\mathbb{S}^{n-1}} \frac{1}{(\omega x - i\varepsilon)^n} d\omega = \delta_0.$$

これを記号的に,

$$\delta_0(x) = \frac{(n-1)!}{i^n(2\pi)^n} \int_{\mathbb{S}^{n-1}} \frac{1}{(\omega x - i0)^n} d\omega \tag{4.119}$$

とかく. (4.119) の右辺の被積分関数は平面 $\{x : x \cdot \omega = \text{定数}\}$ の上で一定なので平面波, (4.119) はデルタ関数 $\delta_0(x)$ の平面波展開公式とよばれる.

例 4.152（同次関数 $|x|^{-l}$ のフーリエ変換）　$0 < l < n$ とする. このとき, $|x|^{-l}$ は緩増加局所可積分で $-l$ 次同次かつ球対称. したがって, フーリエ変換 $(\mathcal{F}|x|^{-l})(\xi)$ は $l-n$ 次同次かつ球対称である. $(\mathcal{F}|x|^{-l})(\xi)$ は原点 $\xi = 0$ の外では C^∞ 級であることを示そう.

　$|x| \leq 1$ のとき $\chi(x) = 1, |x| \geq 2$ のとき $\chi(x) = 0$ を満たす $\chi(x) \in C_0^\infty(\mathbb{R}^n)$ を用いて,

$$|x|^{-l} = \chi(x)|x|^{-l} + (1-\chi(x))|x|^{-l} =: \psi_1(x) + \psi_2(x)$$

と分解しよう.ψ_1 は $|x| \geq 2$ のとき $\psi(x) = 0$ を満たす可積分関数だから $\widehat{\psi_1} \in C^\infty(\mathbb{R}^n)$.ゆえに $\widehat{\psi_2}(\xi) \in C^\infty(\mathbb{R}^n \setminus \{0\})$ を示せばよい.

ψ_2 は $\mathbb{R}^n$ 上の C^∞ 級関数で $(-\Delta)^m \psi_2(x)$ は $|x| > 2$ において $(-2m-l)$ 次同次の C^∞ 級関数.ゆえに任意の $m > n$ に対して $(1+|x|)^{l+m-n}(-\Delta)^m\psi_2(x)$ は可積分,$\mathcal{F}((-\Delta)^m\psi)(\xi)$ は C^{l+m-n} 級である.一方,定理 4.21 によって

$$\mathcal{F}((-\Delta)^m\psi)(\xi) = |\xi|^{2m}(\mathcal{F}\psi_2)(\xi).$$

したがって,$(\mathcal{F}\psi_2)(\xi)$ は原点以外で C^{l+m-n} 級である.m は任意だったから,結局,$\mathcal{F}\psi_2$ は原点の外では C^∞ 級である.ゆえに,$(\mathcal{F}|x|^{-l})(\xi)$ は原点以外では滑らかな関数である.

原点以外では滑らかで $l-n$ 次同次な球対称な関数は $|\xi|^{l-n}$ の定数倍である.ゆえに適当な定数 C_l が存在して $(\mathcal{F}|x|^{-l})(\xi) - C_l|\xi|^{l-n}$ は原点に台をもつ超関数,したがって,デルタ関数の導関数の有限一次結合

$$(\mathcal{F}|x|^{-l})(\xi) - C_l|\xi|^{l-n} = \sum_{|\alpha| \leq N} C_\alpha D^\alpha \delta$$

である.この両辺をフーリエ変換すれば,フーリエの反転公式によって

$$|x|^{-l} - C_l\mathcal{F}(|\xi|^{l-n})(x) = \sum_{|\alpha| \leq N} (2\pi)^{-n/2}C_\alpha x^\alpha \tag{4.120}$$

で,上に述べた議論を $|\xi|^{l-n}$ に適用すれば,$\mathcal{F}(|\xi|^{l-n})(x)$ は $|x|^{-l}$ の定数倍とデルタ関数の微分の有限一次結合の和となる.$|x| \to \infty$ での挙動を比べると (4.120) が成り立つためには,$C_\alpha = 0$ でなければならないことがわかる.したがって $(\mathcal{F}|x|^{-l})(\xi) = C_l|\xi|^{l-n}$ となる.

定数 C_l を求めよう.補題 4.12 を用いれば,

$$\langle C_l|\xi|^{n-l}, e^{-\xi^2/2}\rangle$$
$$= \langle \mathcal{F}|x|^{-l}, e^{-\xi^2/2}\rangle = \langle |x|^{-l}, (\mathcal{F}e^{-\xi^2/2})(x)\rangle = \langle |x|^{-l}, e^{-x^2/2}\rangle.$$

ここで,極座標を用いて計算すれば,ω_n を $\mathbb{S}^{n-1}$ の面積として,

$$\langle |x|^{-l}, e^{-x^2/2} \rangle = \omega_n \int_0^\infty e^{-r^2/2} r^{n-1-l} dr$$

$$= 2^{(n-2-l)/2} \omega_n \int_0^\infty e^{-r} r^{(n-2-l)/2} dr = 2^{(n-2-l)/2} \omega_n \Gamma\left(\frac{n-l}{2}\right).$$

ゆえに $C_l 2^{(l-2)/2} \omega_n \Gamma(l/2) = 2^{(n-2-l)/2} \omega_n \Gamma((n-l)/2)$. これから C_l を求めると結局

$$(\mathcal{F}|x|^{-l})(\xi) = \frac{2^{(n-2l)/2} \Gamma((n-l)/2)}{\Gamma(l/2)} |\xi|^{n-l}$$

である.

例 4.153（**複素ガウス関数**）　$-a$ が純虚数のとき，$e^{-ax^2/2}$ は可積分でないので，公式 (4.11) をそのまま用いることはできないが，この場合もフーリエ変換の連続性を用いることによって，次の公式が得られる．$t > 0$ とする．

$$\frac{1}{(\sqrt{2\pi})^n} \int_{\mathbb{R}^n} e^{ix\cdot\xi} e^{\mp itx^2/2} dx = \frac{e^{\mp \frac{in\pi}{4}}}{t^{n/2}} e^{\pm i\xi^2/2t}. \tag{4.121}$$

証明　補題 4.12 の証明と同様に $n = 1$ のときに示せばよい．(4.11) によって，$\Re a > 0$ のとき，

$$\frac{1}{\sqrt{2\pi}} \int_{\mathbb{R}} e^{ix\cdot\xi - ax^2/2} dx = \frac{e^{\mp \frac{in\pi}{4}}}{(\sqrt{a})^n} e^{-\xi^2/2a}.$$

a が右半平面から虚軸上の $\pm it$ に近づくとき，左辺では $e^{-ax^2/2} \xrightarrow{\mathcal{S}'} e^{\mp itx^2/2}$. 一方，右辺では

$$\frac{1}{\sqrt{a}} e^{-\xi^2/2a} \xrightarrow{\mathcal{S}'} \frac{e^{\mp \frac{i\pi}{4}}}{\sqrt{t}} e^{\pm i\xi^2/2a}.$$

したがって，フーリエ変換の $\mathcal{S}'$ における連続性によって (4.121) がしたがう．　□

第5章

二階定数係数線形偏微分方程式

2つ以上の独立変数 $x = (x_1, \ldots, x_n)$ の関数 $u(x)$ に対する，u とその偏導関数を含む

$$F(x, u, \partial u, \ldots, \partial^n u) = 0 \tag{5.1}$$

の形の方程式を**偏微分方程式**と呼ぶ．ただし，u の k 階偏導関数の全体 $\{\partial^\alpha u: |\alpha| = k\}$ を $\partial^k u$ とかいた．複数の未知関数に対する**偏微分方程式系**も常微分方程式系と同様に定義される．方程式に含まれる微分の最高階数を，その偏微分方程式の**階数**と呼ぶ．(5.1) は n 階方程式である．

物理では自由度無限大の物理系を偏微分方程式（系）で記述し，物理系のさまざまな性質をその解の性質として表現することが多い．物理系の多様さと豊かさを反映して，物理に現れる偏微分方程式（系）は多種多様である．本章では，5.2 節を除いて，二階の定数係数線形偏微分方程式

$$P(D)u = \sum_{j,k=1}^{n} a_{jk} D_j D_k u + \sum_{j=1}^{n} b_j D_j u + cu = f, \qquad D_j = -i\frac{\partial}{\partial x_j} \tag{5.2}$$

に限定して，基本的な性質を学ぶ．ただし，$P(D)$ の係数 $a_{jk} = a_{kj}$, $1 \leq j, k \leq n$, c は実定数，$b_1, \ldots, b_n$ は一斉に実，あるいは一斉に純虚の定数とする．時空の平行移動に関して不変な系の平衡状態からの微小変化を記述する方程式は一般に定数係数偏微分線形方程式である．

前半の 3 つの節では方程式 (5.2) に一般に成立する性質，すなわち，局所解の存在，初期値問題の解の存在と一意性について述べる．これらは与えられた点の周りでの方程式の局所的な性質である．一方，数理物理では，たとえば**境界値問題**「領域 Ω の境界 $\partial\Omega$ 上の与えられた関数 φ に対して，$\partial\Omega$ 上で φ に一致する (5.2) の Ω 上の解を求めよ」のように方程式に関する大域的な問題が大切である．このような問題は，解が与えられたデータに関して連続的に依存するとき**適切**であるといわれる．どのような問題が適切であるかは方程式の形に依存するが，物理に現れる問題は多くの場合適切である．本章の後半では楕円型，双曲型，広義放物型方程式に関する適切な問題について述べる．前章と同様，$D_j = -i\partial/\partial x_j$, $D^\alpha = D_1^{\alpha_1} \cdots D_n^{\alpha_n}$ などとかく．フーリエ変換を用いない場合は，D の $-i$ をとり除いて考えた方が便利なことも多い．このときは，$\partial_j = \partial/\partial x_j$ として，$\partial = (\partial_1, \ldots, \partial_n)$, $\partial^\alpha = \partial_1^{\alpha_1} \cdots \partial_n^{\alpha_n}$ などの記号を用いるのも前章と同様である．

5.1 方程式の分類と標準形

偏微分方程式 (5.2) の性質はその形によって異なり，方程式はいくつかの型に分類される．偏微分作用素 $P(D)$ の D を ξ で置き換えて得られる $\xi = (\xi_1, \ldots, \xi_n)$ の多項式

$$P(\xi) = \sum_{j,k=1}^n a_{jk}\xi_j\xi_k + \sum_{j=1}^n b_j\xi_j + c$$

を $P(D)$ の**特性多項式**，$P(\xi)$ の最高次の部分 $\sum_{j,k=1}^n a_{jk}\xi_j\xi_k$ を**主シンボル**と呼ぶ．$D_jD_ku = D_kD_ju$ だから $a_{jk} = a_{kj}$ として一般性を失わない．a_{jk} を成分とする実対称行列を

$$A = (a_{jk}), \quad a_{jk} = a_{kj} \in \mathbb{R}, \quad j,k = 1, \ldots, n$$

とかく．二次形式 $(A\xi, \xi) = \sum_{j,k=1}^n a_{jk}\xi_j\xi_k$ は適当な線形変換 $\xi = {}^tT\eta$ によって標準形

$$\sum_{i=1}^p \eta_i^2 - \sum_{j=1}^q \eta_{p+j}^2, \qquad \text{ただし，} p+q = r \text{ は行列 } A \text{ の階数}$$

に変換される．(p,q) を A あるいは二次形式 $(A\xi,\xi)$ の**慣性符号**という．このとき，変数変換 $y = Tx$ を施し，$v(x) = u(T^{-1}x)$ に対する方程式にかき換えれば，(5.2) は

$$\sum_{i=1}^{p} D_i^2 v - \sum_{j=1}^{q} D_{p+j}^2 v + \sum_{k=1}^{n} b_k' D_k v + cv = g, \qquad g(x) = f(T^{-1}x) \quad (5.3)$$

に変換される．ただし $b_j' = \sum_{k=1}^{n} T_{jk} b_k$, $1 \le j \le n$ である．(5.3) は v, g をさらに

$$w(x) = e^{-i(\sum_{i=1}^{p} b_i' x_i - \sum_{j=1}^{q} b_{p+j}' x_{p+j})/2} v(x),$$

$$\tilde{g}(x) = e^{-i(\sum_{i=1}^{p} b_i' x_i - \sum_{j=1}^{q} b_{p+j}' x_{p+j})/2} g(x)$$

とすることによって，b_j', $1 \le j \le r$ を消去して次の形に変換される．

$$\sum_{i=1}^{p} D_i^2 w - \sum_{j=1}^{q} D_{p+j}^2 w + \sum_{l=1}^{n-r} b_{r+l}' D_{r+l} w + \left(c + \sum_{j=1}^{r} \frac{b_j'^2}{4} \right) w = \tilde{g}. \quad (5.4)$$

定義 5.1　行列 A の慣性符号を (p,q) とする．微分作用素 $P(D)$ あるいは方程式 (5.2) は (p,q) が

(1) $(n,0)$ あるいは $(0,n)$ のとき，**楕円型**，

(2) $(n-1,1)$ あるいは $(1,n-1)$ のとき，**双曲型**，

(3) $(n-k,k)$, $k = 2, \ldots, n-2$ のとき，**超双曲型**，

(4) $p+q = r < n$ のとき，**広義放物型**

といわれる．独立変数の線形変換と未知関数を指数関数倍する変換によって (5.2) は，

(1) 楕円型であれば，$(-\Delta + c)u \equiv (D_1^2 + \cdots + D_n^2 + c)u = f(x)$,

(2) 双曲型であれば，$(\Box + c)u \equiv (-D_1^2 + D_2^2 + \cdots + D_n^2 + c)u = f(x)$,

(3) 超双曲型であれば，$(\sum_{i=1}^{p} D_i^2 - \sum_{j=1}^{q} D_{p+j}^2 + c)u = f(x)$, $\quad p, q \ge 2$,

の形の方程式に同値である．これらをそれぞれ，**楕円型, 双曲型, 超双曲型方程式の標準形**という．

　広義放物型方程式が (5.4) の形に変換されたとき，もし $(b_{r+1}', \ldots, b_n') = (0, \ldots, 0)$ ならば，(5.4) は r 個の独立変数 $(x_1, \ldots, x_r)$ に関する楕円型，双曲

型あるいは超双曲型の方程式とみなされるから，$(b'_{r+1}, \ldots, b'_n) \neq (0, \ldots, 0)$ と仮定してよい．このとき，$(b'_{r+1}, \ldots, b'_n)$ が実ベクトルなら，$r+1$ 軸を $(0, \ldots, 0, b'_{r+1}, \ldots, b'_n)$ の方向にとって，この方向の座標を τ, b を $(b'_{r+1}, \ldots, b'_n)$ の長さとして $t = b^{-1}\tau$ と変数変換すれば，(5.4) はさらに

$$\left(D_t + \sum_{i=1}^{p} D_i^2 - \sum_{j=1}^{q} D_{p+j}^2 \right) u = f(x) \tag{5.5}$$

の形に，$(b'_{r+1}, \ldots, b'_n)$ が純虚数ベクトルのときは同様に

$$\left(iD_t + \sum_{i=1}^{p} D_i^2 - \sum_{j=1}^{q} D_{p+j}^2 \right) u = f(x) \tag{5.6}$$

の形に変換される．(5.5) あるいは (5.6) を**広義放物型方程式の標準形**と呼ぶ．ここで，0 次の項 uc は未知関数を $e^{itc}u$ あるいは $e^{tc}u$ に変換して消去した．

$$\left(D_t + \sum_{i=1}^{p} D_i^2 \right) u = \left(-\frac{i\partial}{\partial t} - \Delta \right) u = f(x) \tag{5.7}$$

の形の方程式は**シュレーディンガー方程式**，

$$\left(iD_t + \sum_{i=1}^{p} D_i^2 \right) = \left(\frac{\partial}{\partial t} - \Delta \right) u = f(x) \tag{5.8}$$

の形の方程式は**(狭義)放物型方程式**と呼ばれる．

5.2 基本解と局所解の存在

本節では一般の m 階定数係数線形偏微分方程式

$$P(D)u = \sum_{|\alpha| \leq m} a_\alpha D^\alpha u = f(x) \tag{5.9}$$

について議論する．一般的な議論をするために (5.9) を超関数 $u \in \mathcal{D}'$ に対する方程式と考える．

定義 5.2 $G \subset \mathbb{R}^n$ を開集合とする．$u \in \mathcal{D}'(G)$ が超関数の意味で方程式 $P(D)u = f$ を満たすとき，u は (5.9) の G 上の**弱解**あるいは**超関数解**と呼ばれる．弱解 u は $u \in C^m(G)$ のとき，**古典解**と呼ばれる．

古典解は，もちろん，(5.9) を通常の意味で満足する．

作用素 $P(D)$ は線形だから (5.9) に対して**重ね合わせの原理**が成り立ち，$P(D)u = f$ の一般解は 1 つの解（特解）と斉次方程式 $P(D)u = 0$ の解の一次結合である．次の明らかな補題によって方程式 (5.9) には豊富な解の集合が存在することがわかる．

補題 5.3　複素ベクトル $\zeta = (\zeta_1, \ldots, \zeta_n) \in \mathbb{C}^n$ が $P(\zeta) = 0$ の解のとき，指数関数 $e^{ix\cdot\zeta}$ は (5.9) の $\mathbb{R}^n$ 上の解 $P(D)e^{ix\cdot\zeta} = 0$ である．

たとえば $P(D)$ が二階の作用素であれば，ζ_1 に対する方程式 $P(\zeta_1, \ldots, \zeta_n) = 0$ は一般に任意の $(\zeta_2, \ldots, \zeta_n) \in \mathbb{C}^{n-1}$ に対して（多重度を込めて）2 つの根（あるいは広義放物型のときには 1 つの根）$\zeta_1 = \zeta_1^{\pm}(\zeta_2, \ldots, \zeta_n)$ をもつ．このとき，$e^{i(x_1\zeta_1^{\pm} + x_2\zeta_2 + \cdots + x_n\zeta_n)}$，その有限一次結合，あるいは，連続的な重ね合わせ

$$\int_{\mathbb{C}^{n-1}} e^{i(x_1\zeta_1^{\pm} + x_2\zeta_2 + \cdots + x_n\zeta_2)} F(\zeta_2, \ldots, \zeta_n) d\zeta_2 \cdots d\zeta_n$$

はすべて $P(D)u = 0$ の解である．このように斉次方程式 $P(D)u = 0$ は実に多くの解をもつことがわかる．それでは，任意の f に対して，$P(D)u = f$ の解の存在はどうであろうか．

問 5.4　$P(D) = \sum_{|\alpha|=m} a_\alpha D^\alpha$ のとき，$P(D)[f(x_1\xi_1 + \cdots + x_n\xi_n)] = P(-i\xi)f^{(m)}(x_1\xi_1 + \cdots + x_n\xi_n)$，したがって，$P(-i\xi) = 0$ であれば，$f(x_1\xi_1 + \cdots + x_n\xi_n)$ は $P(D)u = 0$ の解であることを示せ．これを**平面波解**という．

定義 5.5　デルタ関数 $\delta_0(x)$ に対して，$P(D)E(x) = \delta_0(x)$ を満たす超関数 $E \in \mathcal{D}'(\mathbb{R}^n)$ を微分作用素 $P(D)$ の**基本解**という．

第 4 章定理 4.93 において $-|x|^{2-n}/\omega_n(n-2)$ が $\mathbb{R}^n$, $n \geq 3$ における Δ の基本解であることを示した．$E \in \mathcal{D}'(\mathbb{R}^n)$ と $f \in \mathcal{E}'(\mathbb{R}^n)$ の合成積については定理 4.135 を参照．

定理 5.6　$E \in \mathcal{D}'(\mathbb{R}^n)$ を $P(D)$ の基本解とする．

(1) 任意の $f \in \mathcal{E}'(\mathbb{R}^n)$ に対して，$u = E * f$ は $P(D)u = f$ の $\mathbb{R}^n$ 上の弱解である．

308　　　第 5 章　二階定数係数線形偏微分方程式

(2) $f \in C_0^\infty(\mathbb{R}^n)$ なら $u = E * f$ は C^∞ 級の古典解である.

証明　$P(D)(E * f) = (P(D)E) * f = \delta_0 * f = f$ だからである.　　□

系 5.7（局所解の存在）　$E \in \mathcal{D}'(\mathbb{R}^n)$ を $P(D)$ の基本解, G', G を $G' \Subset G \Subset \mathbb{R}^n$ を満たす開集合とする.　次が成り立つ.

(1) 任意の $f \in \mathcal{D}'(\mathbb{R}^n)$ に対して, $P(D)u = f$ の G 上の弱解 u が存在する.

(2) $f \in C^\infty(G)$ のとき, $P(D)u = f$ の G' 上の古典解 $u \in C^\infty(G')$ が存在する.

証明　(1) G 上で $\chi(x) = 1$ を満たす $\chi \in C_0^\infty(\mathbb{R}^n)$ をとる.　$\chi(x)f(x) \in \mathcal{E}'(\mathbb{R}^n)$ である.　$u = E * (\chi f) \in \mathcal{D}'(\mathbb{R}^n)$ と定義すれば, G 上 $P(D)u = \chi f = f$ である.
(2) G' 上 $\chi(x) = 1$ を満たす $\chi \in C_0^\infty(G)$ をとり, $u = E * (\chi f) \in C^\infty(\mathbb{R}^n)$ とすればよい.　　□

このように, 基本解が存在すれば, 任意の $f \in \mathcal{E}'(\mathbb{R}^n)$ に対して方程式 $P(D)u = f$ は弱解をもち, 任意の $f \in \mathcal{D}'(\mathbb{R}^n)$ と $G \Subset \mathbb{R}^n$ に対して, $P(D)u = f$ の G 上の弱解 $u \in \mathcal{D}'(G)$ が存在する.　基本解の存在については次の定理が知られている.

定理 5.8　任意の定数係数線形偏微分作用素 $P(D)$ に対して, 基本解が存在する.

紙数の関係で定理 5.8 の詳しい証明は割愛する.　$E \in \mathcal{S}'(\mathbb{R}^n)$ のときには, $P(D)E = \delta_0$ をフーリエ変換すれば $P(\xi)\hat{E}(\xi) = (2\pi)^{-n/2}$ だから, $E(x)$ は $(2\pi)^{-n/2}P(\xi)^{-1}$ の逆フーリエ変換

$$E(x) = \frac{1}{(2\pi)^n} \int \frac{e^{ix \cdot \xi}}{P(\xi)} d\xi \tag{5.10}$$

とすればよいのだが, 一般には $P(\xi) = 0$ となる $\xi \in \mathbb{R}^n$ が存在し, $P(\xi)^{-1}$ は局所可積分とならないから, このままでは $E(x)$ の定義ができない.　$P(\xi)^{-1}$ の正則化が必要である.　正則化の 1 つの方法は, $\{P(\xi) : \xi \in \mathbb{R}^n\}$ に属さな

い点列 $\mathbb{C} \ni \eta_k \to 0 \ (k \to \infty)$ をとって,

$$E(x) = \lim_{k \to \infty} (2\pi)^{-n/2} \mathcal{F}\{(P(\xi) - \eta_k)^{-1}\}(x)$$

とする方法である. このようにして得られる基本解は点列 $\{\eta_k\}$ のとり方に
もちろん依存する. 一般の場合には, $P(\xi)$ の零点の構造が複雑で, 極限の
存在の証明が面倒である. 基本解の構成のもう 1 つのよく知られた方法は,
(5.10) の積分の積分路を $P(\zeta)$ の零点を避けて複素空間の中にとることであ
るが, この方法で構成された基本解は $E \notin \mathcal{S}'$ であることが多い. この方法を
用いての定理 5.8 の証明については, たとえば文献 [金子] を参照されたい.

定理 5.8 と補題 5.3 によって, 任意の $P(D)$ には無限に多くの基本解が存
在することがわかる. すべての基本解に共通の性質, あるいはある特別な性
質をもつ基本解が存在するか否かを調べることは偏微分方程式論の大切な問
題の 1 つで, 基本解に関する性質は, 「$P(D)$ がこれこれの性質を満たせば基
本解はこれこれの性質をもつ」, あるいは「$P(D)$ がこれこれの性質を満たせ
ばこれこれの性質をもつ基本解が存在する」の形で述べられることが多い.
たとえば,

「$P(D)$ が楕円型であれば, $P(D)$ の基本解は原点以外で解析的である」,

「$P(D)$ が双曲型であれば, $t \geq 0$ に台をもつ基本解が存在する」

などである. これら 2 つの性質はのちに特別な場合について証明する.

例 5.9 例 4.151 のデルタ関数の平面波展開公式を用いて $\mathbb{R}^3$ のラプラシア
ン $\Delta = \partial_1^2 + \partial_2^2 + \partial_3^2$ の基本解を求めてみよう.

$$\lim_{\varepsilon \to +0} \frac{2}{i^3 (2\pi)^3} \int_{\mathbb{S}^2} \frac{1}{(\omega x - i\varepsilon)^3} d\omega = \delta_0(x).$$

そこで, 基本解を $E(x) = \int_{\mathbb{S}^2} f(\omega x) d\omega$ の形で求めよう. $\omega \in \mathbb{S}^2$ のとき,
$\Delta\{f(\omega x)\} = f''(\omega x)$, そこで $f''(r) = 2(r - i\varepsilon)^{-3}$ を満たす f を求めると,
$f(r) = (r - i\varepsilon)^{-1}$. ゆえに

$$E(x) = \lim_{\varepsilon \to +0} \frac{1}{i^3 (2\pi)^3} \int_{\mathbb{S}^2} \frac{1}{\omega x - i\varepsilon} d\omega$$

とすれば $E(x)$ は Δ の $\mathbb{R}^3$ における基本解である．極座標を，x 方向を北極方向にとって $\mathbb{S}^2$ 上の積分を計算すると

$$2\pi \int_0^\pi \frac{\sin\theta d\theta}{|x|\cos\theta - i\varepsilon} = \frac{2\pi}{|x|} \int_{-|x|}^{|x|} \frac{dt}{t - i\varepsilon} = \frac{2\pi}{|x|} \left(\log(|x| - i\varepsilon) - \log(-|x| - i\varepsilon) \right).$$

これは $\varepsilon \to 0$ のとき，$2i\pi^2 |x|^{-1}$ に収束する．ゆえに Δ の基本解の 1 つが

$$-\frac{1}{4\pi} |x|^{-1}$$

と得られる．これは定理 4.93 の基本解に一致する．

5.3 初期値問題，コーシー・コワレフスカヤの定理

二階の方程式に戻る．常微分方程式において初期値問題が基本的であったように，偏微分方程式においても，初期値問題は基本的である．初期値問題は**コーシー問題**とも呼ばれる．偏微分方程式では，いずれかの独立変数の特定の値，たとえば $t = 0$ における未知関数の値や t 方向の導関数の値を初期条件として与える．このとき，平面 $t = 0$ は**初期平面**と呼ばれる．

初期条件を考えるために選ばれた変数を**時間変数**，他の変数を**空間変数**と呼ぶ．このとき，空間変数の数を n とした方が式が簡単になるので，この節では，独立変数を $(t, x) = (t, x_1, \ldots, x_n)$, $x = (x_1, \ldots, x_n)$, とし，時間変数を t, 空間変数を x とかいて初期条件を

$$u(0, x) = \psi_1(x), \qquad \partial_t u(0, x) = \psi_2(x)$$

と与える．$\psi_1(x), \psi_2(x)$ は与えられた関数である．このとき，任意の α に対して

$$\partial_x^\alpha u(0, x) = \partial_x^\alpha \psi_1(x), \quad \partial_x^\alpha \partial_t u(0, x) = \partial_x^\alpha \psi_2(x), \quad x \in \mathbb{R}^n \qquad (5.11)$$

だから，初期平面上での u と $\partial_t u$ の変数 x に関する偏導関数はすべて決定している．

二変数 (t, x) の楕円型方程式に対する初期値問題

$$\partial_t^2 u + \partial_x^2 u = 0, \quad u(0, x) = \psi_1(x), \qquad \partial_t u(0, x) = \psi_2(x) \qquad (5.12)$$

5.3 初期値問題，コーシー・コワレフスカヤの定理　　　311

と双曲型方程式に対する初期値問題

$$\partial_t^2 u - \partial_x^2 u = 0, \quad u(0, x) = \psi_1(x), \qquad \partial_t u(0, x) = \psi_2(x) \qquad (5.13)$$

を考えてみよう．双曲型方程式に対する初期値問題 (5.13) の解は任意の初期データに対して存在し，

$$u(t, x) = \frac{1}{2}(\psi_1(x - t) + \psi_1(x + t)) + \frac{1}{2}\int_{x-t}^{x+t} \psi_2(s)ds$$

で与えられる（第 3 章 3.7 節参照）．これから，

$$\sup_x |u(t, x)| \le \sup_x |\psi_1(x)| + |t| \sup_x |\psi_2(x)|. \qquad (5.14)$$

したがって，初期データ (ψ_1, ψ_2), (φ_1, φ_2) の解をそれぞれ $u(t, x), v(t, x)$ とすれば

$$\sup_x |u(t, x) - v(t, x)| \le \sup_x |\psi_1(x) - \varphi_1(x)| + |t| \sup_x |\psi_2(x) - \varphi_2(x)| \quad (5.15)$$

となり，解は初期データに連続的に依存する，すなわち**双曲型方程式に対する初期値問題は適切**であることがわかる．

　一方，楕円型の (5.12) の場合は，初期データ ψ_1, ψ_2 を勝手に与えたのでは初期値問題の解がまったく存在しない．たとえば，$\psi_1(x) = 0$ とすると，(5.12) の解が存在するためには，$\partial_t u(0, x) = \psi_2(x)$ は実解析的でなければならない．上半面の調和関数 $u \in C^2(t > 0) \cap C^1(t \ge 0)$ が $u(0, x) = 0$ を満たせば，調和関数に対する鏡像の原理（5.4.7 項，問 5.50）によって u は $t = 0$ を含む領域上の調和関数，したがって，$\psi_2(x)$ は実解析的でなければならないからである．また，楕円型方程式に対してコーシー問題は適切ではない．じっさい，$\partial_t^2 u + \partial_x^2 u = 0$ の解の列

$$u_n(t, x) = \Re\left(\frac{1}{n^{\sqrt{n}}} e^{nt - inx}\right) = \frac{e^{nt}}{n^{\sqrt{n}}} \cos(nx) \qquad (5.16)$$

は任意の N に対して適当な定数 $C_N > 0$ が存在して

$$\sup_x \sum_{j,k=0}^{N} |(\partial_t^j \partial_x^k u_n)(0, x)| \le C_N n^{-\sqrt{n} + 2N} \to 0 \qquad (n \to \infty)$$

を満たし，$t = 0$ において $n \to \infty$ において急激に減衰するにもかかわらず，任意の $t > 0$ において

$$u(t,0) = n^{-\sqrt{n}}e^{tn} = e^{tn - \sqrt{n}\log n} \to \infty \qquad (n \to \infty)$$

と無限大に発散する．このようにコーシー問題の可解性や，解の性質は方程式の型によっておおいに異なる．にもかかわらず，次のコーシー・コワレフスカヤの定理は，初期データ $\psi_1(x), \psi_2(x)$ や非斉次項 $f(t,x)$ が実解析的であれば，初期値問題は方程式の形によらず局所的にはつねに解をもつことを保証する．以下，実解析関数を単に解析関数という．

5.3.1　コーシー・コワレフスカヤの定理

本項では iD のかわりに微分を ∂ を使ってかき，$\partial_t = \partial_0$ ともかいて，方程式

$$P(t,x,\partial)u = \sum_{j,k=0}^{n} a_{jk}(t,x)\partial_j\partial_k u + \sum_{j=0}^{n} b_j(t,x)\partial_j u + c(t,x)u = f(t,x)$$

$$(5.17)$$

に対する初期値問題

$$u(0,x) = \psi_1(x), \qquad \partial_t u(0,x) = \psi_2(x) \tag{5.18}$$

を考える．$a_{jk}(t,x), b_j(t,x), c(t,x)$ は (t,x) の解析関数である．

■非特性初期値問題

定義 5.10　任意の x に対して $a_{00}(0,x) \neq 0$ のとき，t 方向は $t = 0$ において $P(t,x,\partial)$ に関して**非特性的**である，あるいは平面 $t = 0$ は**非特性面**であるといわれ，非特性面に初期条件を与えた初期値問題 (5.17) は**非特性初期値問題**といわれる．

時間方向が $P(t,x,\partial)$ に関して非特性的であれば，t が十分小さいとき $a_{00}(t,x) \neq 0$．したがって，$a_{00}(t,x)$ で割り算して，$-a_{jk}/a_{00}$ などをあらためて a_{jk} などとかけば，(5.17) は $\partial_t^2 u$ について解かれて

$$\partial_t^2 u = \sum_{j,k=1}^n a_{jk}\partial_j\partial_k u + \sum_{j=1}^n a_{j0}\partial_j\partial_t u + \sum_{j=0}^n b_j\partial_j u + cu + f \qquad (5.19)$$

の形になる．ここで，$\partial_j\partial_k = \partial_k\partial_j$ だから，$a_{jk} = a_{kj}$ として一般性を失わない．

(5.19) の右辺は t に関して一階までの微分しか含まず，任意の α に対して $(\partial_x^\alpha u)(0,x)$，$(\partial_x^\alpha\partial_t u)(0,x)$ は初期条件 (5.18) から決定されている（(5.11) の下の注意参照）ので，(5.19) の右辺，ならびにその ∂_x^α に関する偏微分の $t = 0$ における値は決定されている．ゆえに $\partial_t^2\partial_x^\alpha u(0,x)$ がすべての α に対して求められる．次に，(5.19) の両辺を t で 1 回微分，x で任意回微分して，すでに得られた情報を使えば $\partial_t^3\partial_x^\alpha u(0,x)$ が決まる．この手続きを続ければ，(5.19) の解の $t = 0$ におけるすべての微係数が初期条件から決定されることがわかる．このようにして決めた $c_{k\alpha} = \partial_t^k\partial_x^\alpha u(0,0)$ を用いて，$u(t,x)$ をテイラー級数によって

$$u(t,x) = \sum_{k,|\alpha|=0}^\infty \frac{c_{k\alpha}}{k!\alpha!}t^k x^\alpha \qquad (5.20)$$

と定めれば，$u(t,x)$ が初期値問題の解となることが期待される．以下に述べるコーシー・コワレフスカヤの定理は，テイラー級数 (5.20) が収束し，$u(t,x)$ が解であることを示すものである（ただし，以下の証明は (5.20) の収束を直接証明するものではない．直接証明する方法は，たとえば，文献［ペトロフスキー］にある）．

■**コーシー・コワレフスカヤの定理**　(5.19) の右辺を $A(t,x,\partial)u + f$ とかく．

$$A(t,x,\partial) = \sum_{j,k=1}^n a_{jk}(t,x)\partial_j\partial_k + \sum_{j=1}^n a_{j0}(t,x)\partial_j\partial_t + \sum_{j=0}^n b_j(t,x)\partial_j + c(t,x)$$
$$(5.21)$$

である．$a(t,x)$ が原点の近傍で実解析的なら，適当な正数 $r_0,\ldots,r_n$ が存在して，$a(t,x)$ は複素領域

$$\Omega_{n+1}(r_0,\ldots,r_n) = \{(w,z)\in\mathbb{C}^1\times\mathbb{C}^{n+1} : |w|<r_0, |z_1|<r_1,\ldots,|z_n|<r_n\}$$

において収束する巾級数によって定義された正則関数

$$a(w, z) = \sum_{k, |\alpha|=0}^{\infty} a_{k\alpha} w^k z^\alpha$$

の実領域への制限である. $\Omega_{n+1}(r, \ldots, r) = \Omega_{n+1}(r)$, $\Omega_n(r) = \{z \in \mathbb{C}^n : |z_1| < r, \ldots, |z_n| < r\}$ とかく. $A(w, z, \partial)$ は (5.21) で $A(t, x, \partial)$ の t, x を複素変数 $w \in \mathbb{C}$, $z \in \mathbb{C}^n$ に, 偏微分 ∂_t, ∂_x を複素微分 ∂_w, ∂_z で置き換えたものである.

定理 5.11（コーシー・コワレフスカヤの定理）　$A(t, x, \partial)$ の係数ならびに $f(t, x)$ は $(0, 0)$ の近傍で (t, x) に関して解析的, $\psi_1(x), \psi_2(x)$ は 0 の近傍で x に関して解析的とする. このとき $(0, 0)$ の適当な近傍 U が存在して初期値問題

$$\partial_t^2 u = A(t, x, \partial)u + f, \quad u(0, x) = \psi_1(x), \quad \partial_t u(0, x) = \psi_2(x) \quad (5.22)$$

の解析的な解 $u(t, x)$ が U 上で一意的に存在する.

証明　多変数正則関数に対する一致の定理によって

$$\partial_w^2 u = A(w, z, \partial)u + f, \quad u(0, z) = \psi_1(z), \quad \partial_w u(0, z) = \psi_2(z) \quad (5.23)$$

を満たす複素領域 $\Omega_{n+1}(r)$ 上の正則関数 $u(w, z)$ が一意的に存在することを示せば十分である. 以下の証明は文献 [Hörmander] による.

（第 1 段）まず, ある $\delta > 1$ に対して $A(t, x, \partial)$ の係数ならびに $f(t, x)$ が $\Omega_{n+1}(\delta)$ 上, $\psi_1(x), \psi_2(x)$ は $\Omega_n(\delta)$ 上正則と仮定する.

(1) $\psi_1 = \psi_2 = 0$ の場合を考えれば十分である. $u(w, z)$ が (5.23) を満たすことと, $v(w, z) = u(w, z) - \psi_1(z) - w\psi_2(z)$ が

$$v_{ww} = u_{ww} = Au + f = Av + f + A(\psi_1 + w\psi_2), \quad v(0, z) = v_w(0, z) = 0 \quad (5.24)$$

を満たすことは同値, $f(w, z) + A(w, z, \partial)(\psi_1(z) + w\psi_2(z))$ も $\Omega_{n+1}(\delta)$ 上正則だからである.

(2) $\psi_1 = \psi_2 = 0$ と仮定する. 逐次近似法によって解を構成しよう.

$$u_0(w, z) = 0$$

とし u_ν まで定義できたとき, $u_{\nu+1}$ を

$$\partial_w^2 u_{\nu+1} = A(w, z, \partial)u_\nu + f, \quad u_{\nu+1}(0, z) = 0, \quad \partial_w u_{\nu+1}(0, z) = 0 \quad (5.25)$$

5.3 初期値問題，コーシー・コワレフスカヤの定理 315

の解と定義する．u_ν が $\Omega_{n+1}(\delta)$ 上正則であれば，$f_\nu(w,z) = A(w,z,\partial)u_\nu + f$ もそうである．初期値問題 (5.25) の解を w に関して 2 回積分して求めれば

$$u_{\nu+1}(w,z) = \int_0^w \int_0^{\omega_0} \Big(A(\omega_1,z,\partial)u_\nu(\omega_1,z) + f(\omega_1,z) \Big) d\omega_1 d\omega_0.$$

(3) 上で構成した $\Omega_{n+1}(\delta)$ 上の正則関数列 $u_\nu, \nu = 0,1,\ldots$ が収束することを示そう．$v_\nu = u_{\nu+1} - u_\nu, \nu = 0,1,\ldots$ とおく．$\{v_\nu\}$ は

$$\partial_w^2 v_{\nu+1} = A(w,z,\partial)v_\nu, \qquad v_{\nu+1}(0,z) = 0, \quad \partial_w v_{\nu+1}(0,z) = 0, \qquad (5.26)$$

$$v_{\nu+1}(w,z) = \int_0^w \int_0^{\omega_0} A(\omega_1,z,\partial)v_\nu(\omega_1,z) d\omega_1 d\omega_0, \quad \nu = 0,1,\ldots, \qquad (5.27)$$

$$v_0(w,z) = \int_0^w \int_0^{\omega_0} f(\omega_1,z) d\omega_1 d\omega_0 \qquad (5.28)$$

を満たす．(5.27) に次の補題を適用して，v_ν を評価しよう．

補題 5.12 $v(\zeta)$ を単位円板 $\{\zeta \in \mathbb{C}^1 : |\zeta| < 1\}$ 上の正則関数，$C > 0$ を定数とする．このとき，

(a) $v(0) = 0, |v'(\zeta)| \leq C(1-|\zeta|)^{-a-1}, a > 0$ であれば，$|v(\zeta)| \leq Ca^{-1}(1-|\zeta|)^{-a-1}$.

(b) $|v(\zeta)| \leq C(1-|\zeta|)^{-a}, a \geq 0$ であれば $|v'(\zeta)| \leq Ce(1+a)(1-|\zeta|)^{-a-1}$.

証明 (a) 複素積分によって，

$$|v(\zeta)| = \left| \int_0^\zeta v'(w)dw \right| \leq \int_0^{|\zeta|} C(1-|w|)^{-a-1}d|w|$$
$$\leq Ca^{-1}(1-|\zeta|)^{-a} \leq Ca^{-1}(1-|\zeta|)^{-a-1}.$$

(b) コーシーの積分公式によって，任意の $|\zeta| < \delta, 0 < \varepsilon < 1 - |\zeta|$ に対して

$$v'(\zeta) = \frac{1}{2\pi} \int_\gamma \frac{v(w)}{(w-\zeta)^2} dw,$$

ただし $\gamma = \{w: |w-\zeta| = \varepsilon\}$ は ζ の周りの半径 ε の円周である．仮定によって $w \in \gamma$ に対して $|v(w)| \leq C(1 - |\zeta| - \varepsilon)^{-a}$ だから，

$$|v'(\zeta)| \leq \frac{1}{2\pi} \int_\gamma \left| \frac{v(w)}{(w-\zeta)^2} \right| |dw| \leq C\varepsilon^{-1}(1-|\zeta|-\varepsilon)^{-a}. \qquad (5.29)$$

$a > 0$ のとき，右辺は $0 < \varepsilon < 1-|\zeta|$ に関して $\varepsilon = (1-|\zeta|)/(a+1)$ のとき最小で，

$$|v'(\zeta)| \le C(1+a)(1+1/a)^a (1-|\zeta|)^{-a-1} \le Ce(1+a)(1-|\zeta|)^{-a-1}.$$

$a = 0$ のときは，任意の $\varepsilon > 0$ に対して，(5.29) の右辺 $\le (1-|\zeta|-\varepsilon)^{-1}$. $\varepsilon \to 0$ として $|v'(\zeta)| \le C(1-|\zeta|)^{-1}$. いずれの場合も (b) が成立する. □

定理 5.11 の証明 (3) の続き　以下しばしば w を z_0 とかく．(5.27) の $\{v_\nu : \nu = 0, 1, \ldots\}$ に対して

$$|v_\nu(w, z)| \le C^\nu M \prod_{j=0}^{n} (1-|z_j|)^{-2\nu}, \qquad (w, z) \in \Omega_{n+1}(1), \quad \nu = 0, 1, \ldots \quad (5.30)$$

が成立することを数学的帰納法によって示そう．ただし，

$$C = 4A_c e^2, \quad A_c = \sup\left\{\sum_{j=1}^{n}\sum_{k=0}^{n} |a_{jk}| + \sum_{j=0}^{n} |b_j| + |c| : (w, z) \in \overline{\Omega_{n+1}(1)}\right\},$$

$$M = \sup\{|v_0| : (w, z) \in \overline{\Omega_{n+1}(1)}\}$$

である．$\nu = 0$ のときは，M の定義によって明らか．ν まで正しいとする．補題 5.12 (b) を各変数に対して用い，$(2\nu+1)(2\nu+2) \le (2\nu+2)^2$ と評価すれば，

$$|\partial_w^2 v_{\nu+1}| = |A(w, z, \partial)v_\nu| \le A_c C^\nu M e^2 (2+2\nu)^2 \prod_{j=0}^{n} (1-|z_j|)^{-2\nu-2}$$

となる．補題 5.12 (a) を 2 回用い $\{(2+2\nu)^2/(2\nu+1)^2\} \le 4$ と評価すれば，

$$|v_{\nu+1}(z)| \le AC^\nu M e^2 \{(2+2\nu)^2/(2\nu+1)^2\} \prod_{j=0}^{n} (1-|z_j|)^{-2\nu-2}$$

$$\le C^{\nu+1} M \prod_{j=0}^{n} (1-|z_j|)^{-2\nu-2}.$$

(5.30) は $\nu+1$ のときにも成立する.

(4) まず $C < 1$ と仮定しよう．このとき，(5.30) によって級数

$$\sum_{\nu=0}^{\infty} v_\nu(w, z) = u(w, z)$$

は領域

$$\mathcal{A}(C) \equiv \left\{(w, z) : \prod_{j=0}^{n} (1-|z_j|)^{-1} < 1/\sqrt{C}\right\}$$

5.3 初期値問題，コーシー・コワレフスカヤの定理　　317

上広義一様収束し，$u(w, z)$ は $\mathcal{A}(C)$ 上正則である．明らかに，$u(0, z) = \partial_w u(0, z) = 0$ で，正則関数に対する項別微分定理によって，

$$\partial_w^2 u = \sum_{\nu=0}^{\infty} \partial_w^2 v_\nu(w, z) = f + \sum_{\nu=1}^{\infty} A(w, z, \partial) v_{\nu-1} = A(w, z, \partial) u + f.$$

したがって，u は $\mathcal{A}(C)$ 上 (5.23) の解である．$\prod(1 - |z_j|) \geq 1 - \sum |z_j|$ だから，$\mathcal{A}(C) \supset \{(w, z) : \sum_{j=0}^{n} |z_j| < 1 - \sqrt{C}\}$ である．

(5) 次に，$C < 1$ のとき，$\overline{\Omega_{n+1}(1)}$ 上正則な解 u は一意的であることを示そう．$f = 0, \psi_1 = \psi_2 = 0$ のとき，$u = 0$ であることを示せばよい．この場合，解 u に対して $v_\nu = u, \nu = 0, 1, \ldots$ とおけば $\{v_\nu\}$ は明らかに，漸化式 (5.26) を満たす．一方，(5.30) によって $v_0 = 0$ と漸化式 (5.26) を満たす関数列は，$\mathcal{A}(C)$ 上で 0 に収束する．したがって，$\mathcal{A}(C)$ 上 $u = 0$，ゆえに一致の定理から $\overline{\Omega_{n+1}(1)}$ 上 $u = 0$ である．

以上で，与えられたデータが $\Omega_n(\delta)$, $\delta > 1$ で正則，$C = A_c(2e)^2 < 1$ であれば，解が，$\mathcal{A}(C)$ 上で存在し，$\overline{\Omega_{n+1}(1)}$ 上の正則な解は一意的であることがわかった．

(第 2 段) 一般の場合を考えよう．$0 < r < 1$ に対して (w, z) を $(r^2 t, rx)$ に変数変換して，

$$U(t, x) = u(r^2 t, rx), \quad F(t, x) = r^4 f(r^2 t, rx),$$
$$\Psi_1(x) = \psi_1(rx), \quad \Psi_2(x) = r^2 \psi_2(rx)$$

と定義すれば，$U(t, x)$ に対する方程式は次のように変換される．

$$\partial_t^2 U(t, x) = (r^4 \partial_t^2 u)(r^2 t, rx) = r^4 (A(r^2 t, rx, \partial) u)(r^2 t, rx) + r^4 f(r^2 t, rx)$$
$$= \sum_{j,k=1}^{n} r^2 a_{jk}(r^2 t, rx) \partial_j \partial_k U(t, x) + \sum_{j=0}^{n} r a_{j0}(r^2 t, rx) \partial_j \partial_t U(t, x)$$
$$+ \sum_{j=1}^{n} r^3 b_j(r^2 t, rx) \partial_j U(t, x) + r^2 b_0(r^2 t, rx) \partial_t U + r^4 c(r^2 t, rx) U(t, x) + F(t, x),$$

$$\tag{5.31}$$

$$U(0, x) = \Psi_1(x), \quad \partial_t U(0, x) = \Psi_2(x).$$

ここで (5.31) の右辺を $A(t, x, \partial) U + F$ とかくと，$A(w, z, \partial)$ の係数と $f(w, z)$ および $\psi_1(z), \psi_2(z)$ が $\Omega_{n+1}(\kappa)$ および $\Omega_n(\kappa)$ で正則であれば，$A(w, z, \partial)$ の係数と $F(w, z)$ および $\Psi_1(z), \Psi_2(z)$ は $\Omega_{n+1}(\kappa/r)$ および $\Omega_n(\kappa/r)$ 上正則，$r < \kappa$ ととれば，$\delta = \kappa/r > 1$，また $A(w, z, \partial)$ の係数は r を小さくとることによって $\overline{\Omega(1)}$ 上い

くらでも小さくし, $C = 4A_c e^2 < 1$ にできる. したがって, 前半 (第1段) の議論を, (5.31) に適用すれば, (5.31) の正則な解が原点の近傍に一意的に存在し, したがってもとの方程式にも正則な解が原点の近傍で一意的に存在することがわかった. $\square$

注意 5.13 以上の証明から解の存在する領域は, $A(w, z, \partial)$ の係数および f, ψ_1, ψ_2 が正則である領域と, $A(w, z, \partial)$ の係数の大きさによって決まり, f, ψ_1, ψ_2 の大きさにはよらないことがわかる.

■**非特性曲面**　一般の平面や曲面上に初期条件を与えて解を求める問題もある. x_0 を特別扱いするのをやめて方程式を

$$P(x, \partial)u = \sum_{j,k=0}^{n} a_{jk}(x)\partial_j \partial_k u + \sum_{j=0}^{n} b_j(x)\partial_j u + c(x)u = f \qquad (5.32)$$

とかこう.

定義 5.14　(1) c を定数とする. 平面 $C = \{x \in \mathbb{R}^{n+1} : x_0\nu_0 + \cdots + x_n\nu_n - c = 0\}$ は

$$\sum_{j,k=0}^{n} a_{jk}(x)\nu_j\nu_k \neq 0, \quad \forall x \in C$$

を満たすとき, $P(x, \partial)$ あるいは方程式 (5.17) に関して**非特性的**, そうでないとき**特性的**といわれる. より一般に,

(2) φ が $\nabla\varphi(x) \neq 0$ を満たす解析関数のとき, 曲面 $C = \{x \in \mathbb{R}^{n+1} : \varphi(x) = 0\}$ は

$$\sum_{j,k=0}^{n} a_{jk}(x)\partial_j\varphi(x)\partial_k\varphi(x) \neq 0, \quad \forall x \in C$$

を満たすとき, $P(x, \partial)$ あるいは方程式 (5.17) に関して**非特性的**, そうでないとき**特性的**といわれる.

C が $P(x, \partial)$ の非特性曲面 (あるいは平面) のとき, C の法線方向の座標を $s = \varphi(x)$ ととり, 曲面内の座標 $y = (y_1, \ldots, y_n)$ を任意にとると, 各点 $a \in C$ の十分小さい近傍 U において (s, y) は座標となり, この座標に関して方程式 (5.32) は s に関して一階の微分までしか含まない $B(s, y, \partial)$ を用いて

$$\Big(\sum_{j,k=0}^{n} a_{jk}\nu_j\nu_k \Big)\partial_s^2 u + B(s,y,\partial)u = f \tag{5.33}$$

とかき表される．このとき，φ が解析的なら新しい座標 (s,y) を x の解析関数
にとれる．したがって C が非特性的なら方程式 (5.32) は解析的な係数をもつ
変数 s に関する正規型方程式となり，コーシー・コワレフスカヤの定理によっ
て，任意の解析的初期データ $\psi_1(y), \psi_2(y)$ に対して，C 上初期条件 $u = \psi_1$,
$\partial_s u = \psi_2$ を満たす解析的な局所解を一意的にもつことがわかる．

問 5.15 Δ に関して特性的な曲面は存在しないことを示せ．$\square$ に関して特性的な
曲面の例をつくれ．

5.3.2 ホルムグレンの定理

解析的な係数をもつ方程式の初期値問題は解析的な解のみならず C^2 級の
解も一意的である．

定理 5.16（ホルムグレンの定理） a_{jk}, b_j, c は $(0,0)$ の近傍で解析的，$f(t,x)$,
$\psi_1(x), \psi_2(x)$ は連続とする．このとき，$(0,0)$ の $t > 0$ における十分小さい
近傍において C^2 級，$t \geq 0$ において C^1 級である初期値問題

$$\partial_t^2 u = A(t,x,\partial)u + f, \quad t > 0;$$
$$u(0,x) = \psi_1(x), \ \partial_t u(0,x) = \psi_2(x), \quad x \in \mathbb{R}^n$$

の解 $u(t,x)$ は一意的である．$t < 0$ のときも同様である．

証明 $t > 0$ のときに示す．コーシー・コワレフスカヤの定理の証明の記号を用い
る．2 つの解の差を考えれば，$f(t,x) = 0$, $\psi_1(x) = \psi_2(x) = 0$ のとき，定理の条
件を満たす解が $t > 0$ の側の原点の近傍で $u(t,x) = 0$ を満たすことを示せばよい．
初期面 $t = 0$ を放物面 $t = x^2/2$ に写す変数変換

$$(t,x) \mapsto \Big(t + \frac{x^2}{2}, x \Big) \quad x = (x_1, \ldots, x_n)$$

を行う（**ホルムグレン変換**と呼ばれる）．$v(t,x) = u(t - x^2/2, x)$ とおく．$a > 0$
が十分小のとき，放物面と $t = a$ で囲まれた領域 $G_a = \{(t,x) : x^2/2 \leq t \leq a\}$ 上

$v(t, x) = 0$ であることを示せばよい. $0 < a$ を動かして考えれば, G_a の $t = a$ の部分で $u(a, x) = 0$ を示せば十分である. ホルムグレン変換によって考える領域が有界になったのが大切である.

このとき, 平面 $t = 0$ 上で u の値と 1 階導関数はすべて 0 だから, v の放物面 $t = x^2$ 上での値と 1 階導関数は

$$v = u(0, x) = 0, \ \partial_t v = u_t(0, x) = 0, \ \partial_x v = -2x\partial_t u(0, x) + \partial_x u(0, x) = 0$$

とすべて消える. v は G_a 上

$$
\begin{aligned}
\Big(1 - \sum_{j,k=1}^{n} &a'_{jk} x_j x_k - \sum_{j=1}^{n} a'_{0j} x_j \Big) \partial_t^2 v \\
&= \sum_{j,k=1}^{n} a'_{jk} \partial_j \partial_k v + \sum_{j=1}^{n} \Big(a'_{j0} + \sum_{k=1}^{n} 2x_k a'_{jk}\Big) \partial_j \partial_t v \\
&\quad + \sum_{j=1}^{n} b'_j \partial_j v + \Big(\sum_{j=1}^{n} x_j b'_j + \sum_{j=1}^{n} a'_{jj} + b'_0\Big) \partial_t v + c' u
\end{aligned}
\tag{5.34}
$$

を満たす. ただし, $a'_{jk}(t, x) = a_{jk}(t - x^2/2, x)$ などである. このとき, $a > 0$ を十分小さくとれば明らかに G_a 上

$$1 - \sum_{j,k=1}^{n} a'_{jk} x_j x_k - \sum_{j=1}^{n} a'_{0j} x_j \geq \frac{1}{2}.$$

したがって, (5.34) の両辺に $(1 - \sum_{j,k=1}^{n} a'_{jk} x_j x_k - \sum_{j=1}^{n} a'_{0j} x_j)^{-1}$ を乗ずれば, v は再び正規型の方程式を満たすことになる. これをあらためて,

$$L(t, x, \partial)v = \sum_{j,k=0}^{n} a_{jk} \partial_j \partial_k v + \sum_{j=0}^{n} b_j \partial_j v + cv = 0 \tag{5.35}$$

とかく. $a_{00} = -1, a_{jk} = a_{kj}$ である.

そこで (5.35) の**共役方程式**

$$L^*(t, x, \partial)w = \sum_{j,k=0}^{n} \partial_j \partial_k (a_{jk} w) - \sum_{j=0}^{n} \partial_j (b_j w) + cw = 0 \tag{5.36}$$

を考えよう.

(a) 共役方程式 (5.36) は解析的な係数をもつ正規型方程式である. したがって a を十分小さくとれば, 任意の多項式 g に対して, $t = a$ を初期面とした初期値問題

$$L^*(t, x, \partial)w = 0, \qquad w(a, x) = 0, \quad \partial_t w(a, x) = g(x) \tag{5.37}$$

の解が $\overline{G_a}$ を含む領域において存在する.（存在領域は初期関数の大きさには無関係であったことに注意しよう.）

(b) 任意の C^2 級関数 v, w に対して，$L(t, x, \partial)v \cdot w - v \cdot L^*(t, x, \partial)w$ は発散形式：

$$\begin{aligned}
&Lv \cdot w - v \cdot L^* w \\
&\quad = \sum_{j=0}^{n} \partial_j \left(\sum_{k=0}^{n} \{(a_{jk}\partial_k v)w - v(a_{jk}\partial_k w)\} + (-(\sum_{k=0}^{n}\partial_k a_{jk}) + b_j)vw \right)
\end{aligned}$$

となり，ストークスの公式によって，

$$\begin{aligned}
&\int_{G_a} (L(t, x, \partial)v \cdot w - v \cdot L^*(t, x, \partial)w)dxdt \\
&= \int_{\partial G} \sum_{j=0}^{n} \left\{ (\sum_{k=0}^{n} a_{jk}\partial_k v)w - v(\sum_{k=0}^{n} a_{jk}\partial_k w) + (-(\sum_{k=0}^{n}\partial_k a_{jk}) + b_j)vw \right\} \nu_j d\sigma,
\end{aligned}$$

ただし，$(\nu_0, \dots, \nu_n)$ は境界の外向き単位法線ベクトル，$d\sigma$ は面積要素である.

とくに v を (5.35) の，w を (5.37) の解とすると，v, w は G_a 上 C^2 級，$\overline{G_a}$ 上 C^1 級で，G_a 上 $L(t, x, \partial)v \cdot w - v \cdot L^*(t, x, \partial)w = 0$，また G_a の境界の放物面の部分では，v とその一階微分がすべて消え，$t = a$ の部分では，$w(a, x) = 0$，$\partial_t w(a, x) = g(x)$，$\nu_0 = 1, \nu_1 = \cdots = \nu_n = 0$ だから，

$$\begin{aligned}
0 &= \int_G (Lv \cdot w - v \cdot L^* w)dxdt \\
&= \int_{\partial G \cap \{t=a\}} \left\{ (\sum_{k=0}^{n} a_{0k}\partial_k v)w - v(\sum_{k=0}^{n} a_{0k}\partial_k w) + (-(\sum_{k=0}^{n}\partial_k a_{0k}) + b_0)vw \right\} dx \\
&= \int_{G \cap \{t=a\}} v(a, x)g(x)dx
\end{aligned}$$

が成立する. ここで多項式 g は任意であったから $v(a, x) = 0$ である（次の問 5.18 参照）. これが示すべきことであった. □

問 5.17 (5.34) を確かめよ.

問 5.18 Ω を有界領域，$f(x)$ を Ω 上の有界連続関数とする. 任意の多項式 g に対して $\int_{\Omega} g(x)f(x)dx = 0$ であれば，$f(x) = 0$ であることを示せ.

5.3.3 特性初期値問題の解の非一意性と不連続解

　この項では方程式 (5.17) に関して**特性的**な平面 $t = 0$ に初期データを与え
た初期値問題，すなわち**特性初期値問題**について考える．方程式は定数係数
とするが，すべての結果は解析係数の場合にも成立することが知られている
（文献 [Hörmander] の定理 5.2.1 参照）．このとき $a_{00} = 0$ である．したがっ
て方程式 (5.17) は適当に符号をとり替えれば，

$$\partial_t(a_{01}\partial_1 + \cdots + a_{0n}\partial_n + b_0)u = \sum_{j,k=1}^n a_{jk}\partial_j\partial_k u + \sum_{j=1}^n b_j\partial_j u + cu + f \quad (5.38)$$

の形となる．

　ここで，$(a_{01}, \ldots, a_{0n}) \neq (0, \ldots, 0)$ であれば，5.1 節と同様に，独立変数の
変数変換と未知関数に対して指数関数をかけるという変換を施すことによっ
て，方程式は

$$\partial_t\partial_1 u = \sum_{j,k=1}^n a_{jk}\partial_j\partial_k u + \sum_{j=1}^n b_j\partial_j u + cu + f \quad (5.39)$$

の形であるとしてさしつかえない．また $(a_{01}, \ldots, a_{0n}) = (0, \ldots, 0)$ であれ
ば，$b_0 \neq 0$ と仮定してよい（そうでなければ方程式には t についての導関数が
現れず，x の関数の偏微分方程式となってしまう）．このとき，方程式 (5.17)
は広義放物型

$$b_0\partial_t u = \sum_{j,k=1}^n a_{jk}\partial_j\partial_k u + \sum_{j=1}^n b_j\partial_j u + cu + f \quad (5.40)$$

の形になる．(5.40) に対する初期値問題に関しては 5.6 節で解説することに
して，ここでは，(5.39) について考えることにする．

　f が正則なとき，初期・境界値問題

$$\partial_t\partial_1 u = f, \qquad u|_{t=0} = 0, \qquad u|_{x_1=0} = 0 \quad (5.41)$$

の正則な解が一意的に存在することに注意しよう．じっさい，

$$u(t, x) = \int_0^{x_1} \int_0^t f(s, y_1, x_2, \ldots, x_n)dy_1 ds$$

が (5.41) を満たす一意的な正則解であるのは明らかである. これを用いて
コーシー・コワレフスカヤの定理の証明と同様に議論すれば, 次の定理が得
られる.

定理 5.19 $f(t, x), g(x), h(t, x_2, \ldots, x_n)$ はそれぞれの変数に関して原点の
近傍で解析的で, g と h は整合性条件

$$g(0, x_2, \ldots, x_n) = h(0, x_2, \ldots, x_n) \tag{5.42}$$

を満たすとする. このとき, 条件

$$u(0, x) = g(x), \quad u(t, 0, x_2, \ldots, x_n) = h(t, x_2, \ldots, x_n) \tag{5.43}$$

を満たす (5.39) の解析的な解が原点の近傍において一意的に存在する.

問 5.20 u が (5.43) を満たすとき

$$v(t, x) = u(t, x) - \big(g(x) + h(t, x_2, \ldots, x_n) - g(0, x_2, \ldots, x_n)\big)$$

が初期条件 $v(0, x) = 0, v(t, 0, x_2, \ldots, x_n) = 0$ を満たすことに注意しながらコー
シー・コワレフスカヤの定理の証明をまねて, 定理 5.19 を証明せよ.

　(5.39) は t に関しては一階の方程式だから, 勝手な ψ_1, ψ_2 に対しては初期
条件

$$u(0, x) = \psi_1(x), \quad \partial_t u(0, x) = \psi_2(x)$$

を満たす解は存在しない. 解が存在するためには (5.39) で $t = 0$ とおいて得
られる**整合性条件**

$$\partial_1 \psi_2 = \sum_{j,k=1}^{n} a_{jk} \partial_j \partial_k \psi_1 + \sum_{j=1}^{n} b_j \partial_j \psi_1 + c\psi_1 + f(0, x)$$

が満たされなければならないからである.

　一方, 定理 5.19 の h は (5.42) を満たす限り任意だから, 初期条件を 1 つ
だけ与えた特性初期値問題

$$\partial_t \partial_1 u = \sum_{j,k=1}^{n} a_{jk} \partial_j \partial_k u + \sum_{j=0}^{n} b_j \partial_j u + cu + f, \qquad u(0, x) = g(x)$$

は無限に多くの解をもつ.

定理 5.19 を用いて, $(0,0)$ の近傍で C^2 級の (5.39) の解で, $t \geq 0$ では $t = 0$ を込めて解析的, すなわちある $\varepsilon > 0$ に対して $t > -\varepsilon$ において解析的な関数の $t \geq 0$ への制限であるが, $t = 0$ において $\partial^3 u / \partial t^3$ が不連続となるものが存在することを示そう. $t = 0$ が方程式 (5.17) に関する非特性平面なら, ホルムグレンの定理によって $(0,0)$ の近傍で C^2 級の解で, $t = 0$ の上半面で $t = 0$ を込めて解析的なものは近傍全体で解析的であるから, これは解析的な係数をもつ偏微分方程式の解の不連続性が特性平面に沿ってのみ現れることを意味する.

これは実は特性平面を特性曲面に置き換えても成立する性質である. このように特性曲面は偏微分方程式の解の性質に大切な意味をもつ. 以下の節で述べるポワソン・ラプラス方程式と波動方程式の解の振る舞いの違いも特性曲面の有無に関連している.

定理 5.21 f は原点の近傍で解析的とする. 特性初期値問題 (5.39) の原点の近傍における C^2 級の解 $u(t,x)$ で $t \geq 0$ においては解析的であるが, $(\partial^3 u / \partial t^3)(t,x)$ が平面 $t = 0$ で不連続となるものが存在する.

証明 (5.39) において $f = 0$ として証明すれば十分である. 定理 5.19 の解を, この解に加えればよいからである. 定理 5.19 によって一意的に決まる

$$\partial_t \partial_1 u = \sum_{j,k=1}^n a_{jk} \partial_j \partial_k u + \sum_{j=1}^n b_j \partial_j u + cu, \qquad u\big|_{t=0} = 0, \qquad u\big|_{x_1=0} = t^3 \quad (5.44)$$

の解析的な解を $\tilde{u}(t,x)$ とする.

$$\partial_t^k \tilde{u}(0,x) = 0, \quad k = 0,1,2. \tag{5.45}$$

したがって, $\tilde{u}(t,x)$ の 2 階までの導関数がすべて $t = 0$ において消えていることを示そう. $x' = (x_2, \ldots, x_n)$ とかく. $\tilde{u}(0,x) = 0$ は明らかである. これから, (5.44) において $u = \tilde{u}$ とおけば第 1 式の右辺は $t = 0$ において $= 0$. ゆえに左辺でも $(\partial_1 \partial_t \tilde{u})(0,x) = (\partial_1 \partial_t \tilde{u})(0,x_1,x') = 0$, したがって $\partial_t \tilde{u}(0,x)$ は x_1 に依存しない. 一方, $\tilde{u}(t,0,x') = t^3$ によって $(\partial_t \tilde{u})(0,0,x') = 0$. ゆえに $(\partial_t \tilde{u})(0,x_1,x') = (\partial_t \tilde{u})(0,0,x') = 0$ である. (5.44) の第 1 の方程式の両辺を t に

関して微分して，同じ議論を繰り返せば，$(\partial_t^2 \tilde{u})(0, x_1, x') = 0$ でもある．ゆえに (5.45) が成立し

$$u(t, x) = \begin{cases} \tilde{u}(t, x), & t \geq 0 \\ 0, & t < 0 \end{cases}$$

と定義すれば $u(t, x)$ は 0 の近傍で C^2 級で，u が方程式 (5.44) を満たしているのは明らかである．

　一方，(5.44) の第 1 の方程式の両辺を $t > 0$ において t で 2 回微分して $t \to 0$ とすれば (5.45) によって $(\partial_t^2 \tilde{u})(0, x_1, x') = 0$ だから，右辺は $t = 0$ において 0 に等しい．ゆえに左辺でも $(\partial_1 \partial_t^3 \tilde{u})(0, x_1, x') = 0$ となる．一方初期条件によって，$(\partial_t^3 \tilde{u})(0, 0, x') = \partial_t^3 t^3|_{t=0} = 6$ だから $(\partial_t^3 \tilde{u})(0, x_1, x') = (\partial_t^3 \tilde{u})(0, 0, x') = 6$. ゆえに $(\partial_t^3 u)(+0, x) = (\partial_t^3 \tilde{u})(0, x) = 6$ であるが，明らかに $(\partial_t^3 u)(-0, x) = 0$. したがって，$(\partial_t^3 u)(t, x)$ は $t = 0$ において不連続である．　　　　□

5.4　ポワソン・ラプラス方程式

　数理物理における定常問題は楕円型方程式によって記述されることが多い．領域 Ω 上の二階偏微分方程式

$$\sum_{j,k=1}^n a_{jk}(x) \partial_j \partial_k u(x) + \sum_{j=1}^n b_j(x) \partial_j u(x) + c(x) u(x) = \varphi(x) \qquad (5.46)$$

は Ω の各点 x において $0 < \lambda_x \leq \Lambda_x < \infty$ が存在して，

$$\lambda_x |\xi|^2 \leq \sum_{j,k=1}^n a_{jk}(x) \xi_j \xi_k \leq \Lambda_x |\xi|^2, \quad \xi \in \mathbb{R}^n \qquad (5.47)$$

が満たされるとき**楕円型**であるといわれる．ここでは，定数係数の場合に議論を限ることにする．定数係数二階楕円型方程式の標準形は $(\Delta + c) u = \varphi$ で与えられた．$(\Delta + c) u = \varphi$ は $c = k^2 > 0$ のとき**ヘルムホルツ方程式**，$c = 0$ のとき**ポワソン方程式**と呼ばれ，斉次ポワソン方程式 $\Delta u = 0$ は**ラプラス方程式**，ラプラス方程式の解は**調和関数**と呼ばれる．

　楕円型方程式の典型的な例はポワソン・ラプラス方程式で，楕円型方程式の研究はこの方程式の研究にはじまり，その研究に範を求めたといってよい．この節では主にポワソン・ラプラス方程式をとり扱う．ポワソン・ラプラス方程式に対して成立する性質の多くは，一般の楕円型方程式に対しても成立

326　　第 5 章　二階定数係数線形偏微分方程式

する.

すでに第 3 章 3.6 節において 2 次元空間のポワソン・ラプラス方程式の
いくつかの性質について述べた. この節ではこれらの性質を一般次元の空
間に拡張する. 以下, 断らない限り Ω は $\mathbb{R}^n$ の有界領域でその境界 $\partial\Omega$ は
滑らか, すなわち $\partial\Omega$ の各点 a の近傍 U において $\nabla\psi(x) \neq 0$ を満たす
C^∞ 級関数 $\psi(x)$ を用いて $U \cap \partial\Omega = \{x \in U : \psi(x) = 0\}$ と表されるとす
る. $y \in \partial\Omega$ における単位外向き法線ベクトルを $\nu_y = (\nu_1, \dots, \nu_n)$ とかき,
$(\partial u/\partial\nu)(x) = \sum_{j=1}^n (\partial u/\partial x_j)(x)\nu_j$ で u の ν_x 方向への方向微分を表す.

5.4.1　全空間におけるポワソン・ラプラス方程式

$\varphi \in \mathcal{S}(\mathbb{R}^n)$ とする. はじめに全空間のポワソン方程式

$$\Delta u(x) = \varphi(x), \quad x \in \mathbb{R}^n \tag{5.48}$$

の解 $u(x)$ を求めよう. 関数 u に Δu を対応させる写像は線形だから, (5.48)
の 1 つの解を u_0 とすると一般の解は u_0 にラプラス方程式

$$\Delta u(x) = 0 \tag{5.49}$$

の一般解を加えて得られる. まずポワソン方程式の特解を求めよう.

ω_n を $n-1$ 次元単位球面 $\mathbb{S}^{n-1}$ の面積, $\omega_n = 2\pi^{n/2}/\Gamma(n/2)$ として,

$$\begin{aligned} n \geq 3 \text{ のとき,} \quad & G(x) = -\frac{1}{(n-2)\omega_n|x|^{n-2}}, \\ n = 2 \text{ のとき,} \quad & G(x) = \frac{1}{2\pi}\log|x| \end{aligned} \tag{5.50}$$

とおく. 第 4 章定理 4.93 によって, $G(x)$ は微分作用素 Δ の基本解, すな
わち

$$\Delta_x G(x) = \delta(x) \tag{5.51}$$

である. $G(x)$ は $x \neq 0$ で実解析的であることに注意しよう. $G(x)$ は球対称
なのでしばしば (たとえば (5.71) や (5.73) などで)

$$G(x) = G(|x|)$$

とかくことがあるが混乱は起きないだろう.

定理 5.22 $G(x)$ を (5.50) で定義された Δ の基本解, $\varphi \in \mathcal{S}(\mathbb{R}^n)$ とする. このとき,

$$u(x) = \int_{\mathbb{R}^n} G(x-y)\varphi(y)dy \in C^\infty(\mathbb{R}^n) \tag{5.52}$$

はポワソン方程式 (5.48) の解で次を満たす：

$$|u(x)| \leq \begin{cases} C(1+|x|)^{2-n}, & n \geq 3. \\ C\log(2+|x|), & n = 2. \end{cases} \tag{5.53}$$

証明 u がポワソン方程式を満たすことは $G(x)$ が Δ の基本解であることから明らかである. 積分記号下で微分すれば u が C^∞ 級であることも明らかである. $n = 2$ のとき, (5.53) は

$$|G(x-y)| \leq (2\pi)^{-1}\big(\log(1+|x|) + \log(1+|y|)\big)$$

からただちにしたがう. $n \geq 3$ とする.

$$|G(x-y)| \leq \begin{cases} C(1+|x|)^{2-n}(1+|y|)^{n-2}, & |x-y| \geq 1 \text{ のとき}, \\ C|x-y|^{2-n}(1+|x|)^{2-n}(1+|y|)^{n-2}, & |x-y| < 1 \text{ のとき}, \end{cases}$$

と評価すれば

$$|u(x)|(1+|x|)^{n-2}$$
$$\leq C \int_{|x-y|\leq 1} \frac{|\varphi(y)|(1+|y|)^{n-2}}{|x-y|^{n-2}}dy + C\int_{|x-y|\geq 1}|\varphi(y)|(1+|y|)^{n-2}dy \leq C.$$

ゆえに (5.53) が成立する. $\qquad\square$

定義 5.23 一般の領域 Ω とその上の関数 $\varphi(x)$ に対して

$$N_\Omega(\varphi)(x) = \int_\Omega G(x-y)\varphi(y)dy \tag{5.54}$$

を φ の Ω 上の**ニュートンポテンシャル**と呼ぶ.

定理 5.22 によって, $\varphi \in \mathcal{S}(\mathbb{R}^n)$ に対して $\mathbb{R}^n$ 上のポワソン方程式 (5.48) の特解の 1 つがニュートンポテンシャル $N_{\mathbb{R}^n}(\varphi)$ によって与えられる. そこで, ラプラス方程式 (5.49) のすべての緩増加な解, すなわち**緩増加調和関数**を求めよう. ポワソン方程式の緩増加な解は $N_{\mathbb{R}^n}(\varphi)$ と緩増加調和関数の和となる.

定理 5.24 (1) 緩増加な調和関数は多項式である．これを**調和多項式**という．

(2) 任意の調和多項式は，同次な調和多項式の一次結合である．k 次同次調和多項式は **k 次体球関数**ともいわれる．

証明 方程式 (5.49) の両辺をフーリエ変換すれば，

$$|\xi|^2 \hat{u}(\xi) = 0. \tag{5.55}$$

$|\xi|^{-2}$ は開集合 $\Omega_0 = \{\xi \in \mathbb{R}^n : \xi \neq 0\}$ 上 C^∞ 級だから (5.55) に $|\xi|^{-2}$ を乗ずれば，Ω_0 上 $\hat{u} = 0$，ゆえに $\operatorname{supp} \hat{u} \subset \{0\}$．したがって，第 4 章定理 4.129 によって $\hat{u}(\xi)$ はデルタ関数 $\delta_0(\xi)$ の導関数の有限和：

$$\hat{u}(\xi) = \sum_{|\alpha| \le N} C_\alpha D^\alpha \delta_0(\xi).$$

この両辺の逆フーリエ変換をとれば，$u(x)$ は多項式でなければならないことがわかる．u の k 次同次部分をまとめて u_k, $u(x) = \sum_{k=0}^N u_k(x)$ とかくと，$\sum_{k=0}^N \Delta u_k(x) = 0$. $\Delta u_k(x)$ は $k-2$ 次同次式だから $\Delta u_k(x) = 0$, $k = 0, 1, \ldots, N$ でなければならない．したがって，u は同次調和多項式の有限和である． $\qquad\square$

このように $\mathbb{R}^n$ のポワソン方程式の緩増加一般解は

ニュートンポテンシャル $N_{\mathbb{R}^n}(\varphi)$ と体球関数の有限一次結合の和

となる．体球関数は多項式に対する代数計算によって求められるから，ポワソン方程式の**緩増加一般解の構造は完全に決定された**といえる．しかし，第 4 章注意 4.27 でも述べたように緩増加でない解を含めるとすれば，解はさらにたくさんあり，その構造を調べるのは容易でない．

問 5.25 $\mathbb{R}^3$ のラプラシアン Δ の極座標表示

$$\Delta u = \frac{1}{r^2} \frac{\partial}{\partial r} \left(r^2 \frac{\partial u}{\partial r} \right) + \frac{1}{r^2 \sin\theta} \frac{\partial}{\partial \theta} \left(\sin\theta \frac{\partial u}{\partial \theta} \right) + \frac{1}{r^2 \sin^2\theta} \frac{\partial^2 u}{\partial \varphi^2}$$

を示し，r のみの関数で $\Delta u = 0$ となるものをすべて求めよ．球面上の微分作用素

$$\Lambda u = -\frac{1}{\sin\theta} \frac{\partial}{\partial \theta} \left(\sin\theta \frac{\partial u}{\partial \theta} \right) - \frac{1}{\sin^2\theta} \frac{\partial^2 u}{\partial \varphi^2}$$

を $\mathbb{S}^2$ 上の**ラプラス・ベルトラミ作用素**と呼ぶ．

5.4 ポワソン・ラプラス方程式

問 5.26 $\mathbb{R}^n$ におけるヘルムホルツ方程式 $\Delta u + cu = 0$, $c > 0$ の $u(x) = \psi(|x|)$ となる解は

$$\psi'' + \frac{n-1}{r}\psi' + c\psi = 0$$

を満たすことを示せ.この方程式を $\psi(r) = r^{(n-1)/2}\varphi(\sqrt{c}r)$ とおき換えてベッセルの方程式

$$\varphi'' + \frac{1}{r}\varphi' + \left(1 - \frac{(n-2)^2}{4r^2}\right)\varphi = 0$$

に変換せよ.

問 5.27 $\mathbb{R}^3$ 上の k 次の体球関数 $u(x)$ を極座標で $u(r,\theta,\varphi) = r^k u(1,\theta,\varphi)$ と表せば,$u(1,\theta,\varphi)$ は,$\mathbb{S}^2$ のラプラス・ベルトラミ作用素 Λ の固有値 $k(k+1)$ の固有関数であることを問 5.25 を用いて示せ.

問 5.28 $\mathbb{R}^2$ 上の k 次体球関数全体は $\Re z^k$, $\Im z^k$ で張られる 2 次元線形空間であることを示せ.

5.4.2 半空間上のポワソン・ラプラス方程式

$n \geq 2$ とする.$x \in \mathbb{R}^n$ を $x = (x_1, x'), x' = (x_2, \ldots, x_n)$ とかく.$\mathbb{R}^n$ の半空間 $H = \{x = (x_1, x') : x_1 > 0\}$ におけるラプラス方程式の初期値問題(あるいは境界値問題)

$$\Delta u(x) = 0, \ x \in H; \ u(0, x') = \psi_1(x'), \ \partial_1 u(0, x') = \psi_2(x'), \ x' \in \mathbb{R}^{n-1} \tag{5.56}$$

が適切であるためには,2 つの初期値(あるいは境界値)ψ_1, ψ_2 を勝手に与えることはできないことを示そう.

注意 5.29 前節では,初期値問題の解とは初期面の近傍における C^2 級の関数で,方程式と初期条件を満たすものであった.このとき,初期データは $\psi_1 \in C^2(\mathbb{R}^{n-1})$, $\psi_2 \in C^1(\mathbb{R}^{n-1})$ を満たさなければならない.この節以降では,より広範囲の初期条件と対応する解を考えるため,(5.56) のように微分方程式は初期面の片側 H(初期面を含まない)においてのみ満足されればよいものとする.

$\psi_1, \psi_2 \in \mathcal{S}(\mathbb{R}^{n-1})$ とする.$u \in C^2(H) \cap C^1(\overline{H})$ を (5.56) の「適切な」解で,各 x_1 に対し $u(x_1, \cdot) \in \mathcal{S}'(\mathbb{R}^{n-1})$,$x'$ に関するフーリエ変換

$$\hat{u}(x_1, \xi') = \frac{1}{(2\pi)^{(n-1)/2}} \int_{\mathbb{R}^{n-1}} e^{-ix'\cdot\xi'} u(x_1, x') dx' \qquad (5.57)$$

は (x_1, ξ') の連続関数で，ξ' を固定するとき $\hat{u}(x_1, \xi')$ は $x_1 > 0$ について C^2 級，$x_1 \geq 0$ については C^1 級，さらに (5.57) は x_1 に関して積分記号下で微分可能と仮定する．このとき，(5.57) を積分記号下で微分し，u が (5.56) を満たすことを用いれば，$\hat{u}(x_1, \xi')$ は，(5.56) を x' に関してフーリエ変換して得られる，x_1 に関する常微分方程式の初期値問題

$$\frac{d^2\hat{u}}{dx_1^2} = \frac{1}{(2\pi)^{(n-1)/2}} \int_{\mathbb{R}^{n-1}} e^{-ix'\cdot\xi'} \partial_1^2 u(x_1, x') dx'$$

$$= \frac{1}{(2\pi)^{(n-1)/2}} \int_{\mathbb{R}^{n-1}} e^{-ix'\cdot\xi'} (-\Delta_{x'} u)(x_1, x') dx' = |\xi'|^2 \hat{u}(x_1, \xi'),$$

$$\hat{u}(0, \xi') = \hat{\psi}_1(\xi'), \quad \left(\frac{d\hat{u}}{dx_1}\right)(0, \xi') = \hat{\psi}_2(\xi')$$

の解であることがわかる．これを解いて

$$\hat{u}(x_1, \xi') = \cosh(|\xi'|x_1)\hat{\psi}_1(\xi') + \frac{\sinh(|\xi'|x_1)}{|\xi'|}\hat{\psi}_2(\xi')$$

$$= \frac{1}{2}e^{|\xi'|x_1}\left(\hat{\psi}_1(\xi') + \frac{1}{|\xi'|}\hat{\psi}_2(\xi')\right) + \frac{1}{2}e^{-|\xi'|x_1}\left(\hat{\psi}_1(\xi') - \frac{1}{|\xi'|}\hat{\psi}_2(\xi')\right).$$

ここで，この右辺第 2 項の ξ' に関する逆フーリエ変換は，ペイリー・ウィーナーの定理によって，任意の $x_1 > 0$ において，x' の実解析関数である．一方，右辺第 1 項は $\varphi_1(\xi') = \hat{\psi}_1(\xi') + \hat{\psi}_2(\xi')/|\xi'|$ が $|\xi'| \to \infty$ において指数的に減少しない限り，どのような $x_1 > 0$ に対しても $\mathcal{S}'(\mathbb{R}^{n-1})$ には属さない（したがってフーリエ変換のできない関数である）．したがって $\varphi_1(\xi)$ が指数的に減衰しない限り (5.56) に緩増加な解は存在しない（5.3 節の冒頭も参照）．さらに $\varphi_1(\xi')$ が指数的に減少したとしても，$\varphi_1(\xi') \equiv 0$ でなければ，初期値問題は適切ではない．じっさい，$\varphi_1(\xi') \in C_0^\infty(\mathbb{R}^{n-1})$ として，$\varphi_{1,k}(\xi') = \varphi_1(\xi' - k)$ とすれば，$(\mathcal{F}^{-1}\varphi_{1,k})(x') = e^{ikx}(\mathcal{F}^{-1}\varphi_1)(x')$ は $|k| \to \infty$ のとき有界であるにもかかわらず，任意の $x_1 > 0$ に対して $e^{|\xi'|x_1}\varphi_{1,k}(\xi') \sim e^{|k|x_1}\varphi_{1,k}(\xi')$ は指数的に増大してしまうからである．

このように，ラプラス方程式に対する初期値問題が適切であるためには，初期データを

$$\hat{\psi}_1(\xi') + \frac{\hat{\psi}_2(\xi')}{|\xi'|} = 0 \tag{5.58}$$

となるように与えなければならない．したがって，ラプラス方程式の初期値問題においてはただ1つのデータを与えるのが自然で，もう1つの条件が (5.58) によって定められる場合に限って問題が適切となるのである．

(5.58) が満たされるとき，半平面における初期値問題 (5.56) の解は

$$\hat{u}(x_1, \xi') = e^{-|\xi'|x_1}\hat{\psi}_1(\xi'), \qquad x_1 > 0$$

で与えられる．ゆえに $u(x)$ はこれを逆フーリエ変換して

$$u(x) = \int_{\mathbb{R}^{n-1}} P(x_1, x' - y')\psi_1(y')dy' \tag{5.59}$$

と得られる．ここで $P(x_1, x')$ は

$$\frac{1}{(2\pi)^{n-1}} \int_{\mathbb{R}^{n-1}} e^{-|\xi'|x_1 + ix'\cdot\xi'} d\xi' = \frac{\Gamma(n/2)}{\pi^{n/2}} \frac{x_1}{(x_1^2 + |x'|^2)^{n/2}} \tag{5.60}$$

で**半空間のポワソン核**と呼ばれる．(5.59) から明らかに，半空間におけるディリクレあるいはノイマン境界値問題は適切である．これから，次の定理が得られた．

問 5.30 フーリエ変換を実行して (5.60) を示せ．

定理 5.31 ラプラス方程式の半空間 H におけるディリクレ境界値問題

$$\Delta u = 0, \qquad u(0, x') = \psi_1(x') \in \mathcal{S}(\mathbb{R}^{n-1}) \tag{5.61}$$

の解で，初期データに関して適切なものがただ1つ存在し，(5.59) によって与えられる．

一般に，領域 Ω の境界 $\partial\Omega$ に1つのデータを与えて，$\Delta u(x) = f(x)$ を Ω 上で満たし，$\partial\Omega$ 上与えられた条件を満たす解を求める問題を**ポワソン方程式の境界値問題**という．$u|_{\Omega}$ を与えて解を求める問題を**ディリクレ境界値問題**，$(\partial u/\partial\nu)|_{\Omega}$ を与えて解を求める問題を**ノイマン境界値問題**という．本書ではディリクレ境界値問題に限って議論する．

5.4.3 調和関数論，グリーン関数とポワソンの公式

まず，有界な領域 $\Omega \subset \mathbb{R}^n$, $n \geq 3$ におけるポワソン方程式に対するディリクレ境界値問題

$$\Delta u(x) = \varphi(x), \quad x \in \Omega; \qquad u(x) = \psi(x), \quad x \in \partial\Omega \qquad (5.62)$$

は $\varphi = 0$ としたラプラス方程式の境界値問題に帰着することを示そう．ただし，$\psi \in C(\partial\Omega)$, $\varphi(x) \in C^1(\overline{\Omega})$ とする．$u \in C^2(\Omega) \cap C(\overline{\Omega})$ で Ω の内部でポワソン方程式 $\Delta u(x) = \varphi(x)$ を満たし，$\partial\Omega$ 上で $u = \psi$ を満たす，いわゆる古典解を考える（u は $\partial\Omega$ では $\Delta u(x) = \varphi(x)$ を満たす必要はない）．議論は $n = 2$ の場合もほぼ同様である．Ω 上のニュートンポテンシャル $N_\Omega(\varphi)$ は (5.54) で定義した．

定理 5.32 $\varphi \in C^1(\overline{\Omega})$ に対して $N_\Omega(\varphi) \in C^2(\Omega) \cap C^1(\overline{\Omega})$ で $\Delta N_\Omega(\varphi)(x) = \varphi(x)$, $x \in \Omega$ が成り立つ．

証明 $x \in \overline{\Omega}$ のとき，$G(x-y), |\nabla_x G(x-y)|$ は $y \in \Omega$ に関して可積分である．したがって，積分記号下の微分が可能で $N_\Omega(\varphi) \in C^1(\overline{\Omega})$ は明らかである．

$N_\Omega(\varphi) \in C^2(\Omega)$ で Ω 上 $\Delta N_\Omega(\varphi)(x) = \varphi(x)$ を満たすことを示す．$x_0 \in \Omega$ を任意にとる．x_0 と境界 $\partial\Omega$ の距離を $d > 0$ とする．$|x - x_0| < d/2$ のとき $\chi(x) = 1$ で $|x - x_0| > 3d/4$ のとき $\chi(x) = 0$ を満たす $\chi \in C_0^\infty(\Omega)$ をとり，

$$N_\Omega(\varphi)(x) = N_\Omega(\chi\varphi)(x) + N_\Omega((1-\chi)\varphi)(x)$$

と分解する．$\chi\varphi \in C_0^1(\Omega)$ だから $N_\Omega(\chi\varphi)(x) = N_{\mathbb{R}^n}(\chi\varphi)(x)$. 部分積分によって

$$\partial_j \partial_k N_\Omega(\chi\varphi)(x) = \int_{\mathbb{R}^n} G(x-y)\partial_j\partial_k(\chi\varphi)(y)dy.$$

ゆえに $\partial_j\partial_k N_\Omega(\chi\varphi)(x)$ は $\mathbb{R}^n$ 上連続，したがって，$N_\Omega(\chi\varphi) \in C^2(\overline{\Omega})$ である．また，第4章定理4.93によって $\Delta N_\Omega(\chi\varphi)(x) = \chi(x)\varphi(x)$, とくに，$\Delta N_\Omega(\chi\varphi)(x_0) = \varphi(x_0)$ である．一方，

$$N_\Omega((1-\chi)\varphi)(x) = \int_\Omega G(x-y)(1-\chi(y))\varphi(y)dy$$

で，$|x-x_0| < d/4$ のとき，$1-\chi(y) \neq 0$ なら $|y-x_0| > d/2$ だから $|x-y| > d/4$. したがって，このとき，$G(x-y)(1-\chi(y))\varphi(y)$ は x に関して C^∞ 級．ゆえに，

$|x - x_0| < d/4$ のとき, $N_\Omega((1 - \chi)\varphi)$ は C^∞ 級, $\Delta G(x) = 0, x \neq 0$ を思い出せば $\Delta_x N_\Omega((1 - \chi)\varphi)(x) = 0$. 以上をあわせて, $N_\Omega(\varphi)$ が x_0 の近傍で C^2 級で $\Delta N_\Omega(\varphi)(x_0) = \varphi(x_0)$ を満たすことがわかった. x_0 は任意だったから, $N_\Omega(\varphi) \in C^2(\Omega)$ で $\Delta N_\Omega(\varphi)(x) = \varphi(x)$ である. □

定理 5.32 によって $u \in C^2(\Omega) \cap C^1(\overline{\Omega})$ が (5.62) を満たせば $v = u - N_\Omega(\varphi)$ も $C^2(\Omega) \cap C^1(\overline{\Omega})$ 級で, v は境界値を $\psi \to \psi - N_\Omega(\varphi)|_{\partial\Omega}$ とおき換えた境界値問題

$$\Delta v(x) = 0, \quad x \in \Omega; \quad v(x) = \psi(x) - N_\Omega(\varphi)(x), \quad x \in \partial\Omega$$

を満たす. この逆も明らかに成立する. このようにニュートンポテンシャルを仲立ちとして, ポワソン方程式に対する境界値問題は, ラプラス方程式に対する境界値問題に帰着する. そこで以下,

$$\Delta u(x) = 0, \quad x \in \Omega; \quad u(x) = \psi(x), \quad x \in \partial\Omega \tag{5.63}$$

を考えることにする. このとき, u は調和関数で, (5.63) の解を求めるには調和関数の性質を調べなければならない.

■調和関数の局所的な性質 2 次元の調和関数はポワソンの公式を用いて調べられた (第 3 章 3.6 節参照). まず $\mathbb{R}^n$, $n \geq 3$ でポワソンの公式に対応する公式を導こう. グリーンの公式

$$\int_\Omega (u(y)\Delta v(y) - v(y)\Delta u(y))dy = \int_{\partial\Omega} \left(u(y)\frac{\partial v}{\partial\nu}(y) - v(y)\frac{\partial u}{\partial\nu}(y) \right) d\sigma \tag{5.64}$$

を思い出そう.

定理 5.33 (グリーンの表現公式) $u \in C^2(\Omega) \cap C^1(\overline{\Omega})$ とする.

$$u(x) = \int_\Omega G(x - y)\Delta u(y)dy + \int_{\partial\Omega} u(y)\frac{\partial G}{\partial\nu_y}(x - y)d\sigma(y)$$
$$- \int_{\partial\Omega} G(x - y)\frac{\partial u}{\partial\nu_y}(y)d\sigma(y), \quad x \in \Omega \tag{5.65}$$

が成立する. ただし, $d\sigma(y)$ は $\partial\Omega$ 上の面積要素である. とくに, u が調和であれば

$$u(x) = \int_{\partial\Omega} \left(u(y)\frac{\partial G}{\partial \nu_y}(x-y) - G(x-y)\frac{\partial u}{\partial \nu_y}(y) \right) d\sigma(y). \qquad (5.66)$$

証明 $x \in \Omega$ を任意に固定する. $0 < \varepsilon < \mathrm{dist}(x, \partial\Omega)$ に対して $\Omega_\varepsilon = \{y \in \Omega : |y-x| > \varepsilon\}$ と定義し, Ω_ε において (5.64) を $u = u(y)$, $v(y) = G(x-y)$ として適用する. 境界 $\partial\Omega_\varepsilon = \partial\Omega \cup \{y\colon |x-y| = \varepsilon\}$ の向きに注意し, $\Delta_y G(x-y) = 0$ を用いると

$$-\int_{\Omega_\varepsilon} G(x-y)\Delta u(y) dy$$
$$= \int_{\partial\Omega} \left(u(y)\frac{\partial}{\partial \nu_y}G(x-y) - \frac{\partial u}{\partial \nu}(y)G(x-y) \right) d\sigma(y)$$
$$- \frac{1}{\omega_n \varepsilon^{n-1}} \int_{|x-y|=\varepsilon} u(y) d\sigma(y) + \frac{1}{(n-2)\omega_n \varepsilon^{n-2}} \int_{|x-y|=\varepsilon} \frac{\partial u}{\partial \nu}(y) d\sigma(y),$$

ただし $n = 2$ のときは, 最後の項の積分の前の定数を $\log\varepsilon/2\pi$ で置き換えなければならない. 上の等式の両辺で $\varepsilon \to 0$ とし, $|x-y| = \varepsilon$ 上での積分を第 4 章 (4.70) 以下と同様に扱えば, 右辺の第 2 行の第 1 の積分は $-u(x)$ に, 第 2 の積分は 0 に収束することがわかる. これより (5.65) がしたがう. $\qquad\square$

■**グリーン関数** (5.65) は u を Ω の内部での Δu の値と, 境界上での u と $\partial u/\partial \nu$ の値を用いて表現する公式である. この式から $\partial u/\partial \nu$ を追い出して $u(x)$ を Δu と境界上の u を用いて表現しよう.

補題 5.34 $h(x,y)$ を次を満たす $(x,y) \in \Omega \times \overline{\Omega}$ の関数とする.

(1) 任意に固定した $x \in \Omega$ に対して, $h(x,y) \in C^1(\overline{\Omega}_y) \cap C^2(\Omega_y)$ で $\Delta_y h(x,y) = 0$.

(2) 任意の $(x,y) \in \Omega \times \partial\Omega$ に対して, $G(x-y) + h(x,y) = 0$.

このとき, $\Gamma(x,y) = G(x-y) + h(x,y)$ とおけば, 任意の調和関数 $u \in C^1(\overline{\Omega}) \cap C^2(\Omega)$ に対して

$$u(x) = \int_\Omega \Gamma(x,y)\Delta u(y) dy + \int_{\partial\Omega} u(y)\frac{\partial\Gamma}{\partial \nu_y}(x,y) d\sigma(y) \qquad (5.67)$$

が成立する. とくに境界値問題 (5.62) の解 $u \in C^2(\Omega) \cap C^1(\overline{\Omega})$ は

$$u(x) = \int_\Omega \Gamma(x,y)\varphi(y) dy + \int_{\partial\Omega} \psi(y)\frac{\partial\Gamma}{\partial \nu_y}(x,y) d\sigma(y) \qquad (5.68)$$

で与えられる. この $\Gamma(x,y)$ を Ω における**ディリクレ境界値問題のグリーン関数**, $(\partial\Gamma/\partial\nu_y)(x,y), x\in\Omega, y\in\partial\Omega$ を**ポワソン核**という.

証明 h は性質 (1) を満たすからグリーンの公式 (5.64) によって

$$\int_\Omega h(x,y)\Delta u(y)dy + \int_{\partial\Omega}\left(u(y)\frac{\partial h}{\partial\nu_y}(x,y) - h(x,y)\frac{\partial u}{\partial\nu}(y)\right)d\sigma(y) = 0. \quad (5.69)$$

グリーンの表現公式 (5.65) の右辺に (5.69) を加えれば, (5.65) が右辺の $G(x-y)$ を $\Gamma(x,y)$ に置き換えて成立することがわかる. したがって, もし h が (2) も満たせば, (5.67) が成立するのは明らかである. $\qquad\square$

■球のグリーン関数とポワソン核 補題 5.34 の $h(x,y)$ を求めるのが問題である. これは領域 Ω が球 $B_R = B(0,R) = \{x : |x| < R\}$ の場合, 鏡像の方法を用いて求めることができる. $S_R = \{x : |x| = R\}$ とかく.

定義 5.35 $x\neq 0$ のとき, $x^* = R^2 x/|x|^2$ を x の球面 S_R に関する**鏡像**という.

補題 5.36 S_R に関する鏡像について次が成立する. $x\neq 0$ とする.

(1) $x\in S_R$ のとき, $x^* = x$ である.

(2) x が球内の点であれば x^* は球外の点. $(x^*)^* = x$.

(3) 任意の x,y に対して

$$\frac{|x|}{|R|}|y - x^*| = \frac{|y|}{R}|x - y^*| = \sqrt{\left(\frac{|x||y|}{R}\right)^2 - 2xy + R^2}. \quad (5.70)$$

(4) $x\in S_R$ あるいは $y\in S_R$ のとき, (5.70) の各項は $|x-y|$ に等しい.

証明 (1), (2) は明らかである. (3) の等式を示すのは読者に任せる. (4) $|x| = R$ あるいは $|y| = R$ なら (5.70) の右辺が $|x-y|$ に等しいのは明らかである. $\qquad\square$

定理 5.37（球のグリーン関数） $\Omega = B_R$ のとき,

$$\Gamma(x,y) = \begin{cases} G(x-y) - G\left(\frac{|y|}{R}|x-y^*|\right), & y\neq 0 \\ G(x) - G(R) & y = 0 \end{cases} \quad (5.71)$$

と定義する.

336　　第 5 章　二階定数係数線形偏微分方程式

(1) $\Gamma(x, y)$ は B_R におけるディリクレ問題のグリーン関数である.

(2) 任意の $x, y \in \overline{B_R}$ に対して

$$\Gamma(x, y) = \Gamma(y, x), \quad \Gamma(x, y) \leq 0. \tag{5.72}$$

証明　$h(x, y)$ を $(x, y) \in \overline{B_R} \times \overline{B_R}$ に対して

$$h(x, y) = -G\left(\sqrt{\left(\frac{|x||y|}{R}\right)^2 - 2xy + R^2}\right) \tag{5.73}$$

と定義する. (5.70) によって, これは任意の $x, y \in \overline{B_R}$ に対して (5.71) の右辺第 2 項に等しい. $\Delta G(|x|) = \delta_0(x)$, $x \in B_R$ なら $x^* \notin \overline{B_R}$ だから (5.70) の第 1 の表現を用いれば, $h(x, y)$ は $y \in B_R$ の C^∞ 級の関数で, $\Delta_y h(x, y) = 0$, $h(x, y)$ が球 B_R に対して補題 5.34 の (2) の条件を満たすのは補題 5.36 (4) から明らかである. したがって $\Gamma(x, y)$ は B_R におけるディリクレ問題のグリーン関数である. $\Gamma(x, y) = \Gamma(y, x)$ は (5.70) によって明らか.

$$\left(\frac{|x||y|}{R}\right)^2 - 2xy + R^2 \geq |x - y|^2, \quad x, y \in B_R$$

だから, $\Gamma(x, y) \leq 0$, $x, y \in B_R$ である. □

B_R のポワソン核は $(\partial\Gamma/\partial\nu_y)(x, y)$ である. (5.71) の右辺を ν_y 方向に, すなわち $|y|$ について微分し, $|y| = R$ とおくと

$$\frac{\partial\Gamma}{\partial\nu_y}(x, y) = \frac{1}{\omega_n} \frac{R^2 - |x|^2}{R|x - y|^n}$$

(確かめよ). これから, 次がしたがう.

定理 5.38　(1) 球 $B_R \subset \mathbb{R}^n$, $n = 2, 3, \ldots$ のポワソン核は次で与えられる:

$$P_{S_R}(x, y) = \frac{R^2 - |x|^2}{R\omega_n|x - y|^n}. \tag{5.74}$$

$P_{S_R}(x, y)$ を $P_R(x, y)$ ともかく.

(2) 調和関数 $u \in C^2(B_R) \cap C^1(\overline{B_R})$ はその境界値によって

$$u(x) = \int_{S_R} P_R(x, y)u(y)d\sigma(y) \tag{5.75}$$

と表現される. これを**ポワソンの公式**という.

5.4 ポワソン・ラプラス方程式 337

注意 5.39 (1) $n = 2$ のとき，(5.75) は第 3 章のポワソンの公式に一致する．
(2) 中心が一般の球 $B(a, R) = \{x : |x - a| < R\}$ のポワソン核は

$$P_R(x - a, y - a) = \frac{R^2 - |x - a|^2}{R\omega_n |x - y|^n} \tag{5.76}$$

で与えられる．球面 $S(a, R) = \{x : |x - a| = R\}$ 上の連続関数 φ に対する積分

$$u(x) = \int_{S(a, R)} P_R(x - a, y - a)\varphi(y)d\sigma(y) \tag{5.77}$$

を φ の $S(a, R)$ 上の**ポワソン積分**と呼び，$P_{S(a,R)}\varphi(x)$ とかく．以下，簡単のため，$B_R = B(0, R)$, $S_R = S(0, R)$ に対してのみ述べるが，ポワソン積分に関する結果は一般の球に対して成立する．

問 5.40 半空間のポワソン核 ((5.60) 参照) は $(\partial/\partial y_1)(G(x_1 - y_1, x') - G(x_1 + y_1, x'))|_{y_1=0}$ に等しいことを確かめよ．$G(x_1 + y_1, x')$ は $G(x_1 - y_1, x')$ の平面 $x_1 = 0$ に関する鏡像である．

■**連続な境界値への拡張** 定理 5.38 では $u \in C^2(B_R) \cap C^1(\overline{B_R})$ を仮定してポワソンの公式を示したが，ポワソン積分は境界上の任意の連続関数 $\varphi \in C(S_R)$ に対しても定義され，(5.77) はラプラス方程式のディリクレ問題に対する解であることを示そう．

補題 5.41 (1) $P_R(x, y)$ は $(x, y) \in \overline{B_R} \times S_R$ 上 $x = y$ を除いて C^∞ 級の非負，$x \in B_R$ のとき正値の関数で，$y \in S_R$ を固定するとき $x \in B_R$ について調和である．

(2) $P_R(x, y)$ は $x \in \overline{B_R}$ をパラメータとする S_R 上の総和核である．すなわち，任意の $\delta > 0$, $x_0 \in S_R$ に対して次が成立する：

$$\int_{S_R} P_R(x, y)d\sigma(y) = 1, \quad \lim_{B_R \ni x \to x_0} \int_{|y - x_0| > \delta} P_R(x, y)d\sigma(y) = 0. \tag{5.78}$$

証明 命題 (1) は明らかである．(5.75) に調和関数 $u(x) \equiv 1$ を代入すれば (5.78) の第 1 式がしたがう．$x_0 \in S_R$ とする．任意の $\delta > 0$ に対して $\varepsilon > 0$ が $\varepsilon < \delta/2$ を満たせば $|x - x_0| < \varepsilon$ を満たす任意の $x \in B_R$, $|y - x_0| > \delta$ を満たす任意の $y \in S_R$ に対して

$$0 \le R^2 - |x|^2 = (|x_0| - |x|)(|x_0| + |x|) < 2R\varepsilon, \quad |x - y| \ge |x_0 - y| - |x - x_0| > \frac{\delta}{2}.$$

したがって, $|x - x_0| < \varepsilon$ のとき

$$\int_{|y - x_0| > \delta} P_R(x, y) d\sigma \le \frac{2R\varepsilon}{R\omega_n} \int_{|y - x_0| > \delta} \left(\frac{\delta}{2} \right)^{-n} d\sigma(y) < 2^{n+1} n^{-1} R^n \varepsilon \delta^{-n}.$$

よって (5.78) の第 2 の関係式がしたがう. □

定理 5.42 $\varphi \in C(S_R)$ とする. このとき, φ の S_R 上のポワソン積分

$$u(x) = P_{S_R}\varphi(x) \equiv \int_{S_R} \frac{R^2 - |x|^2}{R\omega_n |x - y|^n} \varphi(y) d\sigma(y) \qquad (5.79)$$

は B_R 上 C^∞ 級, $\overline{B_R}$ 上連続で S_R 上 $u(x) = \varphi(x)$ を満たす B_R 上の調和関数である.

証明 補題 5.41 (1) から (5.79) で積分記号下の微分が可能で $u \in C^\infty(B_R)$, $\Delta u(x) = 0$ であることがわかる. $P_R(x, y)$ が総和核であることから第 3 章 3.3.1 項の議論を繰り返せば $u \in C(\overline{B_R})$ で S_R 上 $u(x) = \varphi(x)$ となることがわかる. □

5.4.4 調和関数の実解析性

ポワソンの公式は関数論におけるコーシーの積分公式に対応するもので, この公式を用いて, 調和関数のさまざまな局所的性質を調べることができる.

定理 5.43 Ω 上の調和関数 u は Ω 上実解析的である.

証明 平行移動して $0 \in \Omega$ のとき, $u(x)$ の 0 の周りでの $u(x)$ のテイラー展開が収束することを示せばよい. $\overline{B_R} \subset \Omega$ のように $R > 0$ をとる. $u \in C^2(\overline{B_R})$ である. ゆえに, 任意の $x \in B_R$ に対して $u(x)$ はポワソンの公式 (5.75) によって,

$$u(x) = P_{S_R}\varphi(x) \equiv \int_{S_R} \frac{R^2 - |x|^2}{R\omega_n |x - y|^n} u(y) d\sigma(y) \qquad (5.80)$$

と表される. $\hat{y} = y/|y|$, $y \in S_R$ とかく. 一般二項係数展開

$$|x - y|^{-n} = R^{-n} \left(1 - 2 \left(\frac{x}{R} \right) \cdot \hat{y} + \left(\frac{x}{R} \right)^2 \right)^{-n/2}$$

$$= R^{-n} \sum_{j=0}^\infty \binom{-n/2}{j} \left(-2 \left(\frac{x}{R} \right) \cdot \hat{y} + \left(\frac{x}{R} \right)^2 \right)^j$$

は十分小さい $\varepsilon > 0$ に対して $y \in S_R$, $|x| < \varepsilon$ に対して一様に絶対収束する. ゆえに項別積分定理によって $u(x)$ は原点の近傍においてべき級数に展開できる. □

定理 5.43 によって, u がある点 x_0 の近傍 U で $\Delta u(x) = 0$ を満たせば, $u(x)$ が U の外でどのような不連続性をもったとしても $u(x)$ は U 上解析的である. u の不連続性は $\Delta u = 0$ が満たされる領域には入り込めないのである. これは, のちに述べる波動方程式の解とはまったく違った性質である (定理 5.21 の直前の注意参照).

5.4.5　平均値の定理
二次元調和関数の平均値の定理 (第 3 章定理 3.87 参照) は一般次元空間の調和関数に一般化される.

定理 5.44 (平均値の定理)　u を Ω 上の調和関数とする. このとき, 任意の $x \in \Omega$ と球 $\overline{B(x, R)} \subset \Omega$ に対して $u(x)$ は u の $S(x, R)$ 上の平均値に等しい:

$$u(x) = M_{S(x,R)}(u) \equiv \frac{1}{\omega_n R^{n-1}} \int_{S(x,R)} u(y) d\sigma(y). \tag{5.81}$$

さらに $u(x)$ は u の $B(x, R)$ 上での平均値にも等しい:

$$u(x) = M_{B(x,R)}(u) \equiv \frac{1}{|B(x, R)|} \int_{B(x,R)} u(y) dy. \tag{5.82}$$

ここで $|B(x, R)| = R^n \omega_n / n$ は球 $B(x, R)$ の体積である.

証明　ふたたび $0 \in \Omega$ とし, $x = 0$ のときに示せばよい. ポワソンの公式 (5.80) において $x = 0$ とおけば (5.81) がしたがう. 一方, (5.81) に R^{n-1} を乗じて両辺を R について 0 から R まで積分すれば,

$$u(0)\frac{R^n}{n} = \frac{1}{\omega_n} \int_{|y| \le R} u(y) dy.$$

これから (5.82) がしたがう. □

問 5.45　u が調和であれば, 任意の連続関数 $F(r)$, $\overline{B(x, R)} \subset \Omega$ に対して,

$$u(x) = \frac{1}{C_R} \int_{B(x,R)} F(|x - y|) u(y) dy, \qquad C_R = \omega_n \int_0^R r^{n-1} F(r) dr$$

が成立することを示せ. (ヒント:(5.81) に $R^{n-1}F(R)$ を乗じて積分する.)

5.4.6 最大値原理

定義 5.46 Ω 上の連続関数 $u(x)$ は任意の $x \in \overline{B(x,R)} \subset \Omega$ に対して,$u(x) \le M_{S(x,R)}(u)$ を満たすとき**劣調和関数**と呼ばれ,$u(x) \ge M_{S(x,R)}(u)$ を満たすとき**優調和関数**と呼ばれる.

定理 5.44 の (5.82) の証明のようにして劣調和関数あるいは優調和関数は,球 $B(x,R)$ 上の平均値に対してそれぞれ

$$u(x) \le M_{B(x,R)}(u) \quad \text{あるいは} \quad u(x) \ge M_{B(x,R)}(u) \tag{5.83}$$

も満たすことがわかる.平均値の定理から次の最大値の原理が示せる.この定理の証明は 2 次元の場合の定理 3.88 の証明と同様であるので,ここでは省略する.

定理 5.47(**強最大値の原理**) $u \in C(\Omega)$ を領域 Ω 上の劣(優)調和関数とする.このとき,u が Ω 内の点 x_0 において最大値(最小値)に到達したとすれば,u は Ω において定数に等しい.とくに,調和関数は恒等的に定数に等しくない限り,Ω の内部で最大値あるいは最小値に到達することはない.とくに,$u(x) \ge 0$ なる調和関数は恒等的に 0 とならない限り $u(x) > 0$, $x \in \Omega$ である.

強最大値の原理から,次の弱最大値の原理は明白である.この 2 つの定理の別証明を次項において与える.ただし,括弧内は括弧内を読む.

定理 5.48(**弱最大値の原理**) Ω を有界領域,$u \in C^2(\Omega) \cap C(\overline{\Omega})$ を Ω 上の劣(優)調和関数とする.このとき

$$\max_{\overline{\Omega}} u(x) = \max_{\partial\Omega} u(x) \quad (\inf_{\overline{\Omega}} u(x) = \min_{\partial\Omega} u(x))$$

である.とくに,u が調和であれば,

$$\min_{\partial\Omega} u(x) \le u(x) \le \max_{\partial\Omega} u(x), \quad x \in \Omega.$$

5.4.7　平均値の定理の逆

　証明からわかるように，u に対する強あるいは弱最大値の原理は各 $a \in \Omega$ に対して $u(a) \leq M_{B(a,R)}(u)$ を満たす球 $\overline{B(a,R)} \subset \Omega$ が **1** つでも存在すれば成立する．このことと任意の領域 Ω に対するディリクレ境界値問題の解の存在定理（定理 5.64）を先どりして用いれば，次の平均値の定理の逆が成立することがわかる．

定理 5.49　Ω を境界が滑らかな有界領域，$u \in C(\overline{\Omega})$ とする．任意の $x \in \Omega$ に対してある球 $\overline{B(x,R_x)} \subset \Omega$ が存在して，

$$u(x) = \frac{1}{\omega_n R_x^{n-1}} \int_{S(x,R_x)} u(y)d\sigma(y) \tag{5.84}$$

が成り立つとする．このとき，u は Ω 上調和である．

証明　境界 $\partial\Omega$ 上 u に一致する調和関数 v をとり（定理 5.64 参照），$w(x) = u(x) - v(x)$ と定義する．$w \in C(\overline{\Omega})$ で $\partial\Omega$ 上 $w(x) = 0$ である．v は平均値の定理を満たすから，仮定によって任意の $a \in \Omega$ に対して $w(a) = M_{B(a,R_a)}(w)$ を満たす球 $\overline{B(a,R_a)} \subset \Omega$ が存在する．上に注意したように，これから弱最大値の原理が w に対して成立する．ゆえに Ω 全体で $w(x) = 0$, $u(x) = v(x)$ である．ゆえに u は Ω 上調和である．　□

問 5.50（鏡像の原理）　$\Omega \in \mathbb{R}^n$ を平面 $\{x : x_n = 0\}$ に関して対称な領域，$\Omega^+ = \{x \in \Omega : x_n > 0\}$ とする．u を Ω^+ で調和，$\overline{\Omega^+}$ 上で連続な関数で $x_n = 0$ のとき $u(x) = 0$ が満たされるとする．このとき，$u(x)$ を，$u(x_1, \cdots, x_{n-1}, -x_n) = -u(x_1, \cdots, x_{n-1}, x_n)$, $x_n > 0$ として Ω 全体に拡張すれば，u は Ω 上調和であることを示せ．（ヒント：$u \in C(\overline{\Omega})$ を確認し，各 $a \in \Omega$ に対して (5.84) が成立する球 $B(a,R)$ が存在することを示せ．）

定理 5.51　$u \in C^2(\Omega)$ とする．このとき次が成り立つ．

$$u \text{ が優調和} \Leftrightarrow \Delta u(x) \leq 0, \ x \in \Omega; \quad u \text{ が劣調和} \Leftrightarrow \Delta u(x) \geq 0, \ x \in \Omega.$$

証明　$u(x)$ を任意の点 $a \in \Omega$ の周りでテイラー展開すれば，

$$u(x) - u(a) = \sum_{j=1}^{n} (x_j - a_j)\frac{\partial u}{\partial x_j}(a) + \sum_{j,k=1}^{n} (x_j - a_j)(x_k - a_k)\frac{\partial^2 u}{\partial x_j \partial x_k}(a) + o(|x-a|^2).$$

$M_{S(a,R)}(x_j - a_j) = 0$, $M_{S(a,R)}((x_j - a_j)(x_k - a_k)) = (R^2/n)\delta_{jk}$ だから, $S(a, R)$ 上平均をとれば,

$$M_{S(a,R)}(u) - u(a) = \frac{R^2}{n}\Delta u(a) + o(R^2) \Rightarrow \lim_{R \to 0}\frac{1}{R^2}(M_{S(a,R)}(u) - u(a)) = \frac{1}{n}\Delta u(a).$$

したがって, u が優調和なら $\Delta u(a) \leq 0$, 劣調和であれば $\Delta u(a) \geq 0$ である.

逆に $\Delta u(x) \leq 0$, $x \in \Omega$ とする. (5.67) を $\Omega = B(a, R)$, $x = a$ として u に適用する. (5.72) によって $\Gamma(x, y) \leq 0$ で, $S(a, R)$ のポワソン核は (5.76) によって与えられるから $u(a) \geq M_{S(a,R)}(u)$ となる. ゆえに, u は優調和である. $\Delta u(x) \geq 0$ のとき劣調和であることの証明も同様である. $\square$

弱最大値の原理からラプラス方程式のディリクレ境界値問題 (5.63) の解に対する次の比較定理が得られる. とくに, 解の一意性と, 境界値に関する連続依存性がこれからしたがう.

定理 5.52 (比較定理) Ω を有界領域, $u, v \in C^2(\Omega) \cap C(\overline{\Omega})$ とする. このとき

$$-\Delta u(x) \leq -\Delta v(x), \quad x \in \Omega; \qquad u(x) \leq v(x), \quad x \in \partial\Omega \qquad (5.85)$$

であれば Ω 全体で $u(x) \leq v(x)$ である. とくに, ラプラス方程式に対するディリクレ境界値問題 (5.63) の解は存在すれば, $C^2(\Omega) \cap C(\overline{\Omega})$ の中でただ 1 つである.

証明 $w = u - v$ とする. 定理 5.51 によって w は劣調和. $\partial\Omega$ において $u - v \leq 0$ だから, 定理 5.48 によって Ω 上, $u(x) \leq v(x)$ である.

u, v がラプラス方程式の同じ境界値をもつディリクレ問題の解とする. このとき, 条件 (5.85) は u, v に対してと同時に u, v を入れ替えても成立する. ゆえに $u = v$. 解は一意的である. $\square$

問 5.53 2 つの調和関数 $u, v \in C^2(\Omega) \cap C(\overline{\Omega})$ が境界 $\partial\Omega$ 上で, $|u(x) - v(x)| \leq \varepsilon$ を満たせば Ω 上で $|u(x) - v(x)| \leq \varepsilon$ を満たすことを示せ.

5.4.8 ハルナックの不等式と収束定理

ポワソンの公式の応用を続けよう.

5.4 ポワソン・ラプラス方程式　　　343

定理 5.54（ハルナックの不等式）　K を領域 Ω のコンパクト部分集合とする．このとき，Ω と K のみによる定数 $C > 0$ が存在して，Ω 上の**任意の非負調和関数**に対して次が成立する：

$$\max_K u(x) \leq C \min_K u(x) \tag{5.86}$$

証明　まず $K = \overline{B(a,R)} \subset \Omega$ のときに定理を示そう．平行移動して $a = 0$ としてよい．$R < R_1$ を $K \Subset B(0,R_1) \Subset \Omega$ ととる．ポワソンの公式によって，

$$u(x) = \frac{R_1^2 - |x|^2}{R_1 \omega_n} \int_{S_{R_1}} \frac{u(y)d\sigma(y)}{|x-y|^n}, \quad x \in B(0,R). \tag{5.87}$$

$u(y) \geq 0$ だから，$|x-y| \geq R_1 - R$ と評価して平均値の定理を用いると

$$(5.87) \text{ の右辺} \leq \frac{R_1^2}{R_1 \omega_n} \int_{S_{R_1}} \frac{u(y)d\sigma(y)}{(R_1 - R)^n} = \frac{R_1^n}{(R_1 - R)^n} u(0).$$

同様に $|x-y| < 2R_1$ と評価して平均値の定理を用いると

$$(5.87) \text{ の右辺} \geq \frac{R_1^2 - R^2}{R_1 \omega_n} \int_{S_{R_1}} \frac{u(y)d\sigma(y)}{(2R_1)^n} = \frac{R_1^2 - R^2}{2^n R_1^2} u(0).$$

となる．したがって，

$$\frac{\max_{B(0,R)} u(x)}{\min_{B(0,R)} u(x)} \leq \frac{2^n R_1^{n+2}}{(R_1^2 - R^2)(R_1 - R)^n} = C \tag{5.88}$$

が成立する．K が一般のコンパクト集合のときは K を $\partial\Omega$ と正の距離をもつ有限個の球 $B_j \subset \Omega$, $j = 1, 2, \ldots, N$ で覆い各球 B_j に対して (5.88) を適用する．B_j に対する (5.88) の定数を C_j とする．$B_1 \cup \cdots \cup B_N$ の連結成分を $K_1, \ldots, K_l$ とすれば各 K_j は $\{B_1, \ldots, B_N\}$ に属する球 $B_j^{(1)}, \ldots, B_j^{(n_j)}$ の和：

$$K_j = B_j^{(1)} \cup \cdots \cup B_j^{(n_j)}, \quad j = 1, \ldots, l$$

である．ゆえに (5.88) をつないで

$$\max_{x \in K_j} u(x) \leq C_j^{(1)} \cdots C_j^{(n_j)} \min_{x \in K_j} u(x), \quad j = 1, \ldots, l.$$

したがって，(5.86) は $C = C_1 \cdots C_N$ として成立する．C_j は B_j にのみ依存するから C はこのようにとられた球 $\{B_j : j = 1, \ldots, N\}$ にのみ依存するが，$\{B_j : j = 1, \ldots, N\}$ のとり方はもちろん K と Ω で決まる．したがって，定数 C は K と Ω のみによって決まる．　　　□

344 第5章 二階定数係数線形偏微分方程式

■収束定理 次の定理は「正則関数列の一様収束極限は正則である」という複素関数論のワイエルシュトラスの定理の調和関数論版である．証明もワイエルシュトラスの定理とほぼ同様である．

定理 5.55 $\{u_n(x)\}$ を Ω 上の調和関数列とする．$k \to \infty$ のとき $u_k(x)$ が Ω 上 $u(x)$ に広義一様収束すれば，極限関数 $u(x)$ も Ω 上調和である．

証明 $u(x)$ は連続である．任意の $a \in \Omega$ に対して，$B(a, R) \subset \Omega$ となる球をとる．$u_k(x)$ は調和だから，平均値の定理によって

$$u_k(a) = \frac{n}{\omega_n R^n} \int_{B(a,R)} u_k(x) d\sigma(x).$$

$k \to \infty$ とすれば，$u_k(x)$ は $B(a, R)$ 上 $u(x)$ に一様収束するから，

$$u(a) = \frac{n}{\omega_n R^n} \int_{B(a,R)} u(x) d\sigma(x).$$

平均値の定理の逆（定理5.49）によって，u は Ω 上調和である． □

次の補題は関数論のコーシーの評価式に対応するものである．

補題 5.56 u を Ω 上の調和関数，$K \subset \Omega, 0 < d = d(K, \partial\Omega)$ とする．

$$\sup_K |\partial_j u(x)| \leq \left(\frac{n}{d}\right) \sup_\Omega |u(x)|, \qquad j = 1, \ldots, n. \tag{5.89}$$

とくに，Ω 上の一様有界調和関数列は任意のコンパクト部分集合上同等連続である．高階導関数に対しても

$$\sup_{x \in K, |\alpha| = j} |\partial^\alpha u(x)| \leq j^j \left(\frac{n}{d}\right)^j \sup_{x \in \Omega} |u(x)|, \quad j = 2, \ldots \tag{5.90}$$

が成立する．

証明 (1) $c \in \Omega, \overline{B(c, R)} \subset \Omega$ とする．$\partial_j u(x)$ も Ω 上調和だから平均値の定理 (5.82)，次にガウスの発散公式を用いれば，

$$\partial_j u(c) = \frac{n}{\omega_n R^n} \int_{B(c,R)} \partial_j u(x) dx = \frac{n}{\omega_n R^n} \int_{S(c,R)} u(x) \nu_j(x) d\sigma(x)$$

である．ただし，$(\nu_1(x), \ldots, \nu_n(x))$ は $x \in S(c, R)$ における $S(c, R)$ への外向き法線ベクトル．したがって，

$$|\partial_j u(c)| \le \frac{n}{R} \sup_{x \in S(c,R)} |u(x)| \le \frac{n}{R} \sup_{x \in \Omega} |u(x)|$$

である．R は $R < d$ を満たす限り任意だから (5.89) が成立する．

(2) $K \equiv \Omega_j \subset \Omega_{j-1} \subset \cdots \subset \Omega_1 \subset \Omega_0 \equiv \Omega$ を Ω_j から出発して $\Omega_{k-1} = \cup_{x \in \Omega_k} B(x, d/j)$, $k = j, \ldots, 1$ と帰納的に定義し，$\partial^\alpha u$, $|\alpha| = k$ に補題 5.56 を $K = \Omega_k, \Omega = \Omega_{k-1}$ とおいて適用すれば，(5.90) が得られる． $\square$

補題 5.56 とハルナックの不等式を組み合わせて次の定理が得られる．

定理 5.57 $-M \le u_n(x)$ を Ω 上の下に有界で，ある一点 $a \in \Omega$ において上にも有界な調和関数列とする．このとき，u_n は調和関数に広義一様収束する部分列 $\{u_{n_j}\}$ をもつ．

証明 $u_n(x)$ の代わりに $u_n(x)+M$ を考えれば，$u_n(x) \ge 0$ としてよい．$u_n(a) \le N$, $n = 1, 2, \ldots$ とする．$K \subset \Omega$ を任意のコンパクト集合とする．$K \subset G \Subset \Omega$ を満たす開集合 G をとり $K_0 = \overline{G} \cup \{a\}$ とする．K_0 はコンパクト集合である．ハルナックの不等式により，ある $C > 0$ が存在して，任意の n に対して，

$$0 \le \max_{K_0} u_n(x) \le C \min_{K_0} u_n(x) \le C u_n(a) \le CN.$$

ゆえに，$\{u_n(x)\}$ は K_0 上一様有界，補題 5.56 により K 上同等連続でもある．したがって，アスコリ・アルツェラの定理を用いれば，$u_n(x)$ は K 上一様収束する部分列をもつことがわかる．

そこで，$K_1 \subset K_2 \subset \cdots$ で $\bigcup_{n=1}^\infty K_n = \Omega$ となるコンパクト部分集合列をとる．K_1 において一様収束する部分列 $\{u_j^{(1)}\}$ を選び，帰納的に，K_k において一様収束する部分列 $\{u_j^{(k)}\}$ が選ばれたら，$\{u_j^{(k)}\}$ から K_{k+1} において一様収束する部分列 $\{u_j^{(k+1)}\}$ を選ぶ．このようにしてつくられた部分列の列 $\{u_j^{(k)}\}$, $k = 1, 2, \ldots$ の対角線のなす部分列 $\{u_j^{(j)}\}$ は，任意の j に対して

$$\{u_j^{(j)}, u_{j+1}^{(j+1)}, \ldots\} \subset \{u_1^{(j)}, u_2^{(j)}, \ldots\}.$$

したがって，すべての $K_1, K_2, \ldots$ において一様収束，Ω において広義一様収束する．この極限関数 $u(x)$ は定理 5.55 によって調和である． $\square$

定理 5.58（ハルナックの収束定理） $u_n(x)$, $n = 1, 2, \ldots$ を Ω 上で単調増加，ある一点 $a \in \Omega$ で有界な調和関数列とする．このとき，u_n は $n \to \infty$ においてある調和関数に広義一様収束する．

証明 $v_n(x) = u_n(x) - u_0(x)$, $n = 1, 2, \dots$ と定義する. $v_1, v_2, \dots$ は単調増加非負調和関数列で, $\{v_n(a)\}$ は有界である. ゆえに, 定理 5.57 により, $\{v_n(x)\}$ は調和関数 $u(x)$ に広義一様収束する部分列 $v_{n_j}(x)$ をもつ. このとき, $v_n(x)$ 自身も $u(x)$ に広義一様収束するのは単調性から明白である. □

5.4.9 ディリクレ問題の解の存在——ポアンカレ・ペロンの方法

有界領域 $\Omega \subset \mathbb{R}^n$ におけるラプラス方程式のディリクレ境界値問題

$$\Delta u = 0, \quad x \in \Omega; \qquad u(x) = \varphi(x), \quad x \in \partial\Omega \qquad (5.91)$$

の解が存在することを示すポアンカレ・ペロンの方法を文献 [Gilbarg and Trudinger] にしたがって紹介して本節を終えよう. まず補題を 2 つ用意しておこう. $P_S u(x)$ は u の球面 S 上のポワソン積分である.

補題 5.59 (1) $u \in C(\Omega)$ が劣調和

$$\Leftrightarrow \overline{B(y,r)} \subset \Omega \text{ のとき } u(x) \le P_{S(y,r)}u(x), \quad \forall x \in B(y,r). \qquad (5.92)$$

(2) $u_1, \dots, u_m$ が劣調和のとき, $u_1 + \cdots + u_m$, $\max\{u_1, \dots, u_m\}$ は劣調和.

証明 (1) u が劣調和とする. $v(x) \equiv P_{S(y,r)}u(x)$ は $B(y,r)$ 上調和で球面 $S(y,r)$ 上 u に一致する. ゆえに, 最大値の原理から $u(x) \le v(x)$, すなわち (5.92) が成立する. 逆に (5.92) が成り立つとする. (5.92) で $x = y$ とおくと $u(y) \le P_{S(y,r)}u(y) = M_{S(y,r)}(u)$. u は劣調和である. (2) は明らかである. □

定義 5.60 B を $\overline{B} \subset \Omega$ を満たす球, $S = \partial B$ とする. Ω 上の劣調和関数 v に対して

$$[v]_B(x) = \begin{cases} P_S v(x), & x \in B \text{ のとき}, \\ v(x), & x \in B^c \text{ のとき} \end{cases}$$

を v の B 上の**調和もち上げ**という.

補題 5.61 Ω 上の劣調和関数の B 上の調和もち上げに対して次が成立する.

5.4 ポワソン・ラプラス方程式   347

(1) $v(x) \leq [v]_B(x), x \in \Omega$.

(2) $[v]_B$ は Ω 上劣調和である.

(3) $v_1(x) \leq v_2(x)$, $x \in \Omega$ であれば $[v_1]_B(x) \leq [v_2]_B(x)$, $x \in \Omega$.

(4) $\lim_{n \to \infty} v_n(x) = v(x)$($\Omega$ 上一様)であれば $\lim_{n \to \infty}[v_n]_B(x) = [v]_B(x)$ (Ω 上一様).

証明 (1) は補題 5.59 の (1) から明らか, (3), (4) は明白である. (2) を示す. $[v]_B = w$ とかく. ふたたび補題 5.59 の (1) から $B' \Subset \Omega$ を満たす任意の球 B' に対して B' 上 $w(x) \leq P_{\partial B'} w(x)$ であることを示せばよい. $h = P_{\partial B'} w$ とかく. h は $\partial B'$ 上で w と一致する B' 上の調和関数である. v は劣調和, B' 上 $v(x) \leq w(x)$ だから $v(x) \leq P_{\partial B'} v(x) \leq P_{\partial B'} w(x) = h(x)$. ゆえに $x \in B' \setminus B$ なら $w(x) = v(x) \leq h(x)$. 一方 $B' \cap B$ では h も w も調和, $\partial B'$ 上では $h = w$, $(\partial B) \cap B'$ 上では $w = v \leq h$. したがって最大値原理から $B' \cap B$ 上でも $w(x) \leq h(x)$ である. □

定義 5.62   領域 $\Omega \subset \mathbb{R}^n$ は, 任意の点 $a \in \partial\Omega$ に対して, $\overline{B} \cap \overline{\Omega} = \{a\}$ を満たす球 B が存在するとき, **外部球条件**を満たすといわれる.

問 5.63   (1) 境界が滑らかな有界領域は外部球条件を満たすことを示せ.
(2) $\mathbb{R}^2$ の凸多角形は外部球条件を満たすこと, $\{(r\cos\theta, r\sin\theta) : 0 \leq r < 1, 0 < \theta < 3\pi/2\}$ は満たさないことを示せ.

定理 5.64 $\Omega \subset \mathbb{R}^n$ を外部球条件を満たす有界領域とする. 任意の $\varphi \in C(\partial\Omega)$ に対してラプラス方程式の境界値問題 (5.91) の解 $u \in C^\infty(\Omega) \cap C(\overline{\Omega})$ が一意的に存在する.

証明 $L = \min_{\partial\Omega} \varphi(x)$, $M = \max_{\partial\Omega} \varphi(x)$ とかく. 関数族 $\mathcal{F}$ を

$$\mathcal{F} = \{v \in C(\overline{\Omega}) : \Omega \text{ 上の劣調和関数で } \partial\Omega \text{ 上 } v(x) \leq \varphi(x)\}$$

と定義する. (5.91) に解 u が存在すれば $u \in \mathcal{F}$ で, 最大値の原理から, 任意の $v \in \mathcal{F}$ に対して $v(x) \leq u(x)$, すなわち $u(x) = \max\{v(x) : v \in \mathcal{F}\}$ となる. そこで,

$$u(x) = \sup\{v(x) : v \in \mathcal{F}\}, \qquad x \in \Omega \tag{5.93}$$

と定義し, この u が求めるものであることを示そう. 定数関数 L は $\mathcal{F}$ に属するから $\mathcal{F} \neq \emptyset$, $v \in \mathcal{F}$ なら, 最大値の原理から $v(x) \leq M$. ゆえに, $u(x)$ は有界で

$L \le u(x) \le M$ である.

(1) まず $u(x)$ が調和であることを示そう. $\overline{B(a,R)} \subset \Omega$ となる任意の球 $B(a,R)$ 上で調和であることを示せば十分である. このような球を固定し $B = B(a,R)$, 境界を $S = S(a,R)$ とかく.

$v_j(a) \to u(a)\ (j \to \infty)$ を満たす $v_j \in \mathcal{F},\ j = 1,2,\ldots$ をとって

$$u_j(x) = \max\{v_1(x),\ldots,v_j(x)\}, \qquad j = 1,2,\ldots$$

と定義する. 補題 5.59 (2) によって

$$u_j \in \mathcal{F},\ j = 1,2,\ldots;\quad u_1 \le u_2 \le \cdots;\quad u_j(a) \to u(a)\ (j \to \infty)$$

である. さらに $[u_j]_B \equiv w_j,\ j = 1,2,\ldots$ と定義すれば, w_j は B 上調和で, 補題 5.61 によって

$$w_j \in \mathcal{F},\ u_j \le w_j \le u,\ j = 1,2,\ldots;\ w_1(x) \le w_2(x) \le \cdots \le u(x) \le M,\ x \in \Omega;$$

とくに $w_j(a) \to u(a)\ (j \to \infty)$ である. ゆえに, ハルナックの収束定理から $w_j(x)$ は B 上ある調和関数 $w(x) \le u(x)$ に広義一様収束する. 明らかに $u(a) = w(a)$ である. B 上で $u(x) = w(x)$ を示そう. これが示せれば u が B 上調和であることがわかる.

背理法を用いる. ある $b \in B$ に対して $w(b) < u(b)$ とする. u の定義から, $w(b) < z(b) \le u(b)$ を満たす $z \in \mathcal{F}$ が存在する. $\tilde{w}_n(x) = \max(w_n(x), z(x))$ と定める. $\tilde{w}_n \in \mathcal{F}$ である. ふたたび $\tilde{w}_n$ の B 上の調和もち上げ $[\tilde{w}_n]_B \in \mathcal{F}$ を考えれば, これも単調増加, 下に有界な B 上の調和関数列で $[\tilde{w}_n]_B(a) \to u(a)$. したがって, $[\tilde{w}_n]_B(x)$ は $w(x) \le \overline{u} \le u(x)$ を満たす B 上の調和関数 $\overline{u}$ に広義一様収束する. このとき, $w(x) = \overline{u}(x),\ x \in B$ でなければならない. 調和関数 $w(x) - \overline{u}(x) \le 0$ の最大値 0 が B の内部の点 a でとられるからである. これは $w(b) < z(b) \le \overline{u}(b) = w(b)$ となって矛盾である. ゆえに, $u(x) = w(x)$, u は Ω において調和である.

(2) 次に上に定めた u が任意の $a \in \partial\Omega$ に対して $\lim_{x \to a} u(x) = \varphi(a)$, したがって境界条件 $u(a) = \varphi(a)$ を満たすことを示そう. 外部球条件によって, $\overline{B(c,R)} \cap \overline{\Omega} = \{a\}$ となる球 $B(c,R)$ が存在する. もちろん $R = |c - a|$ である. そこで

$$w(x) = \begin{cases} R^{2-n} - |x - c|^{2-n}, & x \in \mathbb{R}^n \qquad (n \ge 3) \\ \log|x - c| - \log R, & x \in \mathbb{R}^2 \end{cases}$$

と定義する. w は Ω 上調和だから明らかに次の条件を満たす.

$$w \text{ は } \Omega \text{ で優調和}, \quad w(a) = 0, \quad x \in \overline{\Omega} \setminus \{a\} \text{ のとき } w(x) > 0. \tag{5.94}$$

任意の $N > 0, \varepsilon > 0$ に対して $\varphi(a) - \varepsilon - Nw(x)$ は Ω 上劣調和, $\varphi(a) + \varepsilon + Nw(x)$ は優調和である. また, 任意の $\varepsilon > 0$ に対して, N を十分大きくとれば,

$$|\varphi(x) - \varphi(a)| \leq \varepsilon + Nw(x), \qquad x \in \partial\Omega \tag{5.95}$$

が成立する. じっさい十分小さな $\delta > 0$ をとれば, φ の連続性によって $|x - a| < \delta$ のときは $|\varphi(x) - \varphi(a)| < \varepsilon$. $\overline{B(c, R)} \cap \overline{\Omega} = \{a\}$ だから, $|x - a| > \delta$ ならある $\gamma > 0$ に対して $w(x) > \gamma$. ゆえに N を十分大きくとれば, $|\varphi(x) - \varphi(a)| < Nw(x)$. (5.95) が成立する.

(5.95) によって, 境界上 $\varphi(a) - \varepsilon - Nw(x) \leq \varphi(x)$, $\varphi(a) - \varepsilon - Nw(x) \in \mathcal{F}$, ゆえに u の定義から

$$\varphi(a) - \varepsilon - Nw(x) \leq u(x), \qquad x \in \Omega. \tag{5.96}$$

一方, 任意の $v \in \mathcal{F}$ に対して $\varphi(a) + \varepsilon + Nw(x) - v(x) \in C(\overline{\Omega})$ は優調和で (5.95) によって $\partial\Omega$ 上 ≥ 0 だから, 優調和関数に対する最小値の原理から $v(x) \leq \varphi(a) + \varepsilon + Nw(x)$, $x \in \Omega$. ゆえに, $v \in \mathcal{F}$ に関する sup をとれば,

$$u(x) = \sup_{v \in \mathcal{F}} v(x) \leq \varphi(a) + \varepsilon + Nw(x), \qquad x \in \Omega \tag{5.97}$$

となる. (5.96) と (5.97) をあわせれば,

$$|u(x) - \varphi(a)| \leq \varepsilon + Nw(x), \qquad x \in \Omega.$$

$\lim_{x \to a} w(x) = 0$ だから, これより $\overline{\lim}_{x \to a} |u(x) - \varphi(a)| \leq \varepsilon$. $\varepsilon > 0$ は任意だったから, これは $\lim_{x \to a} u(x) = \varphi(a)$ を示す. ゆえに $u \in C(\overline{\Omega})$ で $\partial\Omega$ 上 $u(x) = \varphi(x)$ である. $\qquad \square$

注意 5.65 この証明からわかるように, $\lim_{x \to a} u(x) = \varphi(a)$ を証明するには (5.94) を満たす関数 $w(x)$ が存在すればよい. 一般に (5.94) を満たす関数を a におけるバリア関数と呼ぶ. 外部球条件はバリア関数が存在するための 1 つの十分条件である.

5.5 波動方程式の初期値問題

波動方程式は音波や電磁波あるいは弦, 膜や物体の微小振動など, 波動現象を記述する方程式で典型的な双曲型方程式である. 両端が固定された弦の

振動についてはすでに第3章3.8節において初期値問題の解が一意的に存在しダランベールの公式 (3.112) によって与えられることを学んだ. 本節では一般の n に対して $\mathbb{R}^n$ における波動方程式の初期値問題

$$\square u(t,x) = \partial_t^2 u(t,x) - \Delta u(t,x) = 0, \quad (t,x) \in \mathbb{R} \times \mathbb{R}^n, \tag{5.98}$$

$$u(0,x) = \varphi(x), \qquad \partial_t u(0,x) = \psi(x), \quad x \in \mathbb{R}^n \tag{5.99}$$

をとり扱い, 初期値問題は適切であること, 初期データの影響の伝播速度は有限であること, エネルギーの保存法則が成立することなどを学ぶ. 空間変数 $x \in \mathbb{R}^n$ の有界領域あるいはその外部における初期・境界値問題も重要な問題であるが, それらについて解説する紙数の余裕はない.

双曲型方程式を楕円型方程式と峻別する性質の 1 つは, 実特性曲面が存在し, 初期値 $\varphi(x), \psi(x)$ の不連続性が特性曲面に沿って伝播すること, したがって (5.98) の右辺が 0 である開集合 U 上においても u は必ずしも滑らかではないことである (定理 5.48 と比較せよ).

以下では, 時間変数 t の正の方向についてのみ考えるが, $u(t,x)$ が (5.98) の解であれば, $v(t,x) = u(-t,x)$ は初期条件 $v(0,x) = \varphi(x), \partial_t v(0,x) = -\psi(x)$ を満たす解であるから, t の正の方向について成立することはすべて (適当に符号を変えて) 負の方向にも成立する. また任意の s に対して $u(t,x)$ が (5.98) の解であれば, $w(t,x) = u(t-s,x)$ は初期条件 $w(s,x) = \varphi(x), \partial_t w(s,x) = \psi(x)$ を満たす解であることに注意しよう.

5.3 節 の記号を用い, 独立変数を $(t,x) = (t, x_1, \ldots, x_n)$, $\partial_0 = \partial_t = \partial/\partial t$, $\partial_j = \partial/\partial x_j$ などとかく. また, $\partial_x = (\partial_1, \ldots, \partial_n)$ を ∇ ともかく.

5.5.1 エネルギー不等式

波動方程式 (5.98) の解 $u(t,x)$ に対して,

$$E(t,x;u) = \frac{1}{2} \left(|\partial_t u(t,x)|^2 + |\nabla_x u(t,x)|^2 \right)$$

を u の**エネルギー密度関数**, $E(t,x;u)$ の $\Omega \subset \mathbb{R}^n$ 上の積分

$$E(t,\Omega;u) = \int_\Omega E(t,x;u)dx$$

を時刻 t における u の Ω 上の**エネルギー**と呼ぶ.

定理 5.66 $u(t,x) \in C^2(\mathbb{R}^{n+1})$ を (5.98) の解とする.

(1) 任意の $0 \le t_1 \le t_2$ に対して

$$E(t_2, \mathbb{R}^n; u) = E(t_1, \mathbb{R}^n; u) \tag{5.100}$$

が成立する. これを波動方程式の**エネルギー保存法則**という.

(2) 任意の $0 \le t_1 \le t_2$, $x_0 \in \mathbb{R}^n$, $R > 0$ に対して

$$E(t_2, B(x_0, R); u) \le E(t_1, B(x_0, R + (t_2 - t_1)); u) \tag{5.101}$$

が成立する. これを波動方程式に対する**エネルギー不等式**という.

証明 (5.98) の両辺に $\partial_t u$ を乗じて変形して

$$0 = \partial_t u(\partial_t^2 u - \Delta u) = \frac{1}{2}\partial_t\left(|\partial_t u|^2 + |\nabla u|^2\right) - \sum_{j=1}^{n}\partial_j(\partial_j u \partial_t u).$$

これを円錐台 $D = \{(t,x) : |x - x_0| \le R + (t_2 - t), t_1 \le t \le t_2\}$ 上で積分し, ガウスの発散公式を用いると

$$0 = \int_{\partial D}\left(\frac{\nu_0}{2}\left(|\partial_t u|^2 + |\nabla u|^2\right) - \sum_{j=1}^{n}\nu_j(\partial_j u \partial_t u)\right)d\sigma. \tag{5.102}$$

ただし, $(\nu_0, \nu_1, \ldots, \nu_n) \equiv (\nu_0, \nu)$ は D の境界 ∂D の外向き単位法線ベクトル, $d\sigma$ は面積要素である. ∂D の下底面 $\{(t_1, x) : x \in B(x_0, R + (t_2 - t_1))\}$ では $(\nu_0, \nu) = (-1, 0)$, 上底面 $\{(t_2, x) : x \in B(x_0, R)\}$ では $(\nu_0, \nu) = (1, 0)$, 側面 S では $\nu_0 = |\nu| = 1/\sqrt{2}$ だから (5.102) をおのおのの面に分けてかくと

$$\frac{1}{2}E(t_2, B(x_0, R); u) - \frac{1}{2}E(t_1, B(x_0, R + (t_2 - t_1)); u) \tag{5.103}$$

$$+ \int_S\left(\frac{\nu_0}{2}\left(|\partial_t u|^2 + |\nabla u|^2\right) - \sum_{j=1}^{n}\nu_j(\partial_j u \partial_t u)\right)d\sigma = 0. \tag{5.104}$$

側面 S ではシュワルツの不等式によって

$$\left|\sum_{j=1}^{n}\nu_j(\partial_j u \partial_t u)\right| \le \frac{1}{\sqrt{2}}|\nabla u||\partial_t u| \le \frac{\nu_0}{2}\left(|\partial_t u|^2 + |\nabla u|^2\right)$$

だから, (5.104) の第 3 項 ≥ 0. ゆえに (5.101) が成立する. (5.101) において $R \to \infty$ とすれば

$$\int_{\mathbb{R}^n} E(t_2, x; u) dx \leq \int_{\mathbb{R}^n} E(t_1, x; u) dx. \tag{5.105}$$

$u(t, x)$ が波動方程式 (5.98) を満たせば時間を反転した $u(t_1 + t_2 - t, x)$ も (5.98) を満たす. したがって (5.105) を $u(t_1 + t_2 - t, x)$ に用いれば (5.105) の逆向きの不等式も得られ, (5.100) がしたがう. □

5.5.2 有限伝播速度と依存領域

$u_1(t, x)$, $u_2(t, x)$ が波動方程式 (5.98) の 2 つの解であれば差 $u_2(t, x) - u_1(t, x)$ ももちろん (5.98) の解だから, エネルギー保存則によって,

$$E(t, \mathbb{R}^n; u_2 - u_1) = E(0, \mathbb{R}^n; u_2 - u_1).$$

ゆえに各時刻における解のエネルギーが初期値のエネルギーに連続的に依存することがわかる. さらに (5.101) によって任意の $R > 0, 0 < t < R$ に対して

$$E(t, B(x_0, R - t); u_2 - u_1) \leq E(0, B(x_0, R); u_2 - u_1). \tag{5.106}$$

ゆえに, 半径 R の球 $B(x_0, R)$ 上で $u_1(0, x) = u_2(0, x)$, $\partial_t u_1(0, x) = \partial_t u_2(0, x)$ であれば, 任意の $0 < t < R$ に対して $E(t, B(x_0, R-t); u_2-u_1) = 0$. したがって円錐

$$C^-(x_0, R) = \{(t, x) : 0 \leq t \leq R, |x - x_0| < R - t\} \subset \mathbb{R}^{n+1}$$

の上で $\partial_t(u_2 - u_1) = 0$, $\nabla_x(u_2 - u_1) = 0$ である. これを $t = 0$ から積分すると $C^-(x_0, R)$ 上 $u_2(t, x) = u_1(t, x)$ であることがわかる. これから次の定理が得られる.

定理 5.67 (1) 初期値問題 (5.98), (5.99) の $t > 0$ のとき, (t, x) について C^2 級, $t \geq 0$ では C^1 級となる解 $u(t, x)$ は高々 1 個である.

(2) 波動方程式の解の円錐 $C^-(x_0, R)$ 上の値は初期データの球 $B(x_0, R)$ 上の値のみに依存し球の外部の値に無関係である. $B(x_0, R)$ を点 (R, x_0) の **依存領域** といい, $C^-(x_0, R)$ を $B(x_0, R)$ の **決定領域** という.

定理 5.67 の (1) はホルムグレンの定理からもしたがう. 定理 5.67 の (2) から, 初期平面 $t = 0$ 上の点 $Q = (0, y)$ での初期データの値は, Q を頂点とする光錐

$$C^+(Q) = \{(t, x) : |x - y| \le t\}$$

の外の解の値に影響を及ぼさないこと, すなわち, 初期データの影響が伝わる速度 (**伝播速度**という) が 1 を超えないことがわかる. 光錐 $C^+(Q)$ を Q の**影響領域**という.

エネルギー不等式は双曲型方程式に対して一般に成立し, 双曲型方程式は伝播速度の有限性をもつ. エネルギー不等式は双曲型方程式の初期値問題の解の存在の関数解析的な証明法 (エネルギー法と呼ばれる) にも用いられる重要な不等式である.

5.5.3 奇数次元空間の解, ホイゲンスの原理

空間次元 n が奇数のときに, フーリエ変換を用いて波動方程式の初期値問題 (5.98), (5.99) の解を構成しよう. 偶数次元の場合は次項でとり扱う. 解の伝播速度が 1 以下で $u(t_0, x_0)$ は φ, ψ の $B(x_0, t_0)$ の近傍での値にしかよらないから, φ, ψ がコンパクト台をもつ場合に解を構成すればよい. まず $\varphi, \psi \in C_0^\infty(\mathbb{R}^n)$ とし, $u(t, x)$ も滑らかと仮定する. $u(t, x)$ の x に関する台はコンパクト, したがって $u(t, \cdot) \in C_0^\infty(\mathbb{R}^n)$ である.

■**解のフーリエ変換** 解 $u(t, x)$ を x に関してフーリエ変換し,

$$\hat{u}(t, \xi) = \frac{1}{(2\pi)^{n/2}} \int_{\mathbb{R}^n} e^{-ix \cdot \xi} u(t, x) dx$$

と定義する. 微分と積分の順序を交換してよいとすれば

$$\begin{aligned}
\partial_t^2 \hat{u}(t, \xi) &= \frac{1}{(2\pi)^{n/2}} \int_{\mathbb{R}^n} e^{-ix \cdot \xi} \partial_t^2 u(t, x) dx \\
&= \frac{1}{(2\pi)^{n/2}} \int_{\mathbb{R}^n} e^{-ix \cdot \xi} \Delta_x u(t, x) dx = -\xi^2 \hat{u}(t, \xi).
\end{aligned} \tag{5.107}$$

これは ξ をパラメータとする変数 t に関する常微分方程式である. 一方, 初期条件 (5.99) をフーリエ変換すれば

$$\hat{u}(0,\xi) = \hat{\varphi}(\xi), \quad \partial_t \hat{u}(t,\xi) = \hat{\psi}(\xi). \tag{5.108}$$

(5.107) を初期条件 (5.108) のもとで解けば，

$$\hat{u}(t,\xi) = \cos(t|\xi|)\hat{\varphi}(\xi) + \frac{\sin(t|\xi|)}{|\xi|}\hat{\psi}(\xi). \tag{5.109}$$

これよりフーリエ逆変換公式によって

$$u(t,x) = \frac{1}{(2\pi)^{n/2}} \int_{\mathbb{R}^n} e^{ix\cdot\xi} \left(\cos(t|\xi|)\hat{\varphi}(\xi) + \frac{\sin(t|\xi|)}{|\xi|}\hat{\psi}(\xi) \right) d\xi. \tag{5.110}$$

以上，解の滑らかさと (5.107) での微分と積分の順序交換を仮定して (5.110) を導いたが，$\varphi, \psi \in C_0^\infty(\mathbb{R}^n)$ なら $\hat{\varphi}, \hat{\psi} \in \mathcal{S}(\mathbb{R}^n)$．したがって，(5.110) の $u(t,x)$ が $(t,x) \in \mathbb{R} \times \mathbb{R}^n$ の C^∞ 級関数で波動方程式 (5.98) と初期条件 (5.99) を満たすのは明らかである．

■**解の表現 1**　超関数の意味のフーリエ変換として

$$K(t,x) = \frac{1}{(2\pi)^n} \int_{\mathbb{R}^n} e^{ix\cdot\xi} \frac{\sin(t|\xi|)}{|\xi|} d\xi \tag{5.111}$$

と定義すれば，積のフーリエ変換に関する公式，$\partial_t \sin(t|\xi|)/|\xi| = \cos(t|\xi|)$ によって

$$u(t,x) = \frac{\partial}{\partial t} \int K(t,x-y)\varphi(y)dy + \int K(t,x-y)\psi(y)dy. \tag{5.112}$$

(5.112) の積分はもちろん超関数の意味である．このようにして，波動方程式の初期値問題の解が一意的に存在し，(5.110) あるいは (5.112) によって与えられることがわかった．

この節の冒頭に述べたように方程式は t の平行移動に関して不変だから任意の $t, s \in \mathbb{R}$ に対して

$$u(t,x) = \frac{\partial}{\partial t} \int K(t-s,x-y)\varphi(y)dy + \int K(t-s,x-y)\psi(y)dy$$

は初期条件 $u(s,x) = \varphi(x), \partial_t u(s,x) = \psi(x)$ を満たす波動方程式の解である．

注意 5.68　$\varphi_\pm(\xi) = (1/2)(\hat{\varphi}(\xi) \pm i\hat{\psi}(\xi)/|\xi|)$ と定めれば，(5.110) は

$$u(t,x) = \frac{1}{(2\pi)^{n/2}} \int_{\mathbb{R}^n} e^{i(x\cdot\xi - t|\xi|)} \varphi_+(\xi)d\xi + \frac{1}{(2\pi)^{n/2}} \int_{\mathbb{R}^n} e^{i(x\cdot\xi + t|\xi|)} \varphi_-(\xi)d\xi \tag{5.113}$$

とかける. 各 ξ に対して $e^{i(x\cdot\xi \pm t|\xi|)}$ は波動方程式 (5.98) を満たす. 一般に, $F(tc - x\cdot k)$ の形の関数は $c^2 = |k|^2$ のとき波動方程式を満たし, (5.98) の**平面波解**と呼ばれる (問 5.4 参照). 集合 $\{(t,x): tc - x\cdot k = 定数\}$ が平面となるからである. (5.113) は解 $u(t,x)$ の平面波 $e^{i(x\cdot\xi \pm t|\xi|)}$ の重ね合わせによる表現である (ダランベールの公式 (5.114) も参照).

$u(t,x)$ を $\varphi(x), \psi(x)$ を用いて表そう. $n = 1$ のときの解はすでに求められている (第 3 章 3.8 節参照) が, 読者は (5.111) からも次式 (5.114) が得られることを確かめていただきたい.

定理 5.69 (ダランベールの公式) $n = 1$ のとき, 初期値問題 (5.98), (5.99) の解は

$$u(t,x) = \frac{1}{2}\left(\varphi(x+t) + \varphi(x-t)\right) + \frac{1}{2}\int_{-t}^{t} \psi(x+s)ds \tag{5.114}$$

で与えられる. $\varphi \in C^2(\mathbb{R})$, $\psi \in C^1(\mathbb{R})$ のとき, $u \in C^2(\mathbb{R}^2)$ である.

$n \geq 3$ が奇数の場合に, フーリエ変換 (5.111) を実行しよう. $\varepsilon > 0$ に対して

$$K_\varepsilon(t,x) = \frac{1}{(2\pi)^n} \int_{\mathbb{R}^n} e^{ix\cdot\xi - \varepsilon|\xi|} \frac{\sin(t|\xi|)}{|\xi|} d\xi \tag{5.115}$$

と定義すれば各 $t \in \mathbb{R}$ を固定するとき x に関する超関数 $\mathcal{S}'(\mathbb{R}^n)$ の収束の意味で

$$K_\varepsilon(t,x) \xrightarrow{\mathcal{S}'(\mathbb{R}^n)} K(t,x)$$

である. 積分 (5.115) は絶対収束し, $e^{-\varepsilon|\xi|}|\xi|^{-1}\sin(t|\xi|)$ は ξ に関して球対称だから $K_\varepsilon(t,x)$ も x について球対称である. したがって, 極座標で $x = \rho\omega'$, $\rho > 0, \omega' \in \mathbb{S}^{n-1}$ とかくとき, 右辺の積分は $\omega' = (1,0,\ldots,0)$ として求めればよい. ξ も極座標で $\xi = r\omega$ とかき, $(1,0,\ldots,0)$ を ξ の北極方向にとれば

$$K_\varepsilon(t,x) = \frac{\omega_{n-1}}{(2\pi)^n} \int_0^\infty \sin(tr)r^{n-2}\left(\int_{-\pi}^{\pi} e^{i\rho r\cos\theta - \varepsilon r}\sin^{n-2}\theta d\theta\right)dr. \tag{5.116}$$

ただし, ω_n は単位球面 $\mathbb{S}^{n-1}$ の表面積である. $\cos\theta = s$ と変数変換し, r と s の積分順序を交換すると

$$K_\varepsilon(t,x) = \frac{\omega_{n-1}}{(2\pi)^n} \int_{-1}^1 \left(\int_0^\infty \sin(tr) r^{n-2} e^{(\rho s + i\varepsilon) r} dr \right) (1-s^2)^{(n-3)/2} ds.$$

オイラーの公式を用いて $\sin(tr) = (e^{it \cdot r} - e^{-it \cdot r})/2i$ として右辺を

$$\frac{\omega_{n-1}}{2i(2\pi)^n} \int_{-1}^1 \left(\int_0^\infty (e^{i(\rho s + t + i\varepsilon) r} - e^{i(\rho s - t + i\varepsilon) r}) r^{n-2} dr \right) (1-s^2)^{(n-3)/2} ds \tag{5.117}$$

とかく. $n-2$ は奇数だから内側の r に関する積分は

$$\left(\frac{\partial}{i\partial t}\right)^{n-2} \int_0^\infty (e^{i(\rho s + t + i\varepsilon) r} + e^{i(\rho s - t + i\varepsilon) r}) dr$$
$$= i \left(\frac{\partial}{i\partial t}\right)^{n-2} \left(\frac{1}{\rho s + i\varepsilon + t} + \frac{1}{\rho s + i\varepsilon - t} \right)$$

に等しい. $i(-i)^{n-2} = -(-1)^{\frac{n-1}{2}}$ とかき直して，これを (5.117) に代入し，∂_t^{n-2} と s に関する積分の順序を交換する. s に関する積分は s を $-s$ に置き換えても変わらないから，$(\rho s + i\varepsilon + t)^{-1}$ を $(-\rho s + i\varepsilon + t)^{-1}$ に置き換えてから積分すると

$$K_\varepsilon(t,x) = (-1)^{\frac{n-1}{2}} \partial_t^{n-2} \left(\frac{\omega_{n-1} \varepsilon}{(2\pi)^n} \int_{-1}^1 \frac{(1-s^2)^{(n-3)/2}}{(\rho s - t)^2 + \varepsilon^2} ds \right)$$
$$= (-1)^{\frac{n-1}{2}} \partial_t^{n-2} \left(\frac{\omega_{n-1} \varepsilon}{(2\pi)^n} \int_{-\rho}^\rho \frac{(1-(s/\rho)^2)^{(n-3)/2} \rho^{-1}}{(s-t)^2 + \varepsilon^2} ds \right). \tag{5.118}$$

$K_\varepsilon(t,x)$ は球対称だったから $K_\varepsilon(t,x) = K_\varepsilon(t,\rho)$, $\rho = |x|$ とかこう. φ の x を中心とした半径 ρ の球面上の平均を

$$(M_\rho \varphi)(x) = \frac{1}{\omega_n} \int_{\mathbb{S}^{n-1}} \varphi(x + \rho\omega) d\omega = \frac{1}{\omega_n} \int_{\mathbb{S}^{n-1}} \varphi(x - \rho\omega) d\omega \tag{5.119}$$

と定義すれば，

$$\int_{\mathbb{R}^n} K_\varepsilon(t,y) \varphi(x-y) dy = \omega_n \int_0^\infty \rho^{n-1} K_\varepsilon(t,\rho) (M_\rho \varphi)(x) d\rho. \tag{5.120}$$

ここに (5.118) を代入して積分順序を交換し，$\omega_n \omega_{n-1}/(2\pi)^n = /\pi(n-2)!$ であることを使うと

$$(5.120) = (-1)^{\frac{n-1}{2}} \partial_t^{n-2} \int_0^\infty \frac{\omega_{n-1} \omega_n \varepsilon}{(2\pi)^n} \left(\int_{-\rho}^\rho \frac{(\rho^2 - s^2)^{(n-3)/2} \rho}{(s-t)^2 + \varepsilon^2} ds \right) (M_\rho \varphi)(x) d\rho$$
$$= -\partial_t^{n-2} \int_{\mathbb{R}} \frac{\varepsilon}{(s-t)^2 + \varepsilon^2} \left(\frac{1}{\pi(n-2)!} \int_{\rho > |s|} (s^2 - \rho^2)^{(n-3)/2} \rho (M_\rho \varphi)(x) d\rho \right) ds.$$

ここで n は奇数だから $l = (n-3)/2$ は非負整数，x を固定するとき，$(M_\rho\varphi)(x)$ は $\rho \in \mathbb{R}$ の滑らかでコンパクトな台をもつ関数だから $s \in \mathbb{R}$ の関数

$$\int_{\rho > |s|} (s^2 - \rho^2)^{(n-3)/2} \rho (M_\rho\varphi)(x)d\rho = \sum_{j=0}^{l} (-1)^j \binom{l}{j} s^{2(l-j)} \int_{|s|}^{\infty} \rho^{2j+1} (M_\rho\varphi)(x)d\rho$$

もコンパクトな台をもつ C^∞ 級関数である．ゆえに合成積の微分法の公式（第4章定理 4.56 の (4.51)）によって (5.120) は次に等しい．

$$-\int_{\mathbb{R}} \frac{\varepsilon}{(s-t)^2 + \varepsilon^2} \partial_s^{n-2} \left(\frac{1}{\pi(n-2)!} \int_{|s|}^{\infty} (s^2 - \rho^2)^{(n-3)/2} \rho (M_\rho\varphi)(x)d\rho \right) ds.$$

ここで $\varepsilon\pi^{-1}(\rho^2 + \varepsilon^2)^{-1}$ は $\mathbb{R}$ における総和核（ポワソン核）だから，$\varepsilon \to 0$ とすれば

$$\int_{\mathbb{R}^n} K(t, x-y)\varphi(y)dy = -\frac{1}{(n-2)!} \partial_t^{n-2} \int_{\rho > |t|} (t^2 - \rho^2)^{(n-3)/2} \rho (M_\rho\varphi)(x)d\rho.$$

最後に次の積分が t の $n-3$ 次の多項式であることから

$$\partial^{n-2} \int_0^\infty (t^2 - \rho^2)^{(n-3)/2} \rho (M_\rho\varphi)(x)d\rho = 0$$

であることを用いると結局

$$\int_{\mathbb{R}^n} K(t, x-y)\varphi(y)dy = \frac{1}{(n-2)!} \partial_t^{n-2} \int_0^t (t^2 - \rho^2)^{(n-3)/2} \rho (M_\rho\varphi)(x)d\rho$$

となる．ここで被積分関数が奇関数であることを用いて右辺の積分の上端 $|t|$ を t とした．

　以上を定理の形にまとめると

定理 5.70　$n \geq 3$ を奇数とする．$\varphi, \psi \in C_0^\infty(\mathbb{R}^n)$ のとき，初期値問題 (5.98), (5.99) の解は

$$u(t, x) = \frac{\partial}{\partial t}(K(t)\varphi(x)) + K(t)\psi(x) \tag{5.121}$$

で与えられる．ただし $(M_\rho f)(x)$ を (5.119) の球面平均として

$$K(t)f(x) = \frac{1}{(n-2)!} \partial_t^{n-2} \int_0^t (t^2 - \rho^2)^{(n-3)/2} \rho (M_\rho f)(x)d\rho \tag{5.122}$$

である．とくに，$n = 3$ のとき，$u(t, x)$ はキルヒホフの公式

$$u(t,x) = \frac{\partial}{\partial t}\left(tM_t\varphi(x)\right) + tM_t\psi(x) \tag{5.123}$$

によって与えられる.

問 5.71 (5.123) が $\mathbb{R}^3$ における初期値問題 (5.98), (5.99) の解となることを直接の計算で確かめよ.

注意 5.72 定理 5.70 は任意の $\varphi, \psi \in C^\infty(\mathbb{R}^n)$ に対して成立する. じっさい (t_0, x_0) を任意に固定するとき, 任意の L に対して $\{(t,x)\colon |x - x_0| < L, |t - t_0| < L\}$ における $u(t,x)$ の値は (5.121), (5.122) から φ, ψ のコンパクト集合 $V = \{x\colon |x - x_0| \le |t_0| + 2L + \varepsilon\}, \varepsilon > 0$ における値にしかよらない. ゆえに φ, ψ をコンパクトな台をもつように V の外で適当にとり替えて議論してよいからである. これは定理 5.73 に対しても同様である.

■解の表現 2　ホイゲンスの原理　(5.122) の右辺の $(t^2 - \rho^2)^{(n-3)/2}$ は t の次数 $(n-3)$ の多項式だから, ライプニッツの公式を用いて微分を実行すれば,

$$K(t)f(x) = \sum_{k=0}^{(n-3)/2} C_k \left(\frac{\partial}{\partial t}\right)^{n-2}\left(t^{n-3-2k}\int_0^t \rho^{2k}(\rho M_\rho f)(x)d\rho\right)$$

$$= \sum C_{k,l,m,p}\, t^{n-3-2k-l}t^{2k-m}(tM_t f)^{(p)}(x) = \sum_{p=0}^{(n-3)/2} C_p t^p (tM_t f)^{(p)}(x). \tag{5.124}$$

ただし第 2 の和は $0 \le k \le (n-3)/2,\ l+m+p = n-3,\ n-3-2k-l \ge 0$ を満たす $k, l, m, p \ge 0$ にわたってとる. ここで, $(tM_t(f))^{(p)}(x)$ は x を中心とする半径 $|t|$ の球面 $S(x,t) = \{y\colon |x - y| = |t|\}$ での $f(y)$ の p 階以下の導関数の値のみによって決定されるから, 初期データの影響はちょうど速度 1 で伝播し通過後に痕跡を残さないことがわかる. たとえば $\mathrm{supp}\,\varphi(x), \mathrm{supp}\,\psi(x) \subset B(0, R)$ とすると, $u(t,x) \ne 0$ となるのはたかだか $|t| - R \le |x| \le |t| + R$ の環状領域においてだけ, 同じことだが, 点 x で $u(t,x) \ne 0$ となるのは時刻 $|x| - R \le |t| \le |x| + R$ となるたかだか時間 $2R$ の間だけなのである. 奇数次元空間 $\mathbb{R}^n$ の波動方程式のこの現象は**ホイゲンスの原理**と呼ばれる.

5.5 波動方程式の初期値問題 359

5.5.4 偶数次元空間での解

解 $u(t, x)$ の $\hat{\varphi}, \hat{\psi}$ を用いた表現 (5.110) から $\varphi(x), \psi(x)$ を用いた表現を得るための前項の方法は n が偶数のときはうまくいかない. (5.117) に $\cos(tr)$ の代わりに $\sin(tr)$ が現れるためである. そこで n が偶数のときの解の表現を $n+1$ 次元空間での解の表現公式 (5.121), (5.122) から**次元低減法**と呼ばれる方法によって求めることにする.

■次元低減法 $n \geq 2$ を偶数, $u(t, x) = u(t, x_1, \ldots, x_n)$ を初期値問題 (5.98), (5.99) の解とする. このとき, $(t, \tilde{x}) \in \mathbb{R} \times \mathbb{R}^{n+1}$ の関数

$$\tilde{u}(t, \tilde{x}) = u(t, x), \quad \tilde{x} = (x, x_{n+1}) = (x_1, \ldots, x_n, x_{n+1})$$

が $\mathbb{R} \times \mathbb{R}^{n+1}$ 上の波動方程式の初期値問題

$$\partial_t^2 \tilde{u}(t, \tilde{x}) - (\partial_1^2 + \cdots + \partial_{n+1}^2)\tilde{u}(t, \tilde{x}) = 0,$$

$$\tilde{u}(0, \tilde{x}) = \tilde{\varphi}(\tilde{x}) = \varphi(x), \quad \tilde{u}_t(0, \tilde{x}) = \tilde{\psi}(\tilde{x}) = \psi(x)$$

の解であるのは明らかである. したがって, 奇数次元における前項の結果から, $u(t, x) = \tilde{u}(t, \tilde{x})$ は $\mathbb{R}^{n+1}$ における球面平均 M_ρ を用いて定義した

$$K(t)\tilde{\varphi}(\tilde{x}) = \frac{1}{(n-1)!} \partial_t^{n-1} \int_0^t (t^2 - \rho^2)^{(n-2)/2} \rho (M_\rho \tilde{\varphi})(\tilde{x}) d\rho \quad (5.125)$$

を用いて (5.121) によって与えられることがわかる.

ここで $\tilde{\varphi}(\tilde{x} + \tilde{y}) = \varphi(x + y)$ は x_{n+1}, y_{n+1} によらないから $(M_\rho \tilde{\varphi})(\tilde{x})$ は

$$\frac{1}{\omega_{n+1}\rho^n} \int_{|\tilde{y}|=\rho} \tilde{\varphi}(\tilde{x} + \tilde{y})d\sigma(\tilde{y}) = \frac{2}{\omega_{n+1}\rho^{n-1}} \int_{|y| \leq \rho} \frac{\varphi(x + y)}{\sqrt{\rho^2 - y^2}} dy$$

$$= \frac{2}{\omega_{n+1}\rho^{n-1}} \int_{B(x,\rho)} \frac{\varphi(y)}{\sqrt{\rho^2 - |x - y|^2}} dy := N_\rho \varphi(x) \quad (5.126)$$

に等しい. これより次の定理が得られた.

定理 5.73 $\varphi, \psi \in C_0^\infty(\mathbb{R}^n)$ とする. $n \geq 2$ が偶数のとき $\mathbb{R}^{n+1}$ における波動方程式の初期値問題 (5.98), (5.99) の解は

$$u(t,x) = \frac{\partial}{\partial t}(K(t)\varphi(x)) + K(t)\psi(x) \tag{5.127}$$

と与えられる．ただし，$N_\rho\varphi(x)$, $N_\rho\psi(x)$ を (5.126) によって定義するとき，

$$K(t)\varphi(x) = \frac{1}{(n-1)!}\partial_t^{n-1}\int_0^t (t^2 - \rho^2)^{(n-2)/2}\rho(N_\rho\varphi)(x)d\rho.$$

とくに，$n = 2$ のとき，(5.127) は

$$u(t,x) = \frac{\partial}{\partial t}\left(\frac{1}{2\pi}\int_{|y|\leq|t|}\frac{\varphi(x+y)}{\sqrt{t^2 - |y|^2}}dy\right) + \frac{1}{2\pi}\int_{|y|\leq|t|}\frac{\psi(x+y)}{\sqrt{t^2 - |y|^2}}dy \tag{5.128}$$

となる．これはポワソンの公式と呼ばれる．

■**偶数次元空間での解の表現 2**　n が偶数なら $(n-2)/2$ は整数．奇数次元のときと同様に

$$K(t)\varphi(x) = \sum_{k=0}^{(n-2)/2} c_k t^k \partial_t^k (t N_t\varphi)(x) \tag{5.129}$$

と表現される．しかし $N_\rho\varphi(x)$ の表現式 (5.126) からわかるように，偶数次元空間では，いくらでもゆっくり伝播する初期データの部分がじっさいに存在し，一点から発せられた 2 次元空間での音や光のある点での影響は到達時間以降未来永劫にわたって続くことがわかる．たとえば $n = 2$ で，$\varphi = 0$,$0 \leq \psi(x)$, $\int_{\mathbb{R}^2}\psi dy < \infty$ のとき，十分大きな t に対しては

$$u(t,x) = \frac{1}{2\pi}\int_{B(x,t)}\frac{\psi(y)}{\sqrt{t^2 - |x-y|^2}}dy \geq \frac{1}{2\pi|t|}\int_{B(x,t)}\psi(y)dy \geq \frac{C}{|t|} > 0$$

となり $u(t,x)$ はいつまでも消えることがないのである（しかし，コンパクト台をもつ ψ に対して，$u(t,x)$ は任意のコンパクト集合 K 上 $|t|^{-1}$ のオーダーで減衰することを注意しておこう．$\sup_{x\in K, y\in\text{supp}\,\psi} 2|x-y| < t$ を満たす t に対して

$$|u(t,x)| = \frac{1}{2\pi|t|}\int_{B(x,t)}\frac{|\psi(y)|}{\sqrt{1 - (|x-y|/t)^2}}dy \leq \frac{1}{\sqrt{3}\pi|t|}\int_{\mathbb{R}^2}|\psi(y)|dy$$

となるからである）．

5.5 波動方程式の初期値問題

■**解の導関数の評価** 解の大きさを評価しよう．$[a]$ は a の整数部分，したがって $[n/2]$ は n が奇数のとき $(n-1)/2$, n が偶数のとき $n/2$ に等しい．

補題 5.74 $k = 0, 1, \dots$ とする．$f \in C^{[(n-2)/2]+k}(\mathbb{R}^n)$ のとき，$K(t)f(x)$ は (t, x) の C^k 級関数である．任意の $T > 0$ に対して f によらない定数 $C_{T,k}$ が存在し，任意の $0 \le t \le T$, $x \in \mathbb{R}^n$ に対して

$$\sum_{l+|\beta| \le k} |\partial_t^l \partial_x^\beta K(t)f(x)| \le C_T \sup_{|x-y| \le |t|} \sum_{|\alpha| \le [(n-2)/2]+k} |\partial_x^\alpha f(y)| \quad (5.130)$$

が成立する．$n \ge 3$ が奇数のときは $\sup_{|x-y| \le t}$ を $\sup_{|x-y| = t}$ に換えて成立する．

証明 n が奇数のときは (5.119) を積分記号下で合成関数の微分法を用いて微分して評価すれば

$$\sum_{l+|\beta| \le k} |\partial_\rho^l \partial_x^\beta (M_\rho f)(x)| \le C_k \sup_{|x-y| = |\rho|} \sum_{|\alpha| \le k} |\partial_x^\alpha f(y)|. \quad (5.131)$$

n が偶数のときは (5.126) を

$$N_\rho f(x) = \frac{2}{\omega_{n+1}} \int_{|y| \le 1} \frac{f(x + \rho y)}{\sqrt{1 - y^2}} dy \quad (5.132)$$

とかき換えて同様に議論すれば

$$\sum_{|l+\beta| \le k} |\partial_\rho^\alpha \partial_x^\beta (N_\rho f)(x)| \le C_k \sup_{|x-y| \le |\rho|} \sum_{|\alpha| \le k} |\partial_x^\alpha f(y)|. \quad (5.133)$$

これより，(5.130) は $K(t)f(x)$ の表現式 (5.124) あるいは (5.129) によって明らかである． $\square$

定理 5.70，5.73 では $\varphi, \psi \in C_0^\infty(\mathbb{R}^n)$ と仮定したが，この定理の結論は φ, ψ が有限階の導関数しかもたない場合にも成り立つ．

定理 5.75 $k \ge 2$, $\varphi \in C_0^{[n/2]+k}(\mathbb{R}^n)$, $\psi \in C_0^{[(n-2)/2]+k}(\mathbb{R}^n)$ とする．このとき，(5.121) あるいは (5.127) によって定義された $u(t,x)$ は (t,x) に関して C^k 級で，初期値問題 (5.98), (5.99) の一意的な解である．このとき，任意の $T > 0$ に対して定数 C_T が存在し，任意の $0 \le t \le T$, $x \in \mathbb{R}^n$ に対して

$$\sum_{|\alpha+\beta|\le k} |\partial_t^\alpha \partial_x^\beta u(t,x)|$$

$$\le C_T \sup_{|x-y|\le |t|} \Big(\sum_{|\alpha|\le [n/2]+k} |\partial_x^\alpha \varphi(y)| + \sum_{|\alpha|\le [(n-2)/2]+k} |\partial_x^\alpha \psi(y)| \Big) \quad (5.134)$$

が成立する. $n \ge 3$ が奇数のときは $\sup_{|x-y|\le t}$ を $\sup_{|x-y|=t}$ に換えて成立する.

証明 補題 5.74 によって $u(t,x)$ は C^k 級で評価式 (5.134) を満たす. したがって, $u(t,x)$ が初期条件 $u(0,x)=\varphi(x)$, $\partial_t u(0,x)=\psi(x)$ を満たす方程式の解であることを示せばよい.

supp φ, supp $\psi \subset B(0,R)$ とする. $B(0,R)=B_R$ とかく. 非負値の $\chi\in C_0^\infty(\mathbb{R}^n)$ を $|x|\ge 1$ では $\chi(x)=0$, $\int_{\mathbb{R}^n}\chi(x)dx=1$ となるようにとり (第 3 章 3.2 節の問題参照), $j=1,2,\dots$ に対して $\chi_j(x)=j^n\chi(jx)$, $\varphi_j=\varphi*\chi_j$, $\psi_j=\psi*\chi_j$ と定義する. $\varphi_j, \psi_j \in C_0^\infty(\mathbb{R}^n)$ で適当な j_0 をとれば任意の $j\ge j_0$ に対して supp φ_j, supp $\psi_j \subset B_R$ となる (定理 3.20 の証明参照). さらに $j\to\infty$ のとき任意の $|\alpha|\le [n/2]+k$ に対して $\partial^\alpha\varphi_j$ は $\partial^\alpha\varphi$ に一様収束する. $\sup_{x\in B_R} |\partial_y^\alpha(\varphi(x-j^{-1}y)-\varphi(x))|$ は $|y|\le 1$ に関して一様に 0 に収束, したがって

$$\sup_{x\in B_R} |\partial_x^\alpha(\varphi_j(x)-\varphi(x))| \le \int_{\mathbb{R}^n}\chi(y)\sup_{x\in B_R}|\partial_y^\alpha(\psi(x-j^{-1}y)-\psi(x))|dy \to 0$$

となるからである. 同様に, 任意の $|\beta|\le [(n-2)/2]+k$ に対して, $\partial^\beta\psi_j$ は $\partial^\beta\psi$ に一様収束する.

そこで, $u_j(t,x)=\partial_t K(t)\varphi_j(x)+K(t)\psi_j(x)$ と定義すれば, (5.130) によって, $\alpha+|\beta|\le k$ を満たす任意の整数 $\alpha\ge 0$ と多重指数 β に対して,

$$\sup_{t\in[-T,T],x\in\mathbb{R}^n} |\partial_t^\alpha \partial_x^\beta(u_j(t,x)-u(t,x))|$$

$$= \sup_{t\in[-T,T],x\in\mathbb{R}^n} \Big| \partial_t^\alpha \partial_x^\beta \Big(\partial_t K(t)(\varphi_j-\varphi)(x)+K(t)(\psi_j-\psi)(t,x) \Big) \Big|$$

$$\le C \sup_{x\in\mathbb{R}^n} \Big(\sum_{|\alpha|\le [n/2]+k} |\partial^\alpha(\varphi_j-\varphi)(x)| + \sum_{|\beta|\le [(n-2)/2]+k} |\partial^\beta(\psi_j-\psi)(x)| \Big)$$

は $j\to\infty$ において 0 に収束する. 定理 5.70, 5.73 によって $u_j(t,x)$ は初期条件 $u_j(0,x)=\varphi_j(x)$, $\partial_t u_j(0,x)=\psi_j(x)$ を満たす波動方程式の解である. したがって, $u(0,x)=\varphi(x)$, $\partial_t u(0,x)=\psi(x)$, $\Box u(t,x)=\lim_{j\to\infty}\Box u_j=0$ である. $\Box$

5.5 波動方程式の初期値問題　　363

■**基本解の台**　$K(t,x)$ の台が光錐に含まれることを示してこの項を終えよう.

定理 5.76　$K(t,x)$ は $K(-t,x) = -K(t,x)$, x に関して球対称で台が光錐 $\{(t,x) \colon |x| \le |t|\}$ に含まれる緩増加超関数である. $n \ge 3$ が奇数のとき, K の台はさらに小さい $\{(t,x) \colon |x| = |t|\}$ に含まれる.

証明　(5.111) から, $\hat{K}(t,\xi)$ を $K(t,x)$ の x に関するフーリエ変換とすれば

$$\hat{K}(t,\xi) = (2\pi)^{-n/2} \frac{\sin(t|\xi|)}{|\xi|}. \tag{5.135}$$

右辺は明らかに (t,ξ) についての緩増加超関数で, t に関して奇関数, ξ について球対称. ゆえに $K(t,x)$ もそうである.

　任意の $s \in \mathbb{R}$, $\varphi \in C_0^\infty(\mathbb{R}^n)$ に対して

$$-\int_{\mathbb{R}^n} K(s,x)\varphi(x)dx = \int_{\mathbb{R}^n} K(0-s,0-y)\varphi(y)dy \tag{5.136}$$

は $t = s$ における初期条件 $u(s,x) = 0$, $u_t(s,x) = \varphi(x)$ を満たす波動方程式の解の $(0,0)$ における値である. したがって, $\varphi(x)$ の台が, n が偶数のときは $\{x \colon |x| \le |s|\}$ と, 奇数のときは $\{x \colon |x| = |s|\}$ と交わらなければ (5.136) $= 0$ である. ゆえに, $f \in C_0^\infty(\mathbb{R}^{n+1})$ の台が, n が偶数のときは $\{(t,x) \colon |x| \le |t|\}$ と, 奇数のときは $\{(t,x) \colon |x| = |t|\}$ と交わらなければ

$$\int_{\mathbb{R}^{n+1}} K(t,x)f(t,x)dxdt = \int_{\mathbb{R}} \left(\int_{\mathbb{R}^n} K(t,x)f(t,x)dx \right) dt = 0 \tag{5.137}$$

である.　□

5.5.5　デュハメルの公式と波動方程式の基本解

　$f(t,x)$ を与えられた関数とする. 非斉次波動方程式に対する初期値問題

$$\Box u = f(t,x), \quad u(0,x) = \varphi(x), \ \partial_t u(0,x) = \psi(x) \tag{5.138}$$

の解を前項の作用素 $K(t)$ を用いて求めよう. まず第 1 章で学んだ線形常微分方程式に対するデュハメルの公式を思い出して,

$$\begin{aligned} u(t,x) &= \int_0^t K(t-s)f(s,\,\cdot\,)(x)ds \\ &= \int_0^t \left(\int_{\mathbb{R}^n} K(t-s,x-y)f(s,y)dy \right) ds \end{aligned} \tag{5.139}$$

と定義する．$f \in C_0^\infty(\mathbb{R}^{n+1})$ のとき，これが初期条件 $u(0,x) = \partial_t u(0,x) = 0$ と方程式 $\Box u = f$ を満たすことを確かめよう．

$u(0,x) = 0$ は明らかである．x に関してフーリエ変換すれば，合成積のフーリエ変換の公式から，

$$\hat{u}(t,\xi) = \int_0^t \frac{\sin((t-s)|\xi|)}{|\xi|} \hat{f}(s,\xi)ds$$

となる．これを t で微分すれば，

$$\partial_t \hat{u}(t,\xi) = \int_0^t \cos((t-s)|\xi|) \hat{f}(s,\xi)ds . \tag{5.140}$$

(5.140) から $\partial_t \hat{u}(0,\xi) = 0$, ゆえに $\partial_t u(0,x) = 0$ も満たされる．さらに

$$\partial_t^2 \hat{u}(t,\xi) = \hat{f}(t,\xi) - \int_0^t |\xi| \sin((t-s)|\xi|) \hat{f}(s,\xi)ds. \tag{5.141}$$

(5.141) の右辺第 2 項は $|\xi|^2 \hat{u}(t,\xi)$ に等しいから，

$$\partial_t^2 \hat{u}(t,\xi) = \hat{f}(t,\xi) - |\xi|^2 \hat{u}(t,\xi)$$

となる．これをフーリエ逆変換すれば $\Box u = f$ がしたがう．

上では $f \in C_0^\infty(\mathbb{R}^{n+1})$ と仮定したが，定理 5.75 を導いたのと同様にして $K(t)$ に関する評価を用いれば，f についての条件を弱めて次の定理を得ることができる．この定理の詳しい証明は省略する．(5.139) は波動方程式に対するデュハメールの公式と呼ばれる．

定理 5.77　$k \geq 2$, $\varphi \in C^{[n/2]+k}(\mathbb{R}^n)$, $\psi \in C^{[(n-2)/2]+k}(\mathbb{R}^n)$, $f \in C^{[(n-2)/2]+k}(\mathbb{R}^{n+1})$ とする．このとき，(t,x) の関数

$$u(t,x) = \frac{\partial}{\partial t} K(t)\varphi(x) + K(t)\psi(x) + \int_0^t K(t-s)f(s,\,\cdot\,)(x)ds \tag{5.142}$$

は C^k 級で，非斉次波動方程式の初期値問題 (5.138) の一意的な解である．

■ $t > 0$ に台をもつ $\Box$ の基本解　$f \in \mathcal{S}(\mathbb{R}^{n+1})$ に対する汎関数 $\langle E, f \rangle$ を

$$\int_0^\infty \left\{ \int_{\mathbb{R}^n} K(t,x)f(t,x)dx \right\} dt = \int_0^\infty \left\{ \frac{1}{(2\pi)^{\frac{n}{2}}} \int_{\mathbb{R}^n} \frac{\sin(t|\xi|)}{|\xi|} \hat{f}(t,\xi)d\xi \right\} dt$$

と定義する. $Y(t)$ をヘビサイド関数とすると

$$\mathcal{F}_{x \to \xi} E(t, \xi) = \frac{1}{(2\pi)^{n/2}} Y(t) \frac{\sin(t|\xi|)}{|\xi|}.$$

これは明らかに緩増加超関数, ゆえに E も緩増加超関数である. $f \in C_0^\infty(\mathbb{R}^{n+1})$ のとき,

$$(E * f)(t, x) = \int_{-\infty}^{t} \left\{ \int_{\mathbb{R}^n} K(t - s, x - y) f(s, y) dy \right\} dt.$$

(5.139) の右辺の ds に関する積分の下端の 0 を $-\infty$ ととり替えても $\Box u = f$ が成り立つのはかわりがないことに注意すれば

$$\Box(E * f) = f$$

が成立することがわかる. すなわち $E(t, x)$ は微分作用素 $\Box$ の基本解である. $E(t, x)$ の台は明らかに $t \geq 0$ に含まれるから, $E(t, x)$ は $t \geq 0$ に台をもつ $\Box$ の基本解である. これから $E(-t, x)$ が $t \leq 0$ に台をもつ $\Box$ の基本解となることも明らかである. このようにして, 第 2 節で予告した次の定理が得られた.

定理 5.78 波動方程式 $\Box u = 0$ には, 台が $t \geq 0$ あるいは $t \leq 0$ に含まれる基本解が存在する.

定理 5.76 によって, $E(t, x)$, $E(-t, x)$ の台は一般には光錐 $\{(t, x) : |x| \leq |t|\}$ に, 奇数次元 $n \geq 3$ の場合はその境界部分 $\{(t, x) : |x| = |t|\}$ に含まれる.

5.5.6 不連続性の伝播, 漸近解の方法

波動方程式の初期値問題の解の滑らかさは初期条件の滑らかさに依存する. 境界条件によらずに領域内部ではいつでも解が C^∞ 級となるラプラス方程式の場合とはまったく様子が異なるのである. 初期値の不連続性の伝播の様子を, 簡単な初期関数を例にとって調べよう. ただし, 本書では古典解, すなわち少なくとも C^2 級の解のみをとり扱うことにしているから, ここでいう不連続点とは, $u(t, x)$ のある階数 ≥ 3 の導関数が不連続となるような点のこ

とである．簡単のため初期条件を $\partial_t u(0,x) = 0, u(0,x) = f(x)$ とする．これまでの項と記号を変えたが，混乱は起こらないであろう．

このとき，$n = 1$ なら解はダランベールの公式

$$u(t,x) = \frac{1}{2}(f(x+t) + f(x-t))$$

によって与えられ不連続性の伝播の様子も明らかである．$n \geq 2$ のとき，解の不連続点の伝播を定理 5.70 や定理 5.73 の解の表現式から直接考察するのはやや面倒で得策ではない．漸近解の方法と呼ばれる方法によって解析しよう．

■**初期条件** $S \subset \mathbb{R}^n$ は滑らかで有界な曲面で，S の近傍 U_1 で定義され U_1 上 $\nabla \varphi(x) \neq 0$ を満たす実の $\varphi \in C^\infty(U_1)$ を用いて $S = \{x \in U_1 : \varphi(x) = 0\}$ と表されるとする．初期関数 $f(x)$ は S において法線方向の m 階微分が不連続となる次の形の関数

$$f(x) = g(\varphi(x))\psi(x)$$

とする．ただし，$\psi(x) \in C_0^\infty(U), U \Subset U_1$，ある $\varepsilon > 0$ に対して $g \in C_0^{m-1}((-\varepsilon,\varepsilon))$ $\cap C^m((-\varepsilon,\varepsilon) \setminus \{0\})$ で $g^{(m)}(s)$ が $s = 0$ において不連続 $(m \geq 3)$ とする．f が S に沿って法線方向に不連続性をもつときの解の不連続性の伝播を調べるには，f を上の形として一般性を失わない．

■**不連続性の分解** 一変数のフーリエ変換を用いて，$g(\varphi(x))$ を

$$g(\varphi(x)) = \frac{1}{\sqrt{2\pi}} \int_{-\infty}^{\infty} e^{i\varphi(x)k} \hat{g}(k)dk \tag{5.143}$$

とかく．仮定から $|\hat{g}(k)| \leq C(1+|k|)^{-2}$ だから積分は x に関して一様に収束する．ここで，k の任意の有限部分の積分

$$g_a(\varphi(x)) \equiv \frac{1}{\sqrt{2\pi}} \int_{-a}^{a} e^{i\varphi(x)k} \hat{g}(k)dk$$

は C^∞ 級，滑らかな初期値をもつ解は滑らかだから，f を $f - g_a(\varphi(x))\psi(x)$ でおき換えて得られる解ともとの解の不連続性はまったく同じである．ゆえに $k = 0$ を含む任意に大きな区間上 $\hat{g}(k) = 0$ と仮定してよい．

初期値 f は (5.143) のように，$e^{i\varphi(x)k}\psi(x)$ の重み $\hat{g}(k)$ による重ね合わせである．そこで，初期条件 $u(0,x) = e^{i\varphi(x)k}\psi(x), u_t(0,x) = 0$ を満たす解 $u(t,x;k)$ を，$\sum\limits_{\pm}$ を $+$ と $-$ の和をとる記号として

$$u(t,x;k) = \sum_{\pm} \sum_{j=0}^{\infty} k^{-j} e^{ik\varphi^\pm(t,x)} \psi_j^\pm(t,x) \tag{5.144}$$

の形で求め $u(t,x)$ を $u(t,x;k)$ の重ね合わせとして

$$u(t,x) = \frac{1}{\sqrt{2\pi}} \int_{-\infty}^{\infty} e^{i\varphi(x)k} u(t,x;k)g(k)dk \tag{5.145}$$

と表そう（± の 2 つの和になる理由はすぐに明らかになる）．以下しばらく級数の収束の問題は無視して形式的に進む．

■アイコナール方程式　$k \to \infty$ のときの振る舞いが問題だから，(5.144) の k^0 の項が主要項で j が大きくなるにつれて k^{-j} を含む項の寄与は順次小さくなるはずである．二階微分を実行し，k について降べきの順にまとめると

$$
\begin{aligned}
e^{-ik\varphi}\Box(e^{ik\varphi}\psi) = {}& k^2\{-(\partial_t\varphi)^2 + (\nabla\varphi)^2\}\psi \\
&+ 2ik\{\partial_t\varphi\cdot\partial_t\psi - \nabla\varphi\cdot\nabla\psi + \frac{1}{2}(\Box\varphi)\psi\} + \Box\psi.
\end{aligned}
$$

(5.144) の $u(t,x;k)$ を代入すれば $\psi_{-1}^{\pm} = 0$ とおいて

$$
\begin{aligned}
\Box u(t,x;k) = {}& \sum_{\pm} e^{-ik\varphi^{\pm}} \bigg(\sum_{j=0}^{\infty} k^{2-j}\big\{ -(\partial_t\varphi^{\pm})^2 + (\nabla\varphi^{\pm})^2 \big\}\psi_j^{\pm} \\
&+ 2i\sum_{j=0}^{\infty} k^{1-j}\Big\{ \partial_t\varphi^{\pm}\cdot\partial_t\psi_j^{\pm} - \nabla\varphi^{\pm}\cdot\nabla\psi_j^{\pm} + \frac{1}{2}(\Box\varphi^{\pm})\psi_j^{\pm} + \frac{1}{2i}\Box\psi_{j-1}^{\pm} \Big\} \bigg).
\end{aligned}
\tag{5.146}
$$

$\Box u(t,x;k) = 0$ としたい．まず (5.146) の主要項，すなわち k^2 の係数を

$$\big\{ -(\partial_t\varphi^{\pm})^2 + (\nabla\varphi^{\pm})^2 \big\}\psi_0^{\pm} = 0$$

とせねばならない．どちらかの因子を $= 0$ とすればよいが $-(\partial_t\varphi^{\pm})^2 + (\nabla\varphi^{\pm})^2 \neq 0$ とすると $\psi_0^{\pm} = 0$．このとき，(5.146) の第 2 行の k^1 の係数は 0 となる．したがって k^1 の係数を 0 とするにはふたたび

$$\big\{ -(\partial_t\varphi^{\pm})^2 + (\nabla\varphi^{\pm})^2 \big\}\psi_1^{\pm} = 0,$$

したがって $\psi_1^{\pm} = 0$．これを続けていくと $\psi_2^{\pm} = 0, \ldots$ となって結局 $u = 0$．これでは何も出てこないので

$$-(\partial_t\varphi^{\pm})^2 + (\nabla\varphi^{\pm})^2 = 0 \tag{5.147}$$

とする．こうすると (5.146) の第 1 行の和は消える．$\varphi^{\pm}$ の初期値を

$$\varphi^{\pm}(0,x) = \varphi(x) \tag{5.148}$$

として初期値問題 (5.147), (5.148) を解こう.(5.147) は曲面 $\varphi^{\pm}(t, x) = 0$ が □ に対する特性曲面となるための条件で**アイコナール方程式**と呼ばれる.(5.147) を $\partial_t \varphi^{\pm}$ について解けば,ハミルトニアン $H^{\pm} = \pm\sqrt{p_1^2 + \cdots + p_n^2}$ に対するハミルトン・ヤコビ方程式

$$\frac{\partial \varphi^{\pm}}{\partial t} \pm \sqrt{\left(\frac{\partial \varphi^{\pm}}{\partial x_1}\right)^2 + \cdots + \left(\frac{\partial \varphi^{\pm}}{\partial x_n}\right)^2} = 0, \qquad \varphi^{\pm}(0, x) = \varphi(x) \qquad (5.149)$$

となる(このように (5.147) から 2 つの方程式が得られるのが u を $\pm$ の和とした理由である).ハミルトン・ヤコビ方程式 (5.149) の解法については第 2 章 2.4.5 項で述べた.いまの場合,正準方程式は複号同順で

$$\frac{dq^{\pm}}{dt} = \frac{\partial H^{\pm}}{\partial p} = \pm\frac{p}{|p|}, \qquad \frac{dp^{\pm}}{dt} = -\frac{\partial H^{\pm}}{\partial q} = 0. \qquad (5.150)$$

初期条件 $q^{\pm}(0) = \alpha$, $p^{\pm}(0) = (\nabla\varphi)(\alpha)$ を満たす解は,$n(\alpha) = \nabla\varphi(\alpha)/|\nabla\varphi(\alpha)|$ とかくとき,

$$q^{\pm}(t, \alpha) = \alpha \pm n(\alpha)t, \qquad p^{\pm}(t, \alpha) = (\nabla\varphi)(\alpha) \qquad (5.151)$$

で与えられる.$n(\alpha)$ は曲面 S の単位法線ベクトルである.$H^{\pm}$ のルジャンドル変換は $F^{\pm} = 0$ だから,第 2 章定理 2.90 によってハミルトン・ヤコビ方程式の解は陰関数の形で,

$$\varphi^{\pm}(t, x) = \varphi(\alpha), \qquad x = q^{\pm}(t, \alpha) = \alpha \pm n(\alpha)t, \quad \alpha \in U_1 \qquad (5.152)$$

で与えられ,このとき

$$\frac{\partial \varphi^{\pm}}{\partial x}(t, x) = p^{\pm}(t, \alpha), \qquad x = \alpha \pm n(\alpha)t \qquad (5.153)$$

が満たされる.十分小さい t に対して写像 $\Phi(t) : \alpha \mapsto \alpha \pm n(\alpha)t$ のヤコビアンは単位行列 $\mathbf{1}$ に十分近く,逆関数定理によって $\Phi(t)$ は U_1 上微分同型で,その像は U を含む.したがって $x = \alpha \pm n(\alpha)t$ は α について一意的に解け,$\varphi^{\pm}(t, x)$ は U 上の C^{∞} 級関数である(実はいまの場合は,$F^{\pm} = 0$ となって,第 2 章で述べた定理の仮定は満たされないが,上に定義した $\varphi^{\pm}(t, x)$ が (5.149), (5.153) を満たすことは直接計算で確かめられる).(5.152) から,解 $\varphi^{\pm}(t, x)$ によって定まる曲面 $S^{\pm}(t) = \{x : \varphi^{\pm}(t, x) = 0\}$ は S 上の各点 α から単位法線 $\pm n(\alpha)$ に沿って t だけ進んだ点の集合

$$S^{\pm}(t) = \{(t, x) : x = \alpha \pm n(\alpha)t, \alpha \in S\}$$

である.これが $u(t, x)$ の不連続面であることをのちに示す.

5.5 波動方程式の初期値問題 369

問 5.79 $\varphi^{\pm}(t, x)$ が (5.149), (5.153) を満たすことを確かめよ.

■**輸送方程式** 次に $\psi_j^{\pm}(t, x)$, $j = 0, 1, \ldots$ を求めよう. (5.146) の第 2 の和が消えるようにするには $\psi_j^{\pm}$, $j = 0, 1, \ldots$ を帰納的に

$$\partial_t \varphi^{\pm} \cdot \partial_t \psi_j^{\pm} - \nabla \varphi^{\pm} \cdot \nabla \psi_j^{\pm} + \frac{1}{2} (\Box \varphi^{\pm}) \psi_j^{\pm} + \frac{1}{2i} \Box \psi_{j-1}^{\pm} = 0 \qquad (5.154)$$

の解として定めればよい. ここでも $\psi_{-1}^{\pm} = 0$ である. 以下にみるように, (5.154) は正準方程式 (5.150) の解の軌道 (5.151) に沿った常微分方程式 (5.157) となるため輸送方程式と呼ばれる. じっさい (5.154) を $\partial_t \varphi^{\pm} \neq 0$ で割り算すれば

$$\partial_t \psi_j^{\pm} - \frac{\nabla \varphi^{\pm}}{\partial_t \varphi^{\pm}} \nabla \psi_j^{\pm} + \frac{1}{2} \frac{\Box \varphi^{\pm}}{\partial_t \varphi^{\pm}} \psi_j^{\pm} + \frac{1}{2i} \frac{\Box \psi_{j-1}^{\pm}}{\partial_t \varphi^{\pm}} = 0. \qquad (5.155)$$

ここでハミルトン・ヤコビ方程式と (5.153) を用いれば,

$$-\frac{(\nabla \varphi^{\pm})(t, q^{\pm}(t, \alpha))}{\partial_t \varphi^{\pm}} = \frac{\pm p^{\pm}(t, \alpha)}{|p^{\pm}(t, \alpha)|} = \frac{dq^{\pm}}{dt}(t, \alpha). \qquad (5.156)$$

したがって, $x = q^{\pm}(t, \alpha)$ とおいて $\psi_j^{\pm}(t, q^{\pm}(t, \alpha)) = \tilde{\psi}_j^{\pm}(t, \alpha)$ と定義すれば, (5.155) は $\tilde{\psi}_j^{\pm}(t, \alpha)$ に対する線形常微分方程式

$$\frac{d}{dt} \tilde{\psi}_j^{\pm} + \frac{1}{2} J^{\pm}(t, q^{\pm}(t, \alpha)) \tilde{\psi}_j^{\pm} + \frac{1}{2i} L_j^{\pm}(t, q^{\pm}(t, \alpha)) = 0 \qquad (5.157)$$

となるのである. ただし, $j = 0, 1, \ldots$ に対して

$$J^{\pm}(t, x) = \frac{\Box \varphi^{\pm}(t, x)}{\partial_t \varphi^{\pm}(t, x)}, \qquad L_j^{\pm}(t, x) = \frac{\Box \psi_{j-1}^{\pm}(t, x)}{\partial_t \varphi^{\pm}(t, x)}$$

である. この常微分方程式 (5.157) の初期値を定めよう.

■**輸送方程式の初期値** $u(t, x; k)$ が初期条件 $u(0, x; k) = e^{ik\varphi(x)} \psi(x)$, $\partial_t u(0, x; k) = 0$ を満たすためには

$$u(0, x; k) = \sum_{\pm} \sum_{j=0}^{\infty} k^{-j} e^{ik\varphi(x)} (\psi_j^+(0, x) + \psi_j^-(0, x)) = e^{ik\varphi(x)} \psi(x), \qquad (5.158)$$

$$\partial_t u(0, x; k) = e^{ik\varphi(x)} \sum_{\pm} \sum_{j=-1}^{\infty} k^{-j} (i \partial_t \varphi^{\pm}(0, x) \psi_{j+1}^{\pm}(0, x) + \partial_t \psi_j^{\pm}(0, x)) = 0$$

$$(5.159)$$

が満たされねばならない. (5.158), (5.159) の両辺の k^{-j} の係数が等しいとおいて

$$\psi_0^+(0,x) + \psi_0^-(0,x) = \psi(x), \quad \psi_j^+(0,x) + \psi_j^-(0,x) = 0, \quad j \geq 1, \qquad (5.160)$$

$$\sum_{\pm} i\partial_t\varphi^\pm(0,x)\psi_j^\pm(0,x) + \partial_t\psi_{j-1}^\pm(0,x) = 0, \quad j = 0,1,\dots. \qquad (5.161)$$

ここでも $\psi_{-1}^\pm(t,x) \equiv 0$ である．(5.149) によって $\partial_t\varphi^\pm(0,x) = \mp|\nabla\varphi(x)|$ だから，(5.161) は

$$\psi_j^+(0,x) - \psi_j^-(0,x) = \frac{i(\partial_t\psi_{j-1}^+(0,x) + \partial_t\psi_{j-1}^-(0,x))}{|\nabla\varphi(x)|}$$

と解け，(5.160), (5.161) から初期条件が

$$\psi_0^+(0,x) = \psi_0^-(0,x) = \frac{1}{2}\psi(x), \qquad (5.162)$$

$$\psi_j^\pm(0,x) = \mp\frac{(\partial_t\psi_{j-1}^+(0,x) + \partial_t\psi_{j-1}^-(0,x))}{2i|\nabla\varphi(x)|}, \quad j = 1,2,\dots \qquad (5.163)$$

と定められる．このようにして一階線形常微分方程式 (5.157) を初期条件

$$\tilde{\psi}_0^\pm(0,\alpha) = \frac{\psi(\alpha)}{2}, \qquad \tilde{\psi}_j^\pm(0,\alpha) = \mp\frac{(\partial_t\psi_{j-1}^+(0,\alpha) + \partial_t\psi_{j-1}^-(0,\alpha))}{2i|\nabla\varphi(\alpha)|}, \quad j \geq 1$$

のもとで $j = 0$ から順次帰納的に解いて，

$$\psi_j^\pm(t,x) = \tilde{\psi}_j^\pm(t,\alpha), \quad x = q^\pm(t,\alpha)$$

とおくことによって，初期条件 (5.160), (5.161) を満たす輸送方程式 (5.154) の解が求められる．この $\psi_j^\pm(t,x)$ は第 1 章定理 1.13 の公式 (1.20) を用いてかきくだすこともできるが（以下の問 5.80 参照），いまは $|t|$ が十分小さいとき，これが (t,x) の滑らかな関数であることのみが大切であるので，ここではその具体的な形を求めることはしない．

問 5.80 $\varphi^\pm$ がハミルトン・ヤコビ方程式を満たすことを使って次を示せ：

$$\Box\varphi^\pm(t,x)/\partial_t\varphi^\pm(t,x) = \mathrm{div}_x\left(\frac{\nabla\varphi^\pm}{\partial_t\varphi^\pm}\right)(t,x).$$

これから，アーベルの公式（第 1 章 1.5.10 項，問題 1.16）を用いて，$\psi_0^\pm(t,x)$ が

$$\psi_0^\pm(t,x) = \frac{1}{2}\det\left(\frac{\partial q^\pm(t,\alpha)}{\partial\alpha}\right)^{-1/2}\psi(\alpha), \quad x = q^\pm(t,\alpha) \qquad (5.164)$$

と得られることを示せ．

■**不連続性の伝播** 実は，上の手続きを無限に行って無限和 (5.144) の収束を論ずるのは困難である．そこで (5.144) を有限項で打ち切って

$$u_N(t,x;k) = \sum_{\pm} \sum_{j=0}^{N} k^{-j} e^{ik\varphi^{\pm}(t,x)} \psi_j^{\pm}(t,x)$$

と定め，$u(t,x)$ に対する近似解 $u_N(t,x)$ を

$$u_N(t,x) = \frac{1}{\sqrt{2\pi}} \int_{-\infty}^{\infty} u_N(t,x;k)\hat{g}(k)dk$$

と定義する．$j = 0,1,\ldots$ に対して

$$G_j(s) = \frac{1}{\sqrt{2\pi}} \int_{-\infty}^{\infty} e^{iks} k^{-j}\hat{g}(k)dk$$

とおけば，$(d/ds)^j G_j(s) = i^j g(s)$ だから，G_j は $j+m$ 回微分の後に初めて不連続性をもつ $C^{j+m}(\mathbb{R}\setminus\{0\}) \cap C^{j+m-1}(\mathbb{R})$ に属する関数である．G_j を使えば，$u_N(t,x)$ は

$$u_N(t,x) = \sum_{\pm} \sum_{j=0}^{N} G_j(\varphi^{\pm}(t,x))\psi_j^{\pm}(t,x) \tag{5.165}$$

と表される．とくに第 0 項は $s^{\pm}(t)$ に初期データと同様な不連続性をもつ関数

$$\sum_{\pm} g(\varphi^{\pm}(t,x))\psi_0^{\pm}(t,x)$$

である（(5.164) 参照）．$\psi_j^{\pm}(t,x), j = 0,1,\ldots$ は C^{∞} 級だから，(5.165) の右辺の第 j 項は曲面 $S^{\pm}(t)$ 上に初期データ f と同様な，しかし j が大きくなるにつれて j 階だけ弱い不連続性をもつ関数である．したがって，もし N を大きくするとき $u - u_N$ が N にともなっていくらでも滑らかになることがわかれば，(5.165) から $u(t,x)$ の不連続性の伝播が完全にわかったことになる．

■**剰余項の滑らかさ** $\tilde{u}(t,x) = u(t,x) - u_N(t,x)$ の滑らかさを評価しよう．構成の仕方から $u_N(t,x;k)$ は

$$\Box u_N(t,x;k) = k^{-N} \sum_{\pm} e^{ik\varphi_{\pm}(t,x)} \Box \psi_N^{\pm}(t,x),$$

$$u_N(0,x;k) = e^{ik\varphi(x)}\psi(x), \quad \partial_t u_N(0,x;k) = k^{-N} e^{ik\varphi(x)} \sum_{\pm} \partial_t \psi_N^{\pm}(0,x)$$

を，したがって，$u_N(t,x)$ は

$$\Box u_N(t,x) = \sum_{\pm} G_N(\varphi_{\pm}(t,x)) \Box \psi_N^{\pm}(t,x) \equiv R_N(t,x),$$

$$u_N(0,x) = f(x), \quad \partial_t u_N(0,x) = G_N(\varphi(x)) \sum_{\pm} \partial_t \psi_N^{\pm}(0,x) \equiv F_N(x)$$

を満たす. 上に注意したように, $G_N \in C^{m+N-1}(\mathbb{R})$ だから, $R_N(t,x)$, $F_N(x)$ は C^{m+N-1} 級, $\tilde{u} = u - u_N(t,x)$ は

$$\Box \tilde{u}(t,x) = -R_N(t,x), \quad \tilde{u}(0,x) = 0, \quad \partial_t \tilde{u}(0,x) = -F_N(x)$$

を満たすから, 定理 5.77 によって $\tilde{u} \in C^{m+N-[(n-2)/2]-1}(\mathbb{R}^{n+1})$ である. したがって, N を大きくとれば, $\tilde{u}$ は N とともにいくらでも滑らかになる. このように $u(t,x)$ の不連続性の主要部分は (5.165) の初めの数項によって決定されるのである.

以上はもちろん初期条件の不連続性が上のような単純な場合である. 一般の場合も多少複雑にはなるが, 同様な考え方で解析することができる.

5.6 広義放物型方程式——シュレーディンガー方程式

広義放物型方程式の中から, 本節では自由粒子のシュレーディンガー方程式

$$i\frac{\partial u}{\partial t} = -\frac{1}{2}\Delta u \tag{5.166}$$

をとり扱う. 限られた頁数の中では, ほとんどの教科書に記述があり, 本書の第3章でも説明した熱伝導方程式を扱うよりも, 同様に重要であるがとり扱われる機会の少ない量子力学の基本方程式, シュレーディンガー方程式を扱った方がより適切と考えたからである. シュレーディンガー方程式をある程度満足な形でとり扱うには, 以下にみるようにルベーグ積分を用いることが不可欠である. そこで本節ではルベーグ積分を直接用いることはしないが, 積分をルベーグ積分としてとり扱えば成立するいくつかの結果を断りなしに用いてしまうことにする. したがって, 以下に述べるいくつかの定理はリーマン積分で理解したときには成立しないが, いずれルベーグ積分を学んだのちには了解できることなのであまり気にせず読み進めてほしい. シュレーディンガー方程式は量子力学の基本方程式なので量子力学のごく基本的な考え方をまず説明する.

5.6.1 量子力学での状態の記述

質量が m の粒子が三次元空間 $\mathbb{R}^3$ の中をポテンシャル $V(x)$ によって与えられた力の場の中で運動をする状況を考える. ニュートンの力学による

5.6 広義放物型方程式——シュレーディンガー方程式 373

と，この粒子の運動はニュートンの運動方程式，すなわち，ラグランジアン $F(q,v) = mv^2/2 - V(x)$ に対するオイラーの方程式

$$m\ddot{x} = -\frac{\partial V}{\partial x} \tag{5.167}$$

によって支配される．ここで $x = (x_1, x_2, x_3)$ で $\partial V/\partial x = \nabla_x V$ である．ルジャンドル変換によって，F に対するハミルトニアン $H(x,p) = p^2/2m + V(x)$ を導入すれば，第 2 章で説明したように，ニュートンの方程式 (5.167) は正準方程式

$$\dot{x} = \frac{\partial H}{\partial p} \qquad \dot{p} = -\frac{\partial H}{\partial x} \tag{5.168}$$

にかき直せる．$p = F_v(q,v) = mv$ は粒子の運動量である．このことから，粒子の状態は位置 x と運動量 p の組 $(x,p) \in \mathbb{R}^6$ によって記述でき，その時間変化は (5.168) にしたがうことがわかる．$H(x,p)$ は粒子のエネルギーである．

古典力学において運動方程式が (5.168) で与えられる粒子は，量子力学では次のように記述される．第 4 章 4.1.5 項のように $\mathbb{R}^3$ 上の 2 乗可積分関数の全体のなすベクトル空間を $L^2(\mathbb{R}^n)$ とかき，内積やノルムを (4.35) によって定義する．$L^2(\mathbb{R}^n)$ はこのノルム $\|u\|$ に関して完備な距離空間，フーリエ変換は $L^2(\mathbb{R}^n)$ のユニタリ変換，すなわち内積やノルムを保存する線形な同型写像である（第 4 章定理 4.33 参照）．完備な内積空間は**ヒルベルト空間**といわれる．以下では，第 2 章で汎関数を考えたときと同様に関数 $u \in L^2(\mathbb{R}^3)$ をヒルベルト空間 $L^2(\mathbb{R}^3)$ の 1 つの点と考えるとよい．

粒子の状態は $\|u\|_{L^2} = 1$ を満たす関数 $u \in L^2(\mathbb{R}^3)$ で記述され，また，このような任意の u に対応する状態が存在すると仮定される．ただし，ある定数 $\theta \in \mathbb{R}$ に対して $u(x) = e^{i\theta} v(x), x \in \mathbb{R}^3$ の関係を満たす 2 つの関数 u, v は同一の状態を表すと約束する．粒子の状態はこの同値関係による 1 つの同値類 $[u]$ で記述されるのである．このとき，$|u(x)|^2 dx$ は明らかに $[u]$ の代表元によらずに決まり，$|u(x)|^2 dx$ は状態 $[u]$ で記述される粒子が微小領域 dx に見いだされる確率，$|\hat{u}(p)|^2 dp$ は粒子の運動量を微小領域 dp に見いだす確率と定義される．ただし，$\hat{u}(p)$ は $\hbar$（h バーあるいは h スラッシュと読む）を "プランク定数 $\div 2\pi$" で与えられる定数として

$$\hat{u}(p) = \frac{1}{(2\pi\hbar)^{3/2}} \int_{\mathbb{R}^3} e^{-ix\cdot p/\hbar} u(x) dx$$

と定義される．本書では $\hbar$ や m の大きさには関心がないので，以下 $\hbar = m = 1$ とする．このとき，$\hat{u}$ は通常のフーリエ変換である．また以下の変換はすべて同値類を同値類に写すので，同値関係を無視して状態は $L^2(\mathbb{R}^3)$ のノルム1の関数で表されると考えることにする．

■**量子化とシュレーディンガー作用素**　古典力学の座標，運動量の変数をそれぞれ $x = (x_1, x_2, x_3)$, $p = (p_1, p_2, p_3)$ とするとき，$x_j, p_j, j = 1, 2, 3$ をそれぞれ $L^2(\mathbb{R}^3)$ における x_j をかける作用素，微分作用素 $-i\partial/\partial x_j$ におき換えることを量子化という．ハミルトニアン $p^2/2 + V(x)$ を量子化して得られる作用素

$$H = -\frac{1}{2}\Delta + V(x)$$

をシュレーディンガー作用素という．H は $u(x) \in L^2$ を

$$(Hu)(x) = -\frac{1}{2}\Delta u(x) + V(x)u(x)$$

に写すヒルベルト空間 $L^2(\mathbb{R}^n)$ 上の線形作用素であるが，ハミルトニアンが古典粒子のエネルギーであったようにシュレーディンガー作用素も量子力学の粒子のエネルギーを記述する作用素である．関数解析の言葉が必要になるので，ここで詳しく説明することはできないが，H はたとえば $u, v \in C_0^\infty(\mathbb{R}^3)$ に対して $(Hu, v) = (u, Hv)$ を満たし，第2章2.6節で学んだシュトゥルム・リュービル作用素のように実数値の固有値をもつ（空間が有界でないことによって，$V = 0$ の場合のように，固有値のほかに「連続的な固有値」が現れることもあるが，簡単のために通常の固有値しか現れない場合を考えよう）．このとき，粒子のエネルギーを観測すると観測値は必ず H の固有値のいずれかである．そしてたとえば状態 u の粒子を観測したときのエネルギーの平均値は

$$(Hu, u)_{L^2} = \frac{1}{2}\int_{\mathbb{R}^n} \left(|\nabla u(x)|^2 + V(x)|u(x)|^2\right) dx$$

で与えられる．ただし，一般の $u \in L^2$ に対して $Hu \in L^2(\mathbb{R}^3)$ というわけではないので，H を L^2 上の作用素というためには H の定義域を制限しなけれ

5.6 広義放物型方程式——シュレーディンガー方程式 375

ばならないし,エネルギーの平均値が考えられる u は $|\nabla u|$ も $L^2(\mathbb{R}^3)$ に属するものに限定される.このように量子力学の物理量を定義するのはやや面倒であるが,これらは関数解析を学んだのちにはすべて明らかになることなので,現段階で物理のことに深入りするのは得策ではない.あまり気にせずに数学の問題にとり組んでいこう.

■**シュレーディンガー方程式** 粒子の状態の時間変化は (t, x) の関数 $u(t, x)$ に対する(時間依存型の)シュレーディンガー方程式と呼ばれる微分方程式

$$i\frac{\partial u}{\partial t} = -\frac{1}{2}\Delta u + V(x)u \tag{5.169}$$

によって記述される.すなわち,時刻 $t = 0$ における粒子の状態が関数 $u_0 \in L^2(\mathbb{R}^3)$ で記述されるとき,時刻 t での粒子の状態は初期条件

$$u(0, x) = u_0(x) \tag{5.170}$$

を満たすシュレーディンガー方程式 (5.169) の解 $u(t, x)$ を x の関数とみなしたときの $u(t, \cdot) \in L^2(\mathbb{R}^3)$ で与えられるのである.

このような状態変化の記述が,上に述べた状態の解釈と矛盾しないためには,

(1) シュレーディンガー方程式の初期値問題が任意の $u_0 \in L^2(\mathbb{R}^3)$ に対して一意的に解け,任意の t に対して $u(t, \cdot) \in L^2(\mathbb{R}^3)$ で,

(2) 確率保存の法則:$\|u(t, \cdot)\|_{L^2} = \|u_0\|_{L^2}$,

(3) 状態の連続的な変化:

$$\|u(t, \cdot) - u(s, \cdot)\|_{L^2} = \left(\int_{\mathbb{R}^3} |u(t, x) - u(s, x)|^2 dx\right)^{1/2} \to 0 \quad (t \to s)$$

が成立しなければならない.本書の以下の部分では最も簡単な場合,すなわち $V(x) \equiv 0$ の場合にこの性質 (1), (2), (3) がシュレーディンガー方程式 (5.169) に対して成立することを示し,その解のいくつかの性質を調べることにする.

$$-\frac{1}{2}\Delta = \frac{1}{2}\left(\frac{\partial^2}{\partial x_1^2} + \frac{\partial^2}{\partial x_2^2} + \frac{\partial^2}{\partial x_3^2}\right)$$

を**自由シュレーディンガー作用素**,

$$i\frac{\partial u}{\partial t} = -\frac{1}{2}\Delta u \tag{5.171}$$

を自由シュレーディンガー方程式という.

5.6.2 自由シュレーディンガー方程式の初期値問題

自由シュレーディンガー方程式に対して上の 3 条件を満たす解が存在することを示す前に次を思い出しておこう.

■**不適切な解** 平面 $\{(t,x)\colon t=0, x \in \mathbb{R}^3\}$ は微分作用素 $i\partial_t + (1/2)\Delta$ に関して特性的で, 初期値問題 (5.169), (5.170) は特性初期値問題. したがって, この初期値問題の解は一意的ではない (5.3.3 項参照). 次は初期条件 $u(0,x) = 0, x \in \mathbb{R}^n$ を満たすが, $t > 0$ で 0 でない解の具体例である (文献 [John] の 274–275 ページ参照. そこにある熱方程式に対する例の証明はそのまま自由シュレーディンガー方程式に通用する).

定理 5.81 $\alpha > 1$ に対して $g(t)$ を

$$g(t) = \begin{cases} \exp(-t^{-\alpha}), & t > 0 \text{ のとき}, \\ 0, & t \le 0 \text{ のとき} \end{cases}$$

と定める. このとき, $(t,x) \in \mathbb{R}^2$ の関数

$$u(t,x) = \sum_{k=0}^{\infty} \frac{i^k g^{(k)}(t)}{(2k)!} x^{2k} \tag{5.172}$$

は C^∞ 級関数で $t \le 0$ において $u(t,x) = 0$ を満たす (5.171) の恒等的には 0 ではない解である.

問 5.82 定理 5.81 を証明せよ.

■**適切な解の構成** 定理 5.81 によってシュレーディンガー方程式の初期値問題の解は一意的ではないから前項の (1) が不成立のように思える. しかし, この解 (5.172) は $t > 0$ のとき $u(t, \cdot) \notin L^2(\mathbb{R})$ であって量子力学で考えるには不適当な解である. じつは初めからすべての t に対して $u(t, \cdot) \in L^2(\mathbb{R}^3)$ となる解に制限して考えれば, シュレーディンガー方程式の初期値問題の解

5.6 広義放物型方程式——シュレーディンガー方程式 　　　　 377

は一意的に存在し (1), (2), (3) が満たされることを示そう. 第 4 章定義 4.108
のパラメータに関する超関数の微分の定義によって $t \to u(t, \cdot) \in \mathcal{S}'(\mathbb{R}^3)$ が
$\mathcal{S}'(\mathbb{R}^3)$ 値微分可能であれば $\mathcal{S}'(\mathbb{R}^3)$ 値連続であったことを思い出しておこう.

定理 5.83 $\varphi \in L^2(\mathbb{R}^3)$ とする. $t \in \mathbb{R}$ の $\mathcal{S}'(\mathbb{R}^3)$ 値微分可能な関数 $u(t, x)$
でシュレーディンガー方程式 (5.171) と初期条件 $u(0, \cdot) = \varphi$ を満たすものが
一意的に存在し,

$$u(t, x) = \mathcal{F}^{-1}\big(e^{-i\xi^2 \cdot t/2}\hat{\varphi}(\xi)\big)(x) \tag{5.173}$$

によって与えられる. この $u(t, \cdot)$ は上の 3 条件を満たす:

$$u(t, \cdot) \in L^2(\mathbb{R}^3), \quad \|u(t, \cdot)\|_{L^2} = \|\varphi\|_{L^2}, \quad \lim_{t \to s} \|u(t, \cdot) - u(s, \cdot)\|_{L^2} = 0.$$

証明 $u(t, x)$ の x についてのフーリエ変換を

$$\hat{u}(t, \xi) = \frac{1}{(2\pi)^{3/2}} \int_{\mathbb{R}^3} e^{-ix \cdot \xi} u(t, x) dx$$

と定義する. フーリエ変換 $\mathcal{F}$ は $\mathcal{S}'(\mathbb{R}^3)$ の同型写像だから $t \mapsto u(t, x)$ が $\mathcal{S}'(\mathbb{R}^3)$ 値
微分可能なら $t \mapsto \hat{u}(t, \xi)$ も $\mathcal{S}'(\mathbb{R}^3)$ 値微分可能である（第 4 章系 4.139 参照). し
たがって第 4 章定理 4.141 によって

$$i\frac{d}{dt}u(t, x) = -\frac{1}{2}\Delta u(t, x) \Leftrightarrow i\frac{d}{dt}\hat{u}(t, \xi) = \frac{\xi^2}{2}\hat{u}(t, \xi). \tag{5.174}$$

これから

$$i\frac{d}{dt}\left(e^{i\xi^2 \cdot t/2}\hat{u}(t, \xi)\right) = 0 \Rightarrow e^{i\xi^2 \cdot t/2}\hat{u}(t, \xi) = \hat{u}(0, \xi) = \hat{\varphi}(\xi),$$

すなわち

$$\hat{u}(t, \xi) = e^{-i\xi^2 \cdot t/2}\hat{\varphi}(\xi) \tag{5.175}$$

でなければならない. (5.175) を逆フーリエ変換すれば, 定理の条件を満たす解は
存在すれば一意的で (5.173) で与えられることがわかった. 一方, (5.175) を t で微
分すれば (5.174) の第 2 式が, したがって (5.173) の $u(t, x)$ が自由シュレーディン
ガー方程式を満たすことがわかる. さらに $\hat{u}(0, \xi) = \hat{\varphi}(\xi)$ をフーリエ逆変換すれば
$u(0, x) = \varphi(x)$. このようにして自由シュレーディンガー方程式の初期値問題の解
が任意の初期値 $\varphi \in L^2(\mathbb{R}^3)$ に対して一意的に存在し, (5.173) によって与えられ
ることがわかった. (5.173) にパーセバル・プランシェレルの定理を用いれば

$$\|u(t, \cdot)\|_{L^2} = \|\hat{u}(t, \cdot)\|_{L^2} = \|e^{-i\xi^2 \cdot t/2}\hat{\varphi}(\xi)\|_{L^2} = \|\varphi\|_{L^2},$$

さらに $|e^{-i\xi^2 \cdot t/2} - e^{-i\xi^2 \cdot s/2}| = |e^{-i(t-s)\xi^2/2} - 1| \leq 2$ で，これは $t \to s$ のとき，$\mathbb{R}^3$ の任意のコンパクト集合上 ξ に関して一様に 0 に収束するから，ふたたびパーセバル・プランシェレルの定理を用いれば，$t \to s$ のとき，

$$\|u(t, \cdot) - u(s, \cdot)\|_{L^2} = \Big(\int_{\mathbb{R}^3} |e^{-i\xi^2 \cdot t/2} - e^{-i\xi^2 \cdot s/2}|^2 |\hat{\varphi}(\xi)|^2 d\xi \Big)^{1/2} \to 0$$

が成立することがわかる．定理の証明が終わった． □

定理 5.84 初期関数が $\varphi \in L^1(\mathbb{R}^3) \cap L^2(\mathbb{R}^3)$ であれば，定理 5.83 の解は

$$u(t, x) = \frac{e^{\mp \frac{3\pi i}{4}}}{(2\pi |t|)^{\frac{3}{2}}} \int_{\mathbb{R}^3} e^{\frac{i(x-y)^2}{2t}} \varphi(y) dy, \ \pm t > 0 \ \text{のとき} \tag{5.176}$$

で与えられる．

証明 (5.173) の右辺に積の逆フーリエ変換公式（第4章定理 4.142 参照）を用いれば $u(t, x)$ は φ と $\mathcal{F}^{-1}(e^{-i\xi^2 \cdot t/2})$ の合成積の $(2\pi)^{3/2}$ 倍である．$\mathcal{F}^{-1}(e^{-i\xi^2 \cdot t/2})$ に複素ガウス関数のフーリエ変換の公式 (4.121) を用いれば (5.176) がしたがう． □

■**1-パラメータ・ユニタリ群** $u(t, x)$ は (t, x) の関数であるが，量子力学では，$u(t, x)$ を各 t ごとに粒子の状態を表す $L^2(\mathbb{R}^3)$ の関数とみなすのであるから，$u(t, x)$ は (t, x) の関数とみなすよりも，各 t に $L^2(\mathbb{R}^3)$ の元 $u(t, \cdot)$ を対応させる，すなわち $L^2(\mathbb{R}^3)$ に値をとる t の関数，とみなされるべきである．関数空間に値をとる t の関数を一般に**ベクトル値関数**と呼ぶ．関数空間はベクトル空間であるから，有限次元のベクトル値関数の概念を一般化してこう呼ぶのである．このとき，(5.176) で定義される写像 $\varphi \mapsto u(t, x)$ は $t = 0$ での状態 $\varphi \in L^2(\mathbb{R}^3)$ に t での状態 $u(t, \cdot) \in L^2(\mathbb{R}^3)$ を対応させる，t をパラメータにもつ作用素の族とみなすことができる．これを $T(t)$ とかこう．$e^{-it \cdot \xi^2/2}$ をかける写像を $M(t)$ とかけば，(5.173) によって

$$T(t)\varphi = \mathcal{F}^{-1} M(t) \mathcal{F} \varphi$$

である．$M(t)$ は $\|M(t)u\|_{L^2} = \|u\|_{L^2}$ を満たす $L^2(\mathbb{R}^3)$ の同型な線形作用素，すなわちユニタリ作用素である．フーリエ変換 $\mathcal{F}$ も（ルベーグ積分を用いれば）$L^2(\mathbb{R}^3)$ のユニタリ作用素，したがって，$T(t)$ も $L^2(\mathbb{R}^3)$ のユニタリ作用素である．明らかに $M(t)M(s) = M(t+s)$ であるから $t, s \in \mathbb{R}$ に対

5.6 広義放物型方程式——シュレーディンガー方程式　　379

して

$$T(t)T(s) = (\mathcal{F}^{-1}M(t)\mathcal{F})(\mathcal{F}^{-1}M(s)\mathcal{F}) = \mathcal{F}^{-1}M(t+s)\mathcal{F} = T(t+s).$$

一般に，$T(t+s) = T(t)T(s)$ を満たす $L^2(\mathbb{R}^3)$ のユニタリ作用素の族 $\{T(t) : t \in \mathbb{R}^1\}$ は **1-パラメータ・ユニタリ群**と呼ばれる．このように，自由シュレーディンガー方程式の初期値問題は 1-パラメータ・ユニタリ群を生成する．量子力学では $|u(t,x)|^2 dx$ が dx に粒子が存在する確率を表すという約束であるから，$T(t)$ のユニタリ性は全確率の保存の法則を表している．

■自由粒子の運動　自由シュレーディンガー方程式が自由粒子を記述することの 2 つの証拠をあげてこの章を閉じることにしよう．まず (5.175) から，

$$|\hat{u}(t,\xi)|^2 d\xi = |\hat{\varphi}(\xi)|^2 d\xi.$$

これは粒子の運動量の分布が時刻 t に依存しないこと，すなわち粒子が力を受けていないことを保証する．

次に，粒子の位置の分布も自由粒子的であることを確かめよう．

定理 5.85　$\varphi \in \mathcal{S}$ のとき，次が成立する：

$$\lim_{t \to \pm\infty} \int_{\mathbb{R}^n} \left| T(t)\varphi(x) - e^{ix^2/2t} \left(\frac{1}{it}\right)^{3/2} \hat{\varphi}\left(\frac{x}{t}\right) \right|^2 dx = 0. \qquad (5.177)$$

初期状態が φ のとき，粒子の速度（= 運動量）分布は $|\hat{\varphi}(\xi)|^2 d\xi$ で与えられる．等速直線運動を行う自由粒子が初期速度 v で y から出発すれば，時間 t 後の位置は $x = y + vt$，したがって，$t \to \pm\infty$ においては $x/t = y/t + v \to v$ となる．ゆえに，時刻 $t \to \pm\infty$ における位置の分布は

$$\left| \hat{\varphi}\left(\frac{x}{t}\right) \right|^2 d\left(\frac{x}{t}\right) = |t|^{-3} \left| \hat{\varphi}\left(\frac{x}{t}\right) \right|^2 dx$$

に漸近する．これはシュレーディンガー方程式が自由粒子の運動を記述することのもう 1 つの証拠である．

証明　$\|\cdot\| = \|\cdot\|_{L^2}$ とかき，$N(t)f(x) = e^{ix^2/2t}f(x)$，$C(t)f(x) = (1/it)^{3/2}\hat{f}(x/t)$ と定義する．(5.176) の右辺の非積分関数の指数関数の肩を展開して

380 第 5 章 二階定数係数線形偏微分方程式

$$T(t)\varphi(x) = \frac{e^{ix^2/2t}}{(2\pi it)^{3/2}} \int_{\mathbb{R}^3} e^{-ixy/t} \left(e^{iy^2/2t}\varphi(y) \right) dy \qquad (5.178)$$

とかき換えれば，$T(t)$ は $N(t), C(t)$ を使って，

$$T(t)\varphi(x) = N(t) \left(\frac{1}{it} \right)^{3/2} (\mathcal{F}N(t)\varphi) \left(\frac{x}{t} \right) = N(t)C(t)N(t)\varphi(x)$$

とかける．一方，証明すべき (5.177) は $N(t), C(t)$ を使えば，

$$\lim_{t \to \pm\infty} \|T(t)\varphi - N(t)C(t)\varphi\| = \lim_{t \to \pm\infty} \|N(t)C(t)N(t)\varphi - N(t)C(t)\varphi\| = 0$$
$$(5.179)$$

と表せる．フーリエ変換 $\mathcal{F}$ が L^2 のノルムを変えないことを用いれば，変数変換によって

$$\|N(t)f\| = \|f\|, \qquad \|C(t)f\| = \|f\|$$

が成立することは明らかである．したがって，(5.179) のためには，

$$\lim_{t \to \pm\infty} \|N(t)\varphi - \varphi\|^2 = \lim_{t \to \pm\infty} \int_{\mathbb{R}^n} |(e^{iy^2/2t} - 1)\varphi(y)|^2 dy = 0$$

を示せばよいが，これは $|\varphi(y)|^2$ が可積分で，$|e^{iy^2/2t} - 1|^2 \leq 4$ が有界集合上一様に 0 に収束することからただちにしたがう． $\qquad\square$

文　献　表

以下の書籍あるいは論文はこの本の中で引用されている文献である.

(1) ペトロフスキー, I. G.（渡辺毅訳）『偏微分方程式論』東京図書（1958）.

(2) 齋藤正彦『線形代数入門』, 基礎数学 1, 東京大学出版会（1966）.

(3) Schwartz, Laurant, Théorie des distributions（超関数論）, Hellmann, Paris（1966）.

(4) Carleson, L., On convergence and growth of partial sums of Fourier series（フーリエ級数の部分和の収束と増大度）, *Acta Math.* **116**, pp. 135-157（1966）.

(5) Hunt, Richard A., On the convergence of Fourier series（フーリエ級数の収束について）, 1968 Orthogonal Expansions and their continuous analogues, pp. 235-255, Southern Illinois Univ. Press（1968）.

(6) アグモン, S.（村松寿延訳）,『楕円型境界値問題』, 数学叢書 3, 吉岡書店（1968）.

(7) Hörmander, L., Linear Partial Differential Operators（線形偏微分作用素）, Springer Verlag（1969）.

(8) 金子晃『定数係数線形偏微分方程式』, 岩波講座基礎数学 4-2, 岩波書店（1976）.

(9) 杉浦光男『解析入門 1』,『解析入門 1, 2』, 基礎数学 2, 3, 東京大学出版会（1980, 1985）.

(10) Gilbarg, D. and Trudinger, N. S., Elliptic Partial Differential Equations of Second Order（二階楕円型偏微分方程式）, Springer Verlag（1998）.

(11) Zygumund, A, Trigonometric series. Vol. I, II,（三角級数第 1 巻, 第 2 巻）Cambrigde Mathematical Library, Cambridge Univ. Press.（2002）.

(12) アーノルド, V, I.（安藤韶一, 蟹江幸博, 丹羽敏雄訳）『古典力学の数学的方法』岩波出版（2003）.

(13) John, F.（佐々木徹, 示野信一, 橋本義武訳）『偏微分方程式』, シュプリンガー・フェアラーク東京（2003）.

(14) 谷島賢二『新版　ルベーグ積分と関数解析』, 講座数学の考え方 13, 朝倉書店（2015）.

文　献　表

執筆に際しては以上のほかに多くの文献を参考にさせていただいた．すべてをつくすことはできないが，主なものは以下のようである．

(15) 加藤敏夫『変分法とその応用』，岩波講座現代応用数学 B.3，岩波書店 (1957).

(16) ポントリャーギン（木村俊房，千葉克裕訳）『常微分方程式』，共立出版 (1963).

(17) 溝端茂『偏微分方程式論』，岩波書店 (1965).

(18) コディントン・レビンソン（吉田節三訳）『常微分方程式論上・下』，数学叢書 6，吉岡書店 (1968).

(19) Katznelson, Y., An Introduction to Harmonic Analysis（調和解析入門），Dover Publications (1968).

(20) ゲリファント・フォーミン（関根智明訳）『変分法』，文一総合出版 (1970).

(21) Stein, E. M., Singular Integrals and Differentiablity Properties of Functions（特異積分と関数の微分可能性），Princeton Univ. Press (1970).

(22) Stein, E. M. and Weiss, G., Introduction to Harmonic Analysis on Euclidean Spaces（ユークリッド空間上の調和解析入門），Princeton Univ. Press. (1971).

(23) アーノルド，V. I.（足立正久・今西英器訳）『常微分方程式』，現代数学社 (1981).

(24) Stein, E. M. and Shakarchi, R., Fourier Analysis, An Introduction（フーリエ解析入門），Princeton Lectures in Analysis I, Princeton Univ. Press (2002).

(25) 井川満『双曲型偏微分方程式と波動現象』，岩波書店 (2006).

(26) 倉田和浩・村田實『楕円型・放物型偏微分方程式』，岩波書店 (2006).

(27) 佐竹一郎『線形代数学』（新装版），数学選書 1，裳華房 (2015).

索　引

ア　行

アーベル和　202, 204
アイコナール方程式　367, 368
アスコリ・アルツェラの定理　146
アスコリ・アルツェラの補題　24
安定渦心点　69
安定結節点　68
鞍点　68
依存領域　352
一意性定理　207
一様にリプシッツ連続　23
一様有界　23
　——性の定理　255
一階化　11, 115
　——微分方程式　12
一階線形微分方程式　9
一般解　5
一般化されたフーリエ展開　188
一般固有空間　62
一般の超関数　290
運動　18
運動量　373
　——変数　125
影響領域　353
エネルギー　351, 374
　——不等式　351, 353
　——保存の法則　20, 350, 351
　——密度関数　350
演算子　74
延長解　9

延長不能解　9
オイラーの公式　158
オイラーの微分方程式　82, 105, 108, 131, 159
オイラーの方程式　115, 373
オイラー・ラグランジュの方程式　140
横断体　128, 129

カ　行

開球　84, 254
解曲線　121
　——に沿って動かした曲線　128
解空間　5, 53, 73
解作用素　54, 57
開集合　84
階数　243, 303, 304
解析関数　312
解の大域存在　49
開被覆　264
外部球条件　347, 349
ガウス関数　235, 236
ガウスの発散公式　351
拡張相空間　12, 16
確率保存の法則　375
重ね合わせの原理　51, 209, 214, 307
過剰和　166
渦心点　69
可積分関数　164, 231
関数空間　51, 81, 85, 87
慣性符号　305
完全　152, 188

索　引

—— 正規直交系　154, 189, 209
—— 直交関数系　163
—— 微分方程式　19
緩増加関数　259
緩増加局所可積分関数　261
緩増加超関数　260, 284
緩増加調和関数　327
緩増加連続関数　256
緩増加 C^k 級関数　256
完備　253
—— 性　253, 273
幾何学的多重度　62
ギッブスの現象　199
基本解　216, 218, 246, 271, 307, 364
—— 行列　55
基本周期関数系　164
逆フーリエ変換　238
急減少　192, 249
—— 関数　249
—— 関数の空間　248
求積法　4
境界条件　212
境界値問題　82, 160, 202, 304, 331
狭義極小値　90
狭義極小点　90, 102
狭義極大値　90
狭義極大点　90, 102
狭義弱極小点　114
（狭義）放物型方程式　306
強極値　90
強最大値の原理　340
強収束　84, 178
鏡像　335
—— の原理　341
強凸性の条件　120
共鳴定理　255
共役空間　95
共役作用素　247
共役調和関数　211
共役点　116, 118

共役フーリエ変換　233, 294
共役方程式　320
行列値関数　13
行列の指数関数　58
行列のノルム　21
極小値　90, 139
極小点　90, 139
局所解　10, 308
局所構造　291
—— 定理　285
局所性　268
局所相流　46
局所リプシッツ連続　34, 37, 40
曲線　16
極大値　90, 139
極大点　90, 139
極値　90
—— 関数　90, 107
—— 点　89, 90, 96
距離　22
—— 空間　22, 84
—— の公理　22, 84
キルヒホフの公式　357
近似解　371
近似定理　172
区分的に連続な関数　164
—— の空間　85
区分的に C^1 級　86
グラム・シュミットの正規直交化　153
グラム・シュミットの直交化法　187
グリーン関数　216, 334
グリーンの公式　333
グリーンの表現公式　333
クレローの方程式　8
グロンウォールの不等式　32, 49
ケーリー・ハミルトンの定理　62
決定条件　7
決定領域　352
高階線形微分方程式　53
高階線形方程式　70

高階定数係数線形方程式　70
広義放物型　305, 322
合成積　170, 244, 257, 277, 284
　――と積のフーリエ変換　295
光錐　353, 363
勾配ベクトル場　123
コーシー・コワレフスカヤの定理　314,
　319
コーシーの折れ線法　20, 27
コーシーの主値　262
コーシーの積分公式　338
コーシーの評価式　344
コーシー問題　310
コーシー列　253
固定端問題　106, 107
古典解　288, 306, 308
固有関数　142, 149, 209, 213
　――列　220
固有空間　142
固有値　142, 149, 374
混合問題　212, 215
コンパクトな台をもつ超関数　265

サ　行

最小化列　135, 146, 148
最小固有値　146
最小多項式　62
最小値問題　145
最大延長解　9
最大値の原理　206
最良近似性　187
作用積分　89, 127
（作用素）ノルム　93, 94
三角級数　168
三角多項式　176
　――近似定理　179
三角不等式　21, 83
試験関数　260, 291
次元低減法　359

自然境界条件　109, 110, 148
下半連続性　136
実解析的　207, 312
実特性曲面　350
弱解　137, 288, 306, 308
　――の正則性　289
弱極値　90, 105
　――関数　115
弱最大値の原理　340
写像の微分　92
自由シュレーディンガー作用素　375
自由シュレーディンガー方程式　376
収束する　84
収束定理　344
自由端問題　106, 109, 148
主シンボル　304
シュトゥルム・リュービル作用素　142,
　374
シュトゥルム・リュービルの固有値問題
　141, 142
シュレーディンガー作用素　162, 374
シュレーディンガー方程式　162, 306,
　372
シュワルツの不等式　96
状態変化　375
常微分方程式　1
　――系　1
初期条件　7, 212
初期値とパラメータに関する微分可能性
　41
初期値に関する連続依存性　36
初期値問題　3, 7, 20, 36, 310
初期平面　310
初期・境界値問題　212
ジョルダン基底　64, 72
ジョルダン鎖　64, 72
ジョルダン細胞　64, 72
ジョルダン標準形　61, 66, 72
ジョルダンブロック　64
自律系　15

―― 微分方程式　67

―― 方程式　46

―― 方程式の引き起こす局所相流　46

進行波解　226

数列空間　87, 88, 189

正規化　142

正規型　4

―― の微分方程式　4

正規族　26

正規直交関数系　151

正規直交系　187

―― 関数列　187

整合性条件　323

斉次方程式　9, 76

正準形式　132

正準変数　125

正準方程式　131, 368

正則アフィン座標変換　296

正則化　271

正則性の仮定　105, 112

正則点　47, 67

正値　99, 101

正値性

―― の仮定　113

―― の条件　117

正定値　99, 101

積分記号下の微分　168, 232

積分曲線　16

積分作用素　31

積分定数　5

積分方程式　30

漸近解の方法　366

線形作用素　93

線形汎関数　95

線形微分方程式　3, 42, 48

―― 系　3

全変動　194

双曲型　305

―― 方程式　349

相空間　12

双線形作用素　257

双対空間　95, 249

相流　18, 54, 58

―― の直線化　46

総和核　176, 204, 217, 236, 274

タ　行

大域解　10

大域的な問題　304

退化　68

対角化　149, 155

台が1点の超関数　286

対称　100, 143

―― 作用素　143

―― 双一次形式　100, 101

代数的多重度　62

体積確定集合　167

楕円型　305, 325

楕円性　207

多項式近似定理　179

多重指数　230

ダランベールの階数低下法　10

ダランベールの公式　226, 227, 355

ダルブーの定理　166

単位円周　164

チェザロ和　175, 198

稠密　84, 180, 256

超関数　230, 259, 260, 291

―― 解　288, 306

―― と関数の積　263

―― と超関数の合成積　284

―― の局所化定理　264

―― の近似　282, 283

―― の収束　273

―― の導関数　267

―― のフーリエ変換　293

―― の変数変換　272

超双曲型　305

調和　202

索　引　　387

——関数　202, 325, 333
——多項式　328
——もち上げ　346
直交関数系　151
直交系　187
直交する　145, 186
直交補空間　152
定義域　142
定数係数線形偏微分方程式　303
定数係数非斉次高階線形方程式　77
定数係数偏微分方程式　243
定数変化法　76
ディニの定理　199
ディリクレ核　175, 194
ディリクレ境界条件　142, 153, 161
ディリクレ境界値問題　154, 331
——のグリーン関数　335
ディリクレ積分　161
ディリクレの積分公式　195, 238
ディリクレ問題　202, 204
停留関数　96, 105, 120, 121, 159
停留曲線　120
——の場　122
停留値　96
停留点　96
適切　15, 304
——な解の構成　376
デュハメールの公式　76, 364
デルタ関数　262
伝播速度　350, 353
——の有限性　353
導関数　93
等距離作用素　247
同型写像　258
同次関数 $|x|^{-l}$ のフーリエ変換　299
同次微分方程式　6
同値なノルム　88
同等連続　23
特異点　48, 67
特解　326

特殊解　7
特性曲面　350
特性初期値問題　322
特性多項式　71, 243, 304
特性的　318, 322
特性根　71
特性方程式　71
凸集合　24

ナ　行

内積　96
——空間　96
二階微分　99, 100
二階偏微分方程式　159, 160
二項係数　230
二次形式　101
二次汎関数　141, 146
ニュートンの運動方程式　373
ニュートンポテンシャル　327
熱核　217
熱伝導方程式　212
熱方程式　212
ノイマン境界条件　142, 154
ノイマン境界値問題　154, 331
ノルム　82, 165
——空間　82, 83
——に関する収束　180

ハ　行

パーセバルの等式　151, 188, 190
パーセバル・プランシェレルの定理　247
ハイネ・ボレルの定理　264
発展作用素　54
波動方程式　224, 349
バナッハ・シュタインハウスの定理　182
ハミルトニアン　125, 131, 373
ハミルトンの原理　89
ハミルトン方程式　20

索　引

ハミルトン・ヤコビ方程式　131–133,
　368
パラメータに関する連続依存性　40
バリア関数　349
ハルナックの収束定理　345
ハルナックの不等式　343
汎関数　81, 90, 100
半空間のポワソン核　331
ハンス・レビーの反例　244
反正則　202
半連続性　146
ピカール作用素　31
ピカール写像　31
ピカールの近似列　31
ピカールの逐次近似法　20, 30
比較定理　342
微小振動の方程式　224
非自律系　15
非斉次線形方程式　76
非斉次波動方程式　363
非斉次方程式　9
ピタゴラスの定理　151
非特性初期値問題　312
非特性的　312, 318
非特性面　312
微分演算　274
　──子　74
微分作用素　71, 142, 163, 229, 239
　──の変換　295
微分写像　92
微分とかけ算の変換　295
微分の連続性　274
微分方程式　1
　──系　1
　──（系）の階数　1
　──の一階化　11
標準形　305, 306
ヒルベルト空間　373
ヒルベルト積分　129
不安定渦心点　69

不安定結節点　68
フーリエ逆変換　238
フーリエ級数　151, 156, 158, 163, 168
　──展開　156
　──の一意性　183
　──の L^2 理論　185
フーリエ係数　151, 164, 168, 187
フーリエ・コサイン級数　157
フーリエ・サイン級数　156
フーリエ展開　229
フーリエの積分公式　238
フーリエの反転公式　235, 237, 240,
　259, 294
フーリエ変換　229, 233, 294
フェイエー核　176
フェイエーの定理　184
フェルマーの原理　89
複素ガウス関数　301
複素線形微分方程式　56
不足和　166
負値　101
物理法則　14
負定値　101
不適切　15
　──な解　376
フビニの定理　231
部分空間　83
部分ノルム空間　83
プレコンパクト　26
（フレッシェ）微分　92
（フレッシェ）微分可能　92
不連続性の伝播　365
閉球　254
平均収束　156, 164, 190
平均値の定理　206, 339
　──の逆　341
閉集合　84
平面波解　307, 355
平面波展開　299
ペイリー・ウィーナーの定理　193, 241

索　引　　389

ベール空間　254
ベールの範疇定理　254
ベクトル値関数　2, 378
ベクトル場　16
　——に接する　16
ベッセルの不等式　151, 187
ベッセルの方程式　329
ヘビサイド関数　269, 297
ヘルダー連続　185
ベルヌイの方程式　18
ヘルムホルツ方程式　325, 329
変数分離型　4
　——の解　213, 219
変数分離法　215, 219, 224
変数変換公式　167
偏微分作用素　243, 256
偏微分方程式　132, 243, 303
　——系　303
変分の直接法　82, 134, 146
変分微分方程式　42, 115
変分法　81
　——の基本補題　107, 160
変分問題　81
ポアンカレの補題　116
ホイゲンスの原理　358
ホルムグレンの定理　319
ホルムグレン変換　319
ポワソン核　203, 335
ポワソン積分　203, 205, 337
ポワソンの公式　336, 360
ポワソンの和公式　200, 217, 292
ポワソン方程式　161, 202, 208, 325, 326

マ　行

ミニ・マックス原理　152
無限次元ベクトル空間　88
もち上げ　123

ヤ　行

ヤコビの条件　82, 119, 120
ヤコビの定理　130
有界作用素　94
有界線形作用素　94
有界線形汎関数　95
有界な双一次形式　100
有界変動　198
　——関数　194, 238
ユークリッド空間　83
優調和関数　340
輸送方程式　369
ユニタリ変換　373

ラ　行

ライプニッツの公式　268
ラグランジュの未定乗数法　139, 162
ラプラシアン　271
ラプラス方程式　201, 204, 207, 325, 326
ラプラス・ベルトラミ作用素　328
リーマン可積分　166
リーマン積分　166
リーマン・ルベーグの定理　181, 198, 199, 234
リプシッツ連続　20, 30
領域　206
量子化　374
量子力学　372
ルジャンドル変換　124, 368, 373
ルベーグ積分　248, 372
ルベーグの定理　166
零集合　166
劣調和関数　340
連続　251
　——関数の空間　85
　——線形作用素　294
　——線形汎関数　252, 259

―― 線形汎関数列　255
―― な汎関数　91
ロンスキアン　55, 145
ロンスキー行列　55

ワ　行

ワイエルシュトラスの定理　344

英　数　字

1-パラメータ半群　216
1-パラメータ変換群　17, 57

1-パラメータ・ユニタリ群　379
2 乗可積分　231
―― 関数　373
C^k 級微分同相写像　17
$\mathcal{D}(G)$ の意味で収束　290
$\mathcal{E}$ において f に収束する　265
k 次体球関数　328
L^2 内積　165
PC^k 級関数　87
$\mathcal{S}$ 値関数として偏微分可能　275
$\mathcal{S}$ 値連続関数のリーマン積分　280
$\mathcal{S}$ の意味で収束する　250
$\mathcal{S}'$ 値関数として微分可能　276

本書は，基礎数学11『物理数学入門』(1994) の内容を改訂し，タイトルを変更したものである．

著者略歴

谷島　賢二

1948　年　茨城県に生まれる
1971　年　東京大学理学部数学科卒業
1978　年　理学博士
現　　在　学習院大学理学部教授，東京大学名誉教授
主要著書　『シュレーディンガー方程式 I, II』朝倉数学大
　　　　　系（朝倉書店，2014），
　　　　　『新版 ルベーグ積分と関数解析』講座数学の考
　　　　　え方 13（朝倉書店，2015）ほか

数理物理入門　改訂改題　　　　　　　基礎数学 11
　　　　　　　2018 年 12 月 25 日　初　版

［検印廃止］

著　者　谷島　賢二

発行所　一般財団法人　東京大学出版会

　　　　代 表 者　吉見俊哉

　　　　153–0041　東京都目黒区駒場 4–5–29
　　　　電話 03–6407–1069　Fax 03–6407–1991
　　　　振替 00160–6–59964
印刷所　三美印刷株式会社
製本所　牧製本印刷株式会社

ⓒ2018　Kenji Yajima
ISBN978–4–13–062922–5 Printed in Japan

JCOPY 〈（社）出版者著作権管理機構 委託出版物〉
本書の無断複写は著作権法上での例外を除き禁じられてい
ます．複写される場合は，そのつど事前に，（社）出版者著作
権管理機構（電話 03–5244–5088，FAX 03–5244–5089,
e-mail: info@jcopy.or.jp）の許諾を得てください．

〈基礎数学シリーズ〉線型代数入門	齋藤正彦	A5/1900 円
解析入門 I・II	杉浦光夫	A5/I 2800 円, II 3400 円
線型代数演習	齋藤正彦	A5/ 2400 円
多様体の基礎	松本幸夫	A5/3200 円
微分方程式入門	髙橋陽一郎	A5/2600 円
解析演習	杉浦・清水・ 金子・岡本	A5/2900 円
新版　複素解析	高橋礼司	A5/2600 円
微分幾何入門 上・下	落合卓四郎	A5/上 3400 円, 下 3700 円
偏微分方程式入門	金子 晃	A5/3400 円
整数論	森田康夫	A5/4600 円
数学の基礎	齋藤正彦	A5/2800 円

ここに表示された価格は本体価格です．御購入の
際には消費税が加算されますので御了承下さい．